高等学校研究生教材

计算固体力学原理与方法

邢誉峰　李　敏　编著

北京航空航天大学出版社

内 容 简 介

本书系统地论述了固体力学的计算原理和基本方法，重点强调各种近似方法的理论基础、特色及其应用技术。

本书内容主要包括三部分，第一部分以变分原理和加权残量法为基础，详细讨论有限元方法、边界元方法、无网格方法和微分求积有限单元方法的力学基础和单元构造方法，深入分析几种方法的特点及其应用范围；第二部分讨论动力学常微分方程的耗散和非耗散求解方法以及特征值求解技术，重点介绍几种常用和新发展的求解方法的格式和特点；第三部分论述非线性问题的基本理论和计算技术，重点是弹塑性问题、大变形问题、弹性稳定性问题和结构热应力问题。

本书强调基本概念和方法的物理背景，期望为读者打下扎实的计算固体力学基础，培养读者的应用意识；可以作为工程力学、航空航天工程、机械工程和土木工程专业的教材，也可以作为相关工程技术人员的参考书。

图书在版编目(CIP)数据

计算固体力学原理与方法 / 邢誉峰，李敏编著. --
北京 ：北京航空航天大学出版社，2011.4
ISBN 978-7-5124-0379-6

Ⅰ. ①计… Ⅱ. ①邢… ②李… Ⅲ. ①计算固体力学
—研究 Ⅳ. ①O34

中国版本图书馆 CIP 数据核字(2011)第 042482 号

计算固体力学原理与方法
邢誉峰 李 敏 编著
责任编辑 宋淑娟
*
北京航空航天大学出版社出版发行
北京市海淀区学院路 37 号(邮编 100191) http://www.buaapress.com.cn
发行部电话:(010)82317024 传真:(010)82328026
读者信箱：bhpress@263.net 邮购电话:(010)82316936
北京时代华都印刷有限公司印装 各地书店经销
*
开本:787×1 092 1/16 印张:19.5 字数:499 千字
2011 年 4 月第 1 版 2011 年 4 月第 1 次印刷 印数:3 000 册
ISBN 978-7-5124-0379-6 定价:49.00 元

序　言

固体力学内容十分丰富,概括地说,包括线性和非线性问题、静力学和动力学问题。线性问题是以小变形假设为前提的各种静、动力学问题;而非线性问题的种类繁多,例如材料非线性问题(非线性弹性和弹塑性问题等)、几何非线性问题和多物理场耦合问题(流体和固体的耦合问题,电、磁、热和结构的耦合问题)等。

虽然固体力学的问题种类多,但其数学模型可以说是统一的,包括平衡方程(描述内力和外力的平衡关系)、本构方程(描述应力和应变的关系)、几何方程(描述应变和位移的关系)和边界条件以及初始条件(仅针对动力学问题)。线性问题的数学模型是线性的。非线性问题是指三类基本方程和边界条件中至少有一个包含了非线性因素的问题,或数学模型是非线性的物理问题。

虽然固体力学问题有统一的数学模型,但其解法却难以统一。固体力学的常规求解方法可以概括为:把变分原理、加权残量方法、虚功原理和 Ritz 方法结合形成的各种强有力的空间离散解法,如有限元方法、边界元方法、无网格方法和有限差分方法等;以 Taylor 级数展开方法为基础建立的动力学常微分方程的各种差分解法;非线性问题的增量迭代算法等。

固体力学的丰富内容和各种数值方法的纵横交叉融合,使得计算固体力学的内容异常丰富。仅仅通过一本教材来详细阐述全部问题是不可能的,除非出版一套计算固体力学系列著作。但通过一本书来建立理论与实际应用之间的桥梁是非常必要的,无论对学生、理论工作者,还是对工程技术人员都是有裨益的。

在介绍基本原理和方法的基础上,本书给出了具有工程性质或启发性的算例,或工程应用的建议,或可能存在的模拟问题等,希望启迪读者尽快了解或掌握各种计算固体力学的方法。本书以作者恩师诸德超教授的专著《升阶谱有限元法》为基础,主要讨论有限元方法、边界元方法、无网格方法、微分求积有限元方法和动力学方程及非线性方程的解法。在各章内容编写过程中,除了强调基本概念和基本方法的机理之外,还融入了新的研究成果。

第 1 章主要介绍变分、一阶变分和二阶变分等重要概念,并以梁为基础介绍最小势能和最小余能原理、广义变分原理、一类变量和二类变量的 Hamilton 变分原理,介绍变分原理之间的相互转化方法和条件。

第 2 章主要讨论一维结构有限元的原理和方法,根据最小总势能原理推导一维杆、Euler 梁和 Timoshenko 梁的平衡微分方程和自然边界条件,给出这些一维构件从低阶到高阶的有限元列式、固有振动和临界载荷的瑞利商。以典型结构为例，把商用有限元软件结果与理论解进行分析和比较。

第3章主要介绍二维问题的有限元原理和方法，包括平面问题、薄板和剪切板的变分原理和有限元列式，简要介绍壳的有限元列式，给出四边形和三角形的高斯积分公式和系数。利用商用有限元软件对二维问题的频率和模态、几何非线性的作用和典型平面静力问题进行分析，并与解析解进行比较。

第4章主要介绍边界元方法的基本思想和基本概念、基本解的求解方法，针对位势和平面弹性力学问题，介绍边界积分方程的建立、离散和求解方法。针对常单元和线单元，给出部分边界积分的解析表达式，并给出算例。

第5章主要介绍无网格方法的基本原理和方法，给出几种构造形函数的方法，讨论弱形式、配点型和最小二乘无网格方法。给出使用无网格方法的主要步骤和每步中值得注意的问题，并给出算例。

第6章主要介绍动力学方程的求解方法，包括特征值求解方法、动力学常微分方程的耗散和非耗散算法，例如精细积分方法、Euler中点辛差分格式(为$\delta=0.5$，$\alpha=0.25$ Newmark算法)和辛两步算法等，重点强调各种算法的特点。

第7章介绍微分求积有限单元方法，这是一种新型的高阶单元方法。本章介绍微分求积法则、给出Gauss-Lobatto积分公式和各种微分求积有限单元的刚度矩阵、质量矩阵和载荷列向量的显式，指出微分求积方法的特点和优势，并给出算例。

第8章为专题讨论，主要介绍弹塑性问题、几何非线性问题、结构弹性稳定性问题及热应力问题的基本理论和有限元解法，简要讨论非线性方程的Newton-Raphson类迭代算法，包括拟牛顿迭代法和限制增量位移向量长度的弧长法等。

各章均附有复习思考题，以强化基本概念、基本方法和基本理论；还附有适量的习题，以加深对内容的理解和运用。各章附有主要参考文献，便于读者查阅。

本书强调物理背景、概念和过程，期望为读者打下扎实的计算固体力学基础，培养读者的应用意识；可以作为工程力学、航空航天工程、机械工程和土木工程专业的教材，也可以作为相关工程技术人员的参考书。

编写本书的指导思想是“定义准确、用词规范、行文简练、深入浅出”。全书由邢誉峰主持编写和执笔，李敏参加了第2章和第3章的编写工作。另外，教研室的研究生也参加了本书的编写工作，特别要提到的是，刘波为第7章提供了素材，金晶编写了第4章和第5章程序并给出了算例，唐慧和赵弘阳绘制了第4章和第8章的示意图，作者谨在此表示衷心感谢。

限于水平，书中若有不足和错误之处，恳请读者批评指正。

作　者

2010年12月

目　录

绪　论

作为一种数值分析工具，有限元法对促进当代科学技术的发展和工程实际应用已经发挥并将继续发挥其重要作用。有限元法这一名称虽然是由克拉夫(Clough)在1960年提出的，但其萌芽思想却可追溯到很早以前。18世纪末，瑞士数学家、力学家欧拉(Euler)在创立变分法的同时，曾使用与现代有限元法相似的方法求解过直杆在轴向力作用下的平衡问题。但在缺乏强有力数值运算工具的时代，人们难以克服该方法运算量大的困难，而使它没有得到重视以致最终被湮没。

1943年，库朗(Courant)运用最小势能原理和现代有限元法中的线性三角形单元解过圣维南(Saint Venant)弹性扭转问题，但仍没有引起学术界，特别是工程界的足够重视。直到20世纪50年代，随着电子计算机开始普及使用，才为有限元法的应用和发展提供了雄厚的物质基础。美国飞机结构工程师特纳(Turner)与合作者在1956年首次将有限元法用于飞机机翼的结构分析，他们的工作打破了沉闷的局面。从此，有限元法的理论研究、工程应用和软件开发蓬勃发展，其势锐不可当。如今，有限元法已从结构工程应用发展成几乎所有科学技术领域都广泛使用的计算方法。1987年，美国出版了一本有限元手册[1]，在其序言中提到，在20世纪80年代初期，全世界用于有限元分析上的花费，估计每年高达5亿美元之多，仅此可见盛况之一斑。

有限元法是求解微分方程，特别是椭圆型方程的系统化、现代化的数值方法。与椭圆型方程等价的另一数学形式是变分原理。正是以变分原理为数学基础，有限元法才在理论上臻于完善，并在实践上取得巨大成功。事实上，近代有限元法和变分原理的发展是紧密联系和相辅相成的。

变分原理把求解微分方程的问题转化为在容许函数空间内寻找泛函极值或驻值的问题。若容许函数空间未受到任何人为的限制，则找到的解将与微分方程的解完全等价。实际上，有限元法并不追求问题的精确解，而是在一个大大缩小了的容许函数空间内寻找一个精度能够满足使用要求的近似解。因此，有限元法的另一个数学基础是离散逼近原理。

所谓离散逼近，首先是把求解域剖分成一系列称为单元的小区域。这样做可以带来许多好处，例如，便于处理复杂的问题，因为剖分后可使问题的性质在每一单元内尽可能地单纯化；便于处理参数的不连续性；便于适配复杂的边界几何形状等。其次是在每个单元内采用已知的函数序列——通常采用多项式函数序列——作为容许函数空间的基底函数，并在相邻单元的公共边界上设法满足按变分原理所要求的连续性条件。最后将全部单元组合拼装起来构成处理原问题的数学模型进行求解。显然，在不违反变分约束的前提下，有限元解的精度依赖于所取容许函数空间的大小，而后者则是单元网格剖分精细程度和每单元上线性独立基底函数个数这两个因素的综合。因此，有限元变化的总趋势将是随所取容许函数空间的扩大而向精确解逼近的过程。对于一个给定的问题，为了改善其有限元的精度，具体地说可以采取以下三种方法。

第1种方法是，不改变各单元上基底函数的配置情况，通过逐步加密有限元网格来使结果向精确解逼近。与此方法相应的收敛过程称为 h 收敛过程。这种方法在有限元应用中最为常见，并且往往采用较为简单的单元构造形式。

第2种方法是，保持有限元网格固定不变，逐步增加各单元上基底函数配置的个数。通过这种方法来改善结果精度的过程称为 p 收敛过程。

第3种方法是上述两种方法的联合使用，既加密有限元网格的剖分，又增加各单元上基底函数配置的个数，这种过程称为 $h-p$ 收敛过程。

作为实施 p 收敛过程的一种有效方法，杰凯维奇(Zienkiewicz)等在1970年提出了升阶谱有限元的概念，后来又做了进一步的阐述[2]。所谓的升阶谱有限元，是由常规的位移协调元结合数量逐渐增加的附加自由度构成的。这些附加自由度以不违反位移连续条件的逐次升幂多项式函数作为基底函数，并且，在自由度的安排上，使低阶升阶谱有限元的自由度是高阶升阶谱有限元自由度的一个子集。因而，其刚度、质量和几何刚度矩阵以及载荷向量成为同一问题更高阶升阶谱有限元相应矩阵的子矩阵，以及相应向量的子向量。这样，在升阶过程中，只须在原有矩阵方程的基础上扩充新的行和列，即可得到新的矩阵方程。此外，还可充分利用原有的计算结果作为出发点，求取扩大后矩阵方程的新结果。从计算角度看，这显然是一个十分有用的特性，不仅可使在 p 收敛过程中的总计算工作量大为节省，而且可为编制自适应分析程序提供极为有利的条件。

根据维尔斯特拉斯(Weirtstrass)定理，任何一个在有限区间内连续的函数，都可以用足够高次的代数多项式逼近到任意精确的程度。因此，只要使每一单元内都不存在因任何原因引起的不连续性，就总可以保证 p 收敛性。皮特勒斯卡(Petruska)指出，对于 C^0 连续性问题，即只要求位移本身连续的问题，不管近似函数是否连续可微，只要 h 收敛性存在，则 p 收敛性也必定存在。巴布斯卡(Babuska)和他的同事则进一步从数学上证明了 p 收敛性优于 h 收敛性。此外，一些典型结构静、动、断裂问题的数值研究结果也已表明，p 收敛方法确实要比 h 收敛方法优越得多。

虽然 p 收敛方法比 h 收敛方法优越，但升阶谱有限元的应用却远不如常规位移有限元那样普遍。除了历史性的因素外，前者确也存在一些自身的问题。例如，在 p 收敛方法中，有时要用到高阶甚至很高阶的多项式函数作为附加自由度的基底函数，从而可能出现数值稳定性问题。这个问题解决不好，势必限制升阶谱有限元法的应用和不能发挥其 p 收敛特性的优点。诸德超的研究成果[3]表明，对于一维或正规域内的二维或三维问题，这种数值困难是完全可以克服的。

虽然有限元方法的理论完善、用法灵活，但在处理无限域、大变形和爆炸等问题中却遇到了边界模拟和网格畸变等难题。值得庆幸的是，边界离散方法和无网格方法较好地弥补了有限元方法的这一不足。

力学边值问题的解要同时满足域内控制微分方程和边界条件。相对而言，求出只满足域内控制方程的基本解是比较容易的，对于具有复杂区域或复杂边界的问题更是如此。边界元方法 BEM(Boundary Element Methods)[4-6]是利用基本解把域内微分方程转化为边界积分方程，再用边界条件和边界离散技术进行求解的一类方法。边界元法把原问题的维数减少了一维，具有比有限元法和有限差分法的未知数少且分布在边界上的优点。与有限元方法相比，在无限域、边界裂纹和应力集中等问题中，边界元法具有优越性，并且其单元网格剖分比有限元方法容易,单元类型也仅包含线和面单元。

在有限元法和边界元法中,位移函数是在单元级上构造的,其精度依赖于单元的形状、大小和结点配置。在处理诸如金属冲压成型、高速冲击、裂纹动态扩展、流体与固体耦合等涉及大变形和移动边界的问题时,由于网格可能发生严重扭曲,往往需要网格重构,不但精度受到严重影响,计算量也大幅提高,因此单元类方法在这些领域的应用遇到了困难。无网格方法[7-10]的位移函数是在点的邻域内构造的,并且这些区域是可以重叠的,因此在处理大变形和移动边界等问题时,没有网格的初始划分和重构问题,这不仅利于提高这类问题的计算精度,还可以减小数值计算的难度。

前述有限元方法、边界元方法和无网格方法不仅功能强大、优势互补,而且还可以联合使用,以解决绝大多数的工程问题。对于动力学问题而言,一般的解法是把空间坐标离散化而得到动力学常微分方程,再利用直接积分方法和叠加方法(对线性系统而言)进行求解。用有限元等方法来离散空间坐标所得到的动力学方程,描述了系统的运动学特性和动力学特性。经典的动力学差分算法如 Runge - Kutta 方法等都存在累加的能量耗散和相位误差问题,它们既不保证运动学特性,也不保证动力学特性,通常适用于短时或瞬态问题。冯康[11]等人从理论上清楚地阐明了经典的动力学算法导致能量耗散的根本原因,并建立了哈密尔顿(Hamilton)系统辛几何算法。无论对于线性还是非线性 Hamilton 系统,辛算法都解决了能量耗散问题,具有优越的长期跟踪性能,尤其适合计算运动学轨道等问题。但是,辛算法仍然存在相位误差累积问题,因此动力学特性得不到完全保证。

实际物理系统都有不同程度的非线性。比如,在热传导分析中,材料模量、热导率和比热容等通常是与温度有关的,尤其是热辐射问题(包含温度四次方的函数)具有高度的非线性;在结构力学中,材料可能会屈服或者蠕变,即本构关系是非线性的;结构可能出现大挠度屈曲,即平衡方程和几何方程甚至本构方程都可能是非线性的;裂纹可能张开和闭合,即边界条件是非线性的。

在结构非线性问题中,刚度和载荷通常是位形的函数,此时叠加方法不再适用,解可能不唯一,加载和卸载路径可能不同,并且每个载荷步中都需要迭代计算。由此可见,非线性问题的求解远比线性问题复杂,需要兼顾求解精度、效率和成本等问题。有限元方法、边界元方法和无网格方法都已经成为求解非线性问题的有效手段,从这个意义上讲,这些方法的应用已经超越了工程的概念,成为一种数学工具。

参考文献

[1] Kardestuncer H, Norrie D H. Finite Element Handbook. New York: McGraw-Hill Book Company, 1987.

[2] Zienkiewicz O C, Gago J P De S R, Kelly D W. The Hierarchical Concept in Finite Element Analysis. Computers & Structures, 1983, 16(1-4): 53-65.

[3] 诸德超. 升阶谱有限元法. 北京:国防工业出版社,1993.

[4] Brebbia C A. Progress in Boundary Element Methods. Volume 1-2. London: Pentech Press Limited, 1981.

[5] Brebbia C A, Telles J C F, Wrobel L C. Boundary Element Techniques, Theory and Applications in Engineering. NewYork: Springer-Verlag, 1984.

[6] 姚振汉,王海涛.边界元方法.北京:高等教育出版社,2010.
[7] 张雄,刘岩.无网格法.北京:清华大学出版社,2004.
[8] 刘桂荣,顾元通.无网格法理论及程序设计.济南:山东大学出版社,2007.
[9] 顾元通,丁桦.无网格法及其最新进展.力学进展,2005,35(3):323-337.
[10] 张雄,刘岩,马上.无网格法的理论及应用.力学进展,2009,39(1):1-36.
[11] 冯康,秦孟兆.哈密尔顿系统的辛几何算法.杭州:浙江科学技术出版社,2003.

第1章　变分原理

变分学研究泛函驻立值问题。变分原理以变分形式表示物理定律，即在满足一定约束条件的所有可能物体运动状态中，真实的运动状态使某物理量（如势能泛函）取极值或驻立值。变分问题可以等价地转换为微分方程问题，即物理问题可以有变分原理和微分方程两种等价的提法[1]。

在求数值解时，若从微分方程出发，可以采用差分方法。对于规则的求解域，差分方法是有效的。但从求泛函的极值或驻立值出发来求近似解，有时比从微分方程出发更为方便。因此变分法已成为计算力学的重要数学方法之一。

变分法是以变分学和变分原理为基础的一种近似计算方法。瑞利-里兹(Rayleigh - Ritz)方法是最常用的经典变分法，其主要问题是在全域内选取满足强制边界条件的基函数。有限元法是经典瑞利-里兹方法与分片插值法相结合的产物，它避免了瑞利-里兹方法中寻找基函数的困难。不规则网格的剖分使有限元法比有限差分法有更大的灵活性和广泛性。

在连续介质力学中，变分原理之所以非常重要，至少有三方面的因素：物理学中存在拉格朗日(Lagrange)极小值原理；许多物理问题的域内平衡微分方程和自然边界条件可以直接从变分原理导出；从变分原理出发，可以用简单的方式推导有限元等数值计算方法，也可以用变分原理直接计算许多问题的数值解。本章只简单介绍与有限元方法密切相关的变分原理[1-3]的基本知识。

1.1　结构力学理论基础

工程结构的主要元件是杆、梁和板壳结构。对这些简单构件的力学分析是结构力学的基础。结构力学与有限元方法具有密切的关系。对结构力学中最基本的原理进行介绍，将有助于对有限元概念的理解。实际上，独立运用下面介绍的某些方法可以直接解决一些结构力学问题。

1.1.1　胡克定律及推论

某物体在幅值为 $P_1, P_2, \cdots, P_n$ 的外力 $\boldsymbol{P}_1, \boldsymbol{P}_2, \cdots, \boldsymbol{P}_n$ 作用下处于平衡状态。下面在直角坐标系中描述物体的变形和运动。设 $P_1 : P_2 : \cdots : P_n$ 不变，即各个外力同时增加或同时减小。对于线弹性物体，有如下最基本的三条假设[2]。

假设1：物体的自然（无应力）状态和变形状态都是连续的。

满足假设1的物体被称为连续体。研究连续体变形和运动的力学称为连续介质力学。

假设2：物体的弹性变形规律满足胡克(Hooke)定律，即

$$u = a_1 P_1 + a_2 P_2 + \cdots + a_n P_n \tag{1.1-1}$$

式中：$a_1, a_2, \cdots, a_n$ 与外力 $\boldsymbol{P}_1, \boldsymbol{P}_2, \cdots, \boldsymbol{P}_n$ 的幅值 $P_1, P_2, \cdots, P_n$ 无关，只与位移 u 的位置以及力的作用点和方向有关。实际应用中，胡克定律并不严格要求载荷与位移的关系必须是线性的。

假设 3:物体的自然(无应力)状态是唯一的,外力移去后物体恢复到自然状态。

满足上述三条基本假设的连续体被称为线弹性体。从上述三条基本假设可以得到一些重要的推论。

推论 1:叠加原理。

根据假设 2 和假设 3 可知,由式(1.1-1)表达的胡克定律与外力 $\boldsymbol{P}_1,\boldsymbol{P}_2,\cdots,\boldsymbol{P}_n$ 的施加顺序无关,并且 a_1 与 $\boldsymbol{P}_2,\boldsymbol{P}_3,\cdots,\boldsymbol{P}_n$ 无关,a_2 与 $\boldsymbol{P}_1,\boldsymbol{P}_3,\cdots,\boldsymbol{P}_n$ 无关,以此类推。这就是载荷与位移关系的叠加原理。

推论 2:外力功的唯一性。

在力的作用点上且沿着力的作用方向的位移称为与力相应的位移。物体在力 $\boldsymbol{P}_1,\boldsymbol{P}_2,\cdots,\boldsymbol{P}_n$ 作用下,根据胡克定律可以得到如下相应位移表达式,即

$$\left.\begin{aligned} u_1 &= c_{11}P_1 + c_{12}P_2 + \cdots + c_{1n}P_n \\ u_2 &= c_{21}P_1 + c_{22}P_2 + \cdots + c_{2n}P_n \\ &\vdots \\ u_n &= c_{n1}P_1 + c_{n2}P_2 + \cdots + c_{nn}P_n \end{aligned}\right\} \tag{1.1-2}$$

式中:$u_1,u_2,\cdots,u_n$ 分别是与力 $P_1,P_2,\cdots,P_n$ 相应的位移,即 u_1 是 P_1 作用点的位移,且二者方向相同,u_2 是 P_2 作用点的位移,以此类推。c_{ij} 为柔度影响系数。若用 P_1 乘以式(1.1-2)的第 1 个方程,用 P_2 乘以第 2 个方程,以此类推,然后把所有结果相加,得

$$\begin{aligned} P_1u_1 + P_2u_2 + \cdots + P_nu_n = {} & c_{11}P_1^2 + c_{12}P_1P_2 + \cdots + c_{1n}P_1P_n + \\ & c_{21}P_2P_1 + c_{22}P_2^2 + \cdots + C_{2n}P_2P_n + \\ & \vdots \\ & c_{n1}P_nP_1 + c_{n2}P_nP_2 + \cdots + c_{nn}P_n^2 \end{aligned} \tag{1.1-3}$$

式(1.1-3)的结果与力 $\boldsymbol{P}_1,\boldsymbol{P}_2,\cdots,\boldsymbol{P}_n$ 的施加顺序无关。在施加载荷过程中,若保持 $P_1:P_2:\cdots:P_n$ 不变,即各个外力同时增加或同时减小,则从式(1.1-2)可知,相应位移的比例 $u_1:u_2:\cdots:u_n$ 也保持不变。因此,在外力缓慢施加直至最后状态的过程中,相应位移也按比例变化直至达到最后值。在这个缓慢比例加载过程中,$\boldsymbol{P}_1$ 作的功为 $P_1u_1/2$,$\boldsymbol{P}_2$ 作的功为 $P_2u_2/2$,以此类推。从式(1.1-3)可以推断,外力总功与外力施加的顺序无关,即外力功是唯一的。

推论 3:功的互等定理。

从外力功与载荷施加顺序无关的特点,可以证明如下 Maxwell 互等关系,即

$$c_{ij} = c_{ji} \tag{1.1-4}$$

从式(1.1-2)还可以得到如下 Betti-Rayleigh 功的互等定理,即

$$P_1u_1' + P_2u_2' + \cdots + P_nu_n' = P_1'u_1 + P_2'u_2 + \cdots + P_n'u_n \tag{1.1-5}$$

式中:$u_1,u_2,\cdots,u_n$ 分别是力 $P_1,P_2,\cdots,P_n$ 的相应位移,$u_1',u_2',\cdots,u_n'$ 分别是力 $P_1',P_2',\cdots,P_n'$ 的相应位移。值得指出的是,式(1.1-5)中的广义外力可以包括力、扭矩和力偶等,对应的广义位移为位移、扭角和转角等。

推论 4:Castigliano 定理。

在下面的介绍中,忽略物体的热力学效应。若加载过程非常缓慢,则可以忽略物体的动能,因此外力功与物体内能相等。若物体在无应力自然状态时的内能等于零,则称具有这种性质的内能为应变能。从式(1.1-3)和式(1.1-4)可以得到应变能 U 的表达式为

$$U=\frac{1}{2}\sum_{i=1}^{n}\sum_{j=1}^{n}c_{ij}P_iP_j=\frac{1}{2}\sum_{i=1}^{n}c_{ii}P_i^2+\sum_{i\neq j}^{n}\sum_{j\neq i}^{n}c_{ij}P_iP_j \tag{1.1-6}$$

从推论 2 可知,应变能也是唯一的,并且与外力施加顺序无关。把式(1.1－6)对 P_i 求导得

$$\frac{\partial U}{\partial P_i}=c_{ii}P_i+\sum_{j\neq i}^{n}c_{ij}P_j,\quad i=1,2,\cdots,n \tag{1.1-7}$$

根据式(1.1－2)可知,式(1.1－7)给出了 Castigliano 定理,即

$$\frac{\partial U}{\partial P_i}=u_i,\quad i=1,2,\cdots,n \tag{1.1-8}$$

推论 5:虚功原理。

若把应变能表达为位移的函数,则有

$$\frac{\partial U}{\partial u_i}=P_i,\quad i=1,2,\cdots,n \tag{1.1-9}$$

下面用虚功原理证明式(1.1－9)。设物体的虚位移 δu 是处处连续的,并且除了在 P_i 作用点的虚位移不等于零外,在其他各外力作用点的虚位移都等于零。用 δU 表示与虚位移 δu 对应的应变能,根据虚功原理有 $\delta U=P_i\delta u_i$,其微分形式即为式(1.1－9)。

值得指出的是,式(1.1－9)只要求把应变能表达为位移的函数,因此,该式对于具有非线性载荷-位移关系的弹性体也是适用的。

从式(1.1－9)可知,若应变存在且能够表达为位移的函数,则可以根据式(1.1－9)得到弹性体的载荷与位移的关系。如果 U 是位移的齐次二次型,则载荷 P_i 与位移 $u_1,u_2,\cdots,u_n$ 的关系是线性的,否则载荷与位移的关系可能是非线性的。

1.1.2　应变能正定性的应用

热力学定理指出:对于具有稳定自然状态(如线弹性结构的无应力状态)的固体,其应变能函数一定是正定的,只有固体在自然状态时,应变能才等于零。在 1.1.1 小节中,根据胡克定律等假设得到了一些重要推论。从应变能的正定性出发,也可以得到一些有用的推论,如式(1.1－9)等。

由于应变能 U 是正定的,因此式(1.1－6)中的柔度影响系数必须满足如下关系:c_{ii} 之和大于零,并且柔度矩阵 $\boldsymbol{c}$ 的行列式 $\det\boldsymbol{c}$ 大于零。根据应变能的正定性,容易推出位移与载荷关系的唯一性,也即弹性体解的唯一性(请读者用反证法证明该结论的正确性)。

由于 $\det\boldsymbol{c}\neq 0$,因此下列关系成立,即

$$\left.\begin{aligned}P_1&=k_{11}u_1+k_{12}u_2+\cdots+k_{1n}u_n\\P_2&=k_{21}u_1+k_{22}u_2+\cdots+k_{2n}u_n\\&\vdots\\P_n&=k_{n1}u_1+k_{n2}u_2+\cdots+k_{nn}u_n\end{aligned}\right\} \tag{1.1-10}$$

式中:k_{ij} 为刚度影响系数,由于 $c_{ij}=c_{ji}$,因此 $k_{ij}=k_{ji}$。用 $u_1,u_2,\cdots,u_n$ 依次乘以式(1.1－10)中的方程然后再相加,得到应变能的另外一种表达形式为

$$U=\frac{1}{2}\sum_{i=1}^{n}k_{ii}u_i^2+\sum_{i\neq j}^{n}\sum_{j\neq i}^{n}k_{ij}u_iu_j \tag{1.1-11}$$

把式(1.1－11)对 u_i 微分可以直接得到式(1.1－9)。

1.1.3 最小余能原理

图 1.1-1 所示的二次静不定梁，承受三个互相平行并垂直于梁轴线的外载荷，用 u 表示挠度。下面用两种方法求解支座反力。

首先用结构力学中的一致变形方法（力法或柔度方法）来求解，步骤如下：

① 移去中间两个支座，将其反力按照外力施加到相应位置；

② 根据力和力矩平衡条件，把 P_3 和 P_4 用 P_1，P_2 及 P_5，P_6，P_7 来表示；

③ 根据柔度影响系数方法，参见式(1.1-2)，把梁中间两支座处的位移 u_1 和 u_2 用载荷 P_1，…，P_7 表示；

④ 根据支持条件 $u_1=u_2=0$ 可以解出 P_1 和 P_2。

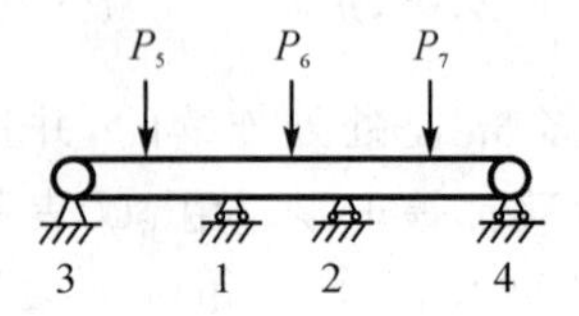

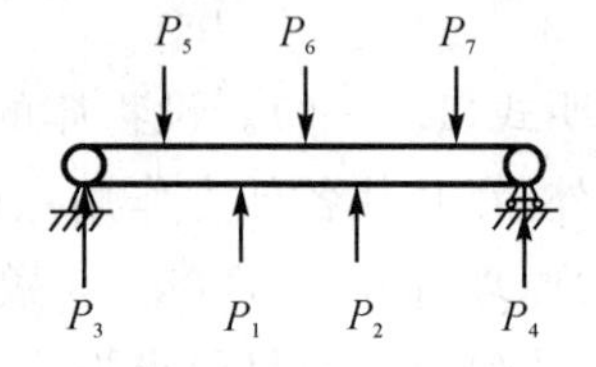

图 1.1-1 静不定梁结构

这种一致变形（位移协调）方法的应用是非常广泛的。下面再用最小余能原理来求解该问题。首先把图 1.1-1 所示梁上的 7 个点分成两组：S_u 组包括点 1,2,3 和 4，在这些点上，位移被约束或者说位移是已知的；对应这些点的边界条件是位移边界条件。S_P 组包括点 5,6 和 7，在这些点上，外力是已知的；对应这些点的边界条件称为力的边界条件。

力的平衡方程为

$$\sum_{i=1}^{7} P_i = 0, \quad \sum_{i=1}^{7} x_i P_i = 0 \tag{1.1-12}$$

式中：x_i 为以某一点为参考点的力臂。在式(1.1-12)中，只有 P_5，P_6，P_7 是已知的，因此将有无穷多组 P_1 和 P_2 能够满足该方程。那么如何能够从这无穷多组解中找到满足一致变形条件 $u_1=u_2=0$ 的真解呢？利用最小余能原理可以解决这个问题。

最小余能原理表述为：在所有满足平衡方程和力边界条件的载荷中，真实载荷使线弹性体产生连续且满足已知位移点协调条件的变形，该真实载荷可以通过下面的余能泛函 V^* 取极小值来获得，即

$$V^* = U - \sum_{S_u} u_i P_i = \frac{1}{2}\sum_{i=1}^{n}\sum_{j=1}^{n} c_{ij} P_i P_j - \sum_{S_u} u_i P_i \tag{1.1-13}$$

式中：U 为应变能，参见式(1.1-6)。注意式(1.1-13)右端的第 2 项表示外力势，它只针对已知位移点而言。对于图 1.1-1 所示系统，外力势等于零，此时余能泛函等于应变能，即

$$V^*(P_1, P_2) = \frac{1}{2}\sum_{i=1}^{7}\sum_{j=1}^{7} c_{ij} P_i P_j \tag{1.1-14}$$

把式(1.1-14)分别对 P_1 和 P_2 求导，可以得到如下两个代数方程，即

$$\sum_{j=1}^{7} c_{1j} P_j = 0, \quad \sum_{j=1}^{7} c_{2j} P_j = 0 \tag{1.1-15}$$

求解由式(1.1-12)和式(1.1-15)组成的代数方程组可以得到 P_1 和 P_2。比较式(1.1-2)和

式(1.1-15)可知,最小余能原理与式(1.1-2)是等价的。读者可以自己证明,真实的力一定使余能泛函取极小值。

值得指出的是,对于复杂结构,若能写出系统的余能泛函,则根据最小余能原理就可以求解出满足精度要求的近似载荷。

1.1.4 最小势能原理

对于线弹性连续体,若载荷 $\boldsymbol{P}_1,\boldsymbol{P}_2,\cdots,\boldsymbol{P}_n$ 作用其上使其产生线弹性变形,则变形一定是唯一的。最小势能原理给出了确定真实位移的方法。构造势能泛函

$$V = U - \sum_{S_P} u_i P_i = \frac{1}{2}\sum_{i=1}^{n}\sum_{j=1}^{n} k_{ij} u_i u_j - \sum_{S_P} u_i P_i \tag{1.1-16}$$

式中:U 为应变能,参见式(1.1-11)。注意式(1.1-16)右端的第 2 项表示外力势,它只针对已知外力而言。

最小势能原理表述为:在所有满足位移边界条件的可能位移中,真实位移满足平衡方程和胡克定律,并且可以通过势能泛函取极小值来确定。

对于图 1.1-1 所示系统,前面已经用最小余能原理或变形一致方法得到了 P_1 和 P_2。下面根据最小势能原理求载荷 P_5,P_6,P_7 作用点的挠度。把式(1.1-16)变为

$$V(u_5,u_6,u_7) = \frac{1}{2}\sum_{i=5}^{7}\sum_{j=5}^{7} k_{ij} u_i u_j - \sum_{i=5}^{7} u_i P_i \tag{1.1-17}$$

把式(1.1-17)分别对 u_5,u_6,u_7 求导可得如下代数方程组

$$\begin{cases} P_5 = k_{55}u_5 + k_{56}u_6 + k_{57}u_7 \\ P_6 = k_{65}u_5 + k_{66}u_6 + k_{67}u_7 \\ P_7 = k_{75}u_5 + k_{76}u_6 + k_{77}u_7 \end{cases} \tag{1.1-18}$$

求解该代数方程组即得到了相应位移。比较式(1.1-10)和式(1.1-18)可知,最小势能原理与式(1.1-10)是等价的。

值得指出的是,对于复杂结构,若能写出系统的势能泛函,则根据最小势能原理可以求解满足精度要求的近似位移。

1.2 一阶变分和二阶变分

变分原理是求泛函驻立值的原理,泛函可以理解为是函数的函数[1]。在应用变分原理时,求泛函的一阶变分和二阶变分是最基本的两个变分运算。

1.2.1 变分与微分

变分的定义类似微分,参见图 1.2-1。在曲线 $y(x)$附近有另外一条曲线 $Y(x)$,其方程为

$$Y(x) = y(x) + \delta y(x)$$

式中:$\delta y(x)$是无穷小量,称为自变函数 $y(x)$的变分。

可以把微分和变分按如下对比来理解:

1) 微分指自变函数 $y(x)$不变,自变量 x 有一个无穷小增量 $\mathrm{d}x$,则 $\mathrm{d}y$ 称为自变函数的微分,且 $\mathrm{d}y=y'\mathrm{d}x$。其中符号"$y'$"表示变量 y 对自变量 x 求一阶导数。

2）变分指自变量 x 不变，自变函数 $y(x)$ 有一个无穷小的增量 δy，则 δy 称为自变函数的变分，且 $\delta y=Y(x)-y(x)$。

3）变分的性质是：

① 由于

$$(\delta y)'=(Y-y)'=Y'-y'=\delta(y')$$

因此

$$(\delta y)'=\delta(y') \tag{1.2-1}$$

图 1.2-1 变分与微分

所以变分和微分的次序可以互换。

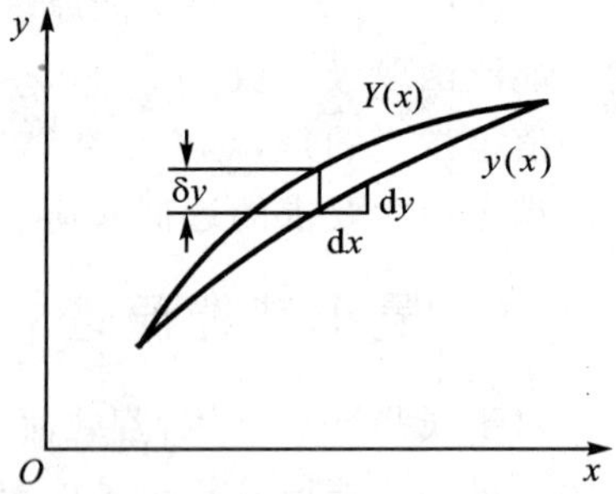

② 自变函数高次幂的变分与微分运算法则一致，即

$$\delta(y^n)=ny^{n-1}\delta y \tag{1.2-2}$$

③ 分部积分法则为

$$\int_a^b u\delta v'\mathrm{d}x=u\delta v\,|_a^b-\int_a^b u'\delta v\mathrm{d}x \tag{1.2-3}$$

值得指出的是，$\mathrm{d}x$，$\mathrm{d}y$ 和 δy 都是无穷小量，都符合无穷小量运算法则。

1.2.2 一阶和二阶变分

考察泛函

$$\Pi(y,y')=\int_a^b F(x,y,y')\mathrm{d}x \tag{1.2-4}$$

若自变函数 y 有一个微小增量，则泛函的增量为

$$\Delta\Pi=\int_a^b[F(x,y+\delta y,y'+\delta y')-F(x,y,y')]\mathrm{d}x \tag{1.2-5}$$

将式(1.2-5)积分中的第一项进行 Taylor 展开，有

$$\Delta\Pi=\int_a^b\left(\frac{\partial F}{\partial y}\delta y+\frac{\partial F}{\partial y'}\delta y'\right)\mathrm{d}x+\frac{1}{2}\int_a^b\left(\frac{\partial^2 F}{\partial y^2}\delta y^2+2\,\frac{\partial^2 F}{\partial y\partial y'}\delta y\delta y'+\frac{\partial^2 F}{\partial y'^2}\delta y'^2\right)\mathrm{d}x+\cdots \tag{1.2-6}$$

式中：右端第一项被定义为该泛函的一阶变分，记为

$$\delta\Pi=\int_a^b\left(\frac{\partial F}{\partial y}\delta y+\frac{\partial F}{\partial y'}\delta y'\right)\mathrm{d}x \tag{1.2-7}$$

式(1.2-6)右端第二项被定义为该泛函的二阶变分，记为

$$\delta^2\Pi=\frac{1}{2}\int_a^b\left(\frac{\partial^2 F}{\partial y^2}\delta y^2+2\,\frac{\partial^2 F}{\partial y\partial y'}\delta y\delta y'+\frac{\partial^2 F}{\partial y'^2}\delta y'^2\right)\mathrm{d}x \tag{1.2-8}$$

式中：$\delta y^2=(\delta y)^2$，故 $\delta(y^2)\neq(\delta y)^2$。对一阶变分公式(1.2-7)进行分部积分可以得到

$$\delta\Pi=\int_a^b\left[\frac{\partial F}{\partial y}-\frac{\mathrm{d}}{\mathrm{d}x}\left(\frac{\partial F}{\partial y'}\right)\right]\delta y\mathrm{d}x+\frac{\partial F}{\partial y'}\delta y\bigg|_a^b \tag{1.2-9}$$

式(1.2-9)等于零即 $\delta\Pi=0$ 的充分必要条件为

$$\frac{\partial F}{\partial y}-\frac{\mathrm{d}}{\mathrm{d}x}\left(\frac{\partial F}{\partial y'}\right)=0 \tag{1.2-10}$$

和

$$\left.\frac{\partial F}{\partial y'}\delta y\right|_a^b = 0 \tag{1.2-11}$$

式(1.2－10)在变分学中称为欧拉方程，也就是力学中的域内平衡方程。式(1.2－11)称为边界条件。若问题的边界是固定的，则 $\delta y=0$，对应于力学中的位移边界条件或刚硬(rigid)边界条件，也称为本质(essential)边界条件。若在问题的边界上 $\delta y\neq 0$，则要求

$$\left.\frac{\partial F}{\partial y'}\right|_a^b = 0 \tag{1.2-12}$$

式(1.2－12)在变分学中称为自然(natural)边界条件或导出边界条件，对应于力学中的力的边界条件。

泛函 Π 取驻立值的充分必要条件是泛函的一阶变分 $\delta\Pi=0$。但 $\delta\Pi=0$ 只是 Π 取极值的必要条件。在根据 $\delta\Pi=0$ 求得泛函 Π 的驻立值之后，可以再根据 $\delta^2\Pi$ 的符号来判断 Π 取极大值、极小值或非极值的驻立值，结论如下：

① 当 $\delta^2\Pi<0$ 时，Π 取极大值；

② 当 $\delta^2\Pi>0$ 时，Π 取极小值；

③ 当 $\delta^2\Pi\leqslant 0$ 时，Π 取非极小的驻立值；

④ 当 $\delta^2\Pi\geqslant 0$ 时，Π 取非极大的驻立值；

⑤ 当 $\delta^2\Pi$ 不确定时，Π 取非极值的驻立值。

例 1.2－1　利用变分原理求图 1.2－2 所示系统的平衡方程。

解：应用牛顿力学方法，可以直接得到该系统的静平衡方程为

$$kx = mg \tag{a}$$

下面用变分原理来得到式(a)。系统的总势能泛函为

$$\Pi = \frac{1}{2}kx^2 - mgx \tag{b}$$

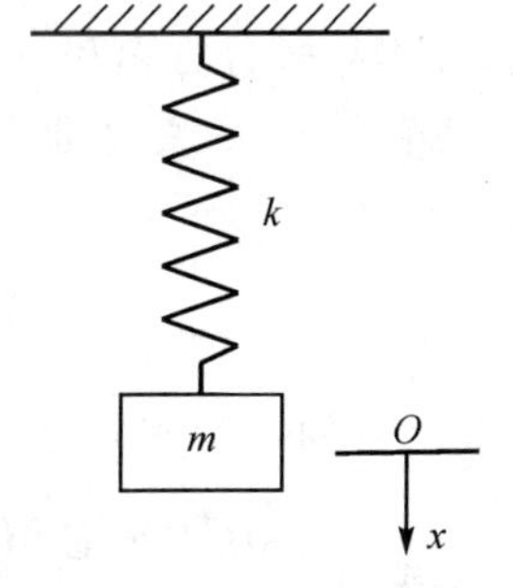

图 1.2－2　单自由度系统

根据变分原理，有

$$\delta\Pi = (kx - mg)\delta x = 0$$

由于 δx 是任意的，因此 $kx=mg$。势能泛函的二阶变分 $\delta^2\Pi=\frac{1}{2}k(\delta x)^2>0$，于是当式(a)成立时，势能泛函(b)取极小值，即

$$\Pi_{\min} = -\frac{1}{2}kx^2 \tag{c}$$

并且外力功 $mgx=kx^2$ 为内能 $kx^2/2$ 的 2 倍。值得指出的是，对于线弹性结构，这个结论是普遍成立的。读者可以思考：为何外力功不等于弹簧储存的能量呢？（提示：从弹簧原始长度到静平衡位置的缓慢过程中，力 kx 是缓慢变化的，外力功为 $kx^2/2$。而重力本身是不变的，只是在平衡位置上，重力与弹性恢复力相等。）

还可以举一个能量守恒的例子：设力 F 作用在质量为 m 的刚性物体上，物体在光滑的平面上运动，根据冲量定律有

$$F\Delta t = m\Delta v \tag{d}$$

将式(d)两端乘以时间的无穷小增量 $\mathrm{d}t$ 并对时间积分，有

$$\int_0^\tau (\tau - t)F\mathrm{d}t = \int_0^\tau m(v - v_0)\mathrm{d}t$$

或

$$\int_0^\tau v\mathrm{d}t = v_0\tau + \int_0^\tau (\tau - t)\,\frac{F}{m}\mathrm{d}t \tag{e}$$

若力 F 不变,则物体的位移是

$$S = \int_0^\tau v\mathrm{d}t = v_0\tau + \frac{1}{2}\,\frac{F}{m}\tau^2 \tag{f}$$

而物体的速度为

$$v = \dot{S} = v_0 + \frac{F}{m}\tau \tag{g}$$

式中:$\dot{S} = \mathrm{d}S/\mathrm{d}\tau$。令 $v_0 = 0$,则外力功为

$$F \times S = \frac{1}{2}\,\frac{F^2}{m}\tau^2$$

物体的动能为

$$\frac{1}{2}mv^2 = \frac{1}{2}\,\frac{F^2}{m}\tau^2$$

显然动能与外力功是相等的。

例 1.2-2 对图 1.2-3 所示的一端固定杆,试写出势能泛函及其一阶和二阶变分表达式,并推导微分方程和自然边界条件。

解: 系统的总势能泛函包括杆的应变能和外力势两部分,即

$$\Pi(u, u') = \int_0^L \left[\frac{1}{2}EA\left(\frac{\mathrm{d}u}{\mathrm{d}x}\right)^2 - fu\right]\mathrm{d}x \tag{a}$$

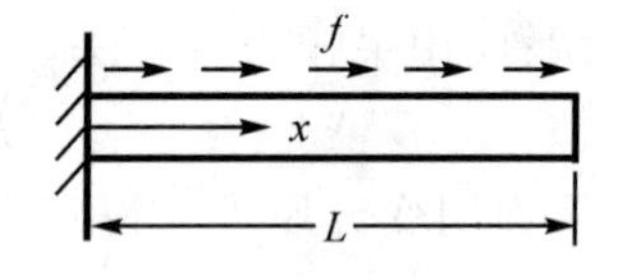

图 1.2-3 受分布载荷作用的一端固定均匀杆

势能泛函的一阶变分为

$$\delta\Pi = \int_0^L EA\left(\frac{\mathrm{d}u}{\mathrm{d}x}\right)\delta\left(\frac{\mathrm{d}u}{\mathrm{d}x}\right)\mathrm{d}x - \int_0^L f\delta u\mathrm{d}x \tag{b}$$

二阶变分为

$$\delta^2\Pi = \frac{1}{2}\int_0^L EA\left(\delta\,\frac{\mathrm{d}u}{\mathrm{d}x}\right)^2\mathrm{d}x > 0 \tag{c}$$

由此可见,系统势能泛函有极小值,这说明系统是稳定的,或稳定物理系统的势能有极小值。下面推导微分方程和边界条件。

根据泛函取极值的必要条件 $\delta\Pi = 0$,有

$$\delta\Pi = EA\left(\frac{\mathrm{d}u}{\mathrm{d}x}\right)\delta u\Big|_0^L - \int_0^L \left[\frac{\mathrm{d}}{\mathrm{d}x}\left(EA\,\frac{\mathrm{d}u}{\mathrm{d}x}\right) + f\right]\delta u\mathrm{d}x = 0 \tag{d}$$

因此在域内有

$$\frac{\mathrm{d}}{\mathrm{d}x}\left(EA\,\frac{\mathrm{d}u}{\mathrm{d}x}\right) + f = 0 \tag{e}$$

否则就能够找到一个 δu 使上面一阶变分表达式(d)中的积分项大于或小于零。式(e)就是杆的域内平衡方程或称为欧拉方程。经过同样的分析,可以得到下面的边界条件:

① 在固定端 $u=0(\delta u=0)$为位移边界条件,也称为本质边界条件、强制边界条件或刚硬边界条件。该条件是已知的,它是最小势能原理的变分约束条件。

② 在自由端 u 可变$(\delta u \neq 0)$,$\mathrm{d}u/\mathrm{d}x = 0$,此边界条件是根据泛函取极值要求得到的,不

是指定的，故称为自然边界条件或力的边界条件。

方程(e)和边值条件是用弹性力学方法对杆静力问题的数学描述。从上面推导过程可以看出，根据变分原理可以得到势能泛函的最小值。因此，针对稳定物理系统的总势能泛函，变分原理与最小势能原理是等价的。从上面的推导过程还可以看出，最小势能原理与弹性力学是等价的，这个推论具有一般性。

下面验证外力功为杆应变能的 2 倍。外力功为

$$\int_0^L fu\,\mathrm{d}x = -\int_0^L u\frac{\mathrm{d}}{\mathrm{d}x}\left(EA\frac{\mathrm{d}u}{\mathrm{d}x}\right)\mathrm{d}x = -EAu\frac{\mathrm{d}u}{\mathrm{d}x}\bigg|_0^L + \int_0^L EA\left(\frac{\mathrm{d}u}{\mathrm{d}x}\right)^2\mathrm{d}x = \int_0^L EA\left(\frac{\mathrm{d}u}{\mathrm{d}x}\right)^2\mathrm{d}x$$

而应变能为 $\frac{1}{2}\int_0^L EA\left(\frac{\mathrm{d}u}{\mathrm{d}x}\right)^2\mathrm{d}x$，显然两者是 2 倍的关系。

1.3　广义变分原理

广义变分原理通常是指除了最小势能原理和最小余能原理之外的其他变分原理，如二类变量和三类变量变分原理等。关于变分原理的书籍很多，但具有代表性的著作是胡海昌[1,3]、钱伟长[4]和 Washizu[5]等人的经典著作。本节仅以欧拉梁为例，对二类变量和三类变量变分原理进行简单介绍，以便为理解有限元方法奠定良好的理论基础。值得指出的是，有限元的理论基础不仅仅是变分原理，它还可以从其他途径来形成有限元格式，如图 1.3-1[6]所示。

1.3.1　虚位移原理——最小势能原理

为了更好地理解各种力学基本原理之间的等价性，把力学基本理论框架统一起来，下面就先介绍如何从虚位移原理得到最小势能原理。考虑图 1.3-2 所示的梁。

虚位移原理(也称虚功原理)指当物体处于平衡状态时，外力在虚位移上所作的外虚功等于内力在虚变形上所作的内虚功。反之，对于任意虚位移，若物体的外虚功等于内虚功，则物体一定处于平衡状态。

虚功原理的约束条件是域内几何方程和位移边界条件，满足这两个条件的位移被称为可能位移或虚位移。虚位移也可以理解为任意两个可能位移之差，是指在平衡位置附近的任意小的可能位移。

可以证明，虚功原理与平衡方程和力边界条件是等效的，也就是说，把应变-位移关系和位移边界条件代入虚功原理中可以得到平衡方程和力的边界条件。图 1.3-2 所示梁的平衡方程为

在域内

$$\frac{\mathrm{d}^2M}{\mathrm{d}x^2} + q = 0 \tag{1.3-1}$$

在边界上

$$M_L + \overline{M}_L = 0 \tag{1.3-2}$$

在平衡位置附近，针对任意小的虚位移，有

$$\int_0^L\left(\frac{\mathrm{d}^2M}{\mathrm{d}x^2} + q\right)\delta w\mathrm{d}x + (M_L + \overline{M}_L)\delta\frac{\mathrm{d}w_L}{\mathrm{d}x} = 0 \tag{1.3-3}$$

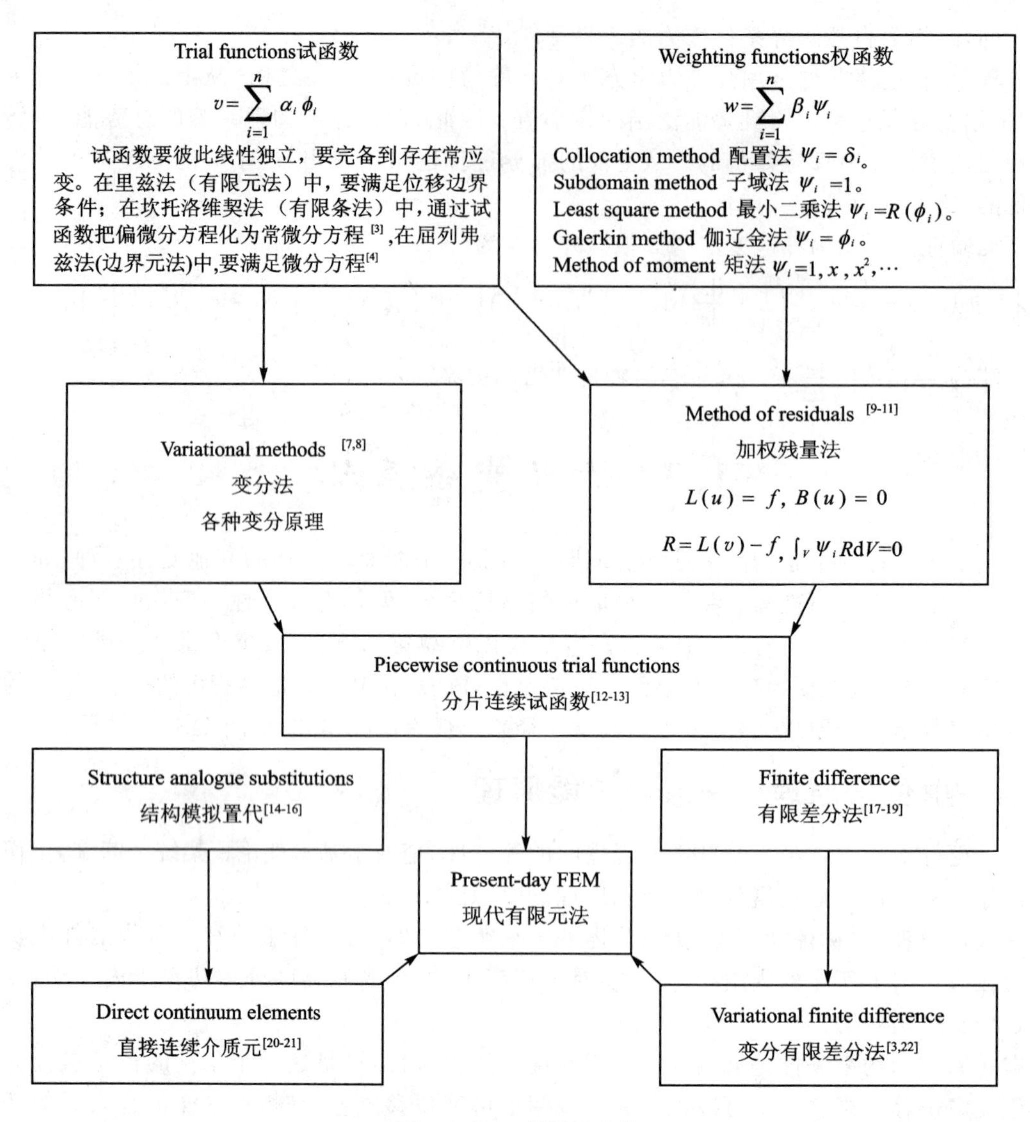

图 1.3-1 有限元方法

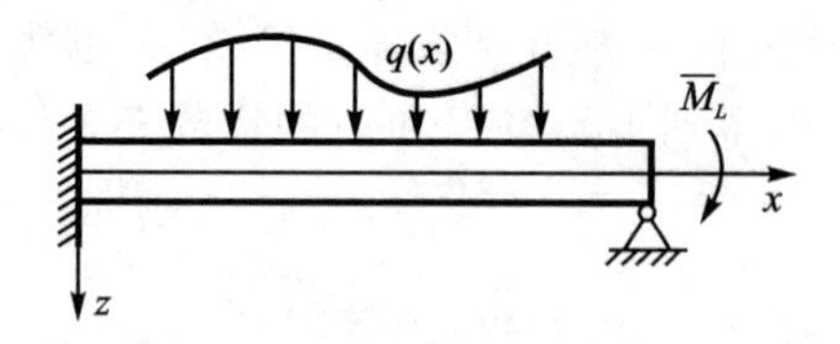

图 1.3-2 受分布载荷作用的梁

式(1.3-3)的含义是:当结构处于平衡状态时,平衡力在虚位移上所作的虚功等于零,这是虚功原理的另外一种表述方式。对式(1.3-3)的第一项进行分部积分,并代入位移边界条件 $w(L)=w(0)=0$ 和 $\mathrm{d}w(0)/\mathrm{d}w=0$ 中,可以得到

$$-\int_0^L M\delta\frac{\mathrm{d}^2w}{\mathrm{d}x^2}\mathrm{d}x=\int_0^L q\delta w\mathrm{d}x+\overline{M}_L\delta\frac{\mathrm{d}w_L}{\mathrm{d}x}\tag{1.3-4}$$

式中

$$w_L=w\,|_{x=L},\quad \frac{\mathrm{d}w_L}{\mathrm{d}x}=\left.\frac{\mathrm{d}w}{\mathrm{d}x}\right|_{x=L},\quad \text{以此类推}$$

式(1.3-4)为虚位移原理表达式。值得强调的是，在虚位移原理中没有涉及物理方程，因此虚位移原理适合各种本构关系，如非线性弹性和弹塑性等问题。如果式(1.3-4)的解不能在各点满足平衡方程和力的边界条件，则对应的解就是近似解。

利用 $M=-EI\mathrm{d}w^2/\mathrm{d}x^2$ 可将式(1.3-4)变为

$$\int_0^L\left(EI\frac{\mathrm{d}^2w}{\mathrm{d}x^2}\delta\frac{\mathrm{d}^2w}{\mathrm{d}x^2}-q\delta w\right)\mathrm{d}x-\overline{M}_L\delta\frac{\mathrm{d}w_L}{\mathrm{d}x}=0\tag{1.3-5a}$$

即

$$\delta\left\{\int_0^L\left[\frac{1}{2}EI\left(\frac{\mathrm{d}^2w}{\mathrm{d}x^2}\right)^2-qw\right]\mathrm{d}x-\overline{M}_L\frac{\mathrm{d}w_L}{\mathrm{d}x}\right\}=0\tag{1.3-5b}$$

式(1.3-5)就是梁的最小总势能原理。总势能泛函为

$$\Pi=\int_0^L\left[\frac{1}{2}EI\left(\frac{\mathrm{d}^2w}{\mathrm{d}x^2}\right)^2-qw\right]\mathrm{d}x-\overline{M}_L\frac{\mathrm{d}w_L}{\mathrm{d}x}\tag{1.3-6}$$

定义梁的广义应变 χ 和广义应力 M 分别为

$$\left.\begin{aligned}\chi&=-\frac{\mathrm{d}^2w}{\mathrm{d}x^2}\\ M&=EI\chi\end{aligned}\right\}\tag{1.3-7}$$

梁的单位长度应变能密度函数 $A(\chi)$ 和余应变能密度函数 $B(M)$ 分别为

$$\left.\begin{aligned}A(\chi)&=\int_0^\chi M\mathrm{d}\chi=\int_0^\chi EI\chi\,\mathrm{d}\chi=\frac{1}{2}EI\chi^2\\ B(M)&=\int_0^M\chi\mathrm{d}M=\int_0^M\frac{M}{EI}\mathrm{d}M=\frac{1}{2}\frac{M^2}{EI}\end{aligned}\right\}\tag{1.3-8}$$

并且

$$\left.\begin{aligned}&\frac{\mathrm{d}A}{\mathrm{d}\chi}=M,\quad\frac{\mathrm{d}B}{\mathrm{d}M}=\chi\\ &A(\chi)+B(M)=M\chi\end{aligned}\right\}\tag{1.3-9}$$

利用应变能密度函数可将式(1.3-6)写为

$$\Pi=\int_0^L[A(\chi)-qw]\mathrm{d}x-\overline{M}_L\frac{\mathrm{d}w_L}{\mathrm{d}x}\tag{1.3-10}$$

1.3.2　胡海昌-鹫津三类变量广义变分原理

对于图 1.3-2 所示的梁，最小势能原理的变分约束条件为

几何关系
$$\chi=-\frac{\mathrm{d}^2w}{\mathrm{d}x^2}\tag{1.3-11a}$$

位移边界条件
$$w_0=\overline{w}_0,\quad w_L=\overline{w}_L,\quad\frac{\mathrm{d}w_0}{\mathrm{d}x}=\frac{\mathrm{d}\overline{w}_0}{\mathrm{d}x}\tag{1.3-11b}$$

式(1.3－11b)中各式的右端项表示指定的位移或转角,它们可以为零,也可以等于任何其他确定的值,此处,它们都等于零。在式(1.3－10)中,可以用拉格朗日乘子方法解除约束条件(1.3－11a),即

$$\Pi_3 = \int_0^L [A(\chi) - qw]\mathrm{d}x - \bar{M}_L \frac{\mathrm{d}w_L}{\mathrm{d}x} + \int_0^L \lambda\left(\chi + \frac{\mathrm{d}^2 w}{\mathrm{d}x^2}\right)\mathrm{d}x \tag{1.3-12}$$

根据变分原理得

$$\delta\Pi_3 = \int_0^L \left(\frac{\mathrm{d}A}{\mathrm{d}\chi}\delta\chi - q\delta w\right)\mathrm{d}x - \bar{M}_L \frac{\mathrm{d}\delta w_L}{\mathrm{d}x} + \int_0^L \lambda\left(\delta\chi + \delta\frac{\mathrm{d}^2 w}{\mathrm{d}x^2}\right)\mathrm{d}x + \int_0^L \delta\lambda\left(\chi + \frac{\mathrm{d}^2 w}{\mathrm{d}x^2}\right)\mathrm{d}x = 0 \tag{1.3-13}$$

对 $\int_0^L \lambda\delta\frac{\mathrm{d}^2 w}{\mathrm{d}x^2}\mathrm{d}x$ 进行分部积分,将结果代回式(1.3－13),并利用位移边界条件得

$$\delta\Pi_3 = \int_0^L \left[\left(\frac{\mathrm{d}A}{\mathrm{d}\chi} + \lambda\right)\delta\chi + \left(\chi + \frac{\mathrm{d}^2 w}{\mathrm{d}x^2}\right)\delta\lambda + \left(\frac{\mathrm{d}^2\lambda}{\mathrm{d}x^2} - q\right)\delta w\right]\mathrm{d}x + (\lambda - \bar{M}_L)\delta\frac{\mathrm{d}w_L}{\mathrm{d}x} = 0 \tag{1.3-14}$$

根据 $\delta\Pi_3=0$ 的充分必要条件得:

① 对应 $\delta\chi$ 有 $\frac{\mathrm{d}A}{\mathrm{d}\chi}+\lambda=0$,即 $\lambda=-\frac{\mathrm{d}A}{\mathrm{d}\chi}=-M$(确定了 λ,用到了本构关系);

② 对应 δw 有 $\frac{\mathrm{d}^2\lambda}{\mathrm{d}x^2}-q=0$,即 $\frac{\mathrm{d}^2 M}{\mathrm{d}x^2}+q=0$(得到了平衡方程);

③ 对应 $\delta\frac{\mathrm{d}w(L)}{\mathrm{d}x}$ 有 $\lambda-\bar{M}_L=0$,即 $M_L+\bar{M}_L=0$(得到了自然边界条件);

④ 对应 $\delta\lambda$ 有 $\chi+\frac{\mathrm{d}^2 w}{\mathrm{d}x^2}=0$(得到了几何方程)。

把已经确定的拉格朗日乘子代入式(1.3－12),得

$$\Pi_3 = \int_0^L \left[A(\chi) - M\left(\chi + \frac{\mathrm{d}^2 w}{\mathrm{d}x^2}\right) - qw\right]\mathrm{d}x - \bar{M}_L \frac{\mathrm{d}w_L}{\mathrm{d}x} \tag{1.3-15}$$

只要对式(1.3－15)进行变分运算即可得到平衡方程、本构方程、几何方程和力的边界条件,并且三个变量 w,χ 和 M 都是独立变分的。于是,Π_3 为三类变量广义势能泛函,对应的变分原理就是胡海昌-鹫津(简称胡-鹫津)三类变量广义变分原理。

细心的读者可能会发现,在上述推导过程中,用到了本构关系 $M=EI\chi$,但它并不是变分约束条件。若试图用拉格朗日乘子法消除本构关系这个“约束”,就会发现该乘子等于零。若把 $M=EI\chi$ 直接代入式(1.3－15),则得到二类变量的广义变分原理。在式(1.3－15)中,只要引入几何关系和位移边界条件(此处,位移边界条件为零),Π_3 就退化为 Π,三类变量变分原理也就变成了最小总势能原理。如果位移边界条件不为零,则在 Π_3 中要同时引入位移边界条件和几何关系,Π_3 才能退化为 Π。下面给出 Π_3 的另外一种表达方式。

将 $\int_0^L M\frac{\mathrm{d}^2 w}{\mathrm{d}x^2}\mathrm{d}x$ 进行分部积分,并将结果代入式(1.3－15),可以得到

$$\Pi_3 = \int_0^L \left[A(\chi) - M\chi - \left(q + \frac{\mathrm{d}^2 M}{\mathrm{d}x^2}\right)w\right]\mathrm{d}x - (\bar{M}_L + M_L)\frac{\mathrm{d}w_L}{\mathrm{d}x} \tag{1.3-16}$$

令

$$\Gamma_3 = -\Pi_3 = \int_0^L \left[-A(\chi) + M\chi + \left(q + \frac{\mathrm{d}^2 M}{\mathrm{d}x^2} \right) w \right] \mathrm{d}x + (M_L + \bar{M}_L) \frac{\mathrm{d}w_L}{\mathrm{d}x} \tag{1.3-17}$$

显然 $\Gamma_3 + \Pi_3 = 0$。Γ_3 就是三类变量广义余能泛函，对应的变分原理为三类变量广义余能原理。在式(1.3-17)中引入平衡方程、自然边界条件和本构方程就得到最小余能泛函为

$$\Gamma = \int_0^L B(M)\mathrm{d}x \tag{1.3-18}$$

图 1.3-3 给出了上述推导过程的文字描述，图 1.3-4 给出了考虑边界条件(1.3-11b)的推导结果，相当于考虑了不等于零的位移边界条件。

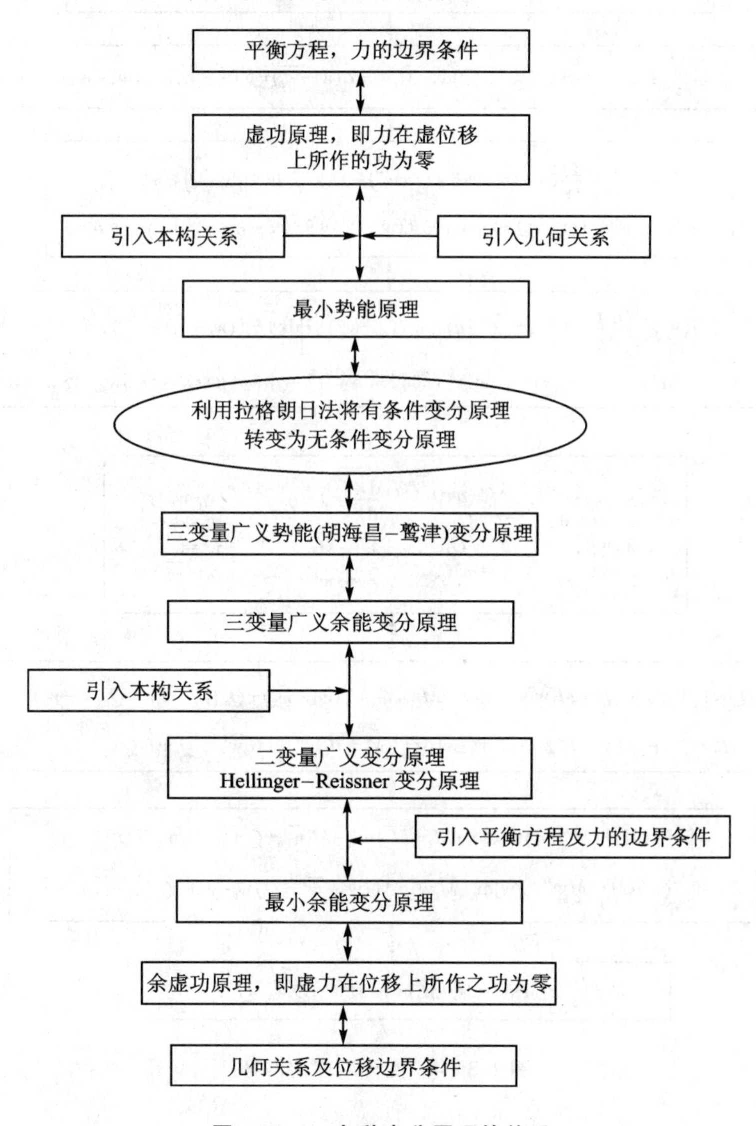

图 1.3-3　各种变分原理的关系

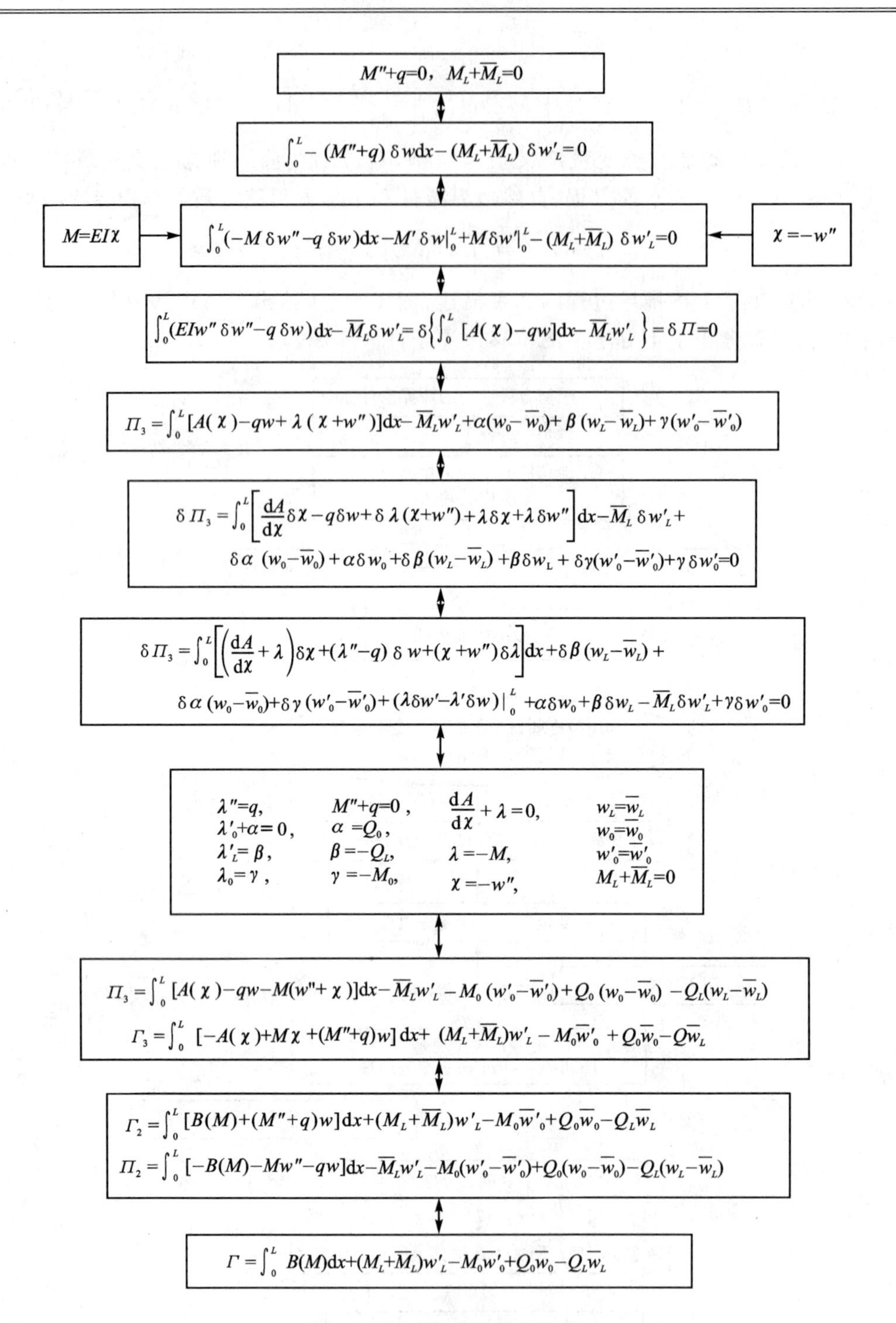

图 1.3-4 变分原理的推导

1.3.3　Hellinger－Reissner 二类变量广义变分原理

在式(1.3－17)中引入本构关系，可以得到关于二类变量 M 和 w 的余能泛函，即

$$\Gamma_2=\int_0^L\left[B(M)+\left(q+\frac{\mathrm{d}^2M}{\mathrm{d}x^2}\right)w\right]\mathrm{d}x+(M_L+\bar{M}_L)\frac{\mathrm{d}w_L}{\mathrm{d}x}\tag{1.3－19}$$

对式中的 $\int_0^L w\frac{\mathrm{d}^2M}{\mathrm{d}x^2}\mathrm{d}x$ 进行分部积分并将结果代回式(1.3－19)，可以得到二类变量余能泛函的另外一种形式，即

$$\Pi_2=-\Gamma_2=-\int_0^L\left[B(M)+qw+M\frac{\mathrm{d}^2w}{\mathrm{d}x^2}\right]\mathrm{d}x-\bar{M}_L\frac{\mathrm{d}w_L}{\mathrm{d}x}\tag{1.3－20}$$

在式(1.3－15)中引入本构关系同样可以得到式(1.3－20)。显然 $\Gamma_2+\Pi_2=0$。以 Γ_2 和 Π_2 为基础的变分原理称为 Hellinger－Reissner 广义变分原理。

最小原理(包括最小势能原理和最小余能原理)为极值原理，但需要变分约束条件，即自变函数的选择受到限制。广义原理(包括三类变量和二类变量原理)为驻立值原理，但可以自由地选择自变函数。

1.3.4　最小余能原理——虚应力原理

满足平衡方程和力边界条件的应力(可能应力)的微小变化称为虚应力。如果位移是协调的(在内部满足几何方程，在边界上满足给定条件)，则位移边界处给定位移在虚反力上所作的余虚功等于应变在虚应力上所作的余虚功，此即虚应力原理或余虚功原理。

可以证明，虚应力原理与几何方程和位移边界条件是等效的。也就是说，将平衡方程和力边界条件代入余虚功原理中可以得到描述应变-位移关系的几何方程和位移边界条件。

与虚位移原理类似，在虚应力原理中也没有涉及物理方程，因此虚应力原理也适合各种本构关系，但它们依赖的几何方程和平衡方程都是基于小变形假设的，因此这两个原理不能直接用于大变形分析。

对于图 1.3－2 所示的梁，其指定位移都为零，故指定位移在虚反力上所作的余虚功等于零。根据虚应力原理，应变在虚应力上所作的余虚功也等于零。根据最小余能原理，从式(1.3－18)可以得到

$$\int_0^L\frac{\mathrm{d}B}{\mathrm{d}M}\delta M\mathrm{d}x=0\quad 或\quad \int_0^L\chi\delta M\mathrm{d}x=0\tag{1.3－21}$$

式(1.3－21)反映了虚应力原理描述的现象，也就是说，从最小余能原理出发，可以得到虚应力原理。

1.3.5　变分原理反映的客观规律

变分原理反映了物理客观规律。表 1.3－1 给出了不同变分原理所反映的不同物理规律，其中没有包含三类变量和二类变量广义变分原理的一些特例。编号为 5 的变分原理反映了物理问题中的全部客观规律，因此是弹性力学平衡问题的变分式提法，也可以称为完全的广义变分原理。

表 1.3-1 变分原理反映的客观规律[1]

编 号	平衡条件	连续条件	应力-应变关系		备 注
			应变能形式	余应变能形式	
1	√	—	—	—	最小势能原理
2	—	√	—	—	最小余能原理
3	√	—	—	√	Hellinger-Reissner 变分原理，见式(1.3-19)
4	√	√	—	—	Hellinger-Reissner 变分原理，见式(1.3-20)
5	√	√	√	—	胡海昌-鹫津变分原理

注：1 应变能形式是指 $\boldsymbol{\sigma}^{\mathrm{T}}=\partial U/\partial\boldsymbol{\varepsilon}$，余变能形式是指 $\boldsymbol{\varepsilon}^{\mathrm{T}}=\partial V/\partial\boldsymbol{\sigma}$，其中 U 和 V 分别为应变能密度函数和余应变能密度函数，二者之间的关系为 $U+V=\boldsymbol{\sigma}^{\mathrm{T}}\boldsymbol{\varepsilon}$。

2 连续条件指的是位移边界条件和几何方程。

3 平衡条件指的是平衡方程和力的边界条件。

1.3.6 变分原理与有限单元类型的关系

常用的有限单元类型包括位移单元、应力单元、杂交单元和混合单元等。这些单元分别以不同的变分原理为基础，表 1.3-2 给出了这些单元及其对应的变分原理。

值得指出的是，变分原理是统一的数学工具，对于同一个力学理论如工程梁理论，根据不同种类的变分原理，即可构造出不同性质的梁单元。这些不同梁单元的性能及应用范围是不同的，参见表 1.3-2 中用到的词语解释[23-24]。

表 1.3-2 单元类型及其对应的变分原理

单元类型	变分原理
位移单元(相容模型)	最小势能原理
应力单元(平衡模型)	最小余能原理
混合单元(混合模型)	Hellinger-Reissner 变分原理，见式(1.3-19)和式(1.3-20)
杂交单元(杂交位移模型)	修正势能原理
杂交单元(杂交应力模型)	修正余能原理
拟协调单元	最小势能原理

修正势能原理 在把最小势能原理用于有限元方法时，各个单元的容许位移函数必须满足如下要求：

① 在每个单元内，位移函数单值连续；

② 在单元的界面上，位移是相容(也就是连续或协调)的；

③ 在包含位移边界的单元中，位移函数要满足位移边界条件(实际上不这样处理)。

在最小势能泛函中，可用拉格朗日乘子方法将单元界面的位移连续条件解除。这一类放松位移连续性要求的变分原理称为修正势能原理。值得指出的是，修正势能原理不是极值原理，它仅仅具有驻立值性质。

修正余能原理 在把最小余能原理用于有限元方法时，各个单元的应力函数必须满足如下要求：

① 在每个单元内，应力函数单值连续且满足平衡方程；

② 在单元的界面上要满足平衡条件；

③ 在包含力边界的单元中，应力函数要满足力的平衡条件。

在最小余能泛函中，可以用拉格朗日乘子方法将单元界面的应力平衡条件解除。这一类放松应力平衡要求的变分原理称为修正余能原理。同样值得指出的是，修正余能原理不是极值原理，它只具有驻立值性质。该原理最早是由卞学璜（T. H. H. Pian）提出的。

混合有限单元（mixed element）方法　是在结构分析中，同时取结点位移向量和结点内力向量作为独立场变量的一种有限单元方法。根据结点位移和结点应力表示单元的位移场和应力场，再根据 Hellinger - Reissner 广义变分原理即可得到混合模型（即位移模型与应力模型的混合，或协调模型与平衡模型的混合）。混合有限单元方法的优点是可以采用简单的插值函数，缺点是最后得到的平衡方程的系数矩阵不是正定的，从而在一定程度上限制了该方法的应用。

杂交单元（hybrid element）方法　是基于放松连续性要求的修正势能和修正余能原理所建立的有限单元方法。该方法由卞学璜于 1964 年创立。最初建立的是基于弹性力学的修正余能原理的杂交应力元，在单元内假设平衡应力场，在单元边界上用位移，在单元一级上消除应力参量，建立以结点位移为参量的单元刚度矩阵，随后又发展了基于修正 Hellinger - Reissner 广义变分原理的杂交应力单元，在单元内又增加了位移场。此外，还有基于弹性力学修正势能原理的杂交位移方法和基于修正胡-鹫津原理的广义杂交方法。杂交单元方法被有效用于解决板、壳单元的协调问题和提高协调单元的精度。对某些具有变分约束（如不可压缩）的问题也是十分有效的。

拟协调单元（quasi-conforming element）方法　是以单元的边界位移（网线函数）在加权意义下逼近单元的应变，建立单元应变和结点位移的关系，再由弹性力学最小势能原理或虚功原理求出单元刚度矩阵的有限单元方法。该方法由唐立民于 1980 年创立。单元间协调条件由逐点满足改变为积分满足，并分担给网线函数去实现，使得许多由于协调要求造成的问题得以解决。由于拟协调单元是一个基本框架，它扩大了原有限元方法的求解空间，因此可以将其应用到所有传统有限元方法应用有困难的各个领域，构造出许多高质量的新的单元模式，如板壳单元簇，二、三维高效元，几何非线性单元，以及流体力学中的 Ns 单元等。

1.4　Hamilton 变分原理

对于静力学问题，利用最小总势能原理可以得到域内静平衡方程和力的边界条件。对于动力学问题，利用 Hamilton 变分原理可以得到域内动平衡方程和力的边界条件。

Hamilton 动力学变分原理有一类变量形式和两类变量形式。一类变量的 Hamilton 原理的数学基础是欧氏几何，在欧氏几何空间中，向量的内积是长度。两类变量 Hamilton 原理的数学基础是辛几何，在辛几何空间中，向量（相当于广义位移）及其对偶向量（相当于广义力）的内积是面积（相当于功）。

1.4.1　一类变量的 Hamilton 原理

根据 Hamilton 变分原理，可以得到一般离散动力学问题的欧拉方程（动力学平衡方程）。对于连续系统，利用 Hamilton 变分原理，不但可以得到动力学平衡方程，还可以得到力的边

界条件。考虑如下泛函

$$I = \int_0^t L(t, q_1, q_2, \cdots, q_n, \dot{q}_1, \dot{q}_2, \cdots, \dot{q}_n)\mathrm{d}t \tag{1.4-1}$$

式中:“$\dot{*}$”表示物理量 $*$ 对时间 t 求一阶导数;$L=T-V-W$ 为拉格朗日函数,其中 W 为外力势。泛函 I 中只有一类自变函数 $q(t)$,相当于广义位移。系统真实运动使泛函 I 取驻立值,即

$$\delta I = 0 \tag{1.4-2}$$

这就是 Hamilton 变分原理。泛函 I 取驻立值的充分必要条件是其一阶变分等于零,即

$$\delta I = \sum_{i=1}^{n}\int_0^t\left(\frac{\partial L}{\partial q_i}\delta q_i + \frac{\partial L}{\partial \dot{q}_i}\delta\dot{q}_i\right)\mathrm{d}t = \sum_{i=1}^{n}\left[\int_0^t\left(\frac{\partial L}{\partial q_i} - \frac{\mathrm{d}}{\mathrm{d}t}\frac{\partial L}{\partial \dot{q}_i}\right)\delta q_i\mathrm{d}t + \frac{\partial L}{\partial \dot{q}_i}\delta q_i\bigg|_0^t\right] = 0$$

也即

$$\frac{\partial L}{\partial q_i} - \frac{\mathrm{d}}{\mathrm{d}t}\frac{\partial L}{\partial \dot{q}_i} = 0 \quad (\text{欧拉动平衡方程}) \tag{1.4-3}$$

$$\frac{\partial L}{\partial \dot{q}_i}\delta q_i\bigg|_0^t = 0 \tag{1.4-4}$$

式(1.4-3)就是拉格朗日方程,也就是动力学平衡方程。通常把式(1.4-4)看成为 Hamilton 变分原理的条件,即令时间起始和终止时刻的广义位移变分等于零。

1.4.2 二类变量的 Hamilton 原理

19 世纪 W. R. Hamilton 将 Hamilton 正则方程引入到经典的分析力学中。根据 Legendre 变换,引入广义位移 $\boldsymbol{q}$ 的对偶变量 $\boldsymbol{p}$,即

$$\boldsymbol{p} = \frac{\partial L}{\partial \dot{\boldsymbol{q}}} \tag{1.4-5}$$

式中:$\boldsymbol{p}$ 相当于广义动量,拉格朗日函数 $L=L(\boldsymbol{q},\dot{\boldsymbol{q}})$。由式(1.4-5)可以解出广义速度 $\dot{\boldsymbol{q}}$,即

$$\dot{\boldsymbol{q}} = \dot{\boldsymbol{q}}(\boldsymbol{p},\boldsymbol{q}) \tag{1.4-6}$$

在 $L=L(\boldsymbol{q},\dot{\boldsymbol{q}})$ 中,$\boldsymbol{q}$ 和 $\dot{\boldsymbol{q}}$ 为两个独立的变量,这是因为在拉格朗日方程中,$\boldsymbol{q}$ 与 $\dot{\boldsymbol{q}}$ 之间的时间微分关系已经被解除。式(1.4-5)定义了另外一个变量 $\boldsymbol{p}$,于是可以把 $\boldsymbol{q}$ 和 $\boldsymbol{p}$ 作为两个独立变量,而 $\dot{\boldsymbol{q}}$ 就不是独立变量了,而是由式(1.4-6)来确定。按照 Legendre 变换规则引入变换函数,即 Hamilton 函数(动能+势能)为

$$H(\boldsymbol{q},\boldsymbol{p}) = \boldsymbol{p}^{\mathrm{T}}\dot{\boldsymbol{q}} - L(\boldsymbol{q},\dot{\boldsymbol{q}}) \tag{1.4-7}$$

注意:Hamilton 函数中广义速度 $\dot{\boldsymbol{q}}$ 不是独立变量。将式(1.4-7)两边分别对 $\boldsymbol{q}$ 和 $\boldsymbol{p}$ 独立求导,得

$$\left.\begin{aligned} \frac{\partial H}{\partial \boldsymbol{p}} &= \dot{\boldsymbol{q}} + \boldsymbol{p}^{\mathrm{T}}\frac{\partial \dot{\boldsymbol{q}}}{\partial \boldsymbol{p}} - \left(\frac{\partial L}{\partial \dot{\boldsymbol{q}}}\right)^{\mathrm{T}}\frac{\partial \dot{\boldsymbol{q}}}{\partial \boldsymbol{p}} \\ \frac{\partial H}{\partial \boldsymbol{q}} &= \boldsymbol{p}^{\mathrm{T}}\frac{\partial \dot{\boldsymbol{q}}}{\partial \boldsymbol{q}} - \frac{\partial L}{\partial \boldsymbol{q}} - \left(\frac{\partial L}{\partial \dot{\boldsymbol{q}}}\right)^{\mathrm{T}}\frac{\partial \dot{\boldsymbol{q}}}{\partial \boldsymbol{q}} \end{aligned}\right\} \tag{1.4-8}$$

将式(1.4-5)代入式(1.4-8)中得到

$$\frac{\partial H}{\partial \boldsymbol{p}} = \dot{\boldsymbol{q}}, \quad \frac{\partial H}{\partial \boldsymbol{q}} = -\frac{\partial L}{\partial \boldsymbol{q}} \tag{1.4-9}$$

另外,根据式(1.4-5)和 Lagrange 方程(1.4-3)得

$$\frac{\partial L}{\partial \boldsymbol{q}} = \frac{\mathrm{d}}{\mathrm{d}t}\left(\frac{\partial L}{\partial \dot{\boldsymbol{q}}}\right) = \dot{\boldsymbol{p}} \tag{1.4-10}$$

因此

$$\dot{\boldsymbol{p}} = -\frac{\partial H}{\partial \boldsymbol{q}}, \quad \dot{\boldsymbol{q}} = \frac{\partial H}{\partial \boldsymbol{p}} \tag{1.4-11}$$

式(1.4－11)就是 Hamilton 正则方程，其中包含二类变量，即广义位移 $\boldsymbol{q}$ 与广义动量 $\boldsymbol{p}$。与 Hamilton 正则方程(1.4－11)相对应的 Hamilton 变分原理是

$$\delta\int_0^t [\boldsymbol{p}^{\mathrm{T}}\dot{\boldsymbol{q}} - H(\boldsymbol{q},\boldsymbol{p})]\mathrm{d}t = 0 \tag{1.4-12}$$

式中：$\boldsymbol{q}$ 与 $\boldsymbol{p}$ 为互不相关的独立变分的变量。根据 Hamilton 变分原理式(1.4－12)，同样可以得到 Hamilton 正则方程(1.4－11)。

例 1.4－1　把线性动力学方程

$$\boldsymbol{M}\ddot{\boldsymbol{x}} + \boldsymbol{K}\boldsymbol{x} = \boldsymbol{0}$$

变为 Hamilton 正则方程。

解：系统的拉格朗日函数为

$$L = \frac{1}{2}\dot{\boldsymbol{x}}^{\mathrm{T}}\boldsymbol{M}\dot{\boldsymbol{x}} - \frac{1}{2}\boldsymbol{x}^{\mathrm{T}}\boldsymbol{K}\boldsymbol{x} \tag{a}$$

根据 Legendre 变换引入对偶向量 $\boldsymbol{y}$，于是

$$\boldsymbol{y} = \frac{\partial L}{\partial \dot{\boldsymbol{x}}} = \boldsymbol{M}\dot{\boldsymbol{x}} \quad 或 \quad \dot{\boldsymbol{x}} = \boldsymbol{M}^{-1}\boldsymbol{y} \tag{b}$$

构造 Hamilton 函数

$$H(\boldsymbol{x},\boldsymbol{y}) = \boldsymbol{y}^{\mathrm{T}}\dot{\boldsymbol{x}} - L(\boldsymbol{x},\dot{\boldsymbol{x}}) \tag{c}$$

将式(b)代入式(c)有

$$H(\boldsymbol{x},\boldsymbol{y}) = \frac{1}{2}(\boldsymbol{y}^{\mathrm{T}}\boldsymbol{M}^{-1}\boldsymbol{y} + \boldsymbol{x}^{\mathrm{T}}\boldsymbol{K}\boldsymbol{x}) \tag{d}$$

根据 Hamilton 变分原理可以得到正则方程为

$$\dot{\boldsymbol{x}} = \frac{\partial H}{\partial \boldsymbol{y}}, \dot{\boldsymbol{y}} = -\frac{\partial H}{\partial \boldsymbol{x}} \quad 或 \quad \dot{\boldsymbol{x}} = \boldsymbol{M}^{-1}\boldsymbol{y}, \dot{\boldsymbol{y}} = -\boldsymbol{K}\boldsymbol{x} \tag{e}$$

引入状态向量 $\boldsymbol{z}^{\mathrm{T}} = [\boldsymbol{x}^{\mathrm{T}} \quad \boldsymbol{y}^{\mathrm{T}}]$，因此可以把方程组(e)写成

$$\dot{\boldsymbol{z}} = \boldsymbol{H}\boldsymbol{z} \tag{f}$$

式中

$$\boldsymbol{H} = \begin{bmatrix} \boldsymbol{0} & \boldsymbol{M}^{-1} \\ -\boldsymbol{K} & \boldsymbol{0} \end{bmatrix}$$

可以验证矩阵 $\boldsymbol{H}$ 满足

$$(\boldsymbol{J}\boldsymbol{H})^{\mathrm{T}} = \boldsymbol{J}\boldsymbol{H}, \quad \boldsymbol{J} = \begin{bmatrix} \boldsymbol{0} & \boldsymbol{I} \\ -\boldsymbol{I} & \boldsymbol{0} \end{bmatrix}$$

根据 Hamilton 矩阵的性质可知 $\boldsymbol{H}$ 是 Hamilton 矩阵，其中矩阵 $\boldsymbol{J}$ 为标准单位辛矩阵，$\boldsymbol{I}$ 为单位对角矩阵。

复习思考题

1.1　针对杆系结构，比较结构力学方法和有限元方法的异同。

1.2 什么是变分约束条件？说明为什么最小势能原理和最小余能原理具有不同的变分约束条件。

1.3 在 Hamilton 变分原理中，为何规定在初始和终止时刻的广义位移为零？

1.4 余应变能有物理含义吗？

1.5 若通过 Lagrange 乘子法把变分约束条件引入势能泛函中，则微分约束条件和积分约束条件的引入方法是否相同？乘子是坐标的函数吗？

习 题

1-1 图 1.5-1 所示的是两个自由度的质点弹簧系统。考虑如下两种情况：① x_2为绝对坐标；② x_2为相对坐标。

(1) 试根据最小势能原理推导欧拉平衡方程，并分析两种情况下平衡方程的差异；验证外力功等于弹簧能量的 2 倍。

(2) 问当弹簧 1 的恢复力为$-k_1(x+\varepsilon x^3)$(非线性弹簧)时，外力功与弹簧能量之间是否仍然存在 2 倍关系？试分析其理由。

1-2 在框架的角点上作用一个水平力 P，如图 1.5-2 所示，其中给出了框架的几何和材料参数。试分如下三种情况用工程梁理论和最小余能原理确定支座反力，并找出各个杆件弯矩为零的点。

① 只考虑弯曲应变能；

② 考虑弯曲和拉压应变能；

③ 考虑弯曲、拉压和剪切应变能。

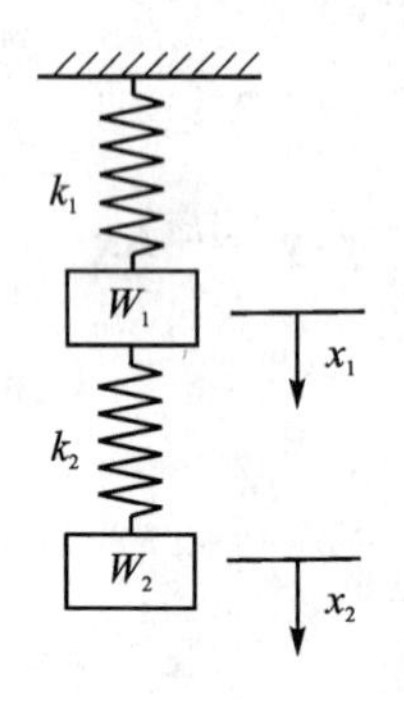

图 1.5-1 习题 1-1 用图

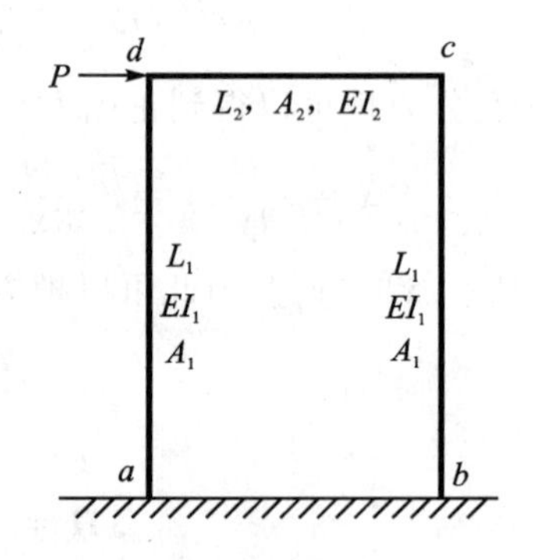

图 1.5-2 习题 1-2 用图

1-3 两端固支的弹性梁浮在不可压缩的水面上，并承受分布载荷 q 的作用，两侧用刚硬侧壁密封。试用拉格朗日乘子法和势能泛函描述此问题，导出欧拉方程，并解释拉格朗日乘子的物理含义。

1-4 设有一端固支弹性杆，自由端受到轴向力 P 的作用。试从最小势能原理出发导出各种广义变分原理。

1-5 图 1.5-3 所示为一悬臂梁。试根据欧拉梁理论推出单位载荷作用在 $x=\xi$ 处时梁的挠度。(答案：

$$
\begin{cases}
w = \dfrac{x^2}{6EI}(3\xi - x) & (0 \leqslant x \leqslant \xi \leqslant l) \\
w = \dfrac{\xi^2}{6EI}(3x - \xi) & (0 \leqslant \xi \leqslant x \leqslant l)
\end{cases}
$$

挠度函数 w 符合影响系数的定义，因此 w 被称为影响函数。）

1-6　把图 1.5-3 所示的悬臂梁分成 6 等份，试计算柔度影响系数 $c_{ij}(i,j=1,2,\cdots,6)$。并通过求柔度矩阵的逆矩阵来计算刚度影响系数 k_{ij}。不难发现，随着梁等分数的增加，也就是 i,j 范围的增加，柔度矩阵的逆矩阵越来越难求，这是因为其相邻的列越来越接近平行，而刚度矩阵则不存在这种问题。

1-7　图 1.5-4 所示为一悬臂机翼，设翼肋或微小翼段是刚硬的，集中力 P 作用在翼尖。当力 P 作用在弯心上时，翼尖刚硬横截面只有横向平移而没有扭转。当力偶 M 作用在翼尖截面的扭心上时，翼尖截面扭转但扭心不动。试证明翼尖截面的弯心与扭心是重合的。

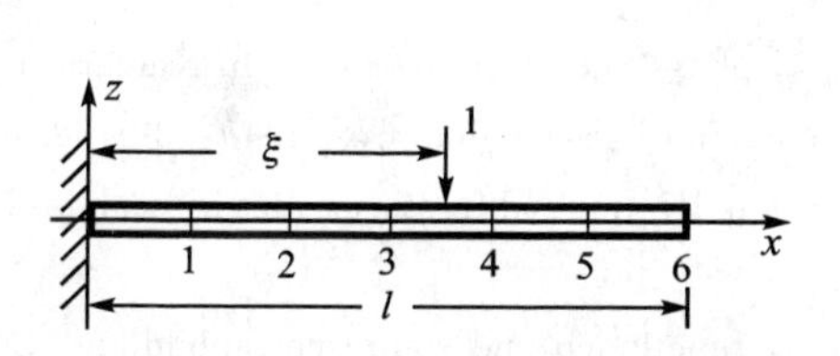

图 1.5-3　习题 1-5 和习题 1-6 用图

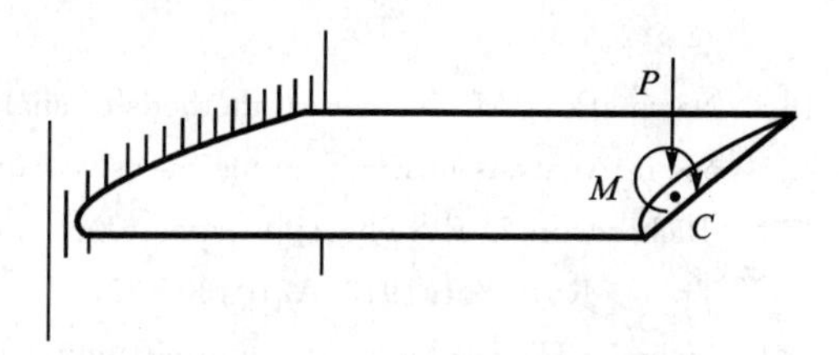

图 1.5-4　习题 1-7 用图

1-8　如图 1.5-5 所示，在悬臂梁上作用已知的力系 $f_1, f_2, \cdots, f_m$，已经根据最小势能原理求出了各力作用点的位移 $u_1, u_2, \cdots, u_m$。若把力系 $f_1, f_2, \cdots, f_m$ 等效成为新的力系 $p_1, p_2, \cdots, p_n$，并满足如下条件：

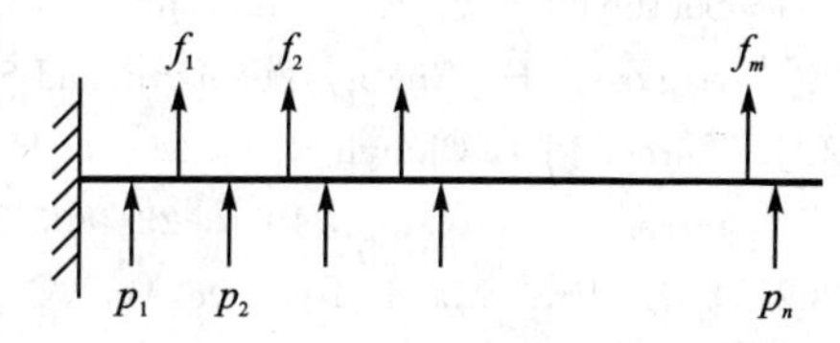

图 1.5-5　习题 1-8 用图

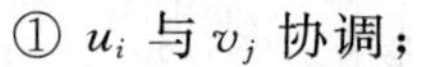

① u_i 与 v_j 协调；

② $\sum_{i=1}^{m} f_i = \sum_{j=1}^{n} p_j$；

③ $\sum_{i=1}^{m} f_i x_i = \sum_{j=1}^{n} p_j y_j$。

其中：x_i 和 y_j 分别为力 f_i 和 p_j 作用点的已知坐标，v_j 为 p_j 作用点的位移。试给出根据最小余能原理确定 $p_1, p_2, \cdots, p_n$ 的方法。

参考文献

[1]　胡海昌. 弹性力学的变分原理及其应用. 北京：科学出版社，1981.

[2]　Fung Y C. Foundation of Solid Mechanics. London：Prentice-Hall International，Inc.，1965.

[3]　胡海昌. 变分学. 北京：中国建筑工业出版社，1987：133.

[4]　钱伟长. 变分法与有限元. 北京：科学出版社，1980：260.

[5]　Washizu K. Variational Methods in Elasticity and Plasticity. London：Pergamon Press Limited，1968.

[6]　Zienkiewicz O C. The Finite Element Method. 3rd ed. London：McGraw-Hill Book Company Limited，1977.

[7]　Lord Rayleigh (Strutt J W). On the Theory of Resonance. Tran. Roy. Soc. 1870，A161：77-118.

[8]　Ritz，W. Über eine neue Methods zur Losung gewissen Variations-Probleme der mathematischen Physik.

J. Reine Angew. Math., 1909, 135: 1-61.

[9] Gauss C F. See Carl Friedrich Gauss Werks: Vol. Ⅶ. Göttingen:[s. n.], 1871.

[10] [Russian] Galerkin B G. Series solution of some problems of elastic equilibrium of rods and plates. Vestin. Inzh. Tech. , 1915, 19: 897-908.

[11] Biezeno C B, Koch J J. Over een Nieuwe Methods ter Berekening van Vlokke Platen. Ing. Grav. , 1923, 38: 25-36.

[12] Courant R. Variational methods for the solution of problems of equilibrium and vibration. Bull. Am. Math. Soc.,1943, 49: 1-23.

[13] Prager W, Synge J L. Approximatation in elasticity based on the concept of function space. Q. J. Appl. Math., 1947, 5: 242-269.

[14] Hrenikoff A. Solution of problems in elasticity by the framework method. J. Appl. Mech. 1941,A8 (1):169-175.

[15] McHenry D. A lattice analogy for the solution of plane stress problems. J. Inst. Civ. Eng., 1943,21: 59-82.

[16] Newmark N M. Numerical methods of analysis in bars, plates and elastic bodies// In Numerical Methods in Analysis in Engineering,Succsive Corrections. New York:Macmillan Co., 1949:138-168.

[17] Richardson L F. ,The approximate arithmetical solution by finite differences of physical problems. Trans. Roy. Soc. 1910,A210:307-357.

[18] Liebman H. Die angenäherte ermittlung:harmonischen, functionen und conformer abbildung. Sitzber. Math. Physik Kl. Bayer Akda. Wiss. München, 1918,3:65-75.

[19] Southwell R V. Relaxation methods in theoretical physics. [S. l.]:Clarendon Press, 1946.

[20] Argyris J H. Energy Theorems and Structural Analysis. London: Butterworth, 1960.

[21] Turner M J, Clough R W, Martin H C, Topp L J. Stiffness and deflection analysis of complex structures. J. Aero. Sci., 1956, 23: 805-823.

[22] Varga R S. Matrix Iterative Analysis. [S. l.]: Prentice-Hall, 1962.

[23] 中国大百科全书编委会. 中国大百科全书:力学卷. 北京:中国大百科全书出版社,1985.

[24] 中国大百科全书编委会. 力学词典. 北京:中国大百科全书出版社,1990.

第2章　一维结构有限元

拉压杆、扭轴和弯曲梁均是典型的一维结构元件，本章将以微分方程和变分原理两种数学形式来描述其静平衡和固有振动问题，并指出这两种表达方式之间的等价关系；导出以最小总势能变分原理为理论基础的经典里兹法和有限元法，并介绍升阶谱有限元法的基本概念和构造形式。本章还将借助一些算例，把商用软件结果与理论结果进行对比。

需要注意的是，之所以用一定的篇幅来详细讨论一维结构有限元方法问题，是因为以一维结构为例可以简洁、透彻地分析有限单元的构造方法、单元的性能和某些重要的物理现象。对于二维和三维问题，可以看成是一维问题的二维和三维拓广。

2.1　拉压杆

拉压杆是最简单的结构受力元件，例如桁架的杆件和平面薄壁板件中的筋条等。在结构力学理论中，拉压杆是指横截面尺寸远远小于纵向尺寸的细长平直杆件，它只承受纵向载荷的作用。因此，可以假设拉压杆只发生纵向伸缩变形而不发生横向弯曲变形，并可假设原先垂直于杆件中心线的剖面，在杆件受载变形后仍然保持为垂直于中心的平面且剖面形状不变。对特别短而粗的杆件，应采用三维弹性力学的方法进行分析。

2.1.1　最小总势能原理和弹性力学基本方程

杆的纵向静平衡微分方程既可以用牛顿矢量力学方法给出，也可以用拉格朗日分析力学方法将静平衡问题表示为变分原理的形式。固体力学问题可以表示为多种变分原理形式，这取决于选择何种变量（位移、应变、应力或者它们的组合形式）作为自变函数。

这里只讨论最小总势能变分原理，所以选择位移作为自变函数。总势能泛函为应变能与外力势之和。针对图2.1-1所示的结构，其总势能泛函为

$$\Pi = \int_0^L \left[\frac{1}{2} EA \left(\frac{\mathrm{d}u}{\mathrm{d}x} \right)^2 - fu \right] \mathrm{d}x + \frac{1}{2} ku^2 \bigg|_{x=L} - \overline{F} u \bigg|_{x=L} \tag{2.1-1}$$

由于Π是"函数$u(x)$的函数"，所以叫做泛函（functional）。最小总势能原理指出，在所有满足位移边界条件的容许位移函数中，真实的位移函数使总势能取极小值。容许位移函数也常常称为虚位移或可能位移。拉压杆的容许位移函数除了必须满足位移边界条件外，还应该保证位移本身是连续的，在物理上相当于杆件不应该发生断裂、开缝或者搭接情况。

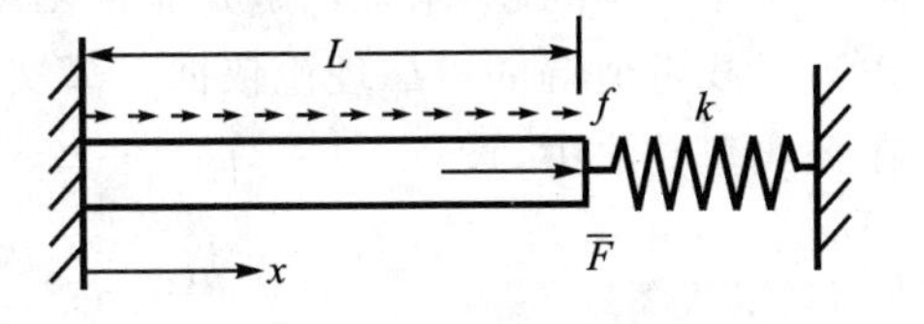

图2.1-1　一端固定杆

求解泛函极值问题是变分学研究的内容。在变分学中，自变函数$u(x)$的变分，是指当自变量x不变而仅仅由于自变函数本身有无穷小变化所引起的自变函数值的变化量，记作δu。泛函Π的变分则是由于自变函数有微小变化所引起的泛函值的变化量，记作$\delta \Pi$。根据变分学理论，泛函对自变函数的变分运算法

则与微积分学中函数对自变量的微分运算法则是相同的，且变分运算与微分运算的次序可以互相交换。与求函数极值问题相似，泛函取极值的必要条件是它对自变函数的一阶变分为零，于是有

$$\delta\Pi = \int_0^L \left[EA\left(\frac{\mathrm{d}u}{\mathrm{d}x}\right)\delta\left(\frac{\mathrm{d}u}{\mathrm{d}x}\right) - f\delta u\right]\mathrm{d}x + ku\delta u\Big|_{x=L} - \overline{F}\delta u\Big|_{x=L} = 0 \qquad (2.1-2)$$

通过对式(2.1-2)右端括弧内第1项进行分部积分，得

$$\delta\Pi = -\int_0^L \left[\frac{\mathrm{d}}{\mathrm{d}x}\left(EA\frac{\mathrm{d}u}{\mathrm{d}x}\right) + f\right]\delta u\mathrm{d}x - EA\frac{\mathrm{d}u}{\mathrm{d}x}\delta u\Big|_{x=0} +$$
$$\left(EA\frac{\mathrm{d}u}{\mathrm{d}x} - \overline{F} + ku\right)\delta u\Big|_{x=L} = 0 \qquad (2.1-3)$$

在固定端 $x=0$ 处，由于自变位移函数 u 必须事先满足指定的位移边界条件，不参与变分，即 $\delta u(0)=0$，这在变分学中叫做强制边界条件。因此，式(2.1-3)右端第2项自然为零。由于自变函数 u 在容许函数空间内可以自由选取，并且在自由端要参与变分，因此式(2.1-3)相当于条件

$$\frac{\mathrm{d}}{\mathrm{d}x}\left(EA\frac{\mathrm{d}u}{\mathrm{d}x}\right) + f = 0 \qquad (2.1-4)$$

$$\left(EA\frac{\mathrm{d}u}{\mathrm{d}x} - \overline{F} + ku\right)\Big|_{x=L} = 0 \qquad (2.1-5)$$

方程(2.1-4)在变分学中称为欧拉方程，也就是杆的静平衡微分方程。式(2.1-5)在变分学中称为自然边界条件，也就是力学中的力边界条件。应该指出，这些边界条件名称的对应关系并不是一成不变的。例如，在以应力作为自变函数的最小余能变分原理中，强制边界条件是力的边界条件，而自然边界条件却是位移边界条件。

式(2.1-4)和式(2.1-5)与用牛顿矢量力学方法得到的弹性力学结果是完全相同的。

顺便指出，式(2.1-3)也就是力学中虚位移原理的数学表达式，其物理意义是指一个平衡力系在容许位移上所作虚功的总和为零。在数学上，式(2.1-3)则是伽辽金(Galerkin)残值法的数学表达式。

通常，一般结构是稳定或不稳定的。根据拉格朗日定律可知，稳定结构的势能泛函有极小值。如果没有特殊说明，本书讨论的对象都是物理稳定结构，因此前面讨论的泛函驻立值问题也就变成了泛函极值问题。这套方法可以称为最小总势能原理。

2.1.2 经典里兹法

2.1.1小节的讨论说明，若在整个容许函数空间中不加限制地选择自变位移函数 $u(x)$ 使总势能达到极小值，则这个解与满足边界条件的微分方程的解完全一致。因此，最小总势能原理无非是包括力的边界条件和弹性边界条件在内的平衡条件的另一种数学表达式。

对于工程问题，求理论解是非常困难的，在绝大多数情况下是不可能的。变分原理主要是作为寻找近似解的可靠理论依据。事实上，经典里兹法和现代有限元法都以变分原理为基础。在经典里兹法中，设

$$u(x) = \sum_{i=1}^{n} a_i\phi_i(x) = \boldsymbol{\varphi}^{\mathrm{T}}\boldsymbol{a} = \boldsymbol{a}^{\mathrm{T}}\boldsymbol{\varphi} \qquad (2.1-6)$$

式中：

$$\boldsymbol{\varphi}^{\mathrm{T}} = [\phi_1 \quad \phi_2 \quad \cdots \quad \phi_n], \quad \boldsymbol{a}^{\mathrm{T}} = [a_1 \quad a_2 \quad \cdots \quad a_n]$$

$\phi_i(x)$为满足位移(或强制)边界条件的彼此线性独立的已知函数序列，通常被称为试函数或里兹基底函数。a_i 为待定常数，往往称为广义坐标或里兹常数。通常把结构变形前的位形作为广义坐标的原点，这时 a_i 就代表广义位移。

把式(2.1-6)代入式(2.1-1)，积分后写成矩阵形式为

$$\Pi = \frac{1}{2}\boldsymbol{a}^{\mathrm{T}}\boldsymbol{K}\boldsymbol{a} - \boldsymbol{a}^{\mathrm{T}}\boldsymbol{F} \tag{2.1-7}$$

式中：

$$\boldsymbol{K} = \int_0^L EA \frac{\mathrm{d}\boldsymbol{\varphi}}{\mathrm{d}x}\frac{\mathrm{d}\boldsymbol{\varphi}^{\mathrm{T}}}{\mathrm{d}x}\mathrm{d}x + k\boldsymbol{\varphi}\boldsymbol{\varphi}^{\mathrm{T}}\Big|_{x=L} \tag{2.1-8}$$

$$\boldsymbol{F} = \int_0^L \boldsymbol{\varphi} f \,\mathrm{d}x + \overline{F}\boldsymbol{\varphi}\Big|_{x=L} \tag{2.1-9}$$

其中：$\boldsymbol{K}$ 是 $n\times n$ 阶的对称方阵，称为刚度矩阵；$\boldsymbol{F}$ 是 n 阶的载荷列向量。从式(2.1-8)可以看出，杆边界的集中弹簧对杆的刚度矩阵是有贡献的。根据最小总势能原理得

$$\delta\Pi = \delta\boldsymbol{a}^{\mathrm{T}}(\boldsymbol{K}\boldsymbol{a} - \boldsymbol{F}) = 0 \tag{2.1-10}$$

即

$$\boldsymbol{K}\boldsymbol{a} = \boldsymbol{F} \tag{2.1-11}$$

于是，最小总势能原理就归结为求解一组联立线性代数方程的问题。由于

$$\delta\Pi = \sum_{i=1}^{n}\frac{\partial\Pi}{\partial a_i}\delta a_i = \delta\boldsymbol{a}^{\mathrm{T}}\frac{\partial\Pi}{\partial\boldsymbol{a}} = 0 \tag{2.1-12}$$

因此最小总势能原理还可以写成下面的形式，即

$$\frac{\partial\Pi}{\partial a_i} = 0, \quad i = 1,2,\cdots,n \tag{2.1-13}$$

例 2.1-1　图 2.1-2 所示为左端固定杆，EA 和 f 均为常数。用里兹法求杆位移的近似解。

解：所有满足位移边界条件 $u(0)=0$ 的任意连续函数都属于容许位移函数空间。

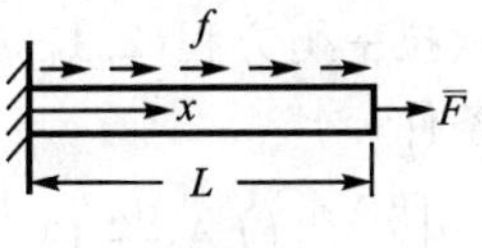

对于待解的这类问题，通常在多项式函数空间内寻找近似解。根据式(2.1-6)，设

$$u(x) = a_0 + a_1\frac{x}{L} + a_2\left(\frac{x}{L}\right)^2 + a_3\left(\frac{x}{L}\right)^3 \tag{a}$$

图 2.1-2　分布力作用的一端固支杆

容许位移函数表达式(a)必须满足杆左端的(强制)位移边界条件，故 $a_0=0$。于是

$$u(x) = a_1\frac{x}{L} + a_2\left(\frac{x}{L}\right)^2 + a_3\left(\frac{x}{L}\right)^3 = \boldsymbol{\varphi}^{\mathrm{T}}\boldsymbol{a} \tag{b}$$

式中：$\boldsymbol{a}^{\mathrm{T}}=[a_1 \quad a_2 \quad a_3]$，而

$$\boldsymbol{\varphi}^{\mathrm{T}} = \left[\frac{x}{L} \quad \left(\frac{x}{L}\right)^2 \quad \left(\frac{x}{L}\right)^3\right] \tag{c}$$

将式(c)代入式(2.1-8)和式(2.1-9)计算 $\boldsymbol{K}$ 和 $\boldsymbol{F}$，并根据方程(2.1-11)可得

$$\frac{EA}{L}\begin{bmatrix}1 & 1 & 1\\ 1 & 4/3 & 3/2\\ 1 & 3/2 & 9/5\end{bmatrix}\begin{bmatrix}a_1\\ a_2\\ a_3\end{bmatrix}=fL\begin{bmatrix}1/2\\ 1/3\\ 1/4\end{bmatrix}+\overline{F}\begin{bmatrix}1\\ 1\\ 1\end{bmatrix} \tag{d}$$

表 2.1-1 给出了方程(d)的结果，其中解析解是根据边界条件

$$u(0)=0,\quad EA\left.\frac{\mathrm{d}u}{\mathrm{d}x}\right|_{x=L}=\overline{F} \tag{e}$$

求解方程(2.1-4)得到的。

表 2.1-1 拉压杆近似解与解析解的比较

物理量	n			解析解
	1	2	3	
EAa_1/L	$fL/2+\overline{F}$	$fL+\overline{F}$	$fL+\overline{F}$	$fL+\overline{F}$
EAa_2/L	—	$-fL/2$	$-fL/2$	$-fL/2$
EAa_3/L	—	—	0	0
$(EAu/L)\|_{x=L}$	$fL/2+\overline{F}$	$fL/2+\overline{F}$	$fL/2+\overline{F}$	$fL/2+\overline{F}$
$(EA\mathrm{d}u/\mathrm{d}x)\|_{x=0}$	$fL/2+\overline{F}$	$fL+\overline{F}$	$fL+\overline{F}$	$fL+\overline{F}$
$(EA\mathrm{d}u/\mathrm{d}x)\|_{x=L}$	$fL/2+\overline{F}$	$\overline{F}$	$\overline{F}$	$\overline{F}$
$-2EA\Pi/L$	$(fL)^2/4+\overline{F}fL+\overline{F}^2$	$(fL)^2/3+\overline{F}fL+\overline{F}^2$		

表 2.1-1 中的 $n=1,2,3$ 分别表示式(b)取一项、两项和三项。表 2.1-1 的结果表明：

- 当 $f=0$ 时，对于 $n=1,2,3$ 时的所有里兹解都与解析解完全一致。
- 当 $f\neq 0$ 时，只有 $n>1$ 时的解才与解析解一致。$n=1$ 时的里兹解既不严格满足平衡方程(2.1-4)，也不满足力的边界条件(e)，因此是一种近似解。

概括起来，可以得到以下结论：在经典里兹法中，往往只选用几项试函数，因此只能在一个缩小了的容许函数空间中寻找问题的近似解。只要事先所选择的容许函数空间足够大，以致能把解析解也包含在此空间内，就可以找到问题的正确解。在一般情况下，里兹近似解并不严格满足欧拉平衡方程(2.1-4)以及自然边界条件(2.1-5)，而只是以弱形式即积分的形式满足平衡条件

$$\int_0^L\left[\frac{\mathrm{d}}{\mathrm{d}x}\left(EA\frac{\mathrm{d}u}{\mathrm{d}x}\right)+f\right]\phi_i\mathrm{d}x+EA\left.\frac{\mathrm{d}u}{\mathrm{d}x}\phi_i\right|_{x=0}-\left.\left(EA\frac{\mathrm{d}u}{\mathrm{d}x}-\overline{F}+ku\right)\phi_i\right|_{x=L}=0 \tag{2.1-14}$$

式中：$i=1,2,\cdots,n$；ϕ_i 为权函数(weighting function)；u 表示已经找到的近似解。实际上，式(2.1-14)就是 Galerkin 加权残值方法。

另外，从表 2.1-1 的最下一栏还可以看出

$$0>\Pi_1>\Pi_2=\Pi_3=\Pi_e$$

这表示系统的总势能总是负值，而近似解的总势能总是大于理论解的总势能。读者可以考虑，为什么处于静平衡状态的系统的总势能一定是负值(从应变能和外力势的关系去考虑)。

从实用的观点看，人们总是希望花较小的代价来获得足够精度的近似解。在经典里兹法中，最关键的一点是如何选取适当的试函数。如果选择得好，用头几个试函数就能相当好地逼近精确解，而后几项只起修正作用。

2.1.3 瑞利商变分式

如同静平衡问题可表示成泛函极值问题那样，系统固有振动问题也可以表示成泛函驻值问题的形式，即如下瑞利(Rayleigh)商变分式的形式

$$\omega^2 = \mathrm{st}\,\frac{V_{\max}}{T_0} \tag{2.1-15}$$

式中：st 表示取泛函驻立值，$V_{\max}$是弹性势能的最大值(幅值)，T_0 为动能系数，$\omega^2 T_0$ 为动能幅值。对于系统某阶固有振动的真实主模态位移，瑞利商的物理含义是：势能最大值等于动能最大值，因此可以把机械能守恒定律看成是瑞利商的物理基础。式(2.1-15)表示系统真实的主模态位移使泛函 $V_{\max}/T_0$ 取驻立值，并且该驻立值是 ω^2。

$V_{\max}/T_0$ 取驻立值的充分必要条件是其对容许位移函数 u 的一阶变分为零。由于变分运算遵守与微分运算相同的规则，因此

$$\delta\frac{V_{\max}}{T_0} = \frac{T_0\delta V_{\max} - V_{\max}\delta T_0}{T_0^2} = \frac{\delta V_{\max} - \delta T_0(V_{\max}/T_0)}{T_0} =$$

$$\frac{\delta V_{\max} - \omega^2\delta T_0}{T_0} = 0 \tag{2.1-16}$$

因为 $T_0 \neq 0$，于是

$$\delta V_{\max} = \omega^2\delta T_0 \tag{2.1-17}$$

对于任意给定的满足位移边界条件的近似位移函数，瑞利商一定大于系统基频的平方，只有当近似位移函数为系统的一阶模态函数时，瑞利商才取极小值，即为系统基频的平方。可以证明，用瑞利商求得的频率为各阶真实频率的上限，因此可以把瑞利商原理看成是极小值原理。

例 2.1-2　考虑如图 2.1-3 所示的杆，拉压刚度 EA 为常数。用瑞利商推导特征值问题的控制微分方程和自然边界条件。

解：系统动能系数和弹性势能幅值分别为

$$T_0 = \frac{1}{2}\int_0^L \rho A u^2 \mathrm{d}x + \frac{1}{2}mu^2\bigg|_{x=L} \tag{a}$$

$$V_{\max} = \frac{1}{2}\int_0^L EA\left(\frac{\mathrm{d}u}{\mathrm{d}x}\right)^2\mathrm{d}x + \frac{1}{2}ku^2\bigg|_{x=L} \tag{b}$$

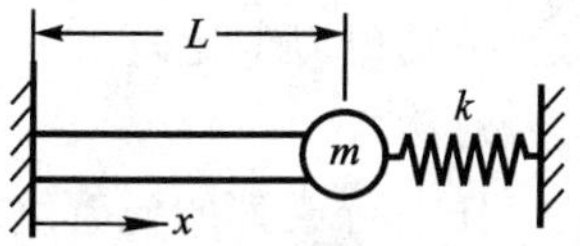

图 2.1-3　具有复杂边界条件的杆

将式(a)和式(b)代入式(2.1-17)并分部积分，得到

$$-\int_0^L\left[\frac{\mathrm{d}}{\mathrm{d}x}\left(EA\frac{\mathrm{d}u}{\mathrm{d}x}\right) + \rho A u\omega^2\right]\delta u\,\mathrm{d}x - EA\frac{\mathrm{d}u}{\mathrm{d}x}\delta u\bigg|_{x=0} + \left(EA\frac{\mathrm{d}u}{\mathrm{d}x} + ku - mu\omega^2\right)\delta u\bigg|_{x=L} = 0 \tag{c}$$

由此得到欧拉方程或杆特征值问题的控制微分方程为

$$\frac{\mathrm{d}}{\mathrm{d}x}\left(EA\frac{\mathrm{d}u}{\mathrm{d}x}\right) + \rho A u\omega^2 = 0 \tag{2.1-18}$$

自然边界条件为

$$\left(EA\frac{\mathrm{d}u}{\mathrm{d}x} + ku - mu\omega^2\right)\bigg|_{x=L} = 0 \tag{2.1-19}$$

读者不难验证，式(2.1-18)和式(2.1-19)与根据微元体进行受力分析得到的结果是相同的。根据位移边界条件和自然边界条件(2.1-19)来求解方程(2.1-18)就可以得到系统的

解析频率方程和模态函数。把容许位移函数式(2.1-6)代入式(a)和式(b),并把它们代入瑞利商变分式(2.1-15)可得

$$\omega^2 = \mathrm{st}\,\frac{\boldsymbol{a}^{\mathrm{T}}\boldsymbol{K}\boldsymbol{a}}{\boldsymbol{a}^{\mathrm{T}}\boldsymbol{M}\boldsymbol{a}} \tag{2.1-20}$$

式中:$\boldsymbol{K}$ 为刚度矩阵,其形式为式(2.1-8)。而 $\boldsymbol{M}$ 为 $n\times n$ 阶的对称质量矩阵,其形式为

$$\boldsymbol{M} = \int_0^L \rho A\boldsymbol{\varphi\varphi}^{\mathrm{T}}\mathrm{d}x + m\boldsymbol{\varphi\varphi}^{\mathrm{T}}\Big|_{x=L} \tag{2.1-21}$$

虽然式(2.1-20)是通过例2.1-2得到的,但它具有一般性。从式(2.1-21)可以看出,边界集中质量对质量矩阵是有贡献的。

如果说最小总势能原理为数值求解静平衡问题提供了可靠而又实用的理论基础,那么瑞利商变分式则为数值求解固有振动问题提供了可靠而又实用的理论基础。

下面对结构刚度和质量矩阵的特性做进一步的分析。

① 对于线弹性振动系统,其刚度与质量均是系统的固有特性,与其位移或变形的大小无关。根据式(2.1-8)和式(2.1-21)可知,$k_{ij}=k_{ji}$,$m_{ij}=m_{ji}$,这表示刚度和质量矩阵均是对称的。具有对称刚度和质量矩阵的无阻尼线性系统是保守系统,其机械能(势能和动能)的总和在固有振动或自由振动过程中是守恒的。

② 对于静定或超静定(静不定)结构系统,如果结构元件均是刚硬的,则系统在任意载荷作用下都能保持原有的形状不变,于是(广义)位移向量恒为零,只有当某些(或全部)构件在外载荷作用下发生弹性变形因而储存一些应变能时,结构才会发生某种变形而使位移向量不为零。由于这时结构系统储存的应变能总大于零(应变能的正定性),因此刚度矩阵不仅对称而且是正定的。在外部约束不足的情况下,结构可以发生某种刚体运动,但结构不会因刚体运动而储存应变能,所以,这种情况的刚度矩阵是对称半正定的。在内部约束不足的情况下,结构可以发生某种机动运动,但结构也不会因机动运动而储存应变能,于是刚度矩阵在这种情况下也是对称半正定的。

③ 从功的互等定理和平衡力系概念,可以证明线弹性结构刚度矩阵具有如下几点性质:

- 对称性;
- 任一行或列的元素之和为零(对于不同的单元刚度矩阵要进行具体分析);
- 主对角元素为正;
- 若位移函数不满足任何位移边界条件,则刚度矩阵是一个奇异矩阵,参见思考题。

④ 由于每一个位移自由度在正常情况下都与一定的质量相联系,因此质量矩阵也不仅对称而且是正定的。有时在某种简化假设下,人为地规定某些自由度不具有质量,因而使导出的质量矩阵是对称半正定的。但是,通过“静力缩聚”可以把不具有质量的自由度消去,因此质量矩阵总可以处理为对称正定矩阵。

⑤ 根据刚度矩阵和质量矩阵的对称(半)正定特性,由式(2.1-20)可知,ω^2 总是大于或者等于零的实数。这意味着,保守的线性结构振动系统,其固有振动是既不会发散也不会衰减的等幅振动。如果结构系统存在刚体或者机动运动,则对应的 ω^2 等于零,此时系统的运动不再是振动形式。

⑥ 经过变分运算,瑞利商变分式(2.1-20)可以写成如下形式的广义特征值问题,即

$$\boldsymbol{K}\boldsymbol{a} = \lambda\boldsymbol{M}\boldsymbol{a} \tag{2.1-22}$$

式中:$\lambda=\omega^2$ 为特征值。式(2.1-22)是一个齐次方程,非零解条件是其系数行列式为零,于是

$$\det(\boldsymbol{K}-\lambda\boldsymbol{M})=0 \tag{2.1-23}$$

式(2.1-23)称为特征行列式。从中可以解出 n 个特征值。通常,把特征值或固有角频率从小到大进行排序,即

$$\lambda_1\leqslant\lambda_2\leqslant\cdots\leqslant\lambda_n \tag{2.1-24}$$

将 λ_i 代回式(2.1-22),即可解出与 λ_i 相应的非零解 $\boldsymbol{a}_i$,称为特征向量。在本问题中,特征向量不代表模态向量或振型向量。λ_i 与 $\boldsymbol{a}_i$ 合在一起称为特征解或特征对。

由方程(2.1-22)的齐次性可知,若 $\boldsymbol{a}_i$ 为某一特征向量,则乘以任意常数 c 后,仍为特征向量。因此,为了使特征向量归一化,需要适当调节 c 的大小,使特征向量满足某种条件,例如,令

$$\boldsymbol{a}_i^{\mathrm{T}}\boldsymbol{M}\boldsymbol{a}_i=1 \tag{2.1-25}$$

这种条件称为质量规范化条件或质量归一化条件。将式(2.1-25)代入式(2.1-20),可得

$$\boldsymbol{a}_i^{\mathrm{T}}\boldsymbol{K}\boldsymbol{a}_i=\lambda_i \tag{2.1-26}$$

这是通过刚度矩阵来表示的同一规范化条件。规范化条件也可以采取其他随意的形式,例如令特征向量 $\boldsymbol{a}_i$ 的某一分量为1等。

特征向量还有另一个重要的特性,即不同特征向量之间的正交性。若$(\lambda_i,\boldsymbol{a}_i)$和$(\lambda_j,\boldsymbol{a}_j)$是特征值不相等的两对特征解,则有

$$\begin{aligned}\boldsymbol{a}_i^{\mathrm{T}}\boldsymbol{M}\boldsymbol{a}_j&=0 \quad (\text{质量正交性})\\ \boldsymbol{a}_i^{\mathrm{T}}\boldsymbol{K}\boldsymbol{a}_j&=0 \quad (\text{刚度正交性})\end{aligned} \tag{2.1-27}$$

式(2.1-27)代表不同特征向量之间的正交性关系。在 $\boldsymbol{K}$ 与 $\boldsymbol{M}$ 均为实对称矩阵而 $\boldsymbol{M}$ 又为正定矩阵的情况下,还可以证明,即使存在重根,例如 $\lambda_i=\lambda_j$,特征向量之间的正交性仍然成立。实际上,在上述前提下,对应于每一个特征值,不论其是否为重根,都存在一个线性独立的特征向量。如果 λ_i 是一个 m 重的重特征值,则必定有 m 个线性独立的特征向量与之对应。它们将组成一个 m 维的特征子空间,在这一空间内的任意一个向量都是与 λ_i 对应的特征向量。但是,不妨选取该 m 维子空间的正交基作为特征向量,从而在 $\lambda_i=\lambda_j$ 时特征向量的正交关系仍然为式(2.1-27)。

正交性关系式(2.1-27)的物理意义是:在不同的固有(主)振动之间不存在能量耦合或交换,或任何一阶固有振动的机械能是守恒的。

2.1.4 等应变杆元

在学习有限元方法时,需要注意的问题是:弹性力学中的平衡方程、力的边界条件和位移边界条件在有限元方法中是怎样得到满足的。

经典里兹法在整个区域内选择试函数,对于局部性质存在突变的情况,例如当杆件的剖面特性(尺寸或材料常数)在某处存在突变或者作用有集中载荷时,在处理上就会有麻烦。尤其在二维或三维问题中,如果区域外廓形状复杂,则会造成难以克服的困难。

与经典里兹法相比,现代有限元法的要旨是:首先把整个区域进行剖分,把它看做是一系列子区域的集合。每个子区域称为一个(有限)单元。然后在每个单元上假设各自独立的容许位移函数。同类单元通常使用相同的试函数或形函数序列,不同的只是各单元具有自己的待定系数或结点位移。最后,再将各单元组装起来求得问题的解。由此可见,有限元法是经典里

兹法的继承和发展，不妨称之为分区的里兹法。

有限元法既然把整个区域看做是一系列单元的集合体，因此有必要考察一下相应形式的最小总势能变分原理。不失一般性，这里仅考虑两个单元的情况。为了着重研究单元连接处的连续条件，把外部边界均看做是固定端，如图 2.1-4 所示。于是，拉压杆的总势能泛函为

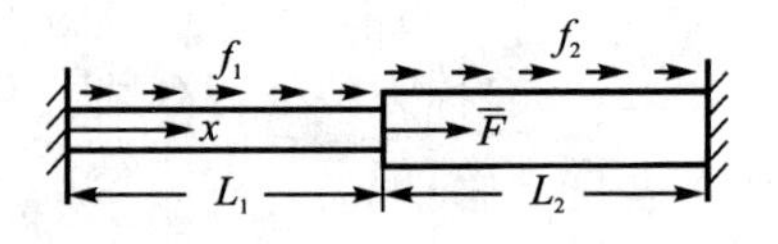

图 2.1-4 变截面杆

$$\Pi=\int_0^{L_1}\left[\frac{1}{2}EA_1\left(\frac{\mathrm{d}u_1}{\mathrm{d}x}\right)^2-f_1u_1\right]\mathrm{d}x+\int_{L_1}^{L}\left[\frac{1}{2}EA_2\left(\frac{\mathrm{d}u_2}{\mathrm{d}x}\right)^2-f_2u_2\right]\mathrm{d}x-\overline{F}u_1(L_1)\tag{2.1-28}$$

式中：$L=L_1+L_2$，下标 1 代表左单元，下标 2 代表右单元；$\overline{F}$ 为作用在左、右单元连接处的集中载荷。对式(2.1-28)进行变分并分部积分可得

$$\delta\Pi=-\int_0^{L_1}\left[\frac{\mathrm{d}}{\mathrm{d}x}\left(EA_1\frac{\mathrm{d}u_1}{\mathrm{d}x}\right)+f_1\right]\delta u_1\mathrm{d}x-\int_{L_1}^{L}\left[\frac{\mathrm{d}}{\mathrm{d}x}\left(EA_2\frac{\mathrm{d}u_2}{\mathrm{d}x}\right)+f_2\right]\delta u_2\mathrm{d}x+$$
$$EA_1\frac{\mathrm{d}u_1}{\mathrm{d}x}\delta u_1\Big|_0^{L_1}+EA_2\frac{\mathrm{d}u_2}{\mathrm{d}x}\delta u_2\Big|_{L_1}^{L}-\overline{F}\delta u_1(L_1)=0\tag{2.1-29}$$

式中：u_1 和 u_2 分别为左单元和右单元的位移函数，在单元连接点上两者必须相等，以保证位移的连续性，亦即 $u_1(L_1)=u_2(L_1)$。在式(2.1-29)中引入位移边界条件得

$$\frac{\mathrm{d}}{\mathrm{d}x}\left(EA_1\frac{\mathrm{d}u_1}{\mathrm{d}x}\right)+f_1=0,\quad 0<x<L_1\tag{2.1-30a}$$

$$\frac{\mathrm{d}}{\mathrm{d}x}\left(EA_2\frac{\mathrm{d}u_2}{\mathrm{d}x}\right)+f_2=0,\quad L_1<x<L\tag{2.1-30b}$$

$$EA_1\frac{\mathrm{d}u_1}{\mathrm{d}x}-EA_2\frac{\mathrm{d}u_2}{\mathrm{d}x}=\overline{F},\quad x=L_1\tag{2.1-30c}$$

式(2.1-30a)～式(2.1-30c)分别是分区的平衡方程和连接点上的力的平衡条件。必须指出，如果事先不保证位移在连接点上的连续性，则在此处将产生额外的能量修正项。于是，整个区域的总势能将不再是各单元总势能之和。

下面来讨论有限杆单元的构造方法和组装方法。

1. 建立局部坐标系

首先将拉压杆分为 n 个单元，如图 2.1-5 所示。然后自左至右将单元顺序编号，记为ⓘ $(i=1,2,\cdots,n)$。单元与单元的连接点以及杆的两端点统称为结点。同样，自左至右也将结点顺序编号，分别为 $1\sim n+1$，称为结点的总体编号。

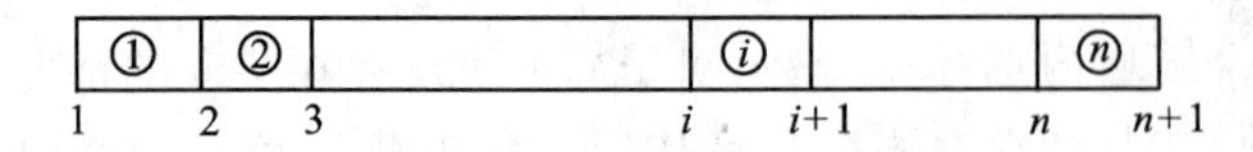

图 2.1-5 杆单元划分方法

此外，将每个单元的结点在单元级上进行编号，称为结点的单元编号。这里将单元的左端结点编为 1，而右端结点编为 2，如图 2.1-6 所示。于是，每个结点都有两种编号，但它们之间存在一一对应的关系，这种对应关系在组装单元的过程中将起重要作用。

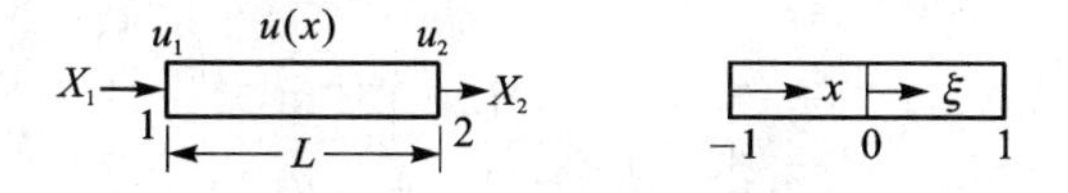

图 2.1-6　杆单元的坐标系

为了使单元的推导工作具有普遍意义，每个单元都应有自己独立的坐标系统，称为单元的局部坐标系。在图 2.1-6 中，x 和 ξ 都表示某单元的局部坐标系，前者有量纲，后者没有量纲。定义 x 和 ξ 之间具有如下线性关系，即

$$\xi = \frac{2x-L}{L} = \frac{2x}{L} - 1 \tag{2.1-31}$$

由此可见，坐标 ξ 在单元两端的值分别是 -1 和 1，与单元的长度无关。在单元刚度和质量矩阵以及载荷向量的推导和计算过程中，利用坐标 ξ 可以使该过程与单元的长度无关。

2. 常应变元

在有限元法中，网格的设计可以是相当随意的。为了保证有限元解最终能向理论解收敛，最好把杆件性能或者载荷存在突变之处取为结点。另外，在变形梯度较大的区域内，网格应剖分得细一些，而在变形梯度较小的区域内，网格可以剖分得粗一些。

正如用折线来逼近曲线那样，只要折线是由数量足够多的直线段所组成，就总可以在某种含义下无限逼近任意复杂的曲线。因此，网格越细，越可以采用简单的函数形式作为单元的容许位移函数。令人感兴趣的问题是，在极限情况下，即当单元的尺寸趋近于零时，容许位移函数的形式究竟可以简单到什么程度还仍能保证有限元解收敛于理论解。有限单元容许位移函数应该满足的三个条件是：

① 能够表达单元的刚体运动。对于拉压杆，u= 常数（与空间坐标无关）表示刚体运动。任意相邻的两个杆单元，其中一个单元的弹性位移对另外一个单元来说为刚体位移，因此要求单元容许位移函数能够表达刚体运动模式。

② 能够表达单元的等应变状态。拉压杆的应变是位移的一阶导数，单元容许位移函数至少应该是完备到一次的线性函数。

③ 能够保证位移在两个单元的连接处是连续的。满足这种要求的单元称为协调元。对于拉压杆，结点位移连续条件只牵涉到位移函数本身。在有限元法中称这类协调元为 C^0 类协调元，这类连续性要求称为 C^0 连续性要求。

条件①和②为必要条件，通常称为单元容许位移的完备性条件，条件③为充分条件。于是，拉压杆单元最基本的容许位移函数可以写为

$$u(x) = a_0 + a_1 x \tag{2.1-32}$$

根据条件 $u(0)=u_1$ 和 $u(L)=u_2$，可以将式(2.1-32)中的 a_0 和 a_1 用结点位移参数替换，即

$$\boldsymbol{u} = \boldsymbol{H}\boldsymbol{a} \tag{2.1-33}$$

式中：$\boldsymbol{a}=[a_0 \quad a_1]^{\mathrm{T}}$，$\boldsymbol{u}=[u_1 \quad u_2]^{\mathrm{T}}$，这里略去了表示单元标号的上标。矩阵 $\boldsymbol{H}$ 为

$$\boldsymbol{H} = \begin{bmatrix} 1 & 0 \\ 1 & L \end{bmatrix}$$

根据式(2.1-33)可得

$$\boldsymbol{a} = \boldsymbol{H}^{-1}\boldsymbol{u} \tag{2.1-34a}$$

或

$$\begin{bmatrix} a_0 \\ a_1 \end{bmatrix} = \frac{1}{L}\begin{bmatrix} L & 0 \\ -1 & 1 \end{bmatrix}\begin{bmatrix} u_1 \\ u_2 \end{bmatrix} \tag{2.1-34b}$$

将式(2.1－34b)代入式(2.1－32)得

$$u(x) = \phi_1 u_1 + \phi_2 u_2 = \boldsymbol{u}^{\mathrm{T}}\boldsymbol{\varphi} \tag{2.1-35}$$

式中：$\boldsymbol{\varphi}^{\mathrm{T}} = [\phi_1 \quad \phi_2]$，$u_1$ 和 u_2 分别为单元左端结点和右端结点位移，如图 2.1－6 所示。函数 ϕ_1 和 ϕ_2 的表达式分别为

$$\phi_1(\xi) = \frac{1}{2}(1-\xi), \quad \phi_2(\xi) = \frac{1}{2}(1+\xi) \tag{2.1-36}$$

值得强调的是，上述推导单元容许位移函数的方法具有一般性，也适合于其他类单元。通常将试函数 ϕ_1 和 ϕ_2 称为结点位移形函数，它们具有明显的几何意义。例如，ϕ_1 代表结点 1 处有单位位移而结点 2 处固定不动时的单元位移模式；而 ϕ_2 则代表结点 1 处固定不动而结点 2 处有单位位移时的单元位移模式。形函数有如下两个重要性质：

① ϕ_i 在结点 i 处取单位值，在其他所有结点处取零值，即 $\phi_i(x_j) = \delta_{ij}$，它保证了相邻单元位移的连续性；

② 形函数的另外一个性质是

$$\sum_{i=1}^{n} \phi_i(\xi) = 1$$

即所有形函数在任意点处取值之和为 1，它保证单元容许位移函数可以表达刚体位移，n 为单元的结点数。

形函数的这两个性质具有普适性，即其他类单元如梁和板单元等的形函数也具有此性质，但数学表达形式不尽相同。值得强调的几点是：

① 单元结点力 X_1 和 X_2 与结点位移的正方向是相同的，如图 2.1－6 所示。在单元局部坐标系中，图 2.1－6 所示的结点位移和结点力的方向为正。在材料力学中，杆的拉力为正，因此 X_1 与材料力学中的轴力正方向相反。

② 有限单元结点位移参数的个数决定了单元容许位移函数的完备阶次，并且广义参数 a_i 的个数与结点位移参数的个数相等。

③ 用结点位移和形函数来表示单元容许位移函数的一个突出优点是便于实现相邻单元之间的位移连续条件。例如，为了使总体编号为 $i+1$ 的结点的位移连续，如图 2.1－5 所示，只须令

$$u_2^i = u_1^{i+1} = u_{i+1}$$

式中：u_2^i 和 u_1^{i+1} 分别为第 i 个单元右端结点和第 $i+1$ 个单元左端结点的位移，u_{i+1} 为总体编号为 $i+1$ 的结点位移。

采用式(2.1－36)作为结点位移形函数的拉压杆单元，由于单元内的应变 $\mathrm{d}u/\mathrm{d}\xi$ 为常数，故称之为常应变或等应变杆单元。

3. 刚度矩阵、质量矩阵和载荷向量

将式(2.1－35)分别代入式(2.1－8)、式(2.1－21)和式(2.1－9)中，并在单元上进行积分，即可得到单元的刚度矩阵 $\boldsymbol{k}$、质量矩阵 $\boldsymbol{m}$ 和载荷向量 $\boldsymbol{f}$。注意，此时单元边界上没有集中

弹簧、集中质量和集中载荷，因此这三个计算公式的对应项都为零。对于均匀的杆单元和均布载荷，有

$$\boldsymbol{k}=\frac{EA}{L}\begin{bmatrix}1 & -1\\ -1 & 1\end{bmatrix},\quad \boldsymbol{m}=\frac{\rho AL}{6}\begin{bmatrix}2 & 1\\ 1 & 2\end{bmatrix},\quad \boldsymbol{f}=\frac{fL}{2}\begin{bmatrix}1\\ 1\end{bmatrix} \tag{2.1-37}$$

上述结果是针对单元结点位移 u_1 和 u_2 导出的。为了组装单元的需要，应该使用以总体编号的结点位移为基础的各种矩阵和向量。为此需要建立单元结点位移向量和总体结点位移向量之间的对应关系，即

$$\boldsymbol{u}_i=\boldsymbol{T}_i\boldsymbol{u} \tag{2.1-38}$$

式中：$\boldsymbol{u}_i^{\mathrm{T}}=[u_1^i\quad u_2^i]$是第ⓘ个单元的结点位移向量；$\boldsymbol{u}^{\mathrm{T}}=[u_1\quad u_2\quad \cdots\quad u_{n+1}]$是总体结点位移向量；矩阵 $\boldsymbol{T}_i$ 是第ⓘ个单元的维数为 $2\times(n+1)$的结点位移提取矩阵，对于图 2.1-5 所示的网格划分方式，该矩阵的形式为

$$\boldsymbol{T}_i=\begin{bmatrix}0 & \cdots & 1 & 0 & \cdots & 0\\ 0 & \cdots & 0 & 1 & \cdots & 0\end{bmatrix} \tag{2.1-39}$$

该矩阵中只有两个非零元素 1，一个位于第 1 行的第 i 列，另一个位于第 2 行的第 $i+1$ 列。利用式(2.1-38)，对单元矩阵进行合同变换与累加后，即可得到杆的总体刚度矩阵 $\boldsymbol{K}$、质量矩阵 $\boldsymbol{M}$ 和载荷向量 $\boldsymbol{F}$，即

$$\boldsymbol{K}=\sum_{i=1}^{n}\boldsymbol{T}_i^{\mathrm{T}}\boldsymbol{k}_i\boldsymbol{T}_i,\quad \boldsymbol{M}=\sum_{i=1}^{n}\boldsymbol{T}_i^{\mathrm{T}}\boldsymbol{m}_i\boldsymbol{T}_i,\quad \boldsymbol{F}=\sum_{i=1}^{n}\boldsymbol{T}_i^{\mathrm{T}}\boldsymbol{f}_i \tag{2.1-40}$$

应该注意到，由于单元容许位移函数可以表达刚体运动，因此在施加足够的位移约束条件之前，所得到的单元或整体刚度矩阵都是奇异的。

根据最小总势能变分原理和瑞利商变分原理，可以得到形式与式(2.1-11)和式(2.1-22)完全相似的两个方程，只是用 $\boldsymbol{u}$ 替换其中的 $\boldsymbol{a}$，即

$$\boldsymbol{K}\boldsymbol{u}=\boldsymbol{F} \tag{2.1-41}$$

$$\boldsymbol{K}\boldsymbol{u}=\lambda\boldsymbol{M}\boldsymbol{u} \tag{2.1-42}$$

通过求解这两个方程可以得到静力位移、固有振动频率和模态向量。式(2.1-41)中的 $\boldsymbol{u}$ 表示在外载荷作用下产生的结点位移列向量，广义特征值方程(2.1-42)中的 $\boldsymbol{u}$ 则表示某阶模态中的结点位移列向量，即模态向量。

例 2.1-3　为了考察有限元解的精度和收敛性，用常应变元来求解如图 2.1-7 所示的均匀杆件在均布载荷作用下的位移、应力以及固有振动频率。计算时采取三种有限元网格，即 n 分别为 1，2 和 3(n 为单元数)。注意：杆左端固支，所以总体编号的结点位移 $u_1=0$。作为处理这种位移边界条件的一种方法，只要从最终的矩阵方程中删去相应的行和列即可。

(a) 载荷和边界条件　　(b) n=3

图 2.1-7　均布载荷作用下的一端固定均匀杆

解：用 R 表示固定端的约束反力，其正方向与结点力的正方向相同。对于静平衡问题，组装式(2.1-37)中的单元刚度矩阵和载荷向量，求解方程(2.1-41)，可以分别得到下列矩阵方

程及结果。

当 $n=1$ 时，单元的长度即是杆的长度，于是有

$$\frac{EA}{L}\begin{bmatrix}1 & -1\\ -1 & 1\end{bmatrix}\begin{bmatrix}u_1\\ u_2\end{bmatrix}=\begin{bmatrix}fL/2+R\\ fL/2\end{bmatrix},\quad u_2=\frac{fL^2}{2EA},\quad R=-fL \tag{a}$$

当 $n=2$ 时，单元的长度是杆长的 1/2，即为 $L/2$，于是有

$$\frac{2EA}{L}\begin{bmatrix}1 & -1 & 0\\ -1 & 2 & -1\\ 0 & -1 & 1\end{bmatrix}\begin{bmatrix}u_1\\ u_2\\ u_3\end{bmatrix}=\frac{fL}{4}\begin{bmatrix}1+\dfrac{4R}{fL}\\ 2\\ 1\end{bmatrix},\quad \begin{bmatrix}u_2\\ u_3\end{bmatrix}=\frac{fL^2}{8EA}\begin{bmatrix}3\\ 4\end{bmatrix},\quad R=-fL \tag{b}$$

当 $n=3$ 时，单元的长度是杆长的 1/3，即为 $L/3$，于是有

$$\frac{3EA}{L}\begin{bmatrix}1 & -1 & 0 & 0\\ -1 & 2 & -1 & 0\\ 0 & -1 & 2 & -1\\ 0 & 0 & -1 & 1\end{bmatrix}\begin{bmatrix}u_1\\ u_2\\ u_3\\ u_4\end{bmatrix}=\frac{fL}{6}\begin{bmatrix}1+\dfrac{6R}{fL}\\ 2\\ 2\\ 1\end{bmatrix},\quad \begin{bmatrix}u_2\\ u_3\\ u_4\end{bmatrix}=\frac{fL^2}{18EA}\begin{bmatrix}5\\ 8\\ 9\end{bmatrix},\quad R=-fL \tag{c}$$

将式(2.1-35)对 x 求导再乘以弹性模量，可得到单元内的应力为

$$\sigma^i=(u_2^i-u_1^i)\frac{E}{L^i} \tag{d}$$

式中：L^i 代表第ⓘ个单元的长度。根据式(2.1-38)从总体结点位移向量中提取各单元的结点位移，再代入式(d)中即可得到各单元的应力。单元的结点力为单元刚度矩阵与单元结点位移列向量的乘积，对于 $n=3$ 的情况，结果是

$$\begin{bmatrix}X_1^i\\ X_2^i\end{bmatrix}=\frac{3EA}{L}\begin{bmatrix}1 & -1\\ -1 & 1\end{bmatrix}\begin{bmatrix}u_1^i\\ u_2^i\end{bmatrix} \tag{e}$$

在各个结点处，各个单元的轴力与等效结点外力组成一个平衡力系，于是有

$$-\sigma^1A=f_1+R,\quad \sigma^1A-\sigma^2A=f_2,\quad \sigma^2A-\sigma^3A=f_3,\quad \sigma^3A=f_4 \tag{f}$$

式中：$f_1=f_4=fL/6$ 为结点 1 和结点 4 的等效结点外载荷，$f_2=f_3=fL/3$ 为结点 2 和结点 3 的等效结点外载荷，也就是矩阵方程(c)中右端项对应的量。读者不难得到结点力与等效结点外力的关系为

$$X_1^1=f_1+R\ \text{（结点 1）},\quad X_2^1+X_1^2=f_2\ \text{（结点 2）} \tag{g}$$

$$X_2^2+X_1^3=f_3\ \text{（结点 3）},\quad X_2^3=f_4\ \text{（结点 4）} \tag{h}$$

从式(g)和式(h)可以看出结点力的物理含义。如以结点 2 为例，等效结点外力为 f_2，其中 X_1^2 作用在单元 2 上，X_2^1 作用在单元 1 上。

在同一个结点处，通过不同等应变杆元计算的应力是不等的，不满足应力连续条件，但却满足式(f)所表示的结点力平衡条件。根据边界条件 $u(0)=0$ 和 $\mathrm{d}u(L)/\mathrm{d}x=0$ 求解方程(2.1-4)容易得到本问题的解析解为

$$u(x)=\frac{fL^2}{EA}\left[\frac{x}{L}-\frac{1}{2}\left(\frac{x}{L}\right)^2\right],\quad \sigma(x)=\frac{fL}{A}\left(1-\frac{x}{L}\right) \tag{i}$$

图 2.1-8 绘出了位移和应力沿杆长的变化曲线，并将有限元解与解析解进行了比较。

利用所得结果，还可以计算杆件的无因次化的系统总势能。当 $n=1, 2, 3$ 时，它们分别为 $-1/8$，$-5/32$，$-35/216$，而理论解为 $-1/6$。

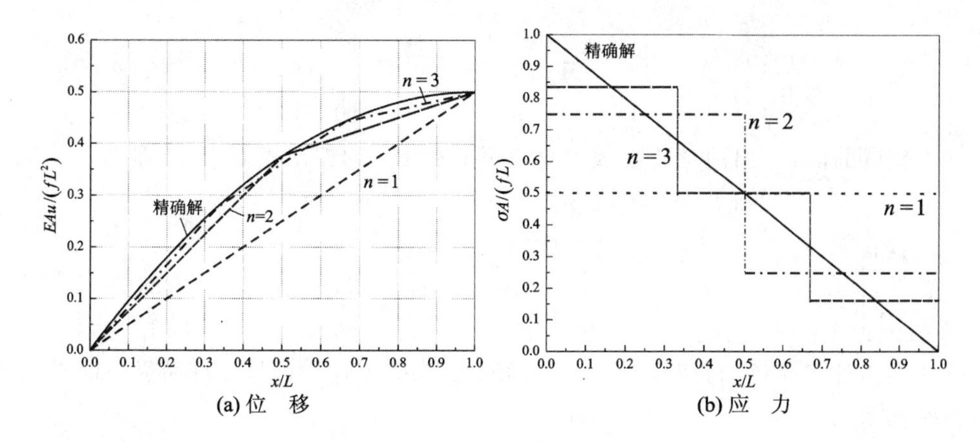

图 2.1-8　拉压杆的位移和应力

由以上结果可以得到以下结论：

① 当 n 增大时，各项结果均向理论解收敛。

② 不论 n 为何值，有限元解在结点处都能给出正确的位移值。对于均匀的一维结构单元，在本章将证明此结论是普遍成立的。在单元的内部，位移的误差则与剖分的精细程度和单元的阶次有关，并且近似位移小于精确位移。

③ 各种参量有不同的收敛速度，总势能最快，位移次之，而应力最慢。更正确地说，泛函本身的精度最高，自变函数其次，自变函数导数的精度最低。

下面求固有振动频率和模态向量或特征解。通过组装式(2.1-37)中的单元刚度和质量矩阵，在式(2.1-42)中引入边界条件并求解该齐次方程组即可得到特征解。为了便于与理论解比较，本例中采用的规范化条件是：固有振动模态在杆的自由端处的幅值为 1。

当 $n=1$ 时，有

$$\frac{EA}{L}u_2 = \frac{1}{3}\rho AL\omega^2 u_2, \quad \bar{\omega}_1 = \sqrt{3}$$

式中：$\bar{\omega} = \omega L\sqrt{\rho/E}$ 是无量纲角频率。

当 $n=2$ 时，有

$$\frac{2EA}{L}\begin{bmatrix} 2 & -1 \\ -1 & 1 \end{bmatrix}\begin{bmatrix} u_2 \\ u_3 \end{bmatrix} = \frac{\rho AL\omega^2}{12}\begin{bmatrix} 4 & 1 \\ 1 & 2 \end{bmatrix}\begin{bmatrix} u_2 \\ u_3 \end{bmatrix}$$

上式的特征行列式为

$$\begin{vmatrix} 48-4\bar{\omega}^2 & -24-\bar{\omega}^2 \\ -24-\bar{\omega}^2 & 24-2\bar{\omega}^2 \end{vmatrix} = 0$$

由此方程可以解出两个无量纲频率为

$$\bar{\omega}_1 = 1.611\,42, \quad \bar{\omega}_2 = 5.629\,30 \tag{j}$$

将所得角频率代回方程(2.1-42)，可解出相应的振动模态向量为

$$\begin{bmatrix} u_2 \\ u_3 \end{bmatrix}^{(1)} = \begin{bmatrix} 0.707\,11 \\ 1 \end{bmatrix}, \quad \begin{bmatrix} u_2 \\ u_3 \end{bmatrix}^{(2)} = \begin{bmatrix} -0.707\,11 \\ 1 \end{bmatrix} \tag{k}$$

将式(k)代入式(2.1-35)可以得到分段定义的模态函数。

当 $n=3$ 时，有

$$\frac{3EA}{L}\begin{bmatrix}2 & -1 & 0\\ -1 & 2 & -1\\ 0 & -1 & 1\end{bmatrix}\begin{bmatrix}u_2\\ u_3\\ u_4\end{bmatrix}=\frac{\rho AL\omega^2}{18}\begin{bmatrix}4 & 1 & 0\\ 1 & 4 & 1\\ 0 & 1 & 2\end{bmatrix}\begin{bmatrix}u_2\\ u_3\\ u_4\end{bmatrix} \tag{l}$$

利用上述方法,同样可解出前三阶无因次化角频率和相应的振动模态向量,即

$$\bar{\omega}_1=1.58880,\quad \bar{\omega}_2=5.19615,\quad \bar{\omega}_3=9.42658 \tag{m}$$

$$\begin{bmatrix}u_2\\ u_3\\ u_4\end{bmatrix}^{(1)}=\begin{bmatrix}0.5\\ 0.86603\\ 1\end{bmatrix},\quad \begin{bmatrix}u_2\\ u_3\\ u_4\end{bmatrix}^{(2)}=\begin{bmatrix}-1\\ 0\\ 1\end{bmatrix},\quad \begin{bmatrix}u_2\\ u_3\\ u_4\end{bmatrix}^{(3)}=\begin{bmatrix}0.5\\ -0.86603\\ 1\end{bmatrix} \tag{n}$$

根据边界条件求解控制方程(2.1-18),可得到一端固定均匀拉压杆做纵向固有振动时的模态函数和频率分别为

$$\left.\begin{aligned}\phi_i(x)&=\sin\frac{(2i-1)\pi}{2L}x\\ \bar{\omega}_i&=(2i-1)\frac{\pi}{2}\end{aligned}\right\},\quad i=1,2,\cdots \tag{o}$$

将有限元结果与微分方程理论解比较,可以得到以下结论:

① 在有限元法中,把原来具有无限多个自由度的连续弹性系统离散成为只有有限个自由度的离散系统,只能得到有限个特征值(或固有频率)和特征向量(或振动模态),并且各阶近似固有频率均大于或等于对应阶次的解析结果。

② 随着 n 的增大,特征值与特征向量均向理论解收敛,但各阶的收敛速度不同。第 1 阶的特征值具有很好的精度,在 $n=3$ 时,其相对误差仅为 1.15%。

③ 特征值的收敛速度大于特征向量的收敛速度。

有趣的是,在本例中用有限元法解出的全部固有振动模态向量在各结点处的幅值均与理论解在相应结点处的幅值相同,请读者思考其原因。还有另外一个值得思考的问题,即用有限元方法是否能够求解到精确模态函数。

2.1.5 高阶杆元

图 2.1-8 表明,利用等应变元算出的应力在单元内是常数,在结点处也不满足应力连续条件。如果希望有更好的逼近,除了采用细划网格方法之外,还可以选用幂次较高的多项式函数作为单元容许位移函数,相应的单元称为高阶元。

1. 二次元

二次多项式具有三个待定系数。每个单元除原来已有的两个处于端点处的结点(也称为外部结点或出口结点)位移外,还需要增加一个结点位移作为待定系数。该结点的位置原则上可以在单元内部随意指定,但为了便于统一处理,一般将其放置在单元的中点。由于此结点位移与单元之间位移的连续性无关,故称其为内部结点。选用拉格朗日多项式作为单元的形函数,其形式为

$$\phi_i(\xi)=L_i(\xi)=\prod_{\substack{j=1\\ j\neq i}}^{m+1}\frac{\xi-\xi_j}{\xi_i-\xi_j},\quad i=1,2,\cdots,m+1 \tag{2.1-43}$$

其中:m 可以理解为单元的阶次。$m=2$ 即对应二次单元。二次元的容许位移函数为

$$u = \phi_1 u_1 + \phi_2 u_2 + \phi_3 u_3 \tag{2.1-44}$$

式中：u_3 为单元中间结点 3 的位移。由式(2.1-43)可以得到结点位移形函数为

$$\left.\begin{aligned} \phi_1 &= \frac{1}{2}(\xi - 1)\xi \\ \phi_2 &= \frac{1}{2}(1+\xi)\xi \\ \phi_3 &= (1+\xi)(1-\xi) \end{aligned}\right\} \tag{2.1-45}$$

该形函数同样满足形函数的两个性质。图 2.1-9是二次形函数的几何示意图。容许位移式(2.1-44)是一个完备到二次的多项式，它可以表示任意的二次及二次以下的多项式函数，因此二次单元满足完备性条件。至于单元之间的协调，则可通过连接点处相邻单元端点位移相同而得到保证。

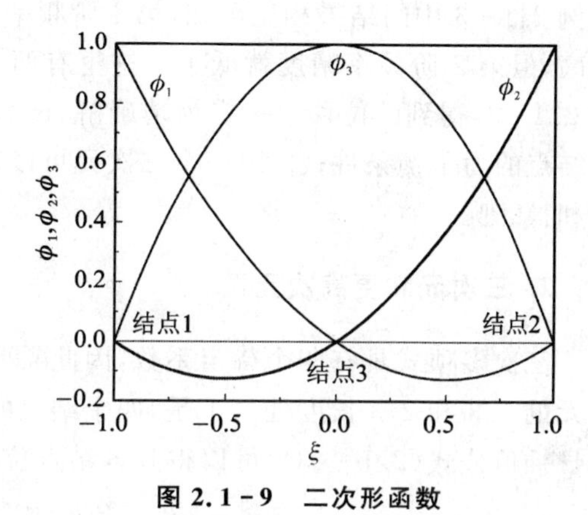

图 2.1-9　二次形函数

对于均匀的杆单元和均布载荷，利用式(2.1-8)、式(2.1-21)和式(2.1-9)可以算出二次杆元的刚度矩阵 $\boldsymbol{k}$、质量矩阵 $\boldsymbol{m}$ 和载荷向量 $\boldsymbol{f}$，具体结果为

$$\boldsymbol{k} = \frac{EA}{3L}\begin{bmatrix} 7 & 1 & -8 \\ 1 & 7 & -8 \\ -8 & -8 & 16 \end{bmatrix} \tag{2.1-46a}$$

$$\boldsymbol{m} = \frac{\rho AL}{30}\begin{bmatrix} 4 & -1 & 2 \\ -1 & 4 & 2 \\ 2 & 2 & 16 \end{bmatrix} \tag{2.1-46b}$$

$$\boldsymbol{f} = \frac{fL}{6}\begin{bmatrix} 1 \\ 1 \\ 4 \end{bmatrix} \tag{2.1-46c}$$

式(2.1-46c)对应的结点位移列向量为 $\boldsymbol{u}^{\mathrm{T}} = [u_1 \quad u_2 \quad u_3]$。下面采用二次元求解例 2.1-3。把杆看做是一个单元，则系统平衡方程及结果为

$$\frac{EA}{3L}\begin{bmatrix} 7 & 1 & -8 \\ 1 & 7 & -8 \\ -8 & -8 & 16 \end{bmatrix}\begin{bmatrix} u_1 \\ u_2 \\ u_3 \end{bmatrix} = \frac{fL}{6}\begin{bmatrix} 1+\dfrac{6R}{fL} \\ 1 \\ 4 \end{bmatrix}, \quad \begin{bmatrix} u_2 \\ u_3 \end{bmatrix} = \frac{fL^2}{8EA}\begin{bmatrix} 4 \\ 3 \end{bmatrix}, \quad R = -fL$$

将结果代回式(2.1-44)得

$$u = \frac{1}{8EA}(3 + 2\xi - \xi^2) fL^2 = \frac{fL^2}{EA}\left[\frac{x}{L} - \frac{1}{2}\left(\frac{x}{L}\right)^2\right]$$

与例 2.1-3 中的式(i)相比，可知这就是精确解，这是由于所解问题的精确解本来就是二次多项式函数所致。也就是说，如果单元容许位移函数的完备阶次与精确解的阶次相同，则用有限元方法得到的解就是精确解。

下面用一个二次单元求解固有振动问题。广义特征值方程为

$$\frac{EA}{3L}\begin{bmatrix}7 & -8\\-8 & 16\end{bmatrix}\begin{bmatrix}u_2\\u_3\end{bmatrix}=\frac{\rho AL\omega^2}{30}\begin{bmatrix}4 & 2\\2 & 16\end{bmatrix}\begin{bmatrix}u_2\\u_3\end{bmatrix}$$

由此解得前两个无因次角频率和振动模态分别为

$$\bar{\omega}_1=1.576\,69,\quad \bar{\omega}_2=5.672\,80$$

$$\begin{bmatrix}u_2\\u_3\end{bmatrix}^{(1)}=\begin{bmatrix}1\\0.706\,78\end{bmatrix},\quad \begin{bmatrix}u_2\\u_3\end{bmatrix}^{(2)}=\begin{bmatrix}1\\-0.406\,78\end{bmatrix}$$

与例 2.1-3 中的结果相比可知，第 1 阶频率比用三个等应变杆单元得到的第 1 阶频率的精度要高，但第 2 阶频率精度就低了。这里有两个值得读者思考的问题：① 若用两个二次元求解例 2.1-3，得到的位移也一定为精确解，试分析此时单元连接点处的力平衡条件以及每个单元结点的力平衡条件；② 用一个二次元可以得到例 2.1-3 的精确位移，为何得不到精确的频率和模态呢？

2. 三次元和更高次元

三次多项式具有四个待定系数，因此需要增加两个内部结点位移 u_3 和 u_4，通常将其放在单元的 1/3 和 2/3 长度处。于是，四个结点的无因次坐标依次为 −1，1，−1/3 和 1/3。用拉格朗日插值公式(2.1-43)，可以得到各结点位移形函数，进而可得单元的容许位移函数

$$u=\phi_1u_1+\phi_2u_2+\phi_3u_3+\phi_4u_4 \tag{2.1-47}$$

式中：结点位移形函数的具体表达式为

$$\left.\begin{aligned}\phi_1&=-\frac{1}{16}(\xi-1)(3\xi+1)(3\xi-1)\\ \phi_2&=\frac{1}{16}(\xi+1)(3\xi+1)(3\xi-1)\\ \phi_3&=-\frac{9}{16}(\xi+1)(3\xi-1)(\xi-1)\\ \phi_4&=\frac{9}{16}(\xi+1)(3\xi+1)(\xi-1)\end{aligned}\right\} \tag{2.1-48}$$

这四个形函数同样满足形函数的两个性质。上述方法很容易推广用来构造任意阶次的高阶元。以构造 m 次高阶元为例，首先将单元进行 m 等分，得到 $m-1$ 个内部结点，然后将内部结点从左到右给予 $3\sim m+1$ 的单元结点编号，单元左右两端的结点仍然分别给予 1 和 2 的单元结点编号。于是，全部结点的无因次化坐标值依次为 $-1,1,2/m-1,4/m-1,\cdots,2(m-1)/m-1$。单元的容许位移函数为

$$u=\sum_{i=1}^{m+1}\phi_iu_i \tag{2.1-49}$$

式中：ϕ_i 仍由式(2.1-43)确定，并且 $\phi_i(\xi_j)=\delta_{ij}$。高阶单元的刚度矩阵、质量矩阵和载荷列向量的计算方法与二次杆元相同。

2.1.6 升阶谱杆元

前面导出的拉格朗日型单元容许位移函数均是完备到一定幂次的多项式函数。例如，等应变元的容许位移函数是完备到一次的线性多项式函数，二次元的容许位移函数是完备到二次的多项式函数，而 m 次元的容许位移函数则是完备到 m 次的多项式函数。显然，这些容许

位移函数所代表的函数空间均是完备到无穷阶的多项式函数空间的子空间。

但是，上述拉格朗日型单元的刚度矩阵、质量矩阵和载荷列向量序列却没有明显反映这个特点。比较式(2.1-37)和式(2.1-46)就可以发现，低阶元矩阵并不是高阶元矩阵的子阵。因此，对于一个既定的有限元网格，如果为了改善有限元近似解的精度，若用高阶元来代替低阶元，则全部计算工作必须重新开始，这自然不是高效的计算方法。为了解决这个矛盾，可以采用升阶谱有限元技术。

在升阶谱有限元法中，杆单元的容许位移函数为

$$u = \frac{1}{2}(1-\xi)u_1 + \frac{1}{2}(1+\xi)u_2 + \sum_{i=3}^{n}\phi_i u_i \tag{2.1-50}$$

式中：u_1 和 u_2 分别为单元左端和右端的位移；$u_i(i\geqslant 3)$为广义结点位移参数，与拉格朗日型单元不同，u_i 不一定代表某具体结点处的位移；$\phi_i(i\geqslant 3)$为在单元两端为零的任意 $i-1$ 次多项式，这些多项式不影响单元之间的协调关系，但也不再具有前面所给出的形函数的两个性质，这里称 ϕ_i 为升阶谱形函数。式(2.1-50)右端的前两项即是等应变杆元的容许位移函数。

若采用勒让德(Legendre)正交多项式作为应变的升阶谱形函数，就可以充分利用正交函数的优点来缩小单元刚度矩阵的带宽。勒让德正交多项式在很多数值分析书籍中已有详细讨论，本书将直接引用有关结果。用 p_k 表示定义在区间$[-1,1]$上的第 k 阶勒让德正交多项式，它满足微分方程

$$\frac{\mathrm{d}}{\mathrm{d}\xi}\left[(1-\xi^2)\frac{\mathrm{d}p_k}{\mathrm{d}\xi}\right] + k(k+1)p_k = 0,\quad k=0,1,2,\cdots \tag{2.1-51}$$

由此可得

$$p_k = \frac{1}{2^k k!}\frac{\mathrm{d}^k}{\mathrm{d}\xi^k}(\xi^2-1)^k \tag{2.1-52}$$

式(2.1-52)就是勒让德正交多项式的广义罗德利克(Rodrigues)公式，其中前六阶多项式为

$$\left.\begin{aligned}
p_0 &= 1\\
p_1 &= \xi\\
p_2 &= \frac{1}{2}(3\xi^2-1)\\
p_3 &= \frac{1}{2}(5\xi^3-3\xi)\\
p_4 &= \frac{1}{8}(35\xi^4-30\xi^2+3)\\
p_5 &= \frac{1}{8}(63\xi^5-70\xi^3+15\xi)\\
p_6 &= \frac{1}{16}(231\xi^6-315\xi^4+105\xi^2-5)
\end{aligned}\right\} \tag{2.1-53}$$

由于拉压杆的应变是位移的一阶导数，因此对式(2.1-52)积分一次，即可导出位移的升阶谱形函数序列。利用式(2.1-52)可得到结果

$$\phi_{k+2} = \int_{-1}^{\xi} p_k \mathrm{d}\xi = \frac{\xi^2-1}{k(k+1)}\frac{\mathrm{d}p_k}{\mathrm{d}\xi},\quad k=1,2,\cdots \tag{2.1-54}$$

当 $\xi=\pm 1$ 时，$\phi_{k+2}=0$，这意味着式(2.1-54)满足升阶谱位移形函数在单元两端必须为零的条件。将式(2.1-53)代入式(2.1-54)，即可得到相应升阶谱位移形函数的具体表达式为

$$\left.\begin{aligned}\phi_3&=\frac{1}{2}(\xi^2-1)\\ \phi_4&=\frac{1}{2}(\xi^3-\xi)\\ \phi_5&=\frac{1}{8}(5\xi^4-6\xi^2+1)\\ \phi_6&=\frac{1}{8}(7\xi^5-10\xi^3+3\xi)\\ \phi_7&=\frac{1}{16}(21\xi^6-35\xi^4+15\xi^2-1)\\ \phi_8&=\frac{1}{16}(33\xi^7-63\xi^5+35\xi^3-5\xi)\end{aligned}\right\}\tag{2.1-55}$$

勒让德正交多项式序列满足如下的正交和规范化条件，即

$$\int_{-1}^{1}p_k p_j\,\mathrm{d}\xi=\begin{cases}0, & k\neq j\\ \dfrac{2}{2k+1}, & k=j\end{cases}\tag{2.1-56}$$

对于均匀杆单元和均布载荷 f，根据式(2.1-8)、式(2.1-21)和式(2.1-9)，可以分别得到升阶谱杆元的刚度矩阵 $\boldsymbol{k}$、质量矩阵 $\boldsymbol{m}$ 和载荷矢量 $\boldsymbol{f}$ 分别为

$$\boldsymbol{k}=\frac{EA}{L}\begin{bmatrix}1 & -1 & & & & \\ -1 & 1 & & & & \\ & & \frac{4}{3} & & & \\ & & & \frac{4}{5} & & \\ & & & & \ddots & \\ & & & & & \frac{4}{2n-3}\end{bmatrix}_{n\times n}\tag{2.1-57a}$$

$$\boldsymbol{m}=\rho AL\begin{bmatrix}\frac{2}{6} & \frac{1}{6} & -\frac{1}{6} & \frac{1}{30} & & & & \\ & \frac{2}{6} & -\frac{1}{6} & -\frac{1}{30} & & & & \\ & & \frac{2}{5\times3\times1} & 0 & \frac{-1}{7\times5\times3} & & & \\ & & & \frac{2}{7\times5\times3} & 0 & \frac{-1}{9\times7\times5} & & \\ & & & & \frac{2}{9\times7\times5} & 0 & \ddots & \\ & & & & & \frac{2}{11\times9\times7} & \ddots & m_{n-2,n} \\ & & & & & & \ddots & 0 \\ & & & & & & & m_{n,n}\end{bmatrix}_{n\times n}\tag{2.1-57b}$$

式中：

$$m_{n-2,n}=\frac{-1}{(2n-3)(2n-5)(2n-7)},\quad m_{n,n}=\frac{2}{(2n-1)(2n-3)(2n-5)}$$

$$\boldsymbol{f}^{\mathrm{T}}=\frac{fL}{2}\begin{bmatrix}1 & 1 & \vdots & -\frac{2}{3} & 0 & \cdots & 0\end{bmatrix} \tag{2.1-57c}$$

式(2.1-57a)～式(2.1-57c)充分显示了升阶谱元的优点,以等应变杆单元矩阵式(2.1-37)为起点,逐步扩充行和列,即可得到各阶升阶谱单元矩阵。在均匀杆情况下,与勒让德升阶谱形函数对应的子刚度矩阵为对角矩阵。

例 2.1-4 用升阶谱单元方法求解例 2.1-3 中的均匀杆静平衡问题。

解:仍把杆件看做是一个单元,施加固定边界条件得

$$\frac{1}{L}EAu_2=\frac{1}{2}fL \tag{a}$$

$$\frac{4}{3L}EAu_3=-\frac{1}{3}fL \tag{b}$$

$$\frac{4}{(2k-3)L}EAu_k=0,\quad k=4,5,\cdots \tag{c}$$

可以将由式(a)得到的解看做是用常应变元得到的基本解。而由式(b)和式(c)得到的解看做是由高阶自由度得到的修正解,而高阶自由度是与升阶谱形函数相联系的。在均匀杆情况下,基本解和修正解是完全解耦的,最终解是两者之和。根据式(2.1-50)得

$$u=\frac{1}{8EA}(3+2\xi-\xi^2)fL^2=\frac{fL^2}{EA}\left[\frac{x}{L}-\frac{1}{2}\left(\frac{x}{L}\right)^2\right] \tag{d}$$

该解与例 2.1-3 得到的解析解相同。如果用式(2.1-57)来求解固有振动问题,且仍只采用一个单元并只取单元的前三个自由度,则引入位移约束条件得广义特征值方程

$$\frac{EA}{3L}\begin{bmatrix}3 & 0\\0 & 4\end{bmatrix}\begin{bmatrix}u_2\\u_3\end{bmatrix}=\frac{\rho AL\omega^2}{30}\begin{bmatrix}10 & -5\\-5 & 4\end{bmatrix}\begin{bmatrix}u_2\\u_3\end{bmatrix} \tag{e}$$

由此可解出前两阶无因次化角频率和相应的模态向量为

$$\bar{\omega}_1=1.576\,69,\quad \bar{\omega}_2=5.672\,80$$

$$\begin{bmatrix}u_2\\u_3\end{bmatrix}^{(1)}=\begin{bmatrix}1\\-0.413\,55\end{bmatrix},\quad \begin{bmatrix}u_2\\u_3\end{bmatrix}^{(2)}=\begin{bmatrix}1\\1.813\,55\end{bmatrix}$$

这里得到的无因次化频率与例 2.1-3 中用拉格朗日二次元得到的结果相同,而振动模态似乎不同。其实,这是由于两种单元所使用形函数的形式不同所致,只要将它们代回各自的位移表达式(2.1-44)和式(2.1-50)中,即可得到如下相同的模态函数为

$$\left.\begin{aligned}u^{(1)}&=0.706\,87+0.5\xi-0.206\,78\xi^2\\u^{(2)}&=-0.406\,87+0.5\xi+0.906\,78\xi^2\end{aligned}\right\} \tag{f}$$

这些结果都是从完备到二次的多项式函数空间内找到的近似解。

2.2 直 梁

直梁是重要的结构元件。所谓直梁是指其横剖面尺寸远小于纵向尺寸的细长平直柱体,主要承受垂直于中心线的横向载荷并发生弯曲变形。直梁可以承受不同方向的横向载荷,但一般来说存在两个主弯曲平面。主弯曲平面内的变形互不耦合,因此可把各个方向的横向载

荷分解成两个主弯曲平面内的载荷分别求解，然后再把两种结果叠加起来。这里，只讨论直梁在一个主弯曲平面内的受载和弯曲问题。

直梁理论是材料力学的主要内容之一，它建立在著名的平剖面假设基础之上，即认为变形前垂直于梁中心线的剖面，变形后仍为平面并继续垂直于中心线，因此不存在剪切变形。对于细长梁而言，其精度可以满足大量工程问题的需求，这种梁理论也称为工程梁理论。伯努利(Bernoulli)-欧拉(Euler)假说认为长梁的曲率与弯矩成比例，由于工程梁理论中包括平面假设和伯努利-欧拉假说，故工程梁理论也称为伯努利-欧拉梁理论，简称欧拉梁理论。考虑剪切变形的梁理论将在 2.3 节中简要讨论。

2.2.1　平衡微分方程

考虑梁在主平面 xz 内的弯曲问题。x 轴与梁的中线重合，z 轴的坐标原点在中线上，梁绕 y 轴弯曲，如图 2.2－1 所示。用 u，w 分别表示坐标 x，z 方向的线位移，设梁的宽度 $b=1$，高度为 h。

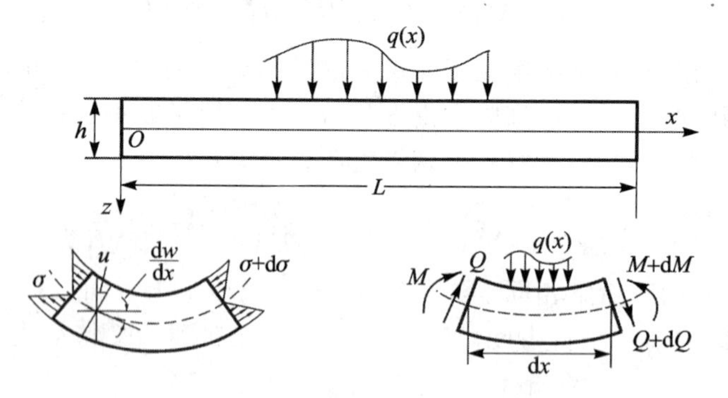

图 2.2－1　梁的变量关系示意图

根据平剖面假设，梁各点的位移可以用中线挠度 w 来表示，据此可以得到应变和应力等物理量，如表 2.2－1 所列。

表 2.2－1　梁的基本方程

位　移	应　变	应　力
$u(x,z)=-z\dfrac{\mathrm{d}w}{\mathrm{d}x}$	$\varepsilon_x=\dfrac{\mathrm{d}u}{\mathrm{d}x}=-z\dfrac{\mathrm{d}^2w}{\mathrm{d}x^2}$	$\sigma_x=E\varepsilon_x$
$w(x,z)=w(x)$	$\varepsilon_z=\gamma_{zx}=0$	$\sigma_z\neq 0$，$\tau_{xz}\neq 0$（由平衡方程 $\sigma_{x,x}+\tau_{xz,z}=0$ 确定）

挠度 w 是直梁理论中唯一的广义位移，纵向位移 u 仅是由剖面转动而引起的。与广义位移 w 相对应的广义应力是弯矩 M，其定义为

$$M=\int_A\sigma_x z\,\mathrm{d}A=\int_A E\left(-z^2\frac{\mathrm{d}^2w}{\mathrm{d}x^2}\right)\mathrm{d}A=-EI\frac{\mathrm{d}^2w}{\mathrm{d}x^2}\qquad(2.2-1)$$

式中：剖面转角的变化率（也称曲率）$-\mathrm{d}^2w/\mathrm{d}x^2$ 是与广义应力 M 相对应的广义应变；$I=b\int_A z^2\mathrm{d}A$ 称为截面绕 y 轴的惯性矩，ρI 的量纲为 kg · m，它不同于理论力学中的转动惯量（量纲为 kg · m^2）。对于矩形截面梁，$I=bh^3/12$。

由于不考虑剪切变形，因此由应力与应变的关系得不到剪力，但可以从直梁微段的力矩平

衡条件得到剪力与弯矩的关系，即

$$Q=\frac{\mathrm{d}M}{\mathrm{d}x} \tag{2.2-2}$$

式(2.2－1)和式(2.2－2)分别定义了弯矩 M 和剪力 Q 以及它们的正方向。由作用在正 z 点上的拉应力产生正的弯矩，而正的剪力使正弯矩沿着 x 轴增大，如图2.2－1所示。

从量级上可以分析工程梁中几个应力的大小，以考察工程梁的精度。根据定义容易得到三个应力与分布力 q 的关系，即

$$\sigma_z \propto q(x),\quad \tau_{xz} \propto (L/h)q,\quad \sigma_x \propto q(L/h)^2 \tag{2.2-3}$$

由此可见，对于 $L\geqslant 5h$ 的长梁，忽略 σ_z 是可以的，但忽略 τ_{xz} 就会引起较大误差，这也是工程梁理论适用于细长梁的理由。2.3节将介绍剪切梁，由于它考虑了剪切变形，因此其精度与工程梁相比大幅度提高。

根据梁微段横向力的平衡条件，可得梁的平衡微分方程为

$$\frac{\mathrm{d}Q}{\mathrm{d}x}+q=0 \tag{2.2-4a}$$

或

$$\frac{\mathrm{d}^2M}{\mathrm{d}x^2}+q=0 \tag{2.2-4b}$$

或用位移表示为

$$\frac{\mathrm{d}^2}{\mathrm{d}x^2}\left(EI\,\frac{\mathrm{d}^2w}{\mathrm{d}x^2}\right)=q \tag{2.2-5}$$

式中：q 是单位长度上的横向载荷，当与 z 的方向一致时为正。求解四阶微分方程(2.2－5)需要4个边界条件，因此梁的每一端要有两个用位移表示的边界条件，求解方程(2.2－4a)和方程(2.2－4b)分别需要1个和2个边界条件。

在式(2.2－5)中，用惯性力代替横向外载荷可得直梁自由振动的控制微分方程为

$$\frac{\partial^2}{\partial x^2}\left(EI\,\frac{\partial^2W}{\partial x^2}\right)+\rho A\,\frac{\partial^2W}{\partial t^2}=0 \tag{2.2-6}$$

式中：$W(x,t)$ 为梁的动挠度，ρA 是直梁的单位长度质量。对于均匀梁，式(2.2－6)变为

$$c_0^2r^2\,\frac{\partial^4W}{\partial x^4}+\frac{\partial^2W}{\partial t^2}=0 \tag{2.2-7}$$

式中：$c_0=\sqrt{E/\rho}$为球面波波速，$r=\sqrt{I/A}$。设方程(2.2－7)存在如下形式的解，即

$$W(x,t)=C\sin\frac{2\pi}{\lambda}(x-ct) \tag{2.2-8}$$

式(2.2－8)表达了相速为 c、波长为 λ 的波。将式(2.2－8)代入式(2.2－7)得

$$c=\pm c_0r\,\frac{2\pi}{\lambda} \tag{2.2-9}$$

式(2.2－9)表明了相速的大小依赖于波长。当波长趋近于零时，相速趋于无穷大，群速也趋于无穷大，而群速是能量传播的速度，所以此结论显然是不合理的。若欧拉梁受到集中载荷的刚性冲击(不考虑接触变形)，则整个梁将瞬间同时感觉到这个冲击，这显然也是不符合实际情况的。因此欧拉梁理论不适用于瞬态冲击问题的分析。

在式(2.2－6)中，令 $W(x,t)=\phi(x)\mathrm{e}^{\mathrm{i}\omega t}$，消去公因子 $\mathrm{e}^{\mathrm{i}\omega t}$ 得欧拉梁的广义特征值微分方程为

$$\frac{\mathrm{d}^2}{\mathrm{d}x^2}\left(EI\ \frac{\mathrm{d}^2\phi}{\mathrm{d}x^2}\right)=\rho A\omega^2\phi \tag{2.2-10}$$

式中:ω 是固有弯曲振动的角频率,$\phi(x)$是对应的模态函数。

思考题:拉压杆和弯曲梁皆只有一个广义位移,但杆的一端只有 1 个边界条件,而梁的一端却有 2 个边界条件,试分析其原因。(提示:描述梁横截面的位形需要位移 u 和 w,只是其平剖面假设 $u=-z\mathrm{d}w/\mathrm{d}x$ 使 u 和 w 彼此不独立)

2.2.2 最小总势能原理和瑞利商

与拉压杆情况相同,下面简单讨论直梁弯曲问题最小总势能变分原理和瑞利商,这对理解微分方程方法与变分原理方法的等价性以及有限元方法的理论基础是有益处的。

1. 最小总势能原理

梁的静平衡问题可用最小总势能变分原理或其他形式的变分原理加以描述。在最小总势能变分原理中,以挠度 w 作为自变函数。针对图 2.2-2 所示长为 L 的直梁,其总势能泛函为

$$\Pi=U+\frac{1}{2}k_1w_L^2+\frac{1}{2}k_2\left(\frac{\mathrm{d}w_L}{\mathrm{d}x}\right)^2-\int_0^L qw\,\mathrm{d}x-\overline{Q}w_L-\overline{M}\,\frac{\mathrm{d}w_L}{\mathrm{d}x}$$

式中:$w_L=w|_{x=L}$, $\dfrac{\mathrm{d}w_L}{\mathrm{d}x}=\dfrac{\mathrm{d}w}{\mathrm{d}x}\Big|_{x=L}$,应变能 U 为

$$U=\frac{1}{2}\int_V\sigma_{ij}\varepsilon_{ij}\,\mathrm{d}V=\frac{1}{2}b\int_0^L\int_{-\frac{h}{2}}^{\frac{h}{2}}\sigma_x\varepsilon_x\,\mathrm{d}z\mathrm{d}x=\frac{1}{2}\int_0^L EI\left(\frac{\mathrm{d}^2w}{\mathrm{d}x^2}\right)^2\mathrm{d}x$$

因此

$$\Pi=\int_0^L\left[\frac{1}{2}EI\left(\frac{\mathrm{d}^2w}{\mathrm{d}x^2}\right)^2-qw\right]\mathrm{d}x+\frac{1}{2}k_1w_L^2+\frac{1}{2}k_2\left(\frac{\mathrm{d}w_L}{\mathrm{d}x}\right)^2-\overline{Q}w_L-\overline{M}\,\frac{\mathrm{d}w_L}{\mathrm{d}x} \tag{2.2-11}$$

式中:外力与对应的广义位移具有相同的正方向,如 $\overline{M}$ 的正向与斜率 $\mathrm{d}w/\mathrm{d}x$ 的正向相同,$\overline{Q}$ 的正向与 w 一致。

容许挠度函数 w 除满足位移边界条件外,还必须满足本身及其一阶导数的连续性。一方面,从物理上看,保证 $\mathrm{d}w/\mathrm{d}x$ 的连续性也就是保证纵向位移 u 的连续性。从数学上看,w 和 $\mathrm{d}w/\mathrm{d}x$ 均属位移边界条件,因此属于变分学上的强制边界条件。另一方面,为了使应变能非零,至少应该保证应变亦即挠度的二阶导数存在。

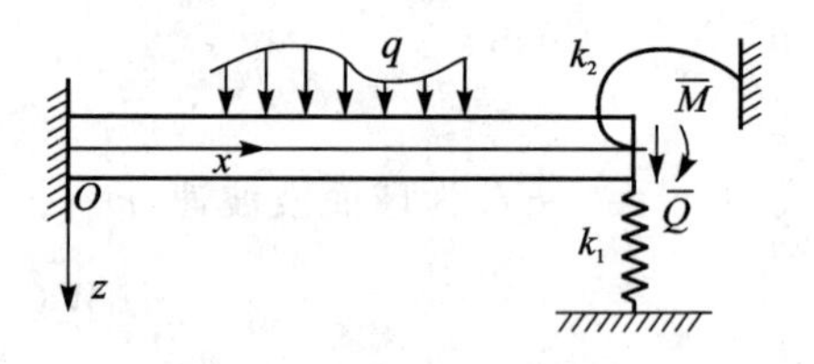

图 2.2-2 自由端有弹性支撑的梁

根据最小总势能变分原理,在所有容许位移函数 w 中,使总势能泛函取最小值的那个位移函数即是能满足平衡条件和边界条件的真实位移。总势能泛函取极小值的必要条件是它对容许位移函数的一阶变分为零,即

$$\delta\Pi=\int_0^L\left[\frac{\mathrm{d}^2}{\mathrm{d}x^2}\left(EI\ \frac{\mathrm{d}^2w}{\mathrm{d}x^2}\right)-q\right]\delta w\mathrm{d}x+\left[k_1w_L-\frac{\mathrm{d}}{\mathrm{d}x}\left(EI\ \frac{\mathrm{d}^2w}{\mathrm{d}x^2}\right)-\overline{Q}\right]\delta w_L+\left[EI\ \frac{\mathrm{d}^2w}{\mathrm{d}x^2}+k_2\ \frac{\mathrm{d}w_L}{\mathrm{d}x}-\overline{M}\right]\delta\ \frac{\mathrm{d}w_L}{\mathrm{d}x}=0 \tag{2.2-12}$$

在式(2.2-12)中,引入了自变函数 w 必须满足的强制边界条件:$\delta w_0=0$ 和 $\delta(\mathrm{d}w_0/\mathrm{d}x)=0$。

由于 w 在区域 $0<x<L$ 和右端 $x=L$ 处没有强制约束，故式(2.2-12)意味着以变分项为权函数的各项必须分别为零，因此得到欧拉平衡方程(2.2-5)和 $x=L$ 端的自然边界条件

$$k_1 w_L - \frac{\mathrm{d}}{\mathrm{d}x}\left(EI\frac{\mathrm{d}^2 w}{\mathrm{d}x^2}\right) = \overline{Q} \quad (\text{剪力平衡}) \tag{2.2-13}$$

和

$$EI\frac{\mathrm{d}^2 w}{\mathrm{d}x^2} + k_2\frac{\mathrm{d}w_L}{\mathrm{d}x} = \overline{M} \quad (\text{弯矩平衡}) \tag{2.2-14}$$

从上面推导过程可以看出，根据变分原理和牛顿力学方法可以得到相同的平衡方程和边界条件。这为根据变分原理求微分方程的近似解提供了坚实的理论基础。

如果梁的刚度特性、质量特性或载荷在某处有间断，那么 w 也要相应地分段描述，但在间断点处应保证 w 和 $\mathrm{d}w/\mathrm{d}x$ 的连续性。对于图 2.2-3 所示的存在突变的系统，根据变分原理容易导出分段的平衡方程，其形式与式(2.2-5)完全相同。在间断点处存在力平衡条件

$$\frac{\mathrm{d}}{\mathrm{d}x}\left(EI_1\frac{\mathrm{d}^2 w_1}{\mathrm{d}x^2}\right) - \frac{\mathrm{d}}{\mathrm{d}x}\left(EI_2\frac{\mathrm{d}^2 w_2}{\mathrm{d}x^2}\right) + \overline{Q} = 0$$

$$EI_1\frac{\mathrm{d}^2 w_1}{\mathrm{d}x^2} - EI_2\frac{\mathrm{d}^2 w_2}{\mathrm{d}x^2} - \overline{M} = 0$$

2. 固有频率瑞利商变分式

类似于关于杆的讨论，也可用瑞利商变分式来描述直梁固有弯曲振动的问题。考虑如图 2.2-4所示具有复杂边界的梁，瑞利商变分式为

$$\omega^2 = \mathrm{st}\frac{V_{\max}}{T_0} = \mathrm{st}\frac{\frac{1}{2}\int_0^L EI\left(\frac{\mathrm{d}^2 w}{\mathrm{d}x^2}\right)^2\mathrm{d}x + \frac{1}{2}k_1 w_L^2 + \frac{1}{2}k_2\left(\frac{\mathrm{d}w_L}{\mathrm{d}x}\right)^2}{\frac{1}{2}\int_0^L \rho A w^2\mathrm{d}x + \frac{1}{2}\overline{m}w_L^2 + \frac{1}{2}\overline{I}\left(\frac{\mathrm{d}w_L}{\mathrm{d}x}\right)^2} \tag{2.2-15}$$

通过变分运算可以证明，瑞利商变分式(2.2-15)取极值的必要条件是梁的固有弯曲振动的控制微分方程以及力的边界条件。若在梁的自由端作用有轴向集中力 P(见临界载荷部分内容)，请读者考虑其对固有频率的贡献，并分析其物理机理。

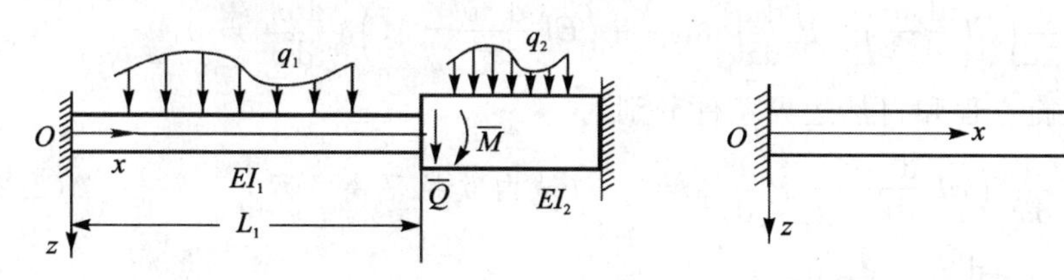

图 2.2-3 两段不同的梁　　　　图 2.2-4 弹性边界梁

3. 临界载荷的瑞利商变分式

直梁主要承受横向载荷，但有时也会受到纵向载荷的作用。考虑如图 2.2-5 所示的直梁，其总势能泛函为

$$\Pi = \int_0^L\left[\frac{1}{2}EI\left(\frac{\mathrm{d}^2 w}{\mathrm{d}x^2}\right)^2 - qw\right]\mathrm{d}x + \frac{1}{2}\int_0^L P\left(\frac{\mathrm{d}w}{\mathrm{d}x}\right)^2\mathrm{d}x - \overline{M}\frac{\mathrm{d}w_L}{\mathrm{d}x} \tag{2.2-16}$$

下面分析为何轴力 P 的功为 $-\frac{1}{2}\int_0^L P\left(\frac{\mathrm{d}w}{\mathrm{d}x}\right)^2\mathrm{d}x$。对于梁的挠度曲线，任何一个微段长为 $\sqrt{(\mathrm{d}x)^2+(\mathrm{d}w)^2}$。弯曲变形后梁的中线长度为

$$\int_0^L \sqrt{(\mathrm{d}x)^2+(\mathrm{d}w)^2} = \int_0^L \sqrt{1+\left(\frac{\mathrm{d}w}{\mathrm{d}x}\right)^2}\mathrm{d}x \approx L + \frac{1}{2}\int_0^L\left(\frac{\mathrm{d}w}{\mathrm{d}x}\right)^2\mathrm{d}x \qquad (2.2-17)$$

从式(2.2-17)可以看出，梁的长度变长了，但这不符合小变形时欧拉梁中线长度不变的假设。实际上，梁弯曲时，其自由端会有一个微小的纵向位移 ΔL，由于是个高阶小量，故在式(2.2-17)的积分上限中没有考虑其影响。若将式(2.2-17)中的积分上限改为 $L-\Delta L$，则其积分结果应该是梁的原始长度 L，即

$$L = \int_0^{L-\Delta L}\sqrt{1+\left(\frac{\mathrm{d}w}{\mathrm{d}x}\right)^2}\mathrm{d}x \approx L-\Delta L+\frac{1}{2}\int_0^L\left(\frac{\mathrm{d}w}{\mathrm{d}x}\right)^2\mathrm{d}x-\frac{1}{2}\int_{L-\Delta L}^L\left(\frac{\mathrm{d}w}{\mathrm{d}x}\right)^2\mathrm{d}x$$

因此

$$\Delta L = \frac{1}{2}\int_0^L\left(\frac{\mathrm{d}w}{\mathrm{d}x}\right)^2\mathrm{d}x-\frac{1}{2}\int_{L-\Delta L}^L\left(\frac{\mathrm{d}w}{\mathrm{d}x}\right)^2\mathrm{d}x \approx \frac{1}{2}\int_0^L\left(\frac{\mathrm{d}w}{\mathrm{d}x}\right)^2\mathrm{d}x \qquad (2.2-18)$$

由于图2.2-5中轴力 P 的方向与自由端的纵向位移方向相反，因此其功为

$$-P\Delta L = -\frac{1}{2}\int_0^L P\left(\frac{\mathrm{d}w}{\mathrm{d}x}\right)^2\mathrm{d}x$$

值得指出的是，该轴向变形量不是梁受轴向压力后产生的轴向伸缩变形。若考虑伸缩变形，则轴力 P 的功应该为

$$-\frac{1}{2}\int_0^L P\left(\frac{\mathrm{d}w}{\mathrm{d}x}\right)^2\mathrm{d}x + Pu(L)$$

式中：$u(L)$ 为梁自由端的轴向位移。经过变分和分部积分运算，并引入位移边界条件，可得式(2.2-16)的一阶变分结果为

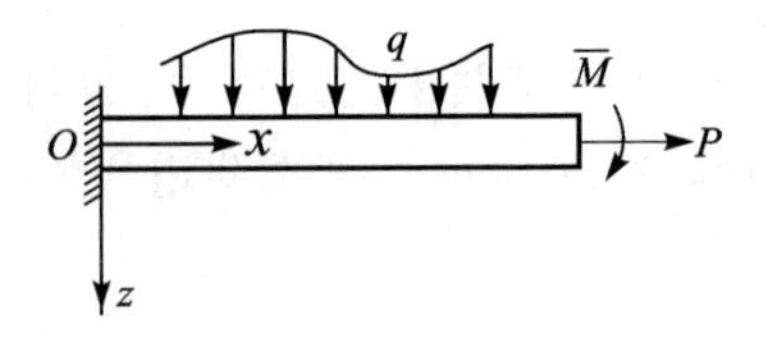

图2.2-5　受轴向载荷的梁

$$\delta\Pi = \int_0^L\left[\frac{\mathrm{d}^2}{\mathrm{d}x^2}\left(EI\frac{\mathrm{d}^2w}{\mathrm{d}x^2}\right)-P\frac{\mathrm{d}^2w}{\mathrm{d}x^2}-q\right]\delta w\mathrm{d}x -$$

$$\left[\frac{\mathrm{d}}{\mathrm{d}x}\left(EI\frac{\mathrm{d}^2w}{\mathrm{d}x^2}\right)-P\frac{\mathrm{d}w}{\mathrm{d}x}\right]\delta w_L+\left(EI\frac{\mathrm{d}^2w}{\mathrm{d}x^2}-\overline{M}\right)\delta\frac{\mathrm{d}w_L}{\mathrm{d}x} = 0 \qquad (2.2-19)$$

从中可以得到域内平衡方程和自然边界条件分别为

$$\frac{\mathrm{d}^2}{\mathrm{d}x^2}\left(EI\frac{\mathrm{d}^2w}{\mathrm{d}x^2}\right)-P\frac{\mathrm{d}^2w}{\mathrm{d}x^2} = q \quad (\text{域内欧拉平衡方程}) \qquad (2.2-20)$$

$$\left.\begin{aligned}&\frac{\mathrm{d}}{\mathrm{d}x}\left(EI\frac{\mathrm{d}^2w}{\mathrm{d}x^2}\right)-P\frac{\mathrm{d}w}{\mathrm{d}x} = 0\\&EI\frac{\mathrm{d}^2w}{\mathrm{d}x^2}-\overline{M} = 0\end{aligned}\right\}\quad (x = L\ \text{端的自然边界条件}) \qquad (2.2-21)$$

由此可见，轴力 P 不但对梁的域内弯曲变形有贡献，而且对剪力边界条件也有影响。总势能的二阶变分为

$$\delta^2\Pi = \frac{1}{2}\int_0^L EI\left(\delta\frac{\mathrm{d}^2w}{\mathrm{d}x^2}\right)^2\mathrm{d}x+\frac{1}{2}\int_0^L P\left(\delta\frac{\mathrm{d}w}{\mathrm{d}x}\right)^2\mathrm{d}x \qquad (2.2-22)$$

由于 EI 恒正，故式(2.2-22)右端的第1项恒大于零。当 P 为拉力时，式(2.2-22)右端的第2项也恒大于零，因此二阶变分 $\delta^2\Pi$ 大于零，相应的平衡状态是稳定的，不管受到任何横向的

扰动，梁都不会屈曲失稳。

如果 P 是压力，式(2.2-22)右端的第 2 项将变为负值。于是，当压力由小增大到某一定值时，二阶变分将等于零。当 P 超过此临界值时，二阶变分将小于零，此时对应的平衡状态是不稳定的。若梁只承受轴向压力而没有横向载荷，当轴向载荷大于临界载荷后，其轴向压缩平衡状态就是不稳定的，在受到任何微小的横向扰动后，梁就会产生屈曲变形而到达一个新的稳定平衡状态。这种失稳属于分叉型失稳。

由此可见，二阶变分为零是稳定状态和不稳定状态之间的转折点，而对应的轴向压力即是使直梁屈曲失稳的临界压力。临界压力的瑞利商变分式为

$$P_{cr}=\mathrm{st}\,\frac{V_{max}}{W_0}=\mathrm{st}\,\frac{\dfrac{1}{2}\displaystyle\int_0^L EI\left(\frac{\mathrm{d}^2w}{\mathrm{d}x^2}\right)^2\mathrm{d}x}{\dfrac{1}{2}\displaystyle\int_0^L\left(\frac{\mathrm{d}w}{\mathrm{d}x}\right)^2\mathrm{d}x} \tag{2.2-23}$$

式中：W_0 为单位轴向压力在由于梁弯曲变形所致轴向位移上所作的功。不难验证，由其一阶变分为零的条件即可导出材料力学中直梁的欧拉屈曲方程和不考虑边界横向外载荷的力的边界条件。令式(2.2-20)中的 $q=0$，式(2.2-21)中的 $\overline{M}=0$ 就是有关结果。

瑞利商变分式(2.2-15)和式(2.2-23)虽然代表不同的物理意义，但却具有相同的数学结构，因此有关的数学特性和解法对两者是通用的。请读者思考是否可以从能量的观点来给出式(2.2-23)。

2.2.3　三次梁元

最小总势能变分原理和瑞利商变分式为直梁的位移有限元法奠定了理论基础。直梁单元的容许位移函数应该保证位移函数本身及其一阶导数处处连续，这种连续性要求在有限元理论中称为 C^1 连续性要求。

梁单元容许位移函数可以写为

$$w(x)=a_0+a_1(x/L)+a_2(x/L)^2+\cdots+a_n(x/L)^n \tag{2.2-24}$$

这是完备到 n 次的代数多项式。连续性要求在梁的任意一个截面 w 和 $\mathrm{d}w/\mathrm{d}x$（即 u）上连续，因此梁单元的每个结点至少有两个位移参数，即位移及其一阶导数，如图 2.2-6 所示，于是式(2.2-24)中的 $n\geqslant3$。

下面令 $n=3$，即首先考虑三次直梁单元。完备到三次的多项式恰好能够提供足够的结点位移参数来保证单元之间的连续性要求，同时也能够充分代表直梁元的刚体运动和等应变状态，从而能满足保证收敛的三点要求。设三次梁单元的左端结点编号为 1 而右端结点编号为 2，用埃尔米特(Hermite)插值方法得到的三次梁元的容许位移函数为

$$w(x)=\phi_1(x)w_1+\phi_2(x)\frac{\mathrm{d}w_1}{\mathrm{d}x}+\phi_3(x)w_2+\phi_4(x)\frac{\mathrm{d}w_2}{\mathrm{d}x} \tag{2.2-25}$$

式中：坐标 x 的原点在结点 1 处，指向结点 2 为正。挠度曲线斜率 $\mathrm{d}w/\mathrm{d}x$ 的正向是从 x 转向 z，如图 2.2-6 所示。结点位移形函数为

$$\left.\begin{aligned}\phi_1(x) &= 1-3\left(\frac{x}{L}\right)^2+2\left(\frac{x}{L}\right)^3\\ \phi_2(x) &= x-2L\left(\frac{x}{L}\right)^2+L\left(\frac{x}{L}\right)^3\\ \phi_3(x) &= 3\left(\frac{x}{L}\right)^2-2\left(\frac{x}{L}\right)^3\\ \phi_4(x) &= -L\left(\frac{x}{L}\right)^2+L\left(\frac{x}{L}\right)^3\end{aligned}\right\}\tag{2.2-26}$$

令 $x/L=(1+\xi)/2$，式(2.2-26)变为

$$\left.\begin{aligned}\phi_1(\xi) &= \frac{1}{4}(2-3\xi+\xi^3)\\ \phi_2(\xi) &= \frac{L}{8}(1-\xi-\xi^2+\xi^3)\\ \phi_3(\xi) &= \frac{1}{4}(2+3\xi-\xi^3)\\ \phi_4(\xi) &= \frac{L}{8}(-1-\xi+\xi^2+\xi^3)\end{aligned}\right\}\tag{2.2-27}$$

式中：$\phi_i(\xi)(i=1,2,3,4)$为两点一阶埃尔米特插值多项式，也是三次梁元的形函数，如图 2.2-7 所示。利用埃尔米特插值多项式构造高阶梁单元的方法将在下面介绍。

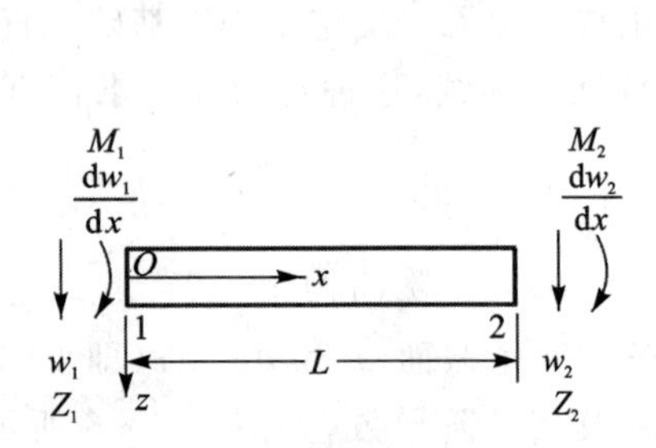

图 2.2-6　三次梁单元结点参数

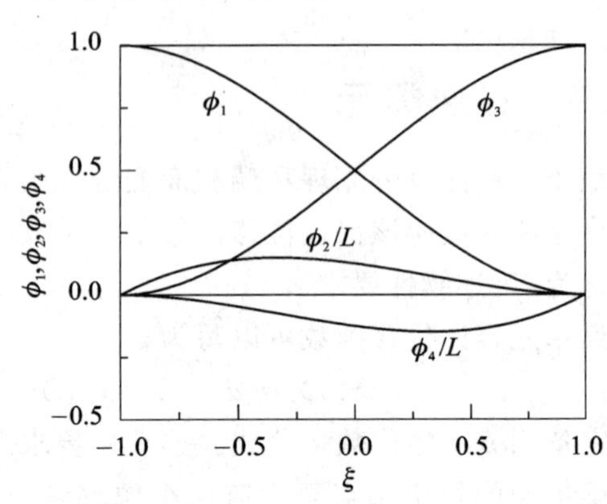

图 2.2-7　三次梁单元形函数

事实上，令式(2.2-24)中的 $n=3$，用梁单元两端结点位移参数来确定 $a_i(i=0,1,2,3)$，同样可以得到式(2.2-25)。并且这是采用完备多项式作为单元容许位移函数的一般处理方法。

梁单元的应变能、动能系数和单位轴向压力功分别为

$$U=\frac{1}{2}\int_0^L EI\left(\frac{d^2w}{dx^2}\right)^2 dx,\quad T_0=\frac{1}{2}\int_0^L \rho Aw^2 dx,\quad W_0=\frac{1}{2}\int_0^L\left(\frac{dw}{dx}\right)^2 dx\tag{2.2-28}$$

将式(2.2-25)代入式(2.2-28)中得

$$U=\frac{1}{2}\boldsymbol{w}^T\boldsymbol{k}\boldsymbol{w},\quad T_0=\frac{1}{2}\boldsymbol{w}^T\boldsymbol{m}\boldsymbol{w},\quad W_0=\frac{1}{2}\boldsymbol{w}^T\boldsymbol{g}\boldsymbol{w}\tag{2.2-29}$$

式中：单元的结点位移矢量 $\boldsymbol{w}$、刚度矩阵 $\boldsymbol{k}$、质量矩阵 $\boldsymbol{m}$ 和几何刚度矩阵 $\boldsymbol{g}$ 分别为

$$\boldsymbol{w}^T=[w_1\quad dw_1/dx\quad w_2\quad dw_2/dx]$$

$$\boldsymbol{k}=\int_0^L EI\frac{d^2\boldsymbol{\varphi}}{dx^2}\frac{d^2\boldsymbol{\varphi}^T}{dx^2}dx\tag{2.2-30}$$

$$\boldsymbol{m}=\int_{0}^{L}\rho A\boldsymbol{\varphi}\boldsymbol{\varphi}^{\mathrm{T}}\mathrm{d}x \tag{2.2-31}$$

$$\boldsymbol{g}=\int_{0}^{L}\frac{\mathrm{d}\boldsymbol{\varphi}}{\mathrm{d}x}\frac{\mathrm{d}\boldsymbol{\varphi}^{\mathrm{T}}}{\mathrm{d}x}\mathrm{d}x \tag{2.2-32}$$

式中：$\boldsymbol{\varphi}$ 为单元的形函数矢量

$$\boldsymbol{\varphi}^{\mathrm{T}}=[\phi_1\quad \phi_2\quad \phi_3\quad \phi_4]$$

将式(2.2-25)代入分布力功 $\int_{0}^{L}qw\mathrm{d}x$ 中可以得到对应的单元结点载荷矢量为

$$\boldsymbol{f}=\int_{0}^{L}q\boldsymbol{\varphi}\mathrm{d}x \tag{2.2-33}$$

值得指出的是，如果在单元两端作用有弹性支持、附加质量或集中外加载荷，则应该分别在刚度矩阵、质量矩阵和载荷列向量上加上相应的附加项。均匀直梁单元的刚度矩阵、质量矩阵和几何矩阵分别为

$$\boldsymbol{k}=\frac{EI}{L^3}\begin{bmatrix}12 & 6L & -12 & 6L\\ 6L & 4L^2 & -6L & 2L^2\\ -12 & -6L & 12 & -6L\\ 6L & 2L^2 & -6L & 4L^2\end{bmatrix} \tag{2.2-34}$$

$$\boldsymbol{m}=\frac{\rho AL}{420}\begin{bmatrix}156 & 22L & 54 & -13L\\ 22L & 4L^2 & 13L & -3L^2\\ 54 & 13L & 156 & -22L\\ -13L & -3L^2 & -22L & 4L^2\end{bmatrix} \tag{2.2-35}$$

$$\boldsymbol{g}=\frac{1}{30L}\begin{bmatrix}36 & 3L & -36 & 3L\\ 3L & 4L^2 & -3L & -L^2\\ -36 & -3L & 36 & -3L\\ 3L & -L^2 & -3L & 4L^2\end{bmatrix} \tag{2.2-36}$$

如果正的横向载荷(其方向与坐标 z 方向相同)在单元上为线性分布，则有

$$\boldsymbol{f}^{\mathrm{T}}=\frac{q_1L}{60}[21\quad 3L\quad 9\quad -2L]+\frac{q_2L}{60}[9\quad 2L\quad 21\quad -3L] \tag{2.2-37}$$

式中：q_1 和 q_2 分别为单元左端结点 1 和右端结点 2 处的单位长度载荷。若 $q_1=q_2=q$，即载荷是均匀分布的，则有

$$\boldsymbol{f}=\begin{bmatrix}Z_1\\ M_1\\ Z_2\\ M_2\end{bmatrix}=\frac{qL}{12}\begin{bmatrix}6\\ L\\ 6\\ -L\end{bmatrix} \tag{2.2-38}$$

为了将各单元矩阵组装起来得到直梁的总体矩阵，同样需要建立单元结点位移矢量与直梁总体位移矢量之间的关系，具体做法与杆的相同。关于梁结构矩阵的性质，读者可以参考关于梁的思考题。

2.2.4 高阶梁元

利用高次幂多项式作为容许位移函数，可以构造出多种形式的高阶梁元。下面简要介绍利用多点一阶埃尔米特插值多项式构造高阶梁元的方法。设单元具有 N 个结点，除前两个结点分别置于单元的左右两端外，其余均为单元的内部结点。每个结点赋予两个位移参数 w 和 $\mathrm{d}w/\mathrm{d}x$。这样，总共有 $2N$ 个结点位移参数，而对应的容许位移函数是 $2N-1$ 次幂的完备多项式。利用 N 点一阶埃尔米特插值多项式，可将单元容许位移函数表示为

$$w = \sum_{i=1}^{N}\left(w_i H_{0i} + \frac{\mathrm{d}w_i}{\mathrm{d}x}H_{1i}\right) \tag{2.2-39}$$

式中：

$$H_{0i} = \left\{1-2(\xi-\xi_i)\left[\frac{\mathrm{d}L_i(\xi)}{\mathrm{d}\xi}\right]_i\right\}L_i^2(\xi) \tag{2.2-40a}$$

$$H_{1i} = \frac{L}{2}(\xi-\xi_i)L_i^2(\xi) \tag{2.2-40b}$$

其中：L 为单元的长度，$L_i(\xi)$为拉格朗日插值多项式，见式(2.1-43)。

利用拉格朗日插值多项式的特点，容易验证 H_{0i}在结点 i 处取单位值而在其他结点处取 0 值，且其一阶导数在所有结点上都取 0 值。同理，不难验证 H_{1i}在所有结点上都取 0 值，但其一阶导数在结点 i 处取单位值，而在其他结点处为 0。因此，它们就是需要的高阶梁元的形函数。利用式(2.2-40)容易写出三点一阶五次梁单元形函数的具体表达式，即

$$\left.\begin{aligned}
\phi_1 &= H_{01} = \frac{1}{4}(3\xi^5-2\xi^4-5\xi^3+4\xi^2)\\
\phi_2 &= H_{11} = \frac{L}{8}(\xi^5-\xi^4-\xi^3+\xi^2)\\
\phi_3 &= H_{02} = \frac{1}{4}(-3\xi^5-2\xi^4+5\xi^3+4\xi^2)\\
\phi_4 &= H_{12} = \frac{L}{8}(\xi^5+\xi^4-\xi^3-\xi^2)\\
\phi_5 &= H_{03} = \xi^4-2\xi^2+1\\
\phi_6 &= H_{13} = \frac{L}{2}(\xi^5-2\xi^3+\xi)
\end{aligned}\right\} \tag{2.2-41}$$

利用式(2.2-30)～式(2.2-33)可算出五次梁单元的各类矩阵和载荷矢量，读者可以尝试利用 Matlab 得到有关结果。在内部结点上，若只设置位移而不设置斜率参数，则用拉格朗日和埃尔米特混合插值方法也可导出对应的形函数，这类似于将在第 7 章中介绍的微分求积有限梁单元。

2.2.5 升阶谱梁元

与拉格朗日型杆单元系列一样，在低阶和高阶埃尔米特型梁单元之间也不存在任何数值继承关系。为了解决这一问题，也可以引用升阶谱有限元的概念，将梁单元容许位移函数写为

$$w = \phi_1 w_1 + \phi_2\frac{\mathrm{d}w_1}{\mathrm{d}x} + \phi_3 w_2 + \phi_4\frac{\mathrm{d}w_2}{\mathrm{d}x} + \sum_{i=5}^{n}a_i\phi_i \tag{2.2-42}$$

式中：右端的前四项即是三次梁单元的容许位移函数；最后一项代表升阶谱容许位移函数，其中 a_i 为广义位移参数，不一定代表某一具体点的位移，$\phi_i(i\geqslant5)$为本身及其一阶导数在单元两端均为 0 的 $i-1$ 次升阶谱形函数，不影响单元之间的协调性。

采用勒让德正交多项式序列作为直梁曲率的升阶谱形函数，可以大幅度缩小单元刚度矩阵的带宽。由于曲率是位移的二阶导数，所以对式(2.1-52)积分两次，即可得出位移的升阶谱形函数为

$$\phi_{k+3}=\int_{-1}^{\xi}\int_{-1}^{\xi}p_k\mathrm{d}\xi\mathrm{d}\xi=\frac{(\xi^2-1)^2}{(k-1)k(k+1)(k+2)}\frac{\mathrm{d}^2p_k}{\mathrm{d}\xi^2},\quad k=2,3,\cdots \tag{2.2-43}$$

由此可见，ϕ_{k+3}不违反两端的位移和一阶导数必须为 0 的条件。将式(2.1-52)代入式(2.2-43)中，可得前几个升阶谱位移形函数为

$$\left.\begin{aligned}
\phi_5&=\frac{1}{8}(\xi^4-2\xi^2+1)\\
\phi_6&=\frac{1}{8}(\xi^5-2\xi^3+\xi)\\
\phi_7&=\frac{1}{48}(7\xi^6-15\xi^4+9\xi^2-1)\\
\phi_8&=\frac{1}{48}(9\xi^7-21\xi^5+15\xi^3-3\xi)\\
\phi_9&=\frac{1}{384}(99\xi^8-252\xi^6+210\xi^4-60\xi^2+3)\\
\phi_{10}&=\frac{1}{384}(143\xi^9-396\xi^7+378\xi^5-140\xi^3+15\xi)
\end{aligned}\right\} \tag{2.2-44}$$

利用式(2.2-30)～式(2.2-33)可导出升阶谱梁单元的刚度矩阵和质量矩阵分别为

$$\boldsymbol{k}=\frac{EI}{L^3}\left[\begin{array}{cccc:cccc}
12 & 6L & -12 & 6L & & & & \\
 & 4L^2 & -6L & 2L & & & & \\
\text{对} & & 12 & -6L & & & & \\
 & \text{称} & & 4L^2 & & & & \\
\hdashline
 & & & & \frac{16}{5} & & & \\
 & & & & & \frac{16}{7} & & \\
 & & & & & & \ddots & \\
 & & & & & & & \frac{16}{2n-5}
\end{array}\right]_{n\times n} \tag{2.2-45}$$

$$
\boldsymbol{m}=\frac{\rho AL}{420}\left[\begin{array}{cccc:cccccc}
156 & 22L & 54 & -13L & 14 & \frac{-8}{3} & 0 & \frac{2}{33} & & \\
 & 4L^2 & 13L & -3L & 3L & \frac{-L}{3} & \frac{-L}{9} & \frac{L}{33} & & \\
 & & 156 & -22L & 14 & \frac{8}{3} & 0 & \frac{-2}{33} & & \\
 & & & 4L^2 & -3L & \frac{-L}{3} & \frac{L}{9} & \frac{L}{33} & & \\ \hdashline
 & & & & \frac{8}{3} & 0 & \frac{-16}{99} & 0 & \frac{4}{429} & 0 \\
 & & & \text{对} & & \frac{8}{33} & 0 & \frac{-16}{429} & 0 & m_{n-4,n} \\
 & & & & & & \frac{8}{143} & 0 & \frac{-16}{1\,287} & 0 \\
 & & & & \text{称} & & & \ddots & 0 & m_{n-2,n} \\
 & & & & & & & & \ddots & 0 \\
 & & & & & & & & & m_{n,n}
\end{array}\right]_{n\times n}
\tag{2.2-46}
$$

式中：

$$
m_{n-4,n}=\frac{420(2n-15)!!}{(2n-5)!!},\quad m_{n-2,n}=\frac{-1\,680(2n-13)!!}{(2n-3)!!},\quad m_{n,n}=\frac{2\,520(2n-11)!!}{(2n-1)!!}
$$

其中：$n!!=n(n-2)(n-4)\cdots1$，且 $0!!=(-1)!!=1$。升阶谱梁单元的几何刚度矩阵与梁的剖面特性无关，其表达式为

$$
\boldsymbol{g}=\frac{1}{30L}\left[\begin{array}{cccc:ccccc}
36 & 3L & -36 & 3L & 0 & \frac{-12}{7} & & & \\
 & 4L^2 & -3L & -L & 2L & \frac{-6L}{7} & & & \\
 & & 36 & -3L & 0 & \frac{12}{7} & & & \\
 & & & 4L^2 & -2L & \frac{-6L}{7} & & & \\ \hdashline
 & & & & \frac{240}{7\times5\times3} & 0 & \frac{-120}{9\times7\times5} & 0 & 0 \\
 & & & & & \frac{240}{9\times7\times5} & 0 & \frac{-120}{11\times9\times7} & 0 \\
 & & \text{对} & & & & \ddots & 0 & g_{n-2,n} \\
 & & & \text{称} & & & & \ddots & 0 \\
 & & & & & & & & g_{n,n}
\end{array}\right]_{n\times n}
\tag{2.2-47}
$$

式中：

$$
g_{n-2,n}=\frac{-120}{(2n-9)(2n-7)(2n-5)},\quad g_{n,n}=\frac{240}{(2n-3)(2n-5)(2n-7)}
$$

为了得到一般情况下的载荷矢量，将分布载荷展开为无因次坐标的级数形式，即

$$q = q_0 + q_1\xi + \cdots + q_s\xi^s \tag{2.2-48}$$

于是升阶谱梁单元的载荷矢量为

$$\boldsymbol{f} = (q_0\boldsymbol{q}_0 + q_1\boldsymbol{q}_1 + \cdots + q_s\boldsymbol{q}_s)L \tag{2.2-49}$$

式中：$\boldsymbol{q}_i$ 是与载荷分布 ξ^i 相对应的载荷矢量，$i=0,1,\cdots,s$。从表 2.2-2 中可以得到它们的具体元素值。当 $n\geqslant 5$ 时，所有载荷矢量的分量 $\boldsymbol{q}_i$ 可归纳为统一的表达式 q_{in}，如表 2.2-2 所列，且其分子可进一步合并为 $i!$。

表 2.2-2　勒让德型升阶谱梁单元的载荷矢量

变　量	$\boldsymbol{q}_0$	$\boldsymbol{q}_1$	$\boldsymbol{q}_2$	$\boldsymbol{q}_3$	$\boldsymbol{q}_i$（i 为偶数）	$\boldsymbol{q}_i$（i 为奇数）
w_1	1/2	−1/5	1/6	−4/35	$\frac{1}{2(i+1)}$	$-\frac{i+5}{2(i+2)(i+4)}$
$\mathrm{d}w_1/\mathrm{d}x$	$L/12$	$-L/60$	$L/60$	$-L/140$	$\frac{L}{4(i+3)(i+1)}$	$-\frac{L}{4(i+2)(i+4)}$
w_2	1/2	1/5	1/6	4/35	$\frac{1}{2(i+1)}$	$\frac{i+5}{2(i+2)(i+4)}$
$\mathrm{d}w_2/\mathrm{d}x$	$-L/12$	$-L/60$	$-L/60$	$-L/140$	$\frac{-L}{4(i+3)(i+1)}$	$\frac{-L}{4(i+2)(i+4)}$
a_5	1/15	0	1/105	0	$\frac{1}{(i+5)(i+3)(i+1)}$	0
a_6	0	1/105	0	1/315	0	$\frac{1}{(i+6)(i+4)(i+2)}$
a_7	0	0	2/945	0	$\frac{i}{(i+7)(i+5)(i+3)(i+1)}$	0
a_8	0	0	0	2/3 465	0	q_{in}
a_n	0	0	0	0	q_{in}	0
$n\geqslant 5$	$q_{in}=\frac{i!!\ (i-1)!!}{(i+5-n)!!\ (i+n)!!}$，$i+n$ 为奇数，$i+5-n\geqslant 0$					
$n\geqslant 5$	$q_{in}=0$，$i+n$ 为偶数，$i+5-n<0$					

当载荷为均匀分布时，单元的载荷矢量为

$$\boldsymbol{f}^{\mathrm{T}} = qL\left[\frac{1}{2}\quad \frac{L}{12}\quad \frac{1}{2}\quad -\frac{L}{12}\ \vdots\ \frac{1}{15}\quad 0\quad 0\quad 0\right] \tag{2.2-50}$$

例 2.2-1　用三次梁单元和勒让德型升阶谱梁单元求解如图 2.2-8 所示两端固支均匀梁的静平衡问题。

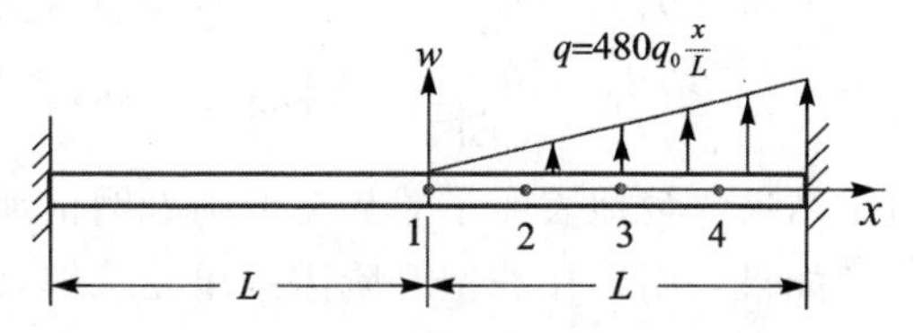

图 2.2-8　线性分布载荷作用下的两端固支梁

解：分别积分左右两跨各自的平衡方程式，见式(2.2-5)，利用两端的固支边界条件和中点连接条件，可以得到微分方程的解析解为

$$w = \frac{q_0L^4}{4EI}(5 + 8\xi + \xi^2 - 2\xi^3)\quad（左跨）\tag{a}$$

$$w = \frac{q_0L^4}{8EI}(19 - 19\xi - 12\xi^2 + 6\xi^3 + 5\xi^4 + \xi^5)\quad（右跨）\tag{b}$$

式中：ξ 为左右两跨各自的无因次局部坐标。在求三次梁单元的数值解时，左跨始终只作为

1个单元，而右跨则依次均匀地剖分为1个、2个和4个单元。下面依次列出施加边界条件后的总体平衡方程和数值解。

当右跨为1个单元时，有

$$\frac{EI}{L^3}\begin{bmatrix}24 & 0\\ 0 & 8L^2\end{bmatrix}\begin{bmatrix}w_1\\ \dfrac{\mathrm{d}w_1}{\mathrm{d}x}\end{bmatrix}=q_0L\begin{bmatrix}72\\ 16L\end{bmatrix},\quad \begin{bmatrix}w_1\\ \dfrac{\mathrm{d}w_1}{\mathrm{d}x}\end{bmatrix}=\frac{q_0L^4}{EI}\begin{bmatrix}3\\ 2/L\end{bmatrix} \tag{c}$$

当右跨为2个单元时，单元长度为$L/2$，于是有

$$\frac{EI}{L^3}\begin{bmatrix}108 & 18L & -96 & 24L\\ 18L & 12L^2 & -24L & 4L^2\\ -96 & -24L & 192 & 0\\ 24L & 4L^2 & 0 & 16L^2\end{bmatrix}\begin{bmatrix}w_1\\ \mathrm{d}w_1/\mathrm{d}x\\ w_3\\ \mathrm{d}w_3/\mathrm{d}x\end{bmatrix}=q_0L\begin{bmatrix}18\\ 2L\\ 120\\ 4L\end{bmatrix} \tag{d}$$

从中可以解出

$$\begin{bmatrix}w_1 & \dfrac{\mathrm{d}w_1}{\mathrm{d}x} & w_3 & \dfrac{\mathrm{d}w_3}{\mathrm{d}x}\end{bmatrix}=\frac{q_0L^4}{EI}\begin{bmatrix}3 & \dfrac{2}{L} & \dfrac{19}{8} & -\dfrac{19}{4L}\end{bmatrix} \tag{e}$$

当右跨剖分为4个单元时，单元长度为$L/4$，为了节省篇幅，直接给出数值解为

$$\begin{bmatrix}w_1 & \dfrac{\mathrm{d}w_1}{\mathrm{d}x} & w_2 & \dfrac{\mathrm{d}w_2}{\mathrm{d}x} & w_3 & \dfrac{\mathrm{d}w_3}{\mathrm{d}x} & w_4 & \dfrac{\mathrm{d}w_4}{\mathrm{d}x}\end{bmatrix}=$$
$$\frac{q_0L^4}{EI}\begin{bmatrix}3 & \dfrac{2}{L} & \dfrac{801}{256} & -\dfrac{74}{64L} & \dfrac{19}{8} & -\dfrac{19}{4L} & \dfrac{243}{256} & -\dfrac{379}{64L}\end{bmatrix} \tag{f}$$

将式(c)～式(f)的结果与微分方程的解析解相比，可以发现不管右跨如何剖分，三次梁单元给出的数值解在结点处均给出精确的位移及其一阶导数值。注意，对于均匀梁，这个结论是普遍成立的。但在单元内部，将有不同程度的误差，其精度将随网格的加密而逐步提高。内部弯矩和剪力要由位移的二阶及三阶导数得出，通常得不到结点的精确结果，也不能保证结点处的连续性。此外，高阶导数的误差要比低阶导数的误差大。请读者自己分析左跨和右跨内的位移和内力精度。

为了从总体上衡量误差的变化情况，可以采取总势能值作为标准。将位移结果代入总势能泛函，得

$$\Pi=\frac{1}{2}\boldsymbol{w}^{\mathrm{T}}\boldsymbol{K}\boldsymbol{w}-\boldsymbol{F}^{\mathrm{T}}\boldsymbol{w}=-\frac{1}{2}\boldsymbol{F}^{\mathrm{T}}\boldsymbol{w} \tag{g}$$

下面依次给出右跨为1个、2个和4个单元时的总势能数值解以及解析解，即

$$\frac{q_0L^5}{EI}(-124,\quad -162,\quad -164.9375\quad -165.14286) \tag{h}$$

这个结果清楚地表明了总势能值随着网格加密而单调收敛的趋势。

如果采用勒让德型升阶谱梁单元求解，则仅需将整个梁分为左右两个单元。由于左单元上没有载荷作用，故不需要在左单元上再增设高阶项，而只需在右单元上增设若干高阶项。组装左右单元并引入边界条件可得最终总体平衡方程为

$$\frac{EI}{L^3}\begin{bmatrix}24 & & & & & \\ & 8L^2 & & & & \\ & & 16/5 & & & \\ & & & 16/7 & & \\ & & & & \ddots & \\ & & & & & 16/(2n-5)\end{bmatrix}\begin{bmatrix}w_1 \\ \mathrm{d}w_1/\mathrm{d}x \\ a_5 \\ a_6 \\ \vdots \\ a_n\end{bmatrix} = q_0 L\begin{bmatrix}72 \\ 16L \\ 16 \\ 16/7 \\ \vdots \\ 0\end{bmatrix} \tag{i}$$

由此可以得到

$$\begin{bmatrix}w_1 & \dfrac{\mathrm{d}w_1}{\mathrm{d}x} & a_5 & a_6 & \cdots & a_n\end{bmatrix} = \frac{q_0 L^4}{EI}\begin{bmatrix}3 & \dfrac{2}{L} & 5 & 1 & \cdots & 0\end{bmatrix} \tag{j}$$

将此结果代入式(2.2－42)中，即可以得到与微分方程解析解(a)和(b)完全一致的结果。实际上，本例只需用 4 个自由度 w_1，$\mathrm{d}w_1/\mathrm{d}x$，$a_5$ 和 a_6，并且无需求解联立方程组即可得到理论解。显然，这种解法要比三次元的解法优越。

2.2.6　功的互等定理及其应用

本节以梁为例说明功的互等定理，并用功的互等定理来讨论梁有限元分析中结点位移的精度。在力学上，把满足几何连续条件和位移边界条件的所有可能位移都称为容许位移或虚位移，而把满足全部平衡条件的所有可能内力称为容许内力或虚内力。

如果 $w(x)$ 是梁的容许位移，则 w 本身及其一阶导数必须是连续的，且应满足位移边界条件。如果 $M(x)$ 是梁的容许内力，则它和作用在梁上的外载荷以及边界上的支持力将组成一个平衡力系。根据虚位移原理，平衡力系在任何虚位移上所作的总虚功恒等于零。

对于如图 2.2－9 所示系统，总势能泛函为

$$\Pi = \int_0^L \left[\frac{1}{2}EI\left(\frac{\mathrm{d}^2 w}{\mathrm{d}x^2}\right)^2 - qw\right]\mathrm{d}x - Qw\Big|_0^L - M\frac{\mathrm{d}w}{\mathrm{d}x}\Big|_0^L \tag{2.2-51}$$

根据变分原理有

$$\int_0^L M\delta\frac{-\mathrm{d}^2 w}{\mathrm{d}x^2}\mathrm{d}x = \int_0^L q\delta w\mathrm{d}x + \left(Q\delta w + M\delta\frac{\mathrm{d}w}{\mathrm{d}x}\right)\Big|_0^L \tag{2.2-52}$$

式(2.2－52)就是虚功原理在梁理论中的数学表达形式，它表示的是能量守恒定理，即外力在可能位移上所作的功等于内力在可能变形上所作之功(约束反力为外力)。

考虑梁在两种不同载荷作用下的解，根据功的互等定理得

$$\int_0^L \left(-M_1\frac{\mathrm{d}^2 w_2}{\mathrm{d}x^2}\right)\mathrm{d}x = \int_0^L q_1 w_2\mathrm{d}x + \left(Q_1 w_2 + M_1\frac{\mathrm{d}w_2}{\mathrm{d}x}\right)\Big|_0^L \tag{2.2-53a}$$

$$\int_0^L \left(-M_2\frac{\mathrm{d}^2 w_1}{\mathrm{d}x^2}\right)\mathrm{d}x = \int_0^L q_2 w_1\mathrm{d}x + \left(Q_2 w_1 + M_2\frac{\mathrm{d}w_1}{\mathrm{d}x}\right)\Big|_0^L \tag{2.2-53b}$$

式(2.2－53a)和式(2.2－53b)中的左端项相等，因此有

$$\int_0^L q_1 w_2\mathrm{d}x + \left(Q_1 w_2 + M_1\frac{\mathrm{d}w_2}{\mathrm{d}x}\right)\Big|_0^L = \int_0^L q_2 w_1\mathrm{d}x + \left(Q_2 w_1 + M_2\frac{\mathrm{d}w_1}{\mathrm{d}x}\right)\Big|_0^L \tag{2.2-54}$$

其物理含义是：第 1 组外力在第 2 组外力产生的位移上所作的功等于第 2 组外力在第 1 组外力产生的位移上所作的功。

功的互等定理是能量守恒定理在保守系统中的一种体现，也是刚度矩阵、质量矩阵等必须

是对称矩阵的物理根据。下面用功的互等定理来讨论梁单元结点位移的精度。

设有一悬臂梁，在载荷 q 的作用下发生了变形，自由端的位移和转角分别为 w_L 和 $\mathrm{d}w_L/\mathrm{d}x$，如图 2.2-10 所示。另外，假设在梁的自由端作用有集中力 Q_L 和集中力矩 M_L，其大小恰好使梁在自由端处产生的挠度和斜率也是 w_L 和 $\mathrm{d}w_L/\mathrm{d}x$，如图 2.2-11(a)所示。如果把这两个集中力反向施加到梁上去，则梁在自由端处的挠度和斜率将变为零，如图 2.2-11(b)所示，把这种状态称为第 1 种状态。

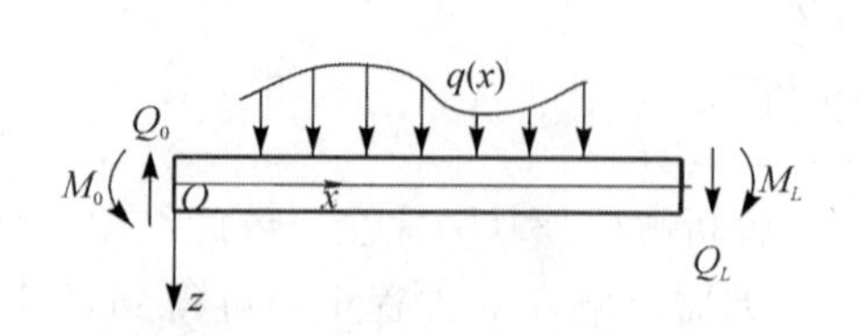

图 2.2-9 外力作用下的梁

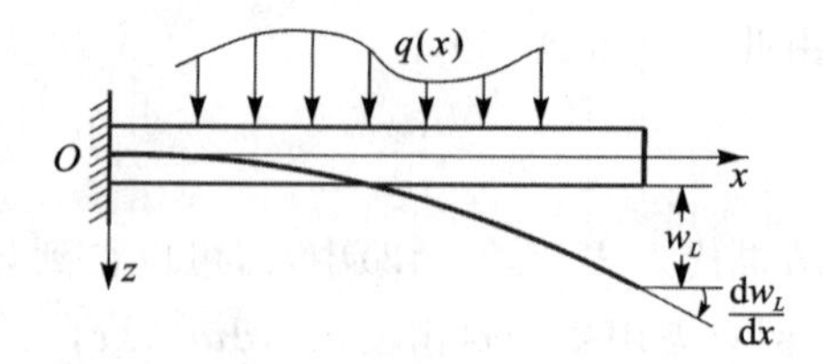

图 2.2-10 分布载荷作用下梁的变形

若分布力 $q=bx^n$，则根据平衡方程(2.2-5)可以得到自由端的位移和转角分别为

$$\frac{EIw_L}{bL^{n+4}}=\frac{2n+9}{6(n+3)(n+4)}=:B$$

$$\frac{EI}{bL^{n+3}}\frac{\mathrm{d}w_L}{\mathrm{d}x}=\frac{1}{2(n+3)}=:A \tag{2.2-55}$$

若 $n=0$，则 $q=b$，并且

$$A=\frac{1}{6},\quad B=\frac{1}{8} \tag{2.2-56}$$

对于如图 2.2-11(a)所示的悬臂梁，内弯矩 $M(x)=M_L-Q_L(L-x)$ 并与 M_L 的方向相反。根据弯矩和曲率的关系有

$$-EI\mathrm{d}^2w/\mathrm{d}x^2=M_L-Q_L(L-x) \tag{2.2-57}$$

由于如图 2.2-11(a)和图 2.2-10 所示悬臂梁自由端的挠度和斜率相同，故根据式(2.2-55)和式(2.2-57)可得关系式

$$\left.\begin{aligned}M_L&=-2qL^2(2A-3B)=qL^2/12\\Q_L&=-6qL(A-2B)=qL/2\end{aligned}\right\} \tag{2.2-58}$$

式(2.2-58)就是用解析方法求出的均匀分布力的等效剪力 Q_L 和等效弯矩 M_L，也就是由式(2.2-38)给出的三次梁单元结点载荷列向量的后两个元素。注意，这里的 M_L 与图 2.2-6 中 M_2 的方向相反。

下面根据功的互等定理，从另外一种途径来计算等效剪力和等效弯矩。设想在集中力和力矩作用下，梁的自由端产生一个单位位移但不产生斜率，如图 2.2-11(c)所示，把这种状态称为第 2 种状态。同样可构造第 3 种状态，如图 2.2-11(d)所示。

对于状态 1 和状态 2，利用功的互等定理得

$$Q_L=\int_0^L qw_2\mathrm{d}x\quad(w_2\text{ 为第 2 种状态的挠度函数}) \tag{2.2-59}$$

对于状态 1 和状态 3，利用功的互等定理得

$$M_L=-\int_0^L qw_3\mathrm{d}x\quad(w_3\text{ 为第 3 种状态的挠度函数}) \tag{2.2-60}$$

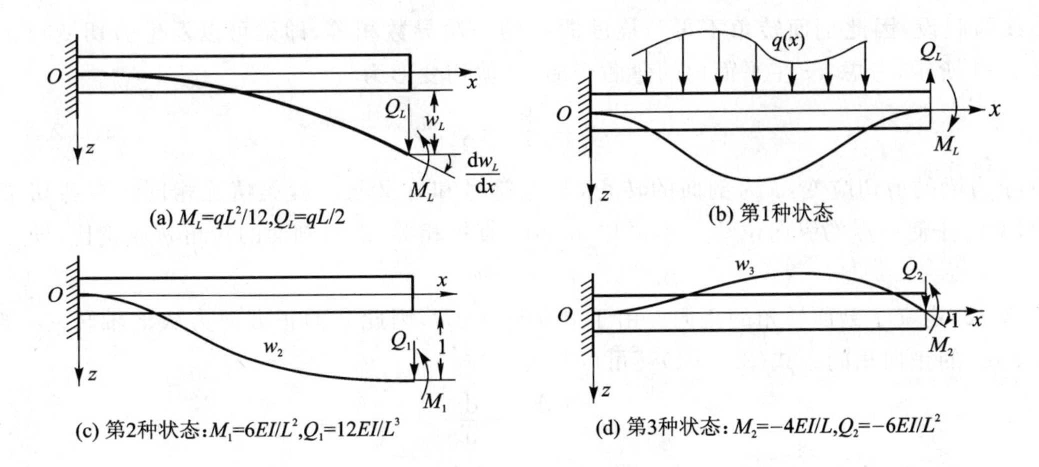

图 2.2-11　四种工况的梁

根据三次梁单元形函数的几何特征可知，w_2 和 w_3 分别是三次梁单元的形函数 ϕ_3 和 ϕ_4。由此可见，式(2.2-59)和式(2.2-60)就是三次梁单元中计算任意分布力 q 的等效结点载荷的公式，而它们又是根据功的互等定理得到的等效载荷的解析计算公式，因此用等效载荷 Q_L 和 M_L 计算的结点位移和转角与解析解一定是相同的。

对于均布载荷，用式(2.2-59)和式(2.2-60)计算出来的等效载荷与由式(2.2-58)给出的等效载荷是相同的。在推导式(2.2-59)和式(2.2-60)时，由于没有用到 q 的具体形式，因此可以得到结论：对于任意分布载荷作用下的均匀梁，用三次梁单元得到的结点位移都是精确的。

在用三次梁单元的有限元分析中，由于所用的形函数均取自完备到三次的多项式函数空间，因此只要单元内不存在由任何原因引起的不连续性，则用等效结点载荷得到的结点位移和斜率必将与梁在原载荷作用下所产生的结点位移和斜率相等，这就是所要证明的结论。

由于 w_2 和 w_3 是根据边界条件和自由端有单位位移确定的，对于均匀梁而言，它们都是三次函数，而与分布载荷的性质无关，因此上述关于结点位移精度的结论只适合于均匀梁承受任意分布载荷的情况。对于非均匀梁，w_2 和 w_3 不再是三次多项式函数，故上述结论不再成立。如果用三次梁元求解非均匀梁问题，那么结点位移和斜率只是一个较好的近似解。感兴趣的读者可以尝试分析结点动态位移的精度。

2.3　剪切梁

欧拉梁理论可以用于处理工程中有关梁的大部分静动力问题。可是若梁的长度较短，或者梁的实际长度虽然很长，但其有效长度却很短，例如铁路路轨在列车车轮集中力作用下的接触问题，梁的高阶固有振动或波传播等问题，利用欧拉梁理论将得不到满意的结果[1]。对于这类问题，用铁木辛柯(Timoshenko)在 1932 年提出的剪切梁理论(或称铁木辛柯梁理论)可以大幅度提高结果的精度。

2.3.1　平衡微分方程

与欧拉梁理论相比，铁木辛柯梁理论仍然采用平剖面假设，但放松了剖面始终垂直于梁挠度曲线的假设，因此剖面转角不再与挠度曲线的一阶导数相等，即梁可以发生剪切变形。如图 2.3-1所示，考虑 xz 主平面内的弯曲变形，其剪切变形为

$$\gamma = \frac{\mathrm{d}w}{\mathrm{d}x} - \psi \tag{2.3-1}$$

式中：γ 为梁的剪切应变，ψ 为剖面的转角，其他符号和含义与工程梁情况相同。在剪切梁理论中，梁内任何一点的纵向位移 u 不再与 $\mathrm{d}w/\mathrm{d}x$ 直接相关，而与剖面的转角 ψ 成正比，即

$$u = -z\psi \tag{2.3-2}$$

式(2.3-2)定义了剖面转角的正向。由于 $\mathrm{d}u/\mathrm{d}z = -\psi$，因此 ψ 的正方向为从 x 轴转向 z 轴，与 $\mathrm{d}w/\mathrm{d}x$ 的正向相同。式(2.3-1)还可以写为

$$\gamma = \frac{\mathrm{d}w}{\mathrm{d}x} + \frac{\mathrm{d}u}{\mathrm{d}z}$$

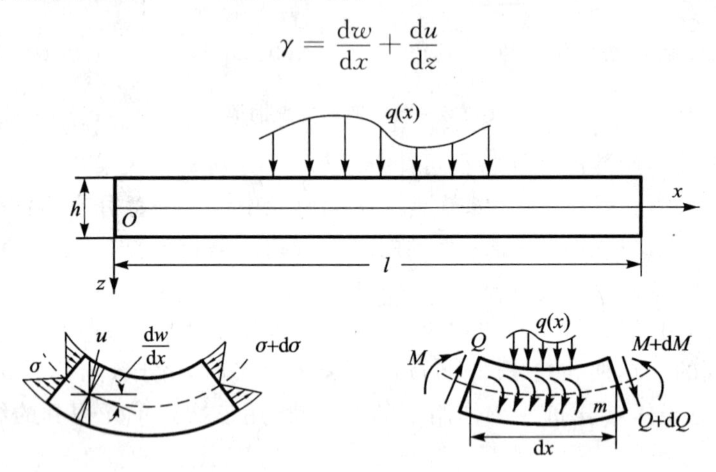

图 2.3-1 剪切梁及微元

表 2.3-1 给出了剪切梁的几何关系和物理关系。值得指出的是，平剖面假设使剪切梁的剪应力 τ_{xz} 沿着梁的厚度方向不变，并且在梁的上下表面也不等于零，这显然不符合实际情况。虽然 τ_{xz} 是坐标 x 和 z 的函数，但为了保持梁的一维简洁处理方法，引入了截面剪切修正系数 k 来减小这种处理方法所带来的误差，对于矩形截面梁，$k=5/6$。关于剪切修正系数的确定方法和不同截面梁 k 的大小，参见文献[2]。

表 2.3-1 剪切梁的基本方程

位 移	应 变	应 力
$u(x,z) = -z\psi$ $w(x,z) = w(x)$	$\varepsilon_x = \frac{\mathrm{d}u}{\mathrm{d}x} = -z\frac{\mathrm{d}\psi}{\mathrm{d}x}$ $\varepsilon_z = 0, \gamma_{zx} = \mathrm{d}w/\mathrm{d}x - \psi$	$\sigma_x = E\varepsilon_x$ $\sigma_z \neq 0, \tau_{zx} = kG\gamma$

根据式(2.3-1)和式(2.3-2)，可导出剪切梁的弯矩与剪力分别为

$$M = \int_A \sigma_x z \,\mathrm{d}A = -EI\frac{\mathrm{d}\psi}{\mathrm{d}x} \tag{2.3-3}$$

$$Q = \int_A \tau_{xz} \,\mathrm{d}A = kGA\gamma \tag{2.3-4}$$

式中：EI 为弯曲刚度，kGA 为剪切刚度。根据式(2.3-1)和式(2.3-2)可知，在剪切梁理论中

有两个广义位移，即挠度和转角，因此剪切梁亦称为两个广义位移的梁理论。与此相应，作用在梁上的外载荷也应该有两种，即与挠度 w 相应的广义载荷——分布线载荷 q，和与转角 ψ 相应的广义载荷——分布力矩 m（量纲为 N），其正向与 ψ 的正向相同，如图 2.3-1 所示。

通过对微元体进行受力分析，并根据牛顿力学可得剪切梁的两个平衡方程为

$$\frac{\mathrm{d}Q}{\mathrm{d}x}+q=0 \tag{2.3-5}$$

$$-\frac{\mathrm{d}M}{\mathrm{d}x}+Q+m=0 \tag{2.3-6}$$

或

$$\frac{\mathrm{d}}{\mathrm{d}x}\left[kGA\left(\frac{\mathrm{d}w}{\mathrm{d}x}-\psi\right)\right]+q=0 \tag{2.3-7}$$

$$\frac{\mathrm{d}}{\mathrm{d}x}\left(EI\,\frac{\mathrm{d}\psi}{\mathrm{d}x}\right)+kGA\left(\frac{\mathrm{d}w}{\mathrm{d}x}-\psi\right)+m=0 \tag{2.3-8}$$

剪切梁的平衡方程还可以写成另外一种形式。令

$$w=w_{\mathrm{b}}+w_{\mathrm{s}} \tag{a}$$

式中：

$$\frac{\partial w_{\mathrm{b}}}{\partial x}=\psi \tag{b}$$

将式(a)和式(b)代入方程(2.3-7)和方程(2.3-8)中，可以得到剪切梁平衡方程的另外一种形式，即

$$\frac{\mathrm{d}}{\mathrm{d}x}\left(kGA\,\frac{\mathrm{d}w_{\mathrm{s}}}{\mathrm{d}x}\right)+q=0 \tag{c}$$

$$\frac{\mathrm{d}}{\mathrm{d}x}\left(EI\,\frac{\mathrm{d}^2 w_{\mathrm{b}}}{\mathrm{d}x^2}\right)+kGA\,\frac{\mathrm{d}w_{\mathrm{s}}}{\mathrm{d}x}+m=0 \tag{d}$$

方程(c)在形式上与均匀杆的拉压平衡方程完全相同，也只包含一个独立变量，可以直接用来求解剪切变形引起的挠度 w_{s}。由方程(d)和方程(c)消去 w_{s}，得

$$\frac{\mathrm{d}^2}{\mathrm{d}x^2}\left(EI\,\frac{\mathrm{d}^2 w_{\mathrm{b}}}{\mathrm{d}x^2}\right)+\frac{\mathrm{d}m}{\mathrm{d}x}=q \tag{e}$$

若不考虑分布弯矩 m，方程(e)与欧拉梁平衡方程(2.2-5)是完全相同的。方程(e)还给出了在推导欧拉梁平衡方程时为何可以不考虑分布弯矩的理由。

与欧拉梁的平衡方程相比，方程(2.3-5)与方程(2.2-4a)在形式上是完全相同的。若分布弯矩 m 等于零，从方程(2.3-6)可得与欧拉梁在形式上完全相同的弯矩-剪力关系，即 $Q=\mathrm{d}M/\mathrm{d}x$。值得指出的是，欧拉梁中的剪力 Q 没有剪应力与之对应，其中的剪应力要根据平衡方程 $\sigma_{x,x}+\tau_{xz,z}=0$ 来计算，而剪切梁中的剪力 Q 却有剪应力 τ_{zx} 与之对应。

若在式(2.3-7)和式(2.3-8)中考虑惯性载荷，则其变为受迫振动微分方程

$$\frac{\partial}{\partial x}\left[kGA\left(\frac{\partial W}{\partial x}-\Psi\right)\right]+q=\rho A\,\frac{\partial^2 W}{\partial t^2} \tag{2.3-9}$$

$$\frac{\partial}{\partial x}\left(EI\,\frac{\partial \Psi}{\partial x}\right)+kGA\left(\frac{\partial W}{\partial x}-\Psi\right)+m=\rho I\,\frac{\partial^2 \Psi}{\partial t^2} \tag{2.3-10}$$

读者自己思考式(2.3-10)的右端项是否可以换为 $\rho I\partial^3 W/\partial x\partial t^2$。若只研究剪切梁的固

有振动,需要令式(2.3-9)和式(2.3-10)中的 q 和 m 都等于零,并将模态挠度 $W(x,t)=w(x)\mathrm{e}^{\mathrm{i}\omega t}$ 和模态转角 $\Psi(x,t)=\psi(x)\mathrm{e}^{\mathrm{i}\omega t}$ 代入方程(2.3-9)和方程(2.3-10),消去公因子 $\mathrm{e}^{\mathrm{i}\omega t}$ 即可得到广义特征值微分方程

$$\frac{\mathrm{d}}{\mathrm{d}x}\left[kGA\left(\frac{\mathrm{d}w}{\mathrm{d}x}-\psi\right)\right]+\rho A\omega^2 w=0 \tag{2.3-11}$$

$$\frac{\mathrm{d}}{\mathrm{d}x}\left(EI\frac{\mathrm{d}\psi}{\mathrm{d}x}\right)+kGA\left(\frac{\mathrm{d}w}{\mathrm{d}x}-\psi\right)+\rho I\omega^2\psi=0 \tag{2.3-12}$$

式中:ω 是固有振动角频率。实际上,根据单变量 Hamilton 变分原理,可以直接得到式(2.3-9)和式(2.3-10)以及力的边界条件。根据下面将要讨论的 Rayleigh 商,可以直接推导出式(2.3-11)和式(2.3-12)。对式(2.3-11)和式(2.3-12)进行消元,得

$$EI\frac{\mathrm{d}^4\Theta}{\mathrm{d}x^4}+\left(\frac{EI}{kGA}\rho A+\rho I\right)\omega^2\frac{\mathrm{d}^2\Theta}{\mathrm{d}x^2}+\frac{\rho A}{kGA}(\rho I\omega^2-kGA)\omega^2\Theta=0 \tag{2.3-13}$$

式中:$\Theta=w$ 或 ψ。由此可见,模态函数 w 和 ψ 的通解形式一定是相同的,只是待定系数不同。

2.3.2 最小总势能原理和瑞利商

最小总势能原理是一个普遍的原理,同样适用于剪切梁的静平衡问题。考虑如图 2.3-2 所示系统,其总势能泛函为

$$\begin{aligned}\Pi=&\frac{1}{2}\int_0^L EI\left(\frac{\mathrm{d}\psi}{\mathrm{d}x}\right)^2\mathrm{d}x+\frac{1}{2}\int_0^L kGA\left(\frac{\mathrm{d}w}{\mathrm{d}x}-\psi\right)^2\mathrm{d}x-\int_0^L qw\,\mathrm{d}x-\int_0^L m\psi\,\mathrm{d}x+\\&\frac{1}{2}\int_0^L P\left(\frac{\mathrm{d}w}{\mathrm{d}x}\right)^2\mathrm{d}x+\frac{1}{2}k_1w_L^2+\frac{1}{2}k_2\psi_L^2-\overline{Q}_Lw_L-\overline{M}_L\psi_L\end{aligned} \tag{2.3-14}$$

式中有两个自变函数,分别取总势能对这两个自变函数的一阶变分并令其等于零,可以导出以下两个欧拉方程,即

$$\frac{\mathrm{d}}{\mathrm{d}x}\left[kGA\left(\frac{\mathrm{d}w}{\mathrm{d}x}-\psi\right)\right]+P\frac{\mathrm{d}^2w}{\mathrm{d}x^2}+q=0 \tag{2.3-15a}$$

和

$$\frac{\mathrm{d}}{\mathrm{d}x}\left(EI\frac{\mathrm{d}\psi}{\mathrm{d}x}\right)+kGA\left(\frac{\mathrm{d}w}{\mathrm{d}x}-\psi\right)+m=0 \tag{2.3-15b}$$

该问题的位移边界条件为 $w(0)=0$ 和 $\psi(0)=0$。从 $\delta\Pi=0$ 还可以得到力的边界条件为

$$\left.\begin{aligned}&kGA\left(\frac{\mathrm{d}w}{\mathrm{d}x}-\psi\right)+P\frac{\mathrm{d}w}{\mathrm{d}x}+k_1w_L=\overline{Q}\\&EI\frac{\mathrm{d}\psi}{\mathrm{d}x}+k_2\psi_L=\overline{M}_L\end{aligned}\right\} \tag{2.3-16}$$

如果用欧拉梁处理图 2.3-2 定义的系统,读者自己比较一下这时的边界条件与式(2.3-16)的区别。

针对图 2.3-2 所示系统,读者不难写出其固有振动和临界压力的瑞利商变分式分别为

$$\omega^2=\mathrm{st}\frac{\frac{1}{2}\int_0^L\left[EI\left(\frac{\mathrm{d}\psi}{\mathrm{d}x}\right)^2+kGA\left(\frac{\mathrm{d}w}{\mathrm{d}x}-\psi\right)^2+P\left(\frac{\mathrm{d}w}{\mathrm{d}x}\right)^2\right]\mathrm{d}x+\frac{1}{2}k_1w_L^2+\frac{1}{2}k_2\psi_L^2}{\frac{1}{2}\int_0^L(\rho Aw^2+\rho I\psi^2)\mathrm{d}x} \tag{2.3-17}$$

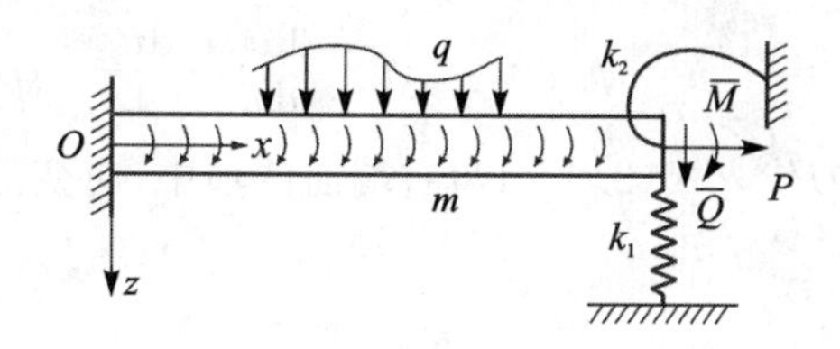

图 2.3-2　具有分布弯矩的梁

$$P_{\rm cr} = {\rm st}\frac{\frac{1}{2}\int_0^L\left[EI\left(\frac{{\rm d}\psi}{{\rm d}x}\right)^2 + kGA\left(\frac{{\rm d}w}{{\rm d}x}-\psi\right)^2\right]{\rm d}x + \frac{1}{2}k_1w_L^2 + \frac{1}{2}k_2\psi_L^2}{\frac{1}{2}\int_0^L\left(\frac{{\rm d}w}{{\rm d}x}\right)^2{\rm d}x} \tag{2.3-18}$$

若在端点处存在附加质量和转动惯量等，则应在式(2.3-17)的分母中增加相应的项。从式(2.3-17)可以看出，梁自由端的拉力使梁固有频率升高，这相当于拉力 P 增加了弯曲刚度；而压力将使弯曲频率降低，相当于压力 P 减小了梁的弯曲刚度。

2.3.3　三结点剪切梁单元

在剪切梁的势能泛函和瑞利商中，自变函数 w 和 ψ 的最高阶导数均为一阶，因此对容许位移函数的连续性要求均属于 C^0 连续性要求，即只要求容许位移函数本身连续。这与拉压杆或扭轴的情况类似，因此它们的有限元构造方法具有相似性。

对于剪切梁，w 为常数代表刚体平移运动，${\rm d}w/{\rm d}x=\psi$ 为常数代表刚体转动，${\rm d}w/{\rm d}x$ 和 ψ 皆为常数但不相等代表纯剪切变形，而 ${\rm d}^2w/{\rm d}x^2={\rm d}\psi/{\rm d}x$ 为常数代表纯弯曲变形。由此观之，把挠度 w 取为二次多项式，而把转角取为线性多项式，可以构造出最简单的剪切梁单元。这种单元能够保证相邻单元公共结点的挠度和转角的连续性，随着细化有限元网格，一般情况下其结果收敛到理论解。但当剪切刚度越来越大时，这种单元将与 2.2 节的欧拉梁单元相抵触，也就是说，这种单元无法退化到三次欧拉梁单元。

为了能得到适用于各种剪切刚度的梁单元，w 至少要取三次多项式，而 ψ 的阶次比 w 低一阶。用埃尔米特插值方法得到的挠度函数为

$$w(x) = \phi_1(x)w_1 + \phi_2(x)\frac{{\rm d}w_1}{{\rm d}x} + \phi_3(x)w_2 + \phi_4(x)\frac{{\rm d}w_2}{{\rm d}x} \tag{2.3-19}$$

式(2.3-19)即是 2.2 节三次梁单元的容许位移函数式(2.2-25)。用拉格朗日插值方法得到的剖面转角函数为

$$\psi = \frac{1}{2}(\xi-1)\xi\psi_1 + \frac{1}{2}(1+\xi)\xi\psi_2 + (1-\xi^2)\psi_3 \tag{2.3-20}$$

式(2.3-20)与二次杆单元的容许位移函数式(2.1-44)在形式上完全相同，只是把纵向位移 u 改为剪切梁剖面的转角 ψ 而已。以式(2.3-19)和式(2.3-20)为容许位移函数的剪切梁单元有三个结点，左和右端点分别配置三个位移参数 $w_1,\psi_1,{\rm d}w_1/{\rm d}x$ 和 $w_2,\psi_2,{\rm d}w_2/{\rm d}x$，而中间结点只有一个参数 ψ_3。

在式(2.3-19)和式(2.3-20)中，只有位于单元两端的 w_1,w_2,ψ_1 和 ψ_2 与保证 C^0 连续性要求有关，故称为外部结点参数。至于结点参数 ${\rm d}w_1/{\rm d}x,{\rm d}w_2/{\rm d}x$ 和 ψ_3，对单元之间的位移协调没有影响，故属于内部结点参数。因此，单元的结点位移矢量可分块排列为

$$\boldsymbol{w}^{\mathrm{T}} = \left[w_1 \quad \psi_1 \quad w_2 \quad \psi_2 \;\vdots\; \frac{\mathrm{d}w_1}{\mathrm{d}x} \quad \frac{\mathrm{d}w_2}{\mathrm{d}x} \quad \psi_3 \right] \tag{2.3-21}$$

将式(2.3-19)和式(2.3-20)代入式(2.3-14)右端前两项中(应变能项),得到的与式(2.3-21)相应的单元刚度矩阵为

$$\boldsymbol{k} = \begin{bmatrix} \boldsymbol{k}_{\mathrm{ee}} & \boldsymbol{k}_{\mathrm{ei}} \\ \boldsymbol{k}_{\mathrm{ie}} & \boldsymbol{k}_{\mathrm{ii}} \end{bmatrix} \tag{2.3-22}$$

式中:下标 e 表示对应外部结点参数,i 表示对应内部结点参数。对于长度为 L 的均匀梁单元,子矩阵的展开式分别为

$$\boldsymbol{k}_{\mathrm{ee}} = \frac{kGA}{180L} \begin{bmatrix} 216 & 18L & -216 & 18L \\ & (24+35S)L^2 & -18L & (-6+5S)L^2 \\ \text{对} & & 216 & -18L \\ & \text{称} & & (24+35S)L^2 \end{bmatrix} \tag{2.3-23a}$$

$$\boldsymbol{k}_{\mathrm{ei}} = \boldsymbol{k}_{\mathrm{ie}}^{\mathrm{T}} = \frac{kGA}{180L} \begin{bmatrix} 18L & 18L & 144L \\ -21L^2 & 9L^2 & (12-40S)L^2 \\ -18L & -18L & -144L \\ 9L^2 & -21L^2 & (12-40S)L^2 \end{bmatrix} \tag{2.3-23b}$$

$$\boldsymbol{k}_{\mathrm{ii}} = \frac{kGA}{180L} \begin{bmatrix} 24L^2 & -6L^2 & 12L^2 \\ \text{对} & 24L^2 & 12L^2 \\ & \text{称} & (96+80S)L^2 \end{bmatrix} \tag{2.3-23c}$$

式中:

$$S = \frac{12EI}{kGAL^2}$$

在剪切梁单元刚度矩阵中,凡包含 S 的元素都与弯曲变形相关,其余元素则仅与剪切变形相关。在集中力作用下,由于梁的弯曲变形具有 L^3/EI 的量级,而剪切变形具有 L/kGA 的量级,因此 S 实际上代表剪切变形与弯曲变形之比值。随着剪切刚度或者长度的增加,S 值将越来越小,这时梁的变形本应越来越以弯曲变形为主,但在刚度矩阵式(2.3-23)中,与弯曲变形有关的元素却反而变得越来越小,甚至因大数吃小数而根本不起作用。这表明,上述单元刚度矩阵只适用于 S 不太小的情况,而在 S 很小时则不适用。在剪切刚度很大因而 S 很小的情况下,使用上述刚度矩阵将导致所谓的"剪切闭锁"(shear locking)现象,即求出的变形将随剪切刚度的增大而趋近于 0。为了能得到适用于各种 S 值的单元刚度矩阵,可以采取矩阵"缩聚"措施。

由于单元内部结点参数与其他单元没有直接联系,因此在形成单元刚度矩阵后即根据单元平衡方程把内部结点参数用外部结点参数表示。单元级的平衡方程为

$$\begin{bmatrix} \boldsymbol{k}_{\mathrm{ee}} & \boldsymbol{k}_{\mathrm{ei}} \\ \boldsymbol{k}_{\mathrm{ie}} & \boldsymbol{k}_{\mathrm{ii}} \end{bmatrix} \begin{bmatrix} \boldsymbol{w}_{\mathrm{e}} \\ \boldsymbol{w}_{\mathrm{i}} \end{bmatrix} = \begin{bmatrix} \boldsymbol{f}_{\mathrm{e}} \\ \boldsymbol{f}_{\mathrm{i}} \end{bmatrix} \tag{2.3-24}$$

式中:$\boldsymbol{w}_{\mathrm{e}}^{\mathrm{T}} = [w_1 \quad \psi_1 \quad w_2 \quad \psi_2]$ 为单元的外部结点参数,$\boldsymbol{w}_{\mathrm{i}}^{\mathrm{T}} = [\mathrm{d}w_1/\mathrm{d}x \quad \mathrm{d}w_2/\mathrm{d}x \quad \psi_3]$ 为单元的内部结点参数,$\boldsymbol{f}_{\mathrm{e}}$ 和 $\boldsymbol{f}_{\mathrm{i}}$ 为分别与 $\boldsymbol{w}_{\mathrm{e}}$ 和 $\boldsymbol{w}_{\mathrm{i}}$ 相应的载荷矢量。对于均布横向载荷 q 和均布弯矩 m,从式(2.2-38)和式(2.1-46c)容易得到它们的表达式,即

$$\left.\begin{aligned} \boldsymbol{f}_{\mathrm{e}}^{\mathrm{T}} &= \frac{L}{6}[3q \quad m \quad 3q \quad m] \\ \boldsymbol{f}_{\mathrm{i}}^{\mathrm{T}} &= \frac{L}{12}[qL \quad -qL \quad 8m] \end{aligned}\right\} \tag{2.3-25}$$

而

$$\boldsymbol{w}_{\mathrm{i}} = -\boldsymbol{k}_{\mathrm{ii}}^{-1}\boldsymbol{k}_{\mathrm{ie}}\boldsymbol{w}_{\mathrm{e}} + \boldsymbol{k}_{\mathrm{ii}}^{-1}\boldsymbol{f}_{\mathrm{i}} \tag{2.3-26}$$

将式(2.3-26)代回式(2.3-24)得

$$\hat{\boldsymbol{k}}\boldsymbol{w}_{\mathrm{e}} = \hat{\boldsymbol{f}} \tag{2.3-27}$$

式中：

$$\hat{\boldsymbol{k}} = \boldsymbol{k}_{\mathrm{ee}} - \boldsymbol{k}_{\mathrm{ei}}\boldsymbol{k}_{\mathrm{ii}}^{-1}\boldsymbol{k}_{\mathrm{ie}} \tag{2.3-28a}$$

$$\hat{\boldsymbol{f}} = \boldsymbol{f}_{\mathrm{e}} - \boldsymbol{k}_{\mathrm{ei}}\boldsymbol{k}_{\mathrm{ii}}^{-1}\boldsymbol{f}_{\mathrm{i}} \tag{2.3-28b}$$

写成展开形式为

$$\hat{\boldsymbol{k}} = \frac{EI}{(1+S)L^3}\begin{bmatrix} 12 & 6L & -12 & 6L \\ & (4+S)L^2 & -6L & (2-S)L^2 \\ \text{对} & & 12 & -6L \\ & \text{称} & & (4+S)L^2 \end{bmatrix} \tag{2.3-29}$$

这就是能通用于各种 S 值的单元刚度矩阵。当 $S=0$ 时，式(2.3-39)退化为欧拉梁理论中的三次单元刚度矩阵。上述处理过程在有限元法中称为矩阵的“缩聚”。把各单元的 $\hat{\boldsymbol{k}}$，$\hat{\boldsymbol{f}}$ 和 $\boldsymbol{w}_{\mathrm{e}}$ 组装起来，即可得到总体平衡方程。把得到的各单元的 $\boldsymbol{w}_{\mathrm{e}}$ 再代回式(2.3-26)即可解出 $\boldsymbol{w}_{\mathrm{i}}$。式(2.3-28)中的矩阵 $\boldsymbol{k}_{\mathrm{ei}}\boldsymbol{k}_{\mathrm{ii}}^{-1}$ 和 $\hat{\boldsymbol{f}}$ 的各个元素分别为

$$\boldsymbol{k}_{\mathrm{ei}}\boldsymbol{k}_{\mathrm{ii}}^{-1} = \frac{1}{4L(1+S)}\begin{bmatrix} 4S & 4S & 6 \\ -2(2+S)L & 2SL & (1-2S)L \\ -4S & -4S & -6 \\ 2SL & -2(2+S)L & (1-2S)L \end{bmatrix} \tag{2.3-30}$$

$$\left.\begin{aligned} \hat{f}_1 &= \frac{1}{2}\left(Lq - \frac{2m}{1+S}\right) \\ \hat{f}_2 &= \frac{L}{12}\left(Lq + \frac{6mS}{1+S}\right) \\ \hat{f}_3 &= \frac{1}{2}\left(\frac{2m}{1+S} + Lq\right) \\ \hat{f}_4 &= \frac{L}{12}\left(\frac{6mS}{1+S} - Lq\right) \end{aligned}\right\} \tag{2.3-31}$$

若 $S=0$ 时，则式(2.3-31)退化为欧拉三次梁单元的载荷列向量，不过其中包括了分布弯矩的作用，此时分布弯矩是用三次梁单元的形函数等效为结点力矩的。若 $m=0$，则不论 S 为何值，$\hat{\boldsymbol{f}}$ 皆为三次梁单元的载荷列向量。于是，若没有分布弯矩的作用，则可以直接利用三次欧拉梁单元的载荷列向量作为剪切梁的载荷列向量。

根据二次杆单元的质量矩阵式(2.1-46b)和三次欧拉梁单元的质量矩阵式(2.2-35)可以直接组装得到该剪切梁单元的质量矩阵。

2.3.4 二结点升阶谱剪切梁单元

把挠度 w 和转角 ψ 分别设为式(2.3-19)和式(2.3-20)是位移有限元法中的常规做法，但这种做法并不是唯一的。在升阶谱有限元法中，可以把位移和转角分别设为[2]

$$\left.\begin{aligned} w &= w_1\alpha + w_2\beta + w_3\alpha\beta + w_4\gamma \\ \psi &= \psi_1\alpha + \psi_2\beta + \psi_3\alpha\beta \end{aligned}\right\} \tag{2.3-32}$$

式中：w_3，w_4 和 ψ_3 为单元的广义结点参数，$\alpha=(1-\xi)/2$，$\beta=(1+\xi)/2$，$\gamma=\alpha\beta(\alpha-\beta)$。这种单元只有两个结点，每个结点只有挠度和转角这两个参数，结点位移列向量 $\boldsymbol{w}=\boldsymbol{w}_e$。单元的应变能、动能系数、分布力和单位轴力所做的功分别为

$$U = \frac{1}{2}\int_0^L EI\left(\frac{\mathrm{d}\psi}{\mathrm{d}x}\right)^2\mathrm{d}x + \frac{1}{2}\int_0^L kGA\left(\frac{\mathrm{d}w}{\mathrm{d}x} - \psi\right)^2\mathrm{d}x \tag{2.3-33a}$$

$$T_0 = \frac{1}{2}\int_0^L (\rho A w^2 + \rho I \psi^2)\mathrm{d}x \tag{2.3-33b}$$

$$W_1 = \int_0^L q w\,\mathrm{d}x + \int_0^L m\psi\,\mathrm{d}x \tag{2.3-33c}$$

$$W_2 = \frac{1}{2}\int_0^L \left(\frac{\mathrm{d}w}{\mathrm{d}x}\right)^2\mathrm{d}x \tag{2.3-33d}$$

将式(2.3-32)代入式(2.3-33a)中，令其取极值得到三个代数方程，据此可以在单元级上消去广义参数 w_3，w_4 和 ψ_3，因此式(2.3-32)变为

$$\left.\begin{aligned} w &= (\alpha+\mu\gamma)w_1 + \frac{L}{2}(\alpha\beta+\mu\gamma)\psi_1 + (\beta-\mu\gamma)w_2 + \frac{L}{2}(-\alpha\beta+\mu\gamma)\psi_2 \\ \psi &= -\frac{6\mu\alpha\beta}{L}w_1 + (\alpha-3\mu\alpha\beta)\psi_1 + \frac{6\mu\alpha\beta}{L}w_2 + (\beta-3\mu\alpha\beta)\psi_2 \end{aligned}\right\} \tag{2.3-34}$$

式中：

$$\mu = \frac{1}{1+S}$$

将式(2.3-34)代入式(2.3-33)得

$$U = \frac{1}{2}\boldsymbol{w}^{\mathrm{T}}\boldsymbol{k}\boldsymbol{w},\quad T_0 = \frac{1}{2}\boldsymbol{w}^{\mathrm{T}}\boldsymbol{m}\boldsymbol{w},\quad W_1 = \boldsymbol{w}^{\mathrm{T}}\boldsymbol{f},\quad W_2 = \frac{1}{2}\boldsymbol{w}^{\mathrm{T}}\boldsymbol{g}\boldsymbol{w} \tag{2.3-35}$$

式中：单元刚度矩阵 $\boldsymbol{k}=\hat{\boldsymbol{k}}$，见式(2.3-29)；单元载荷列向量 $\boldsymbol{f}=\hat{\boldsymbol{f}}$，见式(2.3-28b)和式(2.3-31)。而几何刚度矩阵 $\boldsymbol{g}$ 和质量矩阵 $\boldsymbol{m}$ 分别为

$$\boldsymbol{g} = \frac{1}{60L}\begin{bmatrix} 60+12\mu^2 & 6\mu^2 L & -60-12\mu^2 & 6\mu^2 L \\ & (5+3\mu^2)L^2 & -6\mu^2 L & (-5+3\mu^2)L^2 \\ \text{对} & & 60+12\mu^2 & -6\mu^2 L \\ & \text{称} & & (5+3\mu^2)L^2 \end{bmatrix} \tag{2.3-36}$$

$$\boldsymbol{m} = \boldsymbol{m}_1 + \boldsymbol{m}_2 \tag{2.3-37}$$

式中：

$$\boldsymbol{m}_1=\frac{\rho AL}{3}\begin{bmatrix}1+\frac{\mu}{10}+\frac{\mu^2}{70} & \left(\frac{1}{8}+\frac{\mu}{40}+\frac{\mu^2}{140}\right)L & \frac{1}{2}-\frac{\mu}{10}-\frac{\mu^2}{70} & \left(\frac{-1}{8}+\frac{\mu}{40}+\frac{\mu^2}{140}\right)L \\ & \left(\frac{1}{40}+\frac{\mu^2}{280}\right)L^2 & \left(\frac{1}{8}-\frac{\mu}{40}-\frac{\mu^2}{140}\right)L & \left(\frac{-1}{40}+\frac{\mu^2}{280}\right)L^2 \\ \text{对} & & 1+\frac{\mu}{10}+\frac{\mu^2}{70} & -\left(\frac{1}{8}+\frac{\mu}{40}+\frac{\mu^2}{120}\right)L \\ & \text{称} & & \left(\frac{1}{40}+\frac{\mu^2}{20}\right)L^2\end{bmatrix}$$

(2.3-38)

$$\boldsymbol{m}_2=\rho IL\begin{bmatrix}\frac{6\mu^2}{5L^2} & \left(-\frac{\mu}{2}+\frac{3\mu^2}{5}\right)\frac{1}{L} & -\frac{6\mu^2}{5L^2} & \left(-\frac{\mu}{2}+\frac{3\mu^2}{5}\right)\frac{1}{L} \\ & \frac{1}{3}-\frac{\mu}{2}+\frac{3\mu^2}{10} & \left(\frac{\mu}{2}-\frac{3\mu^2}{5}\right)\frac{1}{L} & \frac{1}{6}-\frac{\mu}{2}+\frac{3\mu^2}{10} \\ \text{对} & & \frac{6\mu^2}{5L^2} & \left(\frac{\mu}{2}-\frac{3\mu^2}{5}\right)\frac{1}{L} \\ & \text{称} & & \frac{1}{3}-\frac{\mu}{2}+\frac{3\mu^2}{10}\end{bmatrix} \tag{2.3-39}$$

关于剪切梁与工程梁结果的比较，读者可以阅读第 2.5 节。

2.4　空间梁单元

实际的桁架和框架结构通常是二维或三维的，因此，有必要介绍如何通过前面讨论的一维杆和梁单元来得到二维和三维杆和梁单元。

2.4.1　平面杆和梁单元

平面桁架和刚架中的杆与梁的轴线方向通常是不同的。有些杆和梁的局部坐标方向与总体坐标方向之间存在夹角，如图 2.4-1 所示。为了能够利用在局部坐标系内建立起来的一维杆和梁单元，需要将各单元的外部结点位移由局部坐标方向转换到总体坐标方向。因此，各单元的外部结点位移分量都与总体坐标系具有一致的方向，经过坐标变换的单元矩阵可以直接进行组装而形成结构总体矩阵。

1. 平面杆单元

下面根据在局部坐标系下建立的一维杆单元来推导平面杆单元。用 $\boldsymbol{u}^{\mathrm{T}}=[u_1\quad u_2]$ 和 $\tilde{\boldsymbol{u}}^{\mathrm{T}}=[\tilde{u}_1\quad \tilde{v}_1\quad \tilde{u}_2\quad \tilde{v}_2]$ 分别表示在局部坐标系和整体坐标系中杆单元的结点位移向量。根据直角坐标的变换关系有

$$\boldsymbol{u}=\boldsymbol{T}\tilde{\boldsymbol{u}} \tag{2.4-1}$$

式中：坐标变换矩阵为

$$\boldsymbol{T}=\begin{bmatrix}\cos(x,\tilde{x}) & \cos(x,\tilde{y}) & 0 & 0 \\ 0 & 0 & \cos(x,\tilde{x}) & \cos(x,\tilde{y})\end{bmatrix}=$$

$$\begin{bmatrix} \cos\alpha & \sin\alpha & 0 & 0 \\ 0 & 0 & \cos\alpha & \sin\alpha \end{bmatrix} \tag{2.4-2}$$

在总体坐标系下的等应变杆单元的刚度矩阵、质量矩阵和载荷列向量分别为

$$\tilde{\boldsymbol{k}} = \boldsymbol{T}^{\mathrm{T}}\boldsymbol{k}\boldsymbol{T} =$$

$$\frac{EA}{L}\begin{bmatrix} \cos^2\alpha & \cos\alpha\sin\alpha & -\cos^2\alpha & -\cos\alpha\sin\alpha \\ \cos\alpha\sin\alpha & \sin^2\alpha & -\cos\alpha\sin\alpha & -\sin^2\alpha \\ -\cos^2\alpha & -\cos\alpha\sin\alpha & \cos^2\alpha & \cos\alpha\sin\alpha \\ -\cos\alpha\sin\alpha & -\sin^2\alpha & \cos\alpha\sin\alpha & \sin^2\alpha \end{bmatrix} \tag{2.4-3}$$

$$\tilde{\boldsymbol{m}} = \boldsymbol{T}^{\mathrm{T}}\boldsymbol{m}\boldsymbol{T}, \quad \tilde{\boldsymbol{f}} = \boldsymbol{T}^{\mathrm{T}}\boldsymbol{f} \tag{2.4-4}$$

式中：$\boldsymbol{k}$，$\boldsymbol{m}$ 和 $\boldsymbol{f}$ 分别为单元局部坐标系下的等应变杆单元的刚度矩阵、质量矩阵和载荷列向量。对经过坐标变换得到的单元矩阵进行组装求解，可以得到全局坐标系下的有限元结果。若需要局部坐标系下的结点位移和结点力，则要借助变换公式(2.4－1)。

2. 平面梁单元

用 $\boldsymbol{v}^{\mathrm{T}}=[v_1 \quad \psi_1 \quad v_2 \quad \psi_2]$和 $\tilde{\boldsymbol{v}}^{\mathrm{T}}=[\tilde{u}_1 \quad \tilde{v}_1 \quad \tilde{\psi}_1 \quad \tilde{u}_2 \quad \tilde{v}_2 \quad \tilde{\psi}_2]$分别表示局部坐标系和整体坐标系下三次梁单元的结点位移向量，参见图 2.4－2。根据直角坐标的变换关系有

$$\boldsymbol{v} = \boldsymbol{T}\tilde{\boldsymbol{v}} \tag{2.4-5}$$

式中：坐标变换矩阵为

$$\boldsymbol{T} = \begin{bmatrix} -\sin\alpha & \cos\alpha & 0 & 0 & 0 & 0 \\ 0 & 0 & 1 & 0 & 0 & 0 \\ 0 & 0 & 0 & -\sin\alpha & \cos\alpha & 0 \\ 0 & 0 & 0 & 0 & 0 & 1 \end{bmatrix} \tag{2.4-6}$$

从式(2.4－6)可以看出，位移分量的一阶导数，其矢量方向垂直于坐标平面，因此无需进行方向变换。此外，各单元的内部结点位移分量，因与其他单元无直接联系，所以也不需要进行方向转换。推导平面三次梁单元的刚度矩阵、质量矩阵和载荷列向量的方法与平面杆单元的相同。

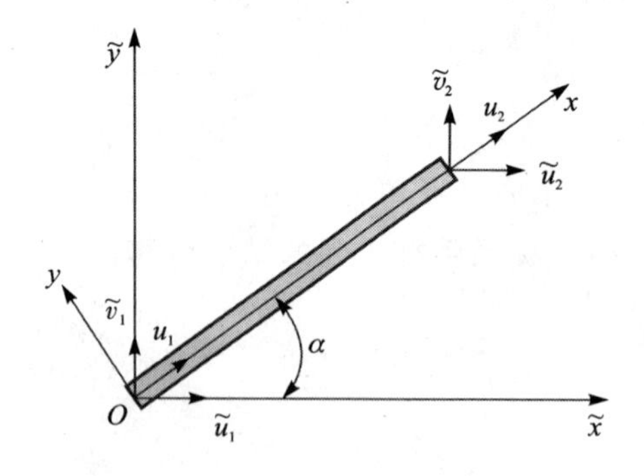

图 2.4－1 平面杆的坐标变换关系

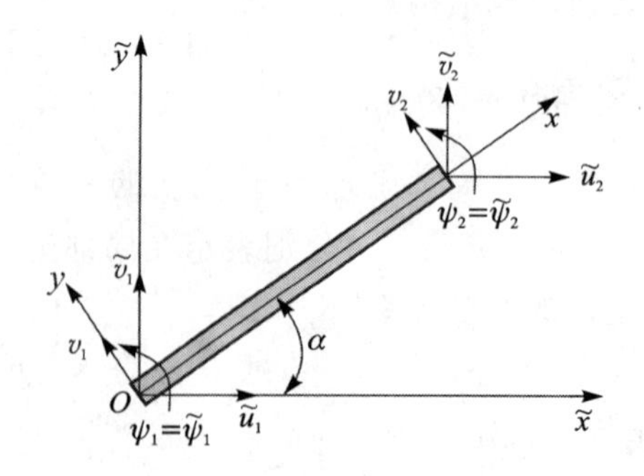

图 2.4－2 平面梁的坐标变换关系

2.4.2　空间梁单元

下面讨论如何得到考虑轴向变形、剪切变形和扭转变形的三次梁单元。为了更加清楚地理解刚度矩阵所反映的力学变量之间的关系，下面利用材料力学方法来分析单元结点力与结点位移的关系，进而建立三次空间梁单元的刚度矩阵[3]。把材料力学方法与变分原理方法进行比较，有助于理解刚度矩阵各个元素及各行和列所蕴涵的物理意义。

如图 2.4－3 所示，空间梁单元的每个结点有 6 个自由度，即 3 个线位移和 3 个角位移，因此梁单元刚度矩阵的阶数是 12×12。作用于每个结点有 3 个力和 3 个力矩，单元结点力和结点位移分别为

$$\boldsymbol{F}^{\mathrm{T}} = [X_1 \quad Y_1 \quad Z_1 \quad M_{x1} \quad M_{y1} \quad M_{z1} \quad X_2 \quad Y_2 \quad Z_2 \quad M_{x2} \quad M_{y2} \quad M_{z2}]$$

$$\boldsymbol{d}^{\mathrm{T}} = [u_1 \quad v_1 \quad w_1 \quad \psi_{x1} \quad \psi_{y1} \quad \psi_{z1} \quad u_2 \quad v_2 \quad w_2 \quad \psi_{x2} \quad \psi_{y2} \quad \psi_{z2}]$$

图 2.4－3 中用双箭头表示力矩和角位移。在有限单元法中，规定结点力和结点位移与坐标方向相同时为正，力矩和转角的正向则由右手法则来确定。选结点 1 为局部坐标系的原点，以梁单元的形心轴作为 x 轴，并使 xy 平面和 xz 平面与横剖面的主轴一致。这样，两个平面内的弯矩和剪力是互相独立的。否则，xy 平面内的弯矩和剪力不仅依赖于它们的对应位移，而且还依赖于 xz 平面内的力系所产生的位移。

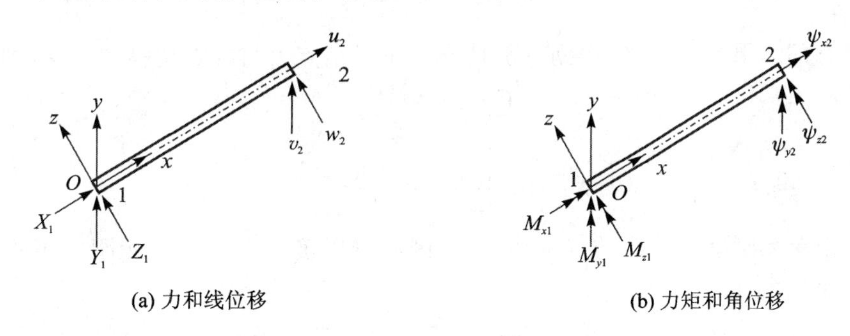

(a) 力和线位移　　(b) 力矩和角位移

图 2.4－3　空间梁单元的结点位移和结点力

由于梁的形心轴为 x 轴，并且 xy 平面和 xz 平面与横剖面的主轴一致，因此，梁单元的结点力可以分离成彼此独立的四组，即轴向力、扭矩、xy 平面内的弯矩和剪力及 xz 平面内的弯矩和剪力。下面通过分析这四组彼此独立的结点力系与对应结点位移的关系，进而得到单元刚度矩阵的相应行和列。

1. 轴向结点力

轴向结点力 X_1 和 X_2 只取决于轴向位移 u_1 和 u_2（注意，这里不考虑由于弯曲变形导致的微小轴线移动），与其他结点位移无关。为了得到轴向结点力与轴向结点位移的关系，将杆的受力状态分为两种。

状态 1　$u_1 = u_1, u_2 = 0$。

这时结点 2 被固定，单元的轴向应变为

$$\varepsilon = \frac{u_2 - u_1}{L} = -\frac{u_1}{L}$$

单元应力为

$$\sigma = E\varepsilon = -\frac{Eu_1}{L}$$

在材料力学中以拉应力为正。于是，单元结点 1 的结点力为

$$X_1 = -A\sigma = \frac{EA}{L}u_1 \tag{2.4-7}$$

单元右端的结点力为

$$X_2 = A\sigma = -\frac{EA}{L}u_1 \tag{2.4-8}$$

状态 2 $u_1=0, u_2=u_2$。

这种状态的应变和应力与状态 1 相反，分别为

$$\varepsilon = \frac{u_2}{L}, \quad \sigma = \frac{Eu_2}{L}$$

于是，结点 1 和结点 2 的结点力分别为

$$\begin{aligned} X_1 &= -A\sigma = -\frac{EA}{L}u_2 \\ X_2 &= A\sigma = \frac{EA}{L}u_2 \end{aligned} \tag{2.4-9}$$

将上述两种状态的结果叠加起来，得到一般情况下单元结点力与结点位移的关系，即

$$\left.\begin{aligned} X_1 &= \frac{EA}{L}u_1 - \frac{EA}{L}u_2 \\ X_2 &= -\frac{EA}{L}u_1 + \frac{EA}{L}u_2 \end{aligned}\right\} \tag{2.4-10}$$

由于结点力等于单元刚度矩阵与结点位移之积，因此可以确定空间梁单元刚度矩阵中与轴向结点位移相关的元素，即

$$k_{11} = k_{77} = \frac{EA}{L}, \quad k_{17} = k_{71} = -\frac{EA}{L} \tag{2.4-11}$$

单元刚度矩阵 $\boldsymbol{k}$ 的第 1 列 $\boldsymbol{k}_1$ 和第 7 列 $\boldsymbol{k}_7$ 分别为

$$\left.\begin{aligned} \boldsymbol{k}_1^{\mathrm{T}} &= \begin{bmatrix} \frac{EA}{L} & 0 & 0 & 0 & 0 & 0 & -\frac{EA}{L} & 0 & 0 & 0 & 0 & 0 \end{bmatrix} \\ \boldsymbol{k}_7^{\mathrm{T}} &= \begin{bmatrix} -\frac{EA}{L} & 0 & 0 & 0 & 0 & 0 & \frac{EA}{L} & 0 & 0 & 0 & 0 & 0 \end{bmatrix} \end{aligned}\right\} \tag{2.4-12}$$

2. 结点扭矩

作用于梁上的结点扭矩 M_{x1} 和 M_{x2} 只与结点扭转角 ψ_{x1} 和 ψ_{x2} 有关，与其他结点位移无关。与分析轴向结点力与轴向结点位移关系的做法类似，也可以按两种状态来分析结点扭转力矩与结点扭转位移的关系，得到与式(2.4-10)类似的结果，即

$$\left.\begin{aligned} M_{x1} &= \frac{GI_x}{L}\psi_{x1} - \frac{GI_x}{L}\psi_{x2} \\ M_{x2} &= -\frac{GI_x}{L}\psi_{x1} + \frac{GI_x}{L}\psi_{x2} \end{aligned}\right\} \tag{2.4-13}$$

式中：I_x 为梁横截面的极惯性矩。从式(2.4－13)可以确定空间梁单元刚度矩阵中与结点扭转位移相关的元素，即

$$k_{44}=k_{10,10}=\frac{GI_x}{L},\quad k_{4,10}=k_{10,4}=-\frac{GI_x}{L} \tag{2.4-14}$$

单元刚度矩阵 $\boldsymbol{k}$ 的第 4 列 $\boldsymbol{k}_4$ 和第 10 列 $\boldsymbol{k}_{10}$ 分别为

$$\left.\begin{aligned}\boldsymbol{k}_4^{\mathrm{T}}&=\begin{bmatrix}0 & 0 & 0 & \dfrac{GI_x}{L} & 0 & 0 & 0 & 0 & 0 & -\dfrac{GI_x}{L} & 0 & 0\end{bmatrix}\\ \boldsymbol{k}_{10}^{\mathrm{T}}&=\begin{bmatrix}0 & 0 & 0 & -\dfrac{GI_x}{L} & 0 & 0 & 0 & 0 & 0 & \dfrac{GI_x}{L} & 0 & 0\end{bmatrix}\end{aligned}\right\} \tag{2.4-15}$$

3. xy 平面内的弯矩和剪力

首先考虑结点位移 v_1 引起的结点力，如图 2.4－3 和图 2.4－4(a)所示。除 v_1 外，其余结点位移均为零。关于单元内部弯矩和剪力符号的规定同前，即剖面上正 y 点上的拉应力产生正弯矩，正剪力则使正弯矩沿 x 轴方向增大。梁单元的横向位移是

$$v=v_{\mathrm{b}}+v_{\mathrm{s}} \tag{2.4-16}$$

式中：v_{b} 是对应弯曲应变的横向位移，v_{s} 是对应剪切应变的横向位移。根据剪力和剪应力的关系，有

$$\frac{\mathrm{d}v_{\mathrm{s}}}{\mathrm{d}x}=-\frac{Y_1}{k_yGA} \tag{2.4-17}$$

式中：左端项为剪应变。对式(2.4－17)进行积分，得

$$v_{\mathrm{s}}=C_1-\frac{Y_1}{k_yGA}x$$

当 $x=L$ 时，$v_{\mathrm{s}}=0$，故 $C_1=Y_1L/k_yGA$，于是

$$v_{\mathrm{s}}=\frac{Y_1(L-x)}{k_yGA} \tag{2.4-18}$$

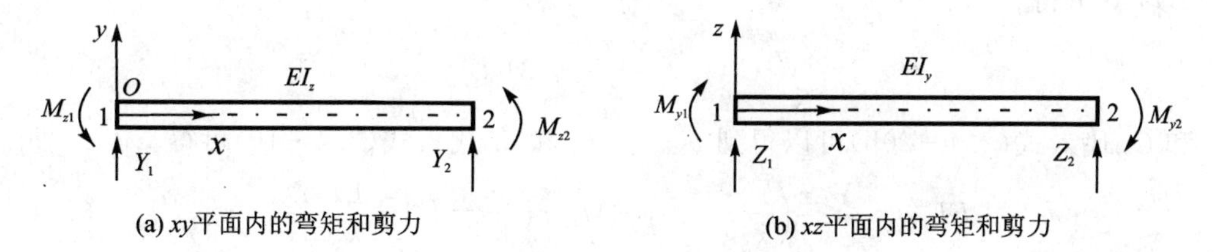

图 2.4－4　结点力

单元内任一点的正弯矩为 $M_{z1}-Y_1x$，根据曲率和弯矩的关系可得

$$-EI_z\frac{\mathrm{d}^2v_{\mathrm{b}}}{\mathrm{d}x^2}=M_{z1}-Y_1x \tag{2.4-19}$$

对式(2.4－19)积分得

$$EI_z\frac{\mathrm{d}v_{\mathrm{b}}}{\mathrm{d}x}=\frac{1}{2}Y_1x^2-M_{z1}x+C_2 \tag{2.4-20a}$$

$$EI_zv_{\mathrm{b}}=\frac{1}{6}Y_1x^3-\frac{1}{2}M_{z1}x^2+C_2x+C_3 \tag{2.4-20b}$$

由 $v_{\mathrm{b}}'(0)=0$ 可知 $C_2=0$；由 $v_{\mathrm{b}}'(L)=0$ 可得 $M_{z1}=Y_1L/2$。由 $v_{\mathrm{b}}(L)=0$ 可得 $C_3=-Y_1L^3/6+$

$M_{z1}L^2/2$。将 v_b 和 v_s 代入式(2.4-16)中可得

$$v=\frac{Y_1(x^3-L^3)}{6EI_z}+\frac{Y_1L(L^2-x^2)}{4EI_z}+\frac{Y_1(L-x)}{k_yGA} \tag{2.4-21}$$

由于 $v(0)=v_1$,因此有

$$Y_1=\frac{12EI_z}{(1+S_y)L^3}v_1$$

其中

$$S_y=\frac{12EI_z}{k_yGAL^2}$$

并且

$$M_{z1}=\frac{Y_1L}{2}=\frac{6EI_z}{(1+S_y)L^2}v_1$$

再由单元结点力的平衡关系,可求得

$$Y_2=-Y_1=-\frac{12EI_z}{(1+S_y)L^3}v_1$$

$$M_{z2}=Y_1L-M_{z1}=\frac{6EI_z}{(1+S_y)L^2}v_1$$

因此,刚度矩阵的第 2 列元素为

$$\boldsymbol{k}_2^{\mathrm{T}}=\frac{12EI_z}{(1+S_y)L^3}\begin{bmatrix}0 & 1 & 0 & 0 & 0 & \frac{L}{2} & 0 & -1 & 0 & 0 & 0 & \frac{L}{2}\end{bmatrix} \tag{2.4-22}$$

下面计算由角位移 ψ_{z1} 引起的结点力。假定除 ψ_{z1} 外,其余结点位移均为零。此时剪切应变引起的 v_s 仍由式(2.4-17)计算。关于 v_b 的公式(2.4-19)～式(2.4-20)也仍然成立,只是其中系数 C_2 和 C_3 要由这里的边界条件决定。当 $x=0$ 时,$v=v_b+v_s=0$,由式(2.4-20b)得

$$C_3=-\frac{EI_zY_1L}{k_yGA}$$

由 $v_b'(L)=0$ 可得

$$C_2=-\frac{Y_1L^2}{2}+M_1L$$

将 C_2 和 C_3 代入式(2.4-20b)可以得到 v_b。将 v_b 和 v_s 代入式(2.4-16)可得

$$EI_zv=\frac{Y_1x}{2}\left(\frac{x^2}{3}-L^2\right)-M_{z1}x\left(\frac{x}{2}-L\right)-\frac{EI_zY_1}{k_yGA}x \tag{2.4-23}$$

由 $v(L)=0$ 得

$$M_{z1}=\frac{(4+S_y)Y_1L}{6} \tag{2.4-24}$$

由于 $v_b'(0)=\psi_{z1}$,因此从式(2.4-20a)得

$$Y_1=\frac{6EI_z}{(1+S_y)L^2}\psi_{z1}$$

根据式(2.4-24)可得

$$M_{z1}=\frac{(4+S_y)EI_z}{(1+S_y)L}\psi_{z1}$$

由单元结点力平衡条件,得到

$$Y_2 = -Y_1 = -\frac{6EI_z}{(1+S_y)L^2}\psi_{z1}$$

$$M_{z2} = Y_1L - M_{z1} = \frac{(2-S_y)EI_z}{(1+S_y)L}\psi_{z1}$$

因此,刚度矩阵的第 6 列元素为

$$\boldsymbol{k}_6^{\mathrm{T}} = \frac{6EI_z}{(1+S_y)L^2}\begin{bmatrix}0 & 1 & 0 & 0 & 0 & \dfrac{(4+S_y)L}{6} & 0 & -1 & 0 & 0 & 0 & \dfrac{(2-S_y)L}{6}\end{bmatrix} \tag{2.4-25}$$

同理可以得到单元矩阵的第 8 列和第 12 列元素。

4. *xz* 平面内的弯矩和剪力

这种情况下包括结点力 Z_1,Z_2 和弯矩 M_{y1},M_{y2},它们与结点位移 w_1,w_2 和结点转角 ψ_{y1},ψ_{y2}有关。对比图 2.4-4(a)和图 2.4-4(b)可以发现,这种情况与 xy 平面内的弯曲是类似的。两种情况下结点力与结点位移的对应关系是

$$Z_1 \sim Y_1, \quad w_1 \sim v_1, \quad EI_y \sim EI_z$$
$$M_{y1} \sim -M_{z1}, \quad \psi_{y1} \sim -\psi_{z1}$$
$$Z_2 \sim Y_2, \quad w_2 \sim v_2$$
$$M_{y2} \sim -M_{z2}, \quad \psi_{y2} \sim -\psi_{z2}$$

当考虑由 $w_1=1$ 引起的结点力时,只需在式(2.4-22)中的弯矩前加负号并且利用对 y 轴的弯矩刚度和剪切刚度即可得到单元刚度矩阵的第 3 列,即

$$\boldsymbol{k}_3^{\mathrm{T}} = \frac{12EI_y}{(1+S_z)L^3}\begin{bmatrix}0 & 0 & 1 & 0 & \dfrac{-L}{2} & 0 & 0 & 0 & -1 & 0 & \dfrac{-L}{2} & 0\end{bmatrix} \tag{2.4-26}$$

式中:$S_z = \dfrac{12EI_y}{k_zGAL^2}$。

当考虑由 $\psi_{y1}=1$ 引起的结点力时,在式(2.4-25)中的所有项前加负号即可得到由 $\psi_{y1}=1$ 引起的结点力。但由于弯矩和转角同时变号就相当于弯矩已经变号,因此只需在式(2.4-25)中的剪力前加负号即可得到单元刚度矩阵的第 5 列,即

$$\boldsymbol{k}_5^{\mathrm{T}} = \frac{6EI_y}{(1+S_z)L^2}\begin{bmatrix}0 & 0 & -1 & 0 & \dfrac{(4+S_z)L}{6} & 0 & 0 & 0 & 1 & 0 & \dfrac{(2-S_z)L}{6} & 0\end{bmatrix} \tag{2.4-27}$$

同理,可求出单元刚度矩阵的第 9 列和第 11 列的各元素。

细心的读者从图 2.4-4 中可以看到,在 xy 主平面内,规定的结点剖面转角正向与 $\mathrm{d}v/\mathrm{d}x$ 的相同;在 zx 主平面内,规定的结点剖面转角正向却与 $\mathrm{d}w/\mathrm{d}x$ 的相反。于是 zx 平面内的弯曲形函数与 xy 平面内的区别也仅在于正负号上,即两个主平面内的对应转角的形函数符号相反,对应结点位移的形函数相同,读者可以思考其原因。

式(2.4-28)给出了考虑剪切、拉压和扭转的空间梁单元的刚度矩阵。式(2.4-29)为考虑了拉压、扭转和弯曲而不考虑剪切的空间梁质量矩阵。若希望得到考虑剪切变形作用的质量矩阵,读者可以参考式(2.3-38)和式(2.3-39)自己构造相应的质量矩阵。

$$\boldsymbol{k}=\begin{bmatrix}
\frac{EA}{L} & & & & & & & & & & & \\
0 & \frac{12EI_z}{(1+S_y)L^3} & & & & & & \text{对} & & & & \\
0 & 0 & \frac{12EI_y}{(1+S_z)L^3} & & & & & & & & & \\
0 & 0 & 0 & \frac{GI_x}{L} & & & & & & & & \\
0 & 0 & -\frac{6EI_y}{(1+S_z)L^2} & 0 & \frac{(4+S_z)EI_y}{(1+S_z)L} & & & & & & & \\
0 & \frac{6EI_z}{(1+S_y)L^2} & 0 & 0 & 0 & \frac{(4+S_y)EI_z}{(1+S_y)L} & & & & \text{称} & & \\
-\frac{EA}{L} & 0 & 0 & 0 & 0 & 0 & \frac{EA}{L} & & & & & \\
0 & -\frac{12EI_z}{(1+S_y)L^3} & 0 & 0 & 0 & -\frac{6EI_z}{(1+S_y)L^2} & 0 & \frac{12EI_z}{(1+S_y)L^3} & & & & \\
0 & 0 & \frac{-12EI_y}{(1+S_z)L^3} & 0 & \frac{6EI_y}{(1+S_z)L^2} & 0 & 0 & 0 & \frac{12EI_y}{(1+S_z)L^3} & & & \\
0 & 0 & 0 & -\frac{GI_x}{L} & 0 & 0 & 0 & 0 & 0 & \frac{GI_x}{L} & & \\
0 & 0 & \frac{-6EI_y}{(1+S_z)L^2} & 0 & \frac{(2-S_z)EI_y}{(1+S_z)L^2} & 0 & 0 & 0 & \frac{6EI_y}{(1+S_z)L^2} & 0 & \frac{(4+S_z)EI_y}{(1+S_z)L} & \\
0 & \frac{6EI_z}{(1+S_y)L^2} & 0 & 0 & 0 & \frac{(2-S_y)EI_z}{(1+S_y)L} & 0 & -\frac{6EI_z}{(1+S_y)L^2} & 0 & 0 & 0 & \frac{(4+S_y)EI_z}{(1+S_y)L}
\end{bmatrix} \tag{2.4-28}$$

$$
\boldsymbol{m}=\frac{\rho AL}{420}\times
\begin{bmatrix}
140 & & & & & & & & & & & \\
0 & 156 & & & & & & & & & & \\
0 & 0 & 156 & & & & & & & & & \\
0 & 0 & 0 & \dfrac{140I_x}{A} & & & & & & & & \\
0 & 0 & -22L & 0 & 4L^2 & & & & & & & \\
0 & 22L & 0 & 0 & 0 & 4L^2 & & & & & & \\
70 & 0 & 0 & 0 & 0 & 0 & 140 & & & & & \\
0 & 54 & 0 & 0 & 0 & 13L & 0 & 156 & & & & \\
0 & 0 & 54 & 0 & -13L & 0 & 0 & 0 & 156 & & & \\
0 & 0 & 0 & \dfrac{70I_x}{A} & 0 & 0 & 0 & 0 & 0 & \dfrac{140I_x}{A} & & \\
0 & 0 & 13L & 0 & -3L^2 & 0 & 0 & 0 & 22L & 0 & 4L^2 & \\
0 & -13L & 0 & 0 & 0 & -3L^2 & 0 & -22L & 0 & 0 & 0 & 4L^2
\end{bmatrix}
\quad \text{（对称）}
\tag{2.4-29}
$$

2.4.3　空间梁单元的坐标变换矩阵

推导单元刚度矩阵时用的是局部坐标系，其坐标轴方向是由单元的截面主方向确定的。在局部坐标系下推导的单元刚度矩阵具有统一的形式。

实际框架结构是由具有不同方向和不同位置的梁构成的。由于单元刚度矩阵各个元素所描述的是局部坐标系下的结点力与位移的关系，而力和位移都是矢量，因此，需要把局部坐标系下的单元刚度矩阵变换到全局坐标系下，然后进行组装进而得到结构整体刚度矩阵。

一个矢量在不同坐标系之间的转换关系有统一的公式。设局部坐标系的 3 个轴 x,y,z 在整体坐标系 $O\tilde{x}\tilde{y}\tilde{z}$ 中的方向余弦分别是(l_x,m_x,n_x)，(l_y,m_y,n_y)和(l_z,m_z,n_z)，如图 2.4-5 所示。将在局部坐标系中定义的矢量如结点位移或结点力转换到整体坐标系下，其坐标转换矩阵是

$$
\boldsymbol{T}_3=\begin{bmatrix} l_x & l_y & l_z \\ m_x & m_y & m_z \\ n_x & n_y & n_z \end{bmatrix}
\tag{2.4-30}
$$

式(2.4-30)与式(2.4-1)中用到的坐标变换矩阵是不同的，后者是把在整体坐标系下定义的矢量转换到局部坐标系下。由于空间梁单元的每个结点有 6 个位移，3 个线位移和 3 个转角分别组成 2 个三维的向量，因此一个空间梁单元的结点位移共有 4 个三维的向量，其坐标变换矩阵为

$$
\boldsymbol{T}=\begin{bmatrix} \boldsymbol{T}_3 & 0 & 0 & 0 \\ 0 & \boldsymbol{T}_3 & 0 & 0 \\ 0 & 0 & \boldsymbol{T}_3 & 0 \\ 0 & 0 & 0 & \boldsymbol{T}_3 \end{bmatrix}
\tag{2.4-31}
$$

下面来推导 $\boldsymbol{T}_3$ 的公式。

1. x 轴在整体坐标系 $O\tilde{x}\tilde{y}\tilde{z}$ 中的方向余弦

把空间梁单元的结点 1 到结点 2 的方向定义为梁单元局部坐标系的 x 轴方向。设$(\tilde{x}_1,\tilde{y}_1,\tilde{z}_1)$和$(\tilde{x}_2,\tilde{y}_2,\tilde{z}_2)$为结点 1 和结点 2 在整体坐标系 $O\tilde{x}\tilde{y}\tilde{z}$ 中的坐标。如图 2.4-5 所示，x 轴的 3 个方向余弦为

$$l_x=\frac{\tilde{x}_2-\tilde{x}_1}{L},\quad m_x=\frac{\tilde{y}_2-\tilde{y}_1}{L},\quad n_x=\frac{\tilde{z}_2-\tilde{z}_1}{L} \tag{2.4-32}$$

式中：单元的长度 L 为

$$L=\sqrt{(\tilde{x}_2-\tilde{x}_1)^2+(\tilde{y}_2-\tilde{y}_1)^2+(\tilde{z}_2-\tilde{z}_1)^2}$$

x 坐标轴在整体坐标系中的单位方向矢量为

$$\boldsymbol{e}_1=l_x\tilde{\boldsymbol{e}}_1+m_x\tilde{\boldsymbol{e}}_2+n_x\tilde{\boldsymbol{e}}_3 \tag{2.4-33}$$

式中：$\tilde{\boldsymbol{e}}_1,\tilde{\boldsymbol{e}}_2,\tilde{\boldsymbol{e}}_3$ 分别为全局坐标系 3 个坐标轴的单位矢量。

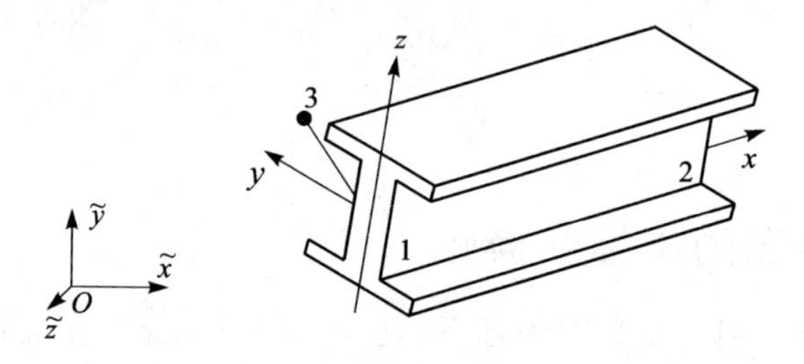

图 2.4-5 局部坐标系的方向

2. z 轴在整体坐标系 $O\tilde{x}\tilde{y}\tilde{z}$ 中的方向余弦

在梁单元的主平面 xy 内取一点 3，该点在整体坐标系中的坐标为$(\tilde{x}_3,\tilde{y}_3,\tilde{z}_3)$。用 $\boldsymbol{p}$ 表示线段$\overrightarrow{13}$在整体坐标系中的单位矢量，于是有

$$\boldsymbol{p}=p_1\tilde{\boldsymbol{e}}_1+p_2\tilde{\boldsymbol{e}}_2+p_3\tilde{\boldsymbol{e}}_3 \tag{2.4-34}$$

式中：

$$p_1=\frac{\tilde{x}_3-\tilde{x}_1}{L_3},\quad p_2=\frac{\tilde{y}_3-\tilde{y}_1}{L_3},\quad p_3=\frac{\tilde{z}_3-\tilde{z}_1}{L_3} \tag{2.4-35}$$

而 $L_3=\sqrt{(\tilde{x}_3-\tilde{x}_1)^2+(\tilde{y}_3-\tilde{y}_1)^2+(\tilde{z}_3-\tilde{z}_1)^2}$。根据矢量的外积法则，$z$ 轴的单位矢量 $\boldsymbol{e}_3$ 可以写为

$$\boldsymbol{e}_3=\frac{\boldsymbol{e}_1\times\boldsymbol{p}}{|\boldsymbol{e}_1\times\boldsymbol{p}|}=l_z\tilde{\boldsymbol{e}}_1+m_z\tilde{\boldsymbol{e}}_2+n_z\tilde{\boldsymbol{e}}_3 \tag{2.4-36}$$

将式(2.4-33)和式(2.4-34)代入式(2.4-36)得

$$l_z=\frac{m_xp_3-n_xp_2}{s},\quad m_z=\frac{n_xp_1-l_xp_3}{s},\quad n_z=\frac{l_xp_2-m_xp_1}{s} \tag{2.4-37}$$

式中：$s=\sqrt{(m_xp_3-n_xp_2)^2+(n_xp_1-l_xp_3)^2+(l_xp_2-m_xp_1)^2}$。

3. y 轴在整体坐标系 $O\tilde{x}\tilde{y}\tilde{z}$ 中的方向余弦

根据矢量乘法，y 轴在 $O\tilde{x}\tilde{y}\tilde{z}$ 坐标系中的方向余弦为

$$\boldsymbol{e}_2=\boldsymbol{e}_3\times\boldsymbol{e}_1=l_y\tilde{\boldsymbol{e}}_1+m_y\tilde{\boldsymbol{e}}_2+n_y\tilde{\boldsymbol{e}}_3 \tag{2.4-38}$$

将式(2.4-36)和式(2.4-33)代入式(2.4-38)得

$$l_y=m_zn_x-n_zm_x,\quad m_y=n_zl_x-l_zn_x,\quad n_y=l_zm_x-l_xm_z \tag{2.4-39}$$

因此,用单元局部坐标 x 的方向余弦表示的从局部坐标系到整体坐标系的位移或力的变换矩阵为

$$\boldsymbol{T}_3=\begin{bmatrix} l_x & \dfrac{p_1-l_x(l_xp_1+m_xp_2+n_xp_3)}{s} & \dfrac{m_xp_3-n_xp_2}{s} \\ m_x & \dfrac{p_2-m_x(l_xp_1+m_xp_2+n_xp_3)}{s} & \dfrac{n_xp_1-l_xp_3}{s} \\ n_x & \dfrac{p_3-n_x(l_xp_1+m_xp_2+n_xp_3)}{s} & \dfrac{l_xp_2-m_xp_1}{s} \end{bmatrix} \tag{2.4-40}$$

值得指出的是,坐标变换矩阵是正交矩阵,即 $\boldsymbol{T}^{\mathrm{T}}=\boldsymbol{T}^{-1}$。在计算空间梁单元的坐标变换矩阵时,首先要在主惯性平面 xy 或 zx 内选择附加点 3,用其坐标来确定梁单元的局部坐标方向,这也是平面坐标变换与空间坐标变换的区别。

2.5 数值模拟问题讨论

研究和发展理论的主要目的之一是为了有效解决实际问题。当然,实际问题的解决也可以促进理论的发展,甚至提出新的学科方向。数值方法尤其是有限元方法是从理论走向工程的桥梁或工具。虽然工具已经存在,但如何利用这个工具去解决实际问题并不是一件简单的事。本节在讨论使用商用软件的几个关键步骤基础上,给出几个简单例题,试图启发读者利用工具或软件去解决实际问题。

2.5.1 使用有限元软件进行结构分析的步骤

有限元方法具有适用范围广和计算精度高等优点,是一种广泛应用于工程问题分析的快捷数值方法。著名的有限元商用软件主要包括 MSC/NASTRAN,ANSYS 和 ABAQUS 等。尽管不同的软件各有特色,但其主体结构与功能是类似的。在用这些有限元软件对具体工程问题进行分析时,通常包括如下步骤:

① 问题分析与数学模型建立。

② 有限元分析。包括:

　ⓐ 前处理;

　ⓑ 数值计算;

　ⓒ 后处理。

③ 结果分析与重计算。

作为有限元软件的初级用户,往往把注意力放在前、后处理上,甚至认为有限元分析就是几何模型的建立与网格划分。毋庸置疑,随着有限元商用软件的逐步完善,对于比较简单的问题,初学者也可以获得正确的结果。但作为一名合格的结构分析人员,仅仅掌握有限元的前、

后处理是不够的。下面对上述各步骤进行简单的讨论。

1. 问题分析与数学模型建立

简而言之,问题分析就是理解问题的物理性质。例如,需要解决的是动力问题还是静力问题,关心的是强度问题、刚度问题,还是稳定性问题等。对这些问题的回答决定了数学模型的简化程度与有限元模型的规模。

事实上,无论有限元软件如何完善,都需要结构分析人员根据问题的性质来控制软件执行任务的方向。例如,对于飞机机翼,若关心翼面的变形或刚度问题,则翼根区域的网格划分和所使用的单元类型并不是关键因素,这是因为刚度问题对局部并不敏感,于是有限元模型的规模可以较小,但几何模型必须是完整的。翼面的刚度分析可以用于解决气动弹性效应或操纵控制等问题。若关心翼根部分的应力分布或强度问题,则该部分的网格划分和所使用的单元类型是至关重要的,这是因为强度问题是局部敏感的。翼根的强度分析可以用于解决机翼与机身接头部分的形状和尺寸优化设计。为了减小有限元模型的总体规模以提高分析效率,通常只对翼根局部进行细致有限元分析,而总体变形或刚度分析结果可以作为局部强度分析的位移边界条件。

在问题分析的基础上,需要建立合适的数学模型来描述物理问题,如材料性质、边界条件和问题维数的确定及载荷的简化等。Cook[4]曾讨论一个简单问题:一个薄圆环片与一个长圆管置于地面上,如图 2.5-1 所示,求物体在重力作用下的响应。稍有弹性力学基础知识的人不难联想到平面应力与平面应变问题。虽然两结构体均是三维实体,但认识到该问题的几何特征和力学特性之后,就可以用平面弹性理论来简化该问题的分析工作。尽管使用三维体元同样可以解决这个问题,但在模型规模与计算效率两方面均会增加数个量级。另外,还有一些问题是需要经验与初步分析才能做出具体判断的,例如薄圆环片(或长圆管)与地面的接触区处理。从理论上来说,接触区不是理想空间点,而应该是一个区域,其大小与结构局部变形有关。如果接触区非常小,相比于结构整体的特征尺寸有量级上的差异,则该接触区可以简化为一个铰接点。这种简化不会对总体结果产生太大影响。当然,如果接触区较大或者关心接触区的应力分布,则应该引入接触边界条件,但接触边界条件的引入将使问题复杂化和非线性化。

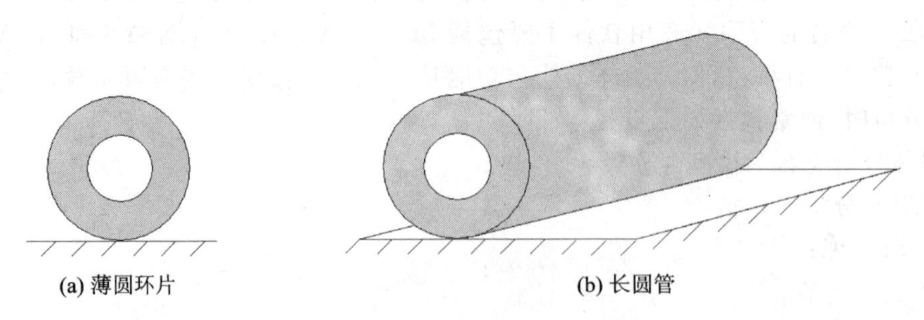

(a) 薄圆环片　　(b) 长圆管

图 2.5-1　放置在地面的薄圆环片和长圆管

与之类似,材料性质的选取也会涉及线性与非线性问题。通常需要经过初步分析才能决定是否应该引入材料的非线性本构关系。在初步分析中,使用线弹性材料进行试算是必要的。还有许多类似的问题,此处不再一一论述。

在问题分析与数学模型建立这一步骤中,根据理论分析来简化模型也是有益的。例如:利用对称性可以减小模型规模,提供网格划分疏密区域的依据,预测有限元结果(如某些特殊点的位移和应力应该等于零)等。虽然,这部分工作也可以在结构分析之后进行,但事先对计算结果的预估可提高分析效率,还可以避免在建立模型过程中的颠覆性错误。

2. 有限元分析

商用有限元软件均包括三个部分:前处理、数值计算和后处理。前处理包括几何建模、网格划分、施加边界条件、选择材料与单元特性和任务定义与确定控制参数。数值计算是有限元分析的内核,主要完成单元矩阵生成与组装、矩阵运算和各结点参数的求解。后处理的功能主要是利用图形来显示有限元分析所得到的各物理量或按要求列出所需数据。在软件操作手册中,对前、后处理的操作方法均有详细介绍。尽管图形界面有很好的亲和力,并且具有避免出现低级建模错误的能力,但建模中计算参数的选择还是对分析者的理论基础提出了要求。

3. 结果分析与重计算

常规的结果列表与总结只是结果分析的表象。结果分析的目的之一是回答这样的问题——这个计算结果正确吗?事实上,对于较复杂的工程结构,无法判断全部计算结果的正确性,但根据物理含义或与试验结果进行比较,对判断某些特殊点的结果及分布特征的正确性和合理程度是有益的。对于简单的问题,与已有的理论结果进行比较也是有益的。

人们通常认为数值结果的可信度总比试验结果或理论结果差,但事情不是绝对的。在查找有限元模型可能存在问题的同时,认识到理论解的假设条件与实验条件所引入的偏差也是非常必要的。对有限元模型本身而言,由于计算机技术的发展和软件可靠性的进步,基本可以忽略数值截断误差对结果产生的本质影响。而由于数学模型所造成的误差(如边界条件的定义不合理)却是比较严重的,计算方法中参数选择不当也可造成严重问题。

虽然较好的通用软件在结果中给出了一些与计算过程有关的参考信息,但对结果正确性的判断主要还是依赖于分析者本身的理论基础与工程经验。另外,计算结果的收敛性也是需要考虑的。加密网格对结果的影响或数值结果的连续性可作为考察收敛性的重要参考依据。在此过程中,进行详细的重分析往往是不可避免的。

总之,从表面上看,有限元分析过程似乎是在计算机上完成界面操作,但问题的解决主要依赖于分析者的物理概念及其有限元理论基础和经验,初学者与有经验的结构分析人员的最大差别也在于此,所以掌握一定的理论基础知识并进行实践是十分必要的。

2.5.2 NASTRAN 中的一维单元

在工程实际中大量存在杆系结构,研究杆系结构的力学基础知识主要来源于材料力学、结构力学和动力学。尽管实际结构体均是三维的,但在弹性力学基础上引入一定的假设,就可用一维模型来模拟三维问题,这样可以最大限度地简化分析工作。材料力学中的平面假设就实现了这个目的,它使均匀拉压杆、扭转轴、弯曲梁问题简化为一维问题。本质上,平面假设给出了平剖面内各点变形(或应变)的分布规律。当然,这些假设也被理论与实验证明在一定条件下是正确的或满足精度要求的。

杆件系统有限元方法类似于结构力学中的位移法,其主要区别在于有限单元的位移模式是近似的。有限元软件中与杆系结构对应的一维单元主要是杆与梁单元。以 NASTRAN 软件为例，其中包括：ROD 杆元、BAR 梁元（均匀并且剪心与中性轴重合）、BEAM 梁元（截面形状可以变化，考虑截面翘曲等）、BEND 曲梁元等，它们都是空间单元，参见第 2.4 节的内容。杆元具有纵向拉压与扭转刚度，而梁元具有拉压、扭转和弯曲刚度，具体的单元特征描述可以参考软件用户手册[5]。

杆元与梁元除用于杆系结构外，在飞行器结构上主要用于模拟机身与翼面的桁条、长梁或纵墙的突缘等[6]。

2.5.3 例题分析与结论

下面给出了几个例题，强调对结果进行分析比较和理论基础的重要性。对于初级结构分析人员，在解决复杂工程问题之前，首先研究下面的例题是有益的。

值得强调的是，对于下面各个问题，用本章给出的杆和梁单元均可以得到与理论解完全相同的结果。下面的有限元结果是利用 MSC/NASTRAN 软件得到的，单元类型为 BAR，该单元考虑了剪切变形，但不考虑截面主转动惯量的作用。

例 2.5-1 分析悬臂梁在载荷 F 下的静态变形，并比较材料力学与有限元方法的结果。图 2.5-2 给出了几何尺寸，杨氏模量 $E=7.0\times10^7$ kg/(mm·s²)，泊松比 $\nu=0.31$，载荷 $F=1.0$ kg·mm/s²。

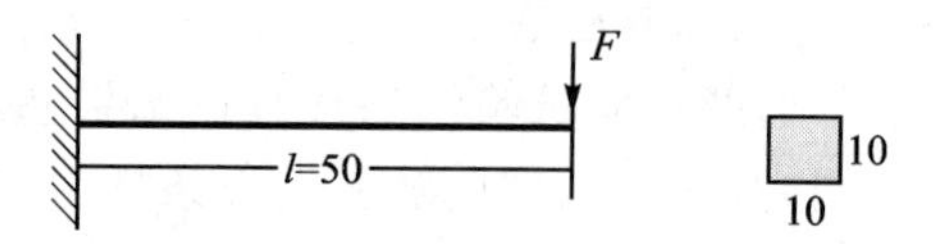

图 2.5-2 自由端载荷 F 作用下的悬臂梁

解：根据材料力学的基本理论，悬臂梁自由端的挠度为

$$w = w_b + w_s = \frac{Fl^3}{3EI} + \frac{Fl}{kAG}$$

式中：w_b 为用欧拉梁理论计算的挠度，$w = w_b + w_s$ 为用剪切梁理论计算的挠度。$k = 5/6$ 为截面剪切系数。计算的结果分别为

$$w_b = \frac{Fl^3}{3EI} = \frac{1\times50^3}{3\times7\times10^7\times833.333}\,\text{mm} = 7.142\,860\times10^{-7}\,\text{mm}$$

$$w_s = \frac{Fl}{kAG} = \frac{1\times50}{0.833\,333\times100\times\dfrac{7\times10^7}{2(1+0.31)}}\,\text{mm} = 2.245\,715\times10^{-8}\,\text{mm}$$

$$w = w_b + w_s = 7.367\,432\times10^{-7}\,\text{mm}$$

由于 MSC/NASTRAN 软件有效位数的原因，在有限元模型数据输入与用理论公式计算时，截面主惯性矩和剪切系数均取为

$$I_y = I_z = I = 833.333\,\text{mm}^4,\quad k = 0.833\,333$$

表 2.5-1 中给出 BAR 单元结果与理论解的比较。由表 2.5-1 可以看出：

① $w_b < w$；

② $w_{FEM} \leqslant w_{Theroy}$。

表 2.5-1　悬臂梁在自由端载荷 F 作用下的静态变形　mm

有限元解		理论解	
Euler	Timoshenko	Euler	Timoshenko
7.142860E−7	7.367431E−7	7.142860E−7	7.367432E−7

读者可以自己考虑其中的原因。欧拉梁理论与剪切梁理论结果之间的偏差为

$$\frac{w - w_b}{w_b} = 3.14\%$$

而理论解与有限元数值解的偏差为

$$\frac{\text{Theroy} - \text{FEM}}{\text{Theroy}} < 10^{-6}$$

由两种偏差的比较可以看出数学模型的重要性。理论解与有限元解之间的差别是由有效数字位数引起的，实际上，二者应该严格一致。用 1 个单元或更多单元重新进行分析，可以发现位移结果并无变化，读者可以思考其理论根据。

例 2.5-2　考虑两端铰支梁(或简支梁)，体密度 $\rho=2.7\times10^{-6}$ kg/mm^3，其他模型参数同例 2.5-1，试分析其频率与模态。

解：对于简支梁，根据剪切梁理论可以得到忽略高阶项的频率(单位为 Hz)计算公式[7]为

$$f_i = \frac{1}{2\pi}\left(\frac{i\pi}{l}\right)^2 \sqrt{\frac{EI}{\rho A}} \frac{1}{\sqrt{1+(\alpha+\gamma)\left(\frac{i\pi r}{l}\right)^2}} \tag{2.5-1}$$

式中：$i=1,2,3,\cdots$，$r=\sqrt{I/A}$为截面对中性轴的惯量半径。下面分几种情况进行讨论。

① 若 $\alpha=1$，$\gamma=E/kG=2(1+\nu)/k$，则 f_i 为用剪切梁理论得到的频率。α 和 γ 分别用来考虑截面转动惯量和剪切变形的作用。

由于 $\gamma=3.144$，因此剪切变形的作用大于截面转动惯量的作用。

对于矩形截面，$(r/l)^2=(h/l)^2/12$。随着梁的长高比的增加，梁的频率会越来越低，剪切变形和截面主转动惯量的作用也会越来越小，直至忽略不计。

② 若 $\alpha=0$，$\gamma=2(1+\nu)/k$，则 f_i 也是用剪切梁理论得到的频率，即

$$f_i = \frac{1}{2\pi}\left(\frac{i\pi}{l}\right)^2 \sqrt{\frac{EI}{\rho A}} \frac{1}{\sqrt{1+\gamma\left(\frac{i\pi r}{l}\right)^2}} \tag{2.5-2}$$

此时只考虑了剪切变形，而忽略了截面转动惯量的影响。

③ 若 $\gamma=0$，$\alpha=1$，则 f_i 为用瑞利梁理论得到的频率，即

$$f_i = \frac{1}{2\pi}\left(\frac{i\pi}{l}\right)^2 \sqrt{\frac{EI}{\rho A}} \frac{1}{\sqrt{1+\alpha\left(\frac{i\pi r}{l}\right)^2}} \tag{2.5-3}$$

此时考虑了截面转动惯量的影响。

④ 若 $\gamma=0$，$\alpha=0$，则 f_i 是用欧拉梁理论得到的频率，即

$$f_i = \frac{1}{2\pi}\left(\frac{i\pi}{l}\right)^2 \sqrt{\frac{EI}{\rho A}} \tag{2.5-4}$$

此时不考虑截面转动惯量的影响，为经典工程梁的理论结果。

表 2.5－2 给出了简支梁频率的理论结果。表 2.5－3 和表 2.5－4 分别给出了利用堆聚质量矩阵和一致质量矩阵的频率。通过比较表 2.5－2～表 2.5－4 中的频率，可以得到如下几条一般性结论：

① 剪切梁的结果小于或等于欧拉梁的结果，随着频率阶次的提高，二者之间的差别会越来越大。剪切梁的结果更接近实际情况，这也说明欧拉梁只适用于计算长梁的低阶频率。

② 利用堆聚质量矩阵的有限元结果小于或等于理论结果，且理论结果小于或等于利用一致质量矩阵的有限元结果。

③ 利用一致质量矩阵时，单元数多的结果小于或等于单元数少的结果，随着单元数的增加，有限元结果从大向小逐步收敛到理论结果。

④ 利用堆聚质量矩阵时，单元数少的结果小于或等于单元数多的结果，随着单元数的增加，有限元结果从小向大逐步收敛到理论结果。

⑤ 随着单元数的增加，剪切梁结果的收敛速度小于或等于欧拉梁结果的收敛速度。

⑥ 考虑转动惯量的理论结果小于或等于利用堆聚质量矩阵的有限元结果。

表 2.5－2 简支梁前五阶固有频率的理论解 Hz

频率阶次	不考虑惯量修正 $\alpha=0$		考虑惯量修正 $\alpha=1$	
	Euler	Timoshenko	Rayleigh	Timoshenko
1	9 235	8 792	9 087	8 664
2	36 942	31 069	34 727	29 717
3	83 119	59 816	73 010	55 698
4	147 767	90 688	119 604	82 846
5	230 885	121 928	171 028	109 967

表 2.5－3 有限元计算的频率(用堆聚质量矩阵) Hz

频率阶次	单元数					
	10		40		400	
	Euler	Timoshenko	Euler	Timoshenko	Euler	Timoshenko
1	9 235	8 788	9 235	8 792	9 235	8 792
2	36 937	30 915	36 942	31 060	36 942	31 069
3	83 063	58 710	83 119	59 749	83 119	59 815
4	147 401	86 831	147 766	90 455	147 767	90 685
5	229 209	112 596	230 881	121 361	230 885	121 922

表 2.5-4　有限元计算的频率(一致质量矩阵)　Hz

频率阶次	单元数					
	10		40		400	
	Euler	Timoshenko	Euler	Timoshenko	Euler	Timoshenko
1	9 235	8 794	9 235	8 792	9 235	8 792
2	36 946	31 158	36 942	31 075	36 942	31 069
3	83 163	60 423	83 119	59 854	83 119	59 817
4	148 011	92 687	147 768	90 819	147 767	90 689
5	231 797	126 380	230 889	122 241	230 885	121 930

图 2.5-3 给出了分别用 10 个单元和 40 个单元得到的前五阶梁模态形状。从图中容易看出，对于本例题的简支梁，利用 40 个单元给出的模态形状已经逼近简谐波，即逼近解析模态。

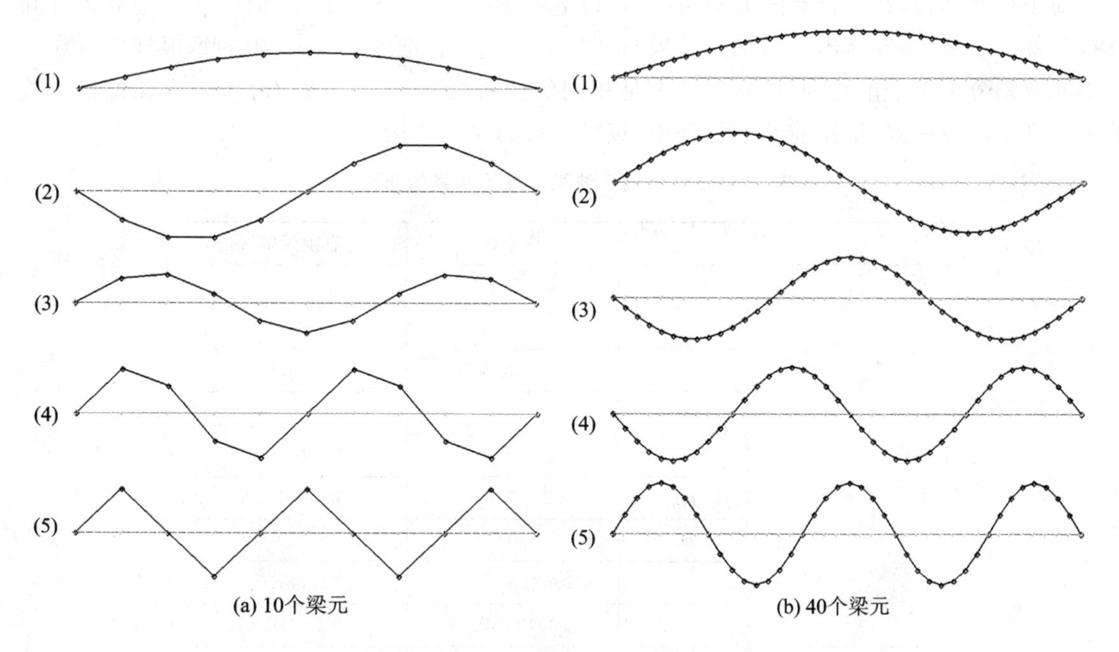

图 2.5-3　简支梁前五阶模态形状

例 2.5-3　图 2.5-4 所示杆系结构上承受载荷 $F=1.0\,\text{kg}\cdot\text{mm/s}^2$，求各杆变形、内力与约束反力。各杆件长度均为 $l=10.0\,\text{mm}$，横截面为圆形，半径 $r=0.5\,\text{mm}$，材料参数 $E=7.0\times10^7\ \text{kg/(mm}\cdot\text{s}^2)$，泊松比 $\nu=0.31$。

解：根据材料力学和结构力学知识，容易得到杆系结构的内力和结点位移分别为

杆件内力

$$F_{AC}=F_{BC}=\frac{F}{2\cos 30^\circ},\quad F_{AB}=\frac{F}{2}\tan 30^\circ$$

杆件应力

$$\sigma_{AC}=\sigma_{BC}=\frac{F}{2A\cos 30^\circ},\quad \sigma_{AB}=\frac{F}{2A}\tan 30^\circ$$

杆件变形

$$\Delta_{AC}=\Delta_{BC}=\frac{F_{AC}l}{EA}=\frac{Fl}{2EA\cos 30^\circ}$$

$$\Delta_{AB}=\frac{F_{AB}l}{EA}=\frac{Fl}{2EA}\tan 30^\circ$$

约束反力

$$F_x^A=\frac{F}{2}\tan 30^\circ,\quad F_y^A=F_y^B=\frac{F}{2}$$

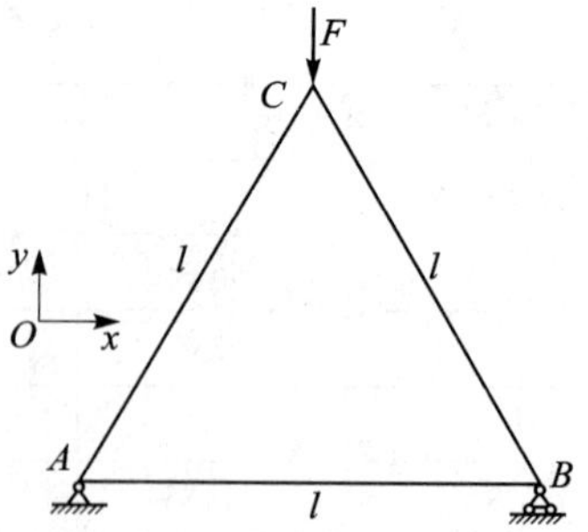

图 2.5-4 杆系结构上承受载荷 F

C 点位移

$$u_C=\frac{\Delta_{AB}}{2},\quad v_C=-\frac{\Delta_{AC}}{\cos 30^\circ}-\frac{\Delta_{AB}}{2}\tan 30^\circ$$

其中：$A=\pi r^2$ 。

对于桁架结构，在进行有限元分析时，可以选择 ROD 或 BAR 单元，但要注意边界条件和连接条件。表 2.5-5 给出了有限元结果与理论解的比较。把图 2.5-4 中的每根杆件看成一个单元或划分为多个单元，所得到的结果是相同的。从表 2.5-5 可以看出，应力和位移的数值解与理论解皆一致，根据前几节的理论，读者可以思考其原因。

表 2.5-5 有限元结果与理论结果的比较

变 量		理论解	有限元解
应力/($\mathrm{kg\cdot mm^{-1}\cdot s^{-2}}$)	σ_{AB}	0.367 553	0.367 553
	σ_{AC}	−0.735 105	−0.735 105
	σ_{BC}	−0.735 105	−0.735 105
位移/mm	u_A	0	0
	v_A	0	0
	u_B	5.250 75E−8	5.250 75E−8
	v_B	0	0
	u_C	2.625 38E−8	2.625 38E−8
	v_C	1.364 185E−7	1.364 185E−7
约束反力/($\mathrm{kg\cdot mm\cdot s^{-2}}$)	F_x^A	0.288 675	0.288 675
	F_y^A	0.5	0.5
	F_x^B	0	0
	F_y^B	0.5	0.5

例 2.5-4 图 2.5-5 所示钢架结构上承受载荷 $F=1.0\,\mathrm{kg\cdot mm/s^2}$，求各杆变形、内力与约束反力。各杆件长度 $l=10.0$ mm，横截面为正方形，边长为 1.0 mm，材料参数 $E=7.0\times 10^7\ \mathrm{kg/(mm\cdot s^2)}$，泊松比 $\nu=0.31$。

解：根据材料力学中对称与反对称问题的解法和欧拉梁理论，容易求得约束反力和位移分别为

$$F_x^A = -F,\quad F_y^A = -\frac{F}{\alpha},\quad M_z^A = Fl - \frac{Fl}{2\alpha}$$

$$F_x^D = -F,\quad F_y^D = \frac{F}{\alpha},\quad M_z^D = Fl - \frac{Fl}{2\alpha}$$

$$u_B = \frac{Fl^3}{EI}\left(\frac{1}{3} - \frac{1}{4\alpha}\right),\quad v_B = \frac{Fl}{EA}\frac{1}{\alpha}$$

$$\psi_z^B = -\frac{Fl^2}{EI}\left(1 - \frac{1}{\alpha}\right)$$

$$u_C = u_B,\quad v_C = -v_B,\quad \psi_z^C = \psi_z^B$$

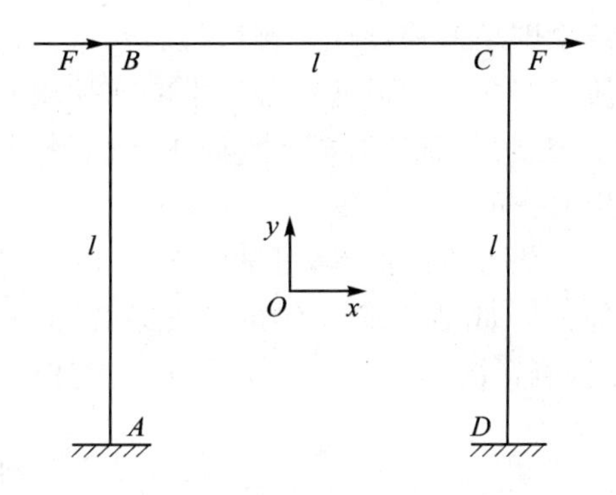

图 2.5-5　钢架结构上承受载荷 F

其中：

$$\alpha = \frac{7}{6} + \frac{4I}{Al^2} \qquad (2.5-5)$$

值得注意的是，在有限元模型数据输入与理论公式计算时，截面惯性矩和剪切系数统一取为

$$I_y = I_z = 0.083\,33\ \text{mm}^4,\quad k = 0.833\,33$$

表 2.5-6 给出了理论解与数值解的比较，显然二者也是一致的。在 α 的表达式(2.5-5)中，第 2 项为

$$\frac{4I}{Al^2} = \frac{1}{3}\left(\frac{h}{l}\right)^2 \qquad (2.5-6)$$

由式(2.5-6)可见，随着长高比的增加，这项的作用将会越来越小，也就是剪切变形和梁的轴向变形在整个变形中的作用会越来越小。

表 2.5-6　有限元结果与理论结果的比较

变　量		理论解(Euler)	有限元解(Euler)	有限元解(Timoshenko)
位移/mm	u_B	2.051 36E−5	2.051 36E−5	2.111 61E−5
	v_B	1.221 00E−7	1.221 00E−7	1.215 56E−7
	u_C	2.051 36E−5	2.051 36E−5	2.111 61E−5
	v_C	−1.221 00E−7	−1.221 00E−7	−1.215 56E−7
力/(kg・mm・s^{-2})	F_x^A	−1	−1	−1
	F_y^A	−0.854 701	−0.854 701	−0.850 890
	M_z^A	5.726 50	5.726 50	5.745 55
	F_x^D	−1	−1	−1
	F_y^D	−0.854 701	0.854 701	0.850 890
	M_z^D	5.726 50	5.726 50	5.745 55

通过以上几个算例可以看出，对于同样的问题，利用不同模型得到的结果是有差异的。结果精度和可靠性的判断主要依赖于建立的分析模型，其中包含了单元类型的选择、网格划分、边界条件的施加与计算参数的选择等。当然，这些因素对结果的影响程度是不同的。所以，在掌握一定理论的基础上，只有正确理解问题的要求和结构的力学性能，并对实际问题进行合理的简化，结构分析人员才可能进行成功的结构分析。

上述几个简单算例仅仅是把理论和数值结果进行了比较。对于实际工程问题来说，试验结果则是考核设计是否可行和用来修改设计的最重要依据。但试验费用高、周期长，因此，数值模拟在工程设计和分析中的作用将越来越大。但如何建立能够反映结构特性的有限元模型是个难题，通常需要反复修正才能得到合理的模型，而直接或间接的试验结果和理论预测是模型修正的主要依据。

值得指出的是，对试验人员也应该有一定的理论基础要求，并且实验条件同样会造成误差。例如：两端简支梁的铰支条件如何在实验中实现？实现的铰支端往往介于铰支与固支之间，测得的频率往往高于简支梁的理论值，所以正确理解实验结果是非常必要的。

复习思考题

2.1 有限元方法的理论基础是什么？

2.2 有限元网格剖分的基本原则是什么？

2.3 如何构造有限单元？单元的性能由什么决定？

2.4 有限元的计算结果与精确解和试验结果的一般关系是什么？

2.5 有限元静动力平衡方程是如何求解的？

2.6 如何保证有限元结果向理论解收敛？

2.7 为何有限元得到如此普遍的应用？

2.8 有限元适合求解什么样的问题？

2.9 通过功的互等原理(Batti - Maxwell 原理)证明刚度矩阵的对称性，并解释对角和非对角刚度元素的物理含义。

2.10 从力的平衡角度出发，分析均匀杆刚度矩阵的任意一行或一列的元素之和必须为零(提示：用刚体运动容易解释)。升阶谱单元刚度矩阵是否具有这个性质？

2.11 结构力学中的位移方法与位移有限元方法的区别是什么？(提示：结构力学位移方法的核心思想是，对每个构件从平衡方程得到刚度矩阵，然后组装、求解。通常适合于用杆或梁组成的结构，刚度矩阵是精确的，在确定刚度矩阵各个元素时引入了边界条件。因此，结构位移方法的结果是解析解，不但结点位移精确，而且内部位移和力场都是精确的。)

2.12 对于欧拉均匀梁，对于任意分布载荷，用三次梁单元都能得到精确的结点位移吗？

2.13 根据变分原理推导梁临界载荷的有限元列式，并与广义特征值方程进行比较。

2.14 从平衡方程 $\sigma_{x,x}+\tau_{xz,z}=0$ 出发求欧拉梁的剪切应力沿着厚度变化的规律。

2.15 在剪切梁理论中，如果梁不是均匀的，那么挠度的一阶导数连续吗？如果存在集中质量，那么剪切应变连续吗？

2.16 杆的拉格朗日型单元的单元刚度矩阵具有四个性质：对称、任意一行或一列元素之和为零、主对角元素为正、奇异性。梁单元具有四个自由度，其单元刚度矩阵性质与杆单元刚度矩阵性质的区别是，任意一行或一列元素之和不再为零，请从物理上解释其原因。

2.17 从作功的角度分析，为什么欧拉梁中可以不考虑分布弯矩的作用，而在剪切梁中，分布弯矩要作为独立的载荷来考虑？

2.18 针对矩阵

$$\boldsymbol{A}=\begin{bmatrix} 5 & -4 & -7 \\ -4 & 2 & -4 \\ -7 & -4 & 5 \end{bmatrix}$$

考虑 $\boldsymbol{A}^{(m)}\boldsymbol{\varphi}^{(m)}=\lambda^{(m)}\boldsymbol{\varphi}^{(m)}$，验证瑞利约束定理，其中 m 是划去的行与列数。

2.19　为何等参单元得以发展？（提示：$u=\boldsymbol{P}^{\mathrm{T}}\boldsymbol{a}$，$\boldsymbol{u}=\boldsymbol{Ha}$，$u=\boldsymbol{P}^{\mathrm{T}}\boldsymbol{H}^{-1}\boldsymbol{u}$，为了避免计算 $\boldsymbol{H}^{-1}$，可以直接构造几何场和位移场）

习　题

2-1　若形函数不能表达刚体位移，试举例说明为什么单元总体平衡条件得不到保证？

2-2　从势能原理出发，说明图 2.6-1 所示应力分布满足的平衡条件。

2-3　请指出最小总势能变分原理所反映的力学规律。设有一端（$x=0$）固支，而另一端（$x=1$）自由的均匀杆件，$EA=1$，受到纵向分布力 $f=x$ 的作用。设纵向位移为 $u=a_1x+a_2x^2$，根据最小总势能变分原理可解得 $u=(7x-3x^2)/12$。试问所得结果是否为解析解？并详细分析是否与最小总势能变分原理所反映的力学规律相悖。

2-4　图 2.6-2 所示的是弹簧-杆系统。u_1 和 u_2 分别为两个杆件的位移函数。试根据变分原理推导系统的平衡微分方程和力的边界条件，并推导该问题的有限元列式。

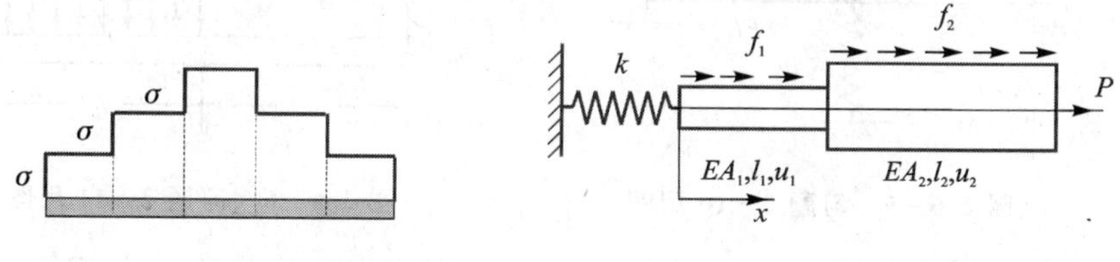

图 2.6-1　习题 2-2 用图　　**图 2.6-2　习题 2-4 用图**

2-5　考虑一个均布载荷作用的一端固支杆，试用 3 个等应变杆单元分以下两种情况计算其位移场和应力场，并进行比较。情况 1：载荷平均分配；情况 2：一致载荷。

2-6　考虑一个两端固支均匀杆，试分别用 3 个等应变杆单元和 2 个二次杆单元分以下两种情况计算系统的固有频率和模态，并进行比较。情况 1：一致质量矩阵；情况 2：集中质量矩阵。

2-7　试根据虚位移原理，推导杆有限元动力学平衡方程。

2-8　写出如图 2.6-3 所示系统的势能泛函，并推导出平衡方程和自然边界条件。把梁作为一个三次梁单元，写出其单元刚度矩阵和载荷列向量的表达式，并分析分布弹簧和集中弹簧对结构矩阵的贡献。

2-9　图 2.6-4 为一个以速度 Ω 旋转的梁。试分两种情况来考虑离心力的势，建立系统的势能泛函，并证明用两种方法得到的势能泛函的一致性。

2-10　设有长度和刚度分别为 l_1,l_2,EI_1,EI_2 的两个梁用铰链连在一起，且轴线的方向相同，如图 2.6-5 所示。在中间铰支点处有一垂直于轴线的刚度为 k 的弹簧支持。试列出梁临界载荷 P_{cr} 和固有角频率 ω 的瑞利商变分式。求出当 $EI_1=EI_2=\infty$ 时之临界载荷和固有频率，并解释它们的物理含义。

2-11　图 2.6-6 为一个两端固支梁，试分别用两个三次梁单元、两个勒让德升阶谱欧拉

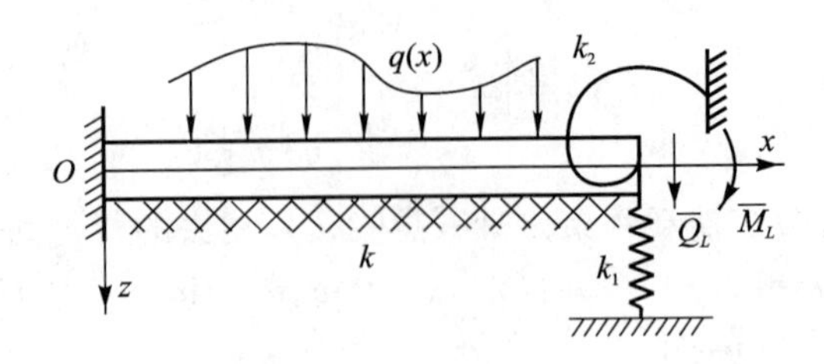

图 2.6-3　习题 2-8 用图

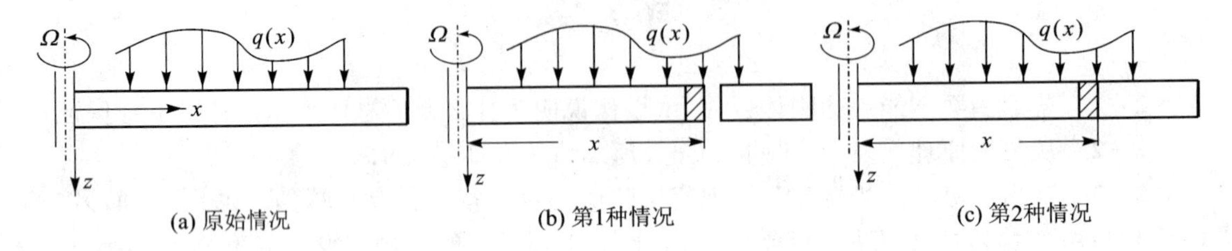

图 2.6-4　习题 2-9 用图

梁单元分析梁中点处的位移和内部位移场，并把两者的结果与精确解比较。

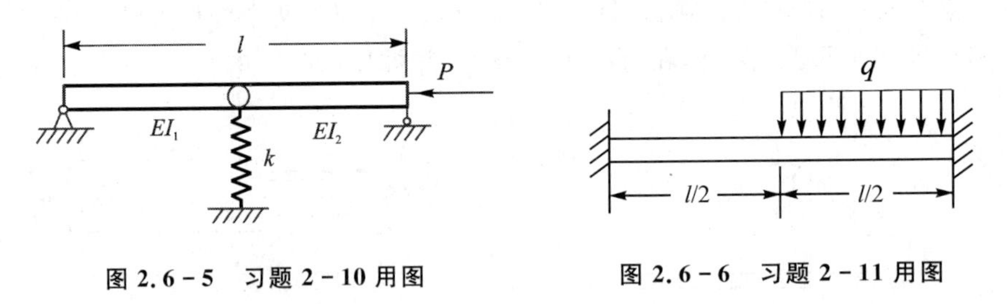

图 2.6-5　习题 2-10 用图　　图 2.6-6　习题 2-11 用图

2-12　用两个剪切梁单元分析图 2.6-6 所示梁中点处的位移和内部位移场，并把结果与题 2-11 的结果进行比较。

2-13　设有一个在均布载荷作用下的均匀梁，其一端固支而另一端不能转动但可滑动。试用三次梁单元求出滑动端处的位移，并指出此结果是否为准确解，且说明理由。

2-14　试写出下列各系统的总势能泛函，并导出其欧拉方程和自然边界条件。

(1) 弹性地基上的均匀梁，两端自由，受横向均布载荷的作用。

(2) 在横向载荷作用下的均匀梁，其一端固支，另一端与抗位移弹簧及抗转动的弹簧相连。

(3) 通常把细长机翼简化为梁，设其气动力中心线与弹性中心线之间隔为 e。考虑其在气动升力作用下的变形问题。

(4) 设在水平面内有一剖面连续变化的旋翼以角速度 Ω 绕垂直轴旋转，其根部与刚硬的旋转轴固接，受到横向载荷作用但不计水平载荷及科氏力的影响。

2-15　一个在均布载荷作用下的均匀悬臂梁，其中点受到与梁轴线成 45°的两端铰支弹性杆的支持。试用三次梁单元和等应变杆单元求出梁中点与自由端处的位移。并指出此结果是否为精确解，请说明理由(提示：欧拉梁可以考虑轴向变形，用等应变杆单元来处理)。

2-16　一个水平放置且绕中心以等角速度旋转的刚硬圆环，在圆环上固接有一向心的均匀直梁，梁的另一端自由，其长度与环的半径相同。试写出梁失稳时临界转速的瑞利商变分式。

2-17　试证明瑞利商是有限元方法的极小值原理(证明用瑞利商求得的基频为真实解的上限)。

2-18　如图 2.6-7 所示，在水平面内有一个受到垂直均布载荷 q 作用的 Γ 字形均匀梁，其两臂长度均为 L，且弯曲刚度 EI 和扭转刚度 GJ 之比为 1.5。支持形式则为一端固定而另一端自由。试用有限元法计算拐点处以及自由端处的位移和转角(每个臂都只用一个单元)。并说明所得结果是否为精确解。若为非均匀梁，结果是否仍然为精确解？

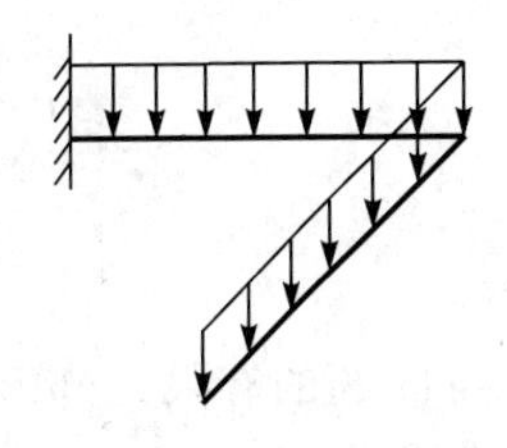

图 2.6-7　习题 2-18 用图

参 考 文 献

[1]　Fung Y C. Foundation of Solid Mechanics. London:Prentice-Hall International,Inc.,1965.

[2]　胡海昌. 弹性力学的变分原理及其应用. 北京:科学出版社,1981.

[3]　朱伯芳. 有限单元法原理与应用. 北京:水利电力出版社,1979.

[4]　Cook R D,等. Concept and Applications of Finite Element Analysis. 西安:西安交通大学出版社,2007.

[5]　MSC. Nastran Quick Reference Guide,2005.

[6]　郦正能,等. 飞行器结构学. 北京:北京航空航天大学出版社,2005.

[7]　邢誉峰. 工程振动基础知识要点及习题解答. 北京:北京航空航天大学出版社,2007.

第3章　二维结构有限元

二维问题的有限元分析方法比一维问题的复杂，主要体现在两个方面：一是二维有限单元的几何形状多，如矩形、三角形、四边形、扇形以及通过等参变换引出的曲边三角形、曲边四边形等；二是二维有限单元的构造形式多。已经发表的描述二维有限元法的论著，数量之多可谓汗牛充栋，其内容也丰富多彩。

本章介绍矩形和三角形薄板单元、平面单元和剪切板单元的基本构造和性能，并给出一些原理性和工程性的算例。对于单元矩阵组装方法和边界条件的处理方法等一般性问题，本章及以后各章均不做详细介绍。由于一般的工程结构，尤其是航空航天结构主要是梁和板壳的组合结构，因此本章内容和第2章内容是比较重要的。

3.1　平面弹性力学问题

根据材料力学中的胡克定律，各向同性、均匀、线弹性体在空间直角坐标系 $Oxyz$ 内的物理方程即应力-应变关系为

$$\left.\begin{aligned}\sigma_{ij} &= 2G\varepsilon_{ij} + \lambda\varepsilon_{kk}\delta_{ij}\\ \varepsilon_{ij} &= \frac{1}{2G}\sigma_{ij} - \frac{\nu}{E}\sigma_{kk}\delta_{ij}\end{aligned}\right\} \tag{3.1-1}$$

式中：右端项中的重复下标为哑标，$i,j=1,2,3$ 或 x,y,z 为自由标。当 $i\neq j$ 时，σ_{ij} 和 ε_{ij} 分别表示剪应力和剪应变，可以分别用 τ 和 γ 表示。通常令 $\gamma_{ij}=2\varepsilon_{ij}$，$\gamma_{ij}$ 称为工程应变，根据剪应力互等定理有 $\gamma_{ij}=\gamma_{ji}$。E 和 G 分别是材料的拉压弹性模量和剪切弹性模量；ν 是材料的泊松(Poisson)比或称侧向收缩系数，对各向同性均质连续材料，其范围是 $0<\nu<1/2$，$1/2$ 对应静水压力条件下材料体积不变情况。在这三个材料弹性常数之间存在如下重要关系，即

$$G=\frac{E}{2(1+\nu)},\quad \lambda=\frac{E\nu}{(1+\nu)(1-2\nu)},\quad 1-2\nu=\frac{G}{G+\lambda},\quad \frac{\nu}{1-\nu}=\frac{\lambda}{2G+\lambda}$$

式中：G 和 λ 称为 Lamé 常数。当弹性体具有某种特殊形状，并且承受特殊外载荷时，可以把空间问题简化为近似的平面问题。

1. 平面应力问题

如图3.1-1所示，满足下面条件的平面问题可以认为是平面应力问题：

① 等厚度薄平板；

② 板侧边上受有平行于板面而不沿厚度变化的外力，体力也平行于板面而不沿厚度变化，厚度方向的两个表面自由；

③ 弹性性质与厚度坐标 z 无关。

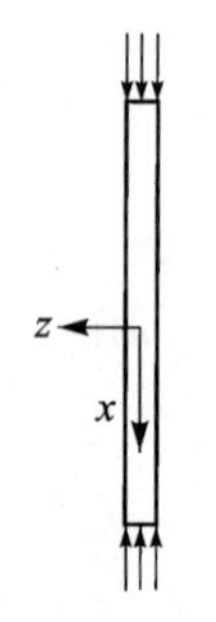

图3.1-1　平面应力问题

例如，高而薄的深梁就属于此类问题。对于这类问题，如下假设是合

理的，即

$$\sigma_z = \tau_{xz} = \tau_{yz} = 0 \tag{3.1-2}$$

于是，式(3.1-1)简化为

$$\begin{bmatrix}\varepsilon_x\\ \varepsilon_y\\ \gamma\end{bmatrix} = \frac{1}{E}\begin{bmatrix}1 & -\nu & 0\\ -\nu & 1 & 0\\ 0 & 0 & 2(1+\nu)\end{bmatrix}\begin{bmatrix}\sigma_x\\ \sigma_y\\ \tau\end{bmatrix} \tag{3.1-3a}$$

或

$$\boldsymbol{\sigma} = \boldsymbol{E\varepsilon} \tag{3.1-3b}$$

式中：$\boldsymbol{\sigma}^{\mathrm{T}}=[\sigma_x \quad \sigma_y \quad \tau]$为应力函数矢量，$\boldsymbol{\varepsilon}^{\mathrm{T}}=[\varepsilon_x \quad \varepsilon_y \quad \gamma]$为应变函数矢量，为了简洁起见，略去了剪应力 τ 和剪应变 γ 的下标 xy 。而

$$\boldsymbol{E} = \frac{E}{1-\nu^2}\begin{bmatrix}1 & \nu & 0\\ \nu & 1 & 0\\ 0 & 0 & (1-\nu)/2\end{bmatrix} \tag{3.1-4}$$

称为弹性矩阵。式(3.1-3)即为平面应力问题的物理方程。虽然厚度方向的应力都等于零，见式(3.1-2)，但由于两个表面自由，因此厚度方向的正应变不等于零，由式(3.1-1)可得

$$\varepsilon_z = -\frac{\nu}{E}(\sigma_x + \sigma_y) = -\frac{\nu}{1-\nu}(\varepsilon_x + \varepsilon_y) \tag{3.1-5}$$

2. 平面应变问题

与平面应力问题相反，设有一很长的柱体，外力和体力都平行于横剖面并且不沿长度变化。若以柱体的纵长方向为 z 轴，则除两端附近以外，所有应力、应变和位移分量都只是坐标 x 和 y 的函数而与 z 无关，如图 3.1-2 所示，这类问题可以简化为一个平面问题。例如，很长的平直隧道和大坝就属于此类问题。由于 z 向的伸缩被阻止，因此有

$$\varepsilon_z = \gamma_{xz} = \gamma_{yz} = 0 \tag{3.1-6}$$

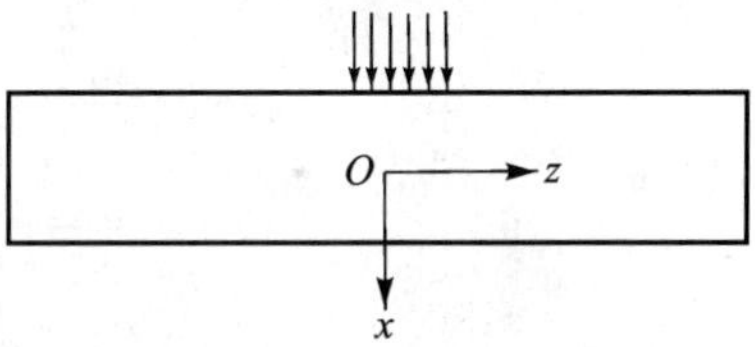

图 3.1-2　平面应变问题

既然纵向不允许变形，就必然存在纵向应力，由式(3.1-1)可得到该正应力为

$$\sigma_z = \nu(\sigma_x + \sigma_y) = \lambda(\varepsilon_x + \varepsilon_y) \tag{3.1-7}$$

将式(3.1-7)代回式(3.1-1)，即可得到

$$\begin{bmatrix}\varepsilon_x\\ \varepsilon_y\\ \gamma\end{bmatrix} = \frac{1-\nu^2}{E}\begin{bmatrix}1 & \dfrac{-\nu}{1-\nu} & 0\\ \dfrac{-\nu}{1-\nu} & 1 & 0\\ 0 & 0 & \dfrac{2}{1-\nu}\end{bmatrix}\begin{bmatrix}\sigma_x\\ \sigma_y\\ \tau\end{bmatrix} \tag{3.1-8a}$$

或

$$\begin{bmatrix}\sigma_x\\ \sigma_y\\ \tau\end{bmatrix}=\frac{E(1-\nu)}{(1+\nu)(1-2\nu)}\begin{bmatrix}1 & \dfrac{\nu}{1-\nu} & 0\\ \dfrac{\nu}{1-\nu} & 1 & 0\\ 0 & 0 & \dfrac{1-2\nu}{2(1-\nu)}\end{bmatrix}\begin{bmatrix}\varepsilon_x\\ \varepsilon_y\\ \gamma\end{bmatrix} \tag{3.1-8b}$$

这就是平面应变问题的物理方程。值得指出的是,如果将式(3.1-3)中的 E 换成 $E/(1-\nu^2)$,将 ν 换成 $\nu/(1-\nu)$,则结果即是式(3.1-8)。反过来,如果将式(3.1-8)中的 E 换成 $E(1+2\nu)/(1+\nu)^2$,将 ν 换成 $\nu/(1+\nu)$,则结果即是式(3.1-3)。

两种平面问题的平衡方程和几何方程是完全相同的,只是物理方程不同;并且只需经过弹性常数的上述置换,平面应力问题和平面应变问题的解答就可以互相转换。于是,平面应力和应变问题具有相同类型的单元。

3.1.1 最小总势能原理和瑞利商

下面通过最小总势能变分原理推导平面问题的平衡方程和自然边界条件,读者可以看到,其结果与牛顿矢量力学的结果是相同的。这进一步说明,最小总势能原理是用数值方法如有限元方法求解二维静力学问题的理论基础。同理,可以说明瑞利商构成数值求解动力学问题的理论基础。

在平面弹性力学问题中,存在两个独立的位移函数,如取板面为 xy 平面,则它们就是沿 x 方向的位移函数 $u(x,y)$ 和沿 y 方向的位移函数 $v(x,y)$。利用位移应变关系(也称为几何关系)可得应变矢量为

$$\boldsymbol{\varepsilon}=\begin{bmatrix}\varepsilon_x\\ \varepsilon_y\\ \gamma\end{bmatrix}=\begin{bmatrix}\dfrac{\partial}{\partial x} & \\ & \dfrac{\partial}{\partial y}\\ \dfrac{\partial}{\partial y} & \dfrac{\partial}{\partial x}\end{bmatrix}\begin{bmatrix}u\\ v\end{bmatrix}=\boldsymbol{L}\begin{bmatrix}u\\ v\end{bmatrix} \tag{3.1-9}$$

式中:$\boldsymbol{L}$ 为微分算子。由于平面弹性力学问题的求解与板的厚度无关,故在本节中均假设板的厚度为一个单位。对如图 3.1-3 所示的平板,把 u 和 v 取为自变函数,则板的总势能泛函为

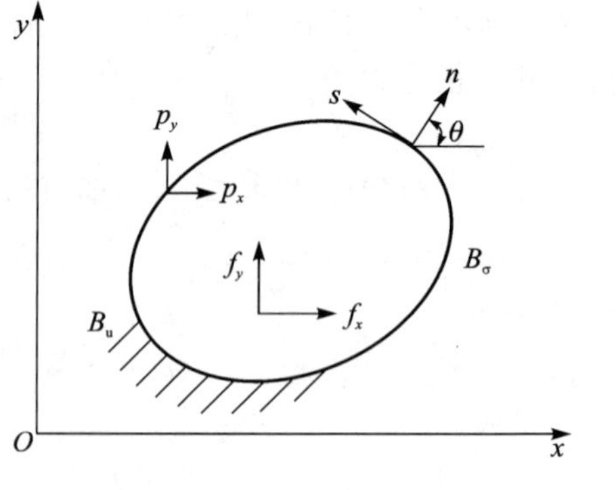

图 3.1-3 平面问题模型

$$\Pi=\iint_A(U-f_xu-f_yv)\mathrm{d}x\mathrm{d}y-\int_{B_\sigma}(p_xu+p_yv)\mathrm{d}s \tag{3.1-10}$$

式中:A 为板所占的区域,B_σ 为板的自由边界,B_u 表示板的固定边界;f_x 和 f_y 分别为作用在板面上沿 x 和 y 方向的单位面积外载荷;p_x 和 p_y 分别为作用在边界上沿 x 和 y 方向的单位长度外载荷;U 为单位面积的应变能或称为应变能密度函数,其表达式为

$$U=\frac{1}{2}\boldsymbol{\sigma}^{\mathrm{T}}\boldsymbol{\varepsilon}=\frac{1}{2}\boldsymbol{\varepsilon}^{\mathrm{T}}\boldsymbol{E}\boldsymbol{\varepsilon} \tag{3.1-11}$$

总势能泛函的一阶变分为

$$\delta \Pi = \iint_A (\delta U - f_x \delta u - f_y \delta v) \mathrm{d}x\mathrm{d}y - \int_{B_\sigma} (p_x \delta u + p_y \delta v) \mathrm{d}s \tag{3.1-12}$$

由于

$$\delta U = \boldsymbol{\varepsilon}^{\mathrm{T}} \boldsymbol{E} \delta \boldsymbol{\varepsilon} = \sigma_x \frac{\partial \delta u}{\partial x} + \sigma_y \frac{\partial \delta v}{\partial y} + \tau \left(\frac{\partial \delta u}{\partial y} + \frac{\partial \delta v}{\partial x} \right) \tag{3.1-13}$$

因此，经过分部积分可将式(3.1-12)变为

$$\begin{aligned} \delta \Pi = & -\iint_A \left[\left(\frac{\partial \sigma_x}{\partial x} + \frac{\partial \tau}{\partial y} + f_x \right) \delta u + \left(\frac{\partial \sigma_y}{\partial y} + \frac{\partial \tau}{\partial x} + f_y \right) \delta v \right] \mathrm{d}x\mathrm{d}y - \\ & \int_{B_\sigma} (p_x \delta u + p_y \delta v) \mathrm{d}s + \int_{B_\sigma + B_u} [(\sigma_x n_x + \tau n_y) \delta u + (\sigma_y n_y + \tau n_x) \delta v] \mathrm{d}s \end{aligned} \tag{3.1-14}$$

式中：$n_x = \cos(n,x) = \cos\theta$ 和 $n_y = \cos(n,y) = \sin\theta$ 分别是周边上外法线的方向余弦。由总势能泛函的一阶变分为零的充分必要条件，并利用在固定边界 B_u 上的强制边界条件

$$u = 常数, \quad v = 常数$$

从式(3.1-14)可以得到域内欧拉平衡方程和自由边界的自然边界条件，即

$$\left.\begin{aligned} \frac{\partial \sigma_x}{\partial x} + \frac{\partial \tau}{\partial y} + f_x = 0 \\ \frac{\partial \sigma_y}{\partial y} + \frac{\partial \tau}{\partial x} + f_y = 0 \end{aligned}\right\} \tag{3.1-15}$$

$$\left.\begin{aligned} \sigma_x n_x + \tau n_y = p_x \\ \sigma_y n_y + \tau n_x = p_y \end{aligned}\right\} \tag{3.1-16}$$

当然，根据平衡方程和边界条件可以构造势能泛函 Π。这就再一次证明，最小总势能原理与平衡方程及力的边界条件是等价的。引入动能系数

$$T_0 = \frac{1}{2} \iint_A \rho (u^2 + v^2) \mathrm{d}x\mathrm{d}y \tag{3.1-17}$$

式中：ρ 为单位面积质量密度。通过瑞利商变分式可以分析平板的面内固有振动问题，即

$$\omega^2 = \mathrm{st} \frac{\iint_A U \mathrm{d}x\mathrm{d}y}{T_0} \tag{3.1-18}$$

由于推导过程是常规的，因此这里略去由式(3.1-18)推导平面特征值控制方程和模态函数要满足的边界条件的过程。

3.1.2　矩形单元

由于平面问题总势能泛函中的位移导数的最高阶次是1，所以平面弹性力学的有限元属于 C^0 类，其容许位移函数 u 和 v 均应满足 C^0 连续性要求。

构造矩形平面单元最简便的方法是利用一维有限杆元的已有成果，建立所谓的“乘积”单元。具体地说，就是把二维容许位移函数展开为两个方向的一维容许位移函数的乘积。以 $u(x,y)$ 为例，令

$$u(x,y) = u(x)u(y) \tag{3.1-19}$$

式中：$u(x)$ 和 $u(y)$ 均为一维 C^0 类容许位移函数，二者可以相同，也可以不同。若在两个方向

都采用一维拉格朗日形函数，则可得到二维的拉格朗日型矩形元。若在两个方向都采用一维 C^0 类升阶谱形函数，则可得到二维的 C^0 类升阶谱矩形元。若在两个方向采用不同类型的一维形函数，则可得到混合型的二维矩形元，如对于圆筒壳问题，在环向可以采用傅里叶三角级数，在纵向则可以采用一维升阶谱形函数。

1. 容许位移函数

对如图 3.1-4 所示的矩形板平面单元，首先引入无因次坐标

$$\xi = \frac{2x - x_1 - x_2}{x_2 - x_1}, \quad \eta = \frac{2y - y_1 - y_4}{y_4 - y_1} \tag{3.1-20}$$

式中：x_1，x_2 和 y_1，y_4 为在直角坐标系 Oxy 中的结点坐标。利用式(2.1-50)将 $u(x)$ 展开为勒让德升阶谱函数形式，即

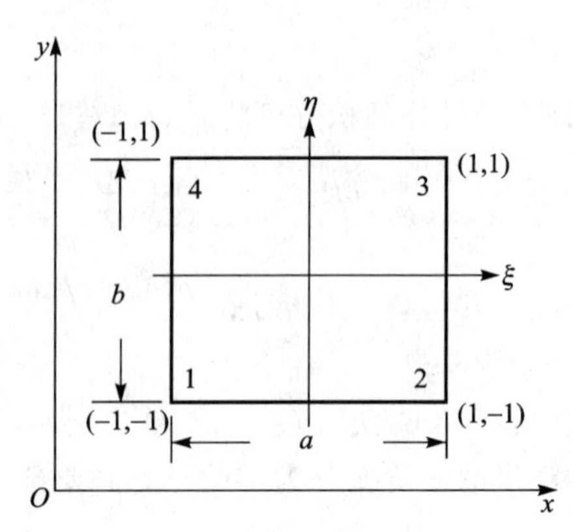

图 3.1-4 平面矩形单元的无因次坐标

$$u(x) = \sum_{i=1}^{n} f_i \varphi_i(\xi) \tag{3.1-21}$$

$u(y)$ 亦可采用与 $u(x)$ 相同的形函数 φ_i 展开，但为了使推导过程具有一般性，选用形函数 ψ，于是有

$$u(y) = \sum_{j=1}^{n} g_j \psi_j(\eta) \tag{3.1-22}$$

将式(3.1-21)与式(3.1-22)相乘，并用具有两个下标的位移参数代替上述待定系数，得

$$\begin{aligned} u(x,y) = {} & u_{11}\varphi_1\psi_1 + u_{21}\varphi_2\psi_1 + u_{22}\varphi_2\psi_2 + u_{12}\varphi_1\psi_2 + \\ & \sum_{j=3}^{n}(u_{1j}\varphi_1 + u_{2j}\varphi_2)\psi_j + \sum_{i=3}^{n}(u_{i1}\psi_1 + u_{i2}\psi_2)\varphi_i + \\ & \sum_{i=3}^{n}\sum_{j=3}^{n} u_{ij}\varphi_i\psi_j = \boldsymbol{N}^{\mathrm{T}}\boldsymbol{u} \end{aligned} \tag{3.1-23}$$

式中：$\boldsymbol{N}$ 为由 $\varphi_i\psi_j$ 排列成的列向量；$\boldsymbol{u}$ 为由 u_{ij} 排列成的列向量。值得注意的是，实际上 u_{11}，u_{21}，u_{22} 和 u_{12} 就是矩形元四个角点处在 x 方向的结点位移参数，而其他参数 u_{ij} 可以称为广义结点位移参数。同理可得

$$v(x,y) = \boldsymbol{N}^{\mathrm{T}}\boldsymbol{v} \tag{3.1-24}$$

式中：$\boldsymbol{v}$ 为由 v_{ij} 排列成的列向量。将式(3.1-23)和式(3.1-24)合并得

$$\begin{bmatrix} u(x,y) \\ v(x,y) \end{bmatrix} = \begin{bmatrix} \boldsymbol{N}^{\mathrm{T}} & \\ & \boldsymbol{N}^{\mathrm{T}} \end{bmatrix} \begin{bmatrix} \boldsymbol{u} \\ \boldsymbol{v} \end{bmatrix} \tag{3.1-25}$$

当 $n = 2$，且用 u_1，u_2，u_3 和 u_4 分别代替 u_{11}，u_{21}，u_{22} 和 u_{12} 时，式(3.1-23)就变为

$$\begin{aligned} u(x,y) = {} & u_1\varphi_1\psi_1 + u_2\varphi_2\psi_1 + u_3\varphi_2\psi_2 + u_4\varphi_1\psi_2 = \\ & u_1N_1 + u_2N_2 + u_3N_3 + u_4N_4 \end{aligned} \tag{3.1-26a}$$

式中：$u_i(i = 1,\cdots,4)$ 为结点 1 至 4 沿 x 方向的结点位移参数。同理

$$v(x,y) = v_1N_1 + v_2N_2 + v_3N_3 + v_4N_4 \tag{3.1-26b}$$

式(3.1-26)就是常规有限元法中双线性矩形元的容许位移表达式。形函数 N_i 的表达式为

$$N_i = \frac{1}{4}(1+\xi_i\xi)(1+\eta_i\eta) \tag{3.1-27}$$

容易验证形函数 N_i 满足如下两个性质，即

$$N_i(\xi_j, \eta_j) = \delta_{ij} \tag{3.1-28a}$$

$$\sum_{i=1}^{4} N_i = 1 \tag{3.1-28b}$$

式(3.1-28)保证了双线性容许位移函数能够满足结点位移连续条件和能够表达刚体平动。除此之外，双线性容许位移函数还能够保证相邻单元公共边上位移的连续性，请读者分析其原因。

2. 平面应力问题的单元刚度矩阵

在二维有限元中，单元的结点位移向量既然可以按 $\boldsymbol{u}$ 和 $\boldsymbol{v}$ 分块，那么单元刚度矩阵也可以按 $\boldsymbol{u}$ 和 $\boldsymbol{v}$ 分块，这样做可使表达较为方便。若用单元刚度矩阵来表示平面单元的应变能，则有

$$\iint_A U\mathrm{d}x\mathrm{d}y = \frac{1}{2}\begin{bmatrix}\boldsymbol{u}^{\mathrm{T}} & \boldsymbol{v}^{\mathrm{T}}\end{bmatrix}\begin{bmatrix}\boldsymbol{k}_{uu} & \boldsymbol{k}_{uv} \\ \boldsymbol{k}_{vu} & \boldsymbol{k}_{vv}\end{bmatrix}\begin{bmatrix}\boldsymbol{u} \\ \boldsymbol{v}\end{bmatrix} \tag{3.1-29}$$

式中：$\boldsymbol{k}_{uv} = \boldsymbol{k}_{vu}^{\mathrm{T}}$。利用式(3.1-9)和式(3.1-11)，应变能的表达式可展开为

$$\begin{aligned}\iint_A U\mathrm{d}x\mathrm{d}y = \frac{E}{2(1-\nu^2)}\int_{-1}^{1}\int_{-1}^{1}\Bigg\{&\left[\frac{b}{a}\left(\frac{\partial u}{\partial \xi}\right)^2 + \frac{1-\nu}{2}\,\frac{a}{b}\left(\frac{\partial u}{\partial \eta}\right)^2\right] + \\ &\left[\frac{a}{b}\left(\frac{\partial v}{\partial \eta}\right)^2 + \frac{1-\nu}{2}\,\frac{b}{a}\left(\frac{\partial v}{\partial \xi}\right)^2\right] + \\ &2\left[\nu\left(\frac{\partial u}{\partial \xi}\,\frac{\partial v}{\partial \eta}\right) + \frac{1-\nu}{2}\left(\frac{\partial v}{\partial \xi}\,\frac{\partial u}{\partial \eta}\right)\right]\Bigg\}\mathrm{d}\xi\mathrm{d}\eta\end{aligned} \tag{3.1-30}$$

对比式(3.1-29)和式(3.1-30)，并将式(3.1-23)代入式(3.1-30)的第一个方括号中，即可导出 $\boldsymbol{k}_{uu}$ 对应于 u_{ik} 和 u_{jl} 的元素为

$$k_{u_{ik}u_{jl}} = \frac{E}{(1-\nu^2)}\int_{-1}^{1}\int_{-1}^{1}\left(\frac{b}{a}\,\frac{\mathrm{d}\varphi_i}{\mathrm{d}\xi}\,\frac{\mathrm{d}\varphi_j}{\mathrm{d}\xi}\psi_k\psi_l + \frac{1-\nu}{2}\,\frac{a}{b}\varphi_i\varphi_j\,\frac{\mathrm{d}\psi_k}{\mathrm{d}\eta}\,\frac{\mathrm{d}\psi_l}{\mathrm{d}\eta}\right)\mathrm{d}\xi\mathrm{d}\eta \tag{3.1-31}$$

式中：$i,j,k,l = 1,2,\cdots,n$。ik 和 jl 分别对应矩阵 $\boldsymbol{k}_{uu}$ 的行和列，例如，ik=11，21，22 和 12 分别对应 $\boldsymbol{k}_{uu}$ 的第 1 列至第 4 行，jl=11，21，22 和 12 分别对应 $\boldsymbol{k}_{uu}$ 的第 1 列至第 4 列，并且它们均依次对应结点位移参数 u_1，u_2，u_3 和 u_4。ik 和 jl 的组合表示 $\boldsymbol{k}_{uu}$ 的某个元素，如 $ikjl$=2122 对应 $\boldsymbol{k}_{uu}(2,3)$，以此类推，如表 3.1-1 所列。至于 ik 和 jl 的其他组合则对应广义位移参数及相关的矩阵元素，与相邻单元的连接无关，因此其顺序可以是任意的。

式(3.1-31)中各个元素的计算方法为

$$\int_{-1}^{1}\int_{-1}^{1}\frac{\mathrm{d}\varphi_i}{\mathrm{d}\xi}\,\frac{\mathrm{d}\varphi_j}{\mathrm{d}\xi}\psi_k\psi_l\mathrm{d}\xi\mathrm{d}\eta = \int_{-1}^{1}\frac{\mathrm{d}\varphi_i}{\mathrm{d}\xi}\,\frac{\mathrm{d}\varphi_j}{\mathrm{d}\xi}\mathrm{d}\xi\int_{-1}^{1}\psi_k\psi_l\mathrm{d}\eta = \bar{k}_{ij}\bar{m}_{kl} \tag{3.1-32a}$$

$$\int_{-1}^{1}\int_{-1}^{1}\varphi_i\varphi_j\,\frac{\mathrm{d}\psi_k}{\mathrm{d}\eta}\,\frac{\mathrm{d}\psi_l}{\mathrm{d}\eta}\mathrm{d}\xi\mathrm{d}\eta = \int_{-1}^{1}\frac{\mathrm{d}\psi_k}{\mathrm{d}\eta}\,\frac{\mathrm{d}\psi_l}{\mathrm{d}\eta}\mathrm{d}\eta\int_{-1}^{1}\varphi_i\varphi_j\mathrm{d}\xi = \bar{k}_{kl}\bar{m}_{ij} \tag{3.1-32b}$$

式中：$\bar{k}_{ij}$ 和 $\bar{k}_{kl}$ 均为由式(2.1-57a)给出的均匀杆单元刚度矩阵的无因次元素，即令其中的 $EA/L=1$。而 $\bar{m}_{ij}$ 和 $\bar{m}_{kl}$ 均为由式(2.1-57b)给出的均匀杆单元质量矩阵的无因次元素，即令其中的 $\rho AL=1$。子矩阵 $\boldsymbol{k}_{vv}$ 和 $\boldsymbol{k}_{uv}$ 的元素的定位和计算方法与此相同，不再赘述。

表 3.1-1　刚度矩阵 k_{uu} 中对应四个角点的元素

$ik \backslash jl$	11(u_1)	21(u_2)	22(u_3)	12(u_4)
11(u_1)	$k_{uu}(1,1)$	$k_{uu}(1,2)$	$k_{uu}(1,3)$	$k_{uu}(1,4)$
21(u_2)	$k_{uu}(2,1)$	$k_{uu}(2,2)$	$k_{uu}(2,3)$	$k_{uu}(2,4)$
22(u_3)	$k_{uu}(3,1)$	$k_{uu}(3,2)$	$k_{uu}(3,3)$	$k_{uu}(3,4)$
12(u_4)	$k_{uu}(4,1)$	$k_{uu}(4,2)$	$k_{uu}(4,3)$	$k_{uu}(4,4)$

将式(3.1-24)代入式(3.1-30)的第二个方括号中,即可导出 $\boldsymbol{k}_{vv}$ 对应于 v_{ik} 和 v_{jl} 的元素,即

$$k_{v_{ik}v_{jl}}=\frac{E}{(1-\nu^2)}\int_{-1}^{1}\int_{-1}^{1}\left(\frac{a}{b}\varphi_i\varphi_j\frac{\mathrm{d}\psi_k}{\mathrm{d}\eta}\frac{\mathrm{d}\psi_l}{\mathrm{d}\eta}+\frac{1-\nu}{2}\frac{b}{a}\frac{\mathrm{d}\varphi_i}{\mathrm{d}\xi}\frac{\mathrm{d}\varphi_j}{\mathrm{d}\xi}\psi_k\psi_l\right)\mathrm{d}\xi\mathrm{d}\eta \tag{3.1-33}$$

将式(3.1-23)和式(3.1-24)一起代入式(3.1-30)的第三个方括号中,即可导出 $\boldsymbol{k}_{uv}$ 对应于 u_{ik} 和 v_{jl} 的元素,即

$$k_{u_{ik}v_{jl}}=\frac{E}{(1-\nu^2)}\int_{-1}^{1}\int_{-1}^{1}\left(\nu\frac{\mathrm{d}\varphi_i}{\mathrm{d}\xi}\varphi_j\psi_k\frac{\mathrm{d}\psi_l}{\mathrm{d}\eta}+\frac{1-\nu}{2}\varphi_i\frac{\mathrm{d}\varphi_j}{\mathrm{d}\xi}\frac{\mathrm{d}\psi_k}{\mathrm{d}\eta}\psi_l\right)\mathrm{d}\xi\mathrm{d}\eta \tag{3.1-34}$$

在式(3.1-34)的计算中,要用到积分结果

$$\left[\int_{-1}^{1}\frac{\mathrm{d}\varphi_i}{\mathrm{d}\xi}\varphi_j\mathrm{d}\xi\right]=\left[\int_{-1}^{1}\frac{\mathrm{d}\psi_k}{\mathrm{d}\eta}\psi_l\mathrm{d}\eta\right]=$$

$$\left[\begin{array}{cc:cccccc}
-\frac{1}{2} & -\frac{1}{2} & \frac{1}{3} & & & & & \\
\frac{1}{2} & \frac{1}{2} & -\frac{1}{3} & & & & & \\
\hdashline
-\frac{1}{3} & \frac{1}{3} & 0 & -\frac{2}{15} & & & & \\
 & & \frac{2}{15} & 0 & -\frac{2}{35} & & & \\
 & & & \frac{2}{35} & 0 & -\frac{2}{63} & & \\
 & & & & \frac{2}{63} & 0 & \ddots & \\
 & & & & & \ddots & \ddots & \frac{-2}{(2n-3)(2n-5)} \\
 & & & & & & \frac{2}{(2n-3)(2n-5)} & 0
\end{array}\right]_{n\times n} \tag{3.1-35}$$

因此,升阶谱平面矩形单元的刚度矩阵是容易得到的,并且都是高度稀疏的矩阵,这是应用勒让德型升阶谱形函数的结果。值得强调的是,平面弹性力学问题矩形单元的刚度矩阵与单元的尺寸无关,而只与展弦比 b/a 有关。读者可以思考,既然矩形大单元和矩形小单元具有相同的刚度矩阵,那么用少量大单元和用多个小单元分析同一个问题,哪个精度更高?

3. 单元质量矩阵和单元载荷矢量

利用与 3.1.1 小节相同的方法，容易得到以分块形式给出的单元质量矩阵。把式(3.1-23)和式(3.1-24)一起代入式(3.1-17)得

$$T_0 = \frac{1}{2}[\boldsymbol{u}^{\mathrm{T}} \quad \boldsymbol{v}^{\mathrm{T}}]\begin{bmatrix} \boldsymbol{m}_{uu} & \boldsymbol{0} \\ \boldsymbol{0} & \boldsymbol{m}_{vv} \end{bmatrix}\begin{bmatrix} \boldsymbol{u} \\ \boldsymbol{v} \end{bmatrix} \tag{3.1-36}$$

式中：

$$\boldsymbol{m}_{uu} = \boldsymbol{m}_{vv} = \rho ab\left[\int_{-1}^{1}\varphi_i\varphi_j\,\mathrm{d}\xi\int_{-1}^{1}\psi_k\psi_l\,\mathrm{d}\eta\right] = \rho ab[\overline{m}_{ij}\overline{m}_{kl}] \tag{3.1-37}$$

若面内载荷为常数，则分块后的单元载荷矢量为

$$\left.\begin{aligned} \boldsymbol{f}_u^{\mathrm{T}} &= \frac{abf_x}{4}\left[\int_{-1}^{1}\varphi_i\,\mathrm{d}\xi\int_{-1}^{1}\psi_k\,\mathrm{d}\eta\right] \\ \boldsymbol{f}_v^{\mathrm{T}} &= \frac{abf_y}{4}\left[\int_{-1}^{1}\varphi_i\,\mathrm{d}\xi\int_{-1}^{1}\psi_k\,\mathrm{d}\eta\right] \end{aligned}\right\} \tag{3.1-38}$$

式(3.1-38)的元素可以利用式(2.1-57c)中括弧内的无因次元素直接计算。若在 $\xi=1$ 和 $\eta=1$ 边分别作用有均匀法向线载荷 p_x 和 p_y，则对应载荷列向量分别为

$$\left.\begin{aligned} \boldsymbol{p}_u^{\mathrm{T}} &\overset{\xi=1}{=} \frac{bp_x}{2}\left[\varphi_i(1)\int_{-1}^{1}\psi_k\,\mathrm{d}\eta\right] \\ \boldsymbol{p}_v^{\mathrm{T}} &\overset{\eta=1}{=} \frac{ap_y}{2}\left[\psi_k(1)\int_{-1}^{1}\varphi_i\,\mathrm{d}\xi\right] \end{aligned}\right\} \tag{3.1-39}$$

若在 $\xi=1$ 和 $\eta=1$ 边分别作用有均匀切向线载荷 p_y 和 p_x，则对应载荷列向量分别为

$$\left.\begin{aligned} \boldsymbol{p}_v^{\mathrm{T}} &\overset{\xi=1}{=} \frac{bp_y}{2}\left[\varphi_i(1)\int_{-1}^{1}\psi_k\,\mathrm{d}\eta\right] \\ \boldsymbol{p}_u^{\mathrm{T}} &\overset{\eta=1}{=} \frac{ap_x}{2}\left[\psi_k(1)\int_{-1}^{1}\varphi_i\,\mathrm{d}\xi\right] \end{aligned}\right\} \tag{3.1-40}$$

式(3.1-36)～式(3.1-40)的结果是按 $\boldsymbol{u}$ 和 $\boldsymbol{v}$ 分块排列的，在常规有限元法中常将结点位移参数 $\boldsymbol{u}$ 和 $\boldsymbol{v}$ 交错排列，对此只需将式(3.1-36)～式(3.1-40)矩阵中的元素位置重新排列即可。

在实际计算中，经常用到的还是双线性矩形单元，因此，式(3.1-41)、式(3.1-42)和式(3.1-43)分别给出了质量矩阵、刚度矩阵和在 $\xi=1$ 边有均布边界载荷作用下的载荷列向量，它们对应的结点位移参数 $\boldsymbol{u}$ 和 $\boldsymbol{v}$ 都是交错排列的，即有

$$\boldsymbol{m} = \frac{\rho ab}{36}\begin{bmatrix} 4 & 0 & 2 & 0 & 1 & 0 & 2 & 0 \\ & 4 & 0 & 2 & 0 & 1 & 0 & 2 \\ & & 4 & 0 & 2 & 0 & 1 & 0 \\ & & & 4 & 0 & 2 & 0 & 1 \\ & & & & 4 & 0 & 2 & 0 \\ & \text{对} & & & & 4 & 0 & 2 \\ & & \text{称} & & & & 4 & 0 \\ & & & & & & & 4 \end{bmatrix} \tag{3.1-41}$$

$$\boldsymbol{k} = \frac{E}{24(1-\nu^2)}\times$$

$$\begin{bmatrix} \dfrac{8}{\alpha}+8\alpha\chi & 3+3\nu & -\dfrac{8}{\alpha}+4\alpha\chi & 9\nu-3 & -\dfrac{4}{\alpha}-4\alpha\chi & -3-3\nu & \dfrac{4}{\alpha}-8\alpha\chi & -9\nu+3 \\ & 8\alpha+\dfrac{8\chi}{\alpha} & -9\nu+3 & 4\alpha-\dfrac{8\chi}{\alpha} & -3-3\nu & -4\alpha-\dfrac{4\chi}{\alpha} & 9\nu-3 & -8\alpha+\dfrac{4\chi}{\alpha} \\ & & \dfrac{8}{\alpha}+8\alpha\chi & -3-3\nu & \dfrac{4}{\alpha}-8\alpha\chi & 9\nu-3 & -\dfrac{4}{\alpha}-4\alpha\chi & 3+3\nu \\ & & & 8\alpha+\dfrac{8\chi}{\alpha} & -9\nu+3 & -8\alpha+\dfrac{4\chi}{\alpha} & 3+3\nu & -4\alpha-\dfrac{4\chi}{\alpha} \\ & & & & \dfrac{8}{\alpha}+8\alpha\chi & 3+3\nu & \dfrac{-8}{\alpha}+4\alpha\chi & 9\nu-3 \\ & & & & & 8\alpha+\dfrac{8\chi}{\alpha} & -9\nu+3 & 4\alpha-\dfrac{8\chi}{\alpha} \\ & & \text{对} & & & & \dfrac{8}{\alpha}+8\alpha\chi & -3-3\nu \\ & & & \text{称} & & & & 8\alpha+\dfrac{8\chi}{\alpha} \end{bmatrix} \tag{3.1-42}$$

式中：

$$\alpha=\frac{a}{b},\quad \chi=\frac{(1-\nu)}{2}$$

在 $\xi=1$ 边的单元结点号设为 2 和 3，如图 3.1-4 所示，于是载荷列向量为

$$\boldsymbol{p}^{\mathrm{T}}=\frac{b}{2}[0\quad 0\quad p_x\quad p_y\quad p_x\quad p_y\quad 0\quad 0] \tag{3.1-43}$$

双线性矩形单元的刚度矩阵还可以用另外一种形式给出。将式(3.1-26)代入式(3.1-9)中可以得到应变函数列向量为

$$\boldsymbol{\varepsilon}=\boldsymbol{L}\begin{bmatrix}u\\v\end{bmatrix}=\boldsymbol{Bd} \tag{a}$$

式中：几何矩阵和结点位移列向量分别为

$$\boldsymbol{B}=[\boldsymbol{B}_1\quad \boldsymbol{B}_2\quad \boldsymbol{B}_3\quad \boldsymbol{B}_4] \tag{b}$$

$$\boldsymbol{d}^{\mathrm{T}}=[u_1\quad v_1\quad u_2\quad v_2\quad u_3\quad v_3\quad u_4\quad v_4] \tag{c}$$

而

$$\boldsymbol{B}_i=\frac{2}{ab}\begin{bmatrix} b\dfrac{\partial N_i}{\partial \xi} & 0 \\ 0 & a\dfrac{\partial N_i}{\partial \eta} \\ a\dfrac{\partial N_i}{\partial \eta} & b\dfrac{\partial N_i}{\partial \xi} \end{bmatrix}=\frac{1}{2ab}\begin{bmatrix} b\xi_i(1+\eta\eta_i) & 0 \\ 0 & a\eta_i(1+\xi\xi_i) \\ a\eta_i(1+\xi\xi_i) & b\xi_i(1+\eta\eta_i) \end{bmatrix} \tag{d}$$

根据式(3.1-3)可以得到单元应力函数列向量为

$$\boldsymbol{\sigma}=\boldsymbol{E\varepsilon}=\boldsymbol{Sd} \tag{e}$$

其中应力矩阵为

$$\boldsymbol{S}=[\boldsymbol{S}_1\quad \boldsymbol{S}_2\quad \boldsymbol{S}_3\quad \boldsymbol{S}_4] \tag{f}$$

对于平面应力问题，应力矩阵的子矩阵为

$$\boldsymbol{S}_i = \boldsymbol{E}\boldsymbol{B}_i = \frac{E}{2ab(1-\nu^2)}\begin{bmatrix} b\xi_i(1+\eta\eta_i) & \nu a\eta_i(1+\xi\xi_i) \\ \nu b\xi_i(1+\eta\eta_i) & a\eta_i(1+\xi\xi_i) \\ a\eta_i(1+\xi\xi_i)\chi & b\xi_i(1+\eta\eta_i)\chi \end{bmatrix} \tag{g}$$

于是,平面应力单元刚度矩阵及其子矩阵分别为

$$\boldsymbol{k} = \begin{bmatrix} \boldsymbol{k}_{11} & \boldsymbol{k}_{12} & \boldsymbol{k}_{13} & \boldsymbol{k}_{14} \\ \boldsymbol{k}_{21} & \boldsymbol{k}_{22} & \boldsymbol{k}_{23} & \boldsymbol{k}_{24} \\ \boldsymbol{k}_{31} & \boldsymbol{k}_{32} & \boldsymbol{k}_{33} & \boldsymbol{k}_{34} \\ \boldsymbol{k}_{41} & \boldsymbol{k}_{42} & \boldsymbol{k}_{43} & \boldsymbol{k}_{44} \end{bmatrix} \tag{h}$$

$$\boldsymbol{k}_{ij} = \iint_A \boldsymbol{B}_i^{\mathrm{T}}\boldsymbol{E}\boldsymbol{B}_j\,\mathrm{d}x\mathrm{d}y = \frac{ab}{4}\int_{-1}^{1}\int_{-1}^{1}\boldsymbol{B}_i^{\mathrm{T}}\boldsymbol{S}_j\,\mathrm{d}\xi\mathrm{d}\eta =$$

$$\frac{E}{4(1-\nu^2)}\begin{bmatrix} \frac{\xi_0}{\alpha}\left(1+\frac{1}{3}\eta_0\right)+\chi\alpha\eta_0\left(1+\frac{1}{3}\xi_0\right) & \nu\xi_i\eta_j+\chi\xi_j\eta_i \\ \nu\xi_j\eta_i+\chi\xi_i\eta_j & \alpha\eta_0\left(1+\frac{1}{3}\xi_0\right)+\frac{\chi\xi_0}{\alpha}\left(1+\frac{1}{3}\eta_0\right) \end{bmatrix} \tag{i}$$

式中:$\xi_0=\xi_i\xi_j$,$\eta_0=\eta_i\eta_j$。单元结点位移与单元结点力的关系仍然为:单元刚度矩阵与单元结点位移之积等于单元结点力,即

$$\boldsymbol{kd} = \boldsymbol{f} \tag{j}$$

3.1.3　三角形单元

虽然三角形有限元的构造比矩形单元复杂,性能一般也不如同类的矩形单元好,但因其能较好地适配复杂的边界形状,故而受到使用者的关注。由于三角形单元形状的任意性,直接用局部直角坐标构造单元容许位移函数不方便,因此引入了三角形面积坐标。面积坐标的定义和使用方法与三角形的形状无关。

1. 面积坐标

三角形顶点 1,2 和 3 的直角坐标分别是(x_1,y_1),(x_2,y_2)和(x_3,y_3),结点顺序按逆时针方向排列,如图 3.1-5 所示。面积坐标是三角形的无因次坐标,其定义为

$$L_1 = \frac{A_{023}}{A},\quad L_2 = \frac{A_{031}}{A},\quad L_3 = \frac{A_{012}}{A} \tag{3.1-44}$$

式中:A 是三角形的面积,A_{023} 是子三角形△023 的面积,等等。面积坐标只有两个是独立的,因为它们要满足关系

$$L_1 + L_2 + L_3 = 1 \tag{3.1-45}$$

由于三角形的面积为

$$A = \frac{1}{2}\begin{vmatrix} 1 & 1 & 1 \\ x_1 & x_2 & x_3 \\ y_1 & y_2 & y_3 \end{vmatrix}$$

故式(3.1-44)可展开为

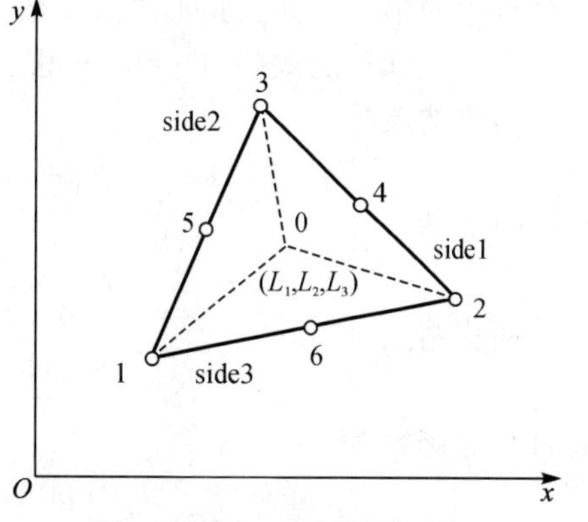

图 3.1-5　三角形面积坐标

$$\begin{bmatrix} L_1 \\ L_2 \\ L_3 \end{bmatrix} = \frac{1}{2A} \begin{bmatrix} y_2 - y_3 & x_3 - x_2 & x_2 y_3 - x_3 y_2 \\ y_3 - y_1 & x_1 - x_3 & x_3 y_1 - x_1 y_3 \\ y_1 - y_2 & x_2 - x_1 & x_1 y_2 - x_2 y_1 \end{bmatrix} \begin{bmatrix} x \\ y \\ 1 \end{bmatrix} \tag{3.1-46}$$

其逆形式为

$$\begin{bmatrix} x \\ y \\ 1 \end{bmatrix} = \begin{bmatrix} x_1 & x_2 & x_3 \\ y_1 & y_2 & y_3 \\ 1 & 1 & 1 \end{bmatrix} \begin{bmatrix} L_1 \\ L_2 \\ L_3 \end{bmatrix} \tag{3.1-47}$$

式(3.1-47)表明直角坐标和面积坐标之间具有线性关系。从图3.1-5可以看出，当点0在平行于23边的任何一条三角形内部线段上移动时，L_1 都是不变的；当点0在垂直于23边的线段上移动时，L_1 是线性变化的。同理可以分析 L_2 和 L_3。

2. 容许位移函数

一般的做法是将容许位移函数在完备到 n 次的二维多项式函数空间内展开，因此，容许位移函数将具有 $(n+1)(n+2)/2$ 个线性独立项。容许位移函数可以写成形式

$$\left.\begin{aligned} u(x,y) &= \alpha_0 + \alpha_1 x + \alpha_2 y + \alpha_3 x^2 + \alpha_4 xy + \alpha_5 y^2 + \cdots \\ v(x,y) &= \beta_0 + \beta_1 x + \beta_2 y + \beta_3 x^2 + \beta_4 xy + \beta_5 y^2 + \cdots \end{aligned}\right\} \tag{3.1-48}$$

			1			
$n=1$		x		y		
$n=2$	x^2		xy		y^2	
$n=3$	x^3	x^2y		xy^2		y^3
	⋮		⋮		⋮	

图 3.1-6 Pascal 三角形

根据容许位移函数的阶次和项数可以决定三角形单元的结点个数和结点参数个数，也可以借助 Pascal 三角形来选择完备多项式的阶次和配置结点的方法，如图3.1-6所示。值得指出的是，如果多项式是完备的，但结点配置不合适，或者多项式不完备，都可能造成平面单元的奇异。

事实上，可以把结点位移形函数直接写为三个无因次面积坐标的拉格朗日插值多项式形式，即

$$\varphi_i(L_1, L_2, L_3) = \prod_{j=0}^{p-1} \frac{L_1 - \dfrac{j}{n}}{\dfrac{p}{n} - \dfrac{j}{n}} \prod_{k=0}^{q-1} \frac{L_2 - \dfrac{k}{n}}{\dfrac{q}{n} - \dfrac{k}{n}} \prod_{l=0}^{r-1} \frac{L_3 - \dfrac{l}{n}}{\dfrac{r}{n} - \dfrac{l}{n}} \tag{3.1-49}$$

式中：p，q 和 r 分别为 L_1，L_2 和 L_3 坐标的阶次，并且 $p+q+r=n$，n 为单元的阶次，也就是形函数或容许位移函数的阶次。结点 i 的无因次坐标为 $(p/n, q/n, r/n)$，分别为式(3.1-49)三个分母中的第一项。三角形结点个数为 $(n+1)(n+2)/2$。

当 $n=1$ 时，从式(3.1-49)可得三个结点的形函数分别为

对应结点1

$$p=1,\quad q=r=0,\quad \varphi_1 = L_1$$

对应结点2

$$q=1,\quad p=r=0,\quad \varphi_2 = L_2$$

对应结点3

$$r=1,\quad p=q=0,\quad \varphi_3 = L_3$$

容许位移函数为

$$\left.\begin{aligned} u &= L_1 u_1 + L_2 u_2 + L_3 u_3 \\ v &= L_1 v_1 + L_2 v_2 + L_3 v_3 \end{aligned}\right\} \tag{3.1-50}$$

这就是常规有限元法中称为等应变三角形单元(CST)的容许位移表达式。(u_1,v_1),(u_2,v_2)和(u_3,v_3)分别是结点1,2和3的结点位移参数。容易验证,等应变单元满足完备性条件。等应变单元有一个特点,即变形前的直线在变形之后仍然为直线。由于相邻单元在公共边两端具有相同的结点位移参数,因此公共边上的位移也一定是连续的,即等应变单元满足位移在结点和边的协调性条件。

当$n=2$时,单元具有6个结点,除了3个顶点外,3条边的中点各配置1个结点,图3.1-5给出了结点编号方法。根据式(3.1-49)可以得到6个结点的位移形函数分别为

$$\left.\begin{aligned}
&\text{结点 1} \quad \varphi_1=L_1(2L_1-1), \quad p=2, \quad q=r=0\\
&\text{结点 2} \quad \varphi_2=L_2(2L_2-1), \quad q=2, \quad p=r=0\\
&\text{结点 3} \quad \varphi_3=L_3(2L_3-1), \quad r=2, \quad p=q=0
\end{aligned}\right\} \tag{3.1-51a}$$

$$\left.\begin{aligned}
&\text{结点 4} \quad \varphi_4=4L_2L_3, \quad p=0, \quad q=r=1\\
&\text{结点 5} \quad \varphi_5=4L_1L_3, \quad q=0, \quad p=r=1\\
&\text{结点 6} \quad \varphi_6=4L_1L_2, \quad r=0, \quad p=q=1
\end{aligned}\right\} \tag{3.1-51b}$$

此时三角形单元的容许位移函数为

$$\left.\begin{aligned}
u &= \varphi_1 u_1+\varphi_2 u_2+\varphi_3 u_3+\varphi_4 u_4+\varphi_5 u_5+\varphi_6 u_6\\
v &= \varphi_1 v_1+\varphi_2 v_2+\varphi_3 v_3+\varphi_4 v_4+\varphi_5 v_5+\varphi_6 v_6
\end{aligned}\right\} \tag{3.1-52}$$

这就是常规有限元法中称为线性应变三角形单元的容许位移表达式。读者不难验证,等应变和线性应变三角形单元的形函数同样具有式(3.1-28)给出的形函数性质。

3. 单元矩阵

当根据位移求应变时,需要用到复合函数的微分法则。根据式(3.1-46)可得

$$\left.\begin{aligned}
\frac{\partial}{\partial x} &= \sum_{i=1}^{3}\frac{\partial L_i}{\partial x}\frac{\partial}{\partial L_i}=\frac{1}{2A}\sum_{i=1}^{3}b_i\frac{\partial}{\partial L_i}\\
\frac{\partial}{\partial y} &= \sum_{i=1}^{3}\frac{\partial L_i}{\partial y}\frac{\partial}{\partial L_i}=\frac{1}{2A}\sum_{i=1}^{3}c_i\frac{\partial}{\partial L_i}
\end{aligned}\right\} \tag{3.1-53}$$

式中:

$$b_1=y_2-y_3, \quad b_2=y_3-y_1, \quad b_3=y_1-y_2$$
$$c_1=x_3-x_2, \quad c_2=x_1-x_3, \quad c_3=x_2-x_1$$

在计算各类三角形单元矩阵时,可以利用下面十分有效的积分公式,即

$$\iint_A L_1^p L_2^q L_3^r \mathrm{d}A = 2A\frac{p!q!r!}{(p+q+r+2)!}, \quad p,q,r\geqslant 0 \tag{3.1-54}$$

$$\iint_{\Gamma_{ij}} L_i^p L_j^q \mathrm{d}s = l\frac{p!q!}{(p+q+1)!}, \quad p,q\geqslant 0, \quad i,j=1,2,3 \tag{3.1-55}$$

式(3.1-55)为沿着边ij的积分,l为ij边的长度。从式(3.1-54)还可以得到常用公式

$$\iint_A L_i \mathrm{d}A=\frac{A}{3}, \quad \iint_A L_iL_j\mathrm{d}A=\begin{cases}\dfrac{A}{12}, & \text{若 } i\neq j\\[2mm] \dfrac{A}{6}, & \text{若 } i=j\end{cases}$$

将容许位移函数代入应变能、动能系数和外力功的表达式中,并转化为标准形式,即可导

出单元的刚度矩阵、质量矩阵和载荷矢量。因其表达式过于冗长，故予从略。表 3.1-2 中给出了常见的平面单元类型及其性能。用

$$\boldsymbol{d}^{\mathrm{T}} = [u_1 \quad v_1 \quad u_2 \quad v_2 \quad u_3 \quad v_3]$$

表示等应变三角形单元结点位移列向量，式(3.1-56)、式(3.1-57)和式(3.1-58)分别给出了与 $\boldsymbol{d}$ 对应的单元的质量矩阵、载荷列向量和刚度矩阵的具体形式，即

$$\boldsymbol{m} = \frac{\rho A}{12}\begin{bmatrix} 2 & 0 & 1 & 0 & 1 & 0 \\ & 2 & 0 & 1 & 0 & 1 \\ & & 2 & 0 & 1 & 0 \\ & & & 2 & 0 & 1 \\ & \text{对} & & & 2 & 0 \\ & & \text{称} & & & 2 \end{bmatrix} \tag{3.1-56}$$

在 12 边上作用有平行于 x 轴的均匀载荷 p_x，此时等效结点载荷的列向量为

$$\boldsymbol{p}^{\mathrm{T}} = \frac{p_x l}{2}[1 \quad 0 \quad 1 \quad 0 \quad 0 \quad 0] \tag{3.1-57a}$$

在 12 边上作用有平行于 x 轴的线性分布载荷，结点 2 的载荷集度为 p_x，结点 1 的为零，此时等效结点载荷的列向量为

$$\boldsymbol{p}^{\mathrm{T}} = \frac{p_x l}{2}\left[\frac{1}{3} \quad 0 \quad \frac{2}{3} \quad 0 \quad 0 \quad 0\right] \tag{3.1-57b}$$

刚度矩阵为

$$\boldsymbol{k} = \begin{bmatrix} \boldsymbol{k}_{11} & \boldsymbol{k}_{12} & \boldsymbol{k}_{13} \\ \boldsymbol{k}_{21} & \boldsymbol{k}_{22} & \boldsymbol{k}_{23} \\ \boldsymbol{k}_{31} & \boldsymbol{k}_{32} & \boldsymbol{k}_{33} \end{bmatrix} \tag{3.1-58a}$$

其子矩阵为

$$\boldsymbol{k}_{ij} = \frac{E}{4A(1-\nu^2)}\begin{bmatrix} b_i b_j + c_i c_j \chi & \nu b_i c_j + c_i b_j \chi \\ \nu c_i b_j + b_i c_j \chi & b_i b_j \chi + c_i c_j \end{bmatrix} \tag{3.1-58b}$$

表 3.1-2 常见的平面单元[1]

编 号	单元形状及结点	结点参数	结点参数总数	插值函数性质	说 明
1		每结点：u,v	6	线性	协调
2		每结点：u,v	12	2 次多项式	协调

续表 3.1-2

编　号	单元形状及结点	结点参数	结点参数总数	插值函数性质	说　明
3		每结点：u,v	20	3 次多项式	协调
4		角点：$u,\partial u/\partial x,\partial u/\partial y$； $v,\partial v/\partial x,\partial v/\partial y$ 内点：u,v	20	3 次多项式	过分协调
5		每结点：u,v	8	双线性	协调
6		每结点：u,v	18	双 2 次多项式	协调
7		每结点：u,v	32	双 3 次多项式	协调
8		每结点：u,v	16	2 次多项式	协调
9		每结点：$u,\partial u/\partial x,\partial u/\partial y$； $v,\partial v/\partial x,\partial v/\partial y$	24	类似板挠度插值多项式	过分协调
10		每结点：$u,\partial u/\partial x,\partial u/\partial y,\partial u^2/\partial x^2$； $v,\partial v/\partial x,\partial v/\partial y,\partial v^2/\partial x^2$	32	类似板挠度插值多项式	过分协调

3.1.4　曲边单元

在航天航空等工程结构中，曲边结构是常见的，如飞机机身、火箭壳体和飞船壳体等。为了能够有效模拟结构的曲边形状，建立曲边单元是必要的。

由于难以从数学上证明曲边单元的收敛性，因此通常借助母单元映射的方法来构造曲边单元。一般选取前面讨论过的并且满足三条收敛准则的正方形单元作为母单元。母单元是在局部坐标系下定义的，其边长通常为 2，如图 3.1－7 所示。曲边单元也称映射单元，也可以用局部曲线坐标系来描述，如图 3.1－8 所示。

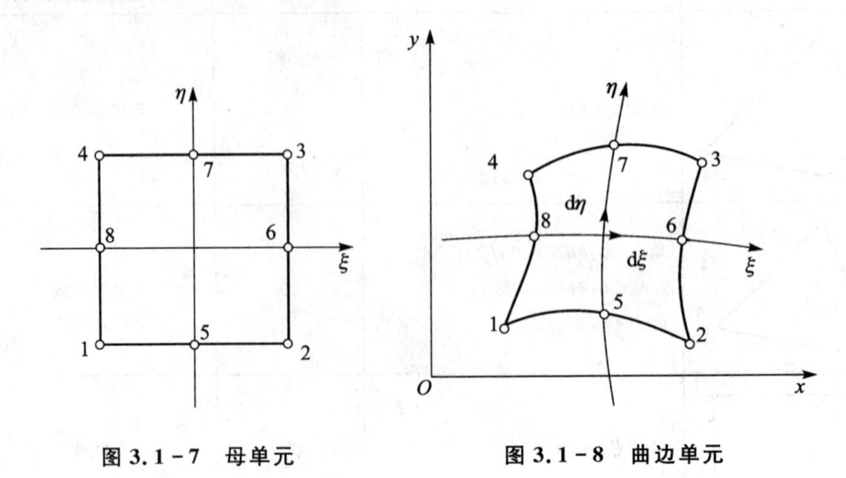

图 3.1－7　母单元　　图 3.1－8　曲边单元

1. 几何场

曲边单元的几何坐标可以根据下式来确定，即

$$\left.\begin{aligned} x &= \sum_{i=1}^{m} N_i(\xi,\eta)x_i \\ y &= \sum_{i=1}^{m} N_i(\xi,\eta)y_i \end{aligned}\right\} \tag{3.1-59}$$

式中：$N_i(\xi,\eta)$ 为母单元的形函数，ξ,η 为母单元的局部坐标；而 x_i 和 y_i 为曲边单元结点在直角坐标系下的直角坐标；m 为描述曲边单元几何场所需要的边界结点数，对于图 3.1－8 所示的曲边单元，$m=8$。

值得指出的是，式(3.1－59)描述的曲边单元几何形状可以是任意的，四条边中可以同时有直边和曲边。若曲边单元蜕化为矩形单元，则局部坐标和直角坐标的关系与前面讨论的矩形单元的情况相同。下面以图 3.1－8 所示曲边单元的 14 边为例进行简单讨论。

若 14 边有两个结点，即结点 1 和结点 4，则该边只能是一条直线，该直线上点的坐标为

$$(x,y) = [N_1(-1,\eta)x_1 + N_4(-1,\eta)x_4, N_1(-1,\eta)y_1 + N_4(-1,\eta)y_4] \tag{3.1-60}$$

式中：$-1 \leqslant \eta \leqslant 1$。若 14 边有三个结点，即结点 1、结点 4 和结点 8，则该边是一条抛物线，该曲线上点的坐标为

$$(x,y) = [N_1(-1,\eta) \quad N_4(-1,\eta) \quad N_8(-1,\eta)]\begin{bmatrix} x_1 & y_1 \\ x_4 & y_4 \\ x_8 & y_8 \end{bmatrix} \tag{3.1-61}$$

值得注意的是，式(3.1－60)中的形函数为双线性的，而式(3.1－61)中的形函数为二次的，前者是 4 结点母单元的形函数，后者是 8 结点母单元的形函数。若结点 1、结点 4 和结点 8 共线，则形函数的性质能够保证式(3.1－61)定义了一条直线。此时已经没有必要用三个结点来定义 14 边的几何场，而用两个结点即可。

2. 位移场

曲边单元的位移场同样可以用与式(3.1-59)类似的形式来构造,即

$$\left.\begin{aligned} u &= \sum_{i=1}^{n} N_i(\xi,\eta) u_i \\ v &= \sum_{i=1}^{n} N_i(\xi,\eta) v_i \end{aligned}\right\} \tag{3.1-62}$$

式中:u_i 和 v_i 为曲边单元的结点位移坐标,n 为描述曲边单元位移场所需要的结点数。

n 与 m 之间有如下三种关系:

① $n=m$,即描述曲边单元位移场所用的结点数与描述几何场所用的结点数相同,也可以说描述两个场的形函数的阶次是相同的。这种参数所对应的单元称为等参元,是一种应用非常广泛的单元。

② $n<m$,即描述曲边单元位移场所用的结点数少于描述几何场所用的结点数,也可以说描述位移场形函数的阶次小于描述几何场形函数的阶次。这种参数所对应的单元称为超参元。当曲边单元的几何形状较复杂,但位移变化较平缓时,可以用这种单元。

③ $n>m$,这种情况与情况②相反,称为亚参元。当曲边单元的几何形状较简单,但位移变化较剧烈时,可以用亚参元。

等参元和亚参元满足完备性要求,但超参元不满足该要求,读者可以思考其原因或从数学上进行证明,也可以参考文献[2,3]。

3. 等参单元刚度矩阵

通过单元的应变能、动能系数和外力功可以分别计算参数单元的刚度矩阵、质量矩阵和载荷列向量,后两者的计算比较简单。下面以四结点等参单元为例来说明如何计算等参单元的刚度矩阵以及要注意的问题。

平面问题的应变能泛函为

$$U = \frac{1}{2}\iint_A \boldsymbol{\varepsilon}^{\mathrm{T}} \boldsymbol{E} \boldsymbol{\varepsilon}\, \mathrm{d}x\mathrm{d}y \tag{3.1-63}$$

式中:$\boldsymbol{\varepsilon}$ 为单元的应变函数向量,而不是结点应变向量。根据式(3.1-62)和几何关系式(3.1-9)可将式(3.1-63)用曲边单元的结点位移坐标向量 $\boldsymbol{d}$ 来表示,即

$$U = \frac{1}{2}\boldsymbol{d}^{\mathrm{T}} \boldsymbol{k} \boldsymbol{d} \tag{3.1-64}$$

式中:$\boldsymbol{d}^{\mathrm{T}} = [u_1 \quad v_1 \quad u_2 \quad v_2 \quad \cdots \quad u_4 \quad v_4]$,而 $\boldsymbol{k}$ 为曲边单元的刚度矩阵,其形式为

$$\boldsymbol{k} = \iint_A \boldsymbol{B}^{\mathrm{T}} \boldsymbol{E} \boldsymbol{B}\, \mathrm{d}x\mathrm{d}y \tag{3.1-65}$$

其中描述位移与应变关系的几何矩阵 $\boldsymbol{B}$ 的形式为

$$\boldsymbol{B} = [\boldsymbol{B}_1 \quad \boldsymbol{B}_2 \quad \boldsymbol{B}_3 \quad \boldsymbol{B}_4], \quad \boldsymbol{B}_i = \begin{bmatrix} \dfrac{\partial N_i}{\partial x} & \\ & \dfrac{\partial N_i}{\partial y} \\ \dfrac{\partial N_i}{\partial y} & \dfrac{\partial N_i}{\partial x} \end{bmatrix} \tag{3.1-66}$$

曲边单元的形状可以是任意的，为了使单元刚度矩阵的计算公式具有一般性，应将式(3.1－65)变换到局部坐标系下，即

$$\boldsymbol{k}=\iint_A \boldsymbol{B}^{\mathrm{T}}(x,y)\boldsymbol{E}\boldsymbol{B}(x,y)\mathrm{d}x\mathrm{d}y=\iint_A \boldsymbol{B}^{\mathrm{T}}(\xi,\eta)\boldsymbol{E}\boldsymbol{B}(\xi,\eta)\frac{1}{\det(\boldsymbol{J})}\mathrm{d}\xi\mathrm{d}\eta \tag{3.1-67}$$

式中涉及了偏导数变换$(\partial/\partial x,\partial/\partial y)\Leftrightarrow(\partial/\partial\xi,\partial/\partial\eta)$和微元面积变换$\mathrm{d}x\mathrm{d}y\Leftrightarrow\mathrm{d}\xi\mathrm{d}\eta$。

首先讨论偏导数的变换。从几何场表达式(3.1－59)可以看出，计算x和y对ξ和η的导数比计算ξ和η对x和y的导数容易得多，因此利用下面关系实现偏导数变换，即

$$\begin{bmatrix}\dfrac{\partial}{\partial\xi}\\[2ex]\dfrac{\partial}{\partial\eta}\end{bmatrix}=\begin{bmatrix}\dfrac{\partial x}{\partial\xi}&\dfrac{\partial y}{\partial\xi}\\[2ex]\dfrac{\partial x}{\partial\eta}&\dfrac{\partial y}{\partial\eta}\end{bmatrix}\begin{bmatrix}\dfrac{\partial}{\partial x}\\[2ex]\dfrac{\partial}{\partial y}\end{bmatrix}=\boldsymbol{J}\begin{bmatrix}\dfrac{\partial}{\partial x}\\[2ex]\dfrac{\partial}{\partial y}\end{bmatrix},\quad \boldsymbol{J}=\begin{bmatrix}\dfrac{\partial x}{\partial\xi}&\dfrac{\partial y}{\partial\xi}\\[2ex]\dfrac{\partial x}{\partial\eta}&\dfrac{\partial y}{\partial\eta}\end{bmatrix} \tag{3.1-68}$$

式中：$\boldsymbol{J}$为雅可比矩阵，其行列式

$$\det(\boldsymbol{J})=\frac{\partial x}{\partial\xi}\frac{\partial y}{\partial\eta}-\frac{\partial y}{\partial\xi}\frac{\partial x}{\partial\eta}$$

是衡量等参数单元数值性能的重要参数。从式(3.1－68)可以得到计算单元刚度矩阵所需要的导数变换

$$\begin{bmatrix}\dfrac{\partial}{\partial x}\\[2ex]\dfrac{\partial}{\partial y}\end{bmatrix}=\frac{1}{\det(\boldsymbol{J})}\begin{bmatrix}\dfrac{\partial y}{\partial\eta}&-\dfrac{\partial y}{\partial\xi}\\[2ex]-\dfrac{\partial x}{\partial\eta}&\dfrac{\partial x}{\partial\xi}\end{bmatrix}\begin{bmatrix}\dfrac{\partial}{\partial\xi}\\[2ex]\dfrac{\partial}{\partial\eta}\end{bmatrix} \tag{3.1-69}$$

下面讨论微元面积的变换。从图3.1－8可以看出，有

$$\left.\begin{aligned}\mathrm{d}\boldsymbol{\xi}&=\boldsymbol{i}\frac{\partial x}{\partial\xi}\mathrm{d}\xi+\boldsymbol{j}\frac{\partial y}{\partial\xi}\mathrm{d}\xi\\ \mathrm{d}\boldsymbol{\eta}&=\boldsymbol{i}\frac{\partial x}{\partial\eta}\mathrm{d}\eta+\boldsymbol{j}\frac{\partial y}{\partial\eta}\mathrm{d}\eta\end{aligned}\right\} \tag{3.1-70}$$

于是有

$$\mathrm{d}x\mathrm{d}y=|\mathrm{d}\boldsymbol{\xi}\times\mathrm{d}\boldsymbol{\eta}|=\det(\boldsymbol{J})\mathrm{d}\xi\mathrm{d}\eta \tag{3.1-71}$$

推导等参单元矩阵各个元素的显式是比较困难的，通常需要借助高斯(Gauss)积分法进行数值计算，读者可以参考本章内容和有关数值分析的著作[2]。

4. 雅可比行列式与单元性能的关系

从式(3.1－67)可以看出，$\det(\boldsymbol{J})$决定了单元刚度矩阵的性质，也就是决定了参数单元的性能。有如下几种情况值得注意：

① 若参数单元是任意的直边四边形，即每条边有两个结点，此时要求其任意一个内角小于180°，否则$\det(\boldsymbol{J})<0$；

② 若有两条边共线，即一个内角等于180°，此时$\det(\boldsymbol{J})=0$；

③ 若两个结点重合，也有$\det(\boldsymbol{J})=0$。

为了保证计算精度，一般要求所有内角都大于45°而小于135°。若参数单元的边是抛物线，即每条边有三个结点，为了保证计算精度，一般要求内部结点应位于边的内三分之一域内。若参数单元的阶次高于二次，则只能通过$\det(\boldsymbol{J})$的正负和大小来检查单元的性能。

5. 任意四边形等参单元的面积坐标

三角形单元的边与直角坐标轴之间所夹的角度是任意的，因此采用面积坐标解决了有关形函数的构造和计算问题。任意四边形等参单元存在与三角形单元相同的问题，即单元直边与直角坐标轴的夹角也是任意的，因此仿照三角形单元中的做法，可以通过定义四边形面积坐标来解决有关计算问题并提高计算精度。四边形的面积坐标与直角坐标的关系也是线性的。

龙驭球等人[4]的工作已经表明，用四边形面积坐标可以降低等参单元对网格的敏感依赖性，大幅度提高四边等参元的精度，这里不再赘述。

3.2 薄板弯曲问题

承受横向载荷作用的薄板是重要的结构元件之一。实质上，薄板理论是欧拉梁理论的二维推广。薄板理论有 3 条基本假设：

① 直法线假设，即原来垂直于薄板中面的一段直线在板弯曲变形时始终垂直于薄板中面且保持长度不变。这意味着不考虑横向剪切变形和挠度沿板厚的变化，即

$$\gamma_{xz} = \gamma_{yz} = \varepsilon_z = 0$$

式中：z 是垂直于板面的坐标方向，如图 3.2－1 所示。由 $\varepsilon_z = 0$ 可得

$$w(x,y,z) = w(x,y)$$

② 薄板中面没有面内位移，即在中面内有

$$\varepsilon_x = \varepsilon_y = \gamma_{xy} = 0$$

③ 面外应力分量远小于面内应力分量。

由于前两条为 Kirchhoff 假设，因此薄板理论也称为 Kirchhoff 板理论。当板厚逐渐增加时，这些假设就与实际情况出入越来越大，为了得到满意的结果，需要采用 3.3 节将要讨论的厚板理论。

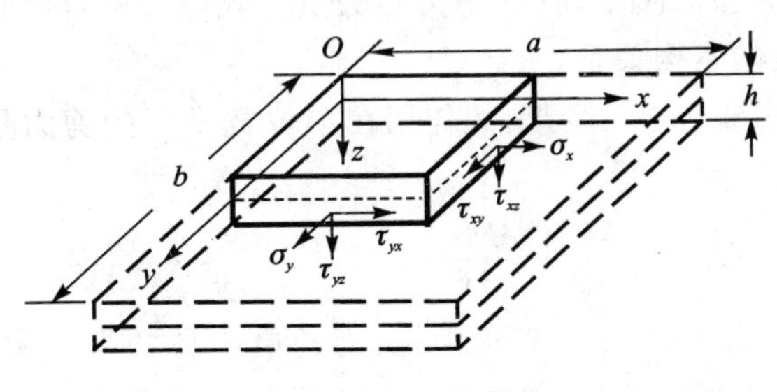

图 3.2－1 薄板弯曲

3.2.1 基本公式

根据 Kirchhoff 假设，板面上任何一点的面内位移 u 和 v 为

$$\left.\begin{aligned} \gamma_{xz} &= 0 \Rightarrow u = -z\frac{\partial w}{\partial x} \\ \gamma_{yz} &= 0 \Rightarrow v = -z\frac{\partial w}{\partial y} \end{aligned}\right\} \tag{3.2-1}$$

式中：w 代表板的挠度，即 z 向位移。式(3.2－1)表明，仅用挠度 w 即可确定板的全部变形状

态，因此薄板理论也称为具有一个广义位移的板理论。

薄板中应力分量 σ_z，τ_{xz} 和 τ_{yz} 远小于 σ_x，σ_y 和 τ_{xy}，因此它们引起的变形 γ_{xz} 和 γ_{yz} 是可以忽略的，见式(3.2-1)，但剪应力 τ_{xz} 和 τ_{yz} 却是维持平衡条件所必需的。正是因为薄板的面外应力分量远小于面内应力分量，所以在薄板理论中采用平面应力问题的物理方程(注意平面应力问题的基本假设)，于是有

$$\left.\begin{aligned}\sigma_x &= \frac{E}{1-\nu^2}\left(\frac{\partial u}{\partial x}+\nu\frac{\partial v}{\partial y}\right)=-\frac{Ez}{1-\nu^2}\left(\frac{\partial^2 w}{\partial x^2}+\nu\frac{\partial^2 w}{\partial y^2}\right)\\ \sigma_y &= \frac{E}{1-\nu^2}\left(\nu\frac{\partial u}{\partial x}+\frac{\partial v}{\partial y}\right)=-\frac{Ez}{1-\nu^2}\left(\nu\frac{\partial^2 w}{\partial x^2}+\frac{\partial^2 w}{\partial y^2}\right)\\ \tau &= \frac{E}{2(1+\nu)}\left(\frac{\partial u}{\partial y}+\frac{\partial v}{\partial x}\right)=-\frac{Ez}{1+\nu}\frac{\partial^2 w}{\partial x\partial y}\end{aligned}\right\} \tag{3.2-2}$$

由弯矩和扭矩的定义可知，把式(3.2-2)沿板厚积分即可得弯矩和扭矩与曲率和扭率的关系，即

$$\boldsymbol{M}=\boldsymbol{D\kappa} \tag{3.2-3}$$

式中：

$$\boldsymbol{M}=\begin{bmatrix}M_x\\M_y\\M_{xy}\end{bmatrix}=\begin{bmatrix}\int_{-h/2}^{h/2}\sigma_x z\,\mathrm{d}z\\ \int_{-h/2}^{h/2}\sigma_y z\,\mathrm{d}z\\ \int_{-h/2}^{h/2}\tau z\,\mathrm{d}z\end{bmatrix},\quad \boldsymbol{D}=\frac{Eh^3}{12(1-\nu^2)}\begin{bmatrix}1 & \nu & \\ \nu & 1 & \\ & & \frac{1}{2}(1-\nu)\end{bmatrix}$$

$$\boldsymbol{\kappa}^{\mathrm{T}}=\left[-\frac{\partial^2 w}{\partial x^2}\quad -\frac{\partial^2 w}{\partial y^2}\quad -2\frac{\partial^2 w}{\partial x\partial y}\right]=[\kappa_x\quad \kappa_y\quad 2\kappa_{xy}]$$

式中：h 为板的厚度。M_x，M_y 和 M_{xy} 分别是作用在单位中面宽度上的弯矩和扭矩，它们的单位是“N”而不是“N・m”(在梁理论中，弯矩的单位是“N・m”)，$-\partial^2 w/\partial x^2$ 和 $-\partial^2 w/\partial y^2$ 称为弯曲曲率，$-\partial^2 w/\partial x\partial y$ 称为扭曲曲率，$\boldsymbol{M}$ 表示力矩矢量。式(3.2-3)是薄板广义应力 $\boldsymbol{M}$ 与广义应变 $\boldsymbol{\kappa}$ 的关系，或称薄板的本构关系。

在薄板理论中不考虑横向剪切变形，故作用在单位宽度上的剪力是根据微元的平衡条件求出的，即

$$Q_x=\frac{\partial M_x}{\partial x}+\frac{\partial M_{xy}}{\partial y},\quad Q_y=\frac{\partial M_y}{\partial y}+\frac{\partial M_{yx}}{\partial x} \tag{3.2-4}$$

剪力的单位为“N/m”而不是“N”(在梁理论中，剪力的单位是“N”)。关于弯矩、扭矩和剪力的方向，参见图3.2-2。值得指出的是：内力 Q_x 和 Q_y 不产生应变，因而也不作功，是可以消去的内力。建议读者根据薄板的平衡方程推出式(3.2-4)。

在薄板理论中，σ_x 和 σ_y 称为弯曲应力(为主应力)，它们分别与弯矩 M_x 和 M_y 成比例；剪应力 τ_{xy} 称为扭应力(为主应力)，它与扭矩 M_{xy} 成比例，并且都是 z 的奇函数。根据式(3.2-2)和式(3.2-3)可以得到它们之间的关系为

$$\boldsymbol{\sigma}=\frac{12z}{h^3}\boldsymbol{M} \tag{3.2-5}$$

横向剪应力 τ_{xz} 和 τ_{yz} 为次应力，它们分别与剪力 Q_x 和 Q_y 成比例，并且都是 z 的偶函数。将式(3.2-5)代入应力形式的平衡微分方程，沿着板厚方向积分，再利用式(3.2-4)可得剪应力

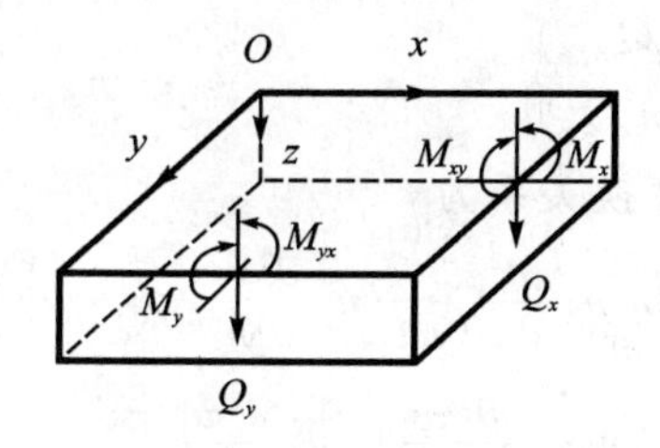

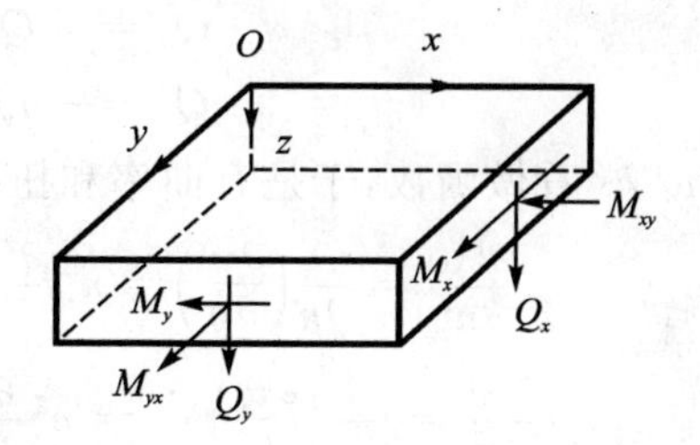

图 3.2-2　弯矩、扭矩和剪力的方向($x-y$ 平面为中面)

与剪力的关系为

$$\tau_{xz}=\frac{3}{2h}\left(1-\frac{4z^2}{h^2}\right)Q_x,\quad \tau_{yz}=\frac{3}{2h}\left(1-\frac{4z^2}{h^2}\right)Q_y \tag{3.2-6}$$

正应力 σ_z 称为挤压应力(为次应力),它与 q 成比例,其计算公式为

$$\sigma_z=-q\left(\frac{1}{2}-\frac{3z}{2h}+\frac{2z^3}{h^3}\right) \tag{3.2-7}$$

推导式(3.2-7)时用到了平衡方程

$$\frac{\partial\sigma_z}{\partial z}+\frac{\partial\tau_{xz}}{\partial x}+\frac{\partial\tau_{yz}}{\partial y}=0$$

和力的边界条件 $\sigma_z(x,y,-h/2)=-q$ 。

利用上述结果,薄板的应变能密度函数 U 可表示为

$$U=\frac{1}{2}\int_{-h/2}^{h/2}\boldsymbol{\sigma}^{\mathrm{T}}\boldsymbol{\varepsilon}\mathrm{d}z=\frac{1}{2}\boldsymbol{\kappa}^{\mathrm{T}}\boldsymbol{D}\boldsymbol{\kappa} \tag{3.2-8}$$

3.2.2　坐标变换

板的形状可以是任意的,为了易于处理边界条件和简化公式推导,通常需要进行坐标变换。如图 3.2-3 所示,用 n 和 s 分别表示板边界上某点的外法向和切向,边界上的 Ons 坐标系与域内的 Oxy 坐标系之间存在夹角 θ。当需要知道 Oxy 坐标系内各物理量与 Ons 坐标系内各物理量之间的关系时,就要用坐标变换关系

$$\left.\begin{aligned}x&=n\cos\theta-s\sin\theta\\y&=n\sin\theta+s\cos\theta\end{aligned}\right\} \tag{3.2-9}$$

式中:$\cos\theta$ 和 $\sin\theta$ 是 n 轴的方向余弦,为了便于书写,下面分别用符号 n_x 和 n_y 来表示。由于挠度 w 垂直于坐标平面,故有

$$w(x,y)=w(n,s) \tag{3.2-10}$$

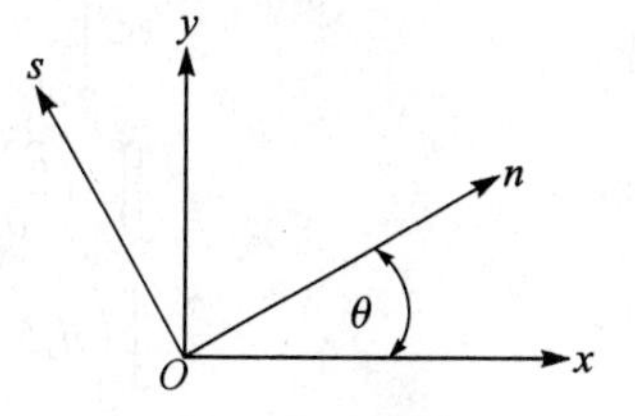

图 3.2-3　坐标关系

即垂直于坐标平面的挠度函数 w 不需要坐标变换,但其斜率是通过挠度函数对坐标的导数来定义的,两个斜率方向构成了一个直角坐标平面,因此斜率需要坐标变换。利用复合函数的微分法则,可得斜率的变换关系为

$$\left.\begin{aligned}\frac{\partial w}{\partial n}&=\frac{\partial w}{\partial x}\frac{\partial x}{\partial n}+\frac{\partial w}{\partial y}\frac{\partial y}{\partial n}=n_x\frac{\partial w}{\partial x}+n_y\frac{\partial w}{\partial y}\\\frac{\partial w}{\partial s}&=\frac{\partial w}{\partial x}\frac{\partial x}{\partial s}+\frac{\partial w}{\partial y}\frac{\partial y}{\partial s}=-n_y\frac{\partial w}{\partial x}+n_x\frac{\partial w}{\partial y}\end{aligned}\right\} \tag{3.2-11}$$

两个剪力分别位于垂直平面坐标轴的两个面内,因此其变换规律与挠度斜率是相同的,即

$$\left.\begin{aligned} Q_n &= n_x Q_x + n_y Q_y \\ Q_s &= -n_y Q_x + n_x Q_y \end{aligned}\right\} \tag{3.2-12}$$

把$\partial w/\partial n$和$\partial w/\partial s$看做函数，于是有曲率和扭率的变换关系为

$$\frac{\partial^2 w}{\partial n^2} = \frac{\partial}{\partial n}\left(\frac{\partial w}{\partial n}\right) = n_x^2 \frac{\partial^2 w}{\partial x^2} + 2n_x n_y \frac{\partial^2 w}{\partial x \partial y} + n_y^2 \frac{\partial^2 w}{\partial y^2} \tag{3.2-13a}$$

$$\frac{\partial^2 w}{\partial s^2} = \frac{\partial}{\partial s}\left(\frac{\partial w}{\partial s}\right) = n_y^2 \frac{\partial^2 w}{\partial x^2} - 2n_x n_y \frac{\partial^2 w}{\partial x \partial y} + n_x^2 \frac{\partial^2 w}{\partial y^2} \tag{3.2-13b}$$

$$\frac{\partial^2 w}{\partial n \partial s} = \frac{\partial}{\partial n}\left(\frac{\partial w}{\partial s}\right) = -n_x n_y \frac{\partial^2 w}{\partial x^2} + (n_x^2 - n_y^2) \frac{\partial^2 w}{\partial x \partial y} + n_x n_y \frac{\partial^2 w}{\partial y^2} \tag{3.2-13c}$$

而弯矩和扭矩的变换规律与曲率和扭率的相同，即

$$\left.\begin{aligned} M_n &= n_x^2 M_x + 2n_x n_y M_{xy} + n_y^2 M_y \\ M_s &= n_y^2 M_x - 2n_x n_y M_{xy} + n_x^2 M_y \\ M_{ns} &= -n_x n_y M_x + (n_x^2 - n_y^2) M_{xy} + n_x n_y M_y \end{aligned}\right\} \tag{3.2-14}$$

3.2.3 最小总势能原理和平衡方程

以w作为自变函数并利用式(3.2-8)，薄板的总势能泛函为

$$\Pi = \iint_A \left(\frac{1}{2}\boldsymbol{\kappa}^{\mathrm{T}} \boldsymbol{D} \boldsymbol{\kappa} - q w\right) \mathrm{d}x\mathrm{d}y - \int_{B_\sigma} \bar{q}_n w \mathrm{d}s - \int_{B_\sigma + B_\psi} \overline{M}_n \frac{\partial w}{\partial n} \mathrm{d}s - \sum \overline{P}_i w_i \tag{3.2-15}$$

式中：B_ψ 表示简支边界；q 为 z 向分布面载荷；$\bar{q}_n$ 为作用在自由边界 B_σ 上的 z 向线分布载荷；$\overline{M}_n$ 为作用在自由边界或简支边界上的弯矩，为了方便起见，规定其正方向与$\partial w/\partial n$ 的正方向相同；$\overline{P}_i$ 为作用在点 i 上的 z 向集中载荷。

总势能的一阶变分是

$$\delta\Pi = \iint_A (\boldsymbol{\kappa}^{\mathrm{T}} \boldsymbol{D} \delta\boldsymbol{\kappa} - q\delta w) \mathrm{d}x\mathrm{d}y - \int_{B_\sigma} \bar{q}_n \delta w \mathrm{d}s - \int_{B_\sigma + B_\psi} \overline{M}_n \frac{\partial \delta w}{\partial n} \mathrm{d}s - \sum \overline{P}_i \delta w_i \tag{3.2-16}$$

经过分部积分，式(3.2-16)中应变能的一阶变分可展开为

$$\begin{aligned} &\iint_A \boldsymbol{\kappa}^{\mathrm{T}} \boldsymbol{D} \delta\boldsymbol{\kappa} \mathrm{d}x\mathrm{d}y = \iint_A \boldsymbol{M}^{\mathrm{T}} \delta\boldsymbol{\kappa} \mathrm{d}x\mathrm{d}y = \\ &-\iint_A \left(M_x \frac{\partial^2 \delta w}{\partial x^2} + 2M_{xy} \frac{\partial^2 \delta w}{\partial x \partial y} + M_y \frac{\partial^2 \delta w}{\partial y^2}\right) \mathrm{d}x\mathrm{d}y = \\ &\iint_A \left(\frac{\partial M_x}{\partial x} \frac{\partial \delta w}{\partial x} + \frac{\partial M_{xy}}{\partial x} \frac{\partial \delta w}{\partial y} + \frac{\partial M_{xy}}{\partial y} \frac{\partial \delta w}{\partial x} + \frac{\partial M_y}{\partial y} \frac{\partial \delta w}{\partial y}\right) \mathrm{d}x\mathrm{d}y - \\ &\oint \left(n_x M_x \frac{\partial \delta w}{\partial x} + n_y M_{xy} \frac{\partial \delta w}{\partial x} + n_x M_{xy} \frac{\partial \delta \mathrm{w}}{\partial y} + n_y M_y \frac{\partial \delta w}{\partial y}\right) \mathrm{d}s \end{aligned} \tag{3.2-17}$$

利用式(3.2-11)和式(3.2-14)，式(3.2-17)中的周线积分变为

$$-\oint [M_x \quad M_y \quad M_{xy}] \begin{bmatrix} n_x & 0 \\ 0 & n_y \\ n_y & n_x \end{bmatrix} \begin{bmatrix} \dfrac{\partial \delta w}{\partial x} \\ \dfrac{\partial \delta w}{\partial y} \end{bmatrix} \mathrm{d}s =$$

$$-\oint [M_x \quad M_y \quad M_{xy}] \begin{bmatrix} {n_x}^2 & -n_x n_y \\ {n_y}^2 & n_x n_y \\ 2n_x n_y & {n_x}^2 - {n_y}^2 \end{bmatrix} \begin{bmatrix} \dfrac{\partial \delta w}{\partial n} \\ \dfrac{\partial \delta w}{\partial s} \end{bmatrix} \mathrm{d}s =$$

$$-\oint [M_n \quad M_{ns}] \begin{bmatrix} \dfrac{\partial \delta w}{\partial n} \\ \dfrac{\partial \delta w}{\partial s} \end{bmatrix} \mathrm{d}s =$$

$$-\oint \left(M_n \frac{\partial \delta w}{\partial n} - \frac{\partial M_{ns}}{\partial s} \delta w \right) \mathrm{d}s - \sum M_{ns} \delta w \Big|_i \tag{3.2-18}$$

式中:求和符号表示对有集中载荷作用点也就是 M_{ns} 的间断点求和。若用 s_i 表示间断点 i 的坐标,则有

$$-\sum M_{ns} \delta w \Big|_i = \sum [M_{ns}(s_i + 0) - M_{ns}(s_i - 0)] \delta w_i \tag{3.2-19}$$

对式(3.2-17)中的面积分再进行一次分部积分并利用式(3.2-4)和式(3.2-12)得

$$-\iint_A \left(\frac{\partial^2 M_x}{\partial x^2} + 2\frac{\partial^2 M_{xy}}{\partial x \partial y} + \frac{\partial^2 M_y}{\partial y^2} \right) \delta w \mathrm{d}x \mathrm{d}y +$$

$$\oint \left(n_x \frac{\partial M_x}{\partial x} + n_y \frac{\partial M_{xy}}{\partial x} + n_x \frac{\partial M_{xy}}{\partial y} + n_y \frac{\partial M_y}{\partial y} \right) \delta w \mathrm{d}s =$$

$$-\iint_A \left(\frac{\partial^2 M_x}{\partial x^2} + 2\frac{\partial^2 M_{xy}}{\partial x \partial y} + \frac{\partial^2 M_y}{\partial y^2} \right) \delta w \mathrm{d}x \mathrm{d}y + \oint Q_n \delta w \mathrm{d}s \tag{3.2-20}$$

将式(3.2-18)～式(3.2-20)代入式(3.2-17),再将所得结果代入式(3.2-16),令该一阶变分等于零,得

$$\delta \Pi = -\iint_A \left(\frac{\partial^2 M_x}{\partial x^2} + 2\frac{\partial^2 M_{xy}}{\partial x \partial y} + \frac{\partial^2 M_y}{\partial y^2} + q \right) \delta w \mathrm{d}x \mathrm{d}y - \oint M_n \frac{\partial \delta w}{\partial n} \mathrm{d}s +$$

$$\oint \left(Q_n + \frac{\partial M_{ns}}{\partial s} \right) \delta w \mathrm{d}s - \int_{B_\sigma} \bar{q}_n \delta w \mathrm{d}s - \int_{B_\sigma + B_\psi} \bar{M}_n \frac{\partial \delta w}{\partial n} \mathrm{d}s +$$

$$\sum [M_{ns}(s_i + 0) - M_{ns}(s_i - 0) - \bar{P}_i] \delta w_i = 0 \tag{3.2-21}$$

注意到在固支边 B_u 上有强制边界条件 $\partial \delta w / \partial n = 0$ 和 $\delta w = 0$,在简支边上有强制边界条件 $\delta w = 0$。因此式(3.2-21)等价于平衡条件

$$\frac{\partial^2 M_x}{\partial x^2} + 2\frac{\partial^2 M_{xy}}{\partial x \partial y} + \frac{\partial^2 M_y}{\partial y^2} + q = 0 \quad \text{(欧拉方程)} \tag{3.2-22a}$$

或

$$\frac{\partial Q_x}{\partial x} + \frac{\partial Q_y}{\partial y} + q = 0 \tag{3.2-22b}$$

或

$$\frac{\partial^4 w}{\partial x^4} + 2\frac{\partial^4 w}{\partial x^2 \partial y^2} + \frac{\partial^4 w}{\partial y^4} = \frac{q}{D} \tag{3.2-22c}$$

和

$$M_n + \bar{M}_n = 0 \quad \text{(简支边 } B_\psi \text{ 上)} \tag{3.2-23}$$

$$\left. \begin{aligned} M_n + \bar{M}_n &= 0 \\ Q_n + \frac{\partial M_{ns}}{\partial s} &= \bar{q}_n \end{aligned} \right\} \quad \text{(在自由边 } B_\sigma \text{ 上)} \tag{3.2-24}$$

$$M_{ns}(s_i+0)-M_{ns}(s_i-0)=\overline{P}_i \quad (在集中载荷作用点\ i\ 处) \tag{3.2-25}$$

从式(3.2-24)可以看出,扭矩和剪力不是相互独立的,二者之和构成了与挠度对应的广义力(相当于 $\bar{q}_n$)。从作功的角度看,容易理解二者不完全独立的物理原因[1]。

总势能泛函(3.2-15)为构造薄板弯曲问题有限元方法的理论基础。为了分析薄板的固有振动问题,可利用如下瑞利商变分原理,即

$$\omega^2=\mathrm{st}\frac{\iint_A U\mathrm{d}x\mathrm{d}y}{\frac{1}{2}\iint_A \rho h w^2\mathrm{d}x\mathrm{d}y} \tag{3.2-26}$$

在总势能泛函式(3.2-15)中,自变函数 w 的最高阶导数是二阶的,因此要求 w 满足 C^1 连续性要求,即 w 及其一阶导数必须处处连续。构造 C^1 类协调元是相当麻烦甚至是困难的,在历史上这成为推动变分法和有限元法研究的重要因素之一,至今仍受到不少研究者的关注。

不同变分原理的自变函数是不同的,因此对连续性的要求也就不同。如果用最小势能原理建立薄板弯曲的有限单元,那么满足 w,$\partial w/\partial x$ 和 $\partial w/\partial y$ 连续性条件的单元称为协调单元;若只有 w 连续,而 $\partial w/\partial x$ 和 $\partial w/\partial y$ 可能不连续的单元,则称为部分协调单元;若不仅 w,$\partial w/\partial x$ 和 $\partial w/\partial y$ 连续,还有 $\partial^2 w/\partial x^2$,$\partial^2 w/\partial x\partial y$ 和 $\partial^2 w/\partial y^2$ 也连续的单元,则称为过分协调单元。从理论上看,协调单元比较理想,因为它严格遵守变分原理,许多理论问题比较容易回答。部分协调单元的优点是公式比较简单,如果使用得当也能得到很好的近似解;但若使用不当,则收敛性较差。过分协调单元不是普遍适用的方法。如在某个问题中 $\partial^2 w/\partial x^2$,$\partial^2 w/\partial x\partial y$ 和 $\partial^2 w/\partial y^2$ 是不连续的,而在近似计算中强令它们处处连续,那么所得结果不可能收敛到正确解。但若问题的 $\partial^2 w/\partial x^2$,$\partial^2 w/\partial x\partial y$ 和 $\partial^2 w/\partial y^2$ 确实是连续的,那么利用相应的过分协调单元则能加快收敛速度。

薄板的弯曲问题和薄板的平面应力问题之间存在对应关系,参见 3.2.7 小节。弯曲问题的最小势能原理相当于平面问题的最小余能原理,而弯曲问题的最小余能原理则相当于平面问题的最小势能原理。由此可知,薄板弯曲问题的位移法相当于平面问题中的力法,而弯曲问题中的力法则相当于平面问题中的位移法。这里只讨论薄板弯曲问题的位移有限单元方法。

构造单元的核心工作是要写出满足变分原理要求的单元容许位移函数,其完备性和阶次决定了单元的性能,读者应该时刻铭记在心。理论上,容许位移函数的完备阶次越高,单元的精度也就越高,但计算量也就越大。从应用的角度看,在保证精度的前提下,计算量越小的单元就越好。在下面的讨论中,主要着重介绍结点参数的配置和容许位移函数的性质,并分析单元的协调性。给出常用板单元的刚度矩阵、质量矩阵和载荷列向量的显式。实际上,高斯积分方法是计算这些结构矩阵的有效方法。

3.2.4 矩形弯曲单元

矩形单元结点参数的配置方式有多种,这里主要讨论具有 12 个结点位移参数的部分协调矩形板单元。对于 16 和 24 个参数的矩形单元只做简单介绍。讨论的重点在于单元的构造方式和性能。

1. 12 个位移参数的部分协调矩形单元 ACM(Adini, Clough, Melosh)

图 3.2-4 给出了矩形薄板单元结点配置的参数。每个结点的三个参数分别为挠度 w、绕 x 轴的转角 ψ_x 和绕 y 轴的转角 ψ_y。挠度 w 的正方向与 z 轴一致，转角的正向用右手螺旋法则确定。结点 i 的位移列向量为

$$\boldsymbol{\delta}_i = \begin{bmatrix} w_i \\ \psi_{xi} \\ \psi_{yi} \end{bmatrix} = \begin{bmatrix} w_i \\ w_{,yi} \\ -w_{,xi} \end{bmatrix} \tag{3.2-27}$$

式中：$w_{,yi}$ 表示结点 i 的 $\partial w/\partial y$，以此类推。与 $\boldsymbol{\delta}_i$ 相对应的结点力列矩阵为

$$\boldsymbol{f}_i = \begin{bmatrix} Z_i \\ M_{xi} \\ M_{yi} \end{bmatrix} \tag{3.2-28}$$

式中：弯矩 M_{xi} 和 M_{yi} 的正向也遵循右手螺旋法则。注意，这里的 M_{xi} 和 M_{yi} 是结点 i 的弯矩，其含义与式(3.2-3)给出的和图 3.2-2 标出的单位中面宽度弯矩不同。由于该单元总共有 12 个结点位移参数，因此其容许位移函数为

$$\begin{aligned} w = {} & \alpha_0 + \alpha_1 x + \alpha_2 y + \alpha_3 x^2 + \alpha_4 xy + \alpha_5 y^2 + \alpha_6 x^3 + \\ & \alpha_7 x^2 y + \alpha_8 xy^2 + \alpha_9 y^3 + \alpha_{10} x^3 y + \alpha_{11} xy^3 \end{aligned} \tag{3.2-29}$$

在矩形单元的每条边上，w 是 x 或 y 的三次函数，它正好可由此边两端的四个位移参数完全确定，因而挠度 w 是协调的。在每条边上，$\partial w/\partial n$(法向导数)是 x 或 y 的三次函数，而在此边两端总共只有两个参数与 $\partial w/\partial n$ 有关，因而在每条边上，$\partial w/\partial n$ 可能是不协调的。所以这种单元是一种部分协调单元。Zienkiewicz 和 Clough 等各自独立推导了有关公式。

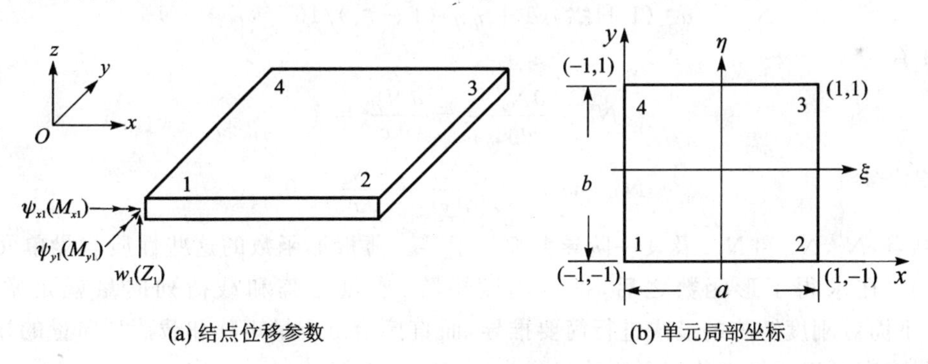

(a) 结点位移参数 (b) 单元局部坐标

图 3.2-4 薄板矩形单元

式(3.2-29)的前 3 项代表了薄板中面即薄板的 1 个刚体平动和 2 个刚体转动；第 4 项到第 6 项保证薄板的 2 个曲率和扭率为常量，这相当于等应变状态。因此容许位移函数(3.2-29)满足完备性条件。

引入无因次局部坐标使单元矩阵的推导工作具有一般性，并且有益于数值积分计算。图 3.2-4(b)定义的无因次坐标为

$$\xi = \frac{2x}{a} - 1, \quad \eta = \frac{2y}{b} - 1 \tag{3.2-30}$$

把式(3.2-30)代入式(3.2-29)并整理得

$$w=\beta_0+\beta_1\xi+\beta_2\eta+\beta_3\xi^2+\beta_4\xi\eta+\beta_5\eta^2+\beta_6\xi^3+\beta_7\xi^2\eta+\beta_8\xi\eta^2+\beta_9\eta^3+\beta_{10}\xi^3\eta+\beta_{11}\xi\eta^3 \tag{3.2-31}$$

根据式(3.2-31)可以得到有限元转角函数为

$$\psi_x=\frac{\partial w}{\partial y}=\frac{2\partial w}{b\partial\eta}=\frac{2}{b}(\beta_2+\beta_4\xi+2\beta_5\eta+\beta_7\xi^2+2\beta_8\xi\eta+3\beta_9\eta^2+\beta_{10}\xi^3+3\beta_{11}\xi\eta^2) \tag{3.2-32}$$

$$\psi_y=-\frac{\partial w}{\partial x}=-\frac{2\partial w}{a\partial\xi}=-\frac{2}{a}(\beta_1+2\beta_3\xi+\beta_4\eta+3\beta_6\xi^2+2\beta_7\xi\eta+\beta_8\eta^2+3\beta_{10}\xi^2\eta+\beta_{11}\eta^3) \tag{3.2-33}$$

将矩形单元的4个结点坐标(ξ_i, η_i)和结点位移(w_i, ψ_{xi}, ψ_{yi})分别代入式(3.2-31)~式(3.2-33),即可得到关于12个参数$\beta_0\sim\beta_{11}$的联立方程组。由此可用12个结点位移参数表示$\beta_0\sim\beta_{11}$,将这些关系再代入式(3.2-31)得

$$w=\sum_{i=1}^{4}(N_iw_i+N_{xi}\psi_{xi}+N_{yi}\psi_{yi})=\sum_{i=1}^{4}\boldsymbol{N}_i\boldsymbol{\delta}_i=\boldsymbol{N}\boldsymbol{\delta}^{\mathrm{e}} \tag{3.2-34}$$

$$\boldsymbol{N}=[\boldsymbol{N}_1\quad \boldsymbol{N}_2\quad \boldsymbol{N}_3\quad \boldsymbol{N}_4],\quad \boldsymbol{N}_i=[N_i\quad N_{xi}\quad N_{yi}] \tag{3.2-35}$$

$$(\boldsymbol{\delta}^{\mathrm{e}})^{\mathrm{T}}=[\boldsymbol{\delta}_1^{\mathrm{T}}\quad \boldsymbol{\delta}_2^{\mathrm{T}}\quad \boldsymbol{\delta}_3^{\mathrm{T}}\quad \boldsymbol{\delta}_4^{\mathrm{T}}] \tag{3.2-36}$$

式中:结点位移形函数为

$$\left.\begin{aligned}N_i&=(1+\xi_i\xi)(1+\eta_i\eta)(2+\xi_i\xi+\eta_i\eta-\xi^2-\eta^2)/8\\N_{xi}&=-b\eta_i(1+\xi_i\xi)(1+\eta_i\eta)(1-\eta^2)/16\\N_{yi}&=a\xi_i(1+\xi_i\xi)(1+\eta_i\eta)(1-\xi^2)/16\end{aligned}\right\} \tag{3.2-37}$$

在结点 i 有

$$N_i=\frac{\partial N_{xi}}{\partial y}=-\frac{\partial N_{yi}}{\partial x}=1$$

$$N_{xi}=N_{yi}=\frac{\partial N_i}{\partial y}=\frac{\partial N_i}{\partial x}=0$$

在其他结点,N_i,N_{xi}和N_{yi}及其一阶导数都等于零。薄板形函数的这些性质与梁单元形函数是类似的。在求得了形函数之后,推导刚度矩阵、质量矩阵和载荷列向量就是常规工作了[5,6]。下面对刚度矩阵的显式进行简要推导,而直接给出质量矩阵和载荷列向量的显式。

单元应变可以用结点位移列矩阵表示为

$$\boldsymbol{\varepsilon}=\boldsymbol{B}\boldsymbol{\delta}^{\mathrm{e}}=z[\boldsymbol{B}_1\quad \boldsymbol{B}_2\quad \boldsymbol{B}_3\quad \boldsymbol{B}_4]\boldsymbol{\delta}^{\mathrm{e}} \tag{3.2-38}$$

式中几何矩阵的子矩阵为

$$\boldsymbol{B}_i=-\begin{bmatrix}\boldsymbol{N}_{i,xx}\\\boldsymbol{N}_{i,yy}\\2\boldsymbol{N}_{i,xy}\end{bmatrix}=-\begin{bmatrix}4\boldsymbol{N}_{i,\xi\xi}/a^2\\4\boldsymbol{N}_{i,\eta\eta}/b^2\\8\boldsymbol{N}_{i,\xi\eta}/(ab)\end{bmatrix} \tag{3.2-39}$$

$$-\frac{4}{a^2}\boldsymbol{N}_{i,\xi\xi}=\frac{1}{2ab}\left[\frac{6b}{a}\xi_i\xi(1+\eta_i\eta)\quad 0\quad b\xi_i(1+3\xi_i\xi)(1+\eta_i\eta)\right]$$

$$-\frac{4}{b^2}\boldsymbol{N}_{i,\eta\eta}=\frac{1}{2ab}\left[\frac{6a}{b}\eta_i\eta(1+\xi_i\xi)\quad -a\eta_i(1+\xi_i\xi)(1+3\eta_i\eta)\quad 0\right]$$

$$-\frac{8}{ab}\boldsymbol{N}_{i,\xi\eta}=\frac{1}{2ab}\left[2\xi_i\eta_i(3\xi^2+3\eta^2-4)\quad -b\xi_i(3\eta^2+2\eta_i\eta-1)\quad a\eta_i(3\xi^2+2\xi_i\xi-1)\right]$$

式中：符号 $N_{i,xx}$ 和 $N_{i,\xi\xi}$ 等分别表示$\partial^2 N_i/\partial x^2$ 和$\partial^2 N_i/\partial \xi^2$等。于是，单元刚度矩阵的子矩阵为

$$\boldsymbol{k}_{ij}=\iiint z^2\boldsymbol{B}_i^{\mathrm{T}}\boldsymbol{E}\boldsymbol{B}_j\,\mathrm{d}x\mathrm{d}y\mathrm{d}z=\frac{ab}{4}\int_{-1}^{1}\int_{-1}^{1}\boldsymbol{B}_i^{\mathrm{T}}\boldsymbol{D}\boldsymbol{B}_j\,\mathrm{d}\xi\mathrm{d}\eta \tag{3.2-40}$$

将几何矩阵(3.2－39)和式(3.2－3)中的弹性矩阵 $\boldsymbol{D}$ 代入式(3.2－40)中，完成积分运算可得子矩阵的具体形式为

$$\boldsymbol{k}_{ij}=\begin{bmatrix}a_{11} & a_{12} & a_{13}\\ a_{21} & a_{22} & a_{23}\\ a_{31} & a_{32} & a_{33}\end{bmatrix} \tag{3.2-41}$$

$$\begin{aligned}
a_{11}&=12C\left[15\left(\frac{\xi_0}{\alpha^2}+\alpha^2\eta_0\right)+\left(14-4\nu+\frac{5}{\alpha^2}+5\alpha^2\right)\xi_0\eta_0\right]\\
a_{12}&=-6Cb\left[(2+3\nu+5\alpha^2)\xi_0\eta_i+15\alpha^2\eta_i+5\nu\xi_0\eta_j\right]\\
a_{13}&=6Ca\left[\left(2+3\nu+\frac{5}{\alpha^2}\right)\xi_i\eta_0+\frac{15}{\alpha^2}\xi_i+5\nu\xi_j\eta_0\right]\\
a_{21}&=-6Cb\left[(2+3\nu+5\alpha^2)\xi_0\eta_j+15\alpha^2\eta_j+5\nu\xi_0\eta_i\right]\\
a_{22}&=Cb^2\left[2(1-\nu)(3+5\eta_0)\xi_0+5\alpha^2(3+\xi_0)(3+\eta_0)\right]\\
a_{23}&=-15C\nu ab(\xi_i+\xi_j)(\eta_i+\eta_j)\\
a_{31}&=6Ca\left[\left(2+3\nu+\frac{5}{\alpha^2}\right)\xi_j\eta_0+\frac{15}{\alpha^2}\xi_j+5\nu\xi_i\eta_0\right]\\
a_{32}&=-15C\nu ab(\xi_i+\xi_j)(\eta_i+\eta_j)\\
a_{33}&=Ca^2\left[2(1-\nu)(3+5\xi_0)\eta_0+\frac{5}{\alpha^2}(3+\xi_0)(3+\eta_0)\right]
\end{aligned}$$

式中：

$$C=\frac{D}{60ab},\quad \xi_0=\xi_i\xi_j,\quad \eta_0=\eta_i\eta_j,\quad \alpha=\frac{a}{b}$$

如果单元受法向分布载荷 q 的作用，那么等效节点力为

$$\boldsymbol{q}_i^{\mathrm{e}}=\begin{bmatrix}Z_i\\ M_{xi}\\ M_{yi}\end{bmatrix}=\frac{ab}{4}\int_{-1}^{1}\int_{-1}^{1}q\boldsymbol{N}_i^{\mathrm{T}}\,\mathrm{d}\xi\mathrm{d}\eta \tag{3.2-42}$$

若 q 是单元表面上线性分布的法向载荷，则该载荷可以表示为

$$q=\sum_{i=1}^{4}\overline{N}_iq_i \tag{3.2-43}$$

式中：$q_i(i=1,2,3,4)$是4个结点上的载荷值，$\overline{N}_i$ 是由式(3.1－27)给出的四节点矩形平面单元的形函数，即

$$\overline{N}_i=(1+\xi_i\xi)(1+\eta_i\eta)/4$$

式(3.2－42)的积分结果为

$$\boldsymbol{q}_i^{\mathrm{e}}=\begin{bmatrix}Z_i\\ M_{xi}\\ M_{yi}\end{bmatrix}=\frac{ab}{1\,440}\begin{bmatrix}90\bar{q}_1+14\xi_i\eta_i\bar{q}_2+36\xi_i\bar{q}_3+36\eta_i\bar{q}_4\\ -b(15\eta_i\bar{q}_1+\xi_i\bar{q}_2+5\xi_i\eta_i\bar{q}_3+3\bar{q}_4)\\ a(15\xi_i\bar{q}_1+\eta_i\bar{q}_2+3\bar{q}_3+5\xi_i\eta_i\bar{q}_4)\end{bmatrix} \tag{3.2-44}$$

式中：

$$\bar{q}_1 = q_1 + q_2 + q_3 + q_4, \quad \bar{q}_2 = q_1 - q_2 + q_3 - q_4$$
$$\bar{q}_3 = -q_1 + q_2 + q_3 - q_4, \quad \bar{q}_4 = -q_1 - q_2 + q_3 + q_4$$

当 $q=q_0$ 为常量时，$\bar{q}_1=4q_0$，$\bar{q}_2=\bar{q}_3=\bar{q}_4=0$，则式(3.2-44)可简化为

$$\boldsymbol{q}_i^e = \begin{bmatrix} Z_i \\ M_{xi} \\ M_{yi} \end{bmatrix} = \frac{abq_0}{24}\begin{bmatrix} 6 \\ -b\eta_i \\ a\xi_i \end{bmatrix} \tag{3.2-45}$$

如果法向分布载荷是其他更复杂的分布形式，则可利用数值积分。式(3.2-46)给出了12个参数矩形薄板单元的质量矩阵。虽然这种单元是部分协调的，但大量数值计算结果表明，随着网格的细分，其结果收敛到正确解，因此这种单元是一种较好的元素。

$$m = \frac{\rho Ah}{25\,200} \times$$

$$\begin{bmatrix}
3\,454 & & & & & & & & & & & \\
461b & 80b^2 & & & & & & & & & & \\
-461a & -63ab & 80a^2 & & & & \text{对} & & & & & \\
1\,226 & 199b & -274a & 3\,454 & & & & & & & & \\
199b & 40b^2 & -42ab & 461b & 80b^2 & & & & & & & \\
274a & 42ab & -60a^2 & 461a & 63ab & 80a^2 & & & & \text{称} & & \\
394 & 116b & -116a & 61b & 274b & 199a & 3\,454 & & & & & \\
-116b & -30b^2 & 28ab & -274b & -60b^2 & -42ab & -461b & 80b^2 & & & & \\
116a & 28ab & -30a^2 & 199a & 42ab & 40a^2 & 461a & -63ab & 80a^2 & & & \\
1\,226 & 274b & -199a & 394 & 116b & 116a & 1\,226 & -199b & 274a & 3\,454 & & \\
-274b & -60b^2 & 42ab & -116b & -30b^2 & -28ab & -199b & 40b^2 & -42ab & -461b & 80b^2 & \\
-199a & -42ab & 40a^2 & -116ab & -28ab & -30a^2 & -274a & 42ab & -60a^2 & -461a & 63ab & 80a^2
\end{bmatrix} \tag{3.2-46}$$

为了说明12自由度矩形板单元边界法向转角不连续的情况，用方形单元计算了长宽比为2∶1的矩形板在法向均布力作用下产生弯曲的问题，从图3.2-5可以看出，随着网格的细分，单元边界法向转角不连续情况得到改善。

2. 16个位移参数的过分协调矩形单元

这种单元是由Bogner等首先提出的。每个结点配置的4个参数为

$$w, -\frac{\partial w}{\partial x}, \frac{\partial w}{\partial y}, \frac{\partial^2 w}{\partial x \partial y}$$

选完备双三次多项式作为容许位移函数，即

$$w = \sum_{i=0}^{3}\sum_{j=0}^{3} a_{ij}x^i y^j \tag{3.2-47}$$

式中：i, j 分别为 x, y 的幂次。在任何公共边上，w 和 $\partial w/\partial n$ 都是连续的。例如对于边 $\overline{14}$（见图3.2-4），w 是 y 的三次函数，它可由此边两端的 w 和 $\partial w/\partial y$ 完全确定，所以挠度 w 是连续的。而 $\partial w/\partial x$ 也是 y 的三次函数，它可由此边两端的 $\partial w/\partial x$ 和 $\partial^2 w/\partial x\partial y$ 完全确定，因此

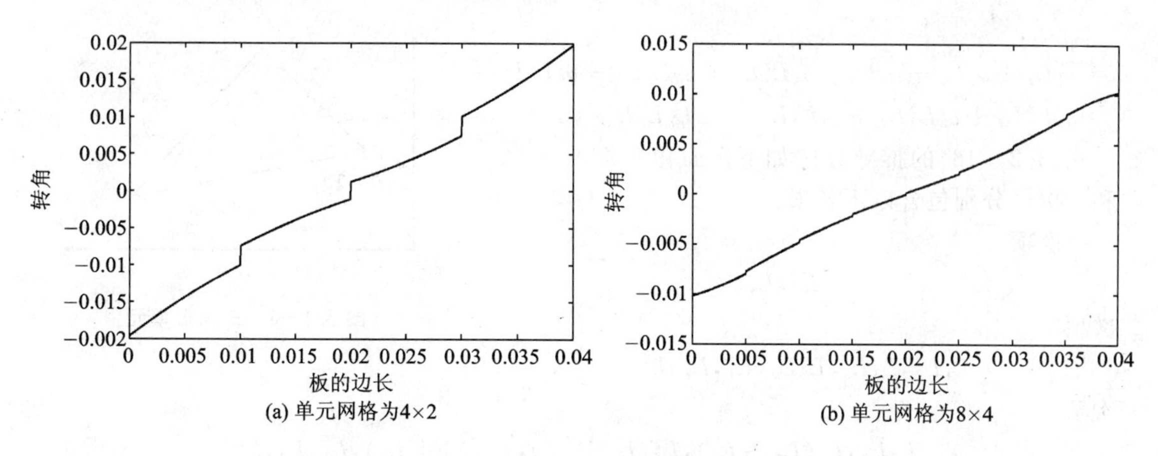

图3.2-5　12自由度矩形板单元边界法向转角不连续情况示意图

$\partial w/\partial x$ 也是连续的。此外，由于$\partial^2 w/\partial x\partial y$ 在结点上连续，因此这种单元是过分协调的。

这种单元的性能较好（无论对静力学问题还是动力学问题皆如此），但由于难以与三角形单元结合使用，因此其应用受到了限制。读者可用 Matlab 推导出其刚度矩阵、质量矩阵和载荷列向量的表达式。当板的表面作用有分布载荷时，其角点的扭矩不等于零，但要令其等于零，这样才能满足扭矩在角点连续的必要条件[1]。

3. 24个位移参数的过分协调矩形单元

1971年 Popplewell 和 McDonald 提出了24个位移参数的过分协调单元，但只说明了推导过程，Gopalacharyulu 和 Watkin 给出了容许位移函数。每个结点配置的6个参数为

$$w,\frac{\partial w}{\partial x},\frac{\partial w}{\partial y},\frac{\partial^2 w}{\partial x^2},\frac{\partial^2 w}{\partial x\partial y},\frac{\partial^2 w}{\partial y^2}$$

这种矩形单元的优点是它可以与18个参数的三角形单元联合使用。

3.2.5　三角形弯曲单元

三角形单元的优点是能够处理比较复杂的边界。结点参数相同的三角形单元的精度通常要低于矩形单元。三角形单元结点及其参数的配置方法有多种，下面主要讨论具有9个结点位移参数的三角形薄板弯曲单元，这种单元可与前面讨论的12个结点位移参数的矩形单元联合使用。对于其他类型的三角形薄板单元，这里只给出其结点参数配置情况，感兴趣的读者可以参考关于有限元方法的专著。

1. 9个位移参数的部分协调三角形单元

这是一种常用的三结点三角形单元，其结点参数为挠度 w、绕 x 轴的转角 $\psi_x=\partial w/\partial y$ 和绕 y 轴的转角 $\psi_y=-\partial w/\partial x$，如图3.2-6所示。3个结点共有9个参数，因此选择的位移函数也应该只包含9项。下面选取关于 x 和 y 的完备三次函数作为单元容许位移函数，即

$$w = \alpha_1 L_1 + \alpha_2 L_2 + \alpha_3 L_3 + \alpha_4 L_1^2 L_2 + \alpha_5 L_1^2 L_3 + \alpha_6 L_2^2 L_3 + \alpha_7 L_2^2 L_1 + \alpha_8 L_3^2 L_2 + \alpha_9 L_3^2 L_1 + \alpha_{10} L_3 L_2 L_1 \quad (3.2-48)$$

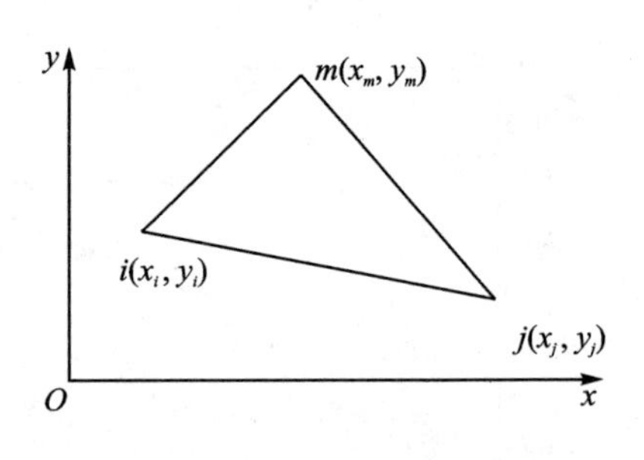

图 3.2-6 三角形单元

式(3.2-48)的推导方法如下。面积坐标的一次、二次和三次项分别包含以下各项：

一次项

$$L_1, L_2, L_3 \quad (a)$$

二次项

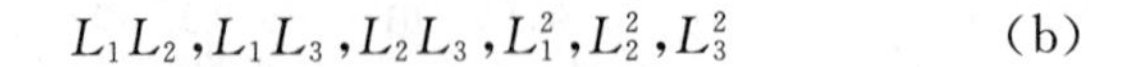

$$L_1 L_2, L_1 L_3, L_2 L_3, L_1^2, L_2^2, L_3^2 \quad (b)$$

三次项

$$L_1 L_2 L_3, L_1^2(L_2 + L_3), L_2^2(L_1 + L_3), L_3^2(L_2 + L_1), L_1^3, L_2^3, L_3^3 \quad (c)$$

由于面积坐标与直角坐标 x, y 的关系是线性的，所以关于 x 和 y 的完备一次多项式可用面积坐标表示为

$$\alpha_1 L_1 + \alpha_2 L_2 + \alpha_3 L_3$$

关于 x 和 y 的完备二次多项式应该至少包括式(b)中的 3 项(参见 Pascal 三角形，图 3.1-6)以及式(a)和式(b)中的其他任意 3 项，比如

$$\alpha_1 L_1 + \alpha_2 L_2 + \alpha_3 L_3 + \alpha_4 L_1 L_2 + \alpha_5 L_1 L_3 + \alpha_6 L_2 L_3$$

关于 x 和 y 的完备三次多项式应该至少包括式(c)中的 4 项以及式(a)、式(b)和式(c)中的其他任意 6 项，比如

$$\alpha_1 L_1 + \alpha_2 L_2 + \alpha_3 L_3 + \alpha_4 L_1^2 L_2 + \alpha_5 L_1^2 L_3 + \alpha_6 L_2^2 L_3 + \alpha_7 L_2^2 L_1 + \alpha_8 L_3^2 L_2 + \alpha_9 L_3^2 L_1 + \alpha_{10} L_3 L_2 L_1$$

在式(3.2-48)中，总共有 10 项，但结点位移参数只有 9 个，应该减少 1 个独立项。容易验证，$L_3 L_2 L_1$ 在 3 个顶点都不产生挠度和斜率，因此 α_{10} 代表一种内部自由度并且无法用其他结点位移参数来表示。如果令 $\alpha_{10}=0$，那么式(3.2-48)中不包含各种可能的 x 和 y 的二次式，收敛性不能得到保证。为了保证收敛性，可将这项归并到其他所有三次项中，即

$$w = \alpha_1 L_1 + \alpha_2 L_2 + \alpha_3 L_3 + \alpha_4 (L_1^2 L_2 + c L_3 L_2 L_1) + \alpha_5 (L_1^2 L_3 + c L_3 L_2 L_1) + \cdots + \alpha_8 (L_3^2 L_2 + c L_3 L_2 L_1) + \alpha_9 (L_3^2 L_1 + c L_3 L_2 L_1) \quad (3.2-49)$$

式中右端前 3 项表达薄板的刚体运动状态。为了保证式(3.2-49)给出的容许位移函数能够表达板弯曲的等应变(或等曲率和扭率状态)，只能选取其中的 $c=1/2$。于是有

$$w = \alpha_1 L_1 + \alpha_2 L_2 + \alpha_3 L_3 + \alpha_4 (L_1^2 L_2 + L_3 L_2 L_1/2) + \alpha_5 (L_1^2 L_3 + L_3 L_2 L_1/2) + \cdots + \alpha_8 (L_3^2 L_2 + L_3 L_2 L_1/2) + \alpha_9 (L_3^2 L_1 + L_3 L_2 L_1/2) \quad (3.2-50)$$

在这种单元的任意一条边上，w 是 L_1, L_2 和 L_3 的三次函数，因此也是弧长 s 的三次函数，这个三次函数可由此边两端的 6 个参数完全确定，与第 3 个顶点无关，因此在两个单元的公共边上，挠度是连续的。在每条边上，法向导数 $\partial w/\partial n$ 是 L_1, L_2 和 L_3 的二次函数，因而也是弧长 s 的二次函数，而用这条边两端的 $\partial w/\partial n$ 不能唯一确定该二次函数，因此在用式(3.2-50)来确定该边的 $\partial w/\partial n$ 时，一般还需要第 3 个顶点的信息。这就导致在公共边上，$\partial w/\partial n$ 有一个自由度不协调。这也是该单元为不协调单元的原因。

式(3.2-50)中的 9 个参数 $\alpha_1, \cdots, \alpha_9$ 可用 9 个结点位移参数确定，于是有

$$w = \boldsymbol{N}_i \boldsymbol{\delta}_i + \boldsymbol{N}_j \boldsymbol{\delta}_j + \boldsymbol{N}_m \boldsymbol{\delta}_m = \boldsymbol{N} \boldsymbol{\delta}^e \quad (3.2-51)$$

式中：

$$\boldsymbol{N} = [\boldsymbol{N}_i \quad \boldsymbol{N}_j \quad \boldsymbol{N}_m], \quad (\boldsymbol{\delta}^e)^T = [\boldsymbol{\delta}_i^T \quad \boldsymbol{\delta}_j^T \quad \boldsymbol{\delta}_m^T]$$

$$\boldsymbol{N}_i = [N_i \quad N_{xi} \quad N_{yi}], \quad \boldsymbol{\delta}_i^T = [w_i \quad \psi_{xi} \quad \psi_{yi}] \quad (i = i, j, m)$$

形函数表达式为

$$\left.\begin{aligned} N_i &= L_i + L_i^2 L_j + L_i^2 L_m - L_i L_j^2 - L_i L_m^2 \\ N_{xi} &= b_j L_i^2 L_m - b_m L_i^2 L_j + \frac{1}{2}(b_j - b_m) L_i L_j L_m \\ N_{yi} &= c_j L_i^2 L_m - c_m L_i^2 L_j + \frac{1}{2}(c_j - c_m) L_i L_j L_m \end{aligned}\right\} \tag{3.2-52}$$

式中：b_j 和 c_j 的定义可参见式(3.1-53)。可以验证，形函数式(3.2-52)具有与12个结点参数矩形板单元相同的性质，如表3.2-1所列。

表3.2-1　三角形薄板单元的形函数性质

结　点	N_i	$\frac{\partial N_i}{\partial y}$	$-\frac{\partial N_i}{\partial x}$	N_{xi}	$\frac{\partial N_{xi}}{\partial y}$	$-\frac{\partial N_{xi}}{\partial x}$	N_{yi}	$\frac{\partial N_{yi}}{\partial y}$	$-\frac{\partial N_{yi}}{\partial x}$
i	1	0	0	0	1	0	0	0	1
j 和 m	0	0	0	0	0	0	0	0	0

在确定了单元容许位移函数之后，余下的工作就是推导单元的质量矩阵和刚度矩阵以及载荷列向量。从薄板的势能泛函或板的本构关系可以看出，在推导刚度矩阵或计算内力矩时，需要计算挠度对直角坐标的二次导数。由于形函数是用面积坐标表示的，因此需要给出两个坐标系之间的导数关系。取 L_i 和 L_j 作为独立坐标，$L_m = 1 - L_i - L_j$ 作为 L_i 和 L_j 的函数，于是有

$$\begin{bmatrix} \partial/\partial x \\ \partial/\partial y \end{bmatrix} = \frac{1}{2A}\begin{bmatrix} b_i & b_j \\ c_i & c_j \end{bmatrix}\begin{bmatrix} \partial/\partial L_i \\ \partial/\partial L_j \end{bmatrix} \tag{3.2-53}$$

和

$$\begin{bmatrix} \partial^2/\partial x^2 \\ \partial^2/\partial y^2 \\ 2\partial^2/\partial x \partial y \end{bmatrix} = \frac{1}{4A^2}\boldsymbol{T}\begin{bmatrix} \partial^2/\partial L_i^2 \\ \partial^2/\partial L_j^2 \\ \partial^2/\partial L_i \partial L_j \end{bmatrix} \tag{3.2-54}$$

式中：

$$\boldsymbol{T} = \begin{bmatrix} b_i^2 & b_j^2 & 2b_i b_j \\ c_i^2 & c_j^2 & 2c_i c_j \\ 2b_i c_i & 2b_j c_j & 2(b_i c_j + b_j c_i) \end{bmatrix}$$

根据薄板的几何方程，可以得到单元应变函数的列矩阵为

$$\boldsymbol{\varepsilon} = \boldsymbol{B}\boldsymbol{\delta}^e = z[\boldsymbol{B}_i \quad \boldsymbol{B}_j \quad \boldsymbol{B}_m]\begin{bmatrix} \boldsymbol{\delta}_i \\ \boldsymbol{\delta}_j \\ \boldsymbol{\delta}_m \end{bmatrix} \tag{3.2-55}$$

式中：

$$\boldsymbol{B}_k = -\begin{bmatrix} \boldsymbol{N}_{k,xx} \\ \boldsymbol{N}_{k,yy} \\ \boldsymbol{N}_{k,xy} \end{bmatrix} = -\frac{1}{4A^2}\boldsymbol{T}\begin{bmatrix} \boldsymbol{N}_{k,ii} \\ \boldsymbol{N}_{k,jj} \\ \boldsymbol{N}_{k,ij} \end{bmatrix} \quad (k = i, j, m) \tag{3.2-56}$$

式中：符号 $\boldsymbol{N}_{k,ii}$ 等表示形函数 $\boldsymbol{N}_k$ 对面积坐标 L_i 的二次偏导数等。单元刚度矩阵的子矩阵为

$$\boldsymbol{K}_{rs}^{e} = \iint_{\Omega} \boldsymbol{B}_r^{\mathrm{T}} \boldsymbol{D} \boldsymbol{B}_s \mathrm{d}x\mathrm{d}y = 2A\int_0^1\int_0^{1-L_2} \boldsymbol{B}_r^{\mathrm{T}} \boldsymbol{D} \boldsymbol{B}_s \mathrm{d}L_1 \mathrm{d}L_2 \tag{3.2-57}$$

式中：$r,s=i,j,m$。推导 $\mathrm{d}x\mathrm{d}y=2A\mathrm{d}L_1\mathrm{d}L_2$ 的方法可参见式(3.1-68)和式(3.1-69)。欧阳鬯[6]和谢贻权[5]等给出了这种单元刚度矩阵的显式，由于公式较长，这里没有列出。利用数值积分方法计算(3.2-57)也是很方便的，参见本章有关部分的内容。

等效结点载荷和质量矩阵的计算是比较简单的。设单元受法向分布载荷 q 的作用，对应的等效结点载荷列向量为

$$\boldsymbol{q}_i^{e} = \begin{bmatrix} Z_i \\ M_{xi} \\ M_{yi} \end{bmatrix} = \iint_{\Omega} q\boldsymbol{N}_i^{\mathrm{T}} \mathrm{d}x\mathrm{d}y \quad (i=i,j,m) \tag{3.2-58}$$

如果分布载荷在单元内是线性变化的，即

$$q = L_i q_i + L_j q_j + L_m q_m \tag{3.2-59}$$

式中：q_i，q_j 和 q_m 分别为 q 在结点 i，j 和 m 处的大小。将式(3.2-59)代入式(3.2-58)得

$$\boldsymbol{q}_i^{e} = \frac{A}{360}\begin{bmatrix} 64q_i + 28(q_j+q_m) \\ 7(b_j-b_m)q_i + (3b_j-5b_m)q_j + (5b_j-3b_m)q_m \\ 7(c_j-c_m)q_i + (3c_j-5c_m)q_j + (5c_j-3c_m)q_m \end{bmatrix} \quad (i=i,j,m) \tag{3.2-60}$$

如果分布载荷为常数，即 $q=q_0$，则式(3.2-60)简化为

$$\boldsymbol{q}_i^{e} = \frac{Aq_0}{24}\begin{bmatrix} 8 \\ b_j-b_m \\ c_j-c_m \end{bmatrix} \quad (i=i,j,m) \tag{3.2-61}$$

大量实践表明，如果网格尽量规格化，则这种单元的收敛性是能够保证的。

2. 6个位移参数的部分协调三角形单元

3个顶点的位移参数为 w，3条边中点的位移参数为法向导数 $\partial w/\partial n$（向外为正），如图3.2-7所示。为了计算方便，可将挠度 w 用一个二次函数来插值，有

$$w = w_1L_1 + w_2L_2 + w_3L_3 + A_1L_1(1-L_1) + A_2L_2(1-L_2) + A_3L_3(1-L_3) \tag{3.2-62}$$

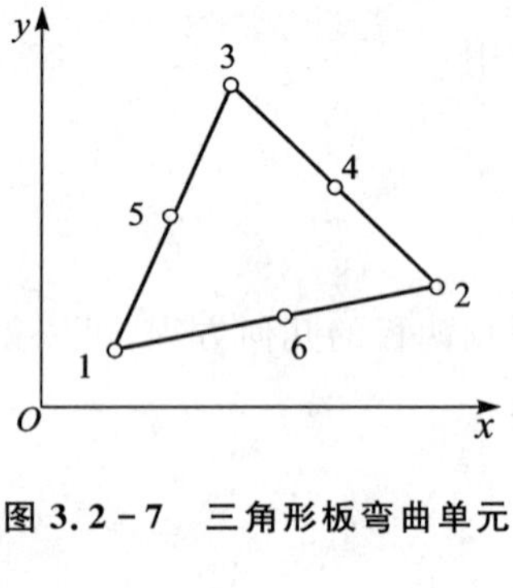

式中：A_1，A_2 和 A_3 可通过3条边中点的法向导数确定，即

$$\begin{bmatrix} A_1 \\ A_2 \\ A_3 \end{bmatrix} = 2A\begin{bmatrix} \dfrac{1}{l_1}\dfrac{\partial w_4}{\partial n} \\ \dfrac{1}{l_2}\dfrac{\partial w_5}{\partial n} \\ \dfrac{1}{l_3}\dfrac{\partial w_6}{\partial n} \end{bmatrix}$$

图3.2-7　三角形板弯曲单元

其中 l_1，l_2 和 l_3 分别是与顶点1,2和3对应边的长度。这种单元的挠度只在3个顶点连续，而法向导数也只在三条边的中点连续，这是一种最起码的部分协调单元。在单元内部，曲率是常数，弯曲刚度通常假设为常数，因此内力矩为常数，所以称这种单元为常内力矩单元。

3. 18 个位移参数的过分协调三角形单元

在这种单元中，每个结点配置的 6 个参数为

$$w,\frac{\partial w}{\partial x},\frac{\partial w}{\partial y},\frac{\partial^2 w}{\partial x^2},\frac{\partial^2 w}{\partial x\partial y},\frac{\partial^2 w}{\partial y^2}$$

这种三角形单元的优点是可与 24 个参数的矩形单元联合使用。

3.2.6 完全协调三角形弯曲单元

前面介绍的薄板单元，不是部分协调就是过分协调。为了建立恰到好处的协调单元，需要借助一些其他概念或方法，如二次分片插入法、杂交方法、条件极值法、分项插入法和离散法线假设法等。这里只介绍由 Clough 和 Tocher 建立三角形协调单元使用的二次分片插入法。

考虑如图 3.2-8 所示的三角形单元，每个顶点赋予的 3 个位移参数为

$$w,\frac{\partial w}{\partial x},\frac{\partial w}{\partial y}$$

在 3 条边的中点各赋予的 1 个位移参数为

$$\frac{\partial w}{\partial n}$$

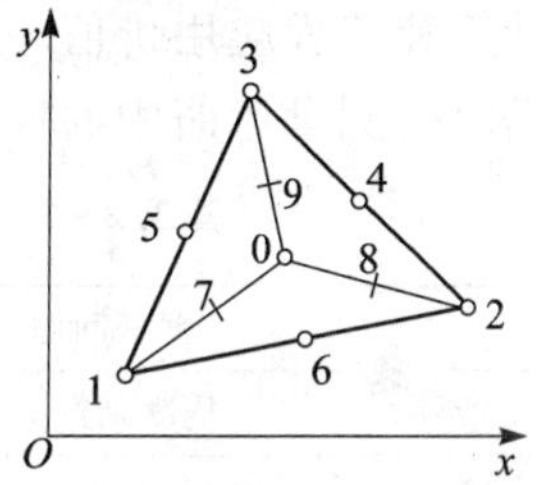

图 3.2-8　协调三角形薄板弯曲单元

这样，三角形单元共有 12 个位移参数。在三角形单元内再取一个点 0（通常选择形心），它将原三角形分割成 3 个小三角形 031，012 和 023。为 0 点也赋予 3 个参数 w_0，$\partial w_0/\partial x$ 和$\partial w_0/\partial y$。

对于每个小三角形的容许位移函数，用完备的三次多项式进行插值，其中 10 个系数正好用两个顶点的 6 个参数、边中点的 1 个参数和 0 点的 3 个参数唯一确定。

这样，在三角形单元的公共边（如 23 边）上，位移是完全协调的，这是因为在每条边上，挠度 w 是边界弧长 s 的三次函数，它正好由此边两端的位移参数确定，$\partial w/\partial n$ 是 s 的二次函数（注意，这与矩形单元不同），它正好由此边两端及中点的参数完全确定。

在三角形的内部边界 01，02 和 03 上，w 是弧长 s 的三次函数，因此是连续的。$\partial w/\partial n$ 是 s 的二次函数，因此只要能够保证在内部边界的中点 7，8 和 9 上的$\partial w/\partial n$ 是连续的，则$\partial w/\partial n$ 在整个内部边界上就都连续。因为还有 3 个内部自由度 w_0，$\partial w_0/\partial x$ 和$\partial w_0/\partial y$ 可供选择，因此这些要求是可以满足的。

由此可知，经过在三角形单元内部再划分后，就可做到在三角形内部和各个三角形单元之间都是协调的，因此该三角形单元是一种完全协调的 12 个位移参数单元（通过 3 个内边中点法向导数的连续条件已经将 3 个内部自由度消去）。此外，还可以证明，在挠度的插值函数中包含着任意的 x 和 y 的二次多项式，这可保证该单元是收敛的。

有了协调的三角形元素，就可构造协调的任意四边形单元，这是因为任何一个四边形总可以分割成为两个三角形。完全协调三角形单元的主要问题是其刚度偏大，由它得到的位移偏小而频率偏高，所以在许多场合，部分协调单元的效果会更好一些。

3.2.7 平面弹性与薄板弯曲问题的相似性

平面弹性问题的传统解法采用 Airy 应力函数，它满足重调和方程。在没有法向分布载荷

的情况下，均匀薄板的弯曲挠度函数也满足重调和方程，参见式(3.2-22c)。既然基本方程相同，Southwell 指出两者之间当然存在严密的对应关系。概括地说，弯曲问题的最小势能原理相当于平面问题的最小余能原理，弯曲问题的最小余能原理相当于平面问题的最小势能原理。由此可知，薄板弯曲问题的位移法相当于平面问题中的力法，而弯曲问题的力法则相当于平面问题的位移法。这使得两类力学性质不同的单元的构造可以互相参考，两类问题的其他求解方法也可以互相模拟[1,7-8]。

平面弹性问题的有限元方法是最先发展的，也是最完善的。但其有限元列式使用的是结点位移，而没有采用重调和方程应力函数。在建立板弯曲位移有限单元时，由于高阶次的重调和方程，导致出现 C^1 连续性问题，使得构造位移单元列式比平面弹性问题困难得多。放弃薄板弯曲问题的重调和方程，将有利于薄板有限元方法的发展。

表 3.2-2 给出了平面弹性与薄板弯曲问题的对应关系。两类问题的相似性具有重要的理论、计算和工程应用价值。例如在做实验分析时，测量平面问题中的应变比测量弯曲问题中的曲率容易；测量弯曲中的挠度较容易，但平面问题中的应力函数 φ 是无法测量的抽象函数。

表 3.2-2 薄板弯曲问题与平面问题的相似性(板内没有载荷)

薄板问题	平面问题
挠度函数 w	Airy 应力函数 φ
弯矩函数 φ_x,φ_y $M_x=\dfrac{\partial\varphi_y}{\partial y},M_y=\dfrac{\partial\varphi_x}{\partial x},\ 2M_{xy}=\dfrac{\partial\varphi_x}{\partial y}+\dfrac{\partial\varphi_y}{\partial x}$	位移函数 u,v $\varepsilon_x=\dfrac{\partial u}{\partial x},\varepsilon_y=\dfrac{\partial v}{\partial y},\ \gamma_{xy}=\dfrac{\partial u}{\partial y}+\dfrac{\partial v}{\partial x}$
挠度与曲率关系 $\kappa_x=-\dfrac{\partial^2 w}{\partial x^2},\kappa_y=-\dfrac{\partial^2 w}{\partial y^2},\kappa_{xy}=-\dfrac{\partial^2 w}{\partial y\partial x}$	应力函数与应力关系 $\sigma_x=\dfrac{\partial^2\varphi}{\partial y^2},\sigma_y=\dfrac{\partial^2\varphi}{\partial x^2},\tau_{xy}=-\dfrac{\partial^2\varphi}{\partial y\partial x}$
弯矩与曲率关系 $M_x=D(\kappa_x+\nu\kappa_y)$ $M_x=D(\nu\kappa_x+\kappa_y)$ $2M_{xy}=2D(1-\nu)\kappa_{xy}$	应力与应变关系 $\varepsilon_x=(\sigma_x-\nu\sigma_y)/E$ $\varepsilon_y=(-\nu\sigma_x+\sigma_y)/E$ $\gamma_{xy}=2(1+\nu)\tau_{xy}/E$
已知力的边界 $\varphi_n=\bar{\varphi}_n,\varphi_s=\bar{\varphi}_s$	已知位移边界 $u=\bar{u},v=\bar{v}$
固支边界 $\kappa_y\cos\theta+\kappa_{xy}\sin\theta=0$ $\kappa_x\sin\theta+\kappa_{xy}\cos\theta=0$	自由边界 $\sigma_x\cos\theta+\tau_{xy}\sin\theta=0$ $\sigma_y\sin\theta+\tau_{xy}\cos\theta=0$
刚体挠度 $w=a_0+a_1x+a_2y$	零应力 Airy 应力函数 $\varphi=a_0+a_1x+a_2y$
最小余能原理	最小势能原理
类 H-R 变分原理 $\varphi_x,\varphi_y;\kappa_x,\kappa_y,\kappa_{xy}$	H-R 变分原理 $u,v;\sigma_x,\sigma_y,\tau_{xy}$
类 H-W 变分原理 $\varphi_x,\varphi_y;\kappa_x,\kappa_y,\kappa_{xy};M_x,M_y,M_{xy}$，无 w	H-W 变分原理 $u,v;\sigma_x,\sigma_y,\tau_{xy};\varepsilon_x,\varepsilon_y,\gamma_{xy}$，无 φ

3.3　剪切板

赖斯纳(Reissner)在 1944 年提出了考虑横向剪切变形的各向同性板理论,通常称为剪切板或中厚板理论,也有文献称为闵德林(Mindlin)板理论。该理论实质上是剪切梁理论的二维推广,其中假设原先垂直于板中面的一段直线在板变形时始终保持为长度不变的直线,但可不再与变形后的板中面垂直。因此,需要通过板的挠度以及上述直线段在两个方向上的转角才能完全确定板的变形状况。由于剪切板中有 3 个广义位移,因此该理论也称为具有 3 个广义位移的板理论,适合于中厚板的静、动力分析。

3.3.1　基本公式

选取板的中面为 xy 平面,z 轴与 xy 平面垂直,板内任一点的位移为

$$\left.\begin{aligned}u(x,y,z) &= -z\psi_x(x,y)\\ v(x,y,z) &= -z\psi_y(x,y)\\ w(x,y,z) &= w(x,y)\end{aligned}\right\} \tag{3.3-1}$$

式中:ψ_x 是 xz 平面内的转角,从 x 轴到 z 轴的转向为正;ψ_y 是 yz 平面内的转角,从 y 轴到 z 轴的转向为正;w 仍为挠度。将式(3.3-1)代入平面应力本构关系式(3.1-3b)中并沿厚度方向积分得与式(3.2-3)形式相同的弯矩与曲率关系为

$$\boldsymbol{M} = \boldsymbol{D\kappa} \tag{3.3-2}$$

式中曲率的定义与薄板情况不同,此处定义为

$$\boldsymbol{\kappa}^{\mathrm{T}} = \left[-\frac{\partial\psi_x}{\partial x} \quad -\frac{\partial\psi_y}{\partial y} \quad -\left(\frac{\partial\psi_x}{\partial y}+\frac{\partial\psi_y}{\partial x}\right)\right] = \left[\boldsymbol{\kappa}_x \quad \boldsymbol{\kappa}_y \quad 2\boldsymbol{\kappa}_{xy}\right]$$

在剪切板理论中,由于放松了直法线假设,因此出现了如下两个剪切变形,即

$$\gamma_x = \frac{\partial w}{\partial x} - \psi_x, \quad \gamma_y = \frac{\partial w}{\partial y} - \psi_y \tag{3.3-3}$$

与薄板不同,剪切板的剪力可直接利用物理方程导出为

$$Q_x = kGh\left(\frac{\partial w}{\partial x} - \psi_x\right), \quad Q_y = kGh\left(\frac{\partial w}{\partial y} - \psi_y\right) \tag{3.3-4}$$

式中:k 是剪切修正系数,当材料沿板厚均匀分布时,通常 $k=5/6$,也有人用 $k=\pi^2/12$。弯矩和剪力与应力的关系与薄板的情况完全相同,参见式(3.2-5)和式(3.2-6)。剪切板的应变能密度函数 U 为

$$U = \frac{1}{2}\boldsymbol{\kappa}^{\mathrm{T}}\boldsymbol{D\kappa} + \frac{1}{2}kGh\boldsymbol{\gamma}^{\mathrm{T}}\boldsymbol{\gamma} \tag{3.3-5}$$

式中:

$$\boldsymbol{\gamma}^{\mathrm{T}} = \left[\frac{\partial w}{\partial x} - \psi_x \quad \frac{\partial w}{\partial y} - \psi_y\right] \tag{3.3-6}$$

取 w,ψ_x 和 ψ_y 作为自变函数,即可写出剪切板的总势能泛函为

$$\Pi = \iint_A\left(\frac{1}{2}\boldsymbol{\kappa}^{\mathrm{T}}\boldsymbol{D\kappa} + \frac{1}{2}kGh\boldsymbol{\gamma}^{\mathrm{T}}\boldsymbol{\gamma} - m_x\psi_x - m_y\psi_y - qw\right)\mathrm{d}x\mathrm{d}y +$$

$$\int_{B_\sigma}(\overline{M}_{ns}\psi_s-\overline{Q}_n w)\mathrm{d}s+\int_{B_\sigma+B_\psi}\overline{M}_n\psi_n\mathrm{d}s \tag{3.3-7}$$

式中：m_x 和 m_y 分别为 xz 平面和 yz 平面内的分布弯矩；ψ_n 为 nz 平面内的转角；ψ_s 为 sz 平面内的转角。经过变分和分部积分运算，容易得到欧拉方程为

$$\left.\begin{aligned}-\frac{\partial M_x}{\partial x}-\frac{\partial M_{xy}}{\partial y}+Q_x+m_x=0\\-\frac{\partial M_y}{\partial y}-\frac{\partial M_{xy}}{\partial x}+Q_y+m_y=0\\\frac{\partial Q_x}{\partial x}+\frac{\partial Q_y}{\partial y}+q=0\end{aligned}\right\} \tag{3.3-8}$$

自然边界条件为

$$M_n=\overline{M}_n \quad (\text{简支边 } B_\psi) \tag{3.3-9a}$$

$$M_n=\overline{M}_n, M_{ns}=\overline{M}_{ns}, Q_n=\overline{Q}_n \quad (\text{自由边 } B_\sigma) \tag{3.3-9b}$$

位移边界条件为

$$w=\bar{w}, \psi_n=\bar{\psi}_n, \psi_s=\bar{\psi}_s \quad (\text{固支边上}) \tag{3.3-9c}$$

$$w=\bar{w}, \psi_s=\bar{\psi}_s \quad (\text{简支边 } B_\psi) \tag{3.3-9d}$$

式中：带有上横杠的量是事先指定的位移或外力，可以为零。综合式(3.3-9)的位移和力的边界条件可以看出，剪切板任意边界处的边界条件个数为 3，而薄板理论中边界条件的个数为 2。

在梁的理论中，从欧拉梁理论到剪切梁理论，考虑剪切变形虽然导致了广义位移和广义载荷个数的增加，但两种梁理论中边界条件的个数却是相同的。在板的理论中，从薄板理论到剪切板理论，考虑剪切变形不但增加了广义位移和广义载荷的个数，也使剪力从不独立变为独立，还使边界条件的个数增加了 1 个，这是板的特有现象。

值得指出的是，厚板理论存在边界效应[1]。比如，厚板理论自由边的剪力为零，若考察剪力从板中央到自由边的变化过程，就会发现在自由边附近剪力急剧减小为零，这就是厚板的边界效应。随着板厚度的减小，这种效应会越来越剧烈，参见 3.6 节。而综合剪力 $Q_n+\partial M_{ns}/\partial s$ 却不存在这种剧烈变化现象，因此，对于板的自由边，综合剪力等于零比剪力 Q_n 等于零更为合理。在板的固支和简支边界上也会存在边界效应现象。为了能够在有限元方法结果中看到边界效应，需要细化边界附近的网格。

3.3.2 四边形单元

在剪切板的总势能泛函表达式中，w，ψ_x 和 ψ_y 的最高阶导数都是一阶的，因此剪切板的有限元属于 C^0 类。从力学观点看，剪切板理论是剪切梁理论的二维推广，自变函数从 2 个增加到 3 个。从有限元角度看，厚板与本章开始讨论的平面弹性的有限元同属于 C^0 类，w，ψ_x 和 ψ_y 的具体表达式可直接套用平面弹性力学问题中 u 和 v 的表达式，只是分块的结点位移矢量多了 1 个，但并没有带来本质的不同。

与基于 Kirchhoff 假设的薄板有限元方法相比，剪切板有限元理论具有其特殊性。前者属于 C^1 连续性问题，即要求挠度的一阶导数也连续，也正是这个连续条件使得构造完全协调薄板单元的工作复杂化。后者与平面弹性力学问题相同，属于 C^0 类连续性问题，不但单元的构造方法简单（与平面问题完全相同），还可以利用等参变换得到任意四边形甚至曲边四边形

剪切板单元。

与构造剪切梁单元的情况类似,关心是否可以构造适用于各种剪切刚度(甚至无穷大)的剪切板单元是很自然的。不过,构造通用剪切板单元是有困难的,主要是由于 w,ψ_x 和 ψ_y 为彼此相互独立的 3 个函数,即使在剪切刚度无穷大时,这 3 个函数也是相互独立的,但此时薄板理论则要求 $\psi_x=\partial w/\partial x$ 和 $\psi_y=\partial w/\partial y$,因此用 w,ψ_x 和 ψ_y 作为独立参数难以达到构造通用剪切板单元的目的,参见表 3.3-1。若选

$$w,\partial w/\partial x,\partial w/\partial y,\gamma_x \text{ 和 } \gamma_y \tag{3.3-10}$$

作为结点参数,则可以构造通用元素,因为此时剖面转角为

$$\psi_x=\frac{\partial w}{\partial x}-\gamma_x,\quad \psi_y=\frac{\partial w}{\partial y}-\gamma_y$$

虽然以 w,ψ_x 和 ψ_y 作为独立参数难以构造通用剪切板元素,但已有数值模拟结果表明,通过减缩积分(reduced integration)方法可使这样构造的元素适合薄板情况。下面给出 8 结点厚板等参数单元的近似位移函数和形函数的具体形式,参见表 3.3-1 中的第 6 号元素,至于结构矩阵的计算方法则与平面问题的相同,此处不再赘述。

1. 位移模式

图 3.3-1 所示的是 8 结点四边形剪切板单元,其单元结点位移参数为

$$\boldsymbol{\delta}_i=\begin{bmatrix}w_i\\ \theta_{xi}\\ \theta_{yi}\end{bmatrix}=\begin{bmatrix}w_i\\ \psi_{yi}\\ -\psi_{xi}\end{bmatrix}\quad (i=1,2,\cdots,8) \tag{3.3-11}$$

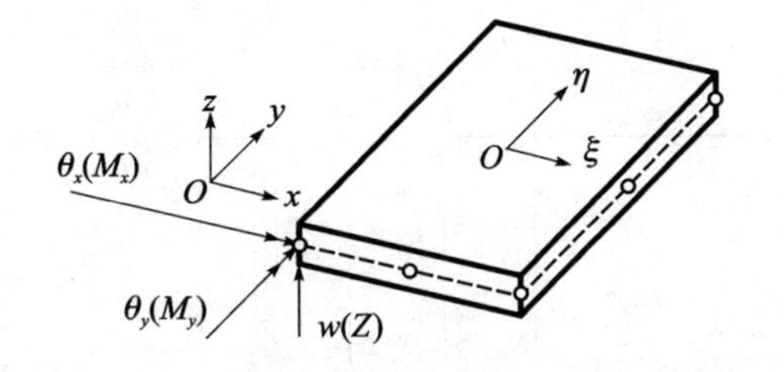

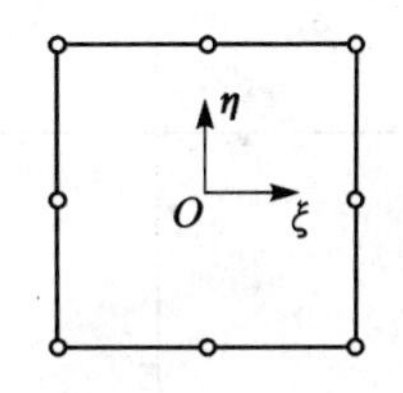

图 3.3-1　四边形单元

引入等参变换

$$x=\sum_{i=1}^{8}N_i x_i,\quad y=\sum_{i=1}^{8}N_i y_i \tag{3.3-12}$$

式中:形函数与平面单元的形式相同,其具体形式为

$$N_i=\frac{1}{4}(1+\xi\xi_i)(1+\eta\eta_i)(\xi\xi_i+\eta\eta_i-1)\quad(\text{对于角点}) \tag{3.3-13a}$$

$$N_i=\frac{1}{2}(1-\xi^2)(1+\eta\eta_i)\quad(\text{对于边中点,且 }\xi_i=0) \tag{3.3-13b}$$

$$N_i=\frac{1}{2}(1+\xi\xi_i)(1-\eta^2)\quad(\text{对于边中点,且 }\eta_i=0) \tag{3.3-13c}$$

表 3.3-1 常用的厚板单元[1]

编 号	单元形状及结点	结点参数	参数总数	插值函数	对 γ_x,γ_y 的说明	能否用于经典理论
1		角点：w,ψ_x,ψ_y	9	$w=a_1+a_2x+a_3y+\frac{1}{2}[\beta_2x^2+(\beta_3+\gamma_2)xy+\gamma_2y^2]$ $\psi_x=\beta_1+\beta_2x+\beta_3y$ $\psi_y=\gamma_1+\gamma_2x+\gamma_3y$	在边界上 γ_s 为常数	×
2		角点：w,ψ_x,ψ_y 中点：w	12	w：二次多项式 ψ_x,ψ_y：一次多项式	—	×
3		角点：$w,\frac{\partial w}{\partial x},\frac{\partial w}{\partial y},\gamma_x,\gamma_y$	15	w：与 3.2.6 小节的相同 γ_x,γ_y：线性分布，有 $\psi_x=\frac{\partial w}{\partial x}-\gamma_x,\psi_y=\frac{\partial w}{\partial y}-\gamma_y$	线性分布	√
4		角点：$w,\frac{\partial w}{\partial x},\frac{\partial w}{\partial y},\frac{\partial^2 w}{\partial x^2},\frac{\partial^2 w}{\partial x\partial y},\frac{\partial^2 w}{\partial y^2}$； $\gamma_x,\frac{\partial\gamma_x}{\partial x},\frac{\partial\gamma_x}{\partial y},\gamma_y,\frac{\partial\gamma_y}{\partial x},\frac{\partial\gamma_y}{\partial y}$ 内点：γ_x,γ_y	38	w：五次多项式 边界上 $\frac{\partial w}{\partial n}$ 为三次多项式 γ_x,γ_y：三次多项式	—	√

续表 3.3-1

编　号	单元形状及结点	结点参数	参数总数	插值函数	对 γ_x,γ_y 的说明	能否用于经典理论
5		角点：w,ψ_x,ψ_y	12	$w=a_1+a_2x+a_3y+a_4xy+\frac{1}{2}(b_2x^2+c_3y^2+b_4x^2y+c_4xy^2)$ $\psi_x=b_1+b_2x+b_3y+b_4xy$ $\psi_y=c_1+c_2x+c_3y+c_4xy$	$\frac{\partial\gamma_x}{\partial x}=0$ $\frac{\partial\gamma_y}{\partial y}=0$	×
6		每结点：w,ψ_x,ψ_y	24	对每个函数都用下式插值，只是系数不同，即 $a_1+a_2x+a_3y+a_4x^2+a_5xy+a_6y^2+a_7x^2y+a_8xy^2$	—	×
7		每结点：w,ψ_x,ψ_y	27	w,ψ_x,ψ_y：双二次多项式	—	×
8		每结点：$w,\psi_x,\psi_y,\gamma_x,\gamma_y$	20	$\frac{\partial w}{\partial x}=\gamma_x+\psi_x,\frac{\partial w}{\partial y}=\gamma_y+\psi_y$ $w=a_0+a_1x+a_2y+a_3x^2+a_4xy+a_5y^2+a_6x^3+a_7x^2y+a_8xy^2+a_9y^3+a_{10}x^3y+a_{11}xy^3$ γ_x,γ_y：双线性插入	双线性分布	√

单元位移场的形式为

$$w=\sum_{i=1}^{8}N_iw_i,\quad \theta_x=\sum_{i=1}^{8}N_i\theta_{xi},\quad \theta_y=\sum_{i=1}^{8}N_i\theta_{yi} \tag{3.3-14}$$

将式(3.3－14)代入式(3.3－1)得

$$\begin{bmatrix}u\\v\\w\end{bmatrix}=\sum_{i=1}^{8}\begin{bmatrix}0&0&zN_i\\0&-zN_i&0\\N_i&&\end{bmatrix}\begin{bmatrix}w_i\\\theta_{xi}\\\theta_{yi}\end{bmatrix} \tag{3.3-15}$$

式中没有引入对应 z 的局部坐标 $\zeta=2z/h$,因为引进该局部坐标不会带来任何方便。

2. 单元刚度矩阵

有了位移函数之后,余下的皆为常规工作。根据变分原理可以得到刚度矩阵和载荷列向量,下面简要列出有关公式。应变函数向量为

$$\boldsymbol{\varepsilon}=\begin{bmatrix}\varepsilon_x\\\varepsilon_y\\\gamma_{xy}\\\gamma_{yz}\\\gamma_{xz}\end{bmatrix}=\begin{bmatrix}z\partial\theta_y/\partial x\\-z\partial\theta_x/\partial y\\z(\partial\theta_y/\partial y-\partial\theta_x/\partial x)\\\partial w/\partial y-\theta_x\\\partial w/\partial x+\theta_y\end{bmatrix} \tag{3.3-16}$$

将式(3.3－14)代入式(3.3－16)中得结点应变列向量为

$$\boldsymbol{\varepsilon}=\begin{bmatrix}z\boldsymbol{B}_{\mathrm{b}}\\\boldsymbol{B}_{\mathrm{s}}\end{bmatrix}\boldsymbol{\delta}^{\mathrm{e}} \tag{3.3-17}$$

式中:

$$\left.\begin{aligned}\boldsymbol{B}_{\mathrm{b}}&=[\boldsymbol{B}_{\mathrm{b1}}\quad\boldsymbol{B}_{\mathrm{b2}}\quad\cdots\quad\boldsymbol{B}_{\mathrm{b8}}]\\\boldsymbol{B}_{\mathrm{s}}&=[\boldsymbol{B}_{\mathrm{s1}}\quad\boldsymbol{B}_{\mathrm{s2}}\quad\cdots\quad\boldsymbol{B}_{\mathrm{s8}}]\\(\boldsymbol{\delta}^{\mathrm{e}})^{\mathrm{T}}&=[\boldsymbol{\delta}_1^{\mathrm{T}}\quad\boldsymbol{\delta}_2^{\mathrm{T}}\quad\cdots\quad\boldsymbol{\delta}_8^{\mathrm{T}}]\end{aligned}\right\} \tag{3.3-18}$$

其中的子矩阵为

$$\boldsymbol{B}_{\mathrm{b}i}=\begin{bmatrix}0&0&\dfrac{\partial N_i}{\partial x}\\0&-\dfrac{\partial N_i}{\partial y}&0\\0&-\dfrac{\partial N_i}{\partial x}&\dfrac{\partial N_i}{\partial y}\end{bmatrix},\quad \boldsymbol{B}_{\mathrm{s}i}=\begin{bmatrix}\dfrac{\partial N_i}{\partial y}&-N_i&0\\\dfrac{\partial N_i}{\partial x}&0&N_i\end{bmatrix}\quad(i=1,2,\cdots,8) \tag{3.3-19}$$

应力与应变之间的关系是

$$\boldsymbol{\sigma}=\begin{bmatrix}\sigma_x\\\sigma_y\\\tau_{xy}\\\tau_{yz}\\\tau_{xz}\end{bmatrix}=\begin{bmatrix}\boldsymbol{E}_{\mathrm{b}}&\boldsymbol{0}\\\boldsymbol{0}&\boldsymbol{E}_{\mathrm{s}}\end{bmatrix}\begin{bmatrix}\varepsilon_x\\\varepsilon_y\\\gamma_{xy}\\\gamma_{yz}\\\gamma_{xz}\end{bmatrix} \tag{3.3-20}$$

式中:弹性矩阵为

$$\boldsymbol{E}_{\mathrm{b}}=\frac{E}{1-\nu^2}\begin{bmatrix}1 & \nu & 0\\ \nu & 1 & 0\\ 0 & 0 & (1-\nu)/2\end{bmatrix},\quad \boldsymbol{E}_{\mathrm{s}}=\begin{bmatrix}\kappa G & 0\\ 0 & \kappa G\end{bmatrix} \tag{3.3-21}$$

将式(3.3-17)代入式(3.3-20)可得应力与结点位移之间的关系为

$$\boldsymbol{\sigma}=\begin{bmatrix}\boldsymbol{E}_{\mathrm{b}} & \boldsymbol{0}\\ \boldsymbol{0} & \boldsymbol{E}_{\mathrm{s}}\end{bmatrix}\begin{bmatrix}z\boldsymbol{B}_{\mathrm{b}}\\ \boldsymbol{B}_{\mathrm{s}}\end{bmatrix}\boldsymbol{\delta}^{\mathrm{e}} \tag{3.3-22}$$

根据单元应变能泛函可以得到单元刚度矩阵为

$$\boldsymbol{K}^{\mathrm{e}}=\int_{-h/2}^{h/2}\iint_{\Omega}\begin{bmatrix}z\boldsymbol{B}_{\mathrm{b}}^{\mathrm{T}} & \boldsymbol{B}_{\mathrm{s}}^{\mathrm{T}}\end{bmatrix}\begin{bmatrix}\boldsymbol{E}_{\mathrm{b}} & \boldsymbol{0}\\ \boldsymbol{0} & \boldsymbol{E}_{\mathrm{s}}\end{bmatrix}\begin{bmatrix}z\boldsymbol{B}_{\mathrm{b}}\\ \boldsymbol{B}_{\mathrm{s}}\end{bmatrix}\mathrm{d}x\mathrm{d}y\mathrm{d}z=$$

$$\frac{h^3}{12}\iint_{\Omega}\boldsymbol{B}_{\mathrm{b}}^{\mathrm{T}}\boldsymbol{E}_{\mathrm{b}}\boldsymbol{B}_{\mathrm{b}}\mathrm{d}x\mathrm{d}y+h\iint_{\Omega}\boldsymbol{B}_{\mathrm{s}}^{\mathrm{T}}\boldsymbol{E}_{\mathrm{s}}\boldsymbol{B}_{\mathrm{s}}\mathrm{d}x\mathrm{d}y \tag{3.3-23}$$

利用高斯积分方法可以计算式(3.3-23)的积分。由于 $\boldsymbol{B}_{\mathrm{b}}$ 和 $\boldsymbol{B}_{\mathrm{s}}$ 中包含的是二次函数，根据高斯积分方法的精度特点，采用 3×3 积分法则可以得到刚度矩阵的精确结果。这种积分点的选择方法对于厚板是合适的，但不适合于薄板，主要是因为对于薄板，选用的单元容许位移函数引入了虚假剪应变，致使薄板刚度提高。但通过减缩积分方法可以使上述厚板元素适用于各种厚度的板，具体做法是：式(3.3-23)中第 1 个积分仍然用 3×3 积分，第 2 个积分用 2×2 积分，或者两个积分都用 2×2 积分[9-10]。

用减缩积分方法之所以能得到精度较高的结果，有两条主要因素：单元精度通常主要取决于单元容许位移函数中完备的阶次，而不取决于最高阶次，不完备的高次项通常不能起到提高精度的作用；但是减缩积分方案可以消除这些非完备高次项的影响。基于变分原理的结构离散刚度是偏硬的，减缩积分可以降低其刚度，这类似于非协调项的作用。

值得注意的是，在利用减缩积分方法时要避免零能模式的出现。所谓零能模式是指不同于刚体运动并且对应的应变能为零的模式。零能模式的出现可能会中断正在进行的静力分析工作，或使结果变得不可靠，如多余的模态等。

3. 等效结点力

若在单元上作用有法向分布载荷 p，则结点 i 的等效结点力为

$$Z_i=\iint_{\Omega}N_i p\,\mathrm{d}x\mathrm{d}y=\int_{-1}^{1}\int_{-1}^{1}N_i p\,|\boldsymbol{J}|\,\mathrm{d}\xi\mathrm{d}\eta \tag{3.3-24}$$

由于转角和挠度分别独立插值，因此横向载荷只产生挠度方向的等效结点力，而不产生转角方向的弯矩结点力，即 $M_{xi}=M_{yi}=0$ 。内力矩和内部剪力的计算公式分别为

$$\begin{bmatrix}M_x & M_y & M_{xy}\end{bmatrix}^{\mathrm{T}}=\frac{h^3}{12}\sum_{i=1}^{8}\boldsymbol{E}_{\mathrm{b}}\boldsymbol{B}_{\mathrm{b}i}\boldsymbol{\delta}_i \tag{3.3-25}$$

$$\begin{bmatrix}Q_x & Q_y\end{bmatrix}^{\mathrm{T}}=h\sum_{i=1}^{8}\boldsymbol{E}_{\mathrm{s}}\boldsymbol{B}_{\mathrm{s}i}\boldsymbol{\delta}_i \tag{3.3-26}$$

3.4 壳

壳体的中性面是曲面，板可以看成是壳体的一种特殊形式。与板类似，壳体也分薄壳和厚壳，在工程中，当壳体的厚度与中面的曲率半径相比小于 1/20 时，即认为是薄壳。壳体的基本

假设与板的相同。

虽然基本假设相同,但薄壳和薄板之间还是存在本质差别,即使在小挠度前提之下也是如此。在薄壳中,面内力(常称为薄膜内力)和弯曲应力同时存在并且相互影响,这会导致壳体的微分方程变得复杂,不能像考虑面内变形的薄板那样进行简单叠加。

由于壳体曲率的存在,因此可能以面内力来平衡垂直于中面的外载荷,这在薄板小挠度情况下是不可能的。以面内力来平衡外载荷,这是壳体的特点和优点。面内力引起的应力沿厚度方向是线性分布的,在工程设计中,总是力图由面内力来平衡外载荷,避免弯曲内力出现。壳体内没有弯曲内力出现的状态称为“无矩状态”或“薄膜状态”,研究壳体无矩状态的理论称为无矩理论或薄膜理论。在无矩理论中,壳体可以有弯曲变形,但不产生内力矩和横向剪力。有变形而无相应的内力,这在刚度为零的情况下是可以的。

壳体单元分平板壳单元和曲壳单元。前者是用板单元组成的折板系统来代替原来的壳体,由平面应力状态和板弯曲应力状态组合而得到壳体的应力状态。后者可以利用参数单元技术来得到。壳体单元通常有 5 个独立结点位移参数,包括 2 个面内参数和 3 个面外参数,分别对应面内拉压变形和面外弯曲变形。

3.4.1 平板壳单元

在这种壳体单元中,由于平面应力状态下的结点力与弯曲应力状态下的结点位移互不影响,弯曲应力状态下的结点力与平面应力状态下的结点位移也互不影响,因此,将前面有关章节介绍的平面应力单元和板弯曲单元进行简单叠加即可得到平板壳单元。平板壳单元无法考虑面内应变和弯曲应变的耦合,这将产生一定的误差。

值得指出的是,在薄平板壳单元中,平面单元为 C^0 类,薄板单元为 C^1 类,因此,构造协调薄平板壳单元与构造协调薄板单元存在同样的困难,这里不再详细论述。若用中厚板单元(为 C^0 类单元)与平面单元叠加,则可以构造协调的平板壳单元,并且通过减缩积分技术还可以使这种单元适用于各种壳的厚度。

3.4.2 曲壳单元

应当指出,曲壳单元是三维单元之外的最常用的一种单元。常用的曲壳单元是根据剪切板理论并利用类似构造三维等参数曲面体单元的技术而得到的。下面简单论述 8 结点厚曲壳单元的构造原理。

曲壳单元的中面有 8 个结点,每个结点有 5 个结点位移参数。为了确定单元的几何形状,需要利用每个结点的 3 个坐标及中面法向向量,共有 6 个自由度。由于决定单元几何形状需要的自由度多于决定位移场的自由度,所以该类曲壳单元为超参数单元。在这种单元中,3 个线位移(u,v,w)都是独立进行插值的。由于采用直法线假设,因此只有 5 个应变,即

$$\varepsilon_x, \varepsilon_y, \gamma_{xy}, \gamma_{xz}, \gamma_{yz}$$

它们都是通过线位移的偏导数得到的。5 个应变与 5 个对应的应力之间的关系由下面的弹性矩阵来决定,即

$$
\boldsymbol{E} = \frac{E}{1-\nu^2}\begin{bmatrix} 1 & \nu & 0 & 0 & 0 \\ & 1 & 0 & 0 & 0 \\ & & \frac{1-\nu}{2} & 0 & 0 \\ & \text{对} & & \frac{k(1-\nu)}{2} & 0 \\ & & \text{称} & & \frac{k(1-\nu)}{2} \end{bmatrix} \tag{3.4-1}
$$

式中：$k = 5/6$ 为剪切修正系数。单元刚度矩阵、质量矩阵和载荷列向量的推导方法与前面介绍的等参数单元的相同，关于曲壳单元的具体构造方法，请参考文献[5,11]，这里不再赘述。若利用 $2\times2\times2$ 积分法则，这种曲壳单元是一种通用元素，适用于各种厚度的曲壳分析。

3.5　高斯积分方法

由于单元的形状有四边形和三角形之分，因此数值积分也有对应的两种方法。下面分别进行简单介绍。

3.5.1　四边形积分方法

考虑被积函数 $F(r)$，设

$$
\int_{-1}^{1} F(r)\mathrm{d}r \approx \sum_{i=1}^{n} \alpha_i F(r_i) \tag{3.5-1}
$$

式中：加权系数 α_i 和积分点坐标 r_i 都是未知数。类似 Newton - Cotes 公式，构造

$$
\psi(r) = \sum_{i=1}^{n} F(r_i) l_i(r) \tag{3.5-2}
$$

式中：$r_i(i=1,2,\cdots,n)$是未知的，这与 Newton - Cotes 方法不同。为了确定 r_i，构造

$$
F(r) = \psi(r) + P(r)(\beta_0 + \beta_1 r + \beta_2 r^2 + \cdots) \tag{3.5-3}
$$

式中：$P(r) = \prod_{i=1}^{n}(r-r_i)$，于是有

$$
\int_{-1}^{1} F(r)\mathrm{d}r = \sum_{i=1}^{n} F(r_i)\int_{-1}^{1} l_i(r)\mathrm{d}r + \sum_{j=0}^{\infty}\beta_j\int_{-1}^{1} r^j P(r)\mathrm{d}r \tag{3.5-4}
$$

令

$$
\int_{-1}^{1} r^j P(r)\mathrm{d}r = 0 \quad (j = 0,1,2,\cdots,n-1) \tag{3.5-5}
$$

根据方程组(3.5 - 5)可以确定积分坐标 r_i，进而可用下式来确定加权系数，即

$$
\alpha_i = \int_{-1}^{1} l_i(r)\mathrm{d}r \tag{3.5-6}
$$

因为 $\psi(r)$在 r_i 点上与 $F(r)$相等，而 $P(r)$在这些点上为零，所以式(3.5 - 5)保证了积分精度为 $2n-1$，而所用积分点数为 n。表 3.5 - 1 给出了高斯-勒让德(l_i 为勒让德正交多项式)积分坐标与加权系数[2]。

表 3.5-1 四边形积分点坐标和加权系数

n	r_i	α_i
1	0	2
2	$\pm\frac{1}{\sqrt{3}}$	1
3	0 $\pm\sqrt{\frac{3}{5}}$	$\frac{8}{9}$ $\frac{5}{9}$
4	±0.861 136 311 594 053 ±0.339 981 043 584 856	±0.347 854 845 137 454 ±0.652 145 154 862 546
5	0 ±0.906 179 845 938 664 ±0.538 469 310 105 683	±0.568 888 888 888 889 ±0.236 926 885 056 189 ±0.478 628 670 499 366
6	±0.932 469 514 203 152 ±0.661 209 386 466 265 ±0.238 619 186 083 197	±0.171 324 492 379 170 ±0.360 761 573 048 139 ±0.467 913 934 572 691

在理论上,需要根据被积函数的阶次来选择积分点的个数。但在实际应用中,高斯积分点的选择要同时考虑到精度和效率。建议读者以二次杆单元为例来验证,当选 1 个积分点时,刚度矩阵的某个对角元素等于零;当选 2 个积分点时,高斯积分方法的精度是三阶的。

3.5.2 三角形积分方法

在计算三角形单元结构矩阵时,需要计算积分

$$\iint_{\Omega} F(L_1,L_2,L_3)\mathrm{d}x\mathrm{d}y = 2A\int_0^1\int_0^{1-L_2} F(L_1,L_2,L_3)\mathrm{d}L_1\mathrm{d}L_2 \tag{3.5-7}$$

其高斯积分公式为[12]

$$\int_0^1\int_0^{1-L_2} F(L_1,L_2,L_3)\mathrm{d}L_1\mathrm{d}L_2 = \sum_{i=1}^{n}\alpha_i F(L_{1i},L_{2i},L_{3i}) \tag{3.5-8}$$

表 3.5-2 给出了积分点坐标和加权系数。

表 3.5-2 三角形积分点坐标和加权系数

n	(L_{1i},L_{2i},L_{3i})	α_i
1	(1/3, 1/3, 1/3)	1/2
3	(1/2, 1/2, 0) (0, 1/2, 1/2) (1/2, 0, 1/2)	1/6 1/6 1/6

续表 3.5-2

n	(L_{1i}, L_{2i}, L_{3i})	α_i
7	(1/3, 1/3, 1/3)	9/40
	(1/2, 1/2, 0)	2/30
	(0, 1/2, 1/2)	2/30
	(1/2, 0, 1/2)	2/30
	(1, 0, 0)	1/40
	(0, 1, 0)	1/40
	(0, 0, 1)	1/40

3.6　二维数值模拟问题讨论

在工程结构中，板是一种常见的构件，其几何特征是：一个方向的几何尺寸远小于另外两个方向的尺寸。换言之，板的厚度 h 远小于长度 l 与宽度 b（一般 $l \geqslant b$）。根据厚度与宽度的比值范围可将板分为厚板、薄板与薄膜，具体范围是：

- 厚板为 $\frac{h}{b} \geqslant \frac{1}{8} \sim \frac{1}{5}$；
- 薄板为 $\frac{1}{100} \sim \frac{1}{80} \leqslant \frac{h}{b} \leqslant \frac{1}{8} \sim \frac{1}{5}$；
- 薄膜为 $\frac{h}{b} \leqslant \frac{1}{100} \sim \frac{1}{80}$。

尽管上述分类并不严格，但对于有限元模拟中板单元类型的选择还是有参考价值的。

通常把板作为抵抗弯扭的结构件，但厚度非常小的板（如薄膜）抵抗弯扭的能力较差，可以认为其抗弯刚度近似为零，面内和面外载荷皆由中面内力来平衡，即薄膜可以看做是弦的二维扩展。同样，薄板可以看做是欧拉梁的二维扩展。对于薄板小挠度理论，采用 Kirchhoff - love 假设与平面应力的本构关系。厚板采用 Mindlin - Reissner 假设与平面应力的本构关系，但放松了变形后直线与中面垂直的条件，这可视为剪切梁的二维扩展。

在航空航天结构中，蒙皮、腹板、机头罩（导弹或火箭头罩）和进气道壁板等常用二维单元模拟。根据具体的结构特征与承力方式，可使用不同的板单元进行模拟。在 NASTRAN 中，二维单元包括膜（membrane）（平面应力）、弯板（bending panel）（不考虑剪切变形）、剪切板（shear panel）、壳（shell）（考虑剪切变形）以及二维实体（2D solid）（如平面应变）等，关于单元的性质读者可参见软件手册[13]。通常说的剪切板单元指的是 shell，而不是 shear panel，本节在下面数值讨论时沿用这种叫法。下面利用 NASTRAN 中的二维单元来讨论几个简单问题，并对数值结果进行分析比较，这对单元类型的选择和对有关理论的理解是有益处的。

3.6.1　薄板与厚板

如图 3.6-1 所示为四边简支矩形薄板，承受法向均布载荷 $q=1.0\ \text{kg/(mm} \cdot \text{s}^2)$，其面内几何尺寸为 $l \times b = 40\ \text{mm} \times 20\ \text{mm}$，杨氏模量为 $E=7.0 \times 10^7\ \text{kg/(mm} \cdot \text{s}^2)$，泊松比为 $\nu=0.31$。当板厚 h 分别为 1.0 mm 和 5.0 mm 时，求中心点挠度。对于四边简支板，其有限元模型的边

界条件为 3 个边界线位移等于零。本节所用单位与 2.5 节的相同。

当 $h/b=1/20$ 时，板可视为薄板。关于薄板的基本假设和基本公式，读者可参见 3.2 节。薄板经典理论给出本问题的解析解为

$$w(x,y)=\frac{16q}{\pi^6 D}\sum_{m=1}^{\infty}\sum_{n=1}^{\infty}\frac{\sin\frac{m\pi x}{l}\sin\frac{n\pi y}{b}}{mn\left(\frac{m^2}{l^2}+\frac{n^2}{b^2}\right)^2} \tag{3.6-1}$$

式中：$D=Eh^3/12(1-\nu^2)$为薄板的弯曲刚度。

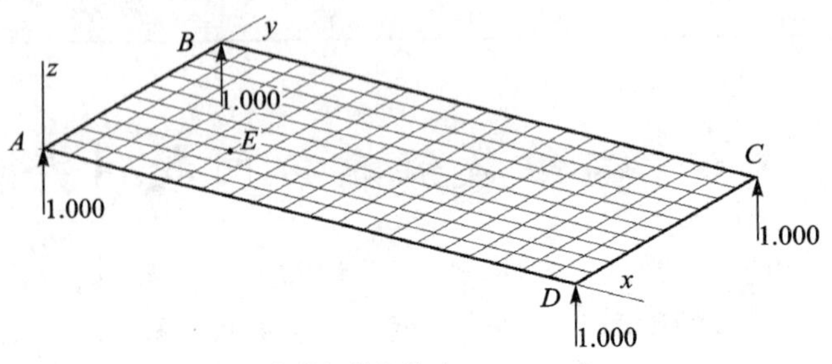

注：图中数据单位均为kg/(mm・s²)。

图 3.6-1 四边简支薄板 *ABCD* 承受法向均布载荷

当 $h/b=1/4$ 时，板属于厚板。剪切板理论考虑了剪切应变 γ_{zx} 与 γ_{yz} 对板弯曲变形的影响。由于考虑了剪切变形，因此用剪切板理论得到的挠度通常大于用薄板理论得到的挠度。由于数学上的困难，厚板理论的解析解非常少，因此在利用剪切板单元（注意是 shell 类型）对本问题进行分析时，没有找到相应的解析解进行比较。表 3.6-1 与表 3.6-2 分别给出薄板与厚板中点挠度的比较。

表 3.6-1 四边简支矩形薄板($h/b=1/20$)在分布载荷作用下中点挠度的比较 10^{-4} mm

单元划分		20×10	40×20	80×40	160×80	320×160
QUAD4 单元	bending panel	2.513072	2.513518	2.512448	2.511800	2.511478
	shell	2.566444	2.572355	2.577168	2.579173	2.579762
QUAD8 单元	bending panel	2.517088	2.513505	2.512283	2.511723	2.511445
	shell	2.580099	2.579997	2.579975	2.579970	2.579968
薄板理论解（纳维解）		2.5111676				

表 3.6-2 四边简支矩形厚板($h/b=1/4$)在分布载荷作用下中点挠度的比较 10^{-6} mm

单元划分		20×10	40×20	80×40	160×80	320×160
QUAD4 单元	bending panel	2.010458	2.010814	2.009958	2.009440	2.009182
	shell	2.588199	2.595137	2.597050	2.597542	2.597666
QUAD8 单元	bending panel	2.013670	2.010804	2.009826	2.009378	2.009155
	shell	2.597700	2.597716	2.597711	2.597708	2.597708
薄板理论解（纳维解）		2.008934				

下面对表 3.6－1 和表 3.6－2 中的结果进行分析。

① 由于 $h/b=1/20$ 且挠度与板厚相差数个量级，所以采用薄板理论是合理的。在 NASTRAN 中，与薄板理论对应的单元类型为 bending panel。几何上，常用的板单元为 4 结点单元 QUAD4，每个结点包括 3 个自由度，即挠度和两个转角(w,ψ_x,ψ_y)。由于 NASTRAN 中的 4 结点薄板单元为非协调单元，所以采用该单元计算的挠度比薄板理论解大，并且随着单元细分，其挠度逐步逼近解析解。若采用一般的网格密度（如 20×10)，中点挠度的相对偏差（以薄板理论解为标准）为 0.08％，E 点（坐标为 10 和 6，图 3.6－1）挠度的相对偏差为 0.7％。如果采用 8 结点弯板单元（QUAD8)，则收敛更快。

如果采用剪切板单元，其计算结果与薄板计算结果具有一定差异（约 3％)，但这种差异会随着板厚度的减小而逐渐减小。

值得强调的是，以挠度和转角为结点参数的剪切板单元是协调单元，参见 3.3 节。利用 4 结点协调剪切板单元分析中厚板问题具有足够的精度。若板的厚度逐渐变薄，由于此时挠度斜率与法线转角趋于相同，剪切变形的作用越来越小直至忽略不计，而剪切板单元中的直法线转角还是独立于挠度的，这会引入虚假的剪切变形，致使刚度变大，用剪切板单元求出的位移甚至会小于薄板单元的结果，这显然是不合理的。为了使剪切板单元适用于各种厚度的板，大量数值模拟表明，采用减缩积分技术可以达到这个目的，即把原来的 3×3 精确积分变成 2×2 积分。NASTRAN 中的壳单元适合各种厚度平板和曲壳，它是默认单元，剪切修正系数为5/6，也可用 $\pi^2/12$。

② $h/b=1/4$ 的板属于厚板，此时用剪切板单元是合理的，若用忽略剪切变形的薄板单元进行计算就会带来较大误差。在表 3.6－2 的结果中，两种单元的结果相差大于 20％。

另一个有趣的问题是板在集中载荷作用下的变形问题。考虑四边简支矩形板，其中点承受集中载荷 $F=1.0\,\mathrm{kg\cdot mm/s^2}$。对于这个简单的问题，薄板理论给出的解析解为

$$w=\frac{4F}{\pi^4 lbD}\sum_{m=1}^{\infty}\sum_{n=1}^{\infty}\frac{\sin\frac{m\pi}{2}\sin\frac{n\pi}{2}}{\left(\frac{m^2}{l^2}+\frac{n^2}{b^2}\right)^2}\sin\frac{m\pi x}{l}\sin\frac{n\pi y}{b} \tag{3.6-2}$$

在薄板理论和剪切板理论中，与法向集中载荷相平衡的内力之间是有区别的。

在薄板理论中，剪力与扭矩不是相互独立的，集中载荷与扭矩平衡，参见式(3.2－25)，也可看成是与剪力平衡。由于没有面外剪应变，因此不能通过本构关系来计算面外剪应力，而只能根据面内平衡条件来计算。正是由于没有与挠度对应的本构意义下的面外剪应力，因此集中载荷作用点的面外应力不是奇异的，挠度也不是无穷大。

在剪切板理论中，法向集中载荷与剪力平衡，而剪力是由剪应力积分得到的。因此在集中载荷作用点处，面外剪应力是奇异的，挠度无穷大。加载点之外的其他点的挠度和应力为有限值。与此相似的是，集中载荷对于平面问题和空间问题、线载荷对于空间问题都是奇异载荷。下面的模拟结果验证了板的这种奇异现象。

针对加载点（也就是板的中点）和 E 点，表 3.6－3～表 3.6－6 分别给出用薄板单元与剪切板单元的计算结果。从表中结果可以看出：

① 如果选用薄板单元，那么加载点挠度是收敛的，并且理论解略小于有限元解；若选择剪切板单元，则加载点的挠度不收敛，在上面已经分析了其原因。

② 无论采用薄板还是剪切板单元,非加载点的挠度随着网格加密都是收敛的。

③ 8 结点薄板单元的收敛速度要大于 4 结点薄板单元。值得指出的是,高阶单元通常可以起到提高精度和效率的作用。

表 3.6-3 四边简支矩形薄板($h/b=1/20$)在集中载荷作用下中点挠度的比较 10^{-6} mm

单元划分		20×10	40×20	80×40	160×80	320×160
QUAD4 单元	bending panel	1.037 060	1.029 174	1.025 951	1.024 796	1.024 401
	shell	1.084 929	1.076 958	1.078 485	1.082 560	1.087 259
QUAD8 单元	bending panel	1.025 282	1.024 706	1.024 470	1.024 337	1.024 262
	shell	1.071 872	1.077 194	1.082 231	1.087 205	1.092 165
薄板纳维解		1.024 182				

表 3.6-4 四边简支矩形薄板($h/b=1/20$)在集中载荷作用下 E 点挠度的比较 10^{-7} mm

单元划分		20×10	40×20	80×40	160×80	320×160
QUAD4 单元	bending panel	3.901 020	3.883 622	3.877 616	3.875 546	3.874 771
	shell	3.975 287	3.968 456	3.972 119	3.974 320	3.975 007
QUAD8 单元	bending panel	3.883 778	3.877 973	3.875 998	3.875 092	3.874 638
	shell	3.975 518	3.975 300	3.975 266	3.975 259	3.975 254
薄板纳维解		3.874 190				

表 3.6-5 四边简支矩形厚板($h/b=1/4$)在集中载荷作用下中点挠度的比较 10^{-8} mm

单元划分		20×10	40×20	80×40	160×80	320×160
QUAD4 单元	bending panel	0.829 648	0.823 339	0.820 761	0.819 837	0.819 521
	shell	1.463 968	1.551 983	1.647 589	1.745 626	1.844 408
QUAD8 单元	bending panel	0.820 226	0.819 765	0.819 576	0.819 470	0.819 409
	shell	1.547 816	1.647 217	1.746 382	1.845 495	1.944 605
薄板纳维解		0.819 345				

表 3.6-6 四边简支矩形厚板($h/b=1/4$)在集中载荷作用下 E 点挠度的比较 10^{-8} mm

单元划分		20×10	40×20	80×40	160×80	320×160
QUAD4 单元	bending panel	0.312 082	0.310 690	0.310 209	0.310 044	0.309 982
	shell	0.384 888	0.384 600	0.384 544	0.384 531	0.384 528
QUAD8 单元	bending panel	0.310 712	0.310 238	0.310 080	0.310 007	0.309 971
	shell	0.384 524	0.384 529	0.384 528	0.384 527	0.384 527
薄板纳维解		0.309 935				

图 3.6-2 与图 3.6-3 给出了中点受载时采用薄板单元与剪切板单元得到的厚板($h/b=1/4$)变形图,从中可以看到用剪切板单元得到的挠度在加载点出现奇异,而采用薄板单元则不

会出现这种现象。

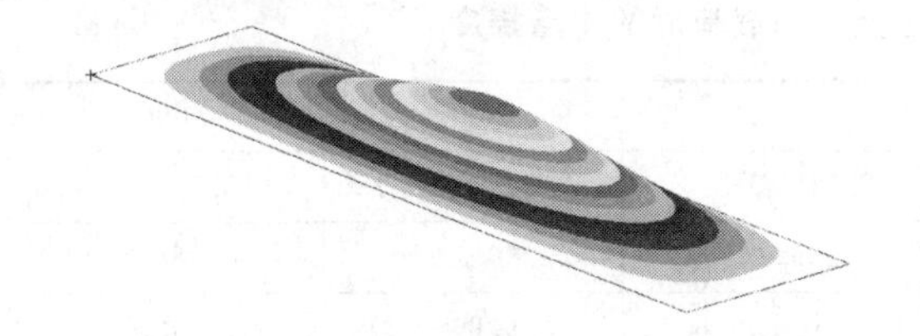

图 3.6-2　中点受载时采用薄板单元得到的厚板($h/b=1/4$)变形图

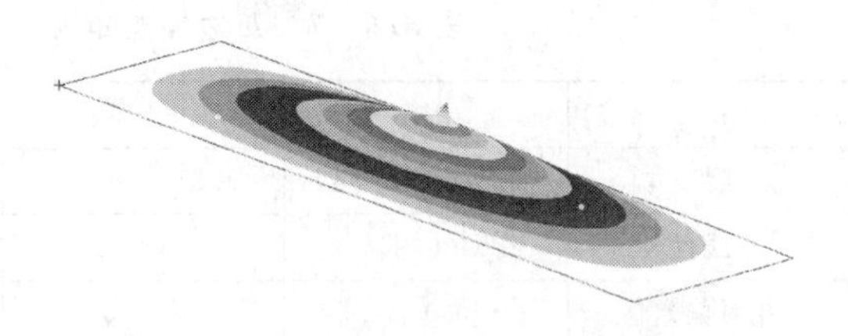

图 3.6-3　中点受载时采用剪切板单元得到的厚板($h/b=1/4$)变形图

图 3.6-4 与图 3.6-5 分别给出了中点受载时采用 NASTRAN 剪切板单元和薄板单元得到的薄板与厚板面内剪应力分布情况。从中可以看出，用剪切板单元得到的薄板面内剪应力在边界下降的速度远大于厚板情况，这是剪切板理论的边界效应。对于四边简支板，剪切板的面内剪应力在边界上为零，而薄板理论的边界剪应力不为零，读者自己分析其原因。

(a) 剪切板单元

(b) 薄板单元

图 3.6-4　中点加载时薄板($h/b=1/20$)面内剪应力分布

(a) 剪切板单元

(b) 薄板单元

图 3.6-5　中点加载时厚板($h/b=1/4$)面内剪应力分布

3.6.2　小变形与大变形

实际结构在载荷作用下的变形通常是小变形，工程力学的主要内容也是以小变形假设为前提。当弯曲挠度与板厚相当时，板的变形就属于大变形。当然，第 2 章讲述的梁也同样存在大变形问题。均匀板的大变形体现在面内变形与弯曲的耦合，其原因在于中面应变不能忽略，此时要考虑应变与位移的非线性关系。不过，即使是小变形，复合材料板与加筋板等非均匀板也会存在面内变形与弯曲变形的耦合，其原因在于中性层与几何中面不重合。

为了理解非线性的重要作用，下面以 3.6.1 小节中讨论的四边简支矩形薄板 ($h/b=1/20$) 为例，分析其中点挠度 w 随分布载荷 q 的变化情况。选用薄板单元，网格划分方式为

80×40。表 3.6-7 与图 3.6-6 给出了有关计算结果。

表 3.6-7 四边简支矩形薄板受均布载荷时的中点挠度 mm

$q/(\mathrm{kg\cdot mm\cdot s^{-2}})$	1	10	100	1 000	2 000
线性	2.512 45E−4	2.512 45E−3	2.512 45E−2	2.512 45E−1	0.502 49
非线性	2.512 45E−4	2.512 42E−3	2.509 50E−2	2.286 34E−1	0.388 80
相对偏差	0.0 %	0.0 %	0.1 %	9.9 %	29.2 %
q	4 000	6 000	8 000	10 000	
线性	1.004 98	1.507 47	2.009 96	2.512 45	
非线性	0.590 72	0.723 85	0.825 11	0.908 01	
相对偏差	70.1 %	108.3 %	143.6 %	176.7 %	

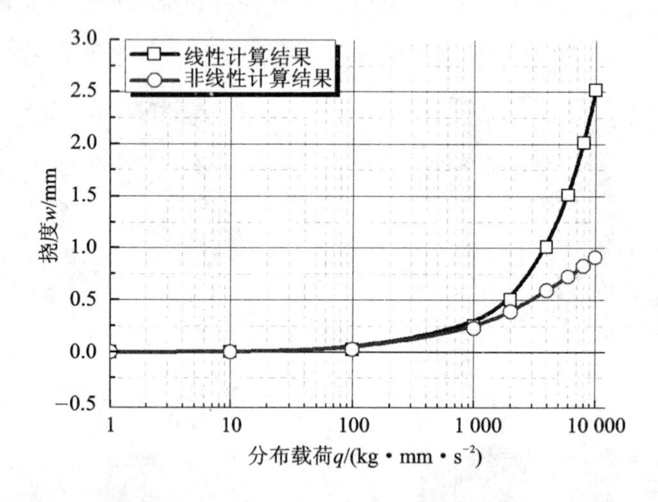

图 3.6-6 线性与非线性计算结果的比较

从计算结果可以看出，当挠度比厚度小两个量级时，非线性的影响可以忽略不计；当挠度接近厚度的 10 %时，需要考虑中面变形的影响。对于四边简支和四边固支板，非线性效应使结构的刚度变大，因此其挠度小于线性挠度。若考虑悬臂板，则自由端的非线性挠度要大于线性挠度，这是因为此时非线性的作用相当于软化了结构刚度。因此，几何硬化现象与边界条件是有关系的。

3.6.3 频率与模态

结构的频率和模态对工程结构是非常重要的，尤其是对基频和接近激励频率的固有频率的分析更为重要。对于复杂工程结构，由于局部模态问题，用常规有限元方法计算高阶整体频率和模态是比较困难的，不过基于实验来利用能量有限元方法在一定程度上可以解决这个问题。

对于矩形平板，面内振动频率远高于面外振动频率，于是工程上主要关心的是板的横向振动。但对于面内载荷作用显著的船舶壳体和飞行器结构等，面内振动是不能忽略的。面内振动模态比面外振动模态复杂，重频现象非常普遍，其分析方法也更加复杂。邢誉峰和刘波[14]

完整地给出了对边简支情况下平板的面内振动问题的精确解。对于矩形薄板的横向振动问题，过去人们一直认为只有一对边简支的情况，才可以利用逆法得到解析频率方程和模态函数。不过，在2009年邢誉峰和刘波[15,16]直接(不是逆法)得到了具有简支和固支任意组合边界的矩形薄板自由频率和模态的精确解，其中的邻边固支、三边固支和四边固支情况被认为是难以求解的；还给出了可以满足工程精度要求的具有简支和固支任意组合边界的中厚板的模态和频率的封闭解[17,18]。

下面仅以3.6.1小节中讨论的四边简支和四边固支矩形板为例，来分析薄板和厚板的模态和频率，体密度$\rho=2.7\text{E}-6$。根据薄板理论可以得到四边简支板的固有频率的解析解为

$$f_{mn}=\frac{\pi}{2}\left(\frac{m^2}{l^2}+\frac{n^2}{b^2}\right)\sqrt{\frac{D}{\rho h}} \tag{3.6-3}$$

式中：m与n分别表示模态形状在x与y方向的半波数。当$l=40\,\text{mm}$，$b=20\,\text{mm}$时，容易验证第5阶和第6阶是重频。若无特殊说明，有限元模型网格的划分方式均为80×40。表3.6-8～表3.6-11给出用4结点薄板单元(bending panel)和4结点剪切板单元(shell)以及不同质量矩阵的结果与理论解的比较，从中可以看出：

① 对于四边简支薄板，如表3.6-8所列，薄板理论频率不完全介于利用堆聚质量和一致质量矩阵得到的频率之间，分析其原因是：薄板单元为部分协调单元，根据一致质量矩阵得到的结果不一定大于薄板理论解。而NASTRAN中的剪切板单元是一种通用单元，它适用于求解各种厚度的板问题。在单元矩阵计算中，已经采用了减缩积分等技术，利用该剪切单元得到的位移和频率与用厚板理论得到的位移和频率之间的大小关系已经难以确定，但有限元结果与理论解之间的相对差别还是较小的。

② 对于四边固支薄板，如表3.6-9所列，薄板理论精确解和厚板理论近似封闭解都比有限元结果小，相对差别也较小。

③ 对于四边简支和固支厚板，分别如表3.6-10和表3.6-11所列，其分析方法和结论与薄板情况基本相同。但值得注意的是，对于四边固支厚板，用薄板理论和薄板单元得到的第4阶和第5阶模态形式与用剪切板理论和剪切板单元得到的结果相反。

④ 表3.6-12和表3.6-13分别给出了四边简支薄板和厚板的频率随着网格细分的收敛情况。从中可以看出，若只为了满足工程对频率精度的要求，则不需要剖分精细的网格。从理论上来说，只要网格能够描述所需模态的形状，用有限元方法就可以得到一定精度的频率结果。例如，与网格20×10对应的前6阶频率与理论解之间的相对差别已经小于5%。

⑤ 图3.6-7和图3.6-8分别给出用4结点剪切板单元得到的简支板和固支板的前6阶模态。虽然二者形状相似，但边界处的差别还是较明显的，读者自己思考其原因。

表3.6-8　四边简支薄板($h/b=1/20$)固有频率　Hz

模态类型(mn)	薄板理论式(3.6-3)	剪切板理论封闭解	薄板单元/薄板理论		剪切板单元/剪切板理论	
			堆聚质量	一致质量	堆聚质量	一致质量
11	7589	7546	0.99947	1.00000	0.98595	0.99192
21	12142	12033	0.99876	0.99984	0.98604	0.98712
31	19731	19444	0.99848	1.00015	0.98925	0.99090
12	25803	25315	0.99950	1.00167	1.00043	1.00261

续表 3.6-8

模态类型(mn)	薄板理论式(3.6-3)	剪切板理论封闭解	薄板单元/薄板理论		剪切板单元/剪切板理论	
			堆聚质量	一致质量	堆聚质量	一致质量
41	30356	29686	0.99839	1.00096	0.97874	0.99646
22	30356	29686	0.99839	1.00096	0.97878	0.99650

表 3.6-9 四边固支薄板($h/b=1/20$)固有频率分布 Hz

模态类型(mn)	薄板理论	剪切板理论封闭解	薄板单元/薄板理论		剪切板单元/剪切板理论	
			堆聚质量	一致质量	堆聚质量	一致质量
11	15001	14716	1.00733	1.00813	1.00747	1.00822
21	19339	18927	1.01086	1.01210	1.00999	1.01120
31	27314	26582	1.00626	1.00816	1.00609	1.00798
41	38786	37417	1.00227	1.00508	1.00401	1.00679
12	39320	37676	1.00048	1.00303	1.00395	1.00645
22	43600	41698	1.00103	1.00399	1.00324	1.00614

表 3.6-10 四边简支厚板($h/b=1/4$)固有频率 Hz

模态类型(mn)	薄板理论式(3.6-3)	剪切板理论封闭解	薄板单元/薄板理论		剪切板单元/剪切板理论	
			堆聚质量	一致质量	堆聚质量	一致质量
11	37945	33585	0.99939	1.00005	0.98344	0.98407
21	60712	50686	0.99875	0.99977	0.97453	0.97554
31	98657	75874	0.99848	1.00015	0.99557	0.99723
12	129013	93830	0.99951	1.00171	1.02665	1.02889
22	151781	106313	0.99839	1.00096	1.01218	1.01479
41	151781	106313	0.99839	1.00096	1.01332	1.01592

表 3.6-11 四边固支厚板($h/b=1/4$)固有频率分布 Hz

模态类型(mn)	薄板理论	剪切板理论封闭解	薄板单元/薄板理论		剪切板单元/剪切板理论	
			堆聚质量	一致质量	堆聚质量	一致质量
11	75003	53823	1.00735	1.00815	1.00814	1.00883
21	96694	67858	1.01088	1.01210	1.00732	1.00840
31	136572	90261	1.00625	1.00815	1.01099	1.01272
12	193932 (41)	111335	1.00225 (41)	1.00508 (41)	1.01956	1.02183
41	196599 (12)	118116	1.00049 (12)	1.00302 (12)	1.01683	1.01946
22	217999	122805	1.00105	1.00399	1.01256	1.01521

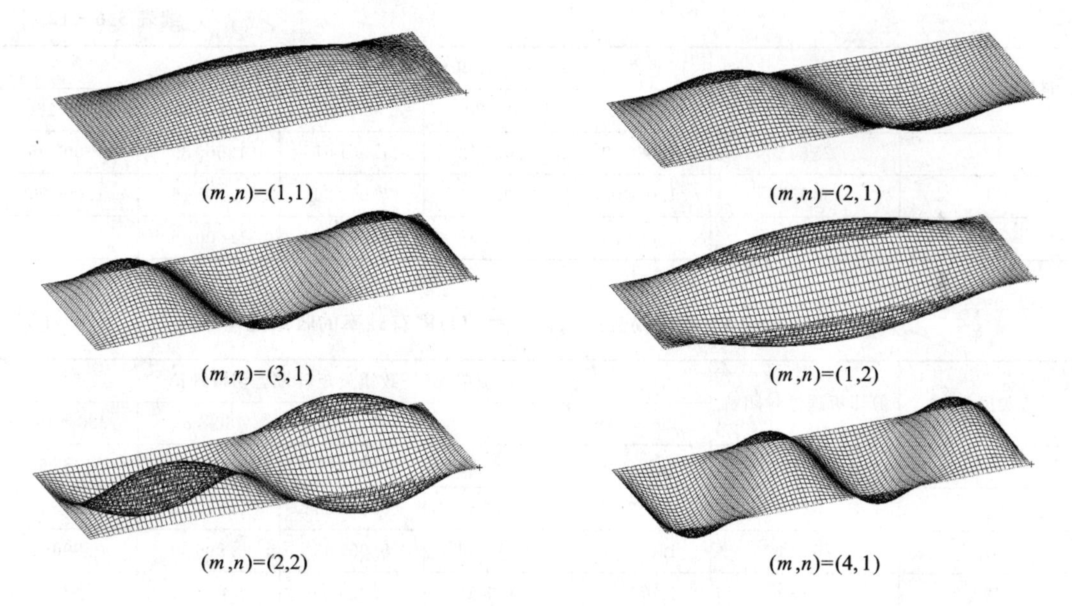

图 3.6－7　四边简支板前 6 阶模态

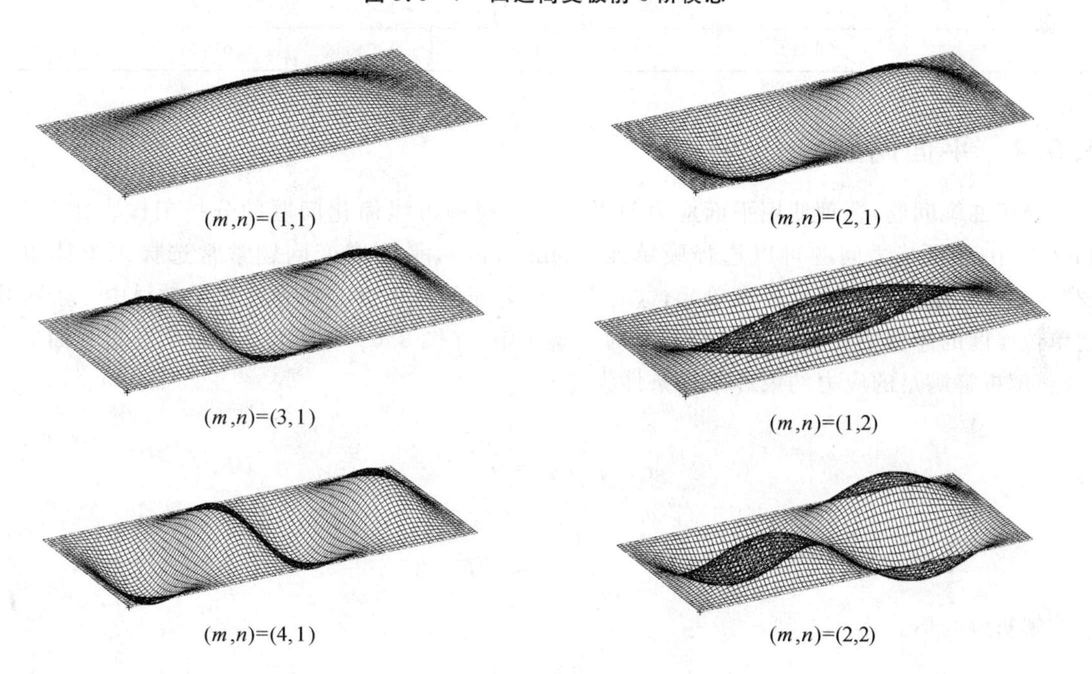

图 3.6－8　四边固支板前 6 阶模态

表 3.6－12　四边简支薄板($h/b=1/20$)固有频率的收敛性　　Hz

模态类型(mn)	薄板理论解	薄板单元(一致质量矩阵)/薄板理论				
		20×10	40×20	80×40	160×80	320×160
11	7 589	1.004 74	1.000 79	1.000 00	1.000 00	1.000 00
21	12 142	1.003 79	1.000 16	0.999 84	0.999 84	0.999 92
31	19 731	1.010 59	1.001 67	1.000 15	0.999 95	0.999 95

续表 3.6-12

模态类型(*mn*)	薄板理论解	薄板单元(一致质量矩阵)/薄板理论				
		20×10	40×20	80×40	160×80	320×160
12	25 803	1.030 19	1.007 13	1.001 67	1.000 39	1.000 08
41	30 356	1.024 02	1.004 91	1.000 96	1.000 16	1.000 00
22	30 356	1.024 25	1.004 88	1.000 96	1.000 16	1.000 00

表 3.6-13 四边简支厚板($h/b=1/4$)固有频率的收敛性 Hz

模态类型(*mn*)	剪切板理论封闭解	剪切板单元(一致质量矩阵)/剪切板理论				
		20×10	40×20	80×40	160×80	320×160
11	33 585	0.990 44	0.985 38	0.984 07	0.983 74	0.983 65
21	50 686	0.981 79	0.976 84	0.975 54	0.975 22	0.975 14
31	75 874	1.007 87	0.999 39	0.997 23	0.996 69	0.996 55
12	93 830	1.052 20	1.033 54	1.028 89	1.027 74	1.027 44
22	106 313	1.033 50	1.018 52	1.014 79	1.013 85	1.013 62
41	106 313	1.034 96	1.019 74	1.015 92	1.014 97	1.014 73

3.6.4 平面问题

对于二维问题,合理使用平面应力与平面应变模型可以简化问题的分析工作。在 NASTRAN 中,平面应力问题可以选择膜单元(membrane),平面应变问题常常选择二维体单元(2D solid)。当然也可选择板壳单元,这时需要约束面外自由度。在弹性力学教材中[19-21]可找到单位厚度的悬臂梁在自由端受合力 F 时的解析解,如图 3.6-9 所示。这个问题是平面应力问题,解析解满足的应力约束和平衡条件为

$$\left.\begin{aligned}&\sigma_y\big|_{y=\pm h/2}=0\\&\tau_{xy}\big|_{y=\pm h/2}=0\\&\sigma_x\big|_{x=0}=0\\&\int_{-h/2}^{h/2}\tau_{xy}\,\mathrm{d}y=-F\end{aligned}\right\}\tag{3.6-4}$$

应力解析解的形式为

$$\left.\begin{aligned}&\sigma_x=-\frac{Fxy}{I}\\&\sigma_y=0\\&\tau_{xy}=-\frac{F}{8I}(h^2-4y^2)\end{aligned}\right\}\tag{3.6-5}$$

容易看出在任意截面处,剪应力 τ_{xy} 相同,并且其分布规律为抛物线,而正应力 σ_x 为线性分布。根据式(3.6-5)、几何关系、本构关系和位移边界条件可以得到位移的解析表达式。选用的位移边界条件不同,得到的位移解也就不同。通常选用梁轴线固定端的边界条件来确定位移解的具体形式,主要有以下 3 种方法:

方法1 位移边界为

$$u\Big|_{\substack{x=l\\y=0}}=v\Big|_{\substack{x=l\\y=0}}=0,\quad \frac{\partial v}{\partial x}\Big|_{\substack{x=l\\y=0}}=0 \tag{3.6-6}$$

与之对应的位移解析解为

$$u=-\frac{Fx^2y}{2EI}-\nu\frac{Fy^3}{6EI}+\frac{Fy^3}{6GI}-\left(\frac{Fh^2}{8GI}-\frac{Fl^2}{2EI}\right)y \tag{3.6-7a}$$

$$v=\nu\frac{Fxy^2}{2EI}+\frac{Fx^3}{6EI}-\frac{Fl^2x}{2EI}+\frac{Fl^3}{3EI} \tag{3.6-7b}$$

由此可以得到梁中线在自由端的挠度为

$$v=\frac{Fl^3}{3EI} \tag{3.6-8}$$

该挠度与用欧拉梁得到的结果完全相同,其主要原因是:位移边界条件式(3.6-6)与欧拉梁固支端的边界条件完全相同。由此可见,对于细长梁,欧拉梁理论具有非常高的精度。

方法2 边界条件为

$$u\Big|_{\substack{x=l\\y=0}}=v\Big|_{\substack{x=l\\y=0}}=0,\quad \frac{\partial u}{\partial y}\Big|_{\substack{x=l\\y=0}}=0 \tag{3.6-9}$$

此边界条件相当于剪切梁固支端的位移边界条件。与之对应的位移解析解为

$$u=-\frac{Fx^2y}{2EI}-\nu\frac{Fy^3}{6EI}+\frac{Fy^3}{6GI}+\frac{Fl^2}{2EI}y \tag{3.6-10a}$$

$$v=\nu\frac{Fxy^2}{2EI}+\frac{Fx^3}{6EI}-\left(\frac{Fh^2}{8GI}+\frac{Fl^2}{2EI}\right)x+\frac{Fh^2l}{8GI}+\frac{Fl^3}{3EI} \tag{3.6-10b}$$

由此也可得到梁中线在自由端的挠度为

$$v=\frac{Fh^2l}{8GI}+\frac{Fl^3}{3EI} \tag{3.6-11}$$

该结果与用剪切梁理论得到的结果略有差别。若剪切修正系数为$k=4/6$,则两种结果完全一致。不过对于矩形截面梁,剪切系数通常选取$k=5/6$。式(3.6-11)相当于考虑了截面翘曲的影响。

值得强调的是:方法1和方法2的位移解析解精确满足平面问题的静平衡方程和力的边界条件式(3.6-4),但它们不完全满足位移边界条件。对于本问题,位移边界条件为:固定端($x=l$)的位移$u(l,y)=v(l,y)=0$,但在方法1和方法2的求解过程中,只满足了固支端中点位移等于零的条件。

方法3 利用剪切梁理论,也可以给出梁的挠度曲线方程为

$$v=\frac{F(l-x)^3}{3EI}+\frac{F(l-x)}{kGA} \tag{3.6-12}$$

下面将上述3种解析结果与有限元结果进行比较。设悬臂梁的几何尺寸为$l\times h\times t=$ 40 mm×20 mm×1 mm,杨氏模量为$E=7.0\text{E}7\ \text{kg}/(\text{mm}\cdot\text{s}^2)$,泊松比为$\nu=0.31$,自由端施加的载荷$F=1.0\ \text{kg}\cdot\text{mm/s}^2$。为了与理论解进行比较,在有限元模型中将$F$按照如下规律来施加,即

$$f=-0.000\,75y^2+0.075\ (\text{kg/s}^2) \tag{3.6-13}$$

在有限元方法中,位移边界条件是精确满足的,而域内平衡条件和边界平衡条件是近似满足的。但随着网格的细分,力的平衡条件被满足的精度会越来越高。于是,只要网格足够精

细，满足 3 个收敛条件的有限元解就可以作为精确解使用，甚至可以作为校验其他新的数值解法的标准。

表 3.6－14 给出有限元结果与理论解的比较，其中方法 3 的 A 点位移 u 的计算方法为：在方法 1 中，由于梁轴线在自由端的挠度等于欧拉梁理论的结果，于是可以近似认为其自由端的挠度斜率 $Fl^2/2EI$ 就是剪切梁自由端剖面的转角。利用该转角可以计算 A 点的位移 u 为

$$-\frac{Fl^2}{2EI}\times\frac{h}{2}=\frac{3F}{E}\left(\frac{l}{h}\right)^2=-1.714\,286\times10^{-7}\ \text{mm} \qquad (3.6-14)$$

从表 3.6－14 可以看出：

① 剪切梁理论结果与二维有限元结果之间的差别最小，另外两种解析方法的挠度精度是较低的，其主要原因是位移解析解不满足位移边界条件。

② 剪切梁单元的结果与剪切梁的理论解是吻合的，并且利用梁单元计算的自由端剖面转角与方法 1 的自由端挠度斜率 $Fl^2/2EI$ 一致，由此可见，式(3.6－14)是合理的。

③ 无论对长梁还是短梁，剪切梁理论皆具有非常高的精度。

表 3.6－14 悬臂梁自由端的位移结果 10^{-7} mm

方法		A点		B点	
		$-u$	v	u	v
1		1.516 071	4.571 429	0	4.571 429
2		1.796 786	5.694 286	0	5.694 286
3		1.714 286	5.469 715	0	5.469 715
剪切梁单元结果		1.714 286	5.469 714	0	5.469 714
二维平面应力单元	80×40	1.735 778	5.409 198	0	5.409 073
	40×20	1.736 778	5.410 627	0	5.410 212
	20×10	1.741 380	5.419 782	0	5.418 468

从图 3.6－10 可以看出，虽然自由端面作用着切向二次分布载荷，但由于正应力 σ_x 和 σ_y 在自由端面上为零，因此端面并没有翘曲现象，但梁的内部截面翘曲现象是明显的。

从图 3.6－11 可以看出，用有限元方法得到的自由端面剪应力 τ_{xy} 的分布规律与施加的切向分布载荷完全一致。但固支端的正应力 σ_x 并不是严格的直线，在固支端的上下两点附近存在误差，如图 3.6－12 所示。

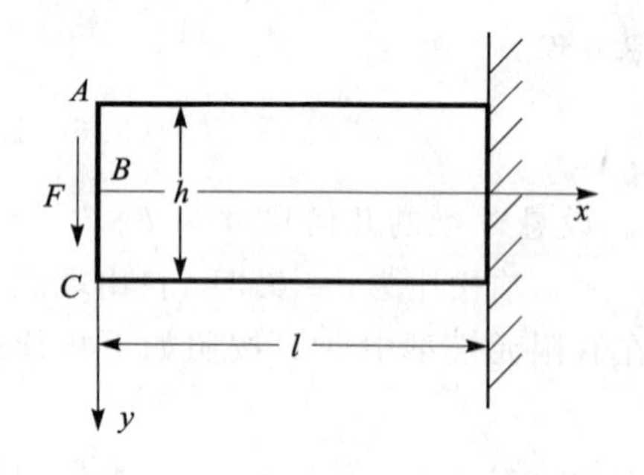

图 3.6－9 悬臂梁自由端承受载荷 F

图 3.6－10 悬臂梁的位移场(有限元结果)

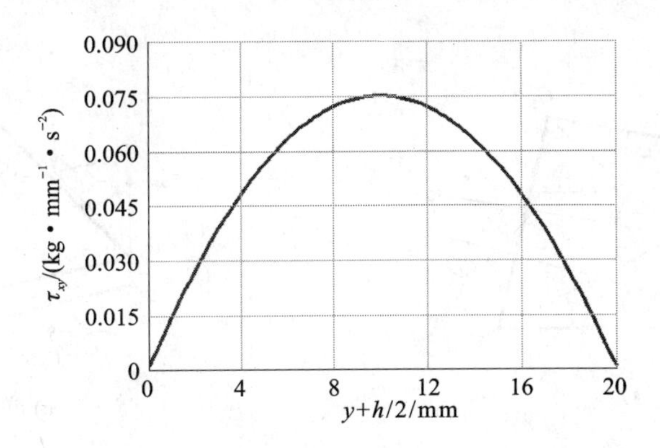

图 3.6-11　自由端 τ_{xy} 的分布情况(有限元结果)

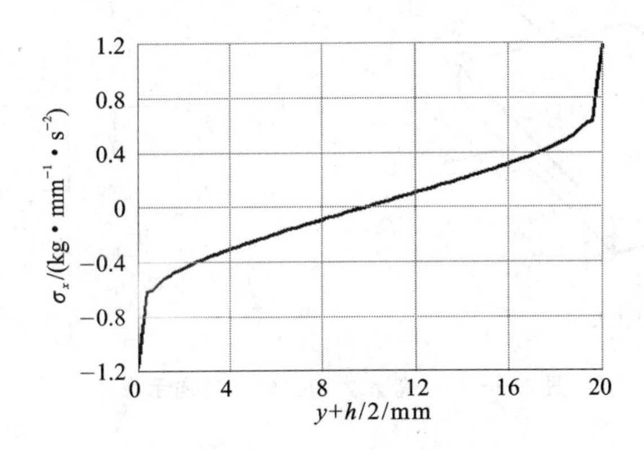

图 3.6-12　固支端 σ_x 的分布情况(有限元结果)

3.6.5　单元力方向

在梁理论中，弯矩和剪力为截面上的载荷，故它们的单位分别是 N·m 和 N。在板理论中，弯矩和剪力为单位中面宽度上的载荷，它们的单位分别是 N 和 N/m。图 3.6-13 给出了内力和应力的方向及其相互关系。下面给出 x 方向的应力和单元力与弯矩(内力)的关系分别为

$$\sigma_x = \frac{F_x}{h} + \frac{12z}{h^3}M_x \tag{3.6-15}$$

$$V_x = \frac{\partial M_x}{\partial x} + \frac{\partial M_{xy}}{\partial y} \tag{3.6-16}$$

从式(3.6-15)可以看出，力 F_x 的单位与剪力的单位相同。

值得强调的是，薄板的本构关系中只包含面内应力，不包括面外应力(它们可以分别用 V_x 和 V_y 单独计算)。若没有作用在面内的外载荷，则 $F_x = F_y = 0$。

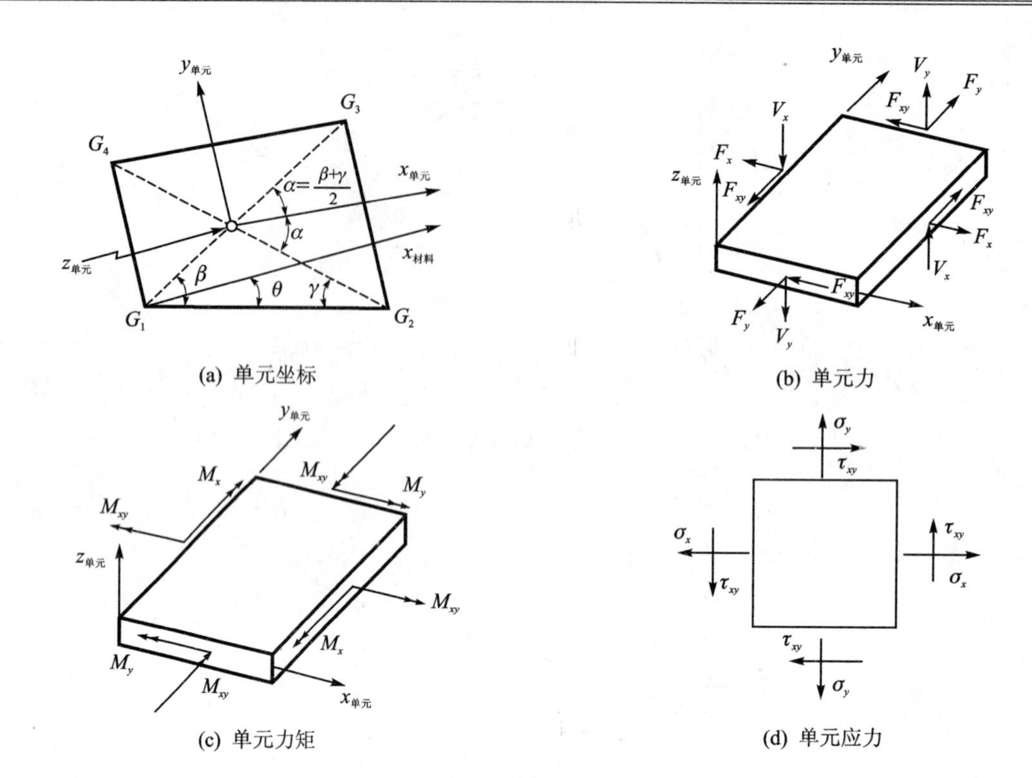

(a) 单元坐标 (b) 单元力

(c) 单元力矩 (d) 单元应力

图 3.6-13 单元力和力矩的方向示意图

复习思考题

3.1 试分析双线性矩形平面单元的应力精度。

3.2 试推导公式(3.2-5),在剪切板中该公式成立吗?

3.3 薄板理论利用平面应力的本构关系,薄板假设与平面应力假设是相同的吗?

3.4 双线性矩形平面单元的刚度矩阵与单元边长的大小无关,而与二者的比值有关,试问用边长比相同的大单元和小单元得到的结果精度相同吗?质量矩阵是否也具有此特性?

3.5 为何在薄板理论中通常不考虑分布弯矩,而在厚板理论中要考虑?

3.6 证明等参数单元容许位移函数满足完备性要求。

3.7 能否直接构造等参数梁和板壳单元?

3.8 试分析双线性矩形平面单元和等参矩形平面单元刚度矩阵计算方法的区别。

3.9 Kirchhoff 薄板的自由边界有两个力的边界条件,Mindlin 板自由边界有三个力的边界条件。在用板壳单元分析板的力学行为时,会出现边界效应,试分析其原因,并分析哪种边界条件更加符合实际情况。

习 题

3-1 从最小总势能变分原理出发,给出下列情况中薄板的强制与自然边界条件。

(1) 固支边;

(2) 简支边;

(3) 自由边。

3-2　试构造最简单的平面弹性力学矩形协调单元,并说明理由。

3-3　有 3 个依次相连的平面弹性力学矩形单元,左边为双线性单元,右边为双三次单元,试设计中间的过渡单元使之满足位移协调条件(serendipity 单元)。

3-4　一个矩形薄板的一边与梁固接。若板采用 16 自由度的双三次单元,试设计梁单元使之相配,并写出此梁单元的全部形函数。

3-5　有长为 a、宽为 b 的弹性薄板,四周分别与均匀梁固接。垂直于板面作用有分布载荷。按下列情况写出其势能泛函,并列出板、梁位移函数应满足的连续性条件和强制性边界条件。

(1) 框架四个角点分别支持在线弹簧上;

(2) 其中一根长为 a 的梁的两端分别支持在轴承中并作用有抗转动的弹簧;

(3) 设计一种有限元格式。

3-6　试用剪切板理论写出厚板自由振动的瑞利商变分式,并导出:

(1) 欧拉方程并说明其物理意义;

(2) 自然边界条件并说明其物理意义。

3-7　设计一种能符合收敛性要求的矩形剪切板单元,并说明理由。

3-8　分析双线性矩形平面单元的位移、应变和应力的分布特征。

3-9　考虑 4 结点矩形平面单元,设非协调单元容许位移函数为

$$u=\sum_{i=1}^{4}N_iu_i+\alpha_1\phi_1+\alpha_2\phi_2,\quad v=\sum_{i=1}^{4}N_iv_i+\beta_1\phi_1+\beta_2\phi_2$$

式中:$\phi_1=1-x^2$,$\phi_2=1-y^2$,与 ϕ_1 和 ϕ_2 有关的项为非协调项。为了保证非协调单元的精度,要求非协调单元容许位移函数能表达等应变状态,其证明方法就是所谓的拼片实验(patch test)。由于非协调项软化了单元的刚度,因此通过拼片实验的非协调单元通常具有较高的精度。试证明上述非协调矩形平面单元可以通过拼片实验(分别假设各个方向的等应变状态,然后证明 ϕ_1 和 ϕ_2 产生的约束应力在该应变上所作的功等于零)。

3-10　根据弹性力学的平衡方程 $\sigma_{ij,j}+f_i=0(i,j=1,2,3)$ 直接推出薄板的弯矩与剪力关系式(3.2-4)及平衡方程(3.2-22)。

参考文献

[1] 胡海昌. 弹性力学的变分原理及其应用. 北京:科学出版社,1981.

[2] Bathe K J, Wilson E L. Numerical Methods in Finite Element Analysis. London: Prentice-Hall International, Inc., 1976.

[3] Bathe K J. Finite Element Procedures in Engineering Analysis. London: Prentice-Hall International, Inc., 1982.

[4] 龙驭球,龙志飞,岑松. 新型有限元论. 北京:清华大学出版社,2004.

[5] 谢贻权,何福保. 弹性和塑性力学中的有限单元法. 北京:机械工业出版社,1981.

[6] 欧阳鬯,马文华. 弹性·塑性·有限元. 长沙:湖南科学技术出版社,1983.

[7] 钟万勰,姚伟岸. 板弯曲与平面弹性有限元的同一性. 计算力学学报,1998,15(1).

[8] 钟万勰,姚伟岸. 板弯曲求解新体系及其应用. 力学学报,1999,31(2).

[9] Pawsey S F, Clough R W. Improved numerical integration of thick shell finite elements. International Journal for Numerical Methods in Engineering, 1971, 3(4): 575-586.

[10] Zienkiewicz O C, Too J, Taylor R L. Reduced integration technique in general analysis of plates and shells. International Journal for Numerical Methods in Engineering, 1971, 3(2): 275-290.

[11] 朱伯芳. 有限单元法原理与应用. 北京:水利电力出版社,1979.

[12] Cowper G R. Gaussian quadrature formulas for triangles. International Journal for Numerical Methods in Engineering, 1973, 3(7): 405-408.

[13] MSC. Nastran Quick Reference Guide, 2005.

[14] Xing Y F, Liu B. Exact solutions for the free in-plane vibrations of rectangular plates. International Journal of Mechanical Sciences, 2009, 51(3): 246-255.

[15] Xing Y F, Liu B. New exact solutions for free vibrations of rectangular thin plates by symplectic dual method. Acta Mechanica Sinica, 2009, 25(2): 265-270.

[16] Xing Y F, Liu B. New exact solutions for free vibrations of thin orthotropic rectangular plates. Composite Structures, 2009, 89: 567-574.

[17] Xing Y F, Liu B. Characteristic equations and closed form solutions for free vibrations of rectangular Mindlin plates. Acta Mechanica Solida Sinica, 2009, 22(2): 125-136.

[18] Xing Y F, Liu B. Closed-Form Solutions for Free Vibrations of Rectangular Mindlin Plates. Acta Mechanica Sinica, 2009, 25: 689-698.

[19] 徐芝纶. 弹性力学(下). 4 版. 北京:高等教育出版社,2006.

[20] 杨桂通. 弹性力学. 北京:高等教育出版社,2002.

[21] 吴家龙. 弹性力学. 北京:高等教育出版社,2004.

第4章　边界元方法

对于具有复杂边界的力学边值问题,直接求解可同时满足域内微分方程和边界条件的解是困难的,但求出只满足域内微分方程的基本解则容易得多,边界元方法恰好体现了这种求解思想。利用边界元方法求解物理问题的三个步骤是:求出域内微分算子的基本解;根据格林公式或加权残量方法或虚功原理建立边界积分方程;对边界积分方程进行离散计算。与常规有限元方法相比,边界元法尤其适用于分析半无限域、无限域、边界裂纹和应力集中等问题。

本章简要介绍边界元方法[1-3]的基本概念、求基本解的方法和边界离散技术等基本问题,还将简要总结其优缺点。

4.1　基本概念

物理问题的描述有三种等效的方法:微分方程方法、变分方法和积分方法。数值求解方法包括差分方法、有限元方法、边界元方法和无网格方法等。某一物理问题的域 Ω 内的平衡方程为

$$L(u_0)+f=0 \tag{4.1-1}$$

边界条件为

$$S(u_0)=\bar{s}\in\Gamma_{\mathrm{u}} \tag{4.1-2a}$$

$$G(u_0)=\bar{g}\in\Gamma_{\sigma} \tag{4.1-2b}$$

式中:u_0 为满足边界条件和平衡方程的精确解,可以是标量,如位势,也可以是应力和位移等向量;$\bar{s}$ 和 $\bar{g}$ 为已知函数(或向量);L 为域内微分算子(或矩阵);S 和 G 分别为位移边界和力边界算子(或矩阵);f 为已知函数(或向量)。域 Ω 的总边界为 $\Gamma=\Gamma_{\mathrm{u}}+\Gamma_{\sigma}$。

可以采用差分方法、有限元方法、边界元方法和无网格方法等来求解方程(4.1-1)和方程(4.1-2)的近似解,其形式通常为

$$u_0\approx u=\alpha_1\varphi_1+\alpha_2\varphi_2+\alpha_3\varphi_3+\cdots \tag{4.1-3}$$

式中:φ_i 为一组彼此线性无关的函数,称为试函数(trial function)或基函数;α_i 为待定系数或称为广义坐标。式(4.1-3)本质上为里兹近似方法。近似解(4.1-3)不会严格满足方程(4.1-1)和方程(4.1-2),在域 Ω 内和边界 Γ 上都会产生一定的误差,并且该误差越小越好。可以用变分原理或加权残量方法使误差在单元上或点的邻域内达到最小或消除。

在加权残量方法中,不同的加权技术将导致不同的近似求解方法,如图1.3-1所示。为了有利于理解加权残量方法,考虑权函数(weighting function)或检验函数(test function)

$$w=\beta_1\psi_1+\beta_2\psi_2+\beta_3\psi_3+\cdots \tag{4.1-4}$$

式中:ψ_i 为彼此线性无关的已知函数,β_i 为待定系数。设 L 为线性算子,且近似解 u 严格满足全部边界条件,这样只需对方程(4.1-1)进行加权计算。下面结合杆的方程(4.1-5)来介绍几种代表性的解法。

杆的方程为

$$\frac{\mathrm{d}^2 u}{\mathrm{d}x^2}+Q=0,\quad 0\leqslant x\leqslant l \tag{4.1-5}$$

式中：$Q=Q(x)$的定义为

$$Q(x)=\begin{cases}1, & 0\leqslant x\leqslant l/2\\ 0, & l/2\leqslant x\leqslant l\end{cases}$$

杆的边界条件为固支，即在 $x=0$ 和 $x=l$ 处，$u=0$。满足边界条件的一种近似解为

$$u=\sum_{i=1}^{N}\alpha_i\sin i\pi\frac{x}{l} \tag{4.1-6}$$

4.1.1 配点法

若权函数的基函数 $\psi_i=\delta_i$，则对应的加权残量方法为配点法(method of point collocation)，即

$$\int_{\Omega}[L(u)+f]\delta_i\mathrm{d}\Omega=0\quad(\text{对所有的点 } i) \tag{4.1-7}$$

这时权函数 w 的形式为

$$w=\beta_1\delta_2+\beta_2\delta_2+\beta_3\delta_3+\cdots \tag{4.1-8}$$

对于式(4.1-6)，当 $N=1$ 时，$\varphi_1(x)=\sin\pi x/l$。选择配点在 $x_1=l/2$ 处，求解

$$L[u(x_1)]+Q(x_1)=0$$

可以得到 α_1。虽然当 $x_1=l/2$ 时 Q 不连续，但根据 Q 的定义选择 $Q=1/2$ 是合理的，因此有

$$L[u(x_1)]+Q(x_1)=\alpha_1\frac{\partial^2\varphi_1}{\partial x^2}+\frac{1}{2}=0$$

于是求得 $\alpha_1=l^2/2\pi^2$。当 $N=2$ 时，$\varphi_1(x)=\sin\pi x/l$，$\varphi_2(x)=\sin 2\pi x/l$，配点在 $x_1=l/4$ 和$x_2=3l/4$ 处时，求解方程组

$$\begin{cases}L[u(x_1)]+Q(x_1)=0\\ L[u(x_2)]+Q(x_2)=0\end{cases}$$

可以得到 α_1 和 α_2。

理论上，随着配点数量的增加，近似解的精度将越来越高。值得指出的是，这里介绍的配点法就是第 5 章将要介绍的配点型无网格方法，在概念上它是一种真正的无网格方法。

4.1.2 子域方法

加权残量在各个子域内积分等于零所对应的方法就是子域方法(method of collocation by subregions)。此时权函数基函数可以选择为 1 或 ψ_i 本身。例如，对于式(4.1-6)，当 $N=2$ 时，令 $\psi_1=\psi_2=1$，得

$$u=\alpha_1\sin\pi\frac{x}{l}+\alpha_2\sin 2\pi\frac{x}{l} \tag{4.1-9}$$

$$\int_0^{l/2}\left(\frac{\mathrm{d}^2 u}{\mathrm{d}x^2}+1\right)\mathrm{d}x=0\quad(\text{对于子域 1}) \tag{4.1-10a}$$

$$\int_{l/2}^{l}\frac{\mathrm{d}^2 u}{\mathrm{d}x^2}\mathrm{d}x=0\quad(\text{对于子域 2}) \tag{4.1-10b}$$

通过求解方程组(4.1-10)可以确定 α_1 和 α_2。

4.1.3　伽辽金方法

若试函数的基函数与权函数的基函数相等，即 $\varphi_i=\psi_i$，则对应的加权残量方法就是伽辽金(Galerkin)方法，此时

$$\int_\Omega [L(u)+f]\varphi_i \mathrm{d}\Omega = 0 \tag{4.1-11}$$

对于 $N=2$，将式(4.1-9)代入式(4.1-11)中得

$$\begin{cases} \int_0^l L(u)\varphi_1 \mathrm{d}x + \int_0^l Q\varphi_1 \mathrm{d}x = 0 \\ \int_0^l L(u)\varphi_2 \mathrm{d}x + \int_0^l Q\varphi_2 \mathrm{d}x = 0 \end{cases} \tag{4.1-12}$$

通过求解方程组(4.1-12)可以确定 α_1 和 α_2。读者不难发现，从式(4.1-12)出发，通过分部积分可以得到常规有限元方法。

4.1.4　最小二乘法

定义残量的平方为

$$\varepsilon^2 = [L(u)+f]^2 \tag{4.1-13}$$

对于 α_i 来求式(4.1-13)的极小值得

$$\int_0^l \frac{\mathrm{d}\varepsilon^2}{\mathrm{d}\alpha_i}\mathrm{d}x = 2\int_0^l [L(u)+f]L(\varphi_i)\mathrm{d}x = 0 \tag{4.1-14}$$

通过求解式(4.1-14)可以得到待定系数 α_i，这种方法就是最小二乘法(least-square method)。

4.1.5　弱形式

假设算子 L 是二阶自伴随算子，通过分部积分得

$$\int_\Omega [L(u)+f]w\mathrm{d}\Omega = \int_\Gamma G(u)S(w)\mathrm{d}\Gamma - \int_\Omega D(u)D(w)\mathrm{d}\Omega + \int_\Omega fw\mathrm{d}\Omega = 0 \tag{4.1-15}$$

式中：算子 D 的阶次比 L 低。为了简洁起见，假设权函数 w 满足齐次位移边界条件，即 $S(w)=0$，于是有

$$\int_\Omega [L(u)+f]w\mathrm{d}\Omega = -\int_\Omega D(u)D(w)\mathrm{d}\Omega + \int_\Omega fw\mathrm{d}\Omega = 0 \tag{4.1-16}$$

值得指出的是，随着函数 u 微分阶次的降低，权函数 w 的微分阶次在升高。根据伽辽金方法，在式(4.1-16)中令 $\varphi_i=\psi_i$ 得

$$\int_\Omega D(u)D(\varphi_i)\mathrm{d}\Omega = \int_\Omega f\varphi_i \mathrm{d}\Omega \quad (\text{对所有的 } i) \tag{4.1-17}$$

式(4.1-17)就是方程(4.1-1)的一种弱形式(weak formulation)，常规有限元方法可以看成是从弱形式出发而形成的，并且系数矩阵是对称矩阵。经典 Ritz 方法的极值条件也可以写成式(4.1-17)的形式。对于方程(4.1-5)有

$$\int\left(\frac{\mathrm{d}^2 u}{\mathrm{d}x^2}+Q\right)\varphi_i \mathrm{d}x = \int\left(-\frac{\mathrm{d}u}{\mathrm{d}x}\frac{\mathrm{d}\varphi_i}{\mathrm{d}x}+Q\varphi_i\right)\mathrm{d}x = 0$$

即

$$\int \frac{\mathrm{d}u}{\mathrm{d}x}\frac{\mathrm{d}\varphi_i}{\mathrm{d}x}\mathrm{d}x = \int Q\varphi_i \mathrm{d}x$$

对比式(4.1-14)和式(4.1-17)可以看出，最小二乘法保持原方程的阶次，在弱形式中原方程被降阶，因此前者逼近平衡方程的精度比后者高。对于对称的自伴随算子，两种方法都给出了对称系数矩阵。

4.1.6　边界求解方法

下面考虑函数 φ_i 或权函数 ψ_i 满足算子 L，但不满足边界条件的情况。分几种情况来讨论。

情况 1　φ_i 满足域内平衡方程，但 ψ_i 不满足。非齐次边界条件式(4.1-2)为

$$S(u) = \bar{s} \quad (\text{对边界 } \Gamma_u) \tag{4.1-18a}$$

$$G(u) = \bar{g} \quad (\text{对边界 } \Gamma_\sigma) \tag{4.1-18b}$$

为了提高边界条件的逼近精度，做如下加权运算，即

$$\int_{\Gamma_u}[S(u)-\bar{s}]G(w)\mathrm{d}\Gamma = 0,\quad \int_{\Gamma_\sigma}[G(u)-\bar{g}]S(w)\mathrm{d}\Gamma = 0 \tag{4.1-19}$$

求解方程(4.1-19)即可确定待定系数 α_i。注意，这里的求解过程只针对边界积分，方程(4.1-19)就是一种边界积分方程。

情况 2　令 $f=0$(如 Laplace 方程 $\nabla^2 u=0$)，权函数 w 满足域内平衡方程 $L(w)\equiv 0$，但 u 不满足。为了得到更高精度的位移函数 u，做如下加权运算，即

$$\int_\Omega L(u)w\mathrm{d}\Omega = 0 \tag{4.1-20}$$

对式(4.1-20)进行分部积分，直到二阶对称算子 L 转到权函数 w 上为止，于是有

$$\int_\Omega L(u)w\mathrm{d}\Omega = \int_\Gamma G(u)S(w)\mathrm{d}\Gamma - \int_\Gamma S(u)G(w)\mathrm{d}\Gamma + \int_\Omega uL(w)\mathrm{d}\Omega = 0 \tag{4.1-21}$$

将 $L(w)\equiv 0$ 代入式(4.1-21)得

$$\int_\Gamma G(u)S(w)\mathrm{d}\Gamma = \int_\Gamma S(u)G(w)\mathrm{d}\Gamma \tag{4.1-22}$$

对于边界 Γ_σ 有 $G(u)=\bar{g}$，对于边界 Γ_u 有 $S(u)=\bar{s}$，因此从式(4.1-22)得

$$\int_{\Gamma_u} G(u)S(w)\mathrm{d}\Gamma + \int_{\Gamma_\sigma}\bar{g}S(w)\mathrm{d}\Gamma = \int_{\Gamma_\sigma}S(u)G(w)\mathrm{d}\Gamma + \int_{\Gamma_u}\bar{s}G(w)\mathrm{d}\Gamma \tag{4.1-23}$$

式(4.1-23)可看做为方程(4.1-19)的一般化形式。

情况 3　下面构造同时处理边界和域内的一般加权残量方法，即

$$\int_\Omega [L(u)+f]w\mathrm{d}\Omega = \int_{\Gamma_\sigma}[G(u)-\bar{g}]S(w)\mathrm{d}\Gamma - \int_{\Gamma_u}[S(u)-\bar{s}]G(w)\mathrm{d}\Gamma \tag{4.1-24}$$

对式(4.1-24)中的 $\int_\Omega L(u)w\mathrm{d}\Omega$ 进行分部积分，参见式(4.1-15)，得到结果

$$\int_\Omega D(u)D(w)\mathrm{d}\Omega - \int_\Omega fw\mathrm{d}\Omega =$$

$$\int_{\Gamma_\sigma}\bar{g}S(w)\mathrm{d}\Gamma + \int_{\Gamma_u}[S(u)-\bar{s}]G(w)\mathrm{d}\Gamma + \int_{\Gamma_u}G(u)S(w)\mathrm{d}\Gamma \tag{4.1-25}$$

对式(4.1-25)中的 $\int_\Omega D(u)D(w)\mathrm{d}\Omega$ 再进行一次分部积分，参见式(4.1-21)，得

$$\int_{\Omega} uL(w)\mathrm{d}\Omega + \int_{\Omega} fw\mathrm{d}\Omega = \int_{\Gamma} S(u)G(w)\mathrm{d}\Gamma - \int_{\Gamma} G(u)S(w)\mathrm{d}\Gamma \quad (4.1-26)$$

式(4.1-26)为式(4.1-24)的逆形式，如果 $L(w)\equiv 0$，则式(4.1-26)变为边界积分方程。

值得强调的是，式(4.1-24)和式(4.1-25)通常用来构造域内近似求解方法，如有限差分方法和有限元方法等，而式(4.1-26)则可直接用来构造边界元方法，如图 4.1-1 所示。虽然图 4.1-1 是根据 Poisson 方程得到的，但其归类具有一般性。

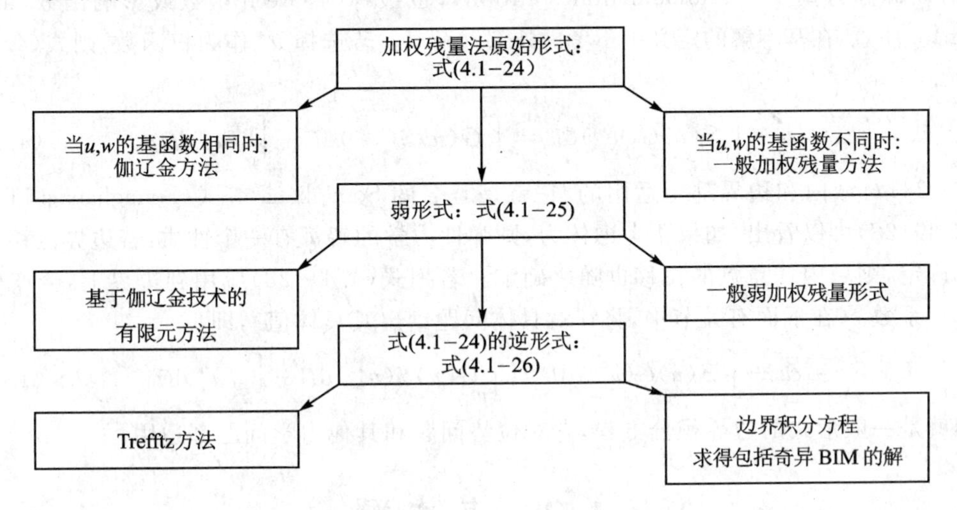

图 4.1-1　加权残量方法

例 4.1-1　作用有均匀分布力 f 的杆的静力学平衡方程为

$$\frac{\mathrm{d}^2 u}{\mathrm{d}x^2} + f = 0$$

杆的长度为 1，边界条件为：在 $x=0$ 端，$u=0$；在 $x=1$ 端，$\mathrm{d}u/\mathrm{d}x=0$。试用式(4.1-26)确定边界位移 $u(1)$和边界应变 $\mathrm{d}u(0)/\mathrm{d}x$。

解：根据式(4.1-26)得

$$\int_0^1 u\frac{\mathrm{d}^2 w}{\mathrm{d}x^2}\mathrm{d}x + \int_0^1 fw\mathrm{d}x = u\frac{\mathrm{d}w}{\mathrm{d}x}\bigg|_{x=1} - \left(-w\frac{\mathrm{d}u}{\mathrm{d}x}\right)\bigg|_{x=0} \quad \text{(a)}$$

由式(4.1-24)直接进行分部积分也可得到式(a)。令

$$\frac{\mathrm{d}^2 w}{\mathrm{d}x^2} = 0 \quad \text{(b)}$$

于是有

$$w = a + bx \quad \text{(c)}$$

将式(b)和式(c)代入式(a)，得

$$a\left[f - \frac{\mathrm{d}u(0)}{\mathrm{d}x}\right] + b\left[\frac{1}{2}f - u(1)\right] = 0 \quad \text{(d)}$$

由于 a 和 b 的任意性，因此有

$$\frac{\mathrm{d}u(0)}{\mathrm{d}x} = f,\quad u(1) = \frac{1}{2}f \quad \text{(e)}$$

该结果为解析解。

4.1.7 奇异函数

考虑方程

$$L(u^*)+\delta=0 \tag{4.1-27}$$

式中：u^* 通常为奇异函数(singular functions)，表示了方程(4.1-1)在 $f=0$ 和没有边界条件下的解，该解称为基本解(fundamental solution)，也被称为 Green 函数或影响函数(influence function)。注意，在基本解的定义中不考虑外部载荷 f。若选择 u^* 作为权函数，则式(4.1-26)变为

$$u+\int_{\Gamma}S(u)G(u^*)\mathrm{d}\Gamma=\int_{\Gamma}G(u)S(u^*)\mathrm{d}\Gamma+\int_{\Omega}fu^*\,\mathrm{d}\Omega \tag{4.1-28}$$

式(4.1-28)对域内和边界都是适用的，它就是著名的 Somigliana 等式(Somigliana's identity)。从式(4.1-28)可以看出，如果不考虑体力，则弹性力学的解都有一个性质：若边界位移和边界面力都确定，则域内任意点的位移也随之确定。若把式(4.1-28)应用到边界上，会产生一个奇异修正系数 c(在下面有关节中，将针对具体问题给出其具体值)，即

$$cu+\int_{\Gamma}S(u)G(u^*)\mathrm{d}\Gamma=\int_{\Gamma}G(u)S(u^*)\mathrm{d}\Gamma+\int_{\Omega}fu^*\,\mathrm{d}\Omega \tag{4.1-29}$$

该方程就是一般形式的边界积分方程，它对位势问题和其他力学问题都适用。

4.2 基本解

从方程(4.1-29)可以看出，基本解在形成边界积分方程过程中起着非常重要的作用。不同的问题，其基本解的求解方法可能不同。对于一维问题，可用单位载荷方法或 Duhamel 积分；对于二维和三维弹性力学问题，其基本解就是 Kelvin 解；对于用 Laplace 和 Poisson 等方程描述的位势问题，可应用格林第二公式方便地求解。此外，还可用傅里叶变换方法、映像方法和数值方法等求基本解。在介绍前述三类问题基本解之前，先简要介绍傅里叶变换方法和特征函数展开方法。表 4.2-1 中列出了一些常用方程的基本解。

表 4.2-1 常用方程的基本解[1]

名 称	方 程	基本解
(1)一维方程：$r=\|x\|$		
Laplace 方程	$\dfrac{\mathrm{d}^2u^*}{\mathrm{d}x^2}+\delta_0=0$	$u^*=-\dfrac{r}{2}$
Helmholtz 方程	$\dfrac{\mathrm{d}^2u^*}{\mathrm{d}x^2}+\lambda^2u^*+\delta_0=0$	$u^*=-\dfrac{1}{2\lambda}\sin(\lambda r)$
Wave 方程	$c^2\dfrac{\partial^2u}{\partial x^2}-\dfrac{\partial^2u}{\partial t^2}+\delta_0\delta(t)=0$	$u^*=\dfrac{1}{2c}\mathrm{H}(ct-r)$，H 为单位阶跃函数
Diffusion 方程	$\dfrac{\partial^2u^*}{\partial x^2}-\dfrac{1}{k}\dfrac{\partial u^*}{\partial t}+\delta_0\delta(t)=0$	$u^*=-\dfrac{\mathrm{H}(t)}{\sqrt{4\pi kt}}\exp\left(-\dfrac{r^2}{4kt}\right)$
Convection/Decay 方程	$\dfrac{\partial u^*}{\partial t}+\bar{u}\dfrac{\partial u^*}{\partial x}+\beta u^*+\delta_0\delta(t)=0$	$u^*=-\mathrm{e}^{-\beta r\sqrt{\bar{u}}}\delta\left(t-\dfrac{r}{\bar{u}}\right)$

续表 4.2-1

名　称	方　程	基本解
(2)二维方程：$r=\sqrt{x_1^2+x_2^2}$		
Plate 方程	$\left(\frac{\partial^2}{\partial t^2}-\mu^2\nabla^4\right)u^*+\delta_0\delta(t)=0$	$u^*=\frac{H(t)}{4\pi\mu}S_i\left(\frac{r}{4\mu t}\right),S_i(u)=-\int_u^\infty\frac{\sin v}{v}dv$
Reduced Plate 方程	$(\nabla^4-k_p^4)u^*+\delta_0=0,k_p=\frac{\omega}{\mu}$	$u^*=-\frac{1}{8ik_p^2}\left[H_0^{(2)}(k_pr)-\frac{2i}{\pi}K_0(k_pr)\right]$，$K_0$ 为椭圆函数，H_0 是 Hankel 函数
Diffusion 方程	$\frac{\partial^2u^*}{\partial x_1^2}+\frac{\partial^2u^*}{\partial x_2^2}-\frac{1}{k}\frac{\partial u^*}{\partial t}+\delta_0\delta(t)=0$	$u^*=-\frac{1}{4\pi kt}\exp\left(-\frac{r^2}{4kt}\right)$
Navier 方程 Kelvin solution	$\frac{\partial\sigma_{ik}^*}{\partial x_k}+\delta_j=0$，$j$ 为单位点载荷方向(均质各向同性)	$u_i^*=u_{ji}^*e_j$ $u_{ji}^*=\frac{1+\nu}{4\pi E(1-\nu)}\left[(3-4\nu)\ln\frac{1}{r}\delta_{ji}+r_{,j}r_{,j}\right]$ $p_i^*=p_{ji}^*e_j$ $p_{ji}^*=-\frac{1}{4\pi(1-\nu)r}$ $\left\{\frac{\partial r}{\partial n}[(1-2\nu)\delta_{ji}+2r_{,j}r_{,i}]-(1-2\nu)(r_{,j}n_i-r_{,i}n_j)\right\}$
Laplace 方程	$\frac{\partial^2u^*}{\partial x_1^2}+\frac{\partial^2u^*}{\partial x_2^2}+\delta_0=0$	$u^*=\frac{1}{2\pi}\ln\left(\frac{1}{r}\right)$
Helmholtz 方程	$\frac{\partial^2u^*}{\partial x_1^2}+\frac{\partial^2u^*}{\partial x_2^2}+\lambda^2u^*+\delta_0=0$	$u^*=\frac{1}{4i}H_0^{(2)}(\lambda r)$，$H_0$ 是 Hankel 函数
D'Acry 方程	$k_1\frac{\partial^2u^*}{\partial x_1^2}+k_2\frac{\partial^2u^*}{\partial x_2^2}+\delta_0=0$(正交各向异性)	$u^*=\frac{1}{\sqrt{k_1k_2}}\frac{1}{2\pi}\ln\left(\frac{1}{r_0}\right),r_0=\sqrt{\frac{x_1^2}{k_1}+\frac{x_2^2}{k_2}}$
Wave 方程	$c^2\left(\frac{\partial^2u^*}{\partial x_1^2}+\frac{\partial^2u^*}{\partial x_2^2}\right)-\frac{\partial^2u^*}{\partial t^2}+\delta_0\delta(t)=0$	$u^*=-\frac{H(ct-r)}{2\pi c(c^2t^2-r^2)}$
(3)三维方程：$r=\sqrt{x_1^2+x_2^2+x_3^2}$		
Laplace 方程	$\frac{\partial^2u^*}{\partial x_1^2}+\frac{\partial^2u^*}{\partial x_2^2}+\frac{\partial^2u^*}{\partial x_3^2}+\delta_0=0$	$u^*=\frac{1}{4\pi r}$
Helmholtz 方程	$\frac{\partial^2u^*}{\partial x_1^2}+\frac{\partial^2u^*}{\partial x_2^2}+\frac{\partial^2u^*}{\partial x_3^2}+\lambda^2u^*+\delta_0=0$	$u^*=\frac{i}{4\pi r}\exp(-i\lambda r)$
D'Acry 方程	$k_1\frac{\partial^2u^*}{\partial x_1^2}+k_2\frac{\partial^2u^*}{\partial x_2^2}+k_3\frac{\partial^2u^*}{\partial x_3^2}+\delta_0=0$	$u^*=\frac{1}{\sqrt{k_1k_2k_3}}\frac{1}{4\pi r_0},r_0=\sqrt{\frac{x_1^2}{k_1}+\frac{x_2^2}{k_2}+\frac{x_3^2}{k_3}}$
Wave 方程	$c^2\nabla^2u^*-\frac{\partial^2u^*}{\partial t^2}+\delta_0\delta(t)=0$	$u^*=\frac{\delta(t-r/c)}{4\pi r}$
Diffusion 方程	$\frac{\partial^2u^*}{\partial x_1^2}+\frac{\partial^2u^*}{\partial x_2^2}+\frac{\partial^2u^*}{\partial x_3^2}-\frac{1}{k}\frac{\partial u^*}{\partial t}+\delta_0\delta(t)=0$	$u^*=-\frac{H(t)}{(4\pi kt)^{3/2}}\exp\left(-\frac{r^2}{4kt}\right)$

续表 4.2-1

名 称	方 程	基本解
Navier 方程 Kelvin's solution	$\dfrac{\partial\sigma_{ik}^*}{\partial x_k}+\delta_j=0$(均质各向同性)	$u_i^*=u_{ji}^*e_j$ $u_{ji}^*=\dfrac{1+\nu}{8\pi E(1-\nu)r}[(3-4\nu)\delta_{ji}+r_{,j}r_{,i}]$ $p_i^*=p_{ji}^*e_j$ $p_{ji}^*=-\dfrac{1}{8\pi(1-\nu)r^2}$ $\left\{\dfrac{\partial r}{\partial n}[(1-2\nu)\delta_{ji}+3r_{,j}r_{,i}-(1-2\nu)(r_{,j}n_i-r_{,j}n_j)]\right\}$

4.2.1 标准正交函数系

在用傅里叶级数展开(对于有限域)和傅里叶变换(对于无限域)求解基本解的过程中,正交函数和狄拉克(P. A. M. Dirac)δ 函数起着重要的作用,下面简要介绍有关知识。

1. 标准正交函数

把周期为 T 的函数 $f(x)$ 展开为傅里叶级数,即

$$f(x)=\frac{1}{\sqrt{T}}\sum_{n=-\infty}^{\infty}\alpha_n e^{in\omega_0 x} \tag{4.2-1}$$

式中:$\omega_0=2\pi/T$,若 $T=2\pi$,则 $\omega_0=1$。式(4.2-1)的系数为

$$\alpha_n=\frac{1}{\sqrt{T}}\int_0^T f(x)e^{-in\omega_0 x}dx \tag{4.2-2}$$

令

$$\varphi_n(x)=\frac{1}{\sqrt{T}}e^{in\omega_0 x} \tag{4.2-3}$$

则有

$$\int_0^T\varphi_n(x)\hat{\varphi}_m(x)dx=\delta_{mn}=\begin{cases}1, & n=m\\ 0, & n\neq m\end{cases} \tag{4.2-4}$$

式中:$\hat{\varphi}_m$ 为 φ_m 的共轭复数。满足式(4.2-4)的函数 $\varphi_n(x)$ 称为标准正交函数。式(4.2-1)和式(4.2-2)可用正交函数改写为

$$f(x)=\sum_{n=-\infty}^{\infty}\alpha_n\varphi_n(x) \tag{4.2-5}$$

和

$$\alpha_n=\int_0^T f(x)\hat{\varphi}_n(x)dx \tag{4.2-6}$$

将式(4.2-6)代入式(4.2-5)中得到

$$f(x)=\int_0^T f(\xi)\left[\sum_{n=-\infty}^{\infty}\varphi_n(x)\hat{\varphi}_n(\xi)\right]d\xi \tag{4.2-7}$$

根据 δ 函数的选择性可知

$$f(x)=\int_0^T f(\xi)\delta(x-\xi)d\xi \tag{4.2-8}$$

比较式(4.2-7)与式(4.2-8)可以看出，δ可用正交函数表示为

$$\delta(x-\xi)=\sum_{n=-\infty}^{\infty}\varphi_n(x)\hat{\varphi}_n(\xi) \tag{4.2-9}$$

当$T\to\infty$时，从式(4.2-7)可以得到傅里叶变换公式。将式(4.2-3)代入式(4.2-7)得

$$f(x)=\frac{1}{T}\sum_{n=-\infty}^{\infty}\int_0^T f(\xi)\mathrm{e}^{\mathrm{i}n\omega_0(x-\xi)}\mathrm{d}\xi=\frac{1}{2\pi}\sum_{n=-\infty}^{\infty}\frac{2\pi}{T}\int_0^T f(\xi)\mathrm{e}^{\mathrm{i}n\frac{2\pi}{T}(x-\xi)}\mathrm{d}\xi \tag{4.2-10}$$

当$T\to\infty$时，$\omega_0=2\pi/T$趋于无穷小量，记为$\mathrm{d}\omega$，$n\omega_0$为连续变化的频率ω，于是式(4.2-10)变为

$$f(x)=\frac{1}{2\pi}\int_{-\infty}^{\infty}\mathrm{e}^{\mathrm{i}\omega x}\left[\int_{-\infty}^{\infty}f(\xi)\mathrm{e}^{-\mathrm{i}\omega\xi}\mathrm{d}\xi\right]\mathrm{d}\omega \tag{4.2-11}$$

令

$$F(\omega)=\frac{1}{\sqrt{2\pi}}\int_{-\infty}^{\infty}f(\xi)\mathrm{e}^{-\mathrm{i}\omega\xi}\mathrm{d}\xi \tag{4.2-12}$$

于是有

$$f(x)=\frac{1}{\sqrt{2\pi}}\int_{-\infty}^{\infty}F(\omega)\mathrm{e}^{\mathrm{i}\omega x}\mathrm{d}\omega \tag{4.2-13}$$

式(4.2-12)和式(4.2-13)就是傅里叶变换对。令

$$\varphi(\omega,x)=\frac{1}{\sqrt{2\pi}}\mathrm{e}^{\mathrm{i}\omega x} \tag{4.2-14}$$

则式(4.2-13)可以写为

$$f(x)=\int_{-\infty}^{\infty}F(\omega)\varphi(\omega,x)\mathrm{d}\omega \tag{4.2-15}$$

若令$f=\delta$，则从式(4.2-12)可得$F(\omega)=\mathrm{e}^{-\mathrm{i}\omega\times 0}/\sqrt{2\pi}=1/\sqrt{2\pi}$，将它代入式(4.2-13)得

$$\delta(x)=\frac{1}{2\pi}\int_{-\infty}^{\infty}\mathrm{e}^{\mathrm{i}\omega x}\mathrm{d}\omega \tag{4.2-16}$$

令$x=x-\xi$，得

$$\delta(x-\xi)=\int_{-\infty}^{\infty}\varphi(\omega,x)\hat{\varphi}(\omega,\xi)\mathrm{d}\omega \tag{4.2-17}$$

值得指出的是，δ函数的选择性在边界元方法中具有重要的意义。利用傅里叶变换方法求基本解的具体过程可以参见例题4.2-1。

2. 特征函数

对于平衡方程(4.1-1)，其特征方程(Strum-Liouville方程)为

$$L(\varphi_n)=\lambda_n\varphi_n \tag{4.2-18}$$

式中：λ_n为特征值，φ_n是与特征值对应的特征函数。细心的读者会发现，式(4.2-18)类似于振动力学中用于求频率和模态函数的特征微分方程。若特征值无重根，则对应的特征函数就是正交函数族，它们可以变换为标准正交函数序列。

对于直角坐标系和线性微分算子L，通常可选择$\cos nx$和$\sin nx$或$\mathrm{e}^{\mathrm{i}nx}$作为特征函数或特征函数的基函数。对于有限域，位移函数等物理量可以写成特征函数的线性组合形式(通解)；对于无限域，位移函数等可以写成傅里叶积分形式。

4.2.2 基本解的求解方法

考虑基本解方程

$$L[u^*(x,\xi)]+\delta(x-\xi)=0 \tag{4.2-19}$$

式中:ξ为源点(source point),(也就是单位力δ的作用点),x为测点(observation point)或场点(field point),它们为域内两个任意的点。不管对位势问题还是对弹性力学问题,它们都不代表任何坐标,而只是空间中的点或者点在坐标系中的位置矢量,有些书将它们写为矢量形式,即$\boldsymbol{x}$和$\boldsymbol{\xi}$。把基本解u^*和δ展开为特征函数叠加的形式,即

$$u^*(x,\xi)=\int_{-\infty}^{\infty}\alpha(\omega,\xi)\varphi(\omega,x)\mathrm{d}\omega \tag{4.2-20}$$

$$\delta(x-\xi)=\int_{-\infty}^{\infty}\varphi(\omega,x)\hat{\varphi}(\omega,\xi)\mathrm{d}\omega \tag{4.2-21}$$

将式(4.2-20)和式(4.2-21)代入式(4.2-19)得

$$L\left[\int_{-\infty}^{\infty}\alpha(\omega,\xi)\varphi(\omega,x)\mathrm{d}\omega\right]+\int_{-\infty}^{\infty}\varphi(\omega,x)\hat{\varphi}(\omega,\xi)\mathrm{d}\omega=0 \tag{4.2-22}$$

式(4.2-22)的左端第1项为

$$L\left[\int_{-\infty}^{\infty}\alpha(\omega,\xi)\varphi(\omega,x)\mathrm{d}\omega\right]=\int_{-\infty}^{\infty}\alpha(\omega,\xi)L[\varphi(\omega,x)]\mathrm{d}\omega=\int_{-\infty}^{\infty}\alpha(\omega,\xi)\lambda(\omega)\varphi(\omega,x)\mathrm{d}\omega$$

将上式再代回式(4.2-22)得

$$\int_{-\infty}^{\infty}\alpha(\omega,\xi)\lambda(\omega)\varphi(\omega,x)\mathrm{d}\omega+\int_{-\infty}^{\infty}\varphi(\omega,x)\hat{\varphi}(\omega,\xi)\mathrm{d}\omega=0 \tag{4.2-23}$$

因为式(4.2-23)对任意的ξ和x都成立,所以有

$$\alpha(\omega,\xi)=-\frac{\hat{\varphi}(\omega,\xi)}{\lambda(\omega)} \tag{4.2-24}$$

将式(4.2-24)代回式(4.2-20)即得到基本解

$$u^*(x,\xi)=-\int_{-\infty}^{\infty}\varphi(\omega,x)\frac{\hat{\varphi}(\omega,\xi)}{\lambda(\omega)}\mathrm{d}\omega \tag{4.2-25}$$

若选式(4.2-14)给出的特征函数$\varphi(\omega,x)=\mathrm{e}^{\mathrm{i}\omega x}/\sqrt{2\pi}$,则式(4.2-20)和式(4.2-21)就相当于傅里叶逆变换。因此,上述过程就是利用特征函数和变换方法求基本解的一般过程。

值得指出的是,当算子是常系数微分算子时,方程$L(u)+f=0$在坐标平移变换下的形式保持不变。若$L[u^*(x,\xi)]+\delta(x-\xi)=0$,则基本解可以表示为$u^*(x,\xi)=u^*(x-\xi)$,通常令$r=|x-\xi|$,也可以令$\xi=0$(坐标原点),则$r=|x|$,参见表4.2-1。

例4.2-1 求下面方程的基本解

$$\frac{\mathrm{d}^2u}{\mathrm{d}x^2}+\kappa^2u=0 \tag{a}$$

解:方程(a)的特征方程为

$$\frac{\mathrm{d}^2\varphi}{\mathrm{d}x^2}+\kappa^2\varphi=\lambda\varphi \tag{b}$$

令特征函数为$\varphi(\omega,x)=\mathrm{e}^{\mathrm{i}\omega x}/\sqrt{2\pi}$,则可得到特征值$\lambda$为

$$\lambda(\omega)=\kappa^2-\omega^2 \tag{c}$$

方法1 直接利用公式(4.2-25)求基本解。

根据式(4.2-25)得

$$u^*(x,\xi) = -\int_{-\infty}^{\infty} \frac{1}{\lambda(\omega)} \varphi(\omega,x) \hat{\varphi}(\omega,\xi) \mathrm{d}\omega =$$

$$-\frac{1}{2\pi}\int_{-\infty}^{\infty} \frac{1}{\kappa^2-\omega^2} \mathrm{e}^{\mathrm{i}\omega(x-\xi)} \mathrm{d}\omega =$$

$$-\frac{1}{2\kappa}\sin(\kappa \mid x-\xi \mid) \tag{d}$$

方法 2 采用傅里叶变换方法,其中包括 3 个主要步骤:

第 1 步 对基本解方程进行变换。

方程(a)的基本解方程为

$$\frac{\mathrm{d}^2 u^*}{\mathrm{d}x^2} + \kappa^2 u^* + \delta(x-\xi) = 0 \tag{e}$$

由式(4.2-17)和特征函数可将 $\delta(x-\xi)$ 表示为

$$\delta(x-\xi) = \frac{1}{2\pi}\int_{-\infty}^{\infty} \mathrm{e}^{\mathrm{i}\omega(x-\xi)} \mathrm{d}\omega \tag{f}$$

对式(e)进行傅里叶变换得

$$\frac{1}{\sqrt{2\pi}}\int_{-\infty}^{\infty}\left[\frac{\mathrm{d}^2 u^*(x,\xi)}{\mathrm{d}x^2}\right]\mathrm{e}^{-\mathrm{i}\omega x}\mathrm{d}x + \kappa^2\left[\frac{1}{\sqrt{2\pi}}\int_{-\infty}^{\infty} u^*(x,\xi)\mathrm{e}^{-\mathrm{i}\omega x}\mathrm{d}x\right] +$$

$$\left[\frac{1}{\sqrt{2\pi}}\int_{-\infty}^{\infty}\delta(x-\xi)\mathrm{e}^{-\mathrm{i}\omega x}\mathrm{d}x\right] = 0 \tag{g}$$

对式(g)左端第 1 项进行分部积分,注意在 $x=\pm\infty$ 处 $u^*(x,\xi)=0$ 和 $\mathrm{d}u^*(x,\xi)/\mathrm{d}x=0$,于是式(g)变为

$$(\kappa^2-\omega^2)U(\omega,\xi) + \frac{1}{\sqrt{2\pi}}\mathrm{e}^{-\mathrm{i}\omega\xi} = 0 \tag{h}$$

式中:$U(\omega,\xi)$ 为基本解 $u^*(x,\xi)$ 的傅里叶变换,即

$$U(\omega,\xi) = \frac{1}{\sqrt{2\pi}}\int_{-\infty}^{\infty} u^*(x,\xi)\mathrm{e}^{-\mathrm{i}\omega x}\mathrm{d}x \tag{i}$$

第 2 步 求解方程(h)。

求解方程(h)得

$$U(\omega,\xi) = -\frac{1}{\sqrt{2\pi}}\frac{1}{\kappa^2-\omega^2}\mathrm{e}^{-\mathrm{i}\omega\xi} \tag{j}$$

第 3 步 对 $U(\omega,\xi)$ 进行逆变换得到基本解。

$U(\omega,\xi)$ 的逆变换为

$$u^*(x,\xi) = \frac{1}{\sqrt{2\pi}}\int_{-\infty}^{\infty} U(\omega,\xi)\mathrm{e}^{\mathrm{i}\omega x}\mathrm{d}\omega =$$

$$-\frac{1}{2\pi}\int_{-\infty}^{\infty}\frac{1}{\kappa^2-\omega^2}\mathrm{e}^{\mathrm{i}\omega(x-\xi)}\mathrm{d}\omega = -\frac{1}{2\kappa}\sin(\kappa \mid x-\xi \mid) \tag{k}$$

在利用傅里叶变换方法求基本解 $u^*(x,\xi)$ 时,还可先将 $u^*(x,\xi)$ 用其傅里叶变换 $U(\omega,\xi)$ 来表示,即

$$u^*(x,\xi) = \frac{1}{\sqrt{2\pi}}\int_{-\infty}^{\infty} U(\omega,\xi)\mathrm{e}^{\mathrm{i}\omega x}\mathrm{d}\omega$$

再把上式代入方程(e),即

$$\frac{\mathrm{d}^2}{\mathrm{d}x^2}\left[\frac{1}{\sqrt{2\pi}}\int_{-\infty}^{\infty}U(\omega,\xi)\mathrm{e}^{\mathrm{i}\omega x}\mathrm{d}\omega\right]+\kappa^2\left[\frac{1}{\sqrt{2\pi}}\int_{-\infty}^{\infty}U(\omega,\xi)\mathrm{e}^{\mathrm{i}\omega x}\mathrm{d}\omega\right]+\delta(x-\xi)=0 \tag{l}$$

于是有

$$\int_{-\infty}^{\infty}\left[(\kappa^2-\omega^2)U(\omega,\xi)+\frac{1}{\sqrt{2\pi}}\mathrm{e}^{-\mathrm{i}\omega\xi}\right]\mathrm{e}^{\mathrm{i}\omega x}\mathrm{d}\omega=0 \tag{m}$$

从式(m)可以直接得到式(j)。

例 4.2-2 用方程

$$L[u(x)]+f(x)=0 \tag{a}$$

的基本解 $u^*(x,\xi)$ 求方程(a)的解 $u(x)$,f 是无限域内的已知函数。

解:参见式(4.1-28),用基本解 $u^*(x,\xi)$ 可将方程(a)的解 $u(x)$ 表示为

$$u(x)=\int_{\Omega}u^*(x,\xi)f(\xi)\mathrm{d}\Omega \tag{b}$$

对式(b)施加微分算子,有

$$L[u(x)]=\int_{\Omega}L[u^*(x,\xi)]f(\xi)\mathrm{d}\Omega=-\int_{\Omega}\delta(x-\xi)f(\xi)\mathrm{d}\Omega=-f(x) \tag{c}$$

因此,式(b)就是用基本解来表示方程(a)的解的公式。若方程(a)的形式为

$$L(u)+M(f)=0 \tag{d}$$

式中:M 为线性算子,则不难验证下式成立,即

$$u(x)=M\left[\int_{\Omega}u^*(x,\xi)f(\xi)\mathrm{d}\Omega\right] \tag{e}$$

例 4.2-2 的结果具有重要意义。系统基本解相当于一个“点源”的扰动响应(即影响函数),而系统在非齐次项作用下的解相当于点源解的叠加,即上面给出的积分式(b)和式(e)。有限域基本解用来求方程有限域的通解,无限域的基本解用来求无限域的通解,这与动力学中处理任意激励响应的 Duhamel 积分方法的思想是相同的。

上面给出的特征函数展开方法和傅里叶变换方法是通用的方法。但对于不同问题,还可以有比较简单的方法,下面分别进行简要介绍。

1. 一维问题基本解的 Duhamel 积分方法

对于某些一维问题,用 Duhamel 积分可以方便地求其基本解。考虑下面的动力学方程

$$\frac{\mathrm{d}^2u}{\mathrm{d}t^2}+\omega^2u=f(t) \tag{4.2-26}$$

在零初始条件下,其动态响应为

$$u(t)=\frac{1}{\omega}\int_0^t f(\tau)\sin\omega(t-\tau)\mathrm{d}\tau \tag{4.2-27}$$

利用式(4.2-26)和式(4.2-27)及坐标比拟可以求一维问题的基本解。零初始条件的动力学问题相当于半无限域的静力学问题,这正是求基本解的思想。

例 4.2-3 利用 Duhamel 积分来求下面方程的基本解。

$$\frac{\mathrm{d}^2u}{\mathrm{d}x^2}+\kappa^2u=0 \tag{a}$$

解:方程(a)的基本解方程为

$$\frac{\mathrm{d}^2u^*}{\mathrm{d}x^2}+\kappa^2u^*=-\delta(x-\xi) \tag{b}$$

点载荷(脉冲载荷)作用在源点 $x=\xi$ 处，根据式(4.2－27)求得基本解为

$$u^*(x,\xi)=-\frac{1}{2\kappa}\int_{-\infty}^{\infty}\delta(\eta-\xi)\sin\kappa(x-\eta)\mathrm{d}\eta=-\frac{\sin\kappa\mid x-\xi\mid}{2\kappa} \tag{c}$$

与例 4.2－1 结果相比可知，该结果是正确的。在方程(a)中，若 $\kappa=0$，则可从式(c)直接求出其基本解，即

$$u^*(x,\xi)=-\lim_{\kappa\to 0}\frac{\sin\kappa\mid x-\xi\mid}{2\kappa}=-\frac{1}{2}\mid x-\xi\mid \tag{d}$$

式(d)就是均匀拉压杆的基本解。

2. 拉普拉斯算子和波动方程的基本解

(1) 拉普拉斯(Laplace)算子的基本解

许多问题都可归结为拉普拉斯方程或泊松(Poisson)方程问题，如动水压力、弹性杆的扭转、薄膜平衡、稳定性传导、稳定渗流和电磁场问题等。由于拉普拉斯方程和泊松方程统称为位势方程，故由拉普拉斯方程和泊松方程控制的问题也称为位势问题(potential problem)。对于这类含有拉普拉斯算子∇^2的问题，可用极坐标方便地获得基本解。

∇^2的基本解 u^* 满足方程

$$\nabla^2u^*(x,\xi)+\delta(x-\xi)=0 \tag{4.2-28}$$

由于算子∇^2和 δ 在平移和平面旋转变换下形式不变，因此这里仅考虑依赖矢径 $r=|x|=\sqrt{x_1^2+x_2^2}$的基本解 $u^*(r)$。方程(4.2－28)的极坐标方程为

$$\frac{1}{r}\frac{\mathrm{d}}{\mathrm{d}r}\left(r\frac{\mathrm{d}u^*}{\mathrm{d}r}\right)+\delta(r)=0$$

对上式在圆域$|x|\leqslant r(r>0)$内积分得

$$2\pi\left(r\frac{\mathrm{d}u^*}{\mathrm{d}r}\right)+1=0$$

因此

$$u^*(r)=-\frac{1}{2\pi}\ln r=\frac{1}{2\pi}\ln\frac{1}{r}$$

例 4.2－4　求双调和算子$\nabla^4=\nabla^2\nabla^2$(对应薄板弯曲问题)的基本解。

解：双调和算子的基本解方程为

$$\nabla^4u^*(x)+\delta(x)=0 \tag{4.2-29}$$

式中：

$$\nabla^2u^*(x)=-\frac{1}{2\pi}\ln r$$

或

$$\frac{1}{r}\frac{\mathrm{d}}{\mathrm{d}r}\left(r\frac{\mathrm{d}u^*}{\mathrm{d}r}\right)=-\frac{1}{2\pi}\ln r$$

积分得

$$u^*(r)=-\frac{1}{8\pi}r^2\ln r=\frac{1}{8\pi}\left(r^2\ln\frac{1}{r}+r^2\right)=\frac{r^2}{8\pi}(1-\ln r) \tag{4.2-30}$$

(2) 波动方程

对于许多物理问题,如声波和电磁波的传播等,都会遇到波动方程

$$\nabla^2 u - \frac{\partial^2 u}{\partial t^2} = f(x,t) \tag{4.2-31}$$

在声波散射等问题中,最典型的情况是式(4.2-31)的右端项为 $f(x,t)=f(x)\mathrm{e}^{\mathrm{i}\kappa t}$($\kappa$ 为波数)的形式,此时波动方程的稳态解为 $u(x,t)=u(x)\mathrm{e}^{\mathrm{i}\kappa t}$,将它们代入式(4.2-31)即得到亥姆霍兹(Helmholtz)方程为

$$\nabla^2 u(x) + \kappa^2 u(x) = f(x) \tag{4.2-32}$$

其基本解方程为

$$\nabla^2 u^*(x,\xi) + \kappa^2 u^*(x,\xi) + \delta(x-\xi) = 0 \tag{4.2-33}$$

考虑只依赖矢径的基本解 u^*,它满足方程

$$\frac{\mathrm{d}^2 u^*}{\mathrm{d}r^2} + \frac{1}{r}\frac{\mathrm{d}u^*}{\mathrm{d}r} + \kappa^2 u^*(r) + \delta(r) = 0 \tag{4.2-34}$$

其基本解可分为如下几种情况:

① $\kappa=0$,此时 u^* 就是拉普拉斯算子的基本解。

② $\kappa^2>0$,如果问题的维数等于 2,则基本解为

$$u^*(r) = \frac{1}{4\mathrm{i}}\mathrm{H}_0^{(2)}(\kappa r) \tag{4.2-35}$$

式中:$\mathrm{H}_0^{(2)}(\kappa r)$为第二类零阶 Hankel 函数,其形式为

$$\mathrm{H}_0^{(2)}(\kappa r) = \mathrm{J}_0(kr) - \mathrm{i}\mathrm{N}_0(kr)$$

J_0 是第一类零阶 Bessel 函数。第一类 $\mu(\mu\in\mathbf{R})$阶 Bessel 函数为

$$\mathrm{J}_\mu(z) = \sum_{j=0}^{\infty}\frac{(-1)^j}{j\,!\,\Gamma(\mu+j+1)}\left(\frac{z}{2}\right)^{\mu+2j}, \quad -\infty < z < \infty$$

它满足 Bessel 微分方程

$$\frac{\mathrm{d}^2 w}{\mathrm{d}z^2} + \frac{1}{z}\frac{\mathrm{d}w}{\mathrm{d}z} + \left(1-\frac{\mu^2}{z^2}\right)w = 0$$

N_0 是第二类零阶 Bessel 函数。第二类 m 阶($m=0,\pm1,\pm2,\cdots$)Bessel 函数为

$$\mathrm{N}_m(z) = \lim_{\mu\to m}\frac{\mathrm{J}_\mu(z)\cos\mu\pi - \mathrm{J}_{-\mu}(z)}{\sin\mu\pi}$$

基本解对于边界的外法向导数为

$$\frac{\partial u^*}{\partial n} = \frac{\mathrm{i}}{4}\mathrm{H}_1^{(2)}(\kappa r)\frac{\partial(kr)}{\partial n} = \frac{\mathrm{i}}{4}\kappa\mathrm{H}_1^{(2)}(\kappa r)\cos\alpha$$

式中:α 为 r 与 n 的夹角,$\mathrm{H}_1^{(2)}$ 为第二类一阶 Hankel 函数,即

$$\mathrm{H}_1^{(2)}(\kappa r) = \mathrm{J}_1(kr) - \mathrm{i}\mathrm{N}_1(kr)$$

当位移的维数等于 3 时,基本解为

$$u^*(r) = \frac{\mathrm{i}}{4\pi r}\mathrm{e}^{-\mathrm{i}\kappa r} \tag{4.2-36}$$

所以

$$\frac{\partial u^*}{\partial n} = -\frac{\mathrm{i}}{4\pi r}\left(\frac{1}{r}+\mathrm{i}\kappa\right)\mathrm{e}^{-\mathrm{i}\kappa r}\cos\alpha$$

3. 弹性问题的基本解

1848 年，开尔文(Kelvin)解决了无限大弹性体内作用一个集中力产生的位移场问题。根据基本解的定义，Kelvin 解就是三维弹性力学问题的基本解。平面问题的基本解当然也可从中得到。三维弹性力学问题的基本解方程的张量形式为

$$\frac{\partial \sigma_{ik}^*}{\partial x_k} + \delta_j = 0 \quad (i,j,k = 1,2,3) \tag{4.2-37}$$

式中：下标 j 表示单位集中载荷作用的方向。张量形式的位移和面力的基本解分别为

$$u_{ji}^*(\xi,x) = \frac{1+\nu}{8\pi E(1-\nu)r}[(3-4\nu)\delta_{ji} + r_{,j}r_{,i}] \tag{4.2-38}$$

$$\begin{aligned} p_{ji}^*(\xi,x) = &-\frac{1}{8\pi(1-\nu)r^2}\left\{\frac{\partial r}{\partial n}[(1-2\nu)\delta_{ji} + 3r_{,j}r_{,i}] - (1-2\nu)(r_{,j}n_i - r_{,i}n_j)\right\} = \\ &-\frac{1}{8\pi(1-\nu)r^2}\{n_k r_{,k}[(1-2\nu)\delta_{ji} + 3r_{,j}r_{,i}] - (1-2\nu)(r_{,j}n_i - r_{,i}n_j)\} \end{aligned} \tag{4.2-39}$$

式中：在源点 ξ 处作用了 x_j 方向的单位力(单位是 N)，u_{ji}^* 和 p_{ji}^* 分别是在场点 x 的 x_i 方向的位移(单位是 m/N，相当于柔度系数)和面力(单位是 N/m^2)；r 是点 ξ 和点 x 之间的距离，$r_{,k}=(x_k-\xi_k)/r=\partial r/\partial x_k$；$n_i$ 为外边界外法线的方向余弦。

对于平面应变问题($i,j,k=1,2$)，基本解为

$$u_{ji}^*(\xi,x) = \frac{1+\nu}{4\pi E(1-\nu)}\left[(3-4\nu)\ln\left(\frac{1}{r}\right)\delta_{ji} + r_{,j}r_{,i}\right] \tag{4.2-40}$$

和

$$\begin{aligned} p_{ji}^*(\xi,x) = &-\frac{1}{4\pi(1-\nu)r}\left\{\frac{\partial r}{\partial n}[(1-2\nu)\delta_{ji} + 2r_{,j}r_{,i}] - (1-2\nu)(r_{,j}n_i - r_{,i}n_j)\right\} = \\ &-\frac{1}{4\pi(1-\nu)r}\{n_k r_{,k}[(1-2\nu)\delta_{ji} + 2r_{,j}r_{,i}] - (1-2\nu)(r_{,j}n_i - r_{,i}n_j)\} \end{aligned} \tag{4.2-41}$$

式中：u_{ji}^* 和 p_{ji}^* 的单位分别是 m/N 和 N/m。与三维情况相比，p_{ji}^* 的单位不同，这是由于在二维平面问题中，通常假设板的厚度是单位厚度。

4.3　边界积分方程及其离散

边界单元方法就是把微分方程的定解问题转化为边界积分方程的离散求解问题，在这个转化过程中，微分方程的基本解起到重要的作用。建立边界积分方程是实现边界元方法的关键步骤。利用基本解建立边界积分方程的方法较多，如加权残量方法、格林公式方法和功的互等定理等。下面以两类具有代表性的问题，即泊松方程控制的位势问题和弹性力学问题为例简要介绍加权残量方法、格林公式方法和功的互等定理在建立边界积分方程中的应用。

4.3.1 泊松方程

1. 加权残量方法

考虑如下二维泊松方程的边值问题，即

$$\nabla^2 u + f = 0 \in \Omega \tag{4.3-1}$$

$$u = \bar{u} \in \Gamma_u \tag{4.3-2a}$$

$$q = \bar{q} \in \Gamma_\sigma \tag{4.3-2b}$$

式中：$q=\partial u/\partial n$，n 为边界 Γ 的外法线方向。沿用前面的记号，用 ξ 和 x 分别表示源点和测点。根据式(4.1-28)可直接得到适合域内和边界的积分方程，即

$$u(\xi) + \int_\Gamma u(x) q^*(x,\xi) \mathrm{d}\Gamma = \int_\Gamma q(x) u^*(x,\xi) \mathrm{d}\Gamma + \int_\Omega f(x) u^*(x,\xi) \mathrm{d}\Omega \tag{4.3-3}$$

对于无限域问题，式(4.3-3)变为

$$u(\xi) = \int_\Omega f(x) u^*(x,\xi) \mathrm{d}\Omega \tag{4.3-4}$$

式(4.3-3)和式(4.3-4)也是用基本解求解方程解的公式。值得注意的是，对于自伴随算子，其基本解的变量位置可以互换，即 $u^*(x,\xi)=u^*(\xi,x)$。

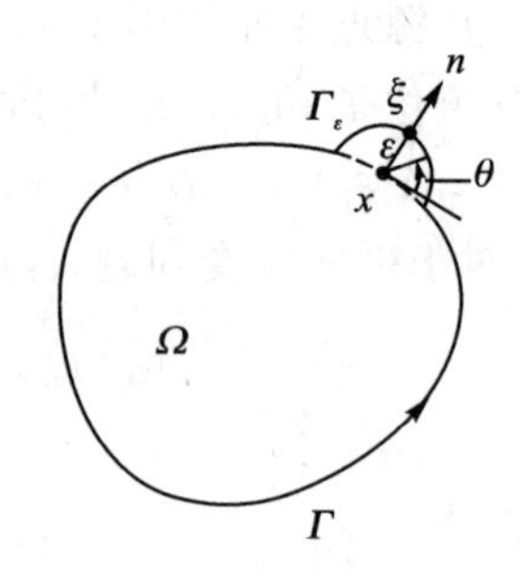

图 4.3-1 奇异点处理方法

为了从式(4.3-3)得到边界积分方程，要把源点 ξ 移到边界上，这就导致 $r=|x-\xi|$ 可能等于零，基本解的形式决定了积分方程(4.3-3)是奇异的。在把方程(4.3-3)变成边界积分方程时，为了避免奇异性，在边界 Γ 上以 x 为中心作半径为 ε 的圆弧与原来的边界相交，如图 4.3-1 所示。小圆弧 Γ_ε 与原来边界一起形成一个新的域 Ω_ε。这样 $\xi \in \Gamma_\varepsilon$，而 $x \in \Omega + \Omega_\varepsilon$ 又成为新的内点，于是方程(4.3-3)变为

$$u + \int_{\Gamma-2\varepsilon+\Gamma_\varepsilon} u q^* \mathrm{d}\Gamma = \int_{\Gamma-2\varepsilon+\Gamma_\varepsilon} q u^* \mathrm{d}\Gamma + \int_{\Omega+\Omega_\varepsilon} f u^* \mathrm{d}\Omega \tag{4.3-5}$$

当 $\varepsilon \to 0$ 时，$\Omega_\varepsilon \to 0$。因此当 $\varepsilon \to 0$ 时，只需对式(4.3-5)中积分边界为 Γ_ε 的项进行计算。根据基本解和积分中值定理，有

$$A := \lim_{\varepsilon\to 0}\int_{\Gamma_\varepsilon} u q^* \mathrm{d}\Gamma = u \lim_{\varepsilon\to 0}\int_{\Gamma_\varepsilon} q^* \mathrm{d}\Gamma = u \lim_{\varepsilon\to 0}\int_{\Gamma_\varepsilon} \frac{\partial}{\partial n}\left(\frac{1}{2\pi}\ln\frac{1}{r}\right)\mathrm{d}\Gamma$$

式中：n 为 Γ_ε 的外法线方向，$r=\varepsilon$，$\mathrm{d}\Gamma_\varepsilon=\varepsilon\mathrm{d}\theta$，$0\leqslant\theta\leqslant\alpha$。由于 n 和 r 的方向相同，因此

$$A = u \lim_{\varepsilon\to 0}\int_0^\alpha \left(-\frac{1}{2\pi\varepsilon}\right)\varepsilon\,\mathrm{d}\theta = -\frac{\alpha}{2\pi}u$$

$$B := \lim_{\varepsilon\to 0}\int_{\Gamma_\varepsilon} q u^* \mathrm{d}\Gamma = q \lim_{\varepsilon\to 0}\int_{\Gamma_\varepsilon} u^* \mathrm{d}\Gamma = q \lim_{\varepsilon\to 0}\int_0^\alpha \frac{1}{2\pi}\left(\ln\frac{1}{\varepsilon}\right)\varepsilon\,\mathrm{d}\theta = 0$$

这样，当 $\varepsilon \to 0$ 时，式(4.3-5)变为

$$u\left(1-\frac{\alpha}{2\pi}\right) + \int_\Gamma u q^* \mathrm{d}\Gamma = \int_\Gamma q u^* \mathrm{d}\Gamma + \int_\Omega f u^* \mathrm{d}\Omega \tag{4.3-6}$$

令 $c=1-\alpha/2\pi$，则

$$c=\begin{cases}1, & x\in\Omega(\alpha=0)\\ 1/2, & x\in \text{光滑}\ \Gamma(\alpha=\pi)\\ \beta/2\pi & x\in\Gamma\ \text{且为角点}(\beta=2\pi-\alpha)\\ 0, & x\notin\Omega+\Gamma(\alpha=2\pi)\end{cases}\tag{4.3-7}$$

值得注意的是，弹性力学问题的 c 与式(4.3－7)是不同的。

对于第一边值问题(Dirichlet 问题)，方程(4.3－1)和式(4.3－2)变为

$$\left.\begin{aligned}&\nabla^2 u+f=0 \quad (\text{对于}\ \Omega)\\ &u=\bar{u} \qquad\qquad (\text{对于}\ \Gamma)\end{aligned}\right\}\tag{4.3-8}$$

将方程(4.3－6)中的 u 换为 $\bar{u}$，得到关于第二边值 $q=\partial u/\partial n$ 的第一类 Fredholm 积分方程，即

$$\int_\Gamma qu^*\,\mathrm{d}\Gamma=c\bar{u}+\int_\Gamma \bar{u}q^*\,\mathrm{d}\Gamma-\int_\Omega fu^*\,\mathrm{d}\Omega\tag{4.3-9}$$

式中：u^* 为对称核函数，q 是未知函数。

对于第二边值问题(Neumann 问题)，方程(4.3－1)和式(4.3－2)变为

$$\left.\begin{aligned}&\nabla^2 u+f=0 \quad (\text{对于}\ \Omega)\\ &q=\bar{q} \qquad\qquad (\text{对于}\ \Gamma)\end{aligned}\right\}\tag{4.3-10}$$

将方程(4.3－6)中的 q 换成 $\bar{q}$，得到关于第一边值 u 的第二类 Fredholm 积分方程，即

$$cu+\int_\Gamma uq^*\,\mathrm{d}\Gamma=\int_\Gamma \bar{q}u^*\,\mathrm{d}\Gamma+\int_\Omega fu^*\,\mathrm{d}\Omega\tag{4.3-11}$$

式中：q^* 为核函数，u 是未知函数。第二类 Fredholm 方程解的存在性、唯一性及连续性已有完整的答案，这对方程(4.3－11)的求解非常有益。但遗憾的是，核函数 q^* 不对称，这导致方程(4.3－11)的离散化方程不是对称的代数方程。已有学者构造了对称的核函数[5]。

2. 格林公式方法

对于位势方程和双调和方程，根据格林公式可方便地得到边界积分方程。由于格林公式中用到共轭算子，故先给出共轭算子的定义。对算子 L，若 $vL(u)-u\hat{L}(v)$ 为散度(divergence)，则算子 $\hat{L}$ 为算子 L 的共轭算子。平面拉普拉斯算子 ∇^2 为双调和算子，即

$$\nabla^2=\frac{\partial^2}{\partial x_1^2}+\frac{\partial^2}{\partial x_2^2}$$

∇^2 与其共轭算子 $\hat{\nabla}^2$ 相同，该算子的格林第二公式为

$$\int_\Omega (v\nabla^2 u-u\,\hat{\nabla}^2 v)\,\mathrm{d}\Omega=\int_\Gamma\left(v\,\frac{\partial}{\partial n}-u\,\frac{\partial v}{\partial n}\right)\mathrm{d}\Gamma\tag{4.3-12}$$

令 $v=u^*(x,\xi)=-(\ln|x-\xi|)/2\pi$ 是 Laplace 算子的基本解，即 $\nabla^2 v+\delta=0$，注意 δ 函数的选择性和 $\nabla^2 u+f=0$。于是，式(4.3－12)变为

$$u=\int_\Gamma\left(u^*\,\frac{\partial u}{\partial n}-u\,\frac{\partial u^*}{\partial n}\right)\mathrm{d}\Gamma+\int_\Omega u^* f\,\mathrm{d}\Omega\tag{4.3-13}$$

式(4.3－13)与式(4.3－3)完全相同。下面用格林公式来建立双调和方程的边界积分方程。

在式(4.3－12)中用 $\nabla^2 v$ 代替 v，得

$$\int_\Omega (\nabla^2 v\nabla^2 u-u\nabla^4 v)\,\mathrm{d}\Omega=\int_\Gamma\left(\nabla^2 v\,\frac{\partial u}{\partial n}-u\,\frac{\partial\,\nabla^2 v}{\partial n}\right)\mathrm{d}\Gamma\tag{4.3-14a}$$

交换式(4.3－14a)中 u 和 v 的位置,得

$$\int_{\Omega}(\nabla^2 u\nabla^2 v - v\nabla^4 u)\mathrm{d}\Omega = \int_{\Gamma}\left(\nabla^2 u\frac{\partial v}{\partial n} - v\frac{\partial\nabla^2 u}{\partial n}\right)\mathrm{d}\Gamma \tag{4.3-14b}$$

式(4.3－14b)减式(4.3－14a)得双调和算子的格林公式为

$$\int_{\Omega}(u\nabla^4 v - v\nabla^4 u)\mathrm{d}\Omega = \int_{\Gamma}\left(\nabla^2 u\frac{\partial v}{\partial n} - v\frac{\partial\nabla^2 u}{\partial n}\right)\mathrm{d}\Gamma + \int_{\Gamma}\left(u\frac{\partial\nabla^2 v}{\partial n} - \nabla^2 v\frac{\partial u}{\partial n}\right)\Gamma \tag{4.3-15}$$

其他过程同前,不再赘述。

4.3.2 弹性力学方程

对于二维和三维均质问题,由于有 Kelvin 形式的基本解,故用边界元方法求解较合适。关于这类问题的边界积分方程,虽然可用前面介绍的加权残量方法和格林公式方法来建立,但用功的互等定理更加方便。弹性力学问题的域内平衡方程和基本解方程分别为

$$\sigma_{ij,j}(x) + f_i(x) = 0 \tag{4.3-16}$$

$$\sigma^*_{ij,j}(\xi,x) + f^*_{ki}(\xi,x) = 0 \tag{4.3-17}$$

式中:$f^*_{ki}(\xi,x)=\delta(x-\xi)\delta_{ki}$,其中下标 k 表示在源点 ξ 处作用一个 k 方向的单位力 $\delta(x-\xi)\delta_{ki}$,δ_{ki} 为 Kronecker Delta 符号,重复下标(哑标)表示求和,在下面关于弹性力学问题的叙述中,都采用这种简洁符号方法。根据功的互等定理有

$$\int_{\Omega}u_i(x)f^*_{ki}(\xi,x)\mathrm{d}\Omega + \int_{\Gamma}u_i(x)p^*_{ki}(\xi,x)\mathrm{d}\Gamma = \int_{\Omega}u^*_{ki}(\xi,x)f_i(x)\mathrm{d}\Omega + \int_{\Gamma}u^*_{ki}(\xi,x)p_i(x)\mathrm{d}\Gamma \tag{4.3-18}$$

式中:$u^*_{ki}(\xi,x)$和 $p^*_{ki}(\xi,x)$分别为位移基本解及与其对应的面力,u_i 和 p_i 分别为方程(4.3－16)在 i 方向的位移解及面力。根据 $\delta(x-\xi)$函数的选择性,有

$$\delta_{ki}u_i(\xi) = \int_{\Gamma}u^*_{ki}(\xi,x)p_i(x)\mathrm{d}\Gamma - \int_{\Gamma}u_i(x)p^*_{ki}(\xi,x)\mathrm{d}\Gamma + \int_{\Omega}u^*_{ki}(\xi,x)f_i(x)\mathrm{d}\Omega \tag{4.3-19}$$

式(4.3－19)对域内和边界上任何点都适用,它也就是 Somigliana 等式。如果把源点移到边界上,用与 4.3.1 小节相同的方法,从式(4.3－19)可以得到边界积分方程为

$$c_{ki}u_i(\xi) = \int_{\Gamma}u^*_{ki}(\xi,x)p_i(x)\mathrm{d}\Gamma - \int_{\Gamma}u_i(x)p^*_{ki}(\xi,x)\mathrm{d}\Gamma + \int_{\Omega}u^*_{ki}(\xi,x)f_i(x)\mathrm{d}\Omega \tag{4.3-20}$$

式中:c_{ki} 的计算公式为

$$c_{ki} = \delta_{ki} + I_{ki}$$

其中

$$I_{ki} = -\frac{1}{8\pi(1-\nu)}\begin{bmatrix} 4(1-\nu)(\pi-\theta_1+\theta_2)+\sin2\theta_1-\sin2\theta_2 & \cos2\theta_2-\cos2\theta_1 \\ \cos2\theta_2-\cos2\theta_1 & 4(1-\nu)(\pi-\theta_1+\theta_2)-\sin2\theta_1+\sin2\theta_2 \end{bmatrix}$$

其中的参数如图 4.3-2 所示。对于光滑边界，$I_{ki}=-\delta_{ki}/2$，因此 $c_{ki}=\delta_{ki}/2$。式(4.3-20)为二维和三维弹性力学问题的边界积分方程。注意对二维和三维问题，方程(4.3-20)的下标范围和基本解彼此不同。将从边界积分方程(4.3-20)求得的物理量代入方程(4.3-19)即可求出域内任意一点位移的值。

在边界积分方程(4.3-20)中，能够求出存在域内积分项的解析解最好，否则需要求数值积分或根据具体问题的性质借助一些数学方法转化为边界积分。对于重力、离心力和稳态温度场载荷，可以借助伽辽金张量 $G_{ij}(x,\xi)$ 的方法将它们转变为边界积分[1]。对于二维和三维问题，伽辽金张量与位移核函数或基本解的关系为

$$u_{ki}^{*}(\xi,x)=G_{ki,jj}(\xi,x)-\frac{G_{kj,ji}(\xi,x)}{2(1-\nu)} \tag{4.3-21}$$

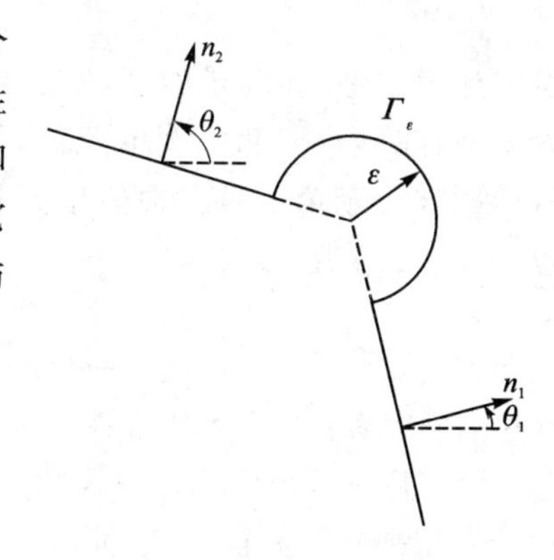

图 4.3-2　奇异点处理方式

将式(4.3-21)代入 $B_k(\xi):=\int_\Omega u_{ki}^{*}(\xi,x)f_i(x)\mathrm{d}\Omega$ 中得

$$B_k(\xi)=\int_\Omega\left[G_{ki,jj}(\xi,x)-\frac{G_{kj,ji}(\xi,x)}{2(1-\nu)}\right]f_i(x)\mathrm{d}\Omega \tag{4.3-22}$$

式(4.3-22)貌似更复杂，但却容易将它转变为边界积分。例如，若 f_i 为体力且是常数，则式(4.3-22)可变为面积分

$$B_k(\xi)=f_i\int_\Gamma\left[G_{ki,j}(\xi,x)-\frac{G_{kj,i}(\xi,x)}{2(1-\nu)}\right]n_j\mathrm{d}\Gamma \tag{4.3-23}$$

对于二维问题，伽辽金张量为

$$G_{ki}(\xi,x)=\frac{1+\nu}{4\pi E}\delta_{ki}r^2\ln\frac{1}{r} \tag{4.3-24}$$

将式(4.3-24)代入式(4.3-21)得

$$u_{ki}^{*}(\xi,x)=\frac{1+\nu}{4\pi E(1-\nu)}\left\{\left[(3-4\nu)\ln\left(\frac{1}{r}\right)-\frac{7-8\nu}{2}\right]\delta_{ki}+r_{,k}r_{,i}\right\} \tag{4.3-25}$$

与式(4.2-40)相比，二者相差了表示刚体位移的常数项，因为该项在处理除了关于体力之外的其他项中没有作用，因此在求基本解过程中忽略了该常数项。但在处理体力时，为了保持一致性，要选择式(4.3-25)表示的基本解。

对于三维问题，伽辽金张量为

$$G_{ki}(\xi,x)=\frac{1+\nu}{4\pi E}r\delta_{ki} \tag{4.3-26}$$

将式(4.3-26)代入式(4.3-21)得到与式(4.2-38)完全相同的基本解。

4.3.3　边界积分方程的离散

与常规有限元方法不同，这里只需对域的边界进行离散，形成所谓的边界单元。对于二维问题，边界单元就是一段线，其插值方法与常规有限杆单元类似；对于三维问题，边界可以是曲面或平面，但可用平面单元近似处理。值得指出的是，基本解函数是已知的，在边界积分方程中，这些函数不需要离散。

1. 泊松问题

考虑二维泊松问题,式(4.3-6)为其边界积分方程,即

$$cu+\int_{\Gamma}uq^{*}\,\mathrm{d}\Gamma=\int_{\Gamma}qu^{*}\,\mathrm{d}\Gamma+\int_{\Omega}fu^{*}\,\mathrm{d}\Omega \tag{4.3-27}$$

对于如图4.3-3所示的区域Ω,把其边界Γ划分为N个一维单元。常用一维单元类型有常单元、线性单元和二次单元等,如图4.3-3所示,其中阿拉伯数字表示结点号,带圈的阿拉伯数字表示单元号。常值单元只有一个结点,该结点通常位于单元的几何中心。离散方程(4.3-27)为

$$c_iu_i+\sum_{j=1}^{N}\int_{\Gamma_j}uq^{*}\,\mathrm{d}\Gamma=\sum_{j=1}^{N}\int_{\Gamma_j}qu^{*}\,\mathrm{d}\Gamma+\sum_{k=1}^{M}\int_{\Omega_k}fu^{*}\,\mathrm{d}\Omega \tag{4.3-28}$$

式中:Γ_j为第j个单元的边界。为了计算式(4.3-27)中的面积分,可将区域Ω划分为M个面单元,Ω_k是第k个面单元的区域。值得指出的是,这些面单元的划分方式与边界单元无关,面单元只用来计算面积分,这类似于伽辽金无网格方法中的背景网格。

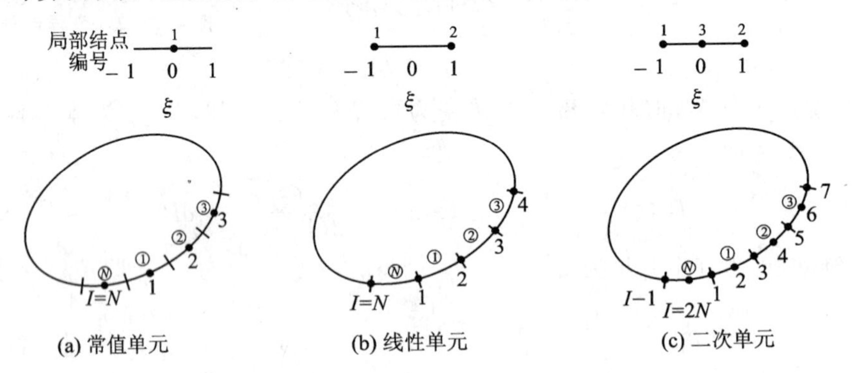

图4.3-3 结点号、单元号和局部坐标的示意图

下面以线单元为例来说明单元系数矩阵的计算和组装过程。用线性单元离散函数u和q得

$$\left.\begin{aligned}u(\xi)&=[\phi_1\quad\phi_2]\begin{bmatrix}u_1\\u_2\end{bmatrix}\\q(\xi)&=[\phi_1\quad\phi_2]\begin{bmatrix}q_1\\q_2\end{bmatrix}\end{aligned}\right\} \tag{4.3-29}$$

式中:ϕ_1和ϕ_2就是等应变杆单元的形函数,ξ为局部坐标,其原点位于单元的几何中心。由于$q=\partial u/\partial n$,为了保证变量阶次的协调性,q的插值函数阶次应该比u的低一阶,但这里二者用的是同阶多项式。式(4.3-28)等号左端的线积分为

$$\int_{\Gamma_j}uq^{*}\,\mathrm{d}\Gamma=\int_{\Gamma_j}[\phi_1\quad\phi_2]q^{*}\,\mathrm{d}\Gamma\begin{bmatrix}u_1\\u_2\end{bmatrix}=[h_{ij}^{1}\quad h_{ij}^{2}]\begin{bmatrix}u_1\\u_2\end{bmatrix} \tag{4.3-30}$$

式中:

$$h_{ij}^{1}=\int_{\Gamma_j}\phi_1q^{*}\,\mathrm{d}\Gamma,\quad h_{ij}^{2}=\int_{\Gamma_j}\phi_2q^{*}\,\mathrm{d}\Gamma$$

h_{ij}^{k}表示结点i与第j个单元的局部结点k之间的相互影响系数。同理,式(4.3-28)等号右端

的线积分为

$$\int_{\Gamma_j} u^* q \mathrm{d}\Gamma = \int_{\Gamma_j} [\phi_1 \quad \phi_2] u^* \mathrm{d}\Gamma \begin{bmatrix} q_1 \\ q_2 \end{bmatrix} = [g_{ij}^1 \quad g_{ij}^2] \begin{bmatrix} q_1 \\ q_2 \end{bmatrix} \tag{4.3-31}$$

式中：

$$g_{ij}^1 = \int_{\Gamma_j} \phi_1 u^* \mathrm{d}\Gamma, \quad g_{ij}^2 = \int_{\Gamma_j} \phi_2 u^* \mathrm{d}\Gamma$$

对于任何类型的单元，只有当源点和测点在同一个单元时才会出现奇异积分，否则积分都是常规的，用普通高斯积分方法计算即可。对于常单元，单元的总体编号就是其结点的总体编号，当源点号 i 与单元号 j 相等时，数值积分是奇异的。对于线性单元，如图 4.3－3b 所示，当源点与任何一个单元两个结点之一重合时，都面临奇异积分。在本小节的后面，用解析方法给出了常单元和线单元的奇异积分结果。

将式(4.3－30)和式(4.3－31)代入式(4.3－28)，将相邻单元的公共结点进行组装，得

$$c_i u_i + \sum_{j=1}^{N} \hat{H}_{ij} U_j = \sum_{j=1}^{N} G_{ij} Q_j + B_i \tag{4.3-32}$$

式中：B_i 是与源点 i 对应的面积分结果。若采用逆时针编号方法，对任意源点 i，$\hat{H}_{ij}$ 包括第 $j-1$ 个单元的 $h_{i,j-1}^2$ 和第 j 个单元的 h_{ij}^1，类似方法适用于 G_{ij}。式(4.3－32)还可写为

$$\sum_{j=1}^{N} H_{ij} U_j = \sum_{j=1}^{N} G_{ij} Q_j + B_i \tag{4.3-33}$$

式中：U_j 和 Q_j 为边界整体独立结点参数，而

$$H_{ij} = \begin{cases} \hat{H}_{ij}, & i \neq j \\ \hat{H}_{ij} + c_i, & i = j \end{cases}$$

若点 i 遍取所有结点，则

$$\boldsymbol{HU} = \boldsymbol{GQ} + \boldsymbol{B} \tag{4.3-34}$$

若边界不光滑，则 c_i 不等于 1/2。事实上，即使不计算出 c_i 的显式，也可得到 $\boldsymbol{H}$ 的对角元素。当只有均匀势（u 为常数，例如为 1）作用在域的边界上时，有 $\boldsymbol{Q}=\boldsymbol{0}$（$q=\partial u/\partial n$ 为零），因此

$$\boldsymbol{HI} = \boldsymbol{0} \tag{4.3-35}$$

式中：$\boldsymbol{I}$ 为单位列向量，该式的含义是矩阵 $\boldsymbol{H}$ 的任意一行之和等于零，因此

$$H_{ii} = -\sum_{j \neq i} H_{ij} \tag{4.3-36}$$

在式(4.3－34)中引入已知的边界 u 和 q，把未知量放在方程左侧并用 $\boldsymbol{X}$ 表示，则有

$$\boldsymbol{AX} = \boldsymbol{F} \tag{4.3-37}$$

式(4.3－37)与一般有限元方法的代数平衡方程在形式上是相同的。

下面针对常单元和线性单元给出矩阵 $\boldsymbol{H}$ 和 $\boldsymbol{G}$ 元素的具体计算公式，包括奇异积分的解析结果。值得指出的是，不论用常单元还是线性单元，矩阵 $\boldsymbol{H}$ 的对角元素 H_{ii} 都可根据式(4.3－36)计算，这也就避免了计算 $\boldsymbol{H}$ 对角元素时遇到奇异积分问题，反过来说，这也是解决 $1/r$ 型奇异积分的方法。当 $i \neq j$ 时，由于 $H_{ij} = \hat{H}_{ij}$，因此对矩阵 $\boldsymbol{H}$ 而言，仅需计算 $\hat{H}_{ij}$。

定义单元局部坐标 ξ，其原点位于单元的几何中心，且在单元两端取 ±1。单元线坐标与局部坐标的关系为

$$\Gamma = \frac{l}{2}(1+\xi)$$

式中：l 为单元长度。由表 4.2-1 可知泊松问题或拉普拉斯算子的基本解为

$$u^* = \frac{1}{2\pi}\ln\left(\frac{1}{r}\right), \quad q^* = \frac{\partial u^*}{\partial r}\frac{\partial r}{\partial n} = -\frac{1}{2\pi r}\frac{\partial r}{\partial n}$$

其中 r 为源点与测点之间的距离。用 l_j 表示第 j 个单元的长度，令源点的坐标为 (x_i, y_i)，考虑第 j 个单元，则

$$r_{ij} = \sqrt{(x_i - x)^2 + (y_i - y)^2}$$

表示源点 i 到单元 Γ_j 上任一点 (x, y) 的距离，并且

$$\frac{\partial r}{\partial n} = \frac{h_{ij}}{r_{ij}}\mathrm{sgn}\left(\frac{\partial r}{\partial n}\right)$$

式中：h_{ij} 为源点 i 到 Γ_j 边界的垂直距离。令 (x_1, y_1) 和 (x_2, y_2) 为单元 Γ_j 两端点的坐标。

当 $x_1 \neq x_2$ 时，Γ_j 单元的直线方程为

$$y = y_1 + k(x - x_1)$$

式中：$k = (y_2 - y_1)/(x_2 - x_1)$ 为直线单元 Γ_j 的斜率。于是，源点 (x_i, y_i) 到 Γ_j 直线的距离为

$$h_{ij} = | k(x_i - x_1) - (y_i - y_1) | / \sqrt{k^2 + 1}$$

当 $x_1 = x_2$ 时，有

$$h_{ij} = | x_i - x_1 |$$

而 $\partial r/\partial n$ 的正负可由源点 (x_i, y_i) 到结点 (x_1, y_1) 和 (x_2, y_2) 的矢量 $\boldsymbol{r}_1$ 与 $\boldsymbol{r}_2$ 的矢量积来判断，即

$$\boldsymbol{r}_1 = \boldsymbol{i}(x_i - x_1) + \boldsymbol{j}(y_i - y_1)$$

$$\boldsymbol{r}_2 = \boldsymbol{i}(x_i - x_2) + \boldsymbol{j}(y_i - y_2)$$

$$\boldsymbol{r}_1 \times \boldsymbol{r}_2 = \boldsymbol{k}c$$

式中：$c = (x_1 - x_i)(y_2 - y_i) - (x_2 - x_i)(y_1 - y_i)$，于是有

$$\mathrm{sgn}\left(\frac{\partial r}{\partial n}\right) = \mathrm{sgn}(c)$$

为了方便进行高斯积分，r_{ij} 中的坐标 x 和 y 需用 ξ 替换，即

$$x = \phi_1 x_1 + \phi_2 x_2, \quad y = \phi_1 y_1 + \phi_2 y_2$$

$$\phi_1 = \frac{1}{2}(1-\xi), \quad \phi_2 = \frac{1}{2}(1+\xi)$$

根据上面这些基本公式，下面计算矩阵 $\boldsymbol{H}$ 和 $\boldsymbol{G}$ 的元素。

(1) 常单元

$$\hat{H}_{ij} = \int_{\Gamma_j} q^* \mathrm{d}\Gamma = \int_{-1}^{1} \frac{\partial u^*}{\partial r}\frac{\partial r}{\partial n}\frac{l_j}{2}\mathrm{d}\xi = -\int_{-1}^{1}\frac{1}{2\pi r_{ij}}\frac{\partial r}{\partial n}\frac{l_j}{2}\mathrm{d}\xi = -\frac{l_j h_{ij}}{4\pi}\mathrm{sgn}\left(\frac{\partial r}{\partial n}\right)\int_{-1}^{1}\frac{1}{r_{ij}^2}\mathrm{d}\xi$$

$$G_{ij} = \int_{\Gamma_j} u^* \mathrm{d}\Gamma = \frac{l_j}{4\pi}\int_{-1}^{1}\ln\frac{1}{r_{ij}}\mathrm{d}\xi$$

在计算 G_{ii} 时，$r_{ii} = \frac{1}{2}l_i|\xi|$，因此

$$G_{ii} = \int_{\Gamma_i} u^* \mathrm{d}\Gamma = \frac{l_i}{4\pi}\int_{-1}^{1}\ln\left|\frac{2}{l_i\xi}\right|\mathrm{d}\xi = \frac{l_i}{2\pi}\int_{0}^{1}\ln\left(\frac{2}{l_i\xi}\right)\mathrm{d}\xi =$$

$$\frac{l_i}{2\pi}\left(\ln\frac{2}{l_i}-\int_0^1\ln\xi\mathrm{d}\xi\right)=\frac{l_i}{2\pi}\left(\ln\frac{2}{l_i}+1\right)$$

（2）线性单元

$$h_{ij}^1=\int_{\Gamma_j}\phi_1 q^*\mathrm{d}\Gamma=\int_{-1}^1\frac{1}{2}(1-\xi)\frac{\partial u^*}{\partial r}\frac{\partial r}{\partial n}\frac{l_j}{2}\mathrm{d}\xi=-\frac{l_jh_{ij}}{8\pi}\mathrm{sgn}\left(\frac{\partial r}{\partial n}\right)\int_{-1}^1(1-\xi)\frac{1}{r_{ij}^2}\mathrm{d}\xi$$

$$h_{ij}^2=\int_{\Gamma_j}\phi_2 q^*\mathrm{d}\Gamma=\int_{-1}^1\frac{1}{2}(1+\xi)\frac{\partial u^*}{\partial r}\frac{\partial r}{\partial n}\frac{l_j}{2}\mathrm{d}\xi=-\frac{l_jh_{ij}}{8\pi}\mathrm{sgn}\left(\frac{\partial r}{\partial n}\right)\int_{-1}^1(1+\xi)\frac{1}{r_{ij}^2}\mathrm{d}\xi$$

$$g_{ij}^1=\int_{\Gamma_j}\phi_1 u^*\mathrm{d}\Gamma=\frac{l_j}{8\pi}\int_{-1}^1(1-\xi)\ln\frac{1}{r_{ij}}\mathrm{d}\xi$$

$$g_{ij}^2=\int_{\Gamma_j}\phi_2 u^*\mathrm{d}\Gamma=\frac{l_j}{8\pi}\int_{-1}^1(1+\xi)\ln\frac{1}{r_{ij}}\mathrm{d}\xi$$

当源点位于单元的结点 1 或结点 2 时，有关的计算方法相同，因此下面仅考虑源点位于结点 1 的情况，此时

$$r_{ii}=\frac{1}{2}l_i(1+\xi)$$

因此

$$g_{ii}^1=\int_{\Gamma_i}\phi_1 u^*\mathrm{d}\Gamma=\frac{l_i}{8\pi}\int_{-1}^1(1-\xi)\ln\frac{2}{l_i(1+\xi)}\mathrm{d}\xi=\frac{l_i}{4\pi}(1.5-\ln l_i)$$

$$g_{ii}^2=\int_{\Gamma_i}\phi_2 u^*\mathrm{d}\Gamma=\frac{l_i}{8\pi}\int_{-1}^1(1+\xi)\ln\frac{2}{l_i(1+\xi)}\mathrm{d}\xi=\frac{l_i}{4\pi}(0.5-\ln l_i)$$

当 $i>1$ 时，有

$$g_{i,i-1}^1=\int_{\Gamma_{i-1}}\phi_1 u^*\mathrm{d}\Gamma=\frac{l_{i-1}}{8\pi}\int_{-1}^1(1-\xi)\ln\frac{2}{l_{i-1}(1-\xi)}\mathrm{d}\xi=\frac{l_{i-1}}{4\pi}(0.5-\ln l_{i-1})$$

$$g_{i,i-1}^2=\int_{\Gamma_{i-1}}\phi_2 u^*\mathrm{d}\Gamma=\frac{l_{i-1}}{8\pi}\int_{-1}^1(1+\xi)\ln\frac{2}{l_{i-1}(1-\xi)}\mathrm{d}\xi=\frac{l_{i-1}}{4\pi}(0.5-\ln l_{i-1})$$

当 $i=1$ 时，有

$$g_{1,N}^1=\int_{\Gamma_N}\phi_1 u^*\mathrm{d}\Gamma=\frac{l_N}{8\pi}\int_{-1}^1(1-\xi)\ln\frac{2}{l_N(1-\xi)}\mathrm{d}\xi=\frac{l_N}{4\pi}(0.5-\ln l_N)$$

$$g_{1,N}^2=\int_{\Gamma_N}\phi_2 u^*\mathrm{d}\Gamma=\frac{l_N}{8\pi}\int_{-1}^1(1+\xi)\ln\frac{2}{l_N(1-\xi)}\mathrm{d}\xi=\frac{l_N}{4\pi}(1.5-\ln l_N)$$

例 4.3-1　考虑如图 4.3-4 所示的方板，边长为 $a=1$ m，导热系数为 $\lambda=5$ W/(m·K)。垂直 y 轴的两个边绝热（$q=\partial T/\partial n=0$）。分两种情况用线单元分析板的温度场。

情况 1　左边（$x=0$）环境温度为 $T_{s1}=200$ ℃，表面换热系数 $h_1=100$ W/(m^2·K)；右边（$x=a$）环境温度为 $T_{s2}=100$ ℃，表面换热系数为 $h_2=200$ W/(m^2·K)。

情况 2　左边温度 $T_{\Gamma_{1L}}=300$ ℃，右边温度为 $T_{\Gamma_{1R}}=60$ ℃。

解：本例题的数学模型为

$$\nabla^2 T=0\in\Omega \tag{a}$$

$$T_{\Gamma_1}=\overline{T}\in\Gamma_1\quad(\text{第 1 类边界}) \tag{b}$$

$$\left.\frac{\partial T}{\partial n}\right|_{\Gamma_2}=0\in\Gamma_2\quad(\text{第 2 类边界}) \tag{c}$$

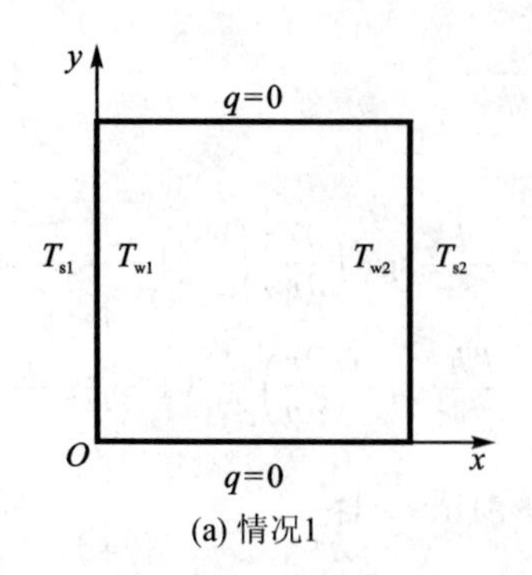

(a) 情况1

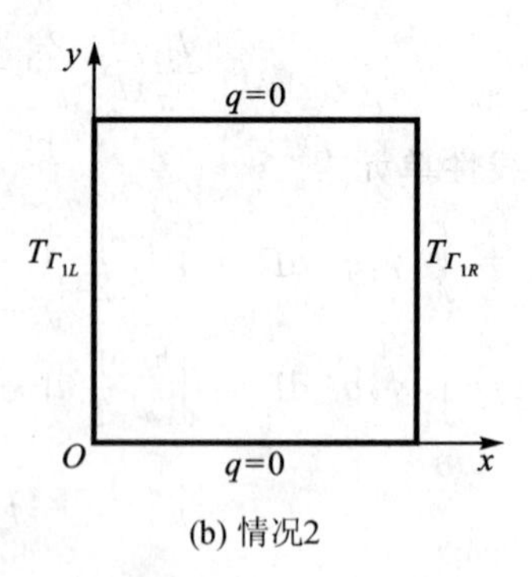

(b) 情况2

图 4.3-4 方板的温度边界条件

$$\left.\begin{aligned} -\lambda\frac{\partial T}{\partial n}\bigg|_{\Gamma_{3,x=0}} &= h_1(T_{s1}-T_{w1}) \\ -\lambda\frac{\partial T}{\partial n}\bigg|_{\Gamma_{3,x=a}} &= h_2(T_{w2}-T_{s2}) \end{aligned}\right\}\in\Gamma_3 \quad \text{（第 3 类边界）} \tag{d}$$

式中：T_{w1} 和 T_{w2} 分别为板左边和右边的边界温度，$\Gamma=\Gamma_1+\Gamma_2+\Gamma_3$。根据数学模型可知，该问题可简化为一维问题，两种情况的精确解分别为

$$\left.\begin{aligned} T(x) &= \frac{x}{a}(T_{w2}-T_{w1})+T_{w1} \\ T_{w1} &= T_{s1}+k/h_1 \\ T_{w1} &= T_{s2}-k/h_2 \end{aligned}\right\} \quad \text{情况 1} \tag{e}$$

$$T(x) = \frac{x}{a}(T_{\Gamma_{1R}}-T_{\Gamma_{1L}})+T_{\Gamma_{1L}} \quad \text{情况 2} \tag{f}$$

式中：$k=(T_{s2}-T_{s1})/(1/h_1+a/\lambda+1/h_2)$表示板的热流密度。本例题的主要目的是讨论第 3 类边界条件的处理方法。

对于情况 2，可利用本节给出的矩阵 $\boldsymbol{H}$ 和 $\boldsymbol{G}$ 直接进行求解，不再赘述。对于情况 1，由于存在第 3 类边界条件，因此对应的边界积分方程有如下两种修改形式，即

$$c_iT_i+\int_\Gamma Tq^*\,\mathrm{d}\Gamma+\int_{\Gamma_3}\frac{h}{\lambda}TT^*\,\mathrm{d}\Gamma=\int_\Gamma TT^*\,\mathrm{d}\Gamma \tag{g}$$

或

$$c_iT_i+\int_\Gamma Tq^*\,\mathrm{d}\Gamma=\int_\Gamma qT^*\,\mathrm{d}\Gamma+\int_{\Gamma_3}\frac{\lambda}{h}qq^*\,\mathrm{d}\Gamma \tag{h}$$

针对方程(g)，当测点 j 落在边界 Γ_3 时，$\boldsymbol{G}$ 不变，但矩阵 $\boldsymbol{H}$ 变为

$$H_{ij}=H_{ij}+\frac{h}{\lambda}G_{ij}$$

在计算时，需令列向量 $\boldsymbol{Q}$ 中与边界 Γ_3 对应的元素等于$(H/\lambda)T_s$。根据求出的边界 Γ_3 上的 T，利用$-\lambda\partial T/\partial n=h(T-T_s)$可求出该边界的$\partial T/\partial n$。

针对方程(h)，当测点 j 落在边界 Γ_3 上时，$\boldsymbol{H}$ 不变，但矩阵 $\boldsymbol{G}$ 变为

$$G_{ij}=G_{ij}+\frac{\lambda}{h}H_{ij}$$

在计算时，需令列向量 $\boldsymbol{U}$ 中与边界 Γ_3 对应的元素等于 T_s。根据求出的边界 Γ_3 上的$\partial T/\partial n$，利用$-\lambda\partial T/\partial n=h(T-T_s)$可求出该边界的 T。

值得注意的是，方程(g)或方程(h)都可以求解，但这里只求解方程(g)。每条边划分为 12 个单元，总共用 48 个线性单元，图 4.3-5 给出了采用边界元方法的结果与解析解的比较。建议读者把用少量单元得到的结果与解析解进行比较。

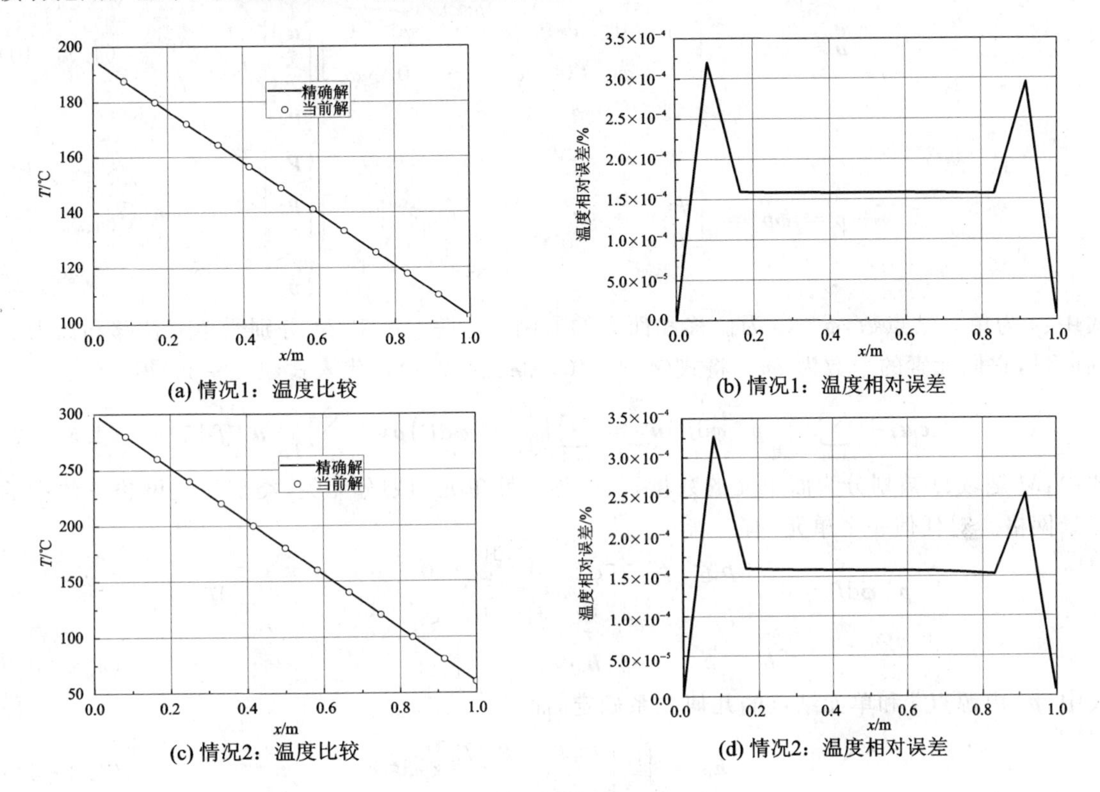

图 4.3-5　解析解和数值解的比较

2. 弹性力学问题

(1) 边界积分方程的离散

弹性力学问题边界积分方程的离散化方法与势问题是相同的。把方程(4.3-20)写为形式

$$c_i u_i + \int_\Gamma p_{ki}^* u_i \mathrm{d}\Gamma = \int_\Gamma u_{ki}^* p_i \mathrm{d}\Gamma + \int_\Omega u_{ki}^* f_i \mathrm{d}\Omega \tag{4.3-38}$$

以二维问题为例，引入函数向量

$$\boldsymbol{u}_i = \begin{bmatrix} u_1 \\ u_2 \end{bmatrix}_i, \quad \boldsymbol{p}_i = \begin{bmatrix} p_1 \\ p_2 \end{bmatrix}_i, \quad \boldsymbol{f}_i = \begin{bmatrix} f_1 \\ f_2 \end{bmatrix}_i$$

式中：$\boldsymbol{u}_i, \boldsymbol{p}_i, \boldsymbol{f}_i$ 分别表示某一点 i 的位移函数向量、面力函数向量和外载荷函数向量，向量元素的下标 1 和 2 分别表示 x 和 y 方向。定义如下两个核函数矩阵

$$\boldsymbol{u}^* = \begin{bmatrix} u_{11}^* & u_{12}^* \\ u_{21}^* & u_{22}^* \end{bmatrix}, \quad \boldsymbol{p}^* = \begin{bmatrix} p_{11}^* & p_{12}^* \\ p_{21}^* & p_{22}^* \end{bmatrix}$$

把式(4.3-38)写为如下矩阵形式，即

$$\boldsymbol{c}_i \boldsymbol{u}_i + \int_\Gamma \boldsymbol{p}^* \boldsymbol{u} \mathrm{d}\Gamma = \int_\Gamma \boldsymbol{u}^* \boldsymbol{p} \mathrm{d}\Gamma + \int_\Omega \boldsymbol{u}^* \boldsymbol{f} \mathrm{d}\Omega \tag{4.3-39}$$

把边界Γ划分为N个线性单元，对式(4.3-39)积分项中的位移和面力在单元级上进行离散，得

$$\boldsymbol{u}=\boldsymbol{\varphi}\boldsymbol{u}^e=\begin{bmatrix}\varphi_1 & 0 & \varphi_2 & 0 & \cdots & \varphi_n & 0\\ 0 & \varphi_1 & 0 & \varphi_2 & \cdots & 0 & \varphi_n\end{bmatrix}\begin{bmatrix}\boldsymbol{u}_1\\ \boldsymbol{u}_2\\ \vdots\\ \boldsymbol{u}_n\end{bmatrix} \tag{4.3-40}$$

$$\boldsymbol{p}=\boldsymbol{\varphi}\boldsymbol{p}^e=\begin{bmatrix}\varphi_1 & 0 & \varphi_2 & 0 & \cdots & \varphi_n & 0\\ 0 & \varphi_1 & 0 & \varphi_2 & \cdots & 0 & \varphi_n\end{bmatrix}\begin{bmatrix}\boldsymbol{p}_1\\ \boldsymbol{p}_2\\ \vdots\\ \boldsymbol{p}_n\end{bmatrix} \tag{4.3-41}$$

式中：n为单元结点数，$\boldsymbol{\varphi}_{2\times(2n)}$为位移和面力的形函数矩阵。$\boldsymbol{u}^e$和$\boldsymbol{p}^e$分别为单元位移和面力的列向量，它们元素的个数为$2n$。将式(4.3-40)和式(4.3-41)代入式(4.3-39)得

$$\boldsymbol{c}_i\boldsymbol{u}_i+\sum_{e=1}^{N}\left(\int_{\Gamma_e}\boldsymbol{p}^*\boldsymbol{\varphi}\mathrm{d}\Gamma\right)\boldsymbol{u}^e=\sum_{e=1}^{N}\left(\int_{\Gamma_e}\boldsymbol{u}^*\boldsymbol{\varphi}\mathrm{d}\Gamma\right)\boldsymbol{p}^e+\sum_{m=1}^{M}\int_{\Omega_m}\boldsymbol{u}^*\boldsymbol{f}\mathrm{d}\Omega \tag{4.3-42}$$

式中：M是域Ω被划分为面单元的数量，与边界线性单元的划分无关，类似于无网格方法中的背景网格。对任何一个单元，有

$$\int_{\Gamma_e}\boldsymbol{p}^*\boldsymbol{\varphi}\mathrm{d}\Gamma=\int_{\Gamma_e}\begin{bmatrix}p_{11}^* & p_{12}^*\\ p_{21}^* & p_{22}^*\end{bmatrix}\begin{bmatrix}\varphi_1 & 0 & \varphi_2 & 0 & \cdots & \varphi_n & 0\\ 0 & \varphi_1 & 0 & \varphi_2 & \cdots & 0 & \varphi_n\end{bmatrix}\mathrm{d}\Gamma=$$
$$[\bar{\boldsymbol{h}}_{i1}\quad \bar{\boldsymbol{h}}_{i2}\quad \cdots\quad \bar{\boldsymbol{h}}_{in}] \tag{4.3-43}$$

式中：$\boldsymbol{p}^*$由源点i和单元结点的几何关系确定，而

$$\bar{\boldsymbol{h}}_{ij}=\int_{-1}^{1}\begin{bmatrix}p_{11}^*\varphi_j & p_{12}^*\varphi_j\\ p_{21}^*\varphi_j & p_{22}^*\varphi_j\end{bmatrix}G\mathrm{d}\xi \tag{4.3-44}$$

式中：$j=1,2,\cdots,n$；$i=1,2,\cdots,I$，I为边界元模型的总结点数。线微元的变换关系为

$$\left.\begin{aligned}&\mathrm{d}\Gamma=\sqrt{\left(\frac{\mathrm{d}x}{\mathrm{d}\xi}\right)^2+\left(\frac{\mathrm{d}y}{\mathrm{d}\xi}\right)^2}\mathrm{d}\xi=G\mathrm{d}\xi\\ &x=\sum_{i=1}^{n}N_i(\xi)x_i,\quad y=\sum_{i=1}^{n}N_i(\xi)y_i\\ &\frac{\mathrm{d}x}{\mathrm{d}\xi}=\sum_{i=1}^{n}\frac{\mathrm{d}N_i(\xi)}{\mathrm{d}\xi}x_i,\quad \frac{\mathrm{d}y}{\mathrm{d}\xi}=\sum_{i=1}^{n}\frac{\mathrm{d}N_i(\xi)}{\mathrm{d}\xi}y_i\end{aligned}\right\} \tag{4.3-45}$$

类似地可以得到

$$\left.\begin{aligned}&\int_{\Gamma_e}\boldsymbol{u}^*\boldsymbol{\varphi}\mathrm{d}\Gamma=[\bar{\boldsymbol{g}}_{i1}\quad \bar{\boldsymbol{g}}_{i2}\quad \cdots\quad \bar{\boldsymbol{g}}_{in}]\\ &\bar{\boldsymbol{g}}_{ij}=\int_{-1}^{1}\begin{bmatrix}u_{11}^*\varphi_j & u_{12}^*\varphi_j\\ u_{21}^*\varphi_j & u_{22}^*\varphi_j\end{bmatrix}G\mathrm{d}\xi\end{aligned}\right\} \tag{4.3-46}$$

对任意结点i，把单元组装在一起，方程(4.3-42)具有形式

$$\boldsymbol{c}_i\boldsymbol{u}_i+[\hat{\boldsymbol{h}}_{i1}\quad \hat{\boldsymbol{h}}_{i2}\quad \cdots\quad \hat{\boldsymbol{h}}_{iI}]\begin{bmatrix}\boldsymbol{u}_1\\ \boldsymbol{u}_2\\ \vdots\\ \boldsymbol{u}_I\end{bmatrix}=[\boldsymbol{g}_{i1}\quad \boldsymbol{g}_{i2}\quad \cdots\quad \boldsymbol{g}_{iI}]\begin{bmatrix}\boldsymbol{p}_1\\ \boldsymbol{p}_2\\ \vdots\\ \boldsymbol{p}_I\end{bmatrix}+\bar{\boldsymbol{f}}_i \tag{4.3-47}$$

式中：$\boldsymbol{g}$ 和 $\hat{\boldsymbol{h}}$ 的维数为 2×2，对于三维问题，维数为 3×3。如果不根据伽辽金张量把面积分转化为边界积分，则 $\bar{\boldsymbol{f}}_i$ 的计算$\left(\text{相当于}\int_{\Omega_m}\boldsymbol{u}^* f\mathrm{d}\Omega\text{ 的计算}\right)$是常规问题，这里不进行讨论。图 4.3-3 给出了线性单元的结点和单元号的一种排列和组装方式。对于常单元，参见图 4.3-3(a)，不存在组装问题，则

$$\hat{\boldsymbol{h}}_{ij} = \bar{\boldsymbol{h}}_{i1}\big|_{e=j}, \quad \boldsymbol{g}_{ij} = \bar{\boldsymbol{g}}_{i1}\big|_{e=j} \quad (j = 1,2,\cdots,N) \tag{4.3-48}$$

式中：j 表示结点号，e 表示单元号。对于线性边界单元，参见图 4.3-3(b)，其形函数为线性杆单元的形函数，即

$$\varphi_1 = \frac{1}{2}(1-\xi), \quad \varphi_2 = \frac{1}{2}(1+\xi)$$

每个结点连接两个单元，因此有

$$\left.\begin{aligned}\hat{\boldsymbol{h}}_{ij} &= \bar{\boldsymbol{h}}_{i2}\big|_{e=j-1} + \bar{\boldsymbol{h}}_{i1}\big|_{e=j}, \quad \hat{\boldsymbol{h}}_{i1} = \bar{\boldsymbol{h}}_{i2}\big|_{e=N} + \bar{\boldsymbol{h}}_{i1}\big|_{e=1} \\ \boldsymbol{g}_{ij} &= \bar{\boldsymbol{g}}_{i2}\big|_{e=j-1} + \bar{\boldsymbol{g}}_{i1}\big|_{e=j}, \quad \boldsymbol{g}_{i1} = \bar{\boldsymbol{g}}_{i2}\big|_{e=N} + \bar{\boldsymbol{g}}_{i1}\big|_{e=1}\end{aligned}\right\} \tag{4.3-49}$$

式中：结点号 $j=2,3,\cdots,N$。对于二次边界单元，参见图 4.3-3(c)，其形函数为二次杆单元的形函数，即

$$\varphi_1 = \frac{1}{2}\xi(\xi-1), \quad \varphi_2 = \frac{1}{2}\xi(\xi+1), \quad \varphi_3 = 1-\xi^2$$

每个出口结点或连接结点都连接两个单元，于是有

$$\left.\begin{aligned}\hat{\boldsymbol{h}}_{i,2j-1} &= \bar{\boldsymbol{h}}_{i2}\big|_{e=j-1} + \bar{\boldsymbol{h}}_{i1}\big|_{e=j}, \quad \hat{\boldsymbol{h}}_{i1} = \bar{\boldsymbol{h}}_{i2}\big|_{e=N} + \bar{\boldsymbol{h}}_{i1}\big|_{e=1}, \quad \hat{\boldsymbol{h}}_{i,2j} = \bar{\boldsymbol{h}}_{i3}\big|_{e=j} \\ \boldsymbol{g}_{i,2j-1} &= \bar{\boldsymbol{g}}_{i2}\big|_{e=j-1} + \bar{\boldsymbol{g}}_{i1}\big|_{e=j}, \quad \boldsymbol{g}_{i1} = \bar{\boldsymbol{g}}_{i2}\big|_{e=N} + \bar{\boldsymbol{g}}_{i1}\big|_{e=1}, \quad \boldsymbol{g}_{i,2j} = \bar{\boldsymbol{g}}_{i3}\big|_{e=j}\end{aligned}\right\} \tag{4.3-50}$$

式中：$j=2,3,\cdots,N$ 表示单元号。值得指出的是，当 $\boldsymbol{g}$ 的两个下标相等或 $\hat{\boldsymbol{h}}$ 的两个下标相等时，也就是当源点和测点重合时都对应奇异积分，应该采用对数高斯积分方法或解析方法等进行计算。令式(4.3-47)中的源点 i 遍取所有边界结点得

$$\boldsymbol{HU} = \boldsymbol{GP} + \boldsymbol{F} \tag{4.3-51}$$

式中：边界总结点位移列向量 $\boldsymbol{U}$、总面力向量 $\boldsymbol{P}$ 和总结点外载荷列向量 $\boldsymbol{F}$ 分别为

$$\boldsymbol{U} = \begin{bmatrix}\boldsymbol{u}_1 \\ \boldsymbol{u}_2 \\ \vdots \\ \boldsymbol{u}_I\end{bmatrix}, \quad \boldsymbol{P} = \begin{bmatrix}\boldsymbol{p}_1 \\ \boldsymbol{p}_2 \\ \vdots \\ \boldsymbol{p}_I\end{bmatrix}, \quad \boldsymbol{F} = \begin{bmatrix}\bar{\boldsymbol{f}}_1 \\ \bar{\boldsymbol{f}}_2 \\ \vdots \\ \bar{\boldsymbol{f}}_I\end{bmatrix}$$

并且

$$\boldsymbol{H} = \begin{bmatrix}\boldsymbol{h}_{11} & \hat{\boldsymbol{h}}_{12} & \cdots & \hat{\boldsymbol{h}}_{1I} \\ \hat{\boldsymbol{h}}_{21} & \boldsymbol{h}_{22} & \cdots & \hat{\boldsymbol{h}}_{2I} \\ \vdots & \vdots & & \vdots \\ \hat{\boldsymbol{h}}_{I1} & \hat{\boldsymbol{h}}_{I2} & \cdots & \boldsymbol{h}_{II}\end{bmatrix}, \quad \boldsymbol{G} = \begin{bmatrix}\boldsymbol{g}_{11} & \boldsymbol{g}_{12} & \cdots & \boldsymbol{g}_{1I} \\ \boldsymbol{g}_{21} & \boldsymbol{g}_{22} & \cdots & \boldsymbol{g}_{2I} \\ \vdots & \vdots & & \vdots \\ \boldsymbol{g}_{I1} & \boldsymbol{g}_{I2} & \cdots & \boldsymbol{g}_{II}\end{bmatrix}$$

且 $\boldsymbol{H}$ 的对角子矩阵为

$$\boldsymbol{h}_{ij}=\begin{cases}\hat{\boldsymbol{h}}_{ij}, & i\neq j\\ \hat{\boldsymbol{h}}_{ij}+\boldsymbol{c}_i, & i=j\end{cases} \tag{4.3-52}$$

在式(4.3-51)中引入面力和位移边界条件,用 $\boldsymbol{X}$ 包含所有未知位移和面力得

$$\boldsymbol{AX}=\boldsymbol{F} \tag{4.3-53}$$

式中:系数矩阵 $\boldsymbol{A}$ 是满阵且通常非对称。在实际计算时,式(4.3-52)中的 $\boldsymbol{c}_i$ 不用确定,因为可用下面的方法直接确定对角子矩阵 $\boldsymbol{h}_{ii}$。令物体在每个方向都产生单位刚体位移,得

$$\boldsymbol{HI}=\boldsymbol{0} \tag{4.3-54}$$

式中:

$$\boldsymbol{I}_{2I\times 2}=\begin{bmatrix}1 & 0 & 1 & 0 & \cdots & 1 & 0\\ 0 & 1 & 0 & 1 & \cdots & 0 & 1\end{bmatrix}^{\mathrm{T}}$$

因此

$$\boldsymbol{h}_{ii}=-\sum_{j\neq i}\boldsymbol{h}_{ij} \tag{4.3-55}$$

对于无限大区域,式(4.3-55)变为

$$\boldsymbol{h}_{ii}=\begin{bmatrix}1 & 0\\ 0 & 1\end{bmatrix}-\sum_{j\neq i}\boldsymbol{h}_{ij} \tag{4.3-56}$$

值得指出的是,常单元和线性单元适用于有限域和无限域的二维弹性力学问题及应力集中问题。但对于复杂形状物体和弯曲等问题,用线性单元逼近变形不但需要较多单元,且精度不理想,因此二次元在弹性力学问题中是一种常用的边界单元。

根据式(4.3-53)得到边界位移和边界面力之后,如果读者还关心域内位移和应力,则可先根据式(4.3-19)计算出域内位移(此时边界积分项不存在奇异性,但体力积分项仍然存在奇异性),再根据几何关系和本构关系可以得到域内应力。但用这种方法计算的靠近边界的应力精度较差,这是因为边界积分越来越接近奇异。如果关心边界应力,可用简单的方法计算[2],下面以平面应变问题为例说明这种方法。

建立局部坐标系,用 1 和 2 分别表示边界的切向和法向,用带上横杠的变量表示局部坐标或局部坐标系下的物理量。首先,根据边界位移计算边界切向主应变,即

$$\bar{\varepsilon}_{11}=\frac{\partial\bar{u}}{\partial\bar{x}} \tag{4.3-57}$$

与平面问题的力边界条件关系式类似,参见式(3.1-16),可得到边界应力和边界面力的关系为

$$\bar{\sigma}_{12}=\bar{p}_1,\quad \bar{\sigma}_{22}=\bar{p}_2 \tag{4.3-58}$$

根据本构关系式(3.1-8a)的第 1 式得

$$\bar{\sigma}_{11}=\frac{1}{1-\nu}(\nu\bar{\sigma}_{22}+2G\bar{\varepsilon}_{11}) \tag{4.3-59}$$

当边界切向没有外部集中载荷作用时,若 $\bar{\sigma}_{11}$ 沿切向的变化较光滑,则边界离散或单元的剖分较合理,或者说 $\bar{\sigma}_{11}$ 沿边界切向的变化曲线越光滑,则离散精度或求解精度越高。

(2) 矩阵 $\boldsymbol{H}$ 和 $\boldsymbol{G}$ 的计算

前面已经给出了矩阵 $\boldsymbol{H}$ 和 $\boldsymbol{G}$ 元素的表达式。只要不涉及奇异积分,所有元素的计算都为常规数值积分,这里不再讨论。另外,与势问题情况相同,矩阵 $\boldsymbol{c}$ 的元素也不需要确定,因为 $\boldsymbol{H}$ 的对角矩阵可根据其非对角矩阵计算,参见式(4.3-52)和式(4.3-55),这样做的另外一个好处是避免了计算 $\boldsymbol{H}$ 时遇到奇异积分问题,且该做法与单元类型无关。针对二维平面应变问

题，下面讨论常单元和线性单元的奇异积分计算问题。下面给出的对数型高斯积分方法对任何阶次单元的 $\ln(1/r)$ 型奇异积分都适用。

选择单元局部坐标 ξ，其原点位于单元的几何中心，在单元两端取 ± 1。用 r 表示测点与源点的距离，规定 r 的正方向是从源点指向场点，用 n 表示边界的外法向矢量。当边界单元是直线段时，式(4.3-45)中的微长度变换关系变为

$$\Gamma = \frac{l}{2}(1+\xi) \Rightarrow \mathrm{d}\Gamma = \frac{l}{2}\mathrm{d}\xi \tag{4.3-60}$$

距离 r 对边界外法线矢量方向的导数为

$$\frac{\partial r}{\partial n} = \frac{\partial r}{\partial x}\frac{\partial x}{\partial n} + \frac{\partial r}{\partial y}\frac{\partial y}{\partial n} = n_k r_{,k} \tag{4.3-61}$$

式中：n_k($k=1,2$ 或 $k=x,y$)表示边界外法线的方向余弦，可根据单元结点坐标来计算。根据定义，$r_{,k}$ 可用源点和场点的坐标来计算。在常单元和线性单元中，边界外法线方向 n 可认为是单元线段的外法线方向。在二阶或高阶单元中，边界外法线方向 n 可根据平面曲线法向方程来确定。

对于平面问题，边界积分计算涉及的奇异积分类型主要是对数型 $\ln(1/r)$ 和 $1/r$，二者分别出现在 $\boldsymbol{G}$ 和 $\boldsymbol{H}$ 的对角矩阵计算中。式(4.3-55)和式(4.3-56)用刚体位移方法解决了 $1/r$ 型奇异积分问题。对数型 $\ln(1/r)$ 弱奇异积分有三类不同的处理方法[3]，比较简单的一种方法是采用如下对数型的 Gauss 积分公式，即

$$\int_0^1 f(\xi)\ln\frac{1}{\xi}\mathrm{d}\xi = \sum_{i=1}^{n} W_i f(\xi_i) \tag{4.3-62}$$

式中：n 为 Gauss 积分点数。表 4.3-1 给出了对数 Gauss 积分点坐标及其权系数[2]。积分区间[0,1]的含义是，积分变量 ξ 为零的点是奇异点，它是从区间[-1,1]变换而来的。当奇异点是单元的中间结点(如二次单元的中间结点)时，可把单元分成两个积分区间，再利用式(4.3-62)积分。为了保证积分精度，对不同问题和不同单元，需根据经验或试算来确定对数型 Gauss 积分所需的积分点数。

表 4.3-1　对数型 Gauss 积分点及积分系数

ξ	W	ξ	W
$n=2$		$n=5$	
0.112 008 80	0.718 539 31	0.291 344 72(-1)	0.297 893 46
0.602 276 91	0.281 460 68	0.173 977 21	0.349 776 22
$n=3$		0.411 702 51	0.234 488 29
0.638 907 92(-1)	0.513 404 55	0.677 314 17	0.989 304 60(-1)
0.368 997 06	0.391 980 04	0.894 771 36	0.189 115 52(-1)
0.766 880 30	0.946 154 06(-1)	$n=6$	
$n=4$		0.216 340 05(-1)	0.238 763 66
0.414 484 80(-1)	0.383 464 06	0.129 583 39	0.308 286 57
0.245 274 91	0.386 875 32	0.314 020 45	0.245 317 42
0.556 165 45	0.190 435 13	0.538 657 21	0.142 008 75
0.848 982 39	0.392 254 87(-1)	0.756 915 33	0.554 546 22(-1)
		0.922 668 84	0.101 689 58(-1)

续表 4.3-1

ξ	W
$n=7$	
0.167 193 55(−1)	0.196 169 38
0.100 185 68	0.270 302 64
0.246 294 24	0.239 681 87
0.433 463 49	0.165 775 77
0.632 350 98	0.889 432 26(−1)
0.811 118 62	0.331 943 04(−1)
0.940 848 16	0.593 278 69(−2)
$n=8$	
0.133 202 43(−1)	0.164 416 60
0.797 504 27(−1)	0.237 525 60
0.197 871 02	0.226 841 98
0.354 153 98	0.175 754 08
0.529 458 57	0.112 924 02
0.701 814 52	0.578 722 12(−1)
0.849 379 32	0.209 790 74(−1)
0.953 326 45	0.368 640 71(−2)
$n=9$	
0.108 693 38(−1)	0.140 068 46
0.649 836 82(−1)	0.209 772 24
0.162 229 43	0.211 427 16
0.293 749 96	0.177 156 22
0.446 631 95	0.127 799 20
0.605 481 72	0.784 788 79(−1)
0.754 110 17	0.390 224 90(−1)
0.877 265 85	0.138 672 90(−1)
0.962 250 56	0.240 804 02(−2)
$n=10$	
0.904 259 44(−2)	0.120 954 74
0.539 710 54(−1)	0.186 363 10
0.135 311 34	0.195 660 66
0.247 051 69	0.173 577 23
0.380 211 71	0.135 695 97
0.523 791 59	0.936 470 84(−1)
0.665 774 72	0.557 879 38(−1)
0.794 190 19	0.271 598 93(−1)
0.898 161 02	0.951 519 92(−2)
0.968 847 98	0.163 815 86(−2)

注：表中括号内的$(-j)$表示对应的数要乘以10^{-j}。

下面给出常单元和线性单元$\ln(1/r)$奇异积分的解析结果，此时矢量r位于单元线段上。令r的正向与x轴夹角为β，如图 4.3-6 所示，于是

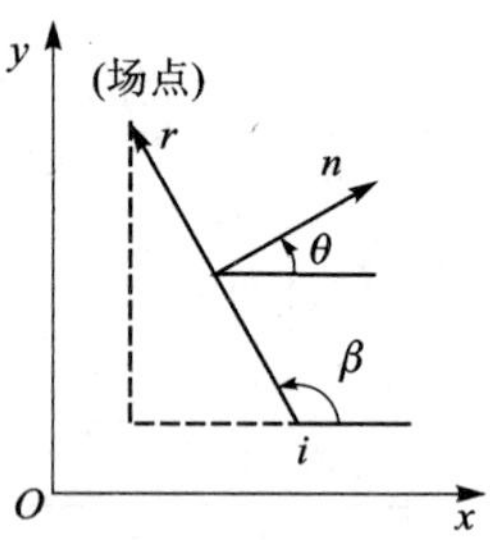

$$\left.\begin{aligned} n_x &= \sin\beta, \quad n_y = -\cos\beta \\ \frac{\partial r}{\partial x} &= \cos\beta, \quad \frac{\partial r}{\partial y} = \sin\beta \end{aligned}\right\} \tag{4.3-63}$$

式中：夹角β的正弦和余弦分别为

$$\left.\begin{aligned} \cos\beta &= (x_2 - x_1)/l \\ \sin\beta &= (y_2 - y_1)/l \end{aligned}\right\} \tag{4.3-64}$$

图 4.3-6 角度关系

式中：(x_1, y_1)和(x_2, y_2)分别为单元结点 1$(\xi=-1)$和结点 2$(\xi=1)$的坐标，l为单元的长度，因此

$$\frac{\partial r}{\partial n} = \frac{\partial r}{\partial x}n_x + \frac{\partial r}{\partial y}n_y = 0 \tag{4.3-65}$$

基本解（或核函数）为

$$\left.\begin{aligned}u_{ki}^{*}&=\frac{1}{8\pi G(1-\nu)}\begin{cases}(3-4\nu)\ln\dfrac{1}{r}+r_{,k}r_{,i}, & k=i\\ r_{,k}r_{,i} & k\neq i\end{cases}\\ p_{ki}^{*}&=\frac{1}{4\pi(1-\nu)r}\begin{cases}0 & k=i\\ (1-2\nu)(r_{,k}n_i-r_{,i}n_k), & k\neq i\end{cases}\end{aligned}\right\}\tag{4.3-66}$$

将式(4.3-44)和式(4.3-46)中计算 $\bar{\boldsymbol{h}}_{ij}$ 和 $\bar{\boldsymbol{g}}_{ij}$ 的公式重新写为

$$\bar{\boldsymbol{h}}_{ij}=\int_{-1}^{1}\begin{bmatrix}p_{11}^{*}\varphi_j & p_{12}^{*}\varphi_j\\ p_{21}^{*}\varphi_j & p_{22}^{*}\varphi_j\end{bmatrix}G\mathrm{d}\xi=\begin{bmatrix}\tilde{h}_{11j}^{e} & \tilde{h}_{12j}^{e}\\ \tilde{h}_{21j}^{e} & \tilde{h}_{22j}^{e}\end{bmatrix}_i\tag{4.3-67}$$

$$\bar{\boldsymbol{g}}_{ij}=\int_{-1}^{1}\begin{bmatrix}u_{11}^{*}\varphi_j & u_{12}^{*}\varphi_j\\ u_{21}^{*}\varphi_j & u_{22}^{*}\varphi_j\end{bmatrix}G\mathrm{d}\xi=\begin{bmatrix}\tilde{g}_{11j}^{e} & \tilde{g}_{12j}^{e}\\ \tilde{g}_{21j}^{e} & \tilde{g}_{22j}^{e}\end{bmatrix}_i\tag{4.3-68}$$

1) 常单元

对于常单元,每个单元只有一个结点,$r=|l\xi|/2$。式(4.3-68)的元素为

$$\tilde{g}_{11}=\int_{\Gamma_i}u_{11}^{*}\mathrm{d}\Gamma=\frac{l_i}{8\pi G(1-\nu)}\left[(3-4\nu)\left(1+\ln\frac{2}{l_i}\right)+\cos^2\beta\right]$$

$$\tilde{g}_{12}=\int_{\Gamma_i}u_{12}^{*}\mathrm{d}\Gamma=\frac{\cos\beta\sin\beta}{8\pi G(1-\nu)}l_i$$

$$\tilde{g}_{21}=\int_{\Gamma_i}u_{21}^{*}\mathrm{d}\Gamma=\frac{\cos\beta\sin\beta}{8\pi G(1-\nu)}l_i$$

$$\tilde{g}_{22}=\int_{\Gamma_i}u_{22}^{*}\mathrm{d}\Gamma=\frac{l_i}{8\pi G(1-\nu)}\left[(3-4\nu)\left(1+\ln\frac{2}{l_i}\right)+\sin^2\beta\right]$$

式中略去了标识单元号的右上标和标识单元局部结点号的第 3 个右下标。

2) 线单元

把与结点 i 连接的两个线性单元号分别记为 $k-1$ 和 k。在单元 $k-1$ 和 k 中的 r 和 Γ(二者的零点都在源点 i)分别为

$$r=\frac{l_{k-1}}{2}(1-\xi),\quad \Gamma=\frac{l_{k-1}}{2}(1-\xi)\tag{4.3-69}$$

$$r=\frac{l_k}{2}(1+\xi),\quad \Gamma=\frac{l_k}{2}(1+\xi)\tag{4.3-70}$$

式(4.3-68)中的各个元素为

$$\begin{aligned}\tilde{g}_{111}^{k}&=\int_{\Gamma_k}u_{11}^{*}\varphi_1\mathrm{d}\Gamma=\int_{-1}^{1}\frac{1}{8\pi G(1-\nu)}\left[(3-4\nu)\ln\frac{2}{(1+\xi)l_k}+\cos^2\beta_k\right]\frac{1}{2}(1-\xi)\,\frac{l_k}{2}\mathrm{d}\xi=\\&\frac{l_k}{16\pi G(1-\nu)}\left[(3-4\nu)\left(\frac{3}{2}-\ln l_k\right)+\cos^2\beta_k\right]\end{aligned}$$

$$\tilde{g}_{121}^{k}=\int_{\Gamma_k}u_{12}^{*}\varphi_1\mathrm{d}\Gamma=\frac{\cos\beta_k\sin\beta_k}{16\pi G(1-\nu)}l_k=\hat{g}_{211}^{k}$$

$$\tilde{g}_{221}^{k}=\int_{\Gamma_k}u_{22}^{*}\varphi_1\mathrm{d}\Gamma=\frac{l_k}{16\pi G(1-\nu)}\left[(3-4\nu)\left(\frac{3}{2}-\ln l_k\right)+\sin^2\beta_k\right]$$

$$\begin{aligned}\tilde{g}_{112}^{k}&=\int_{\Gamma_k}u_{11}^{*}\varphi_2\mathrm{d}\Gamma=\int_{-1}^{1}\frac{1}{8\pi G(1-\nu)}\left[(3-4\nu)\ln\frac{2}{(1+\xi)l_k}+\cos^2\beta_k\right]\frac{1}{2}(1+\xi)\,\frac{l_k}{2}\mathrm{d}\xi=\\&\frac{l_k}{16\pi G(1-\nu)}\left[(3-4\nu)\left(\frac{1}{2}-\ln l_k\right)+\cos^2\beta_k\right]\end{aligned}$$

$$\tilde{g}_{122}^{k} = \int_{\Gamma_k} u_{12}^{*} \varphi_2 \mathrm{d}\Gamma = \frac{\cos\beta_k \sin\beta_k}{16\pi G(1-\nu)} l_k = \hat{g}_{212}^{k}$$

$$\tilde{g}_{222}^{k} = \int_{\Gamma_k} u_{22}^{*} \varphi_2 \mathrm{d}\Gamma = \frac{l_k}{16\pi G(1-\nu)} \left[(3-4\nu)\left(\frac{1}{2} - \ln l_k\right) + \sin^2\beta_k \right]$$

$$\tilde{g}_{111}^{k-1} = \int_{\Gamma_{k-1}} u_{11}^{*} \varphi_1 \mathrm{d}\Gamma = \frac{l_{k-1}}{16\pi G(1-\nu)} \left[(3-4\nu)\left(\frac{1}{2} - \ln l_{k-1}\right) + \cos^2\beta_k \right]$$

$$\tilde{g}_{121}^{k-1} = \int_{\Gamma_{k-1}} u_{12}^{*} \varphi_1 \mathrm{d}\Gamma = \frac{\cos\beta_k \sin\beta_k}{16\pi G(1-\nu)} l_{k-1} = \hat{g}_{211}^{k-1}$$

$$\tilde{g}_{221}^{k-1} = \int_{\Gamma_{k-1}} u_{22}^{*} \varphi_1 \mathrm{d}\Gamma = \frac{l_{k-1}}{16\pi G(1-\nu)} \left[(3-4\nu)\left(\frac{1}{2} - \ln l_{k-1}\right) + \sin^2\beta_k \right]$$

$$\tilde{g}_{221}^{k-1} = \int_{\Gamma_{k-1}} u_{11}^{*} \varphi_2 \mathrm{d}\Gamma = \frac{l_{k-1}}{16\pi G(1-\nu)} \left[(3-4\nu)\left(\frac{3}{2} - \ln l_{k-1}\right) + \cos^2\beta_k \right]$$

$$\tilde{g}_{112}^{k-1} = \int_{\Gamma_{k-1}} u_{12}^{*} \varphi_2 \mathrm{d}\Gamma = \frac{\cos\beta_k \sin\beta_k}{16\pi G(1-\nu)} l_{k-1} = \hat{g}_{212}^{k-1}$$

$$\tilde{g}_{222}^{k-1} = \int_{\Gamma_{k-1}} u_{22}^{*} \varphi_2 \mathrm{d}\Gamma = \frac{l_{k-1}}{16\pi G(1-\nu)} \left[(3-4\nu)\left(\frac{3}{2} - \ln l_{k-1}\right) + \sin^2\beta_k \right]$$

式(4.3-67)中需要直接计算的元素为

$$\tilde{h}_{112}^{(k)} = \tilde{h}_{222}^{(k)} = 0$$

$$\tilde{h}_{122}^{(k)} = \int_{\Gamma_k} p_{12}^{*} N_2 \mathrm{d}\Gamma = -\int_{-1}^{1} \frac{(1-2\nu)}{4\pi(1-\nu)r} \frac{1}{2}(1+\xi) \frac{l_k}{2} \mathrm{d}\xi = -\frac{(1-2\nu)}{4\pi(1-\nu)}$$

$$\tilde{h}_{212}^{(k)} = \int_{\Gamma_k} p_{21}^{*} N_2 \mathrm{d}\Gamma = \int_{-1}^{1} \frac{(1-2\nu)}{4\pi(1-\nu)r} \frac{1}{2}(1+\xi) \frac{l_k}{2} \mathrm{d}\xi = \frac{(1-2\nu)}{4\pi(1-\nu)}$$

$$\tilde{h}_{111}^{(k)} = \tilde{h}_{221}^{(k)} = 0$$

$$\tilde{h}_{121}^{(k-1)} = \int_{\Gamma_{k-1}} p_{12}^{*} N_1 \mathrm{d}\Gamma = \frac{(1-2\nu)}{4\pi(1-\nu)}$$

$$\tilde{h}_{211}^{(k-1)} = \int_{\Gamma_{k-1}} p_{21}^{*} N_1 \mathrm{d}\Gamma = -\frac{(1-2\nu)}{4\pi(1-\nu)}$$

例 4.3-2　图 4.3-7 所示为一悬臂梁，在自由端作用有抛物线形式的分布载荷，该载荷在梁的上下表面处等于零，其合力为 $F=1000\,\mathrm{N}$。材料的弹性模量为 $E=70\times10^9\,\mathrm{Pa}$，泊松比为 $\nu=0.3$，梁的高度 $h=0.3\,\mathrm{m}$，长度 $L=1.2\,\mathrm{m}$。

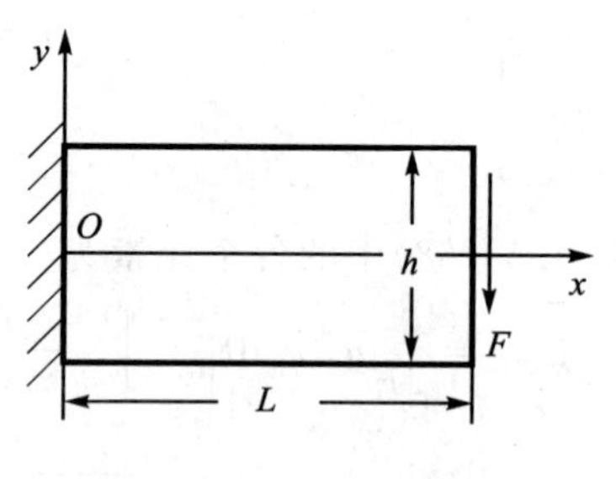

图 4.3-7　悬臂梁

解：在 3.6.4 小节中给出了该问题位移的解析解，即

$$u = -\frac{Fy}{6EI}\left[(6L-3x)x + (2+\nu)\left(y^2 - \frac{h^2}{4}\right) \right]$$

$$v = \frac{F}{6EI}\left[3\nu y^2 (L-x) + \frac{1}{4}(4+5\nu)h^2 x + (3L-x)x^2 \right]$$

图 4.3-8 给出了边界元方法的结果与解析解的比较，其中二次元和线性单元的边界网格分别为 4×2 和 8×4。读者可试着与有限元方法进行比较，利用 8 结点矩形单元和 4 结点双线性单元，网格剖分方式分别为 4×2 和 8×4。

值得指出的是，求解析解用到的边界条件与图(4.3-7)所示的边界条件不同，当 $F/E<10^{-6}$ 时，边界条件引起的误差可以忽略。

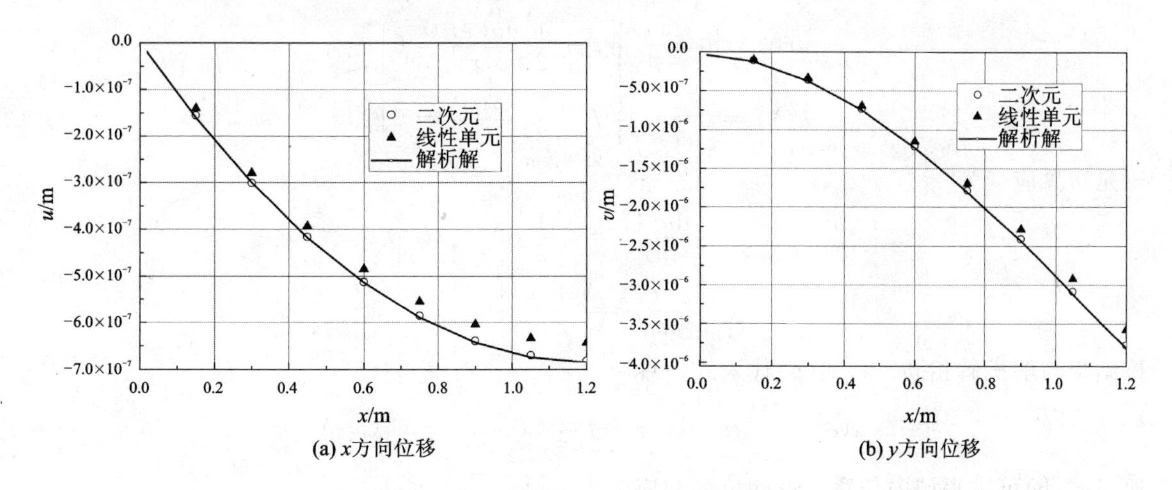

图 4.3-8　下表面($y=-h/2$)位移的比较

例 4.3-3　作用有均匀分布力 f 的杆的静力学平衡方程为

$$\frac{\mathrm{d}^2 u}{\mathrm{d}x^2}+f=0$$

杆的长度为 1。试根据基本解分两种情况确定边界未知量。情况 1:两端固支。情况 2:在 $x=0$ 端,$u=0$;在 $x=1$ 端,$\mathrm{d}u/\mathrm{d}x=0$。

解:基本解方程为

$$\frac{\mathrm{d}^2 u^*}{\mathrm{d}x^2}+\delta(x-\xi)=0 \tag{a}$$

根据加权残量方法,有

$$\int_0^1\left(\frac{\mathrm{d}^2 u}{\mathrm{d}x^2}+f\right)u^*\,\mathrm{d}x=\int_0^1 fu^*\,\mathrm{d}x+\int_0^1 u\frac{\mathrm{d}^2 u^*}{\mathrm{d}x^2}\mathrm{d}x+u^*\left.\frac{\mathrm{d}u}{\mathrm{d}x}\right|_0^1-u\left.\frac{\mathrm{d}u^*}{\mathrm{d}x}\right|_0^1=0 \tag{b}$$

综合式(a)和式(b)得

$$u(\xi)=\int_0^1 fu^*\,\mathrm{d}x+u^*\left.\frac{\mathrm{d}u}{\mathrm{d}x}\right|_0^1-u\left.\frac{\mathrm{d}u^*}{\mathrm{d}x}\right|_0^1 \tag{c}$$

基本解为

$$u^*=-\frac{1}{2}r \tag{d}$$

式中:$r=|x-\xi|$,并且

$$\frac{\mathrm{d}u^*}{\mathrm{d}x}=\frac{\mathrm{d}u^*}{\mathrm{d}r}\frac{\mathrm{d}r}{\mathrm{d}x}=-\frac{1}{2}\mathrm{sgn}(x-\xi)$$

$$\frac{\mathrm{d}u^*}{\mathrm{d}\xi}=\frac{\mathrm{d}u^*}{\mathrm{d}r}\frac{\mathrm{d}r}{\mathrm{d}\xi}=-\frac{1}{2}\mathrm{sgn}(\xi-x)$$

情况 1　两端固支。

两端固支边界条件为当 $x=0$ 和 $x=1$ 时,

$$u=0 \tag{e}$$

当 $\xi=0$ 时,$r=x$;当 $\xi=1$ 时,$r=1-x$。将式(e)代入式(c)得

$$\left.\begin{aligned}u(0)=0&\Rightarrow -\frac{1}{4}f-\frac{1}{2}\frac{\mathrm{d}u(1)}{\mathrm{d}x}=0\\u(1)=0&\Rightarrow -\frac{1}{4}f+\frac{1}{2}\frac{\mathrm{d}u(0)}{\mathrm{d}x}=0\end{aligned}\right\}\tag{f}$$

于是边界应变为

$$\left.\begin{aligned}\frac{\mathrm{d}u(1)}{\mathrm{d}x}&=-\frac{1}{2}f\\\frac{\mathrm{d}u(0)}{\mathrm{d}x}&=\frac{1}{2}f\end{aligned}\right\}\tag{g}$$

该结果与解析解相同。将式(g)代入式(c)得

$$u(\xi)=\int_0^1 fu^*\,\mathrm{d}x-\frac{1}{2}f\times(u^*|_{x=1}+u^*|_{x=0})\tag{h}$$

通过式(h)可求得域内任意一点的位移和应变为

$$\begin{aligned}u(\xi)=&-\frac{1}{2}\int_0^\xi f(\xi-x)\mathrm{d}x-\frac{1}{2}\int_\xi^1 f(x-\xi)\mathrm{d}x-\\&\frac{1}{2}f\times\left[-\frac{1}{2}(1-\xi)-\frac{1}{2}(\xi-0)\right]=\frac{1}{2}(\xi-\xi^2)f\end{aligned}\tag{i}$$

可从式(i)直接得到应变，也可通过式(h)计算应变，此时

$$\begin{aligned}\frac{\mathrm{d}u}{\mathrm{d}\xi}=&-\frac{1}{2}\int_0^\xi f\mathrm{d}x+\frac{1}{2}\int_\xi^1 f\,\mathrm{d}x-\frac{1}{2}f\left(\frac{\mathrm{d}u^*}{\mathrm{d}\xi}\bigg|_{x=1}+\frac{\mathrm{d}u^*}{\mathrm{d}\xi}\bigg|_{x=0}\right)=\\&\frac{1}{2}(1-2\xi)f-\frac{1}{2}f\left(\frac{1}{2}-\frac{1}{2}\right)=\frac{1}{2}(1-2\xi)f\end{aligned}\tag{j}$$

这些结果与解析解都是相同的。

情况 2 在 $x=0$ 端，$u=0$；在 $x=1$ 端，$\mathrm{d}u/\mathrm{d}x=0$。

对于这种边界条件，式(c)变为

$$u(\xi)=\int_0^1 fu^*\,\mathrm{d}x-u^*\frac{\mathrm{d}u}{\mathrm{d}x}\bigg|_{x=0}-u\frac{\mathrm{d}u^*}{\mathrm{d}x}\bigg|_{x=1}\tag{k}$$

于是

$$\left.\begin{aligned}u(0)=0&\Rightarrow -\frac{1}{4}f+\frac{1}{2}u(1)=0\\\frac{\mathrm{d}u(1)}{\mathrm{d}\xi}=0&\Rightarrow -\frac{1}{2}f+\frac{1}{2}\frac{\mathrm{d}u(0)}{\mathrm{d}x}=0\end{aligned}\right\}\tag{l}$$

由此得

$$u(1)=\frac{1}{2}f,\quad \frac{\mathrm{d}u(0)}{\mathrm{d}x}=f\tag{m}$$

在利用式(k)求解 $\mathrm{d}u(0)/\mathrm{d}x$ 的过程中，若不对式(k)求微分，将有结果

$$u(1)=-\frac{1}{4}f+\frac{1}{2}\frac{\mathrm{d}u(0)}{\mathrm{d}x}-u\frac{\mathrm{d}u^*}{\mathrm{d}x}\bigg|_{x=1}\tag{n}$$

式中的最后一项为

$$u\frac{\mathrm{d}u^*}{\mathrm{d}x}\bigg|_{x=1}=-\frac{1}{2}u(1)\lim_{\xi\to 1}\mathrm{sgn}(1-\xi)=-\frac{1}{2}u(1)$$

将它代入式(n)得

$$\frac{1}{2}u(1)=-\frac{1}{4}f+\frac{1}{2}\frac{\mathrm{d}u(0)}{\mathrm{d}x} \tag{o}$$

结合式(o)与式(l)的第一式,同样可以得到式(m)所示结果,这些结果同样为解析解。

4.3.4　边界元方法的优缺点

边界元方法以解析基本解为基础,因此其应用范围是均质的有限域、半无限域和无限域问题,并且具有高精度特点,但对非均质问题无能为力。由于边界元方法比区域方法降低了维数,因此便于描述复杂几何形状。

边界元方法不适用于域内非线性问题,如弹塑性问题。但对边界非线性问题是有优势的,如裂纹闭合问题、弹性接触问题、裂纹扩展问题和结构形状优化设计问题等。

常规边界元方法的明显问题或不足是,其代数方程组的系数矩阵是满阵且通常非对称,这限制了它的应用。不过,快速多极算法(fast multipole method)[3,4]较好地解决了这一问题,使得在一台微机上可以计算上百万个自由度的问题。

复习思考题

4.1　简述边界积分方法的核心问题。

4.2　如何求解欧拉梁在无限域中的基本解?(根据 $\mathrm{d}^2u/\mathrm{d}x^2=0$ 的基本解来求 $\mathrm{d}^4w/\mathrm{d}x^4=0$ 的基本解,参见例 4.2-4)

4.3　平面弹性问题中包括哪些类型的奇异积分?举出解决这些奇异积分的方法。

4.4　平面应变问题中,位移和面力基本解的物理含义及其单位分别是什么?

4.5　边界元方法精度高的理由是什么?如何根据边界切向应力结果来判断离散精度?

4.6　方程(4.3-53)中的系数矩阵 $\boldsymbol{A}$ 是满阵,试分析其理由。

4.7　集中力对平面问题是奇异载荷吗?在平面问题的边界上作用一个集中载荷,随着网格的细分,集中力作用点的位移如何变化?

4.8　集中力和线性分布力对三维体问题是奇异载荷吗?

4.9　在边界元方法中,为何选择基本解为权函数?

习　题

4-1　利用梁的基本解分别求出两端简支和两端固支情况的边界未知物理量,并与常值边界元结果进行比较。

4-2　给定一个矩形域,其一边固支,其他三边自由。与固支边相对的自由边作用有平行于此边的均布载荷。利用边界元方法求解该问题,并将所得结果与用双线性矩形单元的结果比较。

4-3　厚壁圆柱筒承受均匀内压。内外表面的边界条件分别为

$$\sigma_r\big|_{r=a}=-p_i(\text{内表面}),\quad \sigma_r\big|_{r=b}=0(\text{外表面})$$

该问题可以简化为平面应变问题,其解析解为

$$\sigma_r=\frac{a^2p_i}{b^2-a^2}\left(1-\frac{b^2}{r^2}\right),\quad \sigma_\theta=\frac{a^2p_i}{b^2-a^2}\left(1+\frac{b^2}{r^2}\right)$$

$$u_r = \frac{a^2 p_i}{E(b^2 - a^2)}\left[(1-\nu)r + (1+\nu)\frac{b^2}{r}\right]$$

考虑到问题的对称性，针对图 4.4－1 所示的 1/4 计算模型，把边界元方法的结果与解析解和有限元方法的结果进行比较。

4－4 图 4.4－2 所示的是单向均匀受拉无限大板的应力集中问题（为著名的 Kirsch 问题）。如果沿 x 方向的单位长度均匀拉力为 S，则其中的应力状态的解析解在极坐标下为

$$\sigma_r = \frac{S}{2}\left(1-\frac{a^2}{r^2}\right)+\frac{S}{2}\left(1+\frac{3a^4}{r^4}-\frac{4a^2}{r^2}\right)\cos 2\theta$$

$$\sigma_\theta = \frac{S}{2}\left(1+\frac{a^2}{r^2}\right)-\frac{S}{2}\left(1+\frac{3a^4}{r^4}\right)\cos 2\theta$$

$$\tau_{r\theta} = -\frac{S}{2}\left(1-\frac{3a^4}{r^4}+\frac{2a^2}{r^2}\right)\sin 2\theta$$

试用边界元方法分析此问题，并将所得结果与解析解和有限元方法的结果进行比较。

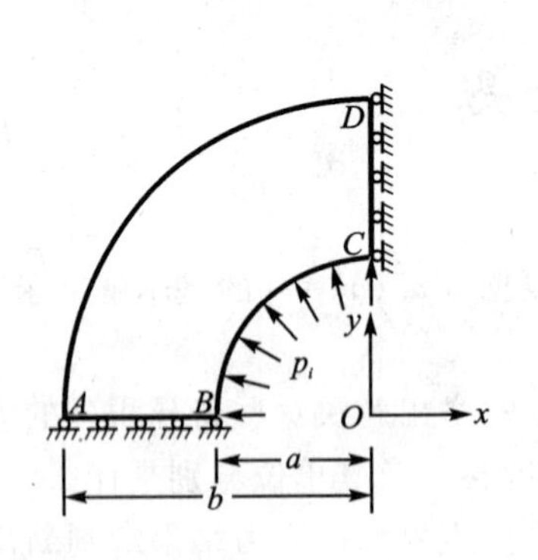

图 4.4－1　习题 4－3 用图

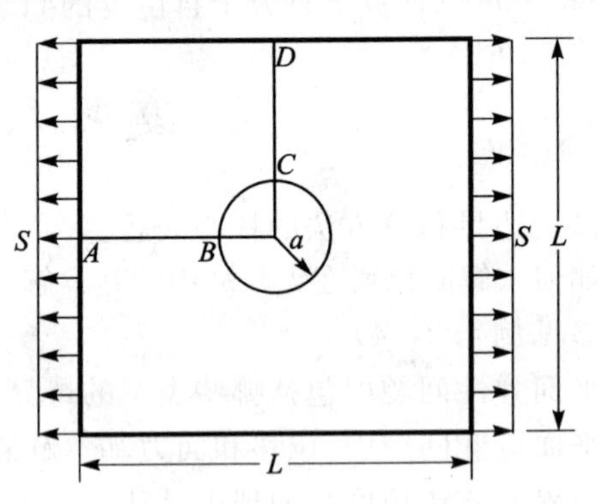

图 4.4－2　习题 4－4 用图

4－5 考虑受均匀内压的厚壁空心圆球，如图 4.4－3 所示。边界条件为

$$\sigma_r|_{r=a} = -p_i,\quad \sigma_r|_{r=b} = 0$$

该问题的解析解为

$$u_r = \frac{p_i a^3 r}{E(b^3 - a^3)}\left[(1-2\nu) + (1+\nu)\frac{b^3}{2r^3}\right]$$

$$\sigma_{rr} = \frac{p_i a^3(b^3 - r^3)}{r^3(a^3 - b^3)},\quad \sigma_{\theta\theta} = \frac{p_i a^3(2r^3 + b^3)}{2r^3(b^3 - a^3)}$$

试用边界元方法分析此问题，并将结果与解析解和有限元方法的结果进行比较。

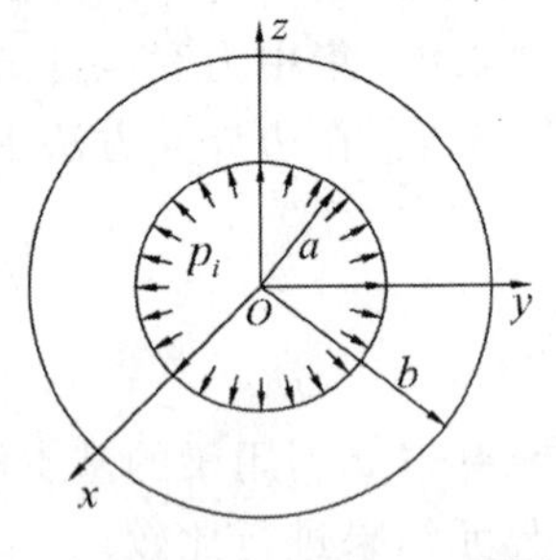

图 4.4－3　习题 4－5 用图

4－6 考虑一个圆柱筒，内外径分别为 a 和 b，其导热系数为常数，无内热源且内外表面温度均匀。该问题的温度场的数学模型为

$$\frac{1}{r}\frac{1}{\mathrm{d}r}\left(r\frac{\mathrm{d}T}{\mathrm{d}r}\right) = 0$$

其解析解为

$$T(r) = T_a + \frac{T_b - T_a}{\ln(b/a)}\ln(r/a)$$

把边界元的结果与有限元的结果和解析解进行比较。

参 考 文 献

[1] Brebbia C A. Progress in Boundary Element Methods：Volume1-2. London：Pentech Press Limited，1981.

[2] Brebbia C A，Telles J C F，Wrobel L C. Boundary Element Techniques，Theory and Applications in Engineering. New York：Springer-Verlag，1984.

[3] 姚振汉，王海涛. 边界元方法. 北京：高等教育出版社，2010.

[4] Carrier J，Greengard L，Rokhlin V. A fast adaptive multipole algorithm for particle simulations. SIAM J. Sci. Stat. Comput.，1988，9(4)：669-686.

[5] 李荣华. 边值问题的 Galerkin 有限元方法. 北京：科学出版社，2005.

第5章 无网格方法

数学为有限元方法的收敛性奠定了基础，这使得有限元方法成为解决工程问题的主要数值方法，但其精度依赖于单元的形状和大小。无网格方法的位移函数是在点的邻域内构造的，它没有网格划分和重构问题。各种无网格方法[1-4]之间的区别主要在于试函数的选择和微分方程的等效形式。本章主要介绍无网格方法的基本概念、形函数的构造方法和微分方程的等效方法。

5.1 基本概念

许多物理问题都可归结为在一定边界条件和初始条件下的微分方程的求解问题。考虑多维或多场等物理问题，可将由式(4.1-1)和式(4.1-2)描述的定解问题写为矩阵形式，即

$$\boldsymbol{L}(\boldsymbol{u}_0)=\boldsymbol{0} \quad (\text{在 } \Omega \text{ 上}) \tag{5.1-1}$$

$$\boldsymbol{B}(\boldsymbol{u}_0)=\boldsymbol{0} \quad (\text{在 } \Gamma \text{ 上}) \tag{5.1-2}$$

式(5.1-2)包括了式(4.1-2)中的两类边界条件。式(5.1-1)和式(5.1-2)与下面方程是等价的，即

$$\int_\Omega \boldsymbol{w}^{\mathrm{T}}\boldsymbol{L}(\boldsymbol{u}_0)\mathrm{d}\Omega+\int_\Gamma \bar{\boldsymbol{w}}^{\mathrm{T}}\boldsymbol{B}(\boldsymbol{u}_0)\mathrm{d}\Gamma=0 \tag{5.1-3}$$

式中：$\boldsymbol{w}$ 和 $\bar{\boldsymbol{w}}$ 为任意权函数。对于复杂问题，无法精确求解方程(5.1-1)和方程(5.1-2)，而只能得到其近似解。设 $\boldsymbol{u}$ 是一个近似解，即为试函数，它可以表示成一组已知函数或 Ritz 基函数 $\boldsymbol{\varphi}_i$ 的线性组合，即

$$\boldsymbol{u}(\boldsymbol{x})=\sum_{i=1}^{n}\boldsymbol{\varphi}_i^{\mathrm{T}}a_i \tag{5.1-4}$$

式中：a_i 为待定系数或 Ritz 基坐标。由于 $\boldsymbol{u}$ 不精确满足方程(5.1-1)和方程(5.1-2)，因此为了得到最佳近似解，令其加权残量之和为零，即

$$\int_\Omega \boldsymbol{w}^{\mathrm{T}}\boldsymbol{R}(\boldsymbol{u})\mathrm{d}\Omega+\int_\Gamma \bar{\boldsymbol{w}}^{\mathrm{T}}\bar{\boldsymbol{R}}(\boldsymbol{u})\mathrm{d}\Gamma=0 \tag{5.1-5}$$

式中：$\boldsymbol{R}(\boldsymbol{u})=\boldsymbol{L}(\boldsymbol{u})$ 和 $\bar{\boldsymbol{R}}(\boldsymbol{u})=\boldsymbol{B}(\boldsymbol{u})$ 为残量。虽然 $\boldsymbol{w}$ 和 $\bar{\boldsymbol{w}}$ 为任意权函数，但在实际应用时，不可能也不需要在式(5.1-5)中取无穷个权函数。与试函数表达式(5.1-4)类似，可将权函数写为已知基函数的组合，即

$$\boldsymbol{w}(\boldsymbol{x})=\sum_{j=1}^{m}\boldsymbol{\psi}_j b_j, \quad \bar{\boldsymbol{w}}(\boldsymbol{x})=\sum_{j=1}^{m}\bar{\boldsymbol{\psi}}_j b_j \tag{5.1-6}$$

式中：$m \geqslant n$。将式(5.1-6)代入式(5.1-5)，由系数 b_j 的任意性，得

$$\int_\Omega \boldsymbol{\psi}_j^{\mathrm{T}}\boldsymbol{R}(\boldsymbol{u})\mathrm{d}\Omega+\int_\Gamma \bar{\boldsymbol{\psi}}_j^{\mathrm{T}}\bar{\boldsymbol{R}}(\boldsymbol{u})\mathrm{d}\Gamma=0 \tag{5.1-7}$$

式(5.1-7)给出了 m 个方程，用于求解 n 个待定系数 a_i。如果 $m>n$，则方程(5.1-7)是超定的，需要借助最小二乘法求解。对式(5.1-7)进行分部积分得

$$\int_{\Omega} \boldsymbol{C}(\boldsymbol{\psi}_j^{\mathrm{T}})\boldsymbol{D}(\boldsymbol{u})\mathrm{d}\Omega + \int_{\Gamma} \boldsymbol{E}(\bar{\boldsymbol{\psi}}_j^{\mathrm{T}})\boldsymbol{F}(\boldsymbol{u})\mathrm{d}\Gamma = 0 \tag{5.1-8}$$

式中:算子 $\boldsymbol{C}$ 和 $\boldsymbol{D}$ 的微分阶次比 $\boldsymbol{L}$ 低,算子 $\boldsymbol{E}$ 和 $\boldsymbol{F}$ 的微分阶次比 $\boldsymbol{B}$ 低,式(5.1-8)称为方程(5.1-1)和方程(5.1-2)的弱形式,它降低了对函数 $\boldsymbol{u}$ 的连续性要求,但却提高了对权函数 $\boldsymbol{\psi}_j$ 和 $\bar{\boldsymbol{\psi}}_j$ 的连续性要求。

把式(5.1-7)中的平衡方程和力的边界条件用应力来表示,在从式(5.1-7)～式(5.1-8)的分部积分过程中,只需将应力对 $\boldsymbol{x}$ 的微分项分部积分掉即可。

在经典加权残量方法中,试函数是定义在整个求解域上的(类似于经典里兹方法中的试函数),这给定义在形状复杂区域上的微分方程的求解带来很大困难。如果采用紧支试函数(类似于有限元方法中的单元近似函数)作为加权残量方法的试函数,则可得到紧支试函数加权残量方法,其系数矩阵为稀疏矩阵。

通常根据式(5.1-7)或式(5.1-8)来建立各种无网格方法。在紧支试函数加权残量法中,选择不同的权函数和试函数,就构成了不同的近似求解方法。只要试函数是在离散点的邻域构造的,则由加权残量法导出的各种近似方法就都称为无网格方法。

5.2 近似位移函数

有限元方法中的近似位移函数(或试函数)是在单元上构造的。无网格方法中的试函数通常是在离散点(或结点)的邻域内构造的。不失一般性,下面只针对二维问题 x 方向的位移试函数 $u(\boldsymbol{x})$进行讨论。

试函数 $u(\boldsymbol{x})$可用离散结点 $\boldsymbol{x}_i^{\mathrm{T}}=[x_i \quad y_i](i=1,2,\cdots,N)$的形函数 $N_i(\boldsymbol{x})$的线性组合表示为

$$u_0(\boldsymbol{x}) \approx u(\boldsymbol{x}) = \sum_{i=1}^{N} N_i u_i \tag{5.2-1}$$

式中:N 是求解域 Ω 中的结点数,$u_0(\boldsymbol{x}_i)=u_i$。形函数 $N_i(\boldsymbol{x})$是定义在结点邻域(或支撑区域)内的函数,在支撑域外为零。在二维问题中,支撑域一般为圆形或矩形,与求解域 Ω 相比,支撑域是一个小区域,并且可以互相重叠。但有限单元方法中的单元是不能彼此重叠的。

无网格方法中的结点形函数虽然是紧支的(compactly supported),但可以相互重叠,因此一般情况下 $u(\boldsymbol{x}_i)\neq u_i$,即 $N_i(\boldsymbol{x}_j)\neq\delta_{ij}$,这给施加位移(或本质)边界条件带来了困难。在有限单元方法中,$N_i(\boldsymbol{x}_j)=\delta_{ij}$,$u(\boldsymbol{x}_i)=u_i$。

无网格方法中有多种用来构造结点形函数的紧支近似函数,如移动最小二乘近似、核函数近似、单位分解函数、点插值和径向基函数等。这里只介绍径向基函数 RBF(Radial Basis Function)和移动最小二乘近似 MLS(Moving Least Square)。

5.2.1 径向基函数

径向基函数是一类以点 $\boldsymbol{x}$ 到结点 $\boldsymbol{x}_i$ 的距离 $d_i=|\boldsymbol{x}-\boldsymbol{x}_i|$为自变量的函数。常见的以结点 $\boldsymbol{x}_i$ 为中心的全局径向基函数有

$$\text{Multiquadrics(MQ)}:\phi_i(\boldsymbol{x}) = \sqrt{a^2+d_i^2} \tag{5.2-2}$$

$$\text{Reciprocal Multiquadrics(RMQ)}:\phi_i(\boldsymbol{x}) = \sqrt[-2]{a^2+d_i^2} \tag{5.2-3}$$

$$\text{Gaussians}: \phi_i(\boldsymbol{x}) = \exp(-ad_i^2) \tag{5.2-4}$$

$$\text{Thin-plate splines(TPS)}: \phi_i(\boldsymbol{x}) = d_i^{2\kappa}\log d_i \tag{5.2-5}$$

式中：$a>0$ 为常数，κ 为整数。1995 年吴宗敏[5]提出的正定紧支径向基函数(compactly supported positive definite RBF)为

$$\text{CSRBF1}: \phi_i(\boldsymbol{x}) = (1-r)_+^4(4+16r+12r^2+3r^3) \tag{5.2-6}$$

$$\text{CSRBF2}: \phi_i(\boldsymbol{x}) = (1-r)_+^6(6+36r+82r^2+72r^3+30r^4+5r^5) \tag{5.2-7}$$

式中：$r=d_i/d_{\max i}$，$d_{\max i}$ 为结点 $\boldsymbol{x}_i$ 处径向基函数的支撑域半径，而

$$(1-r)_+ = \begin{cases} 1-r, & r\in[0,1] \\ 0, & r\notin[0,1] \end{cases} \tag{5.2-8}$$

1995 年 Wendland[6]提出的正定紧支径向基函数为

$$\text{CSRBF3}: \phi_i(\boldsymbol{x}) = (1-r)_+^6(3+18r+35r^2) \tag{5.2-9}$$

$$\text{CSRBF4}: \phi_i(\boldsymbol{x}) = (1-r)_+^8(1+8r+25r^2+32r^3) \tag{5.2-10}$$

利用径向基函数，将试函数写为一般形式

$$u(\boldsymbol{x}) = \sum_{i=1}^{N}\phi_i a_i = \boldsymbol{\varphi}^{\mathrm{T}}\boldsymbol{a} \tag{5.2-11}$$

式中：$\boldsymbol{\varphi}^{\mathrm{T}}=[\phi_1 \quad \phi_2 \quad \cdots \quad \phi_N]$为已知径向基函数，$\boldsymbol{a}^{\mathrm{T}}=[a_1 \quad a_2 \quad \cdots \quad a_N]$为待定系数。与有限元方法相同，根据条件

$$u(\boldsymbol{x}_i) = u_i \tag{5.2-12}$$

可将式(5.2-11)中的待定系数 a_i 用结点位移 $\boldsymbol{u}^{\mathrm{T}}=[u_1 \quad u_2 \quad \cdots \quad u_N]$来表示，因此式(5.2-11)变为

$$u(\boldsymbol{x}) = \boldsymbol{\varphi}^{\mathrm{T}}\boldsymbol{a} = \boldsymbol{\varphi}^{\mathrm{T}}\boldsymbol{H}^{-1}\boldsymbol{u} = \boldsymbol{N}^{\mathrm{T}}\boldsymbol{u} \tag{5.2-13}$$

式中：$\boldsymbol{N}=\boldsymbol{H}^{-\mathrm{T}}\boldsymbol{\varphi}$ 为结点位移形函数，且满足条件

$$N_j(\boldsymbol{x}_i) = \delta_{ij} \tag{5.2-14}$$

而

$$\boldsymbol{H} = \begin{bmatrix} \phi_1(\boldsymbol{x}_1) & \phi_2(\boldsymbol{x}_1) & \cdots & \phi_N(\boldsymbol{x}_1) \\ \phi_1(\boldsymbol{x}_2) & \phi_2(\boldsymbol{x}_2) & \cdots & \phi_N(\boldsymbol{x}_2) \\ \vdots & \vdots & & \vdots \\ \phi_1(\boldsymbol{x}_N) & \phi_2(\boldsymbol{x}_N) & \cdots & \phi_N(\boldsymbol{x}_N) \end{bmatrix}$$

根据同样的方法可得 y 方向的试函数 v 为

$$v(\boldsymbol{x}) = \boldsymbol{N}^{\mathrm{T}}\boldsymbol{v} \tag{5.2-15}$$

式中：$\boldsymbol{v}^{\mathrm{T}}=[v_1 \quad v_2 \quad \cdots \quad v_N]$。将式(5.2-13)和式(5.2-15)组合在一起有

$$\begin{bmatrix} u \\ v \end{bmatrix} = \begin{bmatrix} \boldsymbol{N}^{\mathrm{T}} & \\ & \boldsymbol{N}^{\mathrm{T}} \end{bmatrix}\begin{bmatrix} \boldsymbol{u} \\ \boldsymbol{v} \end{bmatrix} = \boldsymbol{\Phi d} \tag{5.2-16}$$

式中：$\boldsymbol{d}^{\mathrm{T}}=[\boldsymbol{u}^{\mathrm{T}} \quad \boldsymbol{v}^{\mathrm{T}}]$。

根据径向基函数得到的近似位移函数满足式(5.2-12)，或结点形函数满足式(5.2-14)，这与有限元方法是相同的，因此用径向基函数构造的无网格方法容易施加本质边界条件。径向基函数的这一特点是移动最小二乘近似和重构核近似(RK)等所不具备的。

基于全局径向基函数构造的近似位移函数虽然具有很高精度，但其精度与参数 a 和 κ 有关，而这两个参数又与求解的具体问题相关，这给其应用带来困难。而紧支近似函数的精度总

是小于全局径向基函数的精度，并且紧支径向基函数具有系数矩阵稀疏和带状分布的特点，这有利于大型问题的求解。

本节给出的径向基函数在处理 Neumann 边界条件时会出现较大误差，比如梁、板结构边界包括位移函数的一阶导数就属于这种情况。采用 Hermite 型径向基函数可有效提高这类问题的求解精度，建议读者思考其原因。

5.2.2 移动最小二乘近似

移动最小二乘近似基函数在无网格方法中得到了广泛应用，下面简要介绍其构造方法和特点。

1. 构造方法

考虑求解域 Ω，其中共有 N 个结点 $\boldsymbol{x}_i(i=1,2,\cdots,N)$，在各个结点处有 $u_0(\boldsymbol{x}_i)=u_i$，但 $u(\boldsymbol{x}_i)\neq u_i$。考虑计算点 $\boldsymbol{x}$（在无网格配点法中为结点；在伽辽金无网格方法中为高斯积分点），其邻域 Ω_x 内的近似函数可写为

$$u(\boldsymbol{x},\tilde{\boldsymbol{x}}) = \sum_{i=1}^{m} p_i(\tilde{\boldsymbol{x}})a_i(\boldsymbol{x}) = \boldsymbol{p}^{\mathrm{T}}(\tilde{\boldsymbol{x}})\boldsymbol{a}(\boldsymbol{x}) \tag{5.2-17}$$

式中：$p_i(\tilde{\boldsymbol{x}})$为 Ritz 基函数，$a_i(\boldsymbol{x})$为 Ritz 基坐标或待求系数，$\tilde{\boldsymbol{x}}=[x \quad y \quad z]$是计算点 $\boldsymbol{x}$ 的邻域 Ω_x 内任意点的坐标，m 是基函数的个数。而

$$\boldsymbol{p}^{\mathrm{T}}(\tilde{\boldsymbol{x}}) = [p_1(\tilde{\boldsymbol{x}}) \quad p_2(\tilde{\boldsymbol{x}}) \quad \cdots \quad p_m(\tilde{\boldsymbol{x}})], \quad \boldsymbol{a}^{\mathrm{T}}(\boldsymbol{x}) = [a_1(\boldsymbol{x}) \quad a_2(\boldsymbol{x}) \quad \cdots \quad a_m(\boldsymbol{x})]$$

值得注意的是，在经典 Ritz 方法中（见式(2.1-6)），Ritz 基坐标是常数，并且基函数要满足位移边界条件。在式(5.2-17)中，基函数要满足条件

$$\left.\begin{aligned} p_1(\tilde{\boldsymbol{x}}) &= 1 \\ p_i(\tilde{\boldsymbol{x}}) &\in C^n(\Omega) \end{aligned}\right\} \tag{5.2-18}$$

式中：$i=1,2,\cdots,m$，$C^n(\Omega)$表示在域 Ω 内具有直到 n 阶连续导数的函数空间。通常选取单项式作为基函数，这与有限元方法相同。也可利用其他函数作为基函数，如奇异函数和三角函数等，这取决于待解问题的几何和物理性质。例如，对于裂纹扩展问题，基函数可选为

$$\boldsymbol{p}^{\mathrm{T}}(\tilde{\boldsymbol{x}}) = \left[1,x,y,\sqrt{r}\cos\frac{\theta}{2},\sqrt{r}\sin\frac{\theta}{2},\sqrt{r}\sin\frac{\theta}{2}\sin\theta,\sqrt{r}\cos\frac{\theta}{2}\sin\theta\right]$$

式中：r 为某点距裂纹尖端的距离，θ 为该点和裂纹尖端连线与裂纹线的夹角。

若将式(5.2-17)作为有限单元容许位移函数，则 $p_1(\tilde{\boldsymbol{x}})=1$ 可以保证单元容许位移函数能够表达刚体运动模式，此时 a_i 是常数而不是函数。

表 5.2-1 给出了常用的基函数，其中 n_{Dim}表示待求解问题的维数。基函数的个数 m、基函数中包含的完备多项式的最高阶数 n 及问题维数 n_{Dim}之间的关系为

$$m = \frac{(n+1)(n+2)\cdots(n+n_{\mathrm{Dim}})}{n_{\mathrm{Dim}}!} \tag{5.2-19}$$

表 5.2-1 常用的基函数

情 况	$n_{\mathrm{Dim}}=2$	$n_{\mathrm{Dim}}=3$
线性基	$\boldsymbol{p}^{\mathrm{T}}(\tilde{\boldsymbol{x}})=[1,x,y]$，$m=3$	$\boldsymbol{p}^{\mathrm{T}}(\tilde{\boldsymbol{x}})=[1,x,y,z]$，$m=4$
二次基	$\boldsymbol{p}^{\mathrm{T}}(\tilde{\boldsymbol{x}})=[1,x,y,x^2,xy,y^2]$，$m=6$	$\boldsymbol{p}^{\mathrm{T}}(\tilde{\boldsymbol{x}})=[1,x,y,z,x^2,xy,y^2,yz,z^2,zx]$，$m=10$

在移动最小二乘近似中，坐标 $a_i(\boldsymbol{x})$ 的选取应该使近似位移函数或试函数 $u(\boldsymbol{x},\tilde{\boldsymbol{x}})$ 在计算点 $\boldsymbol{x}$ 的邻域 Ω_x 内是待求函数 $u_0(\boldsymbol{x})$ 在加权最小二乘意义下的最佳近似。为了达到此目的，选取合适的权函数非常重要。下面先对求解域 Ω 中的每个结点 $\boldsymbol{x}_i$ 定义一个紧支权函数或窗函数 $w_i(\boldsymbol{x})=w(\boldsymbol{x}-\boldsymbol{x}_i)$，它只在结点 $\boldsymbol{x}_i$ 的邻域 Ω_i 内有定义，Ω_i 称为权函数 $w_i(\boldsymbol{x})$ 的支撑域，或称为结点 $\boldsymbol{x}_i$ 的影响域或支撑域，如图 5.2-1 所示。

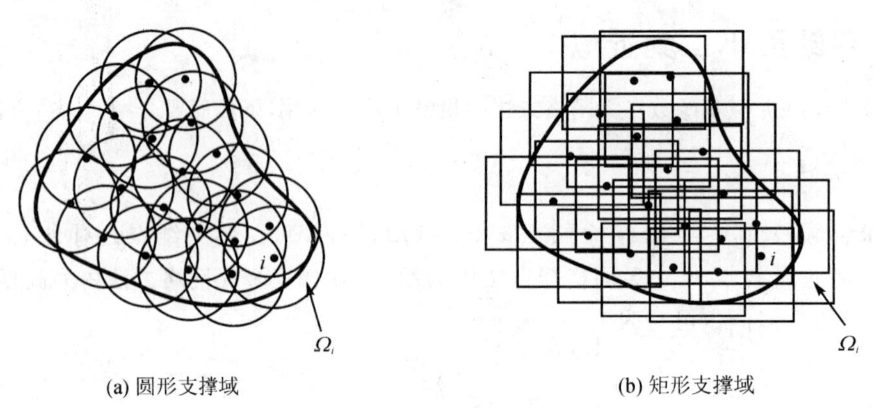

(a) 圆形支撑域　　(b) 矩形支撑域

图 5.2-1　结点支撑域

设计算点 $\boldsymbol{x}$ 的邻域 Ω_x 内包括 M 个结点，试函数 $u(\boldsymbol{x},\tilde{\boldsymbol{x}})$ 在这些结点处的误差平方和为

$$J(\boldsymbol{a}) = \sum_{i=1}^{M} w_i(\boldsymbol{x})[u(\boldsymbol{x},\boldsymbol{x}_i) - u_0(\boldsymbol{x}_i)]^2 = \sum_{i=1}^{M} w_i(\boldsymbol{x})\Big[\sum_{j=1}^{m} p_j(\boldsymbol{x}_i)a_j(\boldsymbol{x}) - u_i\Big]^2 = \sum_{i=1}^{M} w_i(\boldsymbol{x})[\boldsymbol{p}^{\mathrm{T}}(\boldsymbol{x}_i)\boldsymbol{a}(\boldsymbol{x}) - u_i]^2 \tag{5.2-20}$$

为了使泛函 $J(\boldsymbol{a})$ 取极小值，令其一阶变分等于零，即

$$\delta J = 2\delta\boldsymbol{a}^{\mathrm{T}}(\boldsymbol{x})\Big\{\sum_{i=1}^{M} w_i(\boldsymbol{x})\boldsymbol{p}(\boldsymbol{x}_i)[\boldsymbol{p}^{\mathrm{T}}(\boldsymbol{x}_i)\boldsymbol{a}(\boldsymbol{x}) - u_i]\Big\} = 0 \tag{5.2-21}$$

于是有

$$\boldsymbol{A}(\boldsymbol{x})\boldsymbol{a}(\boldsymbol{x}) = \boldsymbol{B}(\boldsymbol{x})\boldsymbol{u} \tag{5.2-22}$$

式中：

$$\left.\begin{aligned} \boldsymbol{u} &= [u_1 \quad u_2 \quad \cdots \quad u_M] \\ \boldsymbol{A}(\boldsymbol{x}) &= \sum_{i=1}^{M} w_i(\boldsymbol{x})\boldsymbol{p}(\boldsymbol{x}_i)\boldsymbol{p}^{\mathrm{T}}(\boldsymbol{x}_i) \\ \boldsymbol{B}(\boldsymbol{x}) &= [w_1(\boldsymbol{x})\boldsymbol{p}(\boldsymbol{x}_1) \quad w_2(\boldsymbol{x})\boldsymbol{p}(\boldsymbol{x}_2) \quad \cdots \quad w_M(\boldsymbol{x})\boldsymbol{p}(\boldsymbol{x}_M)] \end{aligned}\right\} \tag{5.2-23}$$

矩阵 $\boldsymbol{A}$ 和 $\boldsymbol{B}$ 的维数分别为 $m\times m$ 和 $m\times M$。通过求解式(5.2-22)可得广义坐标函数向量为

$$\boldsymbol{a}(\boldsymbol{x}) = \boldsymbol{A}^{-1}(\boldsymbol{x})\boldsymbol{B}(\boldsymbol{x})\boldsymbol{u} \tag{5.2-24}$$

将式(5.2-24)代入式(5.2-17)得近似函数为

$$u(\boldsymbol{x},\tilde{\boldsymbol{x}}) = \boldsymbol{p}^{\mathrm{T}}(\tilde{\boldsymbol{x}})\boldsymbol{A}^{-1}(\boldsymbol{x})\boldsymbol{B}(\boldsymbol{x})\boldsymbol{u} = \boldsymbol{N}^{\mathrm{T}}(\boldsymbol{x},\tilde{\boldsymbol{x}})\boldsymbol{u} \tag{5.2-25}$$

式中：

$$\boldsymbol{N}^{\mathrm{T}}(\boldsymbol{x},\tilde{\boldsymbol{x}}) = \boldsymbol{p}^{\mathrm{T}}(\tilde{\boldsymbol{x}})\boldsymbol{A}^{-1}(\boldsymbol{x})\boldsymbol{B}(\boldsymbol{x}) \tag{5.2-26}$$

由式(5.2-25)表示的试函数 $u(\boldsymbol{x},\tilde{\boldsymbol{x}})$ 就是待求函数 $u_0(\boldsymbol{x})$ 在计算点 $\boldsymbol{x}$ 邻域 Ω_x 内的加权最小二乘意义下的最佳近似。对于求解域 Ω 内的所有点 $\boldsymbol{x}$ 都可在其邻域 Ω_x 内建立 $u_0(\boldsymbol{x})$ 的最佳近似。这些局部近似函数 $u(\boldsymbol{x},\tilde{\boldsymbol{x}})$ 在点 $\tilde{\boldsymbol{x}}=\boldsymbol{x}$ 处的集合，就构成了待求函数 $u_0(\boldsymbol{x})$ 在求解域 Ω 内全局最佳近似函数 $u(\boldsymbol{x})$，即

$$u(\boldsymbol{x}) = u(\boldsymbol{x},\tilde{\boldsymbol{x}})\big|_{\tilde{x}=x} = \boldsymbol{N}^{\mathrm{T}}(\boldsymbol{x})\boldsymbol{u} \tag{5.2-27}$$

式中：形函数列向量 $\boldsymbol{N}(\boldsymbol{x})$ 为

$$\boldsymbol{N}^{\mathrm{T}}(\boldsymbol{x}) = \boldsymbol{N}^{\mathrm{T}}(\boldsymbol{x},\tilde{\boldsymbol{x}})\big|_{\tilde{x}=x} = \boldsymbol{p}^{\mathrm{T}}(\boldsymbol{x})\boldsymbol{A}^{-1}(\boldsymbol{x})\boldsymbol{B}(\boldsymbol{x}) \tag{5.2-28}$$

通过式(5.2-28)可计算出所有结点的形函数，此时矩阵 $\boldsymbol{B}$ 的维数为 $m\times N$。值得指出的是，式(5.2-28)的计算量远大于有限元方法计算形函数的计算量。在有限元方法中，同类单元的结点形函数是相同的，而在无网格方法中，各个结点的形函数通常要单独计算。

2. 紧支权函数

紧支权函数 $w_i(\boldsymbol{x})=w(\boldsymbol{x}-\boldsymbol{x}_i)$ 在移动最小二乘近似中非常重要，$w_i(\boldsymbol{x})$ 在结点 $\boldsymbol{x}_i$ 处取最大值，当 $r=\|\boldsymbol{x}-\boldsymbol{x}_i\|/d_{\max i}>1$ 时，$w_i(r)=0$。若权函数为

$$w_i(\boldsymbol{x}) = \begin{cases} 1, & \forall\,\boldsymbol{x}\in\Omega_i \\ 0, & \forall\,\boldsymbol{x}\notin\Omega_i \end{cases} \tag{5.2-29}$$

则移动最小二乘近似退化为标准的最小二乘近似(LSQ)。权函数的支撑域可以是矩形和圆形，如图 5.2-1 所示。若结点是均匀分布的，则矩形支撑域具有应用优势。支撑域为矩形的权函数为

$$w_i(\boldsymbol{x}) = w\left(\frac{\boldsymbol{x}-\boldsymbol{x}_i}{d_{\max x_i}}\right)w\left(\frac{\boldsymbol{y}-\boldsymbol{y}_i}{d_{\max y_i}}\right) \tag{5.2-30}$$

式中：$d_{\max x_i}$ 和 $d_{\max y_i}$ 分别为矩形支撑域在 x 和 y 方向的边长。支撑域为圆形的常用权函数有

$$w(r) = \begin{cases} \dfrac{\mathrm{e}^{-r^2\beta^2}-\mathrm{e}^{-\beta^2}}{1-\mathrm{e}^{-\beta^2}}, & r\leqslant 1 \\ 0, & r>1 \end{cases} \tag{5.2-31}$$

$$w(r) = \begin{cases} \mathrm{e}^{-r^2/\beta^2}, & r\leqslant 1 \\ 0, & r>1 \end{cases} \tag{5.2-32}$$

$$w(r) = \begin{cases} (1-r)(1+r-5r^2+3r^3), & r\leqslant 1 \\ 0, & r>1 \end{cases} \tag{5.2-33}$$

$$w(r) = \begin{cases} (1-r)(1+r-9r^3+6r^4), & r\leqslant 1 \\ 0, & r>1 \end{cases} \tag{5.2-34}$$

$$w(r) = \begin{cases} (1-r)^2(1+2r), & r\leqslant 1 \\ 0, & r>1 \end{cases} \tag{5.2-35}$$

$$w(r) = \begin{cases} (1-r^2)^n, & r\leqslant 1,\ n\geqslant 2 \\ 0, & r>1 \end{cases} \tag{5.2-36}$$

$$w(r) = \begin{cases} 2/3-4r^2+4r^3, & r\leqslant 1/2 \\ 4(1-r)^3/3, & 1/2<r\leqslant 1 \\ 0, & r>1 \end{cases} \tag{5.2-37}$$

$$w(r)=\begin{cases}1-2r^2, & r\leqslant 1/2\\ 2(1-r)^2, & 1/2<r\leqslant 1\\ 0, & r>1\end{cases} \tag{5.2-38}$$

式中：β 为常数。读者可自己分析上述诸权函数的光滑性质。

在移动最小二乘近似中，$u_0(\boldsymbol{x}_i)=u_i\neq u(\boldsymbol{x}_i)$，也就是试函数 $u(\boldsymbol{x})$ 不具有插值性质，即 $N_j(\boldsymbol{x}_i)\neq\delta_{ij}$，这导致在基于移动最小二乘近似的无网格方法中，无法直接施加位移边界条件。u_i 只是虚拟结点参数，试函数 $u(\boldsymbol{x})$ 在各个结点处的值需通过式(5.2-27)来计算。

Lancaster[7] 用具有奇异性的权函数，使构造的移动最小二乘近似函数具有插值性。奇异权函数 $\widetilde{w}_i(\boldsymbol{x})$ 可通过普通权函数 $w_i(\boldsymbol{x})$ 来构造，如

$$\widetilde{w}_i(\boldsymbol{x})=\frac{w_i(\boldsymbol{x})}{\|\boldsymbol{x}-\boldsymbol{x}_i\|^{\alpha_i}} \tag{5.2-39}$$

式中：α_i 为正偶数。权函数 $\widetilde{w}_i(\boldsymbol{x})$ 在结点 $\boldsymbol{x}_i$ 处是奇异的，因此不能直接利用式(5.2-28)来形成移动最小二乘形函数。经过一定的变换，可在移动最小二乘形函数及其导数中消除奇异性。

3. 移动最小二乘近似的特点

下面从计算量、一致性和光滑性三个方面把基于移动最小二乘近似的天网格方法与有限元方法进行比较。

(1) 计算量

在移动最小二乘近似中，$\boldsymbol{a}(\boldsymbol{x})$ 是空间坐标的函数，因此对于每个点都需要通过计算逆矩阵 $\boldsymbol{A}^{-1}(\boldsymbol{x})$ 来形成移动最小二乘形函数 $\boldsymbol{N}(\boldsymbol{x})$，并且难以给出解析求解过程，参见式(5.2-28)。

在有限元方法中，形函数具有解析形式。对于结点数相同的同类单元，可采用完全相同的形函数。即使采用与前面类似的方法针对每个有限单元分别构造形函数，对于每个单元也只需计算一次逆矩阵，并且该逆矩阵通常具有解析形式。因此，移动最小二乘近似的计算量远大于有限元近似的计算量。

(2) 一致性

在用伽辽金方法或有限元方法求解 $2n$ 阶微分方程时，近似函数需要具有 n 阶一致性，即近似函数要能够精确表达 n 阶导数为常数的函数。在有限元方法中，这种一致性要求也就是近似函数的完备性，它是保证有限元解收敛到精确解的必要条件。一致性也就是要求用形函数可以精确地重构 n 阶多项式的基函数 $q_j(\boldsymbol{x})$，即

$$\sum_{i=1}^{N}N_i(\boldsymbol{x})q_j(\boldsymbol{x}_i)=q_j(\boldsymbol{x})\quad(j=1,2,\cdots,m) \tag{5.2-40}$$

式中：m 与 n 的关系由式(5.2-19)给出。

在有限元方法中，对于一维杆问题，等应变杆单元的容许位移函数具有线性一致性，即

$$\sum_{i=1}^{2}N_i(\xi)=1,\quad \sum_{i=1}^{2}N_i(\xi)x_i=x \tag{5.2-41}$$

式中：x_i 为等应变杆单元的结点坐标。对于二维平面问题，CST 单元（等应变三角形单元）的容许位移函数具有线性一致性，即

$$\sum_{i=1}^{3}N_i(\boldsymbol{x})=1,\quad \sum_{i=1}^{3}N_i(\boldsymbol{x})x_i=x,\quad \sum_{i=1}^{3}N_i(\boldsymbol{x})y_i=y \tag{5.2-42}$$

对于其他类型的单元,同样可以考察其近似函数的一致性。下面讨论移动最小二乘近似函数的一致性问题。设待求函数 $u_0(\boldsymbol{x})$可用移动最小二乘近似的基函数表示为

$$u_0(\boldsymbol{x}) = \sum_{i=1}^{m} p_i(\boldsymbol{x}) b_i = \boldsymbol{p}^{\mathrm{T}}(\boldsymbol{x})\boldsymbol{b} \tag{5.2-43}$$

式中:$\boldsymbol{b}^{\mathrm{T}}=[b_1 \quad b_2 \quad \cdots \quad b_m]$为常数矢量。若 $a_i(\boldsymbol{x})=b_i$,则从式(5.2-20)可知,误差的加权平方和为零。于是,由式(5.2-17)得

$$u(\boldsymbol{x}) = \boldsymbol{p}^{\mathrm{T}}(\boldsymbol{x})\boldsymbol{b} = u_0(\boldsymbol{x}) \tag{5.2-44}$$

故移动最小二乘近似可精确重构函数 $u_0(\boldsymbol{x})$,也就是可精确重构任何基函数 $p_i(\boldsymbol{x})$,即

$$\sum_{i=1}^{M} N_i(\boldsymbol{x}) p_j(\boldsymbol{x}_i) = p_j(\boldsymbol{x}) \quad (j = 1,2,\cdots,m) \tag{5.2-45}$$

只要式(5.2-45)成立,根据式(5.2-44)容易导出 $u_0(\boldsymbol{x}_i)=u_i$。若基底中包括常数项和所有的一次单项式,则移动最小二乘近似具有线性一致性,对于二维问题,有

$$\sum_{i=1}^{M} N_i(\boldsymbol{x}) = 1, \quad \sum_{i=1}^{M} N_i(\boldsymbol{x}) x_i = x, \quad \sum_{i=1}^{M} N_i(\boldsymbol{x}) y_i = y \tag{5.2-46}$$

式中:x_i 和 y_i 为结点 i 的坐标。

(3) 光滑性

在有限元方法中,构造具有 C^0 连续性的近似函数较容易,但构造具有 C^1 以上连续性的近似函数则较困难,用低阶有限元方法得到的应力场,在单元间通常是不连续的。在移动最小二乘近似中,容易构造具有高阶连续性的近似函数,用基于移动最小二乘近似的无网格方法可以得到求解域内连续的应力场,且不需要光滑处理。移动最小二乘形函数 $\boldsymbol{N}(\boldsymbol{x})$的光滑性取决于基函数 $p_i(\boldsymbol{x})$和权函数 $w_i(\boldsymbol{x})$的光滑性,$\boldsymbol{N}(\boldsymbol{x})$的光滑阶次为 $\min(n,l)$,其中 l 为权函数 $w_i(\boldsymbol{x})$的光滑阶次。

5.3　伽辽金型无网格方法

无网格方法主要包括:弱形式无网格方法,如伽辽金型无网格方法 EFG(Element-Free Galerkin method)、配点型无网格方法和最小二乘型无网格方法。下面以平面应力问题为例来介绍伽辽金型无网格方法。平面弹性力学问题的控制微分方程为

$$\sigma_{ij,j} + f_i = 0 \quad (\text{欧拉平衡方程}) \tag{5.3-1a}$$

$$\sigma_{ij} n_j = \bar{p}_j \quad (\text{自然边界条件,对应边界 } \Gamma_\sigma) \tag{5.3-1b}$$

$$u_i = \bar{u}_i \quad (\text{位移边界条件,对应边界 } \Gamma_{\mathrm{u}}) \tag{5.3-1c}$$

式中:$i,j=1,2$ 或 x,y,n_j 为边界外法线的方向余弦,$u_i=u,v$。

在伽辽金方法中,试函数和权函数相同,其优点是在多种情况下系数矩阵为对称阵,但该方法需要背景网格来计算域内积分。由于无网格法的试函数一般为有理函数,而不是多项式,所以必须采用精确的积分方案才能保证积分精度,因此伽辽金无网格法的计算量通常远大于有限元方法。

根据加权残量方法或虚位移原理得

$$\int_{\Omega} (\sigma_{ij,j} + f_i) \delta u_i \mathrm{d}\Omega - \int_{\Gamma_\sigma} (\sigma_{ij} n_j - \bar{p}_i) \delta u_i \mathrm{d}\Gamma = 0 \tag{5.3-2}$$

式中：δu_i 及其边界值为权函数或虚位移。将式(5.3-2)第1项进行分部积分，注意在固定边界处 $\delta u_i=0$ 和应力张量 σ_{ij} 的对称性，得

$$\int_{\Omega}(-\sigma_{ij}\delta\varepsilon_{ij}+f_i\delta u_i)\mathrm{d}\Omega+\int_{\Gamma_\sigma}\bar{p}_i\delta u_i\mathrm{d}\Gamma=0 \tag{5.3-3}$$

式(5.3-3)实质上为虚位移原理，把它写为向量形式

$$\int_{\Omega}(\delta\boldsymbol{\varepsilon}^{\mathrm{T}}\boldsymbol{\sigma}-\delta\boldsymbol{u}^{\mathrm{T}}\boldsymbol{f})\mathrm{d}\Omega-\int_{\Gamma_\sigma}\delta\boldsymbol{u}^{\mathrm{T}}\bar{\boldsymbol{p}}\mathrm{d}\Gamma=0 \tag{5.3-4}$$

式(5.3-4)与式(5.1-8)的形式相同。式(5.3-4)中的函数向量为

$$\boldsymbol{u}=[u \quad v]^{\mathrm{T}},\quad \boldsymbol{f}=[f_x \quad f_y]^{\mathrm{T}},\quad \bar{\boldsymbol{p}}=[\bar{p}_x \quad \bar{p}_y]^{\mathrm{T}}$$
$$\boldsymbol{\varepsilon}=[\varepsilon_x \quad \varepsilon_y \quad \gamma]^{\mathrm{T}},\quad \boldsymbol{\sigma}=[\sigma_x \quad \sigma_y \quad \tau]^{\mathrm{T}}$$

将近似位移函数表达式(5.2-16)代入式(5.3-4)中得

$$\boldsymbol{Kd}=\boldsymbol{F} \tag{5.3-5}$$

式中：

$$\boldsymbol{K}=\int_{\Omega}\boldsymbol{B}^{\mathrm{T}}\boldsymbol{EB}\mathrm{d}\Omega \tag{5.3-6}$$

$$\boldsymbol{F}=\int_{\Omega}\begin{bmatrix}\boldsymbol{N} & \boldsymbol{0}\\ \boldsymbol{0} & \boldsymbol{N}\end{bmatrix}\boldsymbol{f}\mathrm{d}\Omega+\int_{\Gamma_\sigma}\begin{bmatrix}\boldsymbol{N} & \boldsymbol{0}\\ \boldsymbol{0} & \boldsymbol{N}\end{bmatrix}\bar{\boldsymbol{p}}\mathrm{d}\Gamma \tag{5.3-7}$$

$$\boldsymbol{B}^{\mathrm{T}}=\begin{bmatrix}\dfrac{\partial\boldsymbol{N}}{\partial x} & \boldsymbol{0} & \dfrac{\partial\boldsymbol{N}}{\partial y}\\ \boldsymbol{0} & \dfrac{\partial\boldsymbol{N}}{\partial y} & \dfrac{\partial\boldsymbol{N}}{\partial x}\end{bmatrix} \tag{5.3-8}$$

事实上，从式(5.3-2)到式(5.3-8)的过程与有限元方法没有任何区别，之所以称之为伽辽金无网格方法，是因为其中的近似位移函数是借助结点建立的，这里没有单元概念。

有了伽辽金无网格方法计算格式之后，还有两个关键问题，那就是式(5.3-6)和式(5.3-7)的积分以及位移边界条件的引入问题。

5.3.1 数值积分

式(5.3-6)和式(5.3-7)的数值积分问题是伽辽金无网格方法的固有问题，通常有两种处理方法：一是利用背景网格进行积分，二是对结点进行积分。

1. 背景网格积分

与有限元方法不同，背景网格只是用来积分而与近似函数无关，因此可将积分区域分割成规则的网格[8]，其生成要比有限元网格剖分容易得多。

由于无网格方法的形函数 N_i 只是在结点 i 的支撑域内有定义，且支撑域形状是任意的，因此背景网格积分方案不是最佳的，而且可能会产生较大误差。若结点的支撑域都是矩形，那么根据支撑域可构造最佳的用于积分的背景网格。

2. 结点积分

结点积分[9]的公式较简单。将式(5.3-6)和式(5.3-7)写为形式

$$\boldsymbol{K}=\sum_{i=1}^{N}\boldsymbol{B}^{\mathrm{T}}(\boldsymbol{x}_i)\boldsymbol{EB}(\boldsymbol{x}_i)\Delta\Omega_i \tag{5.3-9}$$

$$\boldsymbol{F}=\sum_{i=1}^{N}\begin{bmatrix}\boldsymbol{N}(\boldsymbol{x}_i) & \boldsymbol{0}\\ \boldsymbol{0} & \boldsymbol{N}(\boldsymbol{x}_i)\end{bmatrix}\boldsymbol{f}(\boldsymbol{x}_i)\Delta\Omega_i+\sum_{i=1}^{N_\sigma}\begin{bmatrix}\boldsymbol{N}(\boldsymbol{x}_i) & \boldsymbol{0}\\ \boldsymbol{0} & \boldsymbol{N}(\boldsymbol{x}_i)\end{bmatrix}\bar{\boldsymbol{p}}(\boldsymbol{x}_i)\Delta\Gamma_i \quad (5.3-10)$$

式中：N 为域内结点总数；N_σ 为边界 Γ_σ 上的结点总数；$\Delta\Omega_i$ 为域内结点 $\boldsymbol{x}_i$ 所对应的面积，并且 $\sum_{i=1}^{N}\Delta\Omega_i=\Omega$；$\Delta\Gamma_i$ 为边界 Γ_σ 上结点 $\boldsymbol{x}_i$ 所对应的边界长度，且 $\sum_{i=1}^{N_\sigma}\Delta\Gamma_i=\Gamma_\sigma$。有多种确定 $\Delta\Omega_i$ 和 $\Delta\Gamma_i$ 的方法，例如

$$\Delta\Omega_i=\frac{\alpha_{\Omega_i}d_{\max i}^2}{\sum_{k=1}^{N}\alpha_{\Omega_k}d_{\max k}^2}\Omega \quad (5.3-11)$$

$$\Delta\Gamma_i=\frac{\alpha_{\Gamma_i}d_{\max i}^2}{\sum_{k=1}^{N}\alpha_{\Gamma_k}d_{\max k}^2}\Gamma \quad (5.3-12)$$

式中：$\alpha_{\Gamma_i}=2d_{\max i}/\Gamma_\sigma$，$\alpha_{\Omega_i}$ 为结点 $\boldsymbol{x}_i$ 位于域内的那部分影响域与该影响域总面积的比值，其值为

$$\alpha_{\Omega_i}=\begin{cases}1, & \boldsymbol{x}_i\text{ 位于域内}\\ 0.5, & \boldsymbol{x}_i\text{ 位于直线边界}\\ 0.25, & \boldsymbol{x}_i\text{ 位于直角顶点}\end{cases} \quad (5.3-13)$$

如果结点数较少，那么这种方法可能低估某些较重要的变形模式（或低估该变形模式对应的刚度），从而造成数值计算的不稳定性。

5.3.2 边界条件的引入

无网格方法的结点形函数多数都不满足关系 $N_j(\boldsymbol{x}_i)=\delta_{ij}$，因此位移边界条件的处理较困难。若采用紧支径向基函数来构造形函数，则可像一般有限元方法那样来处理位移边界条件。在移动最小二乘近似中，若选奇异函数为权函数，则近似函数也具有插值特性，即 $N_j(\boldsymbol{x}_i)=\delta_{ij}$，因此可直接施加本质边界条件。对于其他情况，通常需借助拉格朗日乘子方法来处理边界条件。

拉格朗日乘子法包括两种：一种是利用边界积分在式(5.3-4)中直接引入边界条件，即

$$\int_\Omega(\delta\boldsymbol{\varepsilon}^{\mathrm{T}}\boldsymbol{\sigma}-\delta\boldsymbol{u}^{\mathrm{T}}\boldsymbol{f})\mathrm{d}\Omega-\int_{\Gamma_\sigma}\delta\boldsymbol{u}^{\mathrm{T}}\bar{\boldsymbol{p}}\mathrm{d}\Gamma+\int_{\Gamma_u}[\delta\boldsymbol{u}^{\mathrm{T}}\boldsymbol{\lambda}+\delta\boldsymbol{\lambda}^{\mathrm{T}}(\boldsymbol{u}-\bar{\boldsymbol{u}})]\mathrm{d}\Gamma=0 \quad (5.3-14)$$

虽然这种方法的精度较高，但其系数矩阵不再是带状和正定的，这给求解带来了麻烦。值得指出的是，式(5.3-14)是以弱形式处理位移边界条件的，即边界条件是在边界 Γ_u 上以积分平均意义得到满足的。

另外一种方法是先将位移边界条件写为形式

$$u_i(\boldsymbol{x}_j)=\bar{u}_{ij}\quad(j=1,2,\cdots,N_u) \quad (5.3-15)$$

式中：N_u 为位移边界 Γ_u 上的结点数，$\bar{u}_{ij}$ 为结点 $\boldsymbol{x}_j$ 在 i 方向的已知位移。将近似位移函数式(5.2-16)代入式(5.3-15)得

$$\boldsymbol{Qd}=\bar{\boldsymbol{d}} \quad (5.3-16)$$

再借助拉格朗日乘子将式(5.3-16)引入式(5.3-4)中，于是有

$$\int_\Omega(\delta\boldsymbol{\varepsilon}^{\mathrm{T}}\boldsymbol{\sigma}-\delta\boldsymbol{u}^{\mathrm{T}}\boldsymbol{f})\mathrm{d}\Omega-\int_{\Gamma_\sigma}\delta\boldsymbol{u}^{\mathrm{T}}\bar{\boldsymbol{p}}\mathrm{d}\Gamma+\delta\boldsymbol{d}^{\mathrm{T}}\boldsymbol{Q}^{\mathrm{T}}\lambda+\delta\lambda^{\mathrm{T}}(\boldsymbol{Qd}-\bar{\boldsymbol{d}})=0 \quad (5.3-17)$$

或

$$\begin{bmatrix} \boldsymbol{K} & \boldsymbol{Q}^{\mathrm{T}} \\ \boldsymbol{Q} & \boldsymbol{0} \end{bmatrix} \begin{bmatrix} \boldsymbol{d} \\ \boldsymbol{\lambda} \end{bmatrix} = \begin{bmatrix} \boldsymbol{F} \\ \bar{\boldsymbol{d}} \end{bmatrix} \tag{5.3-18}$$

式中:$\boldsymbol{F}$ 为面力和边界力形成的结点载荷列向量。在这种方法中,位移边界条件在 Γ_{u} 的各个结点上都得到满足,并且比第1种方法简单。

在这两种方法中,由于拉格朗日乘子 $\boldsymbol{\lambda}^{\mathrm{T}}=[\lambda_1 \quad \lambda_2]$ 也需要离散,因此它们的共同问题是使待求的未知量总数增加。

5.4 配点型无网格方法

配点法选取 δ 函数作为权函数,不需要积分。虽然残量 $\boldsymbol{R}$ 和 $\overline{\boldsymbol{R}}$ 在 n 个配点(或结点)上等于零,但在这些结点之间,残量可能产生较大振荡,因此配点法的稳定性较差。光滑质点流体动力学方法 SPH(Smoothed Particle Hydrodynamics)、有限点法 FPM(Finite Point Method)和配点型无网格方法 PCM(Point Collocation Method)都是基于配点法构造的。

配点法不需要用背景网格进行积分,是一种真正的无网格方法。下面仍然以平面弹性力学方程(5.3-1)为例来介绍配点型无网格方法。令这些方程在结点上得到满足,即

$$\sigma_{ij,j}(\boldsymbol{x}_k) + f_i(\boldsymbol{x}_k) = 0 \quad (k = 1,2,\cdots,N_\Omega, x_k \in \Omega) \tag{5.4-1a}$$

$$\sigma_{ij} n_j(\boldsymbol{x}_l) = \bar{p}_j(\boldsymbol{x}_l) \quad (l = 1,2,\cdots,N_\sigma, x_l \in \Gamma_\sigma) \tag{5.4-1b}$$

$$u_i(\boldsymbol{x}_m) = \bar{u}_i(\boldsymbol{x}_m) \quad (m = 1,2,\cdots,N_{\mathrm{u}}, x_k \in \Gamma_{\mathrm{u}}) \tag{5.4-1c}$$

并且 $N=N_\Omega+N_\sigma+N_{\mathrm{u}}$。将式(5.4-1a)~式(5.4-1c)写为矩阵形式得

$$\boldsymbol{\Omega}_k \boldsymbol{d} = \boldsymbol{f}_k \quad (k = 1,2,\cdots,N_\Omega) \tag{5.4-2a}$$

$$\boldsymbol{L}_{\sigma l} \boldsymbol{d} = \bar{\boldsymbol{p}}_l \quad (l = 1,2,\cdots,N_\sigma) \tag{5.4-2b}$$

$$\boldsymbol{L}_{\mathrm{u}m} \boldsymbol{d} = \bar{\boldsymbol{d}}_m \quad (m = 1,2,\cdots,N_{\mathrm{u}}) \tag{5.4-2c}$$

对于平面应力问题,式(5.4-2a)~式(5.4-2c)中的矩阵和向量分别为

$$\boldsymbol{\Omega}_k = \frac{E}{1-\nu^2} \begin{bmatrix} \dfrac{\partial^2 \boldsymbol{N}^{\mathrm{T}}(\boldsymbol{x}_k)}{\partial x^2} + \dfrac{1-\nu}{2} \dfrac{\partial^2 \boldsymbol{N}^{\mathrm{T}}(\boldsymbol{x}_k)}{\partial y^2} & \dfrac{1+\nu}{2} \dfrac{\partial^2 \boldsymbol{N}^{\mathrm{T}}(x_k)}{\partial x \partial y} \\ \dfrac{1+\nu}{2} \dfrac{\partial^2 \boldsymbol{N}^{\mathrm{T}}(\boldsymbol{x}_k)}{\partial x \partial y} & \dfrac{\partial^2 \boldsymbol{N}^{\mathrm{T}}(\boldsymbol{x}_k)}{\partial y^2} + \dfrac{1-\nu}{2} \dfrac{\partial^2 \boldsymbol{N}^{\mathrm{T}}(\boldsymbol{x}_k)}{\partial x^2} \end{bmatrix} \tag{5.4-3a}$$

$$\boldsymbol{L}_{\sigma l} = \frac{E}{1-\nu^2} \begin{bmatrix} n_1 \dfrac{\partial \boldsymbol{N}^{\mathrm{T}}(\boldsymbol{x}_l)}{\partial x} + n_2 \dfrac{1-\nu}{2} \dfrac{\partial \boldsymbol{N}^{\mathrm{T}}(x_l)}{\partial y} & n_1 \nu \dfrac{\partial \boldsymbol{N}^{\mathrm{T}}(\boldsymbol{x}_l)}{\partial y} + n_2 \dfrac{1-\nu}{2} \dfrac{\partial \boldsymbol{N}^{\mathrm{T}}(x_l)}{\partial x} \\ n_2 \nu \dfrac{\partial \boldsymbol{N}^{\mathrm{T}}(\boldsymbol{x}_l)}{\partial x} + n_1 \dfrac{1-\nu}{2} \dfrac{\partial \boldsymbol{N}^{\mathrm{T}}(x_l)}{\partial y} & n_2 \dfrac{\partial \boldsymbol{N}^{\mathrm{T}}(\boldsymbol{x}_l)}{\partial y} + n_1 \dfrac{1-\nu}{2} \dfrac{\partial \boldsymbol{N}^{\mathrm{T}}(\boldsymbol{x}_l)}{\partial x} \end{bmatrix} \tag{5.4-3b}$$

$$\boldsymbol{L}_{\mathrm{u}m} = \begin{bmatrix} \boldsymbol{N}^{\mathrm{T}}(\boldsymbol{x}_m) & \\ & \boldsymbol{N}^{\mathrm{T}}(\boldsymbol{x}_m) \end{bmatrix} \tag{5.4-3c}$$

$$\boldsymbol{f}_k = \begin{bmatrix} -\boldsymbol{f}_x(\boldsymbol{x}_k) \\ -\boldsymbol{f}_y(\boldsymbol{x}_k) \end{bmatrix}, \quad \bar{\boldsymbol{p}}_l = \begin{bmatrix} \bar{\boldsymbol{p}}_x(\boldsymbol{x}_l) \\ \bar{\boldsymbol{p}}_y(\boldsymbol{x}_l) \end{bmatrix}, \quad \bar{\boldsymbol{d}}_m = \begin{bmatrix} \bar{\boldsymbol{u}}(\boldsymbol{x}_m) \\ \bar{\boldsymbol{v}}(\boldsymbol{x}_m) \end{bmatrix} \tag{5.4-3d}$$

进一步将式(5.4-2)写为形式

$$Kd = F \tag{5.4-4}$$

式中：

$$K^{\mathrm{T}} = [\boldsymbol{\Omega}_1^{\mathrm{T}} \quad \boldsymbol{\Omega}_2^{\mathrm{T}} \quad \cdots \quad \boldsymbol{\Omega}_{N_\Omega}^{\mathrm{T}} \quad \boldsymbol{L}_{\sigma 1}^{\mathrm{T}} \quad \boldsymbol{L}_{\sigma 2}^{\mathrm{T}} \quad \cdots \quad \boldsymbol{L}_{\sigma N_\sigma}^{\mathrm{T}} \quad \boldsymbol{L}_{\mathrm{u}1}^{\mathrm{T}} \quad \boldsymbol{L}_{\mathrm{u}2}^{\mathrm{T}} \quad \cdots \quad \boldsymbol{L}_{\mathrm{u}N_\mathrm{u}}^{\mathrm{T}}] \tag{5.4-5a}$$

$$F^{\mathrm{T}} = [\boldsymbol{f}_1^{\mathrm{T}} \quad \boldsymbol{f}_2^{\mathrm{T}} \quad \cdots \quad \boldsymbol{f}_{N_\Omega}^{\mathrm{T}} \quad \bar{\boldsymbol{p}}_1^{\mathrm{T}} \quad \bar{\boldsymbol{p}}_2^{\mathrm{T}} \quad \cdots \quad \bar{\boldsymbol{p}}_{N_\sigma}^{\mathrm{T}} \quad \bar{\boldsymbol{d}}_1^{\mathrm{T}} \quad \bar{\boldsymbol{d}}_2^{\mathrm{T}} \quad \cdots \quad \bar{\boldsymbol{d}}_{N_\mathrm{u}}^{\mathrm{T}}] \tag{5.4-5b}$$

与需要背景网格积分的伽辽金方法相比，配点型无网格方法具有效率高和位移边界条件容易处理等优点；但其缺点是刚度矩阵 $\boldsymbol{K}$ 为非对称且有时是奇异的，这导致数值解不稳定，并且精度低。

5.4.1　稳定方案

为了避免配点型无网格方法的方程病态，一般都要采用稳定性方案，如在方程(5.4-1)中增加控制方程的残差项就是一种有效的方法[10]，即

$$\sigma_{ij,j}(\boldsymbol{x}_k) + f_i(\boldsymbol{x}_k) - \frac{1}{2}h_n \frac{\partial}{\partial x_n}[\sigma_{ij,j}(\boldsymbol{x}_k) + f_i(\boldsymbol{x}_k)] = 0$$

$$(k = 1,2,\cdots,N_\Omega, \boldsymbol{x}_k \in \Omega) \tag{5.4-6a}$$

$$\sigma_{ij}(\boldsymbol{x}_l)n_j - \frac{1}{2}h_n n_n[\sigma_{ij,j}(\boldsymbol{x}_l) + f_i(\boldsymbol{x}_l)] = \bar{p}_j(\boldsymbol{x}_l)$$

$$(l = 1,2,\cdots,N_\sigma, \boldsymbol{x}_l \in \Gamma_\sigma) \tag{5.4-6b}$$

$$u_i(\boldsymbol{x}_m) = \bar{u}_i(\boldsymbol{x}_m) \quad (m = 1,2,\cdots,N_\mathrm{u}, \boldsymbol{x}_m \in \Gamma_\mathrm{u}) \tag{5.4-6c}$$

式中：$n=1,2$ 或 x,y，h_n 为影响稳定项的特征长度。对于弹性静力问题，式(5.4-6b)的稳定项最关键，而式(5.4-6a)的稳定项的作用可以忽略。

5.4.2　最小二乘配点无网格法

配点无网格方法的精度较低。在不增加结点数量的前提下，在域内增加辅助点可以提高其计算精度。近似函数仍然只用原来的结点构造，但要求平衡方程在域内结点和辅助点上都得到满足。此时方程个数多于变量个数，因此要用最小二乘法来解，这种做法就是最小二乘配点无网格方法[11]。用这种方法求解方程(5.3-1)的形式为

$$\sigma_{ij,j}(\boldsymbol{x}_k) + f_i(\boldsymbol{x}_k) = 0 \quad (k = 1,2,\cdots,N_\Omega + N_\mathrm{a}, \boldsymbol{x}_k \in \Omega) \tag{5.4-7a}$$

$$\sigma_{ij}n_j(\boldsymbol{x}_l) = \bar{p}_j(\boldsymbol{x}_l) \quad (l = 1,2,\cdots,N_\sigma, \boldsymbol{x}_l \in \Gamma_\sigma) \tag{5.4-7b}$$

$$u_i(\boldsymbol{x}_m) = \bar{u}_i(\boldsymbol{x}_m) \quad (m = 1,2,\cdots,N_\mathrm{u}, \boldsymbol{x}_k \in \Gamma_\mathrm{u}) \tag{5.4-7c}$$

式中：N_a 为域内辅助点的个数。方程的个数为 $2(N+N_\mathrm{a})$，未知量个数为 $2N$，因此需要借助最小二乘方法来求解，这里不再赘述。

5.5　无网格方法的计算步骤和算例

与有限元方法类似，无网格方法的思想是容易理解的。前面几节给出了无网格方法最基本的概念和方法，下面给出基于移动最小二乘近似的伽辽金型无网格方法的计算步骤和值得注意之处。

5.5.1 计算步骤

无网格方法的主要计算步骤包括以下 4 步。

Step1 配置结点，划分背景网格。

可采用均匀布点方法或随机布点方法来布置结点。与有限元方法网格剖分类似，位移梯度大的地方可以多布置结点，位移梯度小的地方可以少布置结点。而背景网格的划分与结构的变形无关，因此，通常选择规则的矩形背景网格。

Step2 构造并计算结点形函数。

根据式(5.2-28)构造移动最小二乘形函数，其中权函数的选择有多种方式。若支撑域是圆形的，则结点 i 权函数 $w_i(r)$ 的支撑域半径为 $r=\|\boldsymbol{x}-\boldsymbol{x}_i\|/d_{\max i}$。当 $r>1$ 时，$w_i(r)=0$。通常选择 $d_{\max i}$ 为结点间距的 3 倍。定义 r 用的范数包括 $\|\ \|_1$、$\|\ \|_2$ 和 $\|\ \|_\infty$ 等，范数 $\|\ \|_2$ 虽然常用，但形函数的导数在结点处是奇异的，计算结点应力时就会碰到这个问题。不过，计算结点邻域内其他点处的应力不存在该问题。

Step3 求结点位移。

根据形函数和背景网格，可以计算刚度矩阵和结点载荷列向量，进而求得结点位移。

在背景网格上积分时，先对格子循环，再对域 Ω 内高斯积分点循环。对于任意一个高斯点，若某结点的权函数 $w(x)>0$，则计算形函数及其导数，计算刚度矩阵和载荷列向量并进行组装。

Step4 求应力。

根据结点位移和式(5.2-1)可得到位移场，给出位移场可计算应变进而得到应力。值得指出的是，与低阶有限单元方法不同，用无网格方法得到的应力场通常是连续甚至光滑的，不需要磨光处理。

5.5.2 算　例

考虑一悬臂梁，所有参数与例 4.3-2 相同。位移解析解在例 4.3-2 中已经给出，该问题的应力解析解为

$$\sigma_{xx}=-\frac{F}{I}(L-x)y$$

$$\tau_{xy}=\frac{F}{2I}\left(\frac{h^2}{4}-y^2\right)$$

下面用基于移动最小二乘近似函数的伽辽金型无网格方法分析该问题，并与解析解比较。在计算中，采用均布方式布置 25×7 个结点，背景网格数为 24×6。支撑域为圆形，用 2-范数定义 r。选取式(5.2-37)给出的 w 为权函数。

图 5.5-1 和图 5.5-2 分别给出梁下表面($y=-h/2$)的 x 和 y 方向的位移 u 和 v。图 5.5-3和图 5.5-4 分别给出梁中截面($x=L/2$)的 x 方向正应力和面内剪应力。图 5.5-5 和图 5.5-6 分别给出梁下表面的 u_i 和 $u(x)$ 以及 v_i 和 $v(x)$；在有限元方法中，u_i 和 v_i 一定分别在 $u(x)$ 和 $v(x)$ 曲线上。

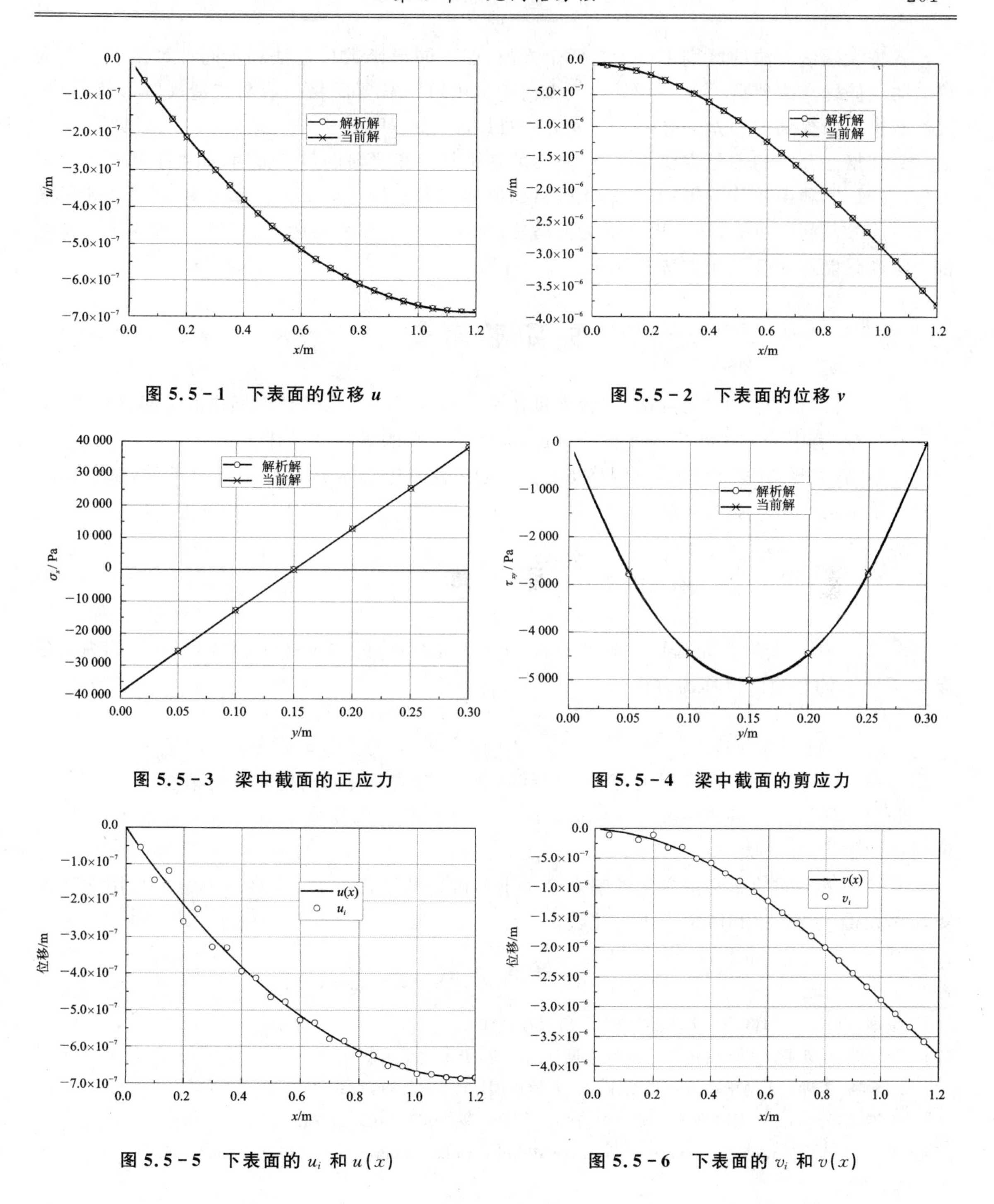

图 5.5-1　下表面的位移 u

图 5.5-2　下表面的位移 v

图 5.5-3　梁中截面的正应力

图 5.5-4　梁中截面的剪应力

图 5.5-5　下表面的 u_i 和 $u(x)$

图 5.6-6　下表面的 v_i 和 $v(x)$

5.6　无网格方法的优缺点

与常规有限元方法相比，无网格法具有优势的应用领域主要包括：大变形问题、裂纹扩展问题、接触问题、高速冲击问题、高速爆炸问题、材料裂变问题、金属材料成型问题和穿透问题等。

各种无网格方法的区别主要来自两个方面，即不同形函数构造法和不同计算模型。无网格法的共同优点主要有：不需要网格（至少构造试函数不需要网格）；容易构造高阶形状函数；能够解决上面提到的用差分方法和单元方法难以解决的问题。

无网格法存在的不足主要是：缺少坚实的理论基础和严格的数学证明，如关于其收敛性和一致性的证明和误差分析等；复杂的无网格插值和较大的带宽降低了计算效率；支撑域和背景积分域尺寸与问题有关；缺少成熟的无网格法商用软件，这样大幅度限制了其工程应用。无网格方法尚只能作为有限元方法的补充。

复习思考题

5.1 无网格方法中"无网格"的含义是什么？是否存在不依赖任何网格的无网格算法？

5.2 与有限元方法和边界元方法相比，无网格方法的优缺点是什么？

5.3 在基于 MLS 近似的无网格方法中，无法直接施加本质（位移）边界条件，试指出其理由并给出解决该问题的方法。

习 题

5-1 一端（$x=0$ 处）固支，而另一端（$x=1$ 处）自由的均匀杆件，$EA=1$，受到纵向分布力 $f=x$ 的作用。位移的解析解为

$$u=\frac{1}{2}\left(x-\frac{x^2}{3}\right)$$

试用两种无网格方法求解该问题，并与解析解比较。尝试提高无网格方法的精度。

5-2 利用无网格方法求解一维均匀简支欧拉梁在均布载荷作用下的挠度和转角，并与解析解比较。

5-3 用不同的无网格方法求解 3.6.4 小节讨论的平面问题，并将所得结果与用双线性矩形单元得到的结果和解析解进行比较。

参考文献

[1] 张雄，刘岩. 无网格法. 北京：清华大学出版社，2004.

[2] 刘桂荣，顾元通. 无网格法理论及程序设计. 济南：山东大学出版社，2007.

[3] 顾元通，丁桦. 无网格法及其最新进展. 力学进展，2005，35(3)：323-337.

[4] 张雄，刘岩，马上. 无网格法的理论及应用. 力学进展，2009，39(1)：1-36.

[5] Wu Z M. Compactly supported positive definite radial functions. Adv. Comput. Math.，1995，4：283-293.

[6] Wendland H. Piecewise polynomial，positive definite and compactly supported radial basis functions of minimal degrees. Adv. Comput. Math.，1995，4：389-396.

[7] Lancaster P，Salkauskas K. Surfaces generated by moving least squares methods. Math. Comput.，1981，37 (155)：141-158.

[8] Belytschko T，Lu Y Y，Gu L. Element free Galerkin methods. Int. J. Num. Meth. Engng.，1994，37：229-256.

[9]　Beissel S, Belytschko T. Nodal integration of the element-free Galerkin method. Comput. Methods Appl. Mech. Engrg., 1996, 139:49-74.

[10]　Oñate E. Derivation of stabilized equations for advective-diffusive transport and fluid flow problems. Comput. Methods Appl. Mech. Engrg., 1998, 151(1-2): 233-267.

[11]　张雄,刘小虎,宋祖康,等. Least-square collocation meshless method. Int. J. Num. Meth. Engrg., 2001, 51(9):1089-1100.

第6章　动力学方程的解法

实际结构都是复杂的连续系统。在从微分方程出发研究连续系统的振动特性时，除了在特殊边界条件情况下的几何形状简单的杆、梁和板壳之外，求精确解基本上是不可能的。因此，需要对连续系统做近似分析，所用方法的共同点是将连续系统离散为有限自由度系统，也就是将偏微分方程的求解问题离散为常微分方程的求解问题。

结构动力学方程有线性和非线性之分，其中又各自包含齐次和非齐次、对称和非对称、保守和耗散等多种类型。非线性动力学系统的物理机理尚不完全清楚，并且也没有求解析解的一般方法。比较成熟的非线性系统的定量求解近似方法，通常对单自由度非线性系统比较有效，比如奇异摄动法、多尺度方法、平均法和 KBM 等[1]。定性分析方法如相平面方法仍然是研究非线性系统运动学特征的主要方法。

本章主要讨论自伴随或对称线性系统常微分方程的求解方法。模态叠加方法是建立在坐标变换基础上的解析方法，实际上是常微分方程由特解求通解的方法。对于复杂多自由度系统，求出全部模态或频率基本是不可能的，对于实际问题也是没有必要的，因此只有对自由度较少的系统，才可能用全部的模态（或特征向量）来叠加得到解析解。直接积分方法的核心技术是把控制方程中的时间导数用时间差分来表示，而不进行坐标变换。直接积分方法主要包括耗散算法，如各级各阶经典 RK 方法、$\delta \neq 1/2$ 的 Newmark 方法和 Wilson θ 方法等，以及非耗散算法，如 $\delta = 1/2$ 的 Newmark 方法、中心差分法、显式辛算法和辛 RK 算法等。直接积分方法是一般的求解方法，通常用它来求解系统的瞬态响应。模态叠加求解方法也就是线性代数中的特征向量展开方法，比较适合于求解系统的稳态响应或低频响应。

衡量一个算法好坏的标准通常包含精度、效率、稳定性和所用的资源等几个方面，而不能只从精度或效率等某个方面来判别一个算法的优劣。本章首先介绍几种基本的固有振动特性求解方法，然后介绍有代表性的耗散和非耗散直接积分方法，其中多数方法不仅适用于线性系统，而且还适用于非线性系统。

6.1　固有频率和模态的近似解法

这里之所以简单介绍线性系统固有频率和模态的计算方法，一是因为线性系统的动力学方程可以用模态叠加方法求解，二是因为求解系统的固有振动特性也是振动工程的主要任务之一。

连续系统的离散方法主要包括瑞利-里兹法和有限元方法等，其结果是原来描述连续系统的偏微分方程变成为下面关于时间的常微分方程，即

$$\boldsymbol{M}\ddot{\boldsymbol{x}} + \boldsymbol{C}\dot{\boldsymbol{x}} + \boldsymbol{K}\boldsymbol{x} = \boldsymbol{F} \tag{6.1-1}$$

为了用模态叠加方法求解方程(6.1-1)，就必须先求出系统的模态向量和固有频率。对于无阻尼系统和比例阻尼系统，广义特征值方程为

$$\boldsymbol{K}\boldsymbol{\varphi} = \lambda \boldsymbol{M}\boldsymbol{\varphi} \tag{6.1-2}$$

式中：$\boldsymbol{K}$ 和 $\boldsymbol{M}$ 分别为刚度矩阵和质量矩阵，$\lambda=\omega^2$ 和 $\boldsymbol{\varphi}$ 分别为特征值和特征向量（或模态向量）。求解广义特征值方程(6.1-2)的成熟方法[2,3]主要有雅可比(Jacobi)方法、瑞利-里兹(Rayleigh-Ritz)法、逆幂迭代法(inverse power)、行列式搜索(determinant search)方法、Given 和 Householder 正交矩阵分解法、子空间迭代(subspace iteration)方法和 Lanczos 算法等。在求特征解的这些方法中，涉及的关键技术包括：

① 特征向量的正交性，$\boldsymbol{\varphi}_i^{\mathrm{T}}\boldsymbol{M}\boldsymbol{\varphi}_j=0$，$\boldsymbol{\varphi}_i^{\mathrm{T}}\boldsymbol{K}\boldsymbol{\varphi}_j=0$。

② 特征值分隔性质或瑞利约束定理，即 $\boldsymbol{K}^{(r)}\boldsymbol{\varphi}^{(r)}=\lambda^{(r)}\boldsymbol{M}^{(r)}\boldsymbol{\varphi}^{(r)}$（$r$ 表示矩阵 $\boldsymbol{M}$ 和 $\boldsymbol{K}$ 被划去的行数和列数）的特征值分隔 $\boldsymbol{K}^{(r-1)}\boldsymbol{\varphi}^{(r-1)}=\lambda^{(r-1)}\boldsymbol{M}^{(r-1)}\boldsymbol{\varphi}^{(r-1)}$ 的特征值。

③ 特征值的 Sturm 序列性质。若 $\boldsymbol{K}-\mu\boldsymbol{M}=\boldsymbol{LDL}^{\mathrm{T}}$，其中 $\boldsymbol{L}$ 为下三角矩阵，$\boldsymbol{D}$ 为对角矩阵，则 $\boldsymbol{D}$ 中负元素的个数与比 μ 小的特征值的个数相等。

④ 对称正定矩阵 Cholesky 分解技术，如 $\boldsymbol{M}=\tilde{\boldsymbol{L}}\tilde{\boldsymbol{L}}^{\mathrm{T}}$，$\boldsymbol{M}$ 为对称正定质量矩阵，$\tilde{\boldsymbol{L}}=\boldsymbol{LD}^{1/2}$。该技术主要用于把广义特征值问题 $\boldsymbol{K}\boldsymbol{\varphi}=\lambda\boldsymbol{M}\boldsymbol{\varphi}$ 变为标准特征值问题 $\tilde{\boldsymbol{K}}\tilde{\boldsymbol{\varphi}}=\lambda\tilde{\boldsymbol{\varphi}}$，其中 $\tilde{\boldsymbol{K}}=\tilde{\boldsymbol{L}}^{-1}\boldsymbol{K}\tilde{\boldsymbol{L}}^{-\mathrm{T}}$，$\tilde{\boldsymbol{\varphi}}=\tilde{\boldsymbol{L}}^{\mathrm{T}}\boldsymbol{\varphi}$。

⑤ 特征值平移(shifting)技术。$(\boldsymbol{K}-\rho\boldsymbol{M})\boldsymbol{\psi}=\mu\boldsymbol{M}\boldsymbol{\psi}$ 与 $\boldsymbol{K}\boldsymbol{\varphi}=\lambda\boldsymbol{M}\boldsymbol{\varphi}$ 的特征解的关系为

$$\lambda_i=\mu_i+\rho,\quad \boldsymbol{\varphi}_i=\boldsymbol{\psi}_i$$

基于该技术可用一般标准算法求解零频或负特征值。

⑥ Gram-Schmidt 向量正交化技术，三角矩阵的 QR 迭代法等。

⑦ 特征解的瑞利-里兹解法和向量迭代方法，多数综合性算法都是这两种基本方法和上述几种技术的结合。

当离散系统的规模较大，也就是结构矩阵的阶数较高时，求解特征值方程(6.1-2)的全部特征解是不可行也是没必要的。雅可比方法主要用于求解全部特征解，而瑞利-里兹法、行列式搜索法、Given 和 Householder 法、子空间迭代法和 Lanczos 算法等可用于求系统的部分特征解。下面只简单介绍其中几种方法的思想和基本原理。

6.1.1　瑞利-里兹方法

为了更加清楚地介绍瑞利-里兹方法，有必要先回顾基于能量守恒定律的瑞利法，也就是 Rayleigh 商，即

$$\omega^2=R=\mathrm{st}\,\frac{U_{\max}}{T_0}\tag{6.1-3}$$

式中：$U_{\max}$ 是系统弹性变形能的幅值，T_0 是动能系数（$T_0\omega^2=T_{\max}$）。瑞利法是英国著名力学家瑞利(Lord Rayleigh)于 1873 年提出的一种计算系统基频的简便而有效的近似方法，也是振动理论中一些极值原理以及瑞利-里兹方法的理论基础。

1. 瑞利法

对于连续系统和离散系统，瑞利法的数学表达式(6.1-3)都是适用的，它给出基频的上限。当系统按某一阶固有频率振动时，将这阶固有模态函数（或向量）代入瑞利商公式，它将给出这阶固有角频率的平方，这是瑞利商的一个重要性质。但在实际应用瑞利商时，与待求频率对应的模态函数（或向量）是未知的，因此只能选定一个近似模态函数（或向量）或近似位移函数（或向量）。将任意一个满足边界条件的近似位移函数（或向量）代入瑞利商公式中，将给出

系统基频平方的上限。这是瑞利商的另外一个重要性质，也就是极值性质，它提供了近似计算固有频率的理论基础。近似模态越接近第1阶模态，瑞利商给出的值就越接近基频的平方。只有当近似函数（或向量）与第1阶模态函数（或向量）相同时，瑞利商才等于基频的平方。

如何选择近似模态（或位移）函数是应用瑞利法的核心问题。一般来说，近似位移函数必须满足位移边界条件，并且具有足够的连续性。对于拉压杆或扭轴类结构，由于其应变是位移的一阶导数，因此保证位移本身连续就足够了。但对于梁或薄板类结构，由于其应变是位移的二阶导数，故必须保证近似位移函数本身及其一阶导数连续，否则将得出不可靠的结果。

除了以上必要条件之外，关于近似位移函数的选取在很大程度上依赖于使用者的经验。对于缺乏经验的使用者，可选用下列参考方案之一：

① 估计基频模态的大致形状，选择能够反映这种形状主要特点的多项式函数或三角级数作为近似位移函数。

② 利用该结构在集中静载荷或分布载荷作用下所发生的静变形函数作为近似位移函数。

③ 对于一维结构，由于大多数均匀结构在各种边界条件下的基频模态函数是已知的，故不妨用来作为变剖面一维结构的近似位移函数。

④ 对于二维结构，不妨将近似位移函数分解成两个方向上一维位移函数的乘积，而在每个方向上采用一维均匀结构在相同支持条件下的基频模态作为近似位移函数。例如，对于均匀悬臂支持的板，可在垂直于支持边的方向上选用均匀悬臂梁的基频模态，而在另外一个方向上选用均匀自由梁的刚体模态或者非零基频模态。

2. 里兹法

瑞利法使用简单，但若近似模态函数（或向量）选择不当，则难免结果精度不高。由于高阶近似位移函数的选取更加困难，因此瑞利法不适合于计算高阶固有频率。里兹法是瑞利法的改进，用里兹法可以同时求多阶近似模态和频率。

瑞利商是近似模态函数的函数，它是一个泛函。取满足边界条件的各种近似模态，瑞利商将给出不同值。只有当近似模态为一阶模态时，瑞利商才取极小值，换句话说，根据瑞利商取极小值的条件，一定可以得到满足精度要求的最低阶固有频率和模态。

下面以一维连续系统为例，简单介绍采用瑞利-里兹方法求系统频率和模态的原理。把近似位移函数写为

$$u(x)=\sum_{j=1}^{m}\phi_j(x)a_j \tag{6.1-4}$$

式中：ϕ_j 是满足位移（或本质）边界条件的位移函数且具有足够的连续性，它们是一组线性独立函数，形成了一组新的坐标系，称为里兹基。a_j 是待定的未知常数，是函数 $u(x)$ 在这组新坐标系下的坐标值，称为里兹坐标，或里兹系数。将式(6.1-4)代入式(6.1-3)得

$$R(a_1,a_2,\cdots,a_m)=\frac{U_{\max}(a_1,a_2,\cdots,a_m)}{T_0(a_1,a_2,\cdots,a_m)} \tag{6.1-5}$$

于是瑞利商取极值的条件变为

$$\frac{\partial R(a_1,a_2,\cdots,a_m)}{\partial a_j}=0\quad(j=1,2,\cdots,m) \tag{6.1-6}$$

或

$$\frac{\partial R}{\partial a_j}=\frac{1}{T_0}\left(\frac{\partial U_{\max}}{\partial a_j}-R\,\frac{\partial T_0}{\partial a_j}\right)=0 \tag{6.1-7}$$

当瑞利商取极值时，瑞利商就是系统固有频率的平方，即 $R(a_1,a_2,\cdots,a_m)=\omega^2$，因此极值条件式(6.1-7)变为

$$\frac{\partial U_{\max}}{\partial a_j}-\omega^2\,\frac{\partial T_0}{\partial a_j}=0 \quad (j=1,2,\cdots,m) \tag{6.1-8}$$

式(6.1-6)给出了关于里兹坐标 $a_j(j=1,2,\cdots,m)$ 的齐次线性方程组，该方程组有非零解的条件是它的系数行列式等于零，由此得到关于频率的代数方程，也就是频率方程。由该频率方程可求得前 m 阶频率的近似值。将求得的频率代回齐次方程组，可得到里兹坐标的相对比值，再将 a_j 代回式(6.1-4)中，即得到近似模态函数。上述求解过程实际上是求解一个 m 阶广义特征值问题，这种做法是里兹对瑞利法的改进，称为瑞利-里兹方法，简称里兹法。

瑞利-里兹方法同样适用于离散系统。连续弹性体的变形可在无穷维完备的函数空间内展开，如模态函数空间。而瑞利-里兹方法将变形限制在人为指定的 m 维函数空间内，这相当于增加了许多额外约束，从而提高了系统刚度，然后在这个大幅度缩小了的函数空间中寻找问题的最优解，因此求得的频率为各阶真实频率的上限。对于离散系统，瑞利-里兹方法相当于减缩了系统的自由度，从而达到减小计算工作量的目的。

例 6.1-1 试用瑞利-里兹方法求解一端固定、一端自由杆的频率，杆长为 l，拉压刚度为 EA，单位长度质量为 ρA，如图 6.1-1 所示。

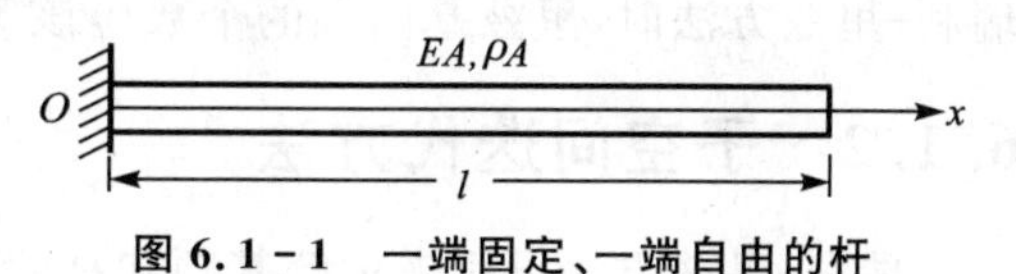

图 6.1-1 一端固定、一端自由的杆

解：设里兹基函数为

$$\phi_j=\left(\frac{x}{l}\right)^j \tag{a}$$

该函数满足固定端的位移边界条件，但不满足自由端的力边界条件。近似位移函数为

$$u(x)=\sum_{j=1}^{m}\left(\frac{x}{l}\right)^j a_j \tag{b}$$

杆的弹性应变能的幅值和动能系数分别为

$$U_{\max}=\frac{1}{2}\boldsymbol{a}^{\mathrm{T}}\boldsymbol{K}\boldsymbol{a},\quad T_0=\frac{1}{2}\boldsymbol{a}^{\mathrm{T}}\boldsymbol{M}\boldsymbol{a} \tag{c}$$

式中：

$$\boldsymbol{K}=\int_0^l EA\,\frac{\mathrm{d}\boldsymbol{\varphi}}{\mathrm{d}x}\frac{\mathrm{d}\boldsymbol{\varphi}^{\mathrm{T}}}{\mathrm{d}x}\mathrm{d}x,\quad \boldsymbol{M}=\int_0^l \rho A\boldsymbol{\varphi}\boldsymbol{\varphi}^{\mathrm{T}}\mathrm{d}x$$

其中

$$\boldsymbol{\varphi}^{\mathrm{T}}=\left[\frac{x}{l}\quad\left(\frac{x}{l}\right)^2\quad\cdots\quad\left(\frac{x}{l}\right)^m\right]$$

然后求解广义特征值问题

$$\boldsymbol{K}\boldsymbol{a}=\omega^2\boldsymbol{M}\boldsymbol{a} \tag{d}$$

可以得到固有频率。

表 6.1-1 给出了对于不同 m 值的频率计算结果，其中的理论解是从频率方程 $\cos(\omega l/\sqrt{E/\rho})=0$ 得到的，无量纲频率的定义式为

$$\lambda = \frac{\rho l^2}{E}\omega^2 \tag{e}$$

表 6.1-1 均匀弹性杆的无量纲固有频率

m	一 阶	二 阶	三 阶	四 阶	五 阶
2	2.48596	32.1807	—	—	—
3	2.46774	23.3912	109.141	—	—
4	2.46740	22.3218	69.4044	265.806	—
5	2.46740	22.2138	63.0277	148.205	545.753
理论解	2.46740	22.2066	61.6850	120.903	199.859

分析表 6.1-1 中的结果,可以得到如下结论:

① 利用瑞利-里兹方法,不但可以估计基频,也可以估算高阶固有频率,其数量等于里兹基函数的个数。

② 随着函数空间的扩大,也就是随着 m 的增加,各阶固有频率迅速向理论阶收敛,但不会小于理论解。

③ 约有 50%的频率具有良好的精度,值得指出的是,这一结论具有普遍性。因此在使用瑞利-里兹方法时,里兹基函数的个数应该等于欲求频率数量的 2～3 倍。

6.1.2 子空间迭代方法

瑞利-里兹方法可用来求解基频和高阶频率,但为了用瑞利-里兹方法得到更高精度的特征解,必须增加里兹基坐标系的维数。若把向量迭代方法和瑞利-里兹方法结合起来,即使不增加里兹基坐标系的维数,仍然可以提高频率和特征向量的估算精度,这就是子空间迭代法的思想。子空间迭代方法主要用来求解离散系统的部分特征值和特征向量。为了更加容易理解子空间迭代方法,先简单介绍向量迭代方法。

1. 向量迭代方法

离散系统的广义特征值方程为式(6.1-2),即

$$\boldsymbol{K\varphi} = \lambda \boldsymbol{M\varphi} \tag{6.1-9}$$

若刚度矩阵的逆矩阵存在,则式(6.1-9)可写为

$$\boldsymbol{D\varphi} = \frac{1}{\lambda}\boldsymbol{\varphi} \tag{6.1-10}$$

式中:$\boldsymbol{D}=\boldsymbol{K}^{-1}\boldsymbol{M}$ 称为动力矩阵,通常是非对称的。任意一个向量 $\boldsymbol{v}_0$ 在特征向量空间中都可表示为

$$\boldsymbol{v}_0 = \sum_{j=1}^{n} c_j \boldsymbol{\varphi}_j \tag{6.1-11}$$

式中:n 为系统的自由度数。用动力矩阵 $\boldsymbol{D}$ 连续前乘式(6.1-11)两边直到第 k 次,可得

$$\boldsymbol{v}_k = \boldsymbol{D}\boldsymbol{v}_{k-1} = \boldsymbol{D}^k \boldsymbol{v}_0 = \sum_{j=1}^{n} c_j \frac{1}{\lambda_j^k}\boldsymbol{\varphi}_j \tag{6.1-12}$$

或

$$\boldsymbol{v}_k = \boldsymbol{D}^k \boldsymbol{v}_0 = \frac{1}{\lambda_1^k}\left[c_1 \boldsymbol{\varphi}_1 + \sum_{j=2}^{n} c_j \left(\frac{\lambda_1}{\lambda_j}\right)^k \boldsymbol{\varphi}_j \right] \tag{6.1-13}$$

由于$\lambda_1/\lambda_j<1(j=2,3,\cdots,n)$，因此每迭代一次，式(6.1-13)中方括号内第二项的作用就减小一些。假设迭代到第 k 次时，该项的作用可以忽略不计。由此得到第一阶近似模态 $\boldsymbol{v}_k=\boldsymbol{D}^k\boldsymbol{v}_0$。在向量迭代过程中，$\boldsymbol{v}_2$ 到 $\boldsymbol{v}_k$ 都要进行归一化，简单的方法是令其中的某个元素等于 1，再确定其他元素的相对大小，这样可减小数值计算误差。在 $\boldsymbol{v}_k$ 的基础上再迭代一次，则有

$$\boldsymbol{v}_{k+1} = \frac{1}{\lambda_1}\boldsymbol{v}_k \tag{6.1-14}$$

式(6.1-14)中的 $\boldsymbol{v}_{k+1}$ 就不需要进行归一化了。向量 $\boldsymbol{v}_k$ 与 $\boldsymbol{v}_{k+1}$ 的任意两个对应元素的比值都是基频的平方，$\boldsymbol{v}_k$ 就是第一阶模态。

2. 子空间迭代法

在上面的向量迭代方法中，只是针对基频和对应的模态进行迭代。若对多个向量一起进行迭代，且在每次迭代后用瑞利-里兹方法求解特征值和特征向量，则可同时迭代出多个特征值和特征向量。针对自由度为 n 的离散系统，下面给出用子空间迭代法求解前 p 个特征值和特征向量的步骤。

第一步　给出 q 个线性无关的初始迭代向量 $\boldsymbol{v}_j(j=1,2,\cdots,q)$，通常 $n\geqslant q>p$，建议 $q=\min\{2p,p+8\}$。用这 q 个向量构成一个初始迭代矩阵 $\boldsymbol{\Psi}_1=[\boldsymbol{v}_1\quad \boldsymbol{v}_2\quad \cdots\quad \boldsymbol{v}_q]$。离散系统的 n 个特征向量构成一个 n 维向量空间，这 q 个初始迭代向量则构成一个 n 维向量空间的子空间，记为 $\boldsymbol{E}_1$。然后对 $k=1,2,\cdots$进行下面的迭代。

第二步　进行向量迭代

$$\boldsymbol{K}\overline{\boldsymbol{\Psi}}_{k+1} = \boldsymbol{M}\boldsymbol{\Psi}_k \tag{6.1-15}$$

第三步　用瑞利-里兹方法求特征值和特征向量。具体过程是：

① 计算矩阵

$$\overline{\boldsymbol{K}}_{k+1} = \overline{\boldsymbol{\Psi}}_{k+1}^{\mathrm{T}}\boldsymbol{K}\overline{\boldsymbol{\Psi}}_{k+1},\quad \overline{\boldsymbol{M}}_{k+1} = \overline{\boldsymbol{\Psi}}_{k+1}^{\mathrm{T}}\boldsymbol{M}\overline{\boldsymbol{\Psi}}_{k+1} \tag{6.1-16}$$

式(6.1-16)相当于把刚度矩阵 $\boldsymbol{K}$ 和质量矩阵 $\boldsymbol{M}$ 向子空间 $\boldsymbol{E}_{k+1}$上投影。

② 求解广义特征值问题

$$\overline{\boldsymbol{K}}_{k+1}\boldsymbol{Q}_{k+1} = \overline{\boldsymbol{M}}_{k+1}\boldsymbol{Q}_{k+1}\boldsymbol{\Lambda}_{k+1} \tag{6.1-17}$$

式中：$\boldsymbol{\Lambda}_{k+1}$是一个特征值对角矩阵，其对角元素为固有角频率的平方。$\boldsymbol{Q}_{k+1}$为里兹坐标矩阵。

③ 根据 $\overline{\boldsymbol{\Psi}}_{k+1}$和 $\boldsymbol{Q}_{k+1}$可得到精度提高的模态向量

$$\boldsymbol{\Psi}_{k+1} = \overline{\boldsymbol{\Psi}}_{k+1}\boldsymbol{Q}_{k+1} \tag{6.1-18}$$

然后重复第二步到第三步之间的迭代，直至结果满足给定精度为止。

上面的迭代求解过程相当于从子空间 $\boldsymbol{E}_k$ 到子空间 $\boldsymbol{E}_{k+1}$的迭代，因此这种方法称为子空间迭代法。瑞利-里兹方法保证了特征向量 $\boldsymbol{\Psi}_{k+1}$关于质量矩阵和刚度矩阵的正交性。值得指出的是，只要初始迭代向量 $\boldsymbol{v}_j(j=1,2,\cdots,q)$与待求的向量不正交，就可证明迭代过程一定是收敛的，并且初始迭代向量越接近真实模态，迭代过程收敛得越快。注意，频率的收敛速度大于模态的收敛速度。

6.1.3 Lanczos 算法

Lanczos 算法实际上是一种矩阵三对角化的方法。只要完成了矩阵三对角化，再利用 QR 等方法求解特征值和特征向量就比较容易了。

令 $\boldsymbol{x}$ 为任意的初始向量，对其进行质量归一化得

$$\boldsymbol{x}_1 = \boldsymbol{x}/\sqrt{\boldsymbol{x}^{\mathrm{T}}\boldsymbol{M}\boldsymbol{x}}$$

令 $\beta_1=0$，对 $i=2,3,\cdots,q$ 执行下列公式可形成一组关于质量矩阵 $\boldsymbol{M}$ 正交化的向量 $\boldsymbol{x}_1,\boldsymbol{x}_2,\cdots,\boldsymbol{x}_q$，即

$$\left.\begin{aligned} &\boldsymbol{K}\tilde{\boldsymbol{x}}_i = \boldsymbol{M}\boldsymbol{x}_{i-1}, \quad \alpha_{i-1} = \tilde{\boldsymbol{x}}_i^{\mathrm{T}}\boldsymbol{M}\boldsymbol{x}_{i-1} \\ &\tilde{\boldsymbol{x}}_i = \tilde{\boldsymbol{x}}_i - \alpha_{i-1}\boldsymbol{x}_{i-1} - \beta_{i-1}\boldsymbol{x}_{i-2} \\ &\beta_i = \sqrt{\tilde{\boldsymbol{x}}_i^{\mathrm{T}}\boldsymbol{M}\tilde{\boldsymbol{x}}_i} \\ &\boldsymbol{x}_i = \tilde{\boldsymbol{x}}_i/\beta_i \end{aligned}\right\} \tag{6.1-19}$$

生成的向量矩阵 $\boldsymbol{X}=[\boldsymbol{x}_1,\boldsymbol{x}_2,\cdots,\boldsymbol{x}_q]$ 满足关系

$$\boldsymbol{X}^{\mathrm{T}}(\boldsymbol{M}\boldsymbol{K}^{-1}\boldsymbol{M})\boldsymbol{X} = \boldsymbol{T}_q \tag{6.1-20}$$

式中：$\boldsymbol{T}_q$ 为三对角矩阵，即

$$\boldsymbol{T}_q = \begin{bmatrix} \alpha_1 & \beta_1 & & & \\ \beta_1 & \alpha_2 & \beta_2 & & \\ & \ddots & \ddots & \ddots & \\ & & & & \beta_{q-1} \\ & & & \beta_{q-1} & \alpha_q \end{bmatrix} \tag{6.1-21}$$

当 $q=n$ 时，根据式(6.1-20)可将 $\boldsymbol{T}_q$ 的特征解与 $\boldsymbol{K\varphi}=\lambda\boldsymbol{M\varphi}$ 的特征解关联起来。把 $\boldsymbol{K\varphi}=\lambda\boldsymbol{M\varphi}$ 变为

$$\boldsymbol{M}\boldsymbol{K}^{-1}\boldsymbol{M}\boldsymbol{\varphi} = \lambda^{-1}\boldsymbol{M}\boldsymbol{\varphi} \tag{6.1-22}$$

令

$$\boldsymbol{\varphi} = \boldsymbol{X}\boldsymbol{\phi} \tag{6.1-23}$$

综合式(6.1-20)、式(6.1-22)和式 (6.1-23)得

$$\boldsymbol{T}_n\boldsymbol{\phi} = \lambda^{-1}\boldsymbol{\phi} \tag{6.1-24}$$

因此 $\boldsymbol{T}_q$ 的特征值与 $\boldsymbol{K\varphi}=\lambda\boldsymbol{M\varphi}$ 的特征值互为倒数关系，二者特征向量的关系为式(6.1-23)。用 QR 迭代法和 Jacobi 方法可高效率地求解标准特征值方程(6.1-24)。

Lanczos 算法是一种基于瑞利-里兹技术的正交变换方法，当 $q<n$ 时，会给出比较精确的低阶频率结果。该算法在大多数工程软件中得到了应用。

为了保证求解精度，在迭代过程中可以用 Gram-Schmidt 技术对迭代向量进行重新正交化；采用移轴法可提高其效率；引入 Sturm 序列法可检查是否漏根。

实际应用的 Lanczos 算法都是在上述基本算法基础上改进的，感兴趣的读者可查阅有关书籍和文献。

6.2 耗散解法

结构动力学方程通常为偏微分方程，根据分离变量方法，可将偏微分方程变为关于时间坐

标的常微分方程和关于空间坐标的常或偏微分方程。对于复杂系统，可用有限元等离散方法得到系统的常微分动力学方程。本节和 6.3 节只讨论常微分方程的解法。常微分方程的数值解法都可理解为基于级数展开的解法。本节讨论谱半径小于 1($\rho<1$)的耗散类算法，也称为具有人工阻尼或数值耗散的算法。

6.2.1　Taylor 级数法

考虑一维常微分方程的初值问题

$$\begin{cases} \dfrac{\mathrm{d}z}{\mathrm{d}t} = f(t,z), & t_0 \leqslant t \leqslant T \\ z(t_0) = z_0 \end{cases} \tag{6.2-1}$$

设方程(6.2-1)的解 $z(t)$ 具有 $m+1$ 次连续导数，在 $t=t_0$ 处的 Taylor 展开式为

$$z(t_0+h) = z_0 + h\frac{\mathrm{d}z_0}{\mathrm{d}t} + \frac{h^2}{2!}\frac{\mathrm{d}^2 z_0}{\mathrm{d}t^2} + \cdots + \frac{h^m}{m!}\frac{\mathrm{d}^{(m)} z_0}{\mathrm{d}t^{(m)}} + O(h^{m+1}) \tag{6.2-2}$$

为了书写简洁，在式(6.2-2)和下面推导过程中引入了如下表达方式，即

$$z_0 = z(t)\,|_{t=t_0},\ \frac{\mathrm{d}z_0}{\mathrm{d}t} = \left.\frac{\mathrm{d}z}{\mathrm{d}t}\right|_{t=t_0},\quad f_0 = f[t,z(t)]\,|_{t=t_0},\quad \frac{\partial f_0}{\partial t} = \left.\frac{\partial f[t,z(t)]}{\partial t}\right|_{t=t_0}$$

当下标是非 0 的整数时，其含义类推。若取

$$z_1(t_0+h) = z_0 + h\frac{\mathrm{d}z_0}{\mathrm{d}t} + \frac{h^2}{2!}\frac{\mathrm{d}^2 z_0}{\mathrm{d}t^2} + \cdots + \frac{h^m}{m!}\frac{\mathrm{d}^{(m)} z_0}{\mathrm{d}t^{(m)}} \tag{6.2-3}$$

则局部截断误差为

$$z(t_0+h) - z_1(t_0+h) = O(h^{m+1})$$

式中：m 为任意正整数。值得指出的是，该截断误差项是耗散的[4]，因此直接用 Taylor 展开式构造的各阶算法就都是耗散算法。根据式(6.2-1)，可直接算出式(6.2-3)中的各阶导数 $\mathrm{d}^{(i)} z_0/\mathrm{d}t^{(i)}$，即

$$\left.\begin{aligned} &\frac{\mathrm{d}z}{\mathrm{d}t} = f \\ &\frac{\mathrm{d}^2 z}{\mathrm{d}t^2} = \frac{\partial f}{\partial t} + \frac{\partial f}{\partial z}\frac{\mathrm{d}z}{\mathrm{d}t} = \frac{\partial f}{\partial t} + f\frac{\partial f}{\partial z} \\ &\frac{\mathrm{d}^{(i)} z}{\mathrm{d}t^{(i)}} = \frac{\partial^{(i-1)}}{\partial t^{(i-1)}} f[t,z(t)] = \left(\frac{\partial}{\partial t} + f\frac{\partial}{\partial z}\right)^{(i-1)} f[t,z(t)] \end{aligned}\right\} \tag{6.2-4}$$

式中：$i=1,2,3,\cdots$。下面用时间离散方法来计算 z 在各个时间点的值。给定离散时间步长 $h>0$，时间结点为 $t=t_0+kh(k=0,1,2,\cdots,N)$，$N+1$ 为总的时间结点数。设第 k 步的值 z_k 已知，根据式(6.2-3)可得第 $k+1$ 步的 $z_{k+1}=z(t_{k+1})$ 为

$$z_{k+1} = z_k + hf_k + \frac{h^2}{2!}\frac{\partial f_k}{\partial t} + \cdots + \frac{h^m}{m!}\frac{\partial^{(m-1)} f_k}{\partial t^{(m-1)}} \tag{6.2-5}$$

这相当于把 z_{k+1} 在 z_k 处进行 Taylor 展开，并且截取前 m 项。这种方法称为 Taylor 级数法。

当 $m=1$ 时，有

$$z_{k+1} = z_k + hf(t_k, z_k) \tag{6.2-6}$$

这是最简单的数值积分方法——Euler 方法。虽然 Taylor 级数法的局部截断误差的阶次可以任意高，但由式(6.2-4)可知，各阶导数 $\mathrm{d}^{(i)} z_0/\mathrm{d}t^{(i)}$ 的计算量非常大，不便于实际应用。Runge-Kutta 法(记为 RK 法)就是一类以 Taylor 级数方法为基础，既可达到较高精度，又可避免高阶

导数计算的方法。

对于多自由度线性系统

$$\frac{\mathrm{d}\boldsymbol{z}}{\mathrm{d}t}=\boldsymbol{A}\boldsymbol{z}+\boldsymbol{R}(t) \tag{6.2-6a1}$$

本书作者给出了 Taylor 展开式中各阶导数计算的一般公式，即

$$\frac{\mathrm{d}^{(m)}\boldsymbol{z}}{\mathrm{d}t^{(m)}}=\boldsymbol{A}^m\boldsymbol{z}+\boldsymbol{A}^{m-1}\boldsymbol{R}+\sum_{i=m-2\geqslant 0}^{0}\boldsymbol{A}^i\frac{\mathrm{d}^{(l)}\boldsymbol{R}}{\mathrm{d}t^{(l)}}\quad(l=m-i-1) \tag{6.2-6a2}$$

根据式(6.2-4)、式(6.2-5)和式(6.2-6a2)可以方便地利用 Taylor 级数法进行递推计算。

6.2.2 Runge-Kutta 法

德国数学家 Runge[5] 和 Kutta[6] 于 19 世纪末和 20 世纪初提出了间接使用 Taylor 级数展开来构造高精度数值方法的思想，即首先用函数 f 在若干点上值的线性组合来代替 f 的导数，然后按 Taylor 级数展开方法确定其中的系数。

以二阶 RK 法为例来具体说明这一具有启发性的算法构造过程。对于常微分方程初值问题(6.2-1)，取 $m=2$，由式(6.2-2)得

$$z(t_0+h)=z_0+hf_0+\frac{h^2}{2!}\frac{\partial f_0}{\partial t}+O(h^3) \tag{6.2-7}$$

第 1 步　令 $\Phi_0(h)=f_0+\frac{h}{2}\frac{\partial f_0}{\partial t}$，式(6.2-7)变为

$$z(t_0+h)=z_0+h\Phi_0(h)+O(h^3) \tag{6.2-8}$$

把 $\Phi_0(h)$ 表示为两个不同点的函数值的线性组合，即

$$\left.\begin{aligned}\Phi_0(h)&=c_1k_1+c_2k_2\\k_1&=f_0\\k_2&=f(t_0+a_2h,z_0+b_{21}hk_1)\end{aligned}\right\}$$

式中：c_1,c_2,a_2,b_{21} 为待定系数，a_2 和 b_{21} 的下标 2 与 k_2 的下标相对应。由此可将式(6.2-7)写为

$$z(t_0+h)=z(t_0)+h(c_1k_1+c_2k_2)+O(h^3) \tag{6.2-9}$$

把 k_2 在点(t_0,z_0)处进行 Taylor 展开得

$$k_2=f_0+a_2h\frac{\partial f_0}{\partial t}+b_{21}hk_1\frac{\partial f_0}{\partial z}+O(h^2)$$

将上式表示的 k_2 代入式(6.2-9)得

$$z(t_0+h)=z_0+h\left[(c_1+c_2)k_1+c_2a_2h\frac{\partial f_0}{\partial t}+c_2b_{21}hk_1\frac{\partial f_0}{\partial z}\right]+O(h^3) \tag{6.2-10}$$

第 2 步　根据式(6.2-4)可得 z 的二阶导数为

$$\frac{\mathrm{d}^2z_0}{\mathrm{d}t^2}=\left.\frac{\partial f}{\partial t}\right|_{t=t_0}=\frac{\partial f_0}{\partial t}+k_1\frac{\partial f_0}{\partial z}$$

将上式代入式(6.2-7)可得

$$z(t_0+h)=z_0+h\left(k_1+\frac{h}{2}\frac{\partial f_0}{\partial t}+\frac{hk_1}{2}\frac{\partial f_0}{\partial z}\right)+O(h^3) \tag{6.2-11}$$

第3步　通过比较式(6.2-10)和式(6.2-11)可得

$$\left.\begin{aligned} c_1 + c_2 &= 1 \\ c_2 a_2 &= 1/2 \\ c_2 b_{21} &= 1/2 \end{aligned}\right\} \tag{6.2-12}$$

方程组(6.2-12)有四个未知量 c_1, c_2, a_2 和 b_{21},但只有三个方程,其中一个未知量可以自由选取。由式(6.2-9)可得根据初始条件计算第1步的公式,即

$$\left.\begin{aligned} z_1 &= z(t_0 + h) = z_0 + h(c_1 k_1 + c_2 k_2) \\ k_1 &= f_0 \\ k_2 &= f(t_0 + a_2 h, z_0 + b_{21} h k_1) \end{aligned}\right\}$$

第 $k+1$ 步的计算公式为

$$\left.\begin{aligned} z_{k+1} &= z_k + h(c_1 k_1 + c_2 k_2) \\ k_1 &= f_k \\ k_2 &= f(t_k + a_2 h, z_k + b_{21} h k_1) \end{aligned}\right\} \tag{6.2-13}$$

这就是二阶二级RK法。若取 $a_2=1$,则 $c_1=1/2, c_2=1/2, b_{21}=1$,式(6.2-13)变为

$$\left.\begin{aligned} z_{k+1} &= z_k + \frac{h}{2}(k_1 + k_2) \\ k_1 &= f_k \\ k_2 &= f(t_k + h, z_k + h k_1) \end{aligned}\right\} \tag{6.2-14}$$

式(6.2-14)也称为改进Euler法。读者自己比较式(6.2-14)与式(6.2-6)的区别。把式(6.2-13)写为一般形式,得到求解初值问题(6.2-1)的格式为

$$\left.\begin{aligned} z_{k+1} &= z_k + h\sum_{i=1}^{s} c_i k_i \\ k_1 &= f_k \\ k_i &= f\left(t_k + a_i h, z_k + h\sum_{j=1}^{i-1} b_{ij} k_j\right) \quad (i = 2,3,\cdots,s) \end{aligned}\right\} \tag{6.2-15}$$

式(6.2-15)称为显式RK法。一般情况下,每一步都需要计算 s 次函数 f 的值,因此通常称 s 为RK法的级,c_i, a_i, b_{ij} 为待定系数。如四级RK方法的格式为

$$\left.\begin{aligned} z_{k+1} &= z_k + h(c_1 k_1 + c_2 k_2 + c_3 k_3 + c_4 k_4) \\ k_1 &= f_k \\ k_2 &= f(t_k + a_2 h, z_k + h b_{21} k_1) \\ k_3 &= f[t_k + a_3 h, z_k + h(b_{31} k_1 + b_{32} k_2)] \\ k_4 &= f[t_k + a_4 h, z_k + h(b_{41} k_1 + b_{42} k_2 + b_{43} k_3)] \end{aligned}\right\} \tag{6.2-16}$$

四级RK方法精度的最高阶是四阶。改变参数可以构造多种四级四阶RK方法,其中经常使用的经典格式为

$$\left.\begin{aligned}
z_{k+1} &= z_k + \frac{h}{6}(k_1 + 2k_2 + 2k_3 + k_4) \\
k_1 &= f_k \\
k_2 &= f\left(t_k + \frac{1}{2}h, z_k + \frac{1}{2}hk_1\right) \\
k_3 &= f\left(t_k + \frac{1}{2}h, z_k + \frac{1}{2}hk_2\right) \\
k_4 &= f(t_k + h, z_k + hk_3)
\end{aligned}\right\} \tag{6.2-17}$$

值得指出的是：

① 当 $s \leqslant 4$ 时，RK 方法的精度最高可达 s 阶；当 $s > 4$ 时，其精度分别为：当 $s=5,6,7$ 时，精度的最高阶为 $s-1$；当 $s=8,9,10$ 时，精度的最高阶为 $s-2$。由此可见，随着 s 的增加，计算函数值的工作量增加得较快，而精度却提高得较慢。因此人们常用的还是经典的四级四阶 RK 方法，这种格式在精度和效率上达到最佳平衡。

② 由于 RK 方法是基于 Taylor 级数方法构造的，因此在用 RK 方法时，要求方程的解具有较好的光滑性。当解的光滑性较差时，改进 Euler 方法的精度可能高于四级四阶 RK 方法的精度。

6.2.3 Lie 级数法

Lie(李)级数方法与 Taylor 级数方法类似[7,8]，二者的主要差别在于导数的计算方法。考虑一阶 n 维自治系统，其初值问题为

$$\frac{\mathrm{d}\boldsymbol{z}}{\mathrm{d}t} = \boldsymbol{f}(\boldsymbol{z}), \quad \boldsymbol{z}(0) = \boldsymbol{z}_0 \tag{6.2-18}$$

式中：

$$\boldsymbol{z}^{\mathrm{T}} = [z_1(t) \quad z_2(t) \quad \cdots \quad z_n(t)]$$

$$\boldsymbol{f}^{\mathrm{T}}(\boldsymbol{z}) = [f_1(\boldsymbol{z}) \quad f_2(\boldsymbol{z}) \quad \cdots \quad f_n(\boldsymbol{z})] = [f_1 \quad f_2 \quad \cdots \quad f_n]$$

根据复合求导法则可知，式(6.2-18)的右端 $\boldsymbol{f}(\boldsymbol{z})$ 相当于定义了一个线性偏微分算子，即

$$\begin{aligned}
L(\boldsymbol{z}) = f_1(\boldsymbol{z})\frac{\partial}{\partial z_1} + \cdots + f_n(\boldsymbol{z})\frac{\partial}{\partial z_n} = \\
[f_1 \quad f_2 \quad \cdots \quad f_n]\left[\frac{\partial}{\partial z_1} \quad \frac{\partial}{\partial z_2} \quad \cdots \quad \frac{\partial}{\partial z_n}\right]^{\mathrm{T}}
\end{aligned} \tag{6.2-19}$$

式中：$\left[\frac{\partial}{\partial z_1} \quad \frac{\partial}{\partial z_2} \quad \cdots \quad \frac{\partial}{\partial z_n}\right]^{\mathrm{T}}$ 是既有矢量性质又有偏微分特性的矢量微分算子，因此微分方程(6.2-18)可以等效地写为

$$\frac{\mathrm{d}\boldsymbol{z}}{\mathrm{d}t} = L(\boldsymbol{z})\boldsymbol{z} = L\boldsymbol{z}, \quad \boldsymbol{z}(0) = \boldsymbol{z}_0 \tag{6.2-20}$$

关于方程(6.2-18)或方程(6.2-20)的解的形式，有如下定理。

定理 常微分方程组初值问题(6.2-18)或方程(6.2-20)的解是一单参数变换群，并具有指数形式(也称为李级数形式)，即

$$z_i(t) = z_i(\boldsymbol{z}_0, t) = \mathrm{e}^{tL} z_i \big|_{\boldsymbol{z}=\boldsymbol{z}_0} \quad (i = 1, 2, \cdots, n) \tag{6.2-21}$$

式中：微分算子 $\mathrm{e}^{tL} = \sum_{m=0}^{\infty} \frac{t^m}{m!} L^m$ 。

证明:沿着曲线 $z_i=z_i(t)$ 进行微分得

$$\frac{\mathrm{d}z_i}{\mathrm{d}t}=\left(\sum_{j=1}^{n}\frac{\mathrm{d}z_j}{\mathrm{d}t}\frac{\partial}{\partial z_j}\right)z_i=\left(\sum_{j=1}^{n}f_j\frac{\partial}{\partial z_j}\right)z_i=Lz_i$$

同理

$$\frac{\mathrm{d}^2 z_i}{\mathrm{d}t^2}=\frac{\mathrm{d}}{\mathrm{d}t}\left(\frac{\mathrm{d}z_i}{\mathrm{d}t}\right)=\frac{\mathrm{d}}{\mathrm{d}t}(Lz_i)=\left(\sum_{j=1}^{n}f_j\frac{\partial}{\partial z_j}\right)Lz_i=L(Lz_i)=L^2 z_i$$

以此类推

$$\frac{\mathrm{d}^n z_i}{\mathrm{d}t^n}=L^n z_i \tag{6.2-22}$$

根据 Taylor 展开式和式(6.2-22)得

$$\begin{aligned}z_i(t)=&\left(z_i+tLz_i+\frac{1}{2!}t^2L^2z_i+\cdots+\frac{1}{m!}t^mL^mz_i+\cdots\right)_{z=z_0}=\\&\left(1+tL+\frac{1}{2!}t^2L^2+\cdots+\frac{1}{n!}t^mL^m+\cdots\right)z_i\Big|_{z=z_0}=\\&\mathrm{e}^{tL}z_i\big|_{z=z_0}\end{aligned} \tag{6.2-23}$$

根据计算精度要求,若截取李级数展开式的前 $m+1$ 项,可得 m 阶李级数近似解。设时间步长为 h,记 z_i^k 为对应 $t=t_0+kh$ 时刻 $\boldsymbol{z}$ 的第 i 个分量的值,则第 k 次递推值为

$$z_i^k=z_i(\boldsymbol{z}_{k-1},h)=\left(z_i+hLz_i+\frac{1}{2!}h^2L^2z_i+\cdots+\frac{1}{m!}h^mL^mz_i\right)_{z=z_{k-1}} \tag{6.2-24}$$

式中:$i=1,2,\cdots,n;k=1,2,\cdots$。式(6.2-24)就是李级数方法的递推格式。有如下值得注意的问题:

① 为了使方程(6.2-18)或方程(6.2-20)的解 $z_i(t)$ 存在,要求 L^mz_i 在 $\boldsymbol{z}_0$ 的邻域内存在。根据式(6.2-22),可将式(6.2-24)中的 L^mz_i 用 $\mathrm{d}^mz_i/\mathrm{d}t^m$ 替换。这一简单替换对非线性问题的计算具有重要意义,即由于 $\mathrm{d}^mz_i/\mathrm{d}t^m$ 的存在性的要求比 L^mz_i 的低,因此这一替换降低了解(相流)的连续性要求。

② 对线性自治问题,方程(6.2-18)变为 $\mathrm{d}\boldsymbol{z}/\mathrm{d}t=\boldsymbol{A}\boldsymbol{z}$,式中 Jacobi 矩阵 $\boldsymbol{A}$ 为常数矩阵,此时李级数解为 $\boldsymbol{z}=\mathrm{e}^{t\boldsymbol{A}}\boldsymbol{z}_0$。可用下面即将介绍的精细计算方法对指数矩阵 $\mathrm{e}^{t\boldsymbol{A}}$ 进行精确计算。

③ 式(6.2-22)还给出了另外一个事实,对于任何线性或非线性自治系统,其 Taylor 级数解的函数系数都可用偏微分算子精确计算,这使得 Taylor 级数法的应用范围得以扩展。

④ 由于 $\mathrm{d}^mz_i/\mathrm{d}t^m=L^mz_i$,因此可用 L^mz_i 对 Taylor 级数法的截断误差进行分析和控制。

⑤ 代数动力学算法[9]为李级数算法,从量子物理角度为李级数方法赋予了更多的物理内涵。

例 6.2-1　请给出如下线性系统李级数法和改进 Euler 法的二阶递推格式,并证明二者的一致性。

$$\frac{\mathrm{d}z_1}{\mathrm{d}t}=z_2,\quad \frac{\mathrm{d}z_2}{\mathrm{d}t}=-z_1 \tag{a}$$

解:(1) 李级数法。

令 $\boldsymbol{z}^{\mathrm{T}}=[z_1\quad z_2]$,$f_1(\boldsymbol{z})=z_2$,$f_2(\boldsymbol{z})=-z_1$。偏微分算子为

$$L(\boldsymbol{z})=f_1(\boldsymbol{z})\frac{\partial}{\partial z_1}+f_2(\boldsymbol{z})\frac{\partial}{\partial z_2}=z_2\frac{\partial}{\partial z_1}-z_1\frac{\partial}{\partial z_2} \tag{b}$$

根据式(6.2-24)得李级数法的二阶计算格式为

$$z_i^{k+1}=z_i(\boldsymbol{z}_k,h)=\left(z_i+hLz_i+\frac{1}{2}h^2L^2z_i\right)_{z=z_k} \tag{c}$$

根据式(6.2-22)可知,有两种方法处理式(c)中的偏微分算子。

① 直接方法。根据偏微分算子的定义直接进行计算,即

$$Lz_1\big|_{z=z_k}=\left(z_2\frac{\partial}{\partial z_1}-z_1\frac{\partial}{\partial z_2}\right)z_1\bigg|_{z=z_k}=z_2\big|_{z=z_k}=z_2^k$$

$$L^2z_1\big|_{z=z_k}=\left(z_2\frac{\partial}{\partial z_1}-z_1\frac{\partial}{\partial z_2}\right)z_2\bigg|_{z=z_k}=-z_1\big|_{z=z_k}=-z_1^k$$

同理可求得$Lz_2\big|_{z=z_k}=-z_1^k,L^2z_2\big|_{z=z_k}=-z_2^k$。

② 间接方法。根据式(6.2-22)和平衡方程间接计算偏微分算子的值,即

$$Lz_1\big|_{z=z_k}=\frac{\mathrm{d}z_1}{\mathrm{d}t}\bigg|_{z=z_k}=z_2^k,\quad L^2z_1\big|_{z=z_k}=\frac{\mathrm{d}^2z_1}{\mathrm{d}t^2}\bigg|_{z=z_k}=\frac{\mathrm{d}z_2}{\mathrm{d}t}\bigg|_{z=z_k}=-z_1^k$$

$$Lz_2\big|_{z=z_k}=\frac{\mathrm{d}z_2}{\mathrm{d}t}\bigg|_{z=z_k}=-z_1^k,\quad L^2z_2\big|_{z=z_k}=\frac{\mathrm{d}^2z_2}{\mathrm{d}t^2}\bigg|_{z=z_k}=-z_2^k$$

将 Lz_i 和 L^2z_i 代入式(c)得

$$\boldsymbol{z}_{k+1}=\begin{bmatrix}1-h^2/2 & h\\ -h & 1-h^2/2\end{bmatrix}\boldsymbol{z}_k \tag{d}$$

式(d)即为系统(a)的李级数法的二阶计算格式。

(2) 改进 Euler 法。

根据式(6.2-14)有

$$\begin{bmatrix}z_1^{k+1}\\ z_2^{k+1}\end{bmatrix}=\begin{bmatrix}z_1^k\\ z_2^k\end{bmatrix}+\frac{h}{2}\begin{bmatrix}k_{11}+k_{12}\\ k_{21}+k_{22}\end{bmatrix} \tag{e}$$

式中:

$$\begin{bmatrix}k_{11}\\ k_{21}\end{bmatrix}=\begin{bmatrix}f_1(t_k,\boldsymbol{z}_k)\\ f_2(t_k,\boldsymbol{z}_k)\end{bmatrix}=\begin{bmatrix}z_2^k\\ -z_1^k\end{bmatrix}$$

$$\begin{bmatrix}k_{12}\\ k_{22}\end{bmatrix}=\begin{bmatrix}f_1(t_k+h,z_1^k+hk_{11},z_2^k+hk_{21})\\ f_2(t_k+h,z_1^k+hk_{11},z_2^k+hk_{21})\end{bmatrix}=\begin{bmatrix}-hz_1^k+z_2^k\\ -z_1^k-hz_2^k\end{bmatrix}$$

于是

$$\begin{bmatrix}z_1^{k+1}\\ z_2^{k+1}\end{bmatrix}=\begin{bmatrix}z_1^k\\ z_2^k\end{bmatrix}+\frac{h}{2}\begin{bmatrix}2z_2^k-hz_1^k\\ -2z_1^k-hz_2^k\end{bmatrix}=\begin{bmatrix}1-h^2/2 & h\\ -h & 1-h^2/2\end{bmatrix}\begin{bmatrix}z_1^k\\ z_2^k\end{bmatrix} \tag{f}$$

讨论:比较式(d)与式(f)可知,对于线性系统(a),李级数法和改进 Euler 法的二阶递推格式完全相同。下面针对线性系统 $\dot{\boldsymbol{z}}=\boldsymbol{A}\boldsymbol{z}$ 分析其理由。根据式(6.2-14)可知,改进的欧拉算法具有形式

$$\boldsymbol{z}_{k+1}=\boldsymbol{z}_k+\frac{h}{2}[\boldsymbol{f}_k+\boldsymbol{f}(t_k+h,\boldsymbol{z}_k+h\boldsymbol{f}_k)] \tag{g}$$

把 $\boldsymbol{f}(t_k+h,\boldsymbol{z}_k+h\boldsymbol{f}_k)$在$(t_k,\boldsymbol{z}_k)$处进行 Taylor 线性展开得

$$\boldsymbol{f}(t_k+h,\boldsymbol{z}_k+h\boldsymbol{f}_k)=\boldsymbol{f}_k+h\left(\frac{\partial\boldsymbol{f}_k}{\partial t}+\frac{\partial\boldsymbol{f}_k}{\partial\boldsymbol{z}}\boldsymbol{f}_k\right)\bigg|_{z=z_k} \tag{h}$$

由于 $\boldsymbol{f}(\boldsymbol{z})=\boldsymbol{A}\boldsymbol{z}$，因此$\partial \boldsymbol{f}/\partial t=\boldsymbol{0}$，$\partial^2 \boldsymbol{f}/\partial \boldsymbol{z}^2=\boldsymbol{0}$，由此可知式(h)是精确的，也就是说 $\boldsymbol{f}(t_k+h,\boldsymbol{z}_k+h\boldsymbol{f}_k)$对式(g)的误差项或截断项没有贡献。式(h)可以变为

$$\boldsymbol{f}(t_k+h,\boldsymbol{z}_k+h\boldsymbol{f}_k)=\boldsymbol{f}_k+h\frac{\partial \boldsymbol{f}_k}{\partial \boldsymbol{z}}\boldsymbol{f}_k\bigg|_{z=z_k} \tag{i}$$

将式(i)代入式(g)得

$$\boldsymbol{z}_{k+1}=\boldsymbol{z}_k+\frac{h}{2}\left(2\boldsymbol{f}_k+h\frac{\partial \boldsymbol{f}_k}{\partial \boldsymbol{z}}\boldsymbol{f}_k\bigg|_{z=z_k}\right) \tag{j}$$

根据式(6.2-4)可将式(j)变为

$$\boldsymbol{z}_{k+1}=\boldsymbol{z}_k+h\frac{\mathrm{d}\boldsymbol{z}_k}{\mathrm{d}t}+\frac{h^2}{2}\frac{\mathrm{d}^2\boldsymbol{z}_k}{\mathrm{d}t^2} \tag{6.2-25}$$

比较式(6.2-25)与式(6.2-24)可知，李级数的二阶格式和改进 Euler 格式是相同的，即式(g)的截断项与 Taylor 展开到二次的截断项是相同的。上述分析工作也可直接从误差主项入手而得到相同的结论。同理可以证明，对于线性系统，李级数的四阶格式与四阶四级 RK 格式也是相同的[7]。对于非线性系统，式(h)不再精确成立，它只具有线性精度，其截断项相当于使算法的截断项发生了变化，因此上述结论只适合线性系统。

6.2.4　精细积分方法

线性动力学齐次方程的一般形式为

$$\boldsymbol{M}\ddot{\boldsymbol{x}}+\boldsymbol{G}\dot{\boldsymbol{x}}+\boldsymbol{K}\boldsymbol{x}=\boldsymbol{0} \tag{6.2-26}$$

式中：$\boldsymbol{M}$ 为正定对称矩阵(如质量矩阵)，$\boldsymbol{G}$ 为反对称矩阵(如陀螺矩阵)，$\boldsymbol{K}$ 为对称矩阵(如刚度矩阵)，系统(6.2-26)为保守系统。令

$$\boldsymbol{y}=\boldsymbol{M}\dot{\boldsymbol{x}}+\frac{1}{2}\boldsymbol{G}\boldsymbol{x}\quad 或\quad \dot{\boldsymbol{x}}=\boldsymbol{M}^{-1}\boldsymbol{y}-\frac{\boldsymbol{M}^{-1}\boldsymbol{G}}{2}\boldsymbol{x}$$

则方程(6.2-26)可变为

$$\frac{\mathrm{d}\boldsymbol{z}}{\mathrm{d}t}=\boldsymbol{A}\boldsymbol{z} \tag{6.2-27}$$

式中：

$$\boldsymbol{z}=\begin{bmatrix}\boldsymbol{x}\\ \boldsymbol{y}\end{bmatrix},\quad \boldsymbol{A}=\begin{bmatrix}-\boldsymbol{M}^{-1}\boldsymbol{G}/2 & \boldsymbol{M}^{-1}\\ \boldsymbol{G}\boldsymbol{M}^{-1}\boldsymbol{G}/4-\boldsymbol{K} & -\boldsymbol{G}\boldsymbol{M}^{-1}/2\end{bmatrix}$$

根据李级数法可得到方程(6.2-27)的解析解为

$$\boldsymbol{z}=\mathrm{e}^{t\boldsymbol{A}}\boldsymbol{z}_0 \tag{6.2-28}$$

式中：

$$\mathrm{e}^{t\boldsymbol{A}}=\boldsymbol{I}+\boldsymbol{A}t+\frac{1}{2!}\boldsymbol{A}^2t^2+\cdots \tag{6.2-29}$$

根据精细时程积分方法[10]可对式(6.2-28)进行精确数值计算。指数矩阵的精细计算有两个要点：① 运用指数函数的加法定理，即运用 2^N 类的算法；② 计算指数矩阵的增量而不是全量。指数矩阵的加法定理为

$$\mathrm{e}^{\boldsymbol{A}h}=[\mathrm{e}^{(\boldsymbol{A}h/m)}]^m:=\boldsymbol{T} \tag{6.2-30}$$

式中：m 为任意正整数，可以选 $m=2^N$。若 $N=20$，则 $m=1\,048\,576$。由于 h 为时间步长，其值较小，故 $\tau=h/m$ 就是非常小的时间段了，此时 $\mathrm{e}^{\boldsymbol{A}\tau}$ 已经接近单位矩阵。于是

$$e^{A\tau} \approx \boldsymbol{I} + \boldsymbol{T}_\tau \tag{6.2-31}$$

式中：

$$\boldsymbol{T}_\tau = \boldsymbol{A}\tau + \frac{1}{2}(\boldsymbol{A}\tau)^2[\boldsymbol{I} + (\boldsymbol{A}\tau)/3 + (\boldsymbol{A}\tau)^2/12] \tag{6.2-32}$$

由于τ很小，所以式(6.2-31)展开到第5项，其精度应该足够，$\boldsymbol{T}_\tau$相当于$\boldsymbol{T}$的增量矩阵，为小量矩阵。在对式(6.2-32)进行计算时，要单独存储$\boldsymbol{T}_\tau$，而不是$\boldsymbol{I}+\boldsymbol{T}_\tau$，否则$\boldsymbol{T}_\tau$相当于$\boldsymbol{I}$的尾数，在计算机的舍入计算中，其精度丧失殆尽。在计算$\boldsymbol{T}$的过程中，要先将式(6.2-30)进行分解，即

$$\boldsymbol{T} = (\boldsymbol{I} + \boldsymbol{T}_\tau)^{2^N} = (\boldsymbol{I} + \boldsymbol{T}_\tau)^{2^{(N-1)}} \times (\boldsymbol{I} + \boldsymbol{T}_\tau)^{2^{(N-1)}} \tag{6.2-33}$$

这样一直分解至N次。由于

$$(\boldsymbol{I} + \boldsymbol{T}_\tau) \times (\boldsymbol{I} + \boldsymbol{T}_\tau) = \boldsymbol{I} + 2\boldsymbol{T}_\tau + \boldsymbol{T}_\tau \times \boldsymbol{T}_\tau \tag{6.2-34}$$

因此式(6.2-33)的N次乘法相当于执行语句

$$\text{for (iter} = 0;\ \text{iter} < N;\ \text{iter}{+}{+})\quad \boldsymbol{T}_\tau = 2\boldsymbol{T}_\tau + \boldsymbol{T}_\tau \times \boldsymbol{T}_\tau \tag{6.2-35}$$

当以上语句执行完之后，执行下面语句

$$\boldsymbol{T} = \boldsymbol{I} + \boldsymbol{T}_\tau \tag{6.2-36}$$

这样，即可得到矩阵$\boldsymbol{T}$。经过N次乘法之后，$\boldsymbol{T}_\tau$已经不再是一个很小的矩阵，或者说式(6.2-36)已经没有严重的舍入误差。最后得到精细时程计算格式为

$$\boldsymbol{z}_{k+1} = e^{\boldsymbol{A}h}\boldsymbol{z}_k \approx \boldsymbol{T}\boldsymbol{z}_k \tag{6.2-37}$$

其精度可以达到计算机的精度。

当方程(6.2-26)中包含非齐次项时，该非齐次项的贡献可用Duhamel积分来描述，这时精细时程计算方法的精度取决于非齐次项的计算精度。Duhamel积分的计算属于数值积分。与差分计算相比，数值积分的精度比较容易提高。

值得强调的是，只要系统的方程可以转化为式(6.2-27)的形式，就可利用精细计算方法对其解析解$\boldsymbol{z} = e^{t\boldsymbol{A}}\boldsymbol{z}_0$进行精确数值计算。

思考题：对于保守线性系统，式(6.2-37)中矩阵$\boldsymbol{T}$的最大特征值幅值严格等于1吗？

6.3　非耗散算法

在对动力学方程的研究中，通常都采用欧氏空间中的描述和求解方法。例如各级各阶的RK方法、中心差分法、Wilson θ方法和Newmark方法等。一般情况下，这些强有力的算法本身会耗散系统的能量并使动态响应的相位滞后，因此其长期跟踪能力不尽如人意。虽然可以通过减小时间步长达到降低耗散和减小相位滞后以提高精度的目的，但这要以牺牲计算量和工程应用价值为代价。

冯康等人[4]建立了哈密尔顿系统的辛几何算法，从理论上清楚地阐明了传统数值方法导致能量耗散的根本原因，即其截断项是耗散项。而辛几何算法对应的差分格式严格保持哈密尔顿系统的辛结构，有限阶辛几何算法的截断部分不会导致系统能量发生线性变化。在长时间数值稳定性方面，辛几何算法具有独特的优越性。

不同性质的物理问题对算法的需求不同。对线性系统的自由振动而言，当系统存在阻尼时，振动是短暂的，相位误差可以忽略，与经典耗散算法相比辛算法在幅值精度上有优势，对于

实际计算问题也可通过减小时间步长来提高计算精度；当系统无阻尼时，若追求长时间动态响应特性，则对算法的相位和幅值精度都有较高要求，此时经典的耗散算法已经无法满足这种要求，但辛几何算法却可保持系统的能量等幅值特性。

当求解线性系统的稳态响应时，经典耗散算法和辛 RK 算法的相位误差都是不累计的，但辛 RK 算法的幅值精度高于耗散算法。

求解非线性动力学方程所面临的困难要远大于线性情况。对于线性系统，理论上不论系统的规模多大，都可求得常微分方程的解析解。但对于非线性系统，这是不可能的，只有个别少自由度系统才可得到解析解。即使可用摄动等近似分析方法来求近似解，但工作量随着求解精度要求的提高也在迅速增大。况且非线性混沌系统对初始条件非常敏感，理论上讲，用任何算法来考察混沌系统的局部性质或微分性质都是没有意义的，这似乎是个解决不了的难题。但研究混沌系统的运动学轨道等整体特性是有价值的。对于一般弱非线性系统的自由振动和稳态振动，辛 RK 算法优于一般的经典算法。

对结构动力学系统而言，一个算法若没有幅值误差和相位误差，那就是精确算法了，数值解就相当于解析解在离散点上取值了，但这基本上是不可能的。任何算法都存在截断项，因此无论幅值精度还是相位精度都不可能无限制地提高，精度和计算量通常是矛盾关系。理想的算法是其幅值和相位误差都不累计，辛几何算法做到了幅值误差不累计，但相位误差是累计的。

辛方法包括从辛几何出发采用梯度映射得到的显式辛几何单步算法和辛几何多步方法，还有辛 RK 隐式方法。这里主要介绍辛 RK 隐式方法和适用于保守线性系统的辛几何多步方法。中心差分方法不耗散系统的能量且效率高，但它不是辛几何算法，在这里对其进行简单介绍。Wilson θ 方法是基于线性加速度假设的耗散算法，其功能与耗散的 Newmark 方法类似，这里不再讨论。

6.3.1　Newmark 方法

线性动力学方程的一般形式为

$$\boldsymbol{M}\ddot{\boldsymbol{x}} + \boldsymbol{C}\dot{\boldsymbol{x}} + \boldsymbol{K}\boldsymbol{x} = \boldsymbol{R}(t) \tag{6.3-1}$$

本文只考虑结构刚度矩阵 $\boldsymbol{K}$、质量矩阵 $\boldsymbol{M}$ 和阻尼矩阵 $\boldsymbol{C}$ 皆为对称正定的情况。Newmark 方法的[11]假设为

$$\left.\begin{aligned} \dot{\boldsymbol{x}}_{k+1} &= \dot{\boldsymbol{x}}_k + h[(1-\delta)\ddot{\boldsymbol{x}}_k + \delta\ddot{\boldsymbol{x}}_{k+1}] \\ \boldsymbol{x}_{k+1} &= \boldsymbol{x}_k + h\dot{\boldsymbol{x}}_k + h^2\left[\left(\frac{1}{2}-\alpha\right)\ddot{\boldsymbol{x}}_k + \alpha\ddot{\boldsymbol{x}}_{k+1}\right] \end{aligned}\right\} \tag{6.3-2}$$

式中：$\boldsymbol{x}_k$ 表示当 $t=t_0+kh$ 时的位移，δ 和 α 为两个参数。常用的参数为 $\delta=1/2$ 和 $\alpha=1/4$，此时式(6.3-2)变为

$$\left.\begin{aligned} \dot{\boldsymbol{x}}_{k+1} &= \dot{\boldsymbol{x}}_k + h\left[\frac{1}{2}(\ddot{\boldsymbol{x}}_k + \ddot{\boldsymbol{x}}_{k+1})\right] \\ \boldsymbol{x}_{k+1} &= \boldsymbol{x}_k + h\dot{\boldsymbol{x}}_k + \frac{h^2}{2}\left[\frac{1}{2}(\ddot{\boldsymbol{x}}_k + \ddot{\boldsymbol{x}}_{k+1})\right] \end{aligned}\right\} \tag{6.3-3}$$

从式(6.3-3)可以看出，此时 Newmark 方法为平均加速度(average acceleration)方法，速度和位移分别相当于线性和二次 Taylor 级数。本书作者[12]证明了式(6.3-3)就是下面将要介绍的 Euler 中点隐式辛差分格式，它是 Hamilton 系统的辛算法。根据式(6.3-2)可得到用

$\boldsymbol{x}_{k+1}$来表示 $\dot{\boldsymbol{x}}_{k+1}$ 和 $\ddot{\boldsymbol{x}}_{k+1}$ 的关系式,再根据 $t_0+(k+1)h$ 时刻的平衡方程可以求解 $\boldsymbol{x}_{k+1}$。

Newmark 方法除了需要初始位移 $\boldsymbol{x}_0$ 和初始速度 $\dot{\boldsymbol{x}}_0$ 之外,还需要初始加速度 $\ddot{\boldsymbol{x}}_0$。根据 $\boldsymbol{x}_0$ 和 $\dot{\boldsymbol{x}}_0$ 以及平衡方程,可以确定 $\ddot{\boldsymbol{x}}_0$。

下面对算法特性进行讨论:

① 当 $\delta=1/2$ 和 $\alpha=1/6$ 时,Newmark 方法就是 $\theta=1$ 的 Wilson θ 方法[13]。

② 当 $\delta\geqslant 1/2$ 和 $\alpha\geqslant 0.25(\delta+0.5)^2$ 时,算法无条件稳定,即谱半径小于等于 1。

③ 当 $\delta=1/2$ 和 $\alpha\geqslant 0.25$ 时,算法不耗散,即谱半径永远等于 1。

④ 当 $\delta=1/2$ 和 $\alpha=0.25$ 时,Newmark 算法是辛几何算法,相位误差滞后。

6.3.2 Euler 中点辛差分格式

引入广义动量 $\boldsymbol{y}=\boldsymbol{M}\dot{\boldsymbol{x}}$。方程(6.3-1)变为

$$\left.\begin{aligned}\dot{\boldsymbol{x}}&=\boldsymbol{M}^{-1}\boldsymbol{y}\\ \dot{\boldsymbol{y}}&=\boldsymbol{R}-\boldsymbol{C}\boldsymbol{M}^{-1}\boldsymbol{y}-\boldsymbol{K}\boldsymbol{x}\end{aligned}\right\}\tag{6.3-4}$$

令状态向量为 $\boldsymbol{z}^{\mathrm{T}}=[\boldsymbol{x}^{\mathrm{T}}\quad \boldsymbol{y}^{\mathrm{T}}]$,方程(6.3-4)可以写为

$$\dot{\boldsymbol{z}}=\boldsymbol{f}(\boldsymbol{z})\tag{6.3-5}$$

式中:

$$\boldsymbol{f}(\boldsymbol{z})=\begin{bmatrix}\boldsymbol{M}^{-1}\boldsymbol{y}\\ \boldsymbol{R}-\boldsymbol{C}\boldsymbol{M}^{-1}\boldsymbol{y}-\boldsymbol{K}\boldsymbol{x}\end{bmatrix}\tag{6.3-6}$$

方程(6.3-5)的 Euler 中点隐式差分格式为

$$\boldsymbol{z}_{k+1}=\boldsymbol{z}_k+h\boldsymbol{f}\left(\frac{\boldsymbol{z}_{k+1}+\boldsymbol{z}_k}{2}\right)\tag{6.3-7}$$

差分格式(6.3-7)的精度为 $O(h^2)$。将式(6.3-6)代入方程(6.3-7)得到

$$\boldsymbol{z}_{k+1}=\boldsymbol{A}\boldsymbol{z}_k+\boldsymbol{L}\boldsymbol{\gamma}_{k+1}\tag{6.3-8}$$

式中:Jacobi 矩阵 $\boldsymbol{A}=\partial\boldsymbol{z}_{k+1}/\partial\boldsymbol{z}_k$,矩阵 $\boldsymbol{A},\boldsymbol{L}$ 和广义载荷列向量 $\boldsymbol{\gamma}_{k+1}$ 分别为

$$\boldsymbol{A}=\begin{bmatrix}\boldsymbol{A}_{11}&\boldsymbol{A}_{12}\\ \boldsymbol{A}_{21}&\boldsymbol{A}_{22}\end{bmatrix},\quad \boldsymbol{L}=\begin{bmatrix}2\boldsymbol{S}^{-1}&\boldsymbol{0}\\ \boldsymbol{0}&\dfrac{4}{h}\boldsymbol{M}\boldsymbol{S}^{-1}\end{bmatrix},\quad \boldsymbol{\gamma}_{k+1}=\begin{bmatrix}(\boldsymbol{R}_{k+1}+\boldsymbol{R}_k)/2\\ (\boldsymbol{R}_{k+1}+\boldsymbol{R}_k)/2\end{bmatrix}$$

式中:

$$\boldsymbol{S}=\boldsymbol{K}+\frac{2}{h}\boldsymbol{C}+\frac{4}{h^2}\boldsymbol{M}$$

$$\boldsymbol{A}_{11}=\boldsymbol{I}-2\boldsymbol{S}^{-1}\boldsymbol{K},\quad \boldsymbol{A}_{12}=\frac{4}{h}\boldsymbol{S}^{-1}$$

$$\boldsymbol{A}_{21}=-\frac{4}{h}\boldsymbol{M}\boldsymbol{S}^{-1}\boldsymbol{K},\quad \boldsymbol{A}_{22}=\frac{8}{h^2}\boldsymbol{M}\boldsymbol{S}^{-1}-\boldsymbol{I}$$

得到了广义位移 $\boldsymbol{x}_{k+1}$ 和广义动量 $\boldsymbol{y}_{k+1}$ 之后,再根据式(6.3-4)的第 2 式即可得到广义加速度

$$\dot{\boldsymbol{y}}_{k+1}=\boldsymbol{R}_{k+1}-\boldsymbol{C}\boldsymbol{M}^{-1}\boldsymbol{y}_{k+1}-\boldsymbol{K}\boldsymbol{x}_{k+1}\tag{6.3-9}$$

式(6.3-8)和式(6.3-9)就是用 Euler 中点隐式差分格式求解动力学方程(6.3-1)的递推格式,它需要已知初始速度和初始位移,而不需要初始加速度。但前面介绍的 Newmark 算法的经典递推格式(6.3-2)需要初始加速度。下面分两种情况对算法的特性进行讨论。

当 $\boldsymbol{C}=\boldsymbol{0}$ 时:

① 对任意差分步长 h,矩阵都满足关系

$$\boldsymbol{A}^{\mathrm{T}}\boldsymbol{J}\boldsymbol{A}=\boldsymbol{J} \tag{6.3-10}$$

即矩阵 $\boldsymbol{A}$ 为辛矩阵,其中 $\boldsymbol{J}$ 为标准辛矩阵,其形式为

$$\boldsymbol{J}=\begin{bmatrix}\boldsymbol{0} & \boldsymbol{I}\\ -\boldsymbol{I} & \boldsymbol{0}\end{bmatrix} \tag{6.3-11}$$

② 由于 $\boldsymbol{J}^{-1}\boldsymbol{A}^{\mathrm{T}}\boldsymbol{J}=\boldsymbol{A}^{-1}$,因此辛矩阵 $\boldsymbol{A}$ 与其逆矩阵 $\boldsymbol{A}^{-1}$ 具有相同的本征值 λ,因此 $\lambda^2=1$。若 λ 为实数,则只能等于 1 或 -1;若 λ 为复数,则必成对出现为 $\mathrm{e}^{\mathrm{i}\theta}$ 和 $\mathrm{e}^{-\mathrm{i}\theta}$。由此可以得到结论:辛矩阵 $\boldsymbol{A}$ 所有本征值的模为 1,其谱半径为 1。

③ 对于线性保守系统,在积分过程中系统机械能 E 是严格守恒的,即 $E_{k+1}=E_k$,其中

$$E_k=\frac{1}{2}\boldsymbol{y}_k^{\mathrm{T}}\boldsymbol{M}^{-1}\boldsymbol{y}_k+\frac{1}{2}\boldsymbol{x}_k^{\mathrm{T}}\boldsymbol{K}\boldsymbol{x}_k \tag{6.3-12}$$

④ 由于矩阵 $\boldsymbol{A}$ 与 $\boldsymbol{R}$ 无关,因此即使 $\boldsymbol{R}\neq\boldsymbol{0}$,矩阵 $\boldsymbol{A}$ 也一定是辛矩阵。当载荷列向量 $\boldsymbol{R}=\boldsymbol{0}$ 时,式(6.3-4)就是 Hamilton 系统正则方程。

当 $\boldsymbol{C}\neq\boldsymbol{0}$ 时:

① 矩阵 $\boldsymbol{A}$ 不满足 $\boldsymbol{A}^{\mathrm{T}}\boldsymbol{J}\boldsymbol{A}=\boldsymbol{J}$,即 $\boldsymbol{A}$ 不再是辛矩阵。

② 根据平衡方程(6.3-1)对式(6.3-8)的第 1 式进行变换可以得到

$$\boldsymbol{S}\boldsymbol{x}_{k+1}=\boldsymbol{R}_{k+1}+\boldsymbol{M}\left(\frac{4}{h^2}\boldsymbol{x}_k+\frac{4}{h}\dot{\boldsymbol{x}}_k+\ddot{\boldsymbol{x}}_k\right)+\boldsymbol{C}\left(\frac{2}{h}\boldsymbol{x}_k+\dot{\boldsymbol{x}}_k\right) \tag{6.3-13}$$

不难看出,式(6.3-13)就是 $\delta=1/2$ 的 Newmark 算法。由此可见,$\delta=1/2$ 的 Newmark 算法就是 Euler 中点隐式格式,对保守系统是一种辛几何算法。

例 6.3-1　考虑动力学方程

$$\begin{bmatrix}2 & 0\\ 0 & 1\end{bmatrix}\begin{bmatrix}\ddot{x}_1\\ \ddot{x}_2\end{bmatrix}+\begin{bmatrix}c_{11} & c_{12}\\ c_{21} & c_{22}\end{bmatrix}\begin{bmatrix}\dot{x}_1\\ \dot{x}_2\end{bmatrix}+\begin{bmatrix}6 & -2\\ -2 & 4\end{bmatrix}\begin{bmatrix}x_1\\ x_2\end{bmatrix}=\begin{bmatrix}R_1\\ R_2\end{bmatrix}$$

设系统的初始条件为 $\boldsymbol{x}_0^{\mathrm{T}}=[1\quad 1]$,$\dot{\boldsymbol{x}}_0^{\mathrm{T}}=[0\quad 0]$,简谐激励为 $\boldsymbol{R}^{\mathrm{T}}=[0\quad 10]\sin\omega t$。考虑正定比例阻尼 $\boldsymbol{C}_1$ 和负定比例阻尼 $\boldsymbol{C}_2$ 分别为

$$\boldsymbol{C}_1=\begin{bmatrix}0.5 & -0.1\\ -0.1 & 0.3\end{bmatrix},\quad \boldsymbol{C}_2=\begin{bmatrix}0.1 & -0.2\\ -0.2 & 0.15\end{bmatrix}$$

系统的固有频率和固有模态向量分别为 $\omega_1=\sqrt{2}$,$\omega_2=\sqrt{5}$,$\boldsymbol{\varphi}_1^{\mathrm{T}}=[1\quad 1]$ 和 $\boldsymbol{\varphi}_2^{\mathrm{T}}=[1\quad -2]$。系统最小固有振动周期 T_2 为 $2\pi/\omega_2=2.8$,因此下面选用的时间步长若是 0.28,则相当于是 $T_2/10$。

1. Jacobi 矩阵 A 的谱半径

无条件稳定算法的 Jacobi 矩阵的谱半径 ρ 对任何时间步长都要小于等于 1。前面已经指出,对于线性保守系统,Euler 中点辛格式的谱半径始终为 1 且与步长无关,如图 6.3-1 所示。图 6.3-2 给出了 $\delta\neq 1/2$ 的 Newmark 算法谱半径 ρ 和步长 h 以及与 δ 的关系,从图中可以看出,当步长 h 逐渐减小时,谱半径 ρ 逐渐趋近于 1,算法精度越来越高。这意味着随步长 h 的减小,算法固有的“人工阻尼”也会越来越小,但永远无法从根本上消除。值得指出的是,算法阻尼对滤掉高频模态成分和暂态响应有作用,阻尼算法的这个特性是有工程价值的。

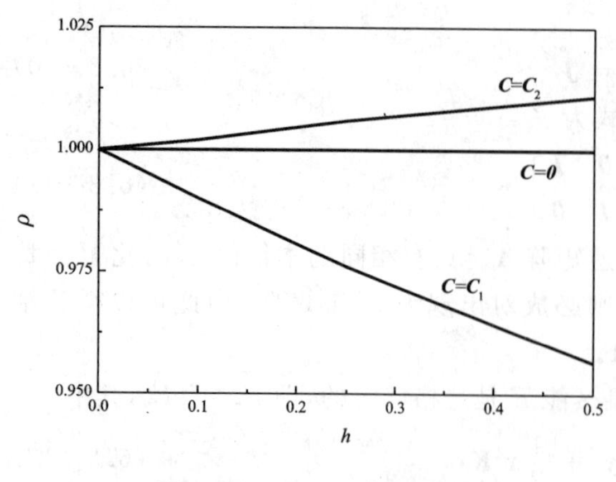

图 6.3-1 Euler 中点格式

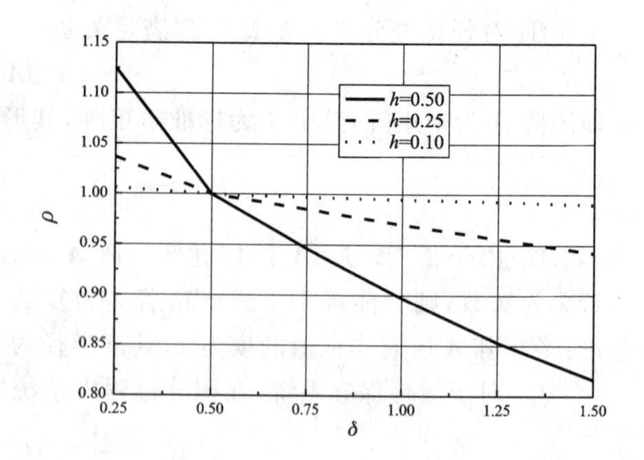

图 6.3-2 Newmark 的 $\delta-\rho$ 关系($C=0$)

2. 人工阻尼

对于保守系统，Euler 中点格式能够保证系统的能量严格守恒，由此可以得到一个重要结论：Euler 中点辛格式本身不存在任何“阻尼”。否则它不会使保守系统的能量严格守恒，这不同于一般的 RK 方法、Wilson θ 方法和 $\delta\neq1/2$ 的 Newmark 方法。

把 Euler 中点格式用于阻尼系统，矩阵 $\boldsymbol{A}$ 不再是辛矩阵。虽然 Euler 中点格式本身不存在阻尼，但在把它用于阻尼系统时，相位滞后也会给系统带来附加阻尼。对于正比例阻尼系统，相位滞后使阻尼耗散的能量滞后，这相当于相位滞后给系统带来了附加的负阻尼，如图 6.3-3所示，其中的 E 为系统的总机械能；对于负比例阻尼系统，相位滞后使阻尼向系统输入的能量滞后，这相当于给系统提供了附加的正阻尼，如图 6.3-4 所示。

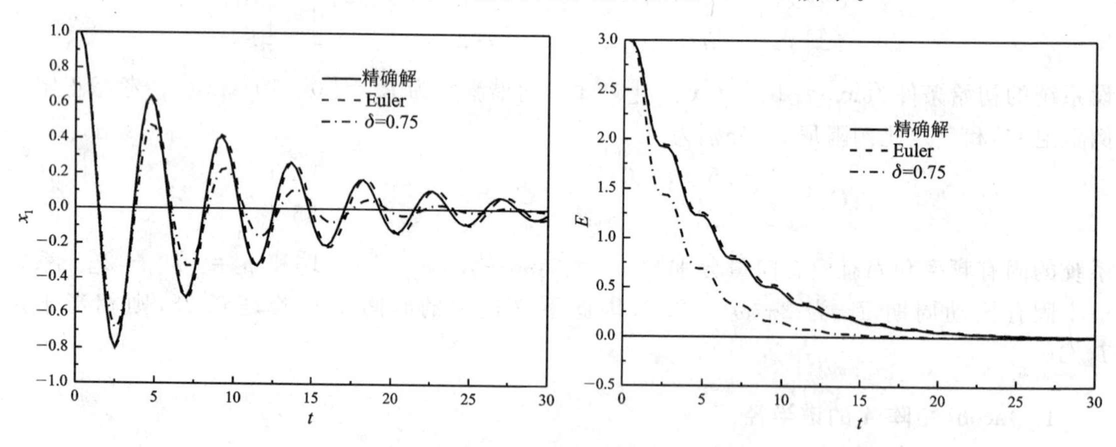

图 6.3-3 正比例阻尼系统($h=0.28$)

因此，对于非保守系统，Euler 中点隐式格式也具有广义的保“结构”特征，也就是该格式总是有要保持系统能量不变的特性。而 $\delta\neq1/2$ 的 Newmark 方法本身是存在阻尼的，它的耗散系统能量的特性与物理系统本身的阻尼特性无关。

值得指出的是，虽然辛算法能够使保守系统的能量守恒，但这并不意味着能够保证位移或速度响应振幅不变，因为位移和速度响应振幅同时变化也会使系统的能量守恒，当步长 h 较大时或对多自由度系统就会出现这种情况。

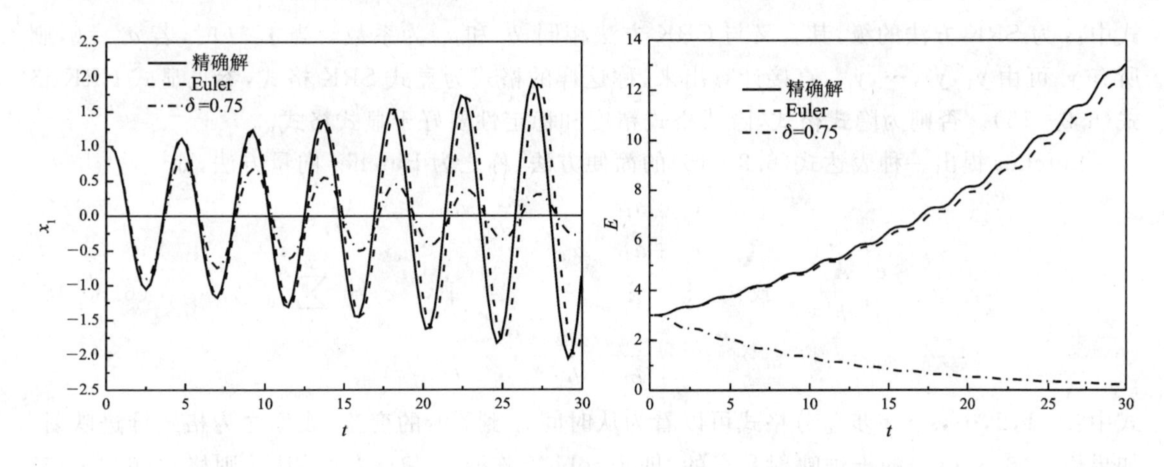

图 6.3-4　负比例阻尼系统(h=0.28)

3. 受迫振动

对于一般非交变激励作用下用不同方法求解的动态响应的特性,与系统自由振动响应的特性类似,这里不再赘述。下面针对简谐激励情况进行讨论。

用 Euler 中点格式,可以求得包括暂态响应在内的通解,其中稳态响应没有相位误差,暂态响应存在相位累积误差。

用 $\delta\neq 1/2$ 的 Newmark 方法只能求得稳态解,这是因为算法阻尼使暂态响应逐渐衰减至忽略不计。值得指出的是,δ 的变化对稳态响应基本没有影响。

另外还有一个现象,在求解简谐激励响应时,对于 Euler 中点格式,阻尼系统的求解精度大于无阻尼系统的求解精度,这是因为阻尼可以滤去暂态响应和高频的作用;对于 $\delta\neq 1/2$ 的 Newmark 方法,无阻尼系统的求解精度比阻尼系统的求解精度高,这是因为算法阻尼相当于增加了阻尼系统的阻尼。

6.3.3　辛 Runge-Kutta 算法

经典 RK 算法(记为 CRK)是以 Taylor 级数为基础建立起来的,其截断项具有耗散机制,因此 CRK 算法属于耗散算法。对于保守系统,CRK 算法计算一定步数后,系统能量明显发生变化。CRK 算法具有简明、适应范围广、运算效率高等优点,孙耿等人[4]把 CRK 算法辛几何化,建立了辛 RK 算法,简称为 SRK(Symplectic Runge-Kutta)算法。

考虑方程

$$\frac{\mathrm{d}\boldsymbol{z}}{\mathrm{d}t}=\boldsymbol{f}(\boldsymbol{z}) \tag{6.3-14}$$

式中:$\boldsymbol{z}^{\mathrm{T}}=[z_1(t)\quad z_2(t)\quad\cdots\quad z_n(t)]$,$\boldsymbol{f}^{\mathrm{T}}(\boldsymbol{z})=[f_1(\boldsymbol{z})\quad f_2(\boldsymbol{z})\quad\cdots\quad f_n(\boldsymbol{z})]=[f_1\quad f_2\quad\cdots\quad f_n]$。单步 SRK 算法的格式为

$$\left.\begin{aligned}\boldsymbol{z}_{k+1}&=\boldsymbol{z}_k+h\sum_{i=1}^{s}b_i\boldsymbol{f}(\boldsymbol{y}_i)\\ \boldsymbol{y}_i&=\boldsymbol{z}_k+h\sum_{j=1}^{s}a_{ij}\boldsymbol{f}(\boldsymbol{y}_j)\end{aligned}\right\} \tag{6.3-15}$$

式中：s 为 SRK 方法的级，其含义与 CRK 方法相同，b_i 和 a_{ij} 为系数。当 $j \geqslant i$ 时，若 $a_{ij}=0$，则所有 $\boldsymbol{y}_i$ 可由 $\boldsymbol{y}_1, \boldsymbol{y}_2, \cdots, \boldsymbol{y}_{i-1}$ 直接计算出来，称这样的格式为显式 SRK 格式，参见显式 CRK 格式(6.2-15)。否则为隐式格式，隐式格式精度和稳定性要好于显式格式。

Butcher 提出一种表达式(6.3-15)的简便方法，称之为 Butcher 向量方法，如

$$\begin{array}{c|c} \boldsymbol{c} & \boldsymbol{A} \\ \hline & \boldsymbol{b}^{\mathrm{T}} \end{array} \quad 或 \quad \begin{array}{c|cccc} c_1 & a_{11} & a_{12} & \cdots & a_{1s} \\ c_2 & a_{21} & a_{22} & \cdots & a_{2s} \\ \vdots & \vdots & \vdots & & \vdots \\ c_s & a_{s1} & a_{s2} & \cdots & a_{ss} \\ \hline & b_1 & b_2 & \cdots & b_s \end{array}, \quad c_i = \sum_{j=1}^{s} a_{ij} \tag{6.3-16}$$

式中：$i=1,2,\cdots,s$。单步差分格式可以看为从时间 t_k 到 t_{k+1} 的变换，或称之为格式推进映射。如果格式(6.3-15)的推进映射是辛的，即 Jacobi 矩阵 $\partial \boldsymbol{z}_{k+1}/\partial \boldsymbol{z}_k$ 是辛矩阵，则格式(6.3-15)就是 SRK 格式。下面给出具有 $2s$ 阶精度的最简单的两种 Butcher 表达式。

当 $s=1$ 时

$$\begin{array}{c|c} 1/2 & 1/2 \\ \hline & 1 \end{array} \tag{6.3-17}$$

当 $s=2$ 时

$$\begin{array}{c|cc} \dfrac{3-\sqrt{3}}{6} & \dfrac{1}{4} & \dfrac{3-2\sqrt{3}}{12} \\ \dfrac{3+\sqrt{3}}{6} & \dfrac{3+2\sqrt{3}}{12} & \dfrac{1}{4} \\ \hline & 1/2 & 1/2 \end{array} \tag{6.3-18}$$

容易看出，当 $s=1$ 时，Butcher 表达式(6.3-17)对应的就是 Euler 中点隐式格式(6.3-7)。

例 6.3-2 考虑动力学方程

$$\begin{bmatrix} 2 & 0 \\ 0 & 1 \end{bmatrix} \begin{bmatrix} \ddot{x}_1 \\ \ddot{x}_2 \end{bmatrix} + \begin{bmatrix} 6 & -2 \\ -2 & 4 \end{bmatrix} \begin{bmatrix} x_1 \\ x_2 \end{bmatrix} = \begin{bmatrix} 0 \\ 0 \end{bmatrix} \tag{a}$$

选取 $h=0.28$(参见例 6.3-1)。设系统的初始条件为 $\boldsymbol{x}_0^{\mathrm{T}}(0)=[1 \quad 1]$，$\dot{\boldsymbol{x}}_0^{\mathrm{T}}(0)=[0 \quad 0]$。

下面把四阶 SRK 算法和 CRK 算法与解析解进行比较。如图 6.3-5 所示，同样是 4 阶

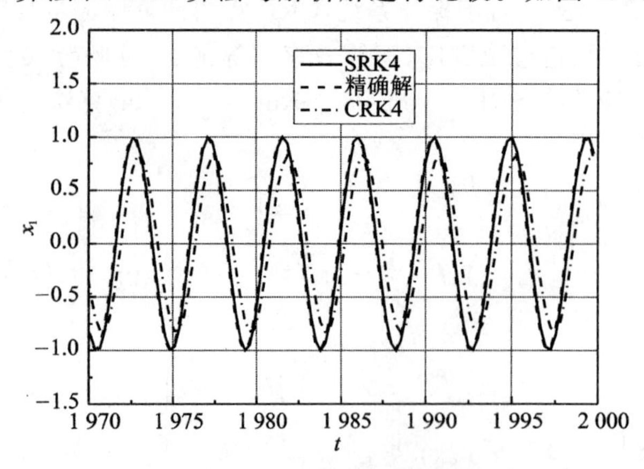

图 6.3-5 RK 方法与精确解的比较

RK 方法，经过一段时间的计算后，CRK 算法的幅值衰减得较严重，并且相位误差也越来越大，而 SRK 却一直与解析解吻合得较好。当然，这样比较似乎不公平，因为这里用的 SRK 算法是隐式的，而 CRK 算法是显式的。从该算例可以看出，辛算法具有优越的长期跟踪性，但对于一般的工程振动系统，这种长期跟踪性并不是必要的，相比之下，相位的精度似乎更重要。

6.3.4 辛多步方法

算法的相位误差有超前的（如中心差分方法）也有滞后的（如 Newmark 方法），那么人们自然会问是否存在没有相位误差或相位误差不累积的算法呢？这的确是值得研究的问题，这需要从数学和物理两个角度来探索该问题。寻找计算量不增加，但精度提高的算法也是非常有价值的，辛多步方法可以满足这个要求。线性系统具有辛多步方法，非线性系统不存在保结构的多步方法。

1. 基本概念

考虑线性哈密尔顿系统

$$\frac{\mathrm{d}z}{\mathrm{d}t} = \boldsymbol{H}z \tag{6.3-19}$$

式中：$\boldsymbol{H}$ 是满足条件 $\boldsymbol{JH}+\boldsymbol{H}^{\mathrm{T}}\boldsymbol{J}=\boldsymbol{0}$ 的 $2n\times 2n$ 无穷小辛矩阵 $\boldsymbol{H}\in \mathrm{sp}(2n)$，其相流为 $\boldsymbol{z}(t)=\exp(t\boldsymbol{H})\boldsymbol{z}_0$。根据式(6.3-19)可以得到方程

$$\frac{\mathrm{d}^2 \boldsymbol{z}}{\mathrm{d}t^2} = \boldsymbol{H}^2 \boldsymbol{z} \tag{6.3-20}$$

方程(6.3-20)的线性多步方法为

$$\alpha_m \boldsymbol{z}_m + \cdots + \alpha_1 \boldsymbol{z}_1 + \alpha_0 \boldsymbol{z}_0 = h^2 \boldsymbol{H}^2(\beta_m \boldsymbol{z}_m + \cdots + \beta_1 \boldsymbol{z}_1 + \beta_0 \boldsymbol{z}_0) \tag{6.3-21}$$

式中：h 为积分步长。若存在线性辛变换 $\boldsymbol{g}:\boldsymbol{R}^{2n}\rightarrow\boldsymbol{R}^{2n}$ 满足式(6.3-21)，即

$$\alpha_m \boldsymbol{g}^m(\boldsymbol{z}_0) + \cdots + \alpha_1 \boldsymbol{g}(\boldsymbol{z}_0) + \alpha_0 \boldsymbol{z}_0 = h^2 \boldsymbol{H}^2[\beta_m \boldsymbol{g}^m(\boldsymbol{z}_0) + \cdots + \beta_1 \boldsymbol{g}(\boldsymbol{z}_0) + \beta_0 \boldsymbol{z}_0] \tag{6.3-22}$$

则称式(6.3-21)是方程(6.3-20)的 m 步线性辛多步法。

2. 动力学平衡方程的辛两步法

基于式(6.3-21)，杨蓉和邢誉峰[14]构造了保守系统的辛两步算法。考虑线性动力学方程

$$\boldsymbol{M}\ddot{\boldsymbol{x}} + \boldsymbol{K}\boldsymbol{x} = \boldsymbol{0} \tag{6.3-23}$$

引入对偶向量（即动量）

$$\boldsymbol{y} = \boldsymbol{M}\dot{\boldsymbol{x}} \quad 或 \quad \dot{\boldsymbol{x}} = \boldsymbol{M}^{-1}\boldsymbol{y} \tag{6.3-24}$$

构造 Hamilton 函数

$$H(\boldsymbol{x},\boldsymbol{y}) = \frac{1}{2}(\boldsymbol{y}^{\mathrm{T}}\boldsymbol{M}^{-1}\boldsymbol{y} + \boldsymbol{x}^{\mathrm{T}}\boldsymbol{K}\boldsymbol{x})$$

根据 Hamilton 变分原理可得到正则方程

$$\dot{\boldsymbol{x}} = \frac{\partial H}{\partial \boldsymbol{y}},\quad \dot{\boldsymbol{y}} = -\frac{\partial H}{\partial \boldsymbol{x}} \quad 或 \quad \dot{\boldsymbol{x}} = \boldsymbol{M}^{-1}\boldsymbol{y},\quad \dot{\boldsymbol{y}} = -\boldsymbol{K}\boldsymbol{x} \tag{6.3-25}$$

令状态向量为 $\boldsymbol{z}^{\mathrm{T}}=[\boldsymbol{x}^{\mathrm{T}}\quad \boldsymbol{y}^{\mathrm{T}}]$，则可将方程组(6.3-25)写为

$$\dot{\boldsymbol{z}} = \boldsymbol{H}\boldsymbol{z} \tag{6.3-26}$$

式中：$\boldsymbol{H}=\begin{bmatrix} \boldsymbol{0} & \boldsymbol{M}^{-1} \\ -\boldsymbol{K} & \boldsymbol{0} \end{bmatrix}$，可以验证该矩阵满足 $\boldsymbol{J}\boldsymbol{H}+\boldsymbol{H}^{\mathrm{T}}\boldsymbol{J}=\boldsymbol{0}$，因此 $\boldsymbol{H}$ 是无穷小辛矩阵，其中 $\boldsymbol{J}$ 是标准单位辛矩阵。由递推格式(6.3-21)得

$$\alpha_2 \boldsymbol{z}_2 + \alpha_1 \boldsymbol{z}_1 + \alpha_0 \boldsymbol{z}_0 = \boldsymbol{H}^2 h^2 (\beta_2 \boldsymbol{z}_2 + \beta_1 \boldsymbol{z}_1 + \beta_0 \boldsymbol{z}_0) \tag{6.3-27}$$

对式(6.3-27)整理得

$$(\alpha_2 \boldsymbol{I} - \boldsymbol{H}^2 h^2 \beta_2)\boldsymbol{z}_2 = (\boldsymbol{H}^2 h^2 \beta_1 - \alpha_1 \boldsymbol{I})\boldsymbol{z}_1 + (\boldsymbol{H}^2 h^2 \beta_0 - \alpha_0 \boldsymbol{I})\boldsymbol{z}_0 \tag{6.3-28}$$

令

$$\boldsymbol{A}_1 = (\alpha_2 \boldsymbol{I} - \boldsymbol{H}^2 h^2 \beta_2)^{-1}(\boldsymbol{H}^2 h^2 \beta_1 - \alpha_1 \boldsymbol{I})$$

$$\boldsymbol{A}_0 = (\alpha_2 \boldsymbol{I} - \boldsymbol{H}^2 h^2 \beta_2)^{-1}(\boldsymbol{H}^2 h^2 \beta_0 - \alpha_0 \boldsymbol{I})$$

式(6.3-28)变为

$$\boldsymbol{z}_2 = \boldsymbol{A}_1 \boldsymbol{z}_1 + \boldsymbol{A}_0 \boldsymbol{z}_0 \tag{6.3-29}$$

式(6.3-29)就是方程(6.3-26)的辛两步法，其中若选取$[\alpha_0 \quad \alpha_1 \quad \alpha_2]=[1 \quad -2 \quad 1]$，则：

- 当$[\beta_0 \quad \beta_1 \quad \beta_2]=[1/12 \quad 10/12 \quad 1/12]$时，算法(6.3-29)的精度是四阶的。
- 当$[\beta_0 \quad \beta_1 \quad \beta_2]=[1/4 \quad 2/4 \quad 1/4]$时，算法(6.3-29)的精度是二阶的。

下面证明上面二阶辛两步方法可以转变为 $\delta=0.5$，$\alpha=0.25$ 的 Newmark 算法。如果没有特殊说明，下面提到的 Newmark 算法都是针对参数 $\delta=0.5$，$\alpha=0.25$ 的。对于上述两组给定的参数，容易验证 $\boldsymbol{A}_0=-\boldsymbol{I}$，于是式(6.3-29)可写为

$$\boldsymbol{z}_2 = \boldsymbol{A}_1 \boldsymbol{z}_1 - \boldsymbol{z}_0 \tag{6.3-30}$$

(1) 二阶精度的辛两步法与 Newmark 方法的关系

在应用辛两步法计算时，需要两步初始条件。也就是需要已知 $\boldsymbol{z}_0(0)$和 $\boldsymbol{z}_1(h)$。下面证明当$[\beta_0 \quad \beta_1 \quad \beta_2]=[1/4 \quad 2/4 \quad 1/4]$时，若通过 Newmark 算法计算 $\boldsymbol{z}_1(h)=\boldsymbol{A}\boldsymbol{z}_0(0)$，则算法(6.3-30)就是二阶 Newmark 算法。

证明：Newmark 算法的 Jacobi 矩阵 $\boldsymbol{A}$ 为

$$\boldsymbol{A} = \begin{bmatrix} \boldsymbol{A}_{11} & \boldsymbol{A}_{12} \\ \boldsymbol{A}_{21} & \boldsymbol{A}_{22} \end{bmatrix}$$

式中：

$$\boldsymbol{A}_{11} = \boldsymbol{I} - 2\boldsymbol{S}^{-1}\boldsymbol{K}, \quad \boldsymbol{A}_{12} = \frac{4}{h}\boldsymbol{S}^{-1}$$

$$\boldsymbol{A}_{21} = -\frac{4}{h}\boldsymbol{M}\boldsymbol{S}^{-1}\boldsymbol{K}, \quad \boldsymbol{A}_{22} = \frac{8}{h^2}\boldsymbol{M}\boldsymbol{S}^{-1} - \boldsymbol{I}$$

其中：

$$\boldsymbol{S} = \boldsymbol{K} + \frac{4}{h^2}\boldsymbol{M}$$

将 $\boldsymbol{z}_1(h)=\boldsymbol{A}\boldsymbol{z}_0(0)$代入式(6.3-30)中，注意 $\boldsymbol{A}_0=-\boldsymbol{I}$，有

$$\boldsymbol{z}_2 = (\boldsymbol{A}_1 - \boldsymbol{A}^{-1})\boldsymbol{z}_1 \tag{6.3-31}$$

经过推导可得 $\boldsymbol{A}=\boldsymbol{A}_1-\boldsymbol{A}^{-1}$，因此式(6.3-31)变为

$$\boldsymbol{z}_2 = \boldsymbol{A}\boldsymbol{z}_1 \tag{6.3-32}$$

由式(6.3-31)用 $\boldsymbol{z}_2$ 表示 $\boldsymbol{z}_1$，再将它们一起代入式(6.3-30)即可得到 $\boldsymbol{z}_3=\boldsymbol{A}\boldsymbol{z}_2$，以此类推有

$$\boldsymbol{z}_{k+1}=\boldsymbol{A}\boldsymbol{z}_k \quad (k=2,3,\cdots) \tag{6.3-33}$$

式(6.3-33)即是 Newmark 算法，证毕。

(2) 算法流程

对 $\boldsymbol{A}_1$ 进行简单变换，可将其简化。表 6.3-1 给出具有四阶精度的辛两步方法的计算流程。下面比较式(6.3-33)与表 6.3-1 中计算公式的计算量。为了便于比较，把式(6.3-33)写为

$$\left.\begin{aligned}\boldsymbol{x}_{k+1}&=(\boldsymbol{I}-2\boldsymbol{S}^{-1}\boldsymbol{K})\boldsymbol{x}_k+\frac{4}{h}\boldsymbol{S}^{-1}\boldsymbol{M}\dot{\boldsymbol{x}}_k\\ \dot{\boldsymbol{x}}_{k+1}&=-\frac{4}{h}\boldsymbol{S}^{-1}\boldsymbol{K}\boldsymbol{x}_k+\left(\frac{8}{h^2}\boldsymbol{S}^{-1}\boldsymbol{M}-\boldsymbol{I}\right)\dot{\boldsymbol{x}}_k\end{aligned}\right\} \tag{6.3-34}$$

通常情况下，估计一个算法的计算量是通过时间复杂度来描述的。假设一次乘法和加法的运算时间为一个单位时间，系统的维数为 n，则可以估算出由式(6.3-34)表示的 Newmark 方法的计算时间复杂度为 $O(3n^3)+O(10n^2)+O(2n)$。而表 6.3-1 中给出的四阶辛两步格式的计算时间复杂度为 $O(2n^3)+O(9n^2)+O(2n)$。由此看出，四阶辛两步方法的计算量不大于 Newmark 算法的计算量，但前者的精度却是四阶的。

表 6.3-1　四阶精度辛两步法计算流程

步　骤	内　容
A.	预备工作： ① 形成刚度矩阵 $\boldsymbol{K}$ 和质量矩阵 $\boldsymbol{M}$，选择时间步长 h。 ② 已知初始条件 $\boldsymbol{x}_0(0)$ 和 $\dot{\boldsymbol{x}}_0(0)$，根据 Newmark 等方法计算 $\boldsymbol{x}_1(h)$ 和 $\dot{\boldsymbol{x}}_1(h)$
B.	计算 $\boldsymbol{B}=(\boldsymbol{K}+12\boldsymbol{M}/h^2)^{-1}(-10\boldsymbol{K}+24\boldsymbol{M}/h^2)$
C.	对于 $k=0,1,2,\cdots$，计算： ① $(k+2)h$ 时刻的位移和速度为 $\boldsymbol{x}_{k+2}=\boldsymbol{B}\boldsymbol{x}_{k+1}-\boldsymbol{x}_k$ $\dot{\boldsymbol{x}}_{k+2}=\boldsymbol{B}\dot{\boldsymbol{x}}_{k+1}-\dot{\boldsymbol{x}}_k$ ② $(k+2)h$ 时刻的加速度为 $\ddot{\boldsymbol{x}}_{k+2}=-\boldsymbol{M}^{-1}\boldsymbol{K}\boldsymbol{x}_{k+2}$

6.3.5　中心差分方法

中心差分方法为二阶精度的显式差分方法，是一种不存在能量耗散的高效率两步算法，因此得到了普遍应用。

中心差分方法的原理就是用位移对速度和加速度进行中心差分，其差分格式为

$$\left.\begin{aligned}\ddot{\boldsymbol{x}}_k&=\frac{1}{h^2}(\boldsymbol{x}_{k-1}-2\boldsymbol{x}_k+\boldsymbol{x}_{k+1})\\ \dot{\boldsymbol{x}}_k&=\frac{1}{2h}(\boldsymbol{x}_{k+1}-\boldsymbol{x}_{k-1})\end{aligned}\right\} \tag{6.3-35}$$

将式(6.3-35)代入方程(6.3-1)得

$$\boldsymbol{M}\frac{1}{h^2}(\boldsymbol{x}_{k-1}-2\boldsymbol{x}_k+\boldsymbol{x}_{k+1})+\boldsymbol{C}\frac{1}{2h}(\boldsymbol{x}_{k+1}-\boldsymbol{x}_{k-1})+\boldsymbol{K}\boldsymbol{x}_k=\boldsymbol{F}_k \tag{6.3-36}$$

整理得

$$\overline{\boldsymbol{K}}\boldsymbol{x}_{k+1} = \overline{\boldsymbol{F}} \tag{6.3-37}$$

式中：

$$\left.\begin{aligned}\overline{\boldsymbol{K}} &= \frac{1}{h^2}\boldsymbol{M} + \frac{1}{2h}\boldsymbol{C} \\ \overline{\boldsymbol{F}} &= \boldsymbol{F}_k - \boldsymbol{M}\frac{1}{h^2}(\boldsymbol{x}_{k-1} - 2\boldsymbol{x}_k) + \boldsymbol{C}\frac{1}{2h}\boldsymbol{x}_{k-1} - \boldsymbol{K}\boldsymbol{x}_k\end{aligned}\right\} \tag{6.3-38}$$

这样，对方程(6.3-37)的求解就归结为对一个静力学平衡方程的求解。通过式(6.3-35)和初始条件可以计算 $\boldsymbol{x}_{-1}$。下面简要说明中心差分方法的特点：

① 用 kh 时刻的平衡方程来求解 $(k+1)h$ 时刻的物理量，因此中心差分方法为显式(explicit)算法；

② 条件稳定，即差分步长要满足条件

$$h \leqslant \frac{T_n}{\pi} \tag{6.3-39}$$

式中：$T_n = 2\pi\sqrt{M_n/K_n}$ 为系统最小固有振动周期，M_n 和 K_n 分别为系统的第 n 阶模态质量和模态刚度。有限元网格的剖分密度和剖分格式可能会大幅度影响临界时间差分步长的大小。

③ 若系统无阻尼，而质量矩阵又是对角矩阵，则方程(6.3-37)的求解不需要三角化，此时其效率很高。

④ 中心差分方法是非耗散算法，其相位误差是超前的。

复习思考题

6.1 通过简单算例，加深理解特征值平移技术和 Sturm 序列性质。

6.2 试举例说明算法阻尼或数值耗散的含义。算法阻尼对哪些工程问题有益处？

6.3 试举例说明算法相位误差或数值弥散的含义。

6.4 无条件稳定算法的含义是什么？

6.5 列出几种隐式算法和显式算法，比较两类算法的特点。

6.6 是否可以构造出没有相位误差的算法？相位误差对哪类力学问题非常重要？

6.7 算法保幅值特性对哪类力学问题非常重要？只有辛几何算法保幅值吗？

6.8 用有限元方法能够得到高阶固有频率吗？试举例支持你的结论。

习 题

6-1 给出非线性系统的 $\ddot{x} + \omega_0^2 x + \varepsilon x^3 = 0$ 李级数二阶递推格式，注意偏微分算子 L 为状态变量的函数。

6-2 对于非线性系统 $\dot{z} = f(z) + R(t)$，试构造与右端项对应的偏微分算子。

参考文献

[1] 诸德超，邢誉峰. 工程振动基础. 北京：北京航空航天大学出版社，2004.

[2]　Bathe K J, Wilson E L. Numerical Methods in Finite Element Analysis. Englishwood Cliffs: Prentice-Hall Inc., 1976.

[3]　Bathe K J. Finite Element Procedures in Engineering Analysis. Englishwood Cliffs: Prentice-Hall Inc., 1982.

[4]　冯康,秦孟兆. 哈密尔顿系统的辛几何算法. 杭州:浙江科学技术出版社,2003.

[5]　Runge C. Über die numerische Auflösung von Differentialgleichungen. Math. Ann., 1895, 46:167-178.

[6]　Kutta W. Beitrag zur näherungsweisen Integration totaler Differentialgleichungen. Z. Math. Phys., 1901, 46: 435-453.

[7]　邢誉峰,冯伟. 李级数法和 Runge - Kutta 法. 振动工程学报,2007,20(5):519-522.

[8]　张素英,邓子辰. 非线性动力学系统的几何积分理论及应用. 西安:西北工业大学出版社,2005.

[9]　王顺金,张华. 物理计算的保真与代数动力学算法—I:动力学系统的代数动力学解法. 中国科学:G辑 物理学力学天文学,2005,35(6):573-608.

[10]　钟万勰. 结构动力学方程的精细时程积分法. 大连理工大学学报,1994,34(2):131-136.

[11]　Newmark N M. A method of computation for structural dynamics. A. S. C. E., Journal of engineering mechanics divisions, 1959, 85: 67-94.

[12]　邢誉峰,杨蓉. 动力学平衡方程的 Euler 中点辛差分求解格式. 力学学报,2007,39(1):100-105.

[13]　Wilson E L, Farhoomand I, Bathe K J. Nonlinear dynamic analysis of complex structures. Earthquake Eng. Struct. dyn., 1973, 1:242-252.

[14]　杨蓉,邢誉峰. 动力学方程的辛两步求解算法. 计算力学学报,2008,25(6):882-886.

第 7 章　微分求积有限单元方法

有限元方法在 20 世纪 60 年代与计算机技术几乎同时出现，并快速发展成为几乎所有科学技术领域都广泛使用的计算方法。传统的有限元方法主要采用低阶格式，但为了提高精度，通常需要加密网格或使用大量结点（h 收敛性）；虽然高阶格式用较少的单元就能达到较高的精度（p 收敛性），但存在构造形函数及其导数计算等困难，C^1 类单元更是如此。微分求积方法 DQM（Differential Quadrature Method）[1-3] 可以高精度地近似微分，但在实现单元化过程中遇到了施加边界条件的灵活性和单元矩阵不对称等问题。

微分求积有限单元方法 DQFEM（Differential Quadrature Finite Element Method）[4,5] 利用微分求积方法和高斯-洛巴托（Gauss - Lobatto）积分方法来离散系统的能量泛函，较好地解决了上述有限单元方法和微分求积方法中存在的问题，保留了二者的优点，简化了单元矩阵的计算。本章介绍微分求积有限单元方法的基本原理，并给出各种单元矩阵的显式形式。

7.1　微分求积与高斯-洛巴托积分法则

微分求积有限单元方法中用到了微分求积（DQ）和高斯-洛巴托积分法则，下面分别进行介绍。函数的积分或函数在某一点的微分都可用一些点上的函数值的加权和来近似，前者称为积分方法，后者称为微分求积方法。

7.1.1　微分求积法则

用微分求积方法求函数 $f(x)$ 在某一点 x_i 处微分的表达式为

$$f_i^{(n)} = \left.\frac{\mathrm{d}^n f(x)}{\mathrm{d}x^n}\right|_i \approx \sum_{j=1}^{M} A_{ij}^{(n)} f(x_j) \quad (i = 1,2,\cdots,M) \tag{7.1-1}$$

式中：$x_1, x_2, \cdots, x_M$ 是区域内的结点，M 称为微分求积方法的阶次，$A_{ij}^{(n)}$ 是 n 阶导数 $f_i^{(n)}$ 的权系数，$f_j = f(x_j)$ 为结点 x_j 处的函数值。待求函数导数的阶次应小于微分求积的阶次，即 $n<M$。计算权系数的一种简便方法是令

$$f_i = x_i^{k-1} \tag{7.1-2}$$

于是

$$\sum_{j=1}^{M} A_{ij}^{(n)} x_j^{k-1} = \frac{\mathrm{d}^n}{\mathrm{d}x^n}(x_i^{k-1}) \quad (k = 1,2,\cdots,M) \tag{7.1-3}$$

对于任意点 x_i，式(7.1-3)的矩阵形式为

$$\begin{bmatrix} 1 & 1 & \cdots & 1 \\ x_1 & x_2 & \cdots & x_M \\ x_1^2 & x_2^2 & \cdots & x_M^2 \\ \vdots & \vdots & & \vdots \\ x_1^{M-1} & x_2^{M-1} & \cdots & x_M^{M-1} \end{bmatrix} \begin{bmatrix} A_{i1}^{(n)} \\ A_{i2}^{(n)} \\ A_{i3}^{(n)} \\ \vdots \\ A_{iM}^{(n)} \end{bmatrix} = \begin{bmatrix} g_{i1} \\ g_{i2} \\ g_{i3} \\ \vdots \\ g_{iM} \end{bmatrix} \tag{7.1-4}$$

式中：$g_{ik}=(k-1)(k-2)\cdots(k-n)x_i^{k-n-1}$。这种方法的缺点是随着结点数的增加，范德蒙行列式会出现病态，这时权系数的精度得不到保证。计算权系数更为简洁而有效的方法是利用拉格朗日插值函数。由拉格朗日插值方法可知

$$f(x)=\sum_{j=1}^{M}l_j(x)f(x_j) \tag{7.1-5}$$

式中：$l_j(x)$是拉格朗日插值多项式，可表示为

$$l_j(x)=\prod_{k=1,k\neq j}^{M}\frac{x-x_k}{x_j-x_k} \tag{7.1-6}$$

并具有性质

$$l_j(x_i)=\delta_{ij}=\begin{cases}1, & i=j\\ 0, & i\neq j\end{cases} \tag{7.1-7}$$

由式(7.1-5)和式(7.1-1)可得一阶导数的权系数为

$$\left.\begin{aligned}A_{ij}^{(1)}&=l'_j(x_i)=\frac{\phi(x_i)}{(x_i-x_j)\phi(x_j)}, \quad (i\neq j)\\ A_{ii}^{(1)}&=l'_i(x_i)=\sum_{j=1,j\neq i}^{M}\frac{1}{(x_i-x_j)}=-\sum_{j=1,j\neq i}^{M}A_{ij}^{(1)}\end{aligned}\right\} \tag{7.1-8}$$

式中：

$$\phi(x_j)=\prod_{k=1,k\neq j}^{M}(x_j-x_k) \tag{7.1-9}$$

用这一显式方法计算的权系数比较精确，且对结点分布的变化不敏感，是微分求积方法中广泛采用的一种权系数计算方法。

7.1.2 高斯-洛巴托积分法则

考虑定义在区间[-1,1]上的函数 $f(x)$，高斯-勒让德(Gauss-Legendre)积分公式为

$$\int_{-1}^{1}f(x)\mathrm{d}x\approx\sum_{j=1}^{M}C_jf(x_j) \tag{7.1-10}$$

式中：积分点或结点 $x_1, x_2, \cdots, x_M$ 为勒让德多项式 $P_M(x)$的零点，积分系数表达式为

$$C_j=\frac{2}{M}\frac{1}{P_{M-1}(x_j)P'_M(x_j)} \tag{7.1-11}$$

式中：勒让德函数 $P_M(x)$为

$$P_M(x)=\sum_{k=0}^{\left[\frac{M}{2}\right]}\frac{(-1)^k(2M-2k)!}{2^Mk!(M-k)!(M-2k)!}x^{M-2k} \tag{7.1-12}$$

高斯-勒让德积分公式(7.1-10)的精度为 $2M-1$。如果 $x_1=-1$，$x_M=1$，且只有 x_j($j=2, 3, \cdots, M-1$)为多项式 $P'_{M-1}(x)$的零点，则求积公式(7.1-10)成为高斯-洛巴托求积公式，其积分系数为

$$C_1=C_M=\frac{2}{M(M-1)}, \quad C_j=\frac{2}{M(M-1)[P_{M-1}(x_j)]^2} \quad (j\neq 1,M) \tag{7.1-13}$$

高斯-洛巴托积分公式的精度为 $2M-3$。对于在任意有限区间$[a, b]$上的积分，可以通过自变函数的线性变换

$$t=\frac{b-a}{2}x+\frac{b+a}{2} \tag{7.1-14}$$

把积分变换到标准区间[−1, 1]上的积分，即

$$\int_a^b f(x)\mathrm{d}x=\frac{b-a}{2}\int_{-1}^{1} f\left(\frac{b-a}{2}x+\frac{b+a}{2}\right)\mathrm{d}x \tag{7.1-15}$$

微分求积有限单元方法中用到了高斯-洛巴托积分公式。针对标准积分区间[−1, 1]，表 7.1-1 给出了部分高斯-洛巴托积分点坐标和积分系数。

表 7.1-1 高斯-洛巴托积分点坐标和系数

M	x_i	C_i
3	0	4/3
	±1	1/3
4	$\pm 1/5^{1/2}$	5/6
	±1	1/6
5	0	32/45
	±0.654 653 670 707 977	49/90
	±1	1/10
6	±0.285 231 516 480 645	0.554 858 377 035 486
	±0.765 055 323 929 466	0.378 474 956 297 847
	±1	0.666 666 666 666 667 (−1)
7	0	0.487 619 047 619 048
	±0.468 848 793 470 714	0.431 745 381 209 863
	±0.830 223 896 278 567	0.276 826 047 361 566
	±1	0.476 190 476 190 476 (−1)
8	±0.209 299 217 902 479	0.412 458 794 658 704
	±0.591 700 181 433 144	0.341 122 692 483 505
	±0.871 740 148 509 606	0.210 704 227 143 505
	±1	0.357 142 857 142 857 (−1)
9	0	0.371 519 274 376 417
	±0.363 117 463 826 178	0.346 428 510 973 047
	±0.677 186 279 510 738	0.274 538 712 500 161
	±0.899 757 995 411 461	0.165 495 361 560 806
	±1	0.277 777 777 777 778 (−1)
10	±0.165 278 957 666 387	0.327 539 761 183 897
	±0.477 924 949 810 445	0.292 042 683 679 683
	±0.738 773 865 105 505	0.224 889 342 063 126
	±0.919 533 908 166 458	0.133 305 990 851 077
	±1	0.222 222 222 222 222 (−1)
11	0	0.300 217 595 455 691
	±0.295 758 135 586 939	0.286 879 124 779 008
	±0.565 235 326 996 208	0.248 048 104 264 028
	±0.784 483 473 663 140	0.187 169 881 780 313
	±0.934 001 430 408 061	0.109 612 273 266 992
	±1	0.181 818 181 818 182 (−1)
12	±0.136 552 932 854 928	0.271 405 240 910 696
	±0.399 530 940 965 350	0.251 275 603 199 202
	±0.632 876 153 031 858	0.212 508 417 761 025
	±0.819 279 321 644 014	0.157 974 705 564 374
	±0.944 899 272 222 879	0.916 845 174 132 172 (−1)
	±1	0.151 515 151 515 152 (−1)
13	0	0.251 930 849 333 447
	±0.249 286 930 106 240	0.244 015 790 306 677
	±0.482 909 821 091 335	0.220 767 793 566 109
	±0.686 188 469 081 758	0.183 646 865 203 538
	±0.846 347 564 651 884	0.134 981 926 689 637
	±0.953 309 846 642 154	0.778 016 867 468 081 (−1)
	±1	0.128 205 128 205 128 (−1)
14	±0.116 331 868 883 704	0.231 612 794 468 457
	±0.342 724 013 342 715	0.219 126 253 009 770
	±0.550 639 402 928 643	0.194 826 149 373 419
	±0.728 868 599 091 336	0.160 021 851 762 958
	±0.867 801 053 830 329	0.116 586 655 898 780
	±0.959 935 045 267 271	0.668 372 844 976 559 (−1)
	±1	0.109 890 109 890 110 (−1)

续表 7.1-1

M	x_i	C_i	M	x_i	C_i
15	0	0.217 048 116 348 816	18	±0.089 749 093 484 652 1	0.179 015 863 439 703
	±0.215 353 955 363 794	0.211 973 585 926 821		±0.266 362 652 878 281	0.173 262 109 489 456
	±0.420 638 054 713 674	0.196 987 235 964 613		±0.434 415 036 912 117	0.161 939 517 237 606
	±0.606 253 205 469 839	0.172 789 647 253 614		±0.588 504 834 318 662	0.145 411 961 573 836
	±0.763 519 689 951 847	0.140 511 699 802 447		±0.723 679 329 283 345	0.124 210 533 133 106
	±0.885 082 044 222 906	0.101 660 070 325 854		±0.835 593 535 217 827	0.990 162 717 169 337 (−1)
	±0.965 245 926 503 885	0.580 298 930 285 377 (−1)		±0.920 649 185 347 793	0.706 371 668 867 296 (−1)
	±1	0.952 380 952 380 953 (−2)		±0.976 105 557 412 108	0.399 706 288 109 066 (−1)
				±1	0.653 594 771 241 830 (−2)
16	±0.101 326 273 521 949	0.201 958 308 178 230	19	0	0.170 001 919 284 827
	±0.299 830 468 900 764	0.193 690 023 825 203		±0.169 186 023 409 282	0.167 556 584 527 143
	±0.486 059 421 887 133	0.177 491 913 391 699		±0.333 504 847 824 496	0.160 290 924 044 061
	±0.652 388 702 882 515	0.154 026 980 807 197		±0.488 229 285 680 677	0.148 413 942 595 940
	±0.792 008 291 861 730	0.124 255 382 132 529		±0.628 908 137 265 506	0.132 267 280 448 726
	±0.899 200 533 093 623	0.893 936 973 259 456 (−1)		±0.751 494 202 551 821	0.112 315 341 477 404
	±0.969 568 046 270 134	0.508 503 610 055 006 (−1)		±0.852 460 577 797 761	0.891 317 570 996 022 (−1)
	±1	0.833 333 333 333 333 (−2)		±0.928 901 528 151 759	0.633 818 917 550 804 (−1)
				±0.978 611 766 222 338	0.357 933 651 909 616 (−1)
				±1	0.584 795 321 637 427 (−2)
17	0	0.190 661 874 753 469	20	±0.080 545 937 238 821 7	0.160 743 286 387 846
	±0.189 511 973 518 317	0.187 216 339 677 619		±0.239 551 705 922 983	0.156 580 102 647 475
	±0.372 174 433 565 477	0.177 004 253 515 659		±0.392 353 183 713 924	0.148 361 554 070 917
	±0.541 385 399 330 114	0.160 394 661 997 635		±0.534 992 864 031 902	0.136 300 482 358 794
	±0.691 028 980 627 631	0.137 987 746 201 961		±0.663 776 402 290 145	0.120 709 227 628 132
	±0.815 696 251 221 908	0.110 592 909 006 901		±0.775 368 260 952 577	0.101 991 499 700 096
	±0.910 879 995 915 406	0.791 982 705 044 171 (−1)		±0.866 877 978 088 993	0.806 317 639 879 236 (−1)
	±0.973 132 176 631 489	0.449 219 405 433 682 (−1)		±0.935 934 498 813 612	0.571 818 021 369 224 (−1)
	±1	0.735 294 117 647 059 (−2)		±0.980 743 704 893 547	0.322 371 231 858 827 (−1)
				±1	0.526 315 789 473 684 (−2)

注：表中括号内的$(-j)$表示对应的数要乘以 10^{-j}。

7.1.3　高阶微分

为了叙述方便，定义如下矩阵和向量

$$
\mathbf{A}^{(n)}=\begin{bmatrix} A_{11}^{(n)} & A_{12}^{(n)} & \cdots & A_{1M}^{(n)} \\ A_{21}^{(n)} & A_{22}^{(n)} & \cdots & A_{2M}^{(n)} \\ \vdots & \vdots & & \vdots \\ A_{M1}^{(n)} & A_{M2}^{(n)} & \cdots & A_{MM}^{(n)} \end{bmatrix},\quad \boldsymbol{f}=\begin{bmatrix} f(x_1) \\ f(x_2) \\ \vdots \\ f(x_M) \end{bmatrix} \tag{7.1-16}
$$

函数 $f(x)$在 n 个结点上的一阶导数可以简写为

$$
\frac{\partial \boldsymbol{f}}{\partial x}=\mathbf{A}^{(1)}\boldsymbol{f} \tag{7.1-17}
$$

根据式(7.1-17)可以递推得到高阶导数的微分求积表达式，如二阶导数为

$$\frac{\partial^2 \boldsymbol{f}}{\partial x^2} = [\mathbf{A}^{(1)}]^2 \boldsymbol{f} = \mathbf{A}^{(2)} \boldsymbol{f} \tag{7.1-18}$$

即

$$\mathbf{A}^{(2)} = [\mathbf{A}^{(1)}]^2 \tag{7.1-19}$$

直接采用矩阵相乘的计算量较大，下面给出另外一种实用方法。将式(7.1-8)代入式(7.1-19)得到递推公式

$$A_{ij}^{(n)} = n\left(A_{ii}^{(n-1)} A_{ij}^{(1)} - \frac{A_{ij}^{(n-1)}}{x_i - x_j}\right), \quad 对于\ i \neq j$$
$$(n = 1,2,\cdots,M-1; \quad i,j = 1,2,\cdots,M) \tag{7.1-20a}$$

以及

$$A_{ii}^{(n)} = -\sum_{j=1, j\neq i}^{M} A_{ij}^{(n)}, \quad 对于\ i = 1,2,\cdots,M \tag{7.1-20b}$$

7.1.4 多维函数微分

下面分别介绍二维函数和三维函数的微分方法。

1. 二维函数

前面讨论的仅是一维函数微分的微分求积方法。对于二维函数 $f(x, y)$，通常可用两个一维函数的积来表示，即

$$f(x,y) = p(x)q(y) \tag{7.1-21}$$

经典微分求积方法只适用于矩形区域。根据微分求积法则，一维函数 $p(x)$ 在结点 x_i 处对坐标 x 的 r 阶导数和 $q(y)$ 在结点 y_j 处对坐标 y 的 s 阶导数可由结点的函数值分别表示为

$$p_i^{(r)} = \sum_{m=1}^{M} A_{im}^{(r)} p_m \quad (i = 1,2,\cdots,M) \tag{7.1-22}$$

$$q_j^{(s)} = \sum_{n=1}^{N} B_{jn}^{(s)} q_n \quad (j = 1,2,\cdots,N) \tag{7.1-23}$$

式(7.1-22)中的 $A_{im}^{(r)}$ 和式(7.1-23)中的 $B_{jn}^{(s)}$ 分别为一维函数 $p(x)$ 对 x 的 r 阶导数和 $q(y)$ 对 y 的 s 阶导数的权系数，M 为 x 方向通过结点 x_i 的直线上的结点数，N 为 y 方向通过结点 y_j 的直线上的结点数。由式(7.1-22)和式(7.1-23)可以导出二维函数 $f(x, y)$ 在结点(x_i, y_j)的各阶偏微分的计算公式为

$$\left.\frac{\partial^r f}{\partial x^r}\right|_{ij} = p_i^{(r)} q_j = \sum_{m=1}^{M} A_{im}^{(r)} p_m q_j = \sum_{m=1}^{M} A_{im}^{(r)} f_{mj} \tag{7.1-24}$$

$$\left.\frac{\partial^s f}{\partial y^s}\right|_{ij} = p_i q_j^{(s)} = \sum_{n=1}^{N} B_{jn}^{(s)} q_n p_i = \sum_{n=1}^{N} B_{jn}^{(s)} f_{in} \tag{7.1-25}$$

$$\left.\frac{\partial^{r+s} f}{\partial x^r \partial y^s}\right|_{ij} = p_i^{(r)} q_j^{(s)} = \sum_{m=1}^{M} A_{im}^{(r)} p_m \sum_{n=1}^{N} B_{jn}^{(s)} q_n = \sum_{m=1}^{M} A_{im}^{(r)} \sum_{n=1}^{N} B_{jn}^{(s)} f_{mn} \tag{7.1-26}$$

在式(7.1-24)～式(7.1-26)中，各阶偏导数的权系数都来自于一维函数导数的权系数。可以类似地将微分求积法则运用到三维函数中去。为了方便推导二维微分求积有限单元矩阵，引入如下矩阵和向量

$$\bar{\boldsymbol{f}} = [f_{11} \quad \cdots \quad f_{M1} \quad f_{12} \quad \cdots \quad f_{M2} \quad \cdots\cdots \quad f_{1N} \quad \cdots \quad f_{MN}]^{\mathrm{T}} \tag{7.1-27}$$

$$\overline{\boldsymbol{A}}^{(r)} = \begin{bmatrix} \boldsymbol{A}^{(r)} & \boldsymbol{0} & \cdots & \boldsymbol{0} \\ \boldsymbol{0} & \boldsymbol{A}^{(r)} & \cdots & \boldsymbol{0} \\ \vdots & \vdots & & \vdots \\ \boldsymbol{0} & \boldsymbol{0} & \cdots & \boldsymbol{A}^{(r)} \end{bmatrix}, \quad \overline{\boldsymbol{B}}^{(s)} = \begin{bmatrix} \boldsymbol{B}_{11}^{(s)} & \boldsymbol{B}_{12}^{(s)} & \cdots & \boldsymbol{B}_{1N}^{(s)} \\ \boldsymbol{B}_{21}^{(s)} & \boldsymbol{B}_{22}^{(s)} & \cdots & \boldsymbol{B}_{2N}^{(s)} \\ \vdots & \vdots & & \vdots \\ \boldsymbol{B}_{N1}^{(s)} & \boldsymbol{B}_{N2}^{(s)} & \cdots & \boldsymbol{B}_{NN}^{(s)} \end{bmatrix} \tag{7.1-28}$$

式中：$\boldsymbol{B}_{ij}^{(s)} = \mathrm{diag}(B_{ij}^{(s)},\cdots,B_{ij}^{(s)})_{M\times M}$，$\boldsymbol{A}^{(r)} = (A_{ij}^{(r)})_{M\times M}$，$\overline{\boldsymbol{A}}^{(r)}$ 和 $\overline{\boldsymbol{B}}^{(s)}$ 都是$(M\times N)\times(M\times N)$的矩阵。用式(7.1-27)和式(7.1-28)定义的矩阵和向量，可将式(7.1-24)～式(7.1-26)简化为

$$\left.\begin{aligned} \left.\frac{\partial^r f}{\partial x^r}\right|_{ij} &= \sum_{m=1}^{M} A_{im}^{(r)} f_{mj} = \left.\frac{\partial^r f}{\partial x^r}\right|_k = \sum_{p=1}^{M\times N} \overline{A}_{kp}^{(r)} \bar{f}_p \\ \left.\frac{\partial^s f}{\partial y^s}\right|_{ij} &= \sum_{n=1}^{N} B_{jn}^{(s)} f_{in} = \left.\frac{\partial^s f}{\partial y^s}\right|_k = \sum_{p=1}^{M\times N} \overline{B}_{kp}^{(s)} \bar{f}_p \\ \left.\frac{\partial^{r+s} f}{\partial x^r \partial y^s}\right|_{ij} &= \sum_{m=1}^{M} A_{im}^{(r)} \sum_{n=1}^{N} B_{jn}^{(s)} f_{mn} = \left.\frac{\partial^{r+s} f}{\partial x^r \partial y^s}\right|_k = \sum_{p=1}^{M\times N} \overline{F}_{kp}^{(r+s)} \bar{f}_p \end{aligned}\right\} \tag{7.1-29}$$

式中：

$$k = (j-1)M + i; \quad i = 1,2,\cdots,M; \quad j = 1,2,\cdots,N \tag{7.1-30}$$

由下面的递推关系得到权系数为

$$\overline{\boldsymbol{A}}^{(r)} = \overline{\boldsymbol{A}}^{(1)}\overline{\boldsymbol{A}}^{(r-1)}, \quad \overline{\boldsymbol{B}}^{(s)} = \overline{\boldsymbol{B}}^{(1)}\overline{\boldsymbol{B}}^{(s-1)} \quad (r,s \geqslant 2), \quad \overline{\boldsymbol{F}}^{(r+s)} = \overline{\boldsymbol{A}}^{(r)}\overline{\boldsymbol{B}}^{(s)} \quad (r,s \geqslant 1) \tag{7.1-31}$$

下面给出了计算矩形区域微分求积权系数矩阵 $\overline{\boldsymbol{A}}^{(1)}$，$\overline{\boldsymbol{B}}^{(1)}$ 和 $\overline{\boldsymbol{F}}^{(1)}$ 的 Matlab 模块，其中 A1 和 B1 分别表示 $\boldsymbol{A}^{(1)}$ 和 $\boldsymbol{B}^{(1)}$；A，B 和 F 分别表示 $\overline{\boldsymbol{A}}^{(1)}$，$\overline{\boldsymbol{B}}^{(1)}$ 和 $\overline{\boldsymbol{F}}^{(1)}$。

```
function [A, B, F, Cxy] = ABF2(M, N, a, b)                % a和b分别为矩形域的长和宽
[kxi, Cx] = GaussLobatto(M, 0, a);                         % 函数GaussLobatto给出Gauss-Lobatto
                                                           % 积分点坐标和系数
[eta, Cy] = GaussLobatto(N, 0, b);
A1 = WeightingQE(kxi, M); B1 = WeightingQE(eta, N);        % 函数WeightingQE计算A(1)和B(1)
Cxy = zeros(M*N,1);
A = zeros(M*N); B = zeros(M*N); F = zeros(M*N);
for i = 1:M
    for j = 1:N
        Cxy((j-1)*M+i) = Cx(i)*Cy(j);                      % 计算Gauss-Lobatto系数乘积
        for m = 1:M
            A((j-1)*M+i, (j-1)*M+m) = A1(i,m);
        end
        for n = 1:N
            B((j-1)*M+i, (n-1)*M+i) = B1(j,n);
        end
        for m = 1:M
            for n = 1:N
```

```
                F((j-1)*M+i, (n-1)*M+m) = A1(i,m)*B1(j,n);
            end
        end
    end
end
```

2. 三维函数

对于三维函数 $f(x,y,z)$，在结点 (x_i, y_j, z_k) 的一阶导数可分别近似为

$$\left.\frac{\partial f}{\partial x}\right|_{ijk} = \sum_{l=1}^{L} A_{il}^{(1)} f_{ljk}, \quad \left.\frac{\partial f}{\partial y}\right|_{ijk} = \sum_{m=1}^{M} B_{jm}^{(1)} f_{imk}, \quad \left.\frac{\partial f}{\partial z}\right|_{ijk} = \sum_{n=1}^{N} C_{kn}^{(1)} f_{ijn} \tag{7.1-32}$$

式中：$i=1,2,\cdots,L$；$j=1,2,\cdots,M$；$k=1,2,\cdots,N$。L，M 和 N 分别为六面体 x，y 和 z 坐标方向的结点数。为了便于推导三维微分求积有限单元矩阵，与二维情况相同，可把三维函数 $f(x, y, z)$ 的微分求积法则(7.1-32)改写为

$$\left.\begin{aligned}
\left.\frac{\partial f}{\partial x}\right|_{ijk} &= \sum_{l=1}^{L} A_{il}^{(1)} f_{ljk} = \left.\frac{\partial f}{\partial x}\right|_{q} = \sum_{p=1}^{L\times M\times N} \bar{A}_{qp}^{(1)} \bar{f}_p \\
\left.\frac{\partial f}{\partial y}\right|_{ijk} &= \sum_{m=1}^{M} B_{jm}^{(1)} f_{imk} = \left.\frac{\partial f}{\partial y}\right|_{q} = \sum_{p=1}^{L\times M\times N} \bar{B}_{qp}^{(1)} \bar{f}_p \\
\left.\frac{\partial f}{\partial z}\right|_{ijk} &= \sum_{n=1}^{N} C_{kn}^{(1)} f_{ijn} = \left.\frac{\partial f}{\partial z}\right|_{q} = \sum_{p=1}^{L\times M\times N} \bar{C}_{qp}^{(1)} \bar{f}_p
\end{aligned}\right\} \tag{7.1-33}$$

式中：

$$q = (k-1)\times M\times N + (j-1)\times M + i \tag{7.1-34}$$

$$\bar{f}_p = f_{ijk} = f(\xi_i, \eta_j, \zeta_k), \quad p = (k-1)\times M\times N + (j-1)\times M + i$$
$$(i = 1,2,\cdots,L; j = 1,2,\cdots,M; k = 1,2,\cdots,N) \tag{7.1-35}$$

下面给出了计算六面体区域微分求积权系数矩阵 $\bar{\boldsymbol{A}}^{(1)}$，$\bar{\boldsymbol{B}}^{(1)}$ 和 $\bar{\boldsymbol{C}}^{(1)}$ 的 Matlab 模块，其中 A1，B1 和 C1 分别表示 $\boldsymbol{A}^{(1)}$，$\boldsymbol{B}^{(1)}$ 和 $\boldsymbol{C}^{(1)}$；A，B 和 C 分别表示 $\bar{\boldsymbol{A}}^{(1)}$，$\bar{\boldsymbol{B}}^{(1)}$ 和 $\bar{\boldsymbol{C}}^{(1)}$。

```
function [A, B, C, Cxyz] = ABF3(L, M, N, a, b, h)      % a, b 和 h 分别为立方体的长、宽和高
[kxi,Cx] = GaussLobatto(L, 0, a);                       % 计算 Gauss-Lobatto 积分点坐标和系数
[eta,Cy] = GaussLobatto(M, 0, b);
[zta,Cz] = GaussLobatto(N, 0, h);
A1 = Weighting(kxi, L);                                 % 计算 A_il^(1), B_jm^(1) 和 C_kn^(1)
B1 = Weighting(eta, M);
C1 = Weighting(zta, N);
A = zeros(L*M*N); B = A; C = A; Cxyz = zeros(L*M*N,1);
for i = 1:L
    for j = 1:M
        for k = 1:N
            % 计算 Gauss-Lobatto 系数乘积
            Cxyz((k-1)*M*L+(j-1)*L+I,1) = Cx(i)*Cy(j)*Cz(k);
            for s = 1:L
                A((k-1)*M*L+(j-1)*L+i, (k-1)*M*L+(j-1)*L+s) = A1(i,s);
            end
```

```
            for m = 1:M
                B((k-1)*M*L+(j-1)*L+i, (k-1)*M*L+(m-1)*L+i) = B1(j,m);
            end
            for n = 1:N
                C((k-1)*M*L+(j-1)*L+i, (n-1)*M*L+(j-1)*L+i) = C1(k,n);
            end
        end
    end
end
```

7.1.5 结点配置

在有限元方法中，结点通常都是均匀配置的。在微分求积方法中，均匀配置结点也是最自然的选择，例如，在区间[0, 1]上的 N 个均匀结点为

$$x_j = \frac{j-1}{N-1} \quad (j=1,2,\cdots,N) \tag{7.1-36}$$

但采用不均匀分布的结点可以获得更高精度。合理的选择之一是将结点取为正交多项式的零点，其中广泛认同的是高斯-洛巴托-切比雪夫结点，即

$$x_j = \frac{1}{2}\left(1-\cos\frac{j-1}{N-1}\pi\right) \tag{7.1-37}$$

如果需要同时求微分和积分，选取7.1.2小节所给的勒让德结点更为合适，因为这时可用相同结点来计算微分与积分。

下面以函数 $\sin\pi x$ 为例来比较结点均匀分布与非均匀分布时用微分求积方法计算微分的精度。定义区间为[-1, 1]，结点数取为15。图7.1-1给出了均布结点和高斯-洛巴托-切比雪夫结点的误差比较，从图中可以看出，用高斯-洛巴托-切比雪夫结点时的误差，比用均布结点时的误差约小两个数量级。

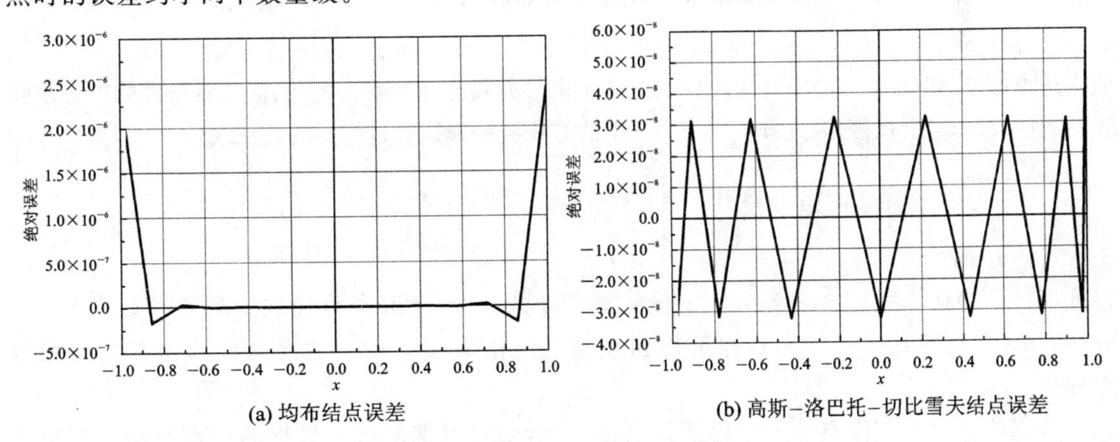

图7.1-1 不同分布结点的误差

7.2 微分求积单元方法

为了能够将微分求积方法用于由不同规则区域组成的复杂区域，因而诞生了微分求积单

元方法。用微分求积法则离散微分方程及边界条件(或初始条件)来求解微分方程的边值(或初值)问题的方法,称为微分方程的微分求积方法,在不至于混淆的情况下也简称为微分求积方法。微分求积单元方法是微分方程的微分求积方法与区域分割方法相结合来求解复杂区域微分方程边值(或初值)问题的方法。下面结合具体算例来介绍这两种方法。

7.2.1 微分方程的微分求积方法

微分求积方法的主要内容包括微分方程与边界条件(或初始条件)的离散和离散所得代数方程的求解。下面以拉压杆的静力学问题和欧拉梁的自由振动问题为例来介绍微分求积方法。

首先考虑杆的拉压问题。设均匀杆的长度为 L,其微分方程为

$$EA\frac{\mathrm{d}^2u}{\mathrm{d}x^2}+f(x)=0,\quad 0\leqslant x\leqslant L \tag{7.2-1}$$

式中:E,A 和 f 分别为杨氏模量、横截面积和分布载荷。考虑边界条件

$$EA\frac{\mathrm{d}u}{\mathrm{d}x}=\bar{p},\quad 左端(x=0) \tag{a}$$

$$u=\bar{u},\quad 右端(x=L) \tag{b}$$

在区域[0, L]上取 M 个点,用微分求积法则离散的微分方程和边界条件分别为

$$\text{D. E.}\quad EA\begin{bmatrix} A_{21}^{(2)} & A_{22}^{(2)} & \cdots & A_{2M}^{(2)} \\ A_{31}^{(2)} & A_{32}^{(2)} & \cdots & A_{3M}^{(2)} \\ \vdots & \vdots & & \vdots \\ A_{M-1,1}^{(2)} & A_{M-1,2}^{(2)} & \cdots & A_{M-1,M}^{(2)} \end{bmatrix}\begin{bmatrix} u_1 \\ u_2 \\ \vdots \\ u_M \end{bmatrix}+\begin{bmatrix} f(x_2) \\ f(x_3) \\ \vdots \\ f(x_{M-1}) \end{bmatrix}=0 \tag{7.2-2a}$$

$$\text{B. C.}\quad \begin{bmatrix} A_{11}^{(1)} & A_{12}^{(1)} & \cdots & A_{1,M-1}^{(1)} & A_{1M}^{(1)} \\ 0 & 0 & \cdots & 0 & 1 \end{bmatrix}\begin{bmatrix} u_1 \\ u_2 \\ \vdots \\ u_M \end{bmatrix}=\begin{bmatrix} \bar{p}/EA \\ \bar{u} \end{bmatrix} \tag{7.2-2b}$$

值得注意的是,式(7.2-2a)中对应边界点的两个离散方程已经被略去,它们被边界条件的微分求积表达式(7.2-2b)所代替,因此方程(7.2-2)中的方程数和未知数是相同的。从式(7.2-2b)得

$$\begin{bmatrix} u_1 \\ u_M \end{bmatrix}=\begin{bmatrix} A_{11}^{(1)} & A_{1M}^{(1)} \\ 0 & 1 \end{bmatrix}^{-1}\left\{\begin{bmatrix} \bar{p}/EA \\ \bar{u} \end{bmatrix}-\begin{bmatrix} A_{12}^{(1)} & \cdots & A_{1,M-1}^{(1)} \\ 0 & \cdots & 0 \end{bmatrix}\begin{bmatrix} u_2 \\ \vdots \\ u_{M-1} \end{bmatrix}\right\} \tag{7.2-3}$$

将式(7.2-3)代入式(7.2-2a)相当于施加了边界条件,求解所得代数方程组可以得到 u_2,u_3,…,u_{M-1},再根据式(7.2-3)即可得到左端点的位移 u_1。这一方法同样适用于高阶微分方程。

若高阶微分方程端点处的边界条件不止一个,则需要把离边界最近的内点平衡方程也去掉,而用另外一个边界条件代替。例如,欧拉梁固有振动或广义特征值方程为

$$\frac{\mathrm{d}^4w}{\mathrm{d}x^4}-\frac{\rho A\omega^2}{EI}w=0 \tag{7.2-4}$$

式中:ρ,ω 和 EI 分别为梁的体密度、固有振动角频率和弯曲刚度,A 为横截面积。求解方程(7.2-4)要求梁每端有两个边界条件。考虑两端简支梁,其边界条件为

$$(w)_{x=0}=0,\left(\frac{\mathrm{d}^2 w}{\mathrm{d}x^2}\right)_{x=0}=0;\quad (w)_{x=L}=0,\left(\frac{\mathrm{d}^2 w}{\mathrm{d}x^2}\right)_{x=L}=0 \tag{7.2-5}$$

根据微分求积法则，式(7.2-4)与式(7.2-5)分别被离散为

$$\sum_{j=1}^{M} A_{ij}^{(4)} w_j - \frac{\rho A\omega^2}{EI} w_i = 0 \quad (i=3,4,\cdots,M-2) \tag{7.2-6}$$

$$w_1=0,\sum_{j=1}^{M} A_{1j}^{(2)} w_j=0;\quad w_M=0,\sum_{j=1}^{M} A_{Mj}^{(2)} w_j=0 \tag{7.2-7}$$

式(7.2-6)中去掉了对应结点 1，2，$M-1$ 和 M 的离散方程。与从式(7.2-2b)～式(7.2-3)的过程完全类似，可得到用 $w_3, w_4, \cdots, w_{M-2}$ 表示 w_1, w_2, w_{M-1}, w_M 的关系式，再将该关系式代入式(7.2-6)即可得到离散形式的广义特征值方程。

下面分别用标准有限元方法和微分求积方法计算简支欧拉梁的固有频率。在标准有限元模型中，单元数为 100，每个结点 2 个参数；在微分求积方法中，共配置 35 个结点，每个结点只有 1 个参数。表 7.2-1 给出了用两种方法计算的简支梁前 8 阶频率的绝对误差，无因次频率参数为 $\lambda=(L/\pi)\sqrt[4]{\omega^2\rho A/EI}$，$L=\pi$。图 7.2-1 是用微分求积方法得到的简支梁的前 3 阶模态图。由表 7.2-1 可见，微分求积方法使用较少的结点就能够得到较高的精度。

表 7.2-1　简支梁的频率参数 λ

λ	DQM 的误差	FEM 的误差
1.0000	2.74e−11	1.92e−09
2.0000	6.73e−12	7.53e−09
3.0000	2.76e−12	8.17e−08
4.0000	3.20e−13	3.46e−07
5.0000	1.20e−13	1.06e−06
6.0000	2.70e−13	2.63e−06
7.0000	2.04e−14	5.68e−06
8.0000	2.70e−13	1.11e−05

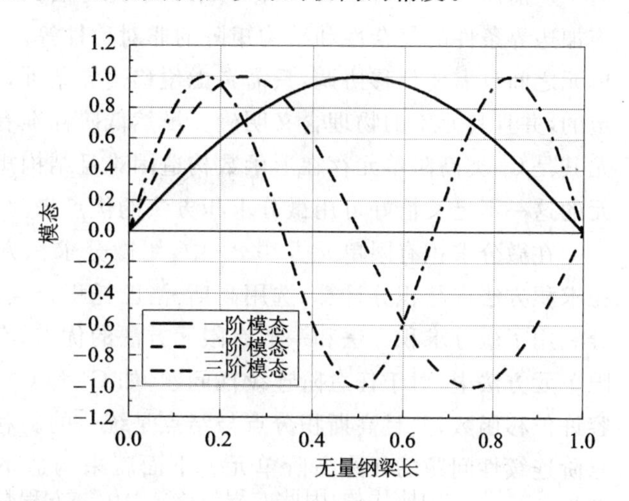

图 7.2-1　简支梁的前 3 阶模态

7.2.2　微分求积单元方法的实现

微分求积单元方法采用微分求积方法直接离散每个子区域对应的微分方程和边界条件，然后利用位移协调和力的协调条件将各子区域的方程组装起来。下面以 7.2.1 小节中的欧拉梁自由振动问题为例来说明其原理。第 e 个区域(单元)的离散方程为

$$\left[\boldsymbol{B}^{(e)}-\omega^2\left(\frac{\rho A}{EI}\right)^{(e)}\boldsymbol{I}\right]\boldsymbol{w}^{(e)}=\boldsymbol{0} \tag{7.2-8}$$

式中：$\boldsymbol{B}^{(e)}=[A_{ij}^{(4)}]_{M\times M}^{(e)}$，$\boldsymbol{w}^{(e)}=[w_1^{(e)}\quad w_2^{(e)}\quad\cdots\quad w_M^{(e)}]^{\mathrm{T}}$，$\boldsymbol{I}$ 为单位对角方阵。相连区域 e 和 $e+1$ 之间的位移协调条件为

$$\left.\begin{aligned} w_N^{(e)} &= w_1^{(e+1)} \\ \left(\frac{\partial w_N}{\partial x}\right)^{(e)} &= \left(\frac{\partial w_1}{\partial x}\right)^{(e+1)} \end{aligned}\right\} \tag{7.2-9}$$

力的协调条件为

$$\left.\begin{aligned} M_1^{(e+1)} + k_2\left(\frac{\partial w_N}{\partial x}\right)^{(e)} &= M_N^{(e)} \\ Q_N^{(e)} + k_1 w_N^{(e)} &= Q_1^{(e+1)} \end{aligned}\right\} \tag{7.2-10}$$

式中：k_2 和 k_1 分别是作用在第 e 个单元与第 $e+1$ 个单元公共结点处的扭转弹簧和拉压弹簧的刚度。由此可见，微分求积单元方法在处理单元之间的协调条件方面比有限元方法复杂得多。权系数矩阵的非对称性还导致结构矩阵的非对称性。下面各节将介绍的微分求积有限单元方法解决了这些问题。

7.3 任意阶次的微分求积一维有限单元

从前面介绍中可以看出，微分求积单元方法具有如下问题：单元之间协调条件的复杂性、施加边界条件的复杂性和结构矩阵的非对称性等。与之对应的是，在标准位移有限元方法中，单元之间只需要位移协调，只需考虑位移边界条件，并且施加方法简单；刚度矩阵是对称半正定的，并且其元素的物理含义明确。虽然低阶标准有限单元的构造和应用较方便，但高阶单元尤其是 C^1 类高阶单元存在形函数构造困难且结构矩阵计算量大等问题，不过高阶标准有限单元的这一不足又恰好可用微分求积方法的优点来弥补。

在微分求积有限单元方法[4,5]中，用微分求积方法计算能量泛函中的导数，用高斯-洛巴托求积方法进行积分计算，选用高斯-洛巴托积分点作为计算导数和积分的结点。这种方法充分利用了微分求积方法和一般有限元方法的优点，有效地避免了二者的缺点。在微分求积有限单元方法中，对于任意阶连续性问题，如 C^0 和 C^1 问题，都可用拉格朗日插值函数作为单元容许位移函数，并且高斯积分点与结点是统一的。利用微分求积有限单元，可以方便地构造任意阶连续性问题的任意高阶单元。下面就来构造不同类型的微分求积有限单元并给出模拟结果。

7.3.1 杆单元

首先以杆为例介绍微分求积有限单元方法。设杆单元长度为 L，横截面积为 A，把惯性力视为体力，这样，杆单元的总势能泛函 Π 为

$$\Pi = \frac{1}{2}\int_0^L EA\left(\frac{\partial u}{\partial x}\right)^2 \mathrm{d}x - \int_0^L u\left(-\rho A\,\frac{\partial^2 u}{\partial t^2}\right)\mathrm{d}x - \int_0^L qu\,\mathrm{d}x \tag{7.3-1}$$

设杆单元的纵向位移函数为

$$u(x) = \sum_{i=1}^{M} l_i(x) u_i \tag{7.3-2}$$

式中：l_i 是拉格朗日多项式，$u_i = u(x_i)$ 是高斯-洛巴托积分点位移或微分求积有限单元的结点位移，x_i 是高斯-洛巴托积分点坐标，M 是单元结点数。利用微分求积法则和高斯-洛巴托积分方法，可将总势能泛函离散为

$$\Pi=\frac{1}{2}\sum_{i=1}^{M}C_iEA\left(\sum_{j=1}^{M}A_{ij}^{(1)}u_j\right)^2+\rho A\sum_{i=1}^{M}C_iu_i\ddot{u}_i-\sum_{i=1}^{M}C_iq_iu_i \tag{7.3-3}$$

式中：C_i 为$[0,L]$区间的高斯-洛巴托积分系数。如果没有特殊说明，下面各节中的积分系数都不是定义在$[-1,1]$区间上的。定义

$$\boldsymbol{A}=[A_{ij}^{(1)}]_{M\times M} \tag{7.3-4a}$$

$$\boldsymbol{C}=\mathrm{diag}[C_1\quad C_2\quad\cdots\quad C_M] \tag{7.3-4b}$$

$$\boldsymbol{u}^{\mathrm{T}}=[u_1\quad u_2\quad u_3\quad\cdots\quad u_{M-1}\quad u_M] \tag{7.3-5}$$

则杆单元总势能泛函可表示为

$$\Pi=\frac{1}{2}\boldsymbol{u}^{\mathrm{T}}\boldsymbol{k}\boldsymbol{u}+\boldsymbol{u}^{\mathrm{T}}\boldsymbol{m}\ddot{\boldsymbol{u}}-\boldsymbol{u}^{\mathrm{T}}\boldsymbol{Q} \tag{7.3-6}$$

式中：单元刚度矩阵 $\boldsymbol{k}$、质量矩阵 $\boldsymbol{m}$ 和广义载荷向量 $\boldsymbol{Q}$ 分别为

$$\boldsymbol{k}=EA\boldsymbol{A}^{\mathrm{T}}\boldsymbol{C}\boldsymbol{A},\quad \boldsymbol{m}=\rho A\boldsymbol{C},\quad \boldsymbol{Q}=\boldsymbol{C}\boldsymbol{q} \tag{7.3-7}$$

其中 $\boldsymbol{q}^{\mathrm{T}}=[q_1\quad q_2\quad\cdots\quad q_M]$。

由此可见，微分求积有限单元方法不但具有对称的单元刚度和质量矩阵，而且其计算过程也得到了简化。下面以三结点三自由度杆单元（二次杆单元）为例，对标准有限单元方法与微分求积有限元方法的单元矩阵的异同进行比较。对于横截面积为 A、长度为 L 并有均布载荷 q 作用的二次杆单元，在 2.1.5 小节中给出了标准有限元方法中的单元矩阵，即

$$\boldsymbol{k}=\frac{EA}{3L}\begin{bmatrix}7&-8&1\\-8&16&-8\\1&-8&7\end{bmatrix},\quad \boldsymbol{m}=\frac{\rho AL}{30}\begin{bmatrix}4&2&-1\\2&16&2\\-1&2&4\end{bmatrix},\quad \boldsymbol{Q}=\frac{qL}{6}\begin{bmatrix}1\\4\\1\end{bmatrix} \tag{7.3-8}$$

从表 7.1-1 查得标准积分区间$[-1,1]$上结点数为 3 的积分点坐标和系数，用式(7.1-14)和式(7.1-15)将之转换到区域$[0,L]$上得

$$\{x_i\}=\left\{0,\frac{L}{2},L\right\},\quad \{C_i\}=\left\{\frac{L}{6},\frac{4L}{6},\frac{L}{6}\right\} \tag{7.3-9}$$

由式(7.1-8)及式(7.3-4)可得

$$\boldsymbol{A}=\frac{1}{L}\begin{bmatrix}-3&4&-1\\-1&0&1\\1&-4&3\end{bmatrix},\quad \boldsymbol{C}=\frac{L}{6}\begin{bmatrix}1&0&0\\0&4&0\\0&0&1\end{bmatrix} \tag{7.3-10}$$

将式(7.3-10)代入式(7.3-7)可得微分求积有限单元方法的二次杆单元矩阵为

$$\boldsymbol{k}=\frac{EA}{3L}\begin{bmatrix}7&-8&1\\-8&16&-8\\1&-8&7\end{bmatrix},\quad \boldsymbol{m}=\frac{\rho AL}{6}\begin{bmatrix}1&0&0\\0&4&0\\0&0&1\end{bmatrix},\quad \boldsymbol{Q}=\frac{qL}{6}\begin{bmatrix}1\\4\\1\end{bmatrix} \tag{7.3-11}$$

由此可见，对于二次杆单元而言，微分求积有限单元方法与标准有限单元方法具有相同的刚度矩阵和载荷向量；但二者的质量矩阵不同，前者为对角矩阵，后者为满阵，但两个质量矩阵对角元素的比值彼此相等。值得指出的是，只要微分求积有限单元方法和一般有限单元方法的结点位置和个数相同，则二者就具有相同的杆单元刚度矩阵和载荷列向量。

7.3.2 欧拉梁单元

下面给出微分求积有限欧拉梁单元，并介绍 C^1 单元的构造方法。欧拉梁单元的总势能泛

函为

$$\Pi = \frac{1}{2}\int_0^L EI\left(\frac{\partial^2 w}{\partial x^2}\right)^2 \mathrm{d}x - \int_0^L w\left(-\rho A\,\frac{\partial^2 w}{\partial t^2}\right)\mathrm{d}x - \int_0^L qw\,\mathrm{d}x \tag{7.3-12}$$

设欧拉梁单元的挠度函数为

$$w(x) = \sum_{i=1}^{M} l_i(x) w_i \tag{7.3-13}$$

式中：$w_i = w(x_i)$是高斯-洛巴托积分点的挠度。需要注意的是，在一般有限单元方法中，由于欧拉梁单元结点的参数包括挠度和截面转角，因此用埃尔米特（Hermite）多项式进行插值。用微分求积法则和高斯-洛巴托积分方法将式(7.3-12)离散为

$$\Pi = \frac{1}{2}\sum_{i=1}^{M} C_i EI\left(\sum_{j=1}^{M} A_{ij}^{(2)} w_j\right)^2 + \rho A\sum_{i=1}^{M} C_i w_i \ddot{w}_i - \sum_{i=1}^{M} C_i q_i w_i \tag{7.3-14}$$

式中：C_i 为$[0,L]$区间的高斯-洛巴托积分系数。定义如下矩阵和向量

$$\boldsymbol{B} = \left[A_{ij}^{(2)}\right]_{M\times M} \tag{7.3-15a}$$

$$\bar{\boldsymbol{w}}^{\mathrm{T}} = \begin{bmatrix} w_1 & w_2 & \cdots & w_{M-1} & w_M \end{bmatrix} \tag{7.3-15b}$$

式(7.3-14)变为

$$\Pi = \frac{EI}{2}\bar{\boldsymbol{w}}^{\mathrm{T}}\boldsymbol{B}^{\mathrm{T}}\boldsymbol{C}\boldsymbol{B}\bar{\boldsymbol{w}} + \bar{\boldsymbol{w}}^{\mathrm{T}}(\rho A\boldsymbol{C})\ddot{\bar{\boldsymbol{w}}} - \bar{\boldsymbol{w}}^{\mathrm{T}}\boldsymbol{C}\boldsymbol{q} \tag{7.3-16}$$

由于欧拉梁单元之间要求 C^1 连续，因此结点位移向量应该具有形式

$$\boldsymbol{w}^{\mathrm{T}} = \begin{bmatrix} w_1 & w_1' & w_3 & \cdots & w_{M-2} & w_M & w_M' \end{bmatrix} \tag{7.3-17}$$

式中：w'表示$\partial w/\partial x$。注意，$\boldsymbol{w}$ 包含了单元端部结点 1 和 M 的转角，但不包含 w_2 和 w_{M-1}，涉及的结点个数为 $M-2$，其总结点参数个数仍然为 M。根据微分求积法则可以建立 $\boldsymbol{w}$ 和 $\bar{\boldsymbol{w}}$ 之间的关系，即

$$\begin{bmatrix} w_1 \\ w_1' \\ w_3 \\ \vdots \\ w_{M-2} \\ w_M \\ w_M' \end{bmatrix} = \begin{bmatrix} 1 & 0 & 0 & \cdots & 0 & 0 & 0 \\ A_{1,1}^{(1)} & A_{1,2}^{(1)} & A_{1,3}^{(1)} & \cdots & A_{1,M-2}^{(1)} & A_{1,M-1}^{(1)} & A_{1,M}^{(1)} \\ 0 & 0 & 1 & \cdots & 0 & 0 & 0 \\ \vdots & \vdots & \vdots & & \vdots & \vdots & \vdots \\ 0 & 0 & 0 & \cdots & 1 & 0 & 0 \\ 0 & 0 & 0 & \cdots & 0 & 0 & 1 \\ A_{M,1}^{(1)} & A_{M,2}^{(1)} & A_{M,3}^{(1)} & \cdots & A_{M,M-2}^{(1)} & A_{M,M-1}^{(1)} & A_{M,M}^{(1)} \end{bmatrix} \begin{bmatrix} w_1 \\ w_2 \\ w_3 \\ \vdots \\ w_{M-2} \\ w_{M-1} \\ w_M \end{bmatrix} \tag{7.3-18}$$

或

$$\boldsymbol{w} = \boldsymbol{T}\bar{\boldsymbol{w}} \quad 或 \quad \bar{\boldsymbol{w}} = \boldsymbol{T}^{-1}\boldsymbol{w} \tag{7.3-19}$$

将式(7.3-19)代入式(7.1-16)可得梁的单元矩阵为

$$\boldsymbol{k} = EI\boldsymbol{T}^{-\mathrm{T}}(\boldsymbol{B}^{\mathrm{T}}\boldsymbol{C}\boldsymbol{B})\boldsymbol{T}^{-1},\quad \boldsymbol{m} = \boldsymbol{T}^{-\mathrm{T}}(\rho A\boldsymbol{C})\boldsymbol{T}^{-1},\quad \boldsymbol{Q} = \boldsymbol{T}^{-\mathrm{T}}\boldsymbol{C}\boldsymbol{q} \tag{7.3-20}$$

式中：载荷列向量 $\boldsymbol{q}$ 与杆单元具有相同的形式，即 $\boldsymbol{q}^{\mathrm{T}} = \begin{bmatrix} q_1 & q_2 & \cdots & q_M \end{bmatrix}$。

下面以二结点四自由度欧拉梁单元（三次梁单元）为例比较标准有限单元方法与微分求积有限单元方法的单元矩阵的异同。对于横截面积为 A、长度为 L 并有均布载荷 q 作用的三次梁单元，2.2.3 小节给出了标准有限单元方法中的单元矩阵，即

$$\boldsymbol{k}=\frac{EI}{L^3}\begin{bmatrix}12 & 6L & -12 & 6L\\ 6L & 4L^2 & -6L & 2L^2\\ -12 & -6L & 12 & -6L\\ 6L & 2L^2 & -6L & 4L^2\end{bmatrix}\tag{7.3-21a}$$

$$\boldsymbol{m}=\frac{\rho AL}{420}\begin{bmatrix}156 & 22L & 54 & -13L\\ 22L & 4L^2 & 13L & -3L^2\\ 54 & 13L & 156 & -22L\\ -13L & -3L^2 & -22L & 4L^2\end{bmatrix}\tag{7.3-21b}$$

$$\boldsymbol{Q}=\frac{qL}{12}\begin{bmatrix}6\\ L\\ 6\\ -L\end{bmatrix}\tag{7.3-21c}$$

从表 7.1-1 查得标准积分区间[−1, 1]上结点数为 4 的积分点坐标和系数，用式(7.1-14)和式(7.1-15)将之转换到区域[0, L]上得

$$\{x_i\}=\left\{0,\frac{5-\sqrt{5}}{10}L,\frac{5+\sqrt{5}}{10}L,L\right\},\quad \{C_i\}=\left\{\frac{L}{12},\frac{5L}{12},\frac{5L}{12},\frac{L}{12}\right\}\tag{7.3-22}$$

由式(7.1-8)及式(7.3-4)可得

$$\boldsymbol{A}^{(1)}=\frac{1}{2L}\begin{bmatrix}-12 & 5(\sqrt{5}+1) & 5(1-\sqrt{5}) & 2\\ -(1+\sqrt{5}) & 0 & 2\sqrt{5} & 1-\sqrt{5}\\ \sqrt{5}-1 & -2\sqrt{5} & 0 & 1+\sqrt{5}\\ -2 & 5(\sqrt{5}-1) & -5(\sqrt{5}+1) & 12\end{bmatrix}\tag{7.3-23a}$$

$$\boldsymbol{C}=\frac{L}{12}\begin{bmatrix}1 & 0 & 0 & 0\\ 0 & 5 & 0 & 0\\ 0 & 0 & 5 & 0\\ 0 & 0 & 0 & 1\end{bmatrix}\tag{7.3-23b}$$

由式(7.3-15a)可得

$$\boldsymbol{B}=\frac{1}{L^2}\begin{bmatrix}20 & -5(3\sqrt{5}+1) & 5(3\sqrt{5}-1) & -10\\ 3\sqrt{5}+5 & -20 & 10 & 5-3\sqrt{5}\\ 5-3\sqrt{5} & 10 & -20 & 3\sqrt{5}+5\\ -10 & 5(3\sqrt{5}-1) & -5(3\sqrt{5}+1) & 20\end{bmatrix}\tag{7.3-24}$$

值得注意的是，由式(7.3-23a)和式(7.3-24)可见，微分求积方法一阶导数的权系数矩阵为反中心对称矩阵，二阶导数的权系数矩阵是中心对称矩阵。转换矩阵 $\boldsymbol{T}$ 为

$$\boldsymbol{T}=\begin{bmatrix}1 & 0 & 0 & 0\\ -\frac{6}{L} & \frac{5(\sqrt{5}+1)}{2L} & \frac{5(1-\sqrt{5})}{2L} & \frac{1}{L}\\ 0 & 0 & 0 & 1\\ -\frac{1}{L} & \frac{5(\sqrt{5}-1)}{2L} & -\frac{5(\sqrt{5}+1)}{2L} & \frac{6}{L}\end{bmatrix}\tag{7.3-25}$$

其逆矩阵为

$$\boldsymbol{T}^{-1}=\begin{bmatrix} 1 & 0 & 0 & 0 \\ \dfrac{1}{2}+\dfrac{7\sqrt{5}}{50} & \dfrac{2\sqrt{5}L}{25(\sqrt{5}-1)} & \dfrac{1}{2}-\dfrac{7\sqrt{5}}{50} & \dfrac{(\sqrt{5}-5)L}{50} \\ \dfrac{1}{2}-\dfrac{7\sqrt{5}}{50} & \dfrac{(5-\sqrt{5})L}{50} & \dfrac{1}{2}+\dfrac{7\sqrt{5}}{50} & -\dfrac{(\sqrt{5}+5)L}{50} \\ 0 & 0 & 1 & 0 \end{bmatrix} \tag{7.3-26}$$

将式(7.3-23b)、式(7.3-24)和式(7.3-26)代入式(7.3-20)可得微分求积有限单元方法的三次梁单元矩阵为

$$\boldsymbol{k}=\frac{EI}{L^3}\begin{bmatrix} 12 & 6L & -12 & 6L \\ 6L & 4L^2 & -6L & 2L^2 \\ -12 & -6L & 12 & -6L \\ 6L & 2L^2 & -6L & 4L^2 \end{bmatrix}$$

$$\boldsymbol{m}=\frac{\rho AL}{420}\begin{bmatrix} 156.8 & 22.4L & 53.2 & -12.6L \\ 22.4L & 4.2L^2 & 12.6L & -2.8L^2 \\ 53.2 & 12.6L & 156.8 & -22.4L \\ -12.6L & -2.8L^2 & -22.4L & 4.2L^2 \end{bmatrix}$$

$$\boldsymbol{Q}=\frac{qL}{12}\begin{bmatrix} 6 \\ L \\ 6 \\ -L \end{bmatrix} \tag{7.3-27}$$

比较式(7.3-21)和式(7.3-27)可见,对于三次欧拉梁单元,微分求积有限单元方法与标准有限单元方法的单元刚度矩阵和载荷列向量相同,但质量矩阵略有不同。

7.3.3 剪切梁单元

下面从弹性力学泛函的一般表达式出发来推导微分求积剪切梁单元,这种推导方法还适用于平面、剪切板和三维问题的推导。在弹性力学中,总势能泛函的一般表达式为

$$\Pi=\frac{1}{2}\iiint_V \boldsymbol{\varepsilon}^{\mathrm{T}}\boldsymbol{D}\boldsymbol{\varepsilon}\,\mathrm{d}V-\iiint_V \boldsymbol{u}^{\mathrm{T}}\left(-\rho\frac{\partial^2 \boldsymbol{u}}{\partial t^2}\right)\mathrm{d}V-\iint_S \boldsymbol{u}^{\mathrm{T}}\boldsymbol{p}\,\mathrm{d}S \tag{7.3-28}$$

对于铁木辛柯梁而言,式(7.3-28)中的弹性矩阵 $\boldsymbol{D}$ 以及应变-位移关系为

$$\boldsymbol{D}=\begin{bmatrix} E & 0 \\ 0 & \kappa G \end{bmatrix},\quad \begin{bmatrix} \varepsilon_x \\ \gamma_{xz} \end{bmatrix}=\begin{bmatrix} -z(\mathrm{d}/\mathrm{d}x) & 0 \\ -1 & \mathrm{d}/\mathrm{d}x \end{bmatrix}\begin{bmatrix} \psi \\ w \end{bmatrix} \tag{7.3-29}$$

式中:κ 为剪切修正系数,对于矩阵截面,$\kappa=5/6$。铁木辛柯梁的位移函数向量为 $\boldsymbol{u}^{\mathrm{T}}=[\psi,\ w]$,载荷函数向量为 $\boldsymbol{p}^{\mathrm{T}}=[m_x,\ q]$。设铁木辛柯梁的位移函数为

$$[\psi(x),w(x)]=\sum_{i=1}^{M} l_i(x)[\psi_i,w_i] \tag{7.3-30}$$

定义高斯-洛巴托结点位移向量为

$$\left.\begin{aligned} \boldsymbol{\psi}^{\mathrm{T}}&=[\psi_1 \quad \psi_2 \quad \cdots \quad \psi_{M-1} \quad \psi_M] \\ \boldsymbol{w}^{\mathrm{T}}&=[w_1 \quad w_2 \quad \cdots \quad w_{M-1} \quad w_M] \end{aligned}\right\} \tag{7.3-31}$$

利用微分求积法则可将高斯-洛巴托结点应变向量表示为

$$\begin{bmatrix}\boldsymbol{\varepsilon}_x\\\boldsymbol{\gamma}_{xz}\end{bmatrix}=\begin{bmatrix}-z\boldsymbol{A} & \boldsymbol{0}\\-\boldsymbol{I} & \boldsymbol{A}\end{bmatrix}\begin{bmatrix}\boldsymbol{\psi}\\\boldsymbol{w}\end{bmatrix}\tag{7.3-32}$$

式中：矩阵 $\boldsymbol{A}$ 由式(7.3-4a)定义，$\boldsymbol{I}$ 为单位对角矩阵。针对泛函表达式(7.3-28)，利用微分求积法则计算其中对坐标 x 的微分，再用高斯-洛巴托法则计算其中对坐标 x 的积分，可以得到类似于式(7.3-6)的离散泛函标准形式，其中的单元刚度矩阵、质量矩阵和载荷列向量分别为

$$\boldsymbol{k}=\iint\begin{bmatrix}-z\boldsymbol{A} & \boldsymbol{0}\\-\boldsymbol{I} & \boldsymbol{A}\end{bmatrix}^{\mathrm{T}}\begin{bmatrix}E\boldsymbol{C} & \boldsymbol{0}\\\boldsymbol{0} & \kappa G\boldsymbol{C}\end{bmatrix}\begin{bmatrix}-z\boldsymbol{A} & \boldsymbol{0}\\-\boldsymbol{I} & \boldsymbol{A}\end{bmatrix}\mathrm{d}y\mathrm{d}z=$$

$$\begin{bmatrix}\boldsymbol{A}^{\mathrm{T}}(EI\boldsymbol{C})\boldsymbol{A}+\kappa GA\boldsymbol{C} & -(\kappa GA\boldsymbol{C})\boldsymbol{A}\\-\boldsymbol{A}^{\mathrm{T}}(\kappa GA\boldsymbol{C}) & \boldsymbol{A}^{\mathrm{T}}(\kappa GA\boldsymbol{C})\boldsymbol{A}\end{bmatrix}\tag{7.3-33}$$

$$\boldsymbol{m}=\rho\iint\begin{bmatrix}z^2\boldsymbol{C} & \boldsymbol{0}\\\boldsymbol{0} & \boldsymbol{C}\end{bmatrix}\mathrm{d}y\mathrm{d}z=\rho\begin{bmatrix}I\boldsymbol{C} & \boldsymbol{0}\\\boldsymbol{0} & A\boldsymbol{C}\end{bmatrix}\tag{7.3-34}$$

$$\boldsymbol{Q}=\begin{bmatrix}\boldsymbol{C}\boldsymbol{m}_x\\\boldsymbol{C}\boldsymbol{q}\end{bmatrix}\tag{7.3-35}$$

式中：$\boldsymbol{q}$ 和 $\boldsymbol{m}_x$ 分别为对应挠度 w 和横截面转角 ψ 的分布载荷和分布弯矩向量，$\boldsymbol{q}$ 的形式与欧拉梁的相同，而 $\boldsymbol{m}_x^{\mathrm{T}}=[m_1\quad m_2\quad\cdots\quad m_M]$。矩阵 $\boldsymbol{A}$ 和 $\boldsymbol{C}$ 由式(7.3-4)给定。对于四结点剪切梁单元，矩阵 $\boldsymbol{A}$ 和 $\boldsymbol{C}$ 由式(7.3-23)给定。

下面比较标准有限单元方法与微分求积有限单元方法的刚度矩阵和质量矩阵。对于三结点剪切梁单元，若每个结点都配置挠度和截面转角这两个参数，且广义位移插值函数与式(7.3-30)相同，则标准有限单元方法的刚度矩阵和质量矩阵分别为

$$\boldsymbol{k}=\begin{bmatrix}\boldsymbol{k}_{\mathrm{ee}}+\alpha\boldsymbol{k}_{\mathrm{ii}} & \boldsymbol{k}_{\mathrm{ei}}\\\boldsymbol{k}_{\mathrm{ie}} & \boldsymbol{k}_{\mathrm{ii}}\end{bmatrix},\quad\boldsymbol{m}=\begin{bmatrix}\beta\boldsymbol{m}_{\mathrm{ee}} & \boldsymbol{0}\\\boldsymbol{0} & \boldsymbol{m}_{\mathrm{ii}}\end{bmatrix}\tag{7.3-36}$$

式中的各个子矩阵分别为

$$\boldsymbol{k}_{\mathrm{ee}}=\frac{\kappa GAL}{30}\begin{bmatrix}4 & 2 & -1\\2 & 16 & 2\\-1 & 2 & 4\end{bmatrix},\quad\boldsymbol{k}_{\mathrm{ei}}=\boldsymbol{k}_{\mathrm{ie}}^{\mathrm{T}}=\frac{\kappa GA}{30}\begin{bmatrix}15 & -20 & 5\\20 & 0 & -20\\-5 & 20 & -15\end{bmatrix}\tag{7.3-37a}$$

$$\boldsymbol{k}_{\mathrm{ii}}=\frac{\kappa GA}{30L}\begin{bmatrix}70 & -80 & 10\\-80 & 160 & -80\\10 & -80 & 70\end{bmatrix},\quad\boldsymbol{m}_{\mathrm{ee}}=\boldsymbol{m}_{\mathrm{ii}}=\frac{\rho AL}{30}\begin{bmatrix}4 & 2 & -1\\2 & 16 & 2\\-1 & 2 & 4\end{bmatrix}\tag{7.3-37b}$$

式中：

$$\alpha=\frac{EI}{\kappa GA}=\frac{h^2(1+\nu)}{6\kappa},\quad\beta=\frac{h^2}{12}$$

与单元刚度矩阵 $\boldsymbol{k}$ 和质量矩阵 $\boldsymbol{m}$ 对应的结点位移列向量为$[\boldsymbol{\psi}^{\mathrm{T}}\quad\boldsymbol{w}^{\mathrm{T}}]^{\mathrm{T}}$，而列向量 $\boldsymbol{\psi}$ 和 $\boldsymbol{w}$ 的排列方式与式(7.3-31)相同。值得注意的是，这里给出的三结点剪切梁单元与第2章给出的三结点和二结点剪切梁单元都不同。

将式(7.3-10)代入式(7.3-33)可得微分求积有限单元方法的剪切梁单元矩阵分别为

$$\boldsymbol{k}=\begin{bmatrix}\bar{\boldsymbol{k}}_{\mathrm{ee}}+\alpha\boldsymbol{k}_{\mathrm{ii}} & \boldsymbol{k}_{\mathrm{ei}}\\\boldsymbol{k}_{\mathrm{ie}} & \boldsymbol{k}_{\mathrm{ii}}\end{bmatrix},\quad\boldsymbol{m}=\begin{bmatrix}\beta\bar{\boldsymbol{m}}_{\mathrm{ee}} & \boldsymbol{0}\\\boldsymbol{0} & \bar{\boldsymbol{m}}_{\mathrm{ii}}\end{bmatrix}\tag{7.3-38}$$

式中：

$$\bar{\boldsymbol{k}}_{\text{ee}}=\frac{\kappa GAL}{6}\begin{bmatrix}1&0&0\\0&4&0\\0&0&1\end{bmatrix},\quad \bar{\boldsymbol{m}}_{\text{ee}}=\bar{\boldsymbol{m}}_{\text{ii}}=\frac{\rho AL}{6}\begin{bmatrix}1&0&0\\0&4&0\\0&0&1\end{bmatrix} \tag{7.3-39}$$

比较式(7.3－36)和式(7.3－38)可知，两种方法的剪切梁刚度矩阵的区别在于 $\boldsymbol{k}_{\text{ee}}$ 和 $\bar{\boldsymbol{k}}_{\text{ee}}$，不过质量矩阵的区别是明显的。

一般剪切梁单元存在剪切闭锁现象，但微分求积高阶有限单元较好地解决了这个问题，参见表 7.3－1，其中计算参数为：泊松比 $\nu=0.3$，剪切系数 $\kappa=5/6$，$L=1$。标准有限单元数为 100；微分求积有限单元数为 1，结点数为 25。从表中可以看出，虽然标准有限单元模型的自由度数约为微分求积有限单元数的 4 倍，但随着长高比的增加，标准有限梁单元出现了剪切闭锁现象，而微分求积有限单元即使在 $h/L=10^{-5}$ 时仍能给出正确的低阶频率，由此可见高阶单元的优越性。

表 7.3－1 矩形截面简支梁的频率参数 $\lambda=(L/\pi)\sqrt[4]{\omega^2\rho A/EI}$

h/L	方 法	λ								
10^{-3}	FEM	1.0000	2.0001	3.0005	4.0011	5.0021	6.0037	7.0058	8.0087	9.0124
	DQFEM	1.0000	2.0000	3.0000	3.9999	4.9999	5.9998	6.9997	7.9996	8.9994
10^{-4}	FEM	0.9930	2.0027	3.0001	4.0026	5.0020	6.0048	7.0067	8.0106	9.0148
	DQFEM	1.0000	2.0000	3.0000	4.0000	5.0000	6.0000	7.0000	8.0000	9.0000
10^{-5}	FEM	8.4199	7.8041	7.0945	5.8087	5.0333	6.4794	7.6450	8.5365	10.1165
	DQFEM	1.0000	2.0000	3.0000	4.0000	5.0000	6.0000	7.0000	8.0000	9.0000
10^{-6}	FEM	—	—	—	—	—	—	—	—	—
	DQFEM	1.0001	1.9986	3.0009	4.0000	4.9993	6.0008	7.0002	7.9997	8.9999

7.4 任意阶次的微分求积二维有限单元

本节构造常用的矩形平面单元、矩形薄板和剪切板单元。

7.4.1 平面应力单元

对于矩形平面单元，设其位移函数为

$$[u(x,y),v(x,y)]=\sum_{i=1}^{M}\sum_{j=1}^{N}l_i(x)l_j(y)[u_{ij},v_{ij}] \tag{7.4-1}$$

式(3.1－4)给出了平面应力问题的弹性矩阵 $\boldsymbol{E}$，式(3.1－9)给出了应变-位移关系。定义如下结点位移向量

$$\left.\begin{aligned}\boldsymbol{u}^{\mathrm{T}}&=[u_{11}\ \cdots\ u_{M1}\ \ u_{12}\ \cdots\ u_{M2}\ \cdots\cdots\ u_{1N}\ \cdots\ u_{MN}]\\\boldsymbol{v}^{\mathrm{T}}&=[v_{11}\ \cdots\ v_{M1}\ \ v_{12}\ \cdots\ v_{M2}\ \cdots\cdots\ v_{1N}\ \cdots\ v_{MN}]\end{aligned}\right\} \tag{7.4-2}$$

根据几何关系式(3.1－9)和微分求积法则，可得结点应变向量为

$$\begin{bmatrix}\boldsymbol{\varepsilon}_x\\ \boldsymbol{\varepsilon}_y\\ \boldsymbol{\gamma}_{xy}\end{bmatrix}=\begin{bmatrix}\overline{\boldsymbol{A}}^{(1)} & \boldsymbol{0}\\ \boldsymbol{0} & \overline{\boldsymbol{B}}^{(1)}\\ \overline{\boldsymbol{B}}^{(1)} & \overline{\boldsymbol{A}}^{(1)}\end{bmatrix}\begin{bmatrix}\boldsymbol{u}\\ \boldsymbol{v}\end{bmatrix} \tag{7.4-3}$$

针对泛函表达式(7.3-28),利用微分求积法则计算其中对坐标 x 和 y 的微分,再用高斯-洛巴托法则计算其中对坐标 x 和 y 的积分,可以得到离散泛函标准形式,进而可知单元刚度矩阵、质量矩阵和载荷列向量,即

$$\boldsymbol{k}=\frac{Eh}{1-\nu^2}\begin{bmatrix}\overline{\boldsymbol{A}}^{(1)\mathrm{T}}\boldsymbol{C}\overline{\boldsymbol{A}}^{(1)}+\nu_1\overline{\boldsymbol{B}}^{(1)\mathrm{T}}\boldsymbol{C}\overline{\boldsymbol{B}}^{(1)} & \nu\overline{\boldsymbol{A}}^{(1)\mathrm{T}}\boldsymbol{C}\overline{\boldsymbol{B}}^{(1)}+\nu_1\overline{\boldsymbol{B}}^{(1)\mathrm{T}}\boldsymbol{C}\overline{\boldsymbol{A}}^{(1)}\\ \nu\overline{\boldsymbol{B}}^{(1)\mathrm{T}}\boldsymbol{C}\overline{\boldsymbol{A}}^{(1)}+\nu_1\overline{\boldsymbol{A}}^{(1)\mathrm{T}}\boldsymbol{C}\overline{\boldsymbol{B}}^{(1)} & \overline{\boldsymbol{B}}^{(1)\mathrm{T}}\boldsymbol{C}\overline{\boldsymbol{B}}^{(1)}+\nu_1\overline{\boldsymbol{A}}^{(1)\mathrm{T}}\boldsymbol{C}\overline{\boldsymbol{A}}^{(1)}\end{bmatrix} \tag{7.4-4}$$

$$\boldsymbol{m}=\rho h\begin{bmatrix}\boldsymbol{C} & \boldsymbol{0}\\ \boldsymbol{0} & \boldsymbol{C}\end{bmatrix} \tag{7.4-5}$$

$$\boldsymbol{Q}=\begin{bmatrix}\boldsymbol{C}\boldsymbol{q}_x\\ \boldsymbol{C}\boldsymbol{q}_y\end{bmatrix} \tag{7.4-6}$$

式中:$\boldsymbol{q}_x$ 和 $\boldsymbol{q}_y$ 分别是沿 x 和 y 方向的结点载荷向量,其格式与式(7.4-2)相同;h 为板的厚度;$\nu_1=(1-\nu)/2$;$\boldsymbol{C}=\mathrm{diag}(C_k)$,其中 $C_k=C_i^xC_j^y$,式(7.1-30)给出了 k 的计算方法,C_i^x 和 C_j^y 分别是 x 和 y 方向的高斯-洛巴托积分系数。对于平面应变问题,只需改变 E 和 ν 即可,参见第3.1节。

7.4.2 薄板单元

对于薄板弯曲问题,挠度函数也可用拉格朗日函数表示为

$$w(x,y)=\sum_{i=1}^{M}\sum_{j=1}^{N}l_i(x)l_j(y)w_{ij} \tag{7.4-7}$$

薄板的本构关系与平面应力问题相同,其应变-位移关系为

$$\begin{bmatrix}\varepsilon_x\\ \varepsilon_y\\ \gamma_{xy}\end{bmatrix}=-z\begin{bmatrix}\partial^2/\partial x^2\\ \partial^2/\partial y^2\\ 2\partial^2/\partial x\partial y\end{bmatrix}w \tag{7.4-8}$$

定义如下向量

$$\overline{\boldsymbol{w}}^{\mathrm{T}}=[w_{11}\ \cdots\ w_{M1}\ \ w_{12}\ \cdots\ w_{M2}\ \cdots\cdots\ w_{1N}\ \cdots\ w_{MN}] \tag{7.4-9}$$

应用微分求积法则表达式(7.1-29)可得结点应变向量为

$$\begin{bmatrix}\varepsilon_x\\ \varepsilon_y\\ \gamma_{xy}\end{bmatrix}=-z\begin{bmatrix}\overline{\boldsymbol{A}}^{(2)}\\ \overline{\boldsymbol{B}}^{(2)}\\ 2\overline{\boldsymbol{F}}^{(2)}\end{bmatrix}\overline{\boldsymbol{w}} \tag{7.4-10}$$

式中:$\overline{\boldsymbol{F}}^{(2)}=\overline{\boldsymbol{A}}^{(1)}\overline{\boldsymbol{B}}^{(1)}$。薄板势能泛函的离散形式为

$$\Pi=\frac{D}{2}\overline{\boldsymbol{w}}^{\mathrm{T}}\Big[\overline{\boldsymbol{A}}^{(2)\mathrm{T}}\boldsymbol{C}\overline{\boldsymbol{A}}^{(2)}+\overline{\boldsymbol{B}}^{(2)\mathrm{T}}\boldsymbol{C}\overline{\boldsymbol{B}}^{(2)}+2\nu\overline{\boldsymbol{A}}^{(2)\mathrm{T}}\boldsymbol{C}\overline{\boldsymbol{B}}^{(2)}+$$

$$2(1-\nu)\overline{\boldsymbol{F}}^{(2)\mathrm{T}}\boldsymbol{C}\overline{\boldsymbol{F}}^{(2)}\Big]\bar{\boldsymbol{w}}+\bar{\boldsymbol{w}}^{\mathrm{T}}(\rho h\boldsymbol{C})\ddot{\bar{\boldsymbol{w}}}-\bar{\boldsymbol{w}}^{\mathrm{T}}\boldsymbol{C}\boldsymbol{q} \tag{7.4-11}$$

式中：D 为薄板的弯曲刚度；$\boldsymbol{C}$ 与平面问题的相同；$\boldsymbol{q}$ 为结点载荷列向量，其形式同式(7.4-9)。

为了满足薄板单元之间的 C^1 连续条件，需要修正位移向量。边界结点参数应该既包含结点挠度，也包含转角，于是有

$$\begin{aligned}\boldsymbol{w}^{\mathrm{T}}=[w_k\quad w_{kx}\quad w_{ky}\quad w_{kxy}\quad &(i=1,M;j=1,N),\\ w_k\quad w_{kx}\quad &(i=3,\cdots,M-2;j=1,N),\\ w_k\quad w_{ky}\quad &(i=1,M;j=3,\cdots,N-2),\\ w_k\quad &(i=3,\cdots,M-2;j=3,\cdots,N-2)]\end{aligned} \tag{7.4-12}$$

式中：$w_{kx}=(\partial w/\partial x)_k$，$w_{ky}=(\partial w/\partial y)_k$，$w_{kxy}=(\partial^2 w/\partial x\partial y)_k$，式(7.1-30)给出了 k 的计算方法。类似欧拉梁的情况，利用微分求积方法可以方便地建立 $\bar{\boldsymbol{w}}$ 与 $\boldsymbol{w}$ 之间的关系，即

$$\boldsymbol{w}=\boldsymbol{T}\bar{\boldsymbol{w}} \tag{7.4-13}$$

读者可以容易地写出矩阵 $\boldsymbol{T}$ 的具体形式。将式(7.4-13)代入式(7.4-11)，可以得到与结点位移向量 $\boldsymbol{w}$ 对应的微分求积有限薄板单元的刚度矩阵、质量矩阵和载荷列向量，即

$$\boldsymbol{k}=D\boldsymbol{T}^{-\mathrm{T}}[\overline{\boldsymbol{A}}^{(2)\mathrm{T}}\boldsymbol{C}\overline{\boldsymbol{A}}+\overline{\boldsymbol{B}}^{(2)\mathrm{T}}\boldsymbol{C}\overline{\boldsymbol{B}}^{(2)}+\nu(\overline{\boldsymbol{A}}^{(2)\mathrm{T}}\boldsymbol{C}\overline{\boldsymbol{B}}^{(2)}+\overline{\boldsymbol{B}}^{(2)\mathrm{T}}\boldsymbol{C}\overline{\boldsymbol{A}}^{(2)})+2(1-\nu)\overline{\boldsymbol{F}}^{(2)\mathrm{T}}\boldsymbol{C}\overline{\boldsymbol{F}}^{(2)}]\boldsymbol{T}^{-1} \tag{7.4-14}$$

$$\boldsymbol{m}=\boldsymbol{T}^{-\mathrm{T}}(\rho h\boldsymbol{C})\boldsymbol{T}^{-1} \tag{7.4-15}$$

$$\boldsymbol{Q}=\boldsymbol{T}^{-\mathrm{T}}(\boldsymbol{C}\boldsymbol{q}) \tag{7.4-16}$$

7.4.3 剪切板单元

剪切板理论放松了薄板理论的直法线假设，从而比薄板理论增加两个转角自由度 θ_x 和 θ_y。θ_x 为 $x-z$ 平面内的转角，以从 x 轴到 z 轴的转角为正；θ_y 为 $y-z$ 平面内的转角，以从 y 轴到 z 轴的转角为正。剪切板沿 x，y 和 z 方向的位移分量可用三个广义位移 θ_x，θ_y 和 w 来表示，即

$$\left.\begin{aligned}u(x,y,z)&=-z\theta_x(x,y)\\ v(x,y,z)&=-z\theta_y(x,y)\\ w(x,y,z)&=w(x,y)\end{aligned}\right\} \tag{7.4-17}$$

剪切板单元的三个广义位移可用拉格朗日函数表示为

$$[\theta_x,\theta_y,w]=\sum_{i=1}^{M}\sum_{j=1}^{N}l_i(x)l_j(y)[\theta_{xij},\theta_{yij},w_{ij}] \tag{7.4-18}$$

剪切板的应力-应变和应变-位移关系分别为

$$\begin{bmatrix}\sigma_x\\ \sigma_y\\ \tau_{xy}\\ \tau_{xz}\\ \tau_{yz}\end{bmatrix}=\frac{E}{1-\nu^2}\begin{bmatrix}1&\nu&0&0&0\\ \nu&1&0&0&0\\ 0&0&\nu_1&0&0\\ 0&0&0&\kappa\nu_1&0\\ 0&0&0&0&\kappa\nu_1\end{bmatrix}\begin{bmatrix}\varepsilon_x\\ \varepsilon_y\\ \gamma_{xy}\\ \gamma_{xz}\\ \gamma_{yz}\end{bmatrix} \tag{7.4-19}$$

$$\begin{bmatrix}\varepsilon_x\\ \varepsilon_y\\ \gamma_{xy}\\ \gamma_{xz}\\ \gamma_{yz}\end{bmatrix}=-\begin{bmatrix}z\partial/\partial x & 0 & 0\\ 0 & z\partial/\partial y & 0\\ z\partial/\partial y & z\partial/\partial x & 0\\ 1 & 0 & -\partial/\partial x\\ 0 & 1 & -\partial/\partial y\end{bmatrix}\begin{bmatrix}\theta_x\\ \theta_y\\ w\end{bmatrix} \tag{7.4-20}$$

式中：剪切系数 κ 通常取 5/6。将三个广义结点位移向量 $\boldsymbol{\theta}_x$，$\boldsymbol{\theta}_y$ 和 $\boldsymbol{w}$ 定义为式(7.4-2)的形式，则结点应变向量可用微分求积法则表示为

$$\begin{bmatrix}\boldsymbol{\varepsilon}_x\\ \boldsymbol{\varepsilon}_y\\ \boldsymbol{\gamma}_{xy}\\ \boldsymbol{\gamma}_{xz}\\ \boldsymbol{\gamma}_{yz}\end{bmatrix}=\begin{bmatrix}-z\overline{\boldsymbol{A}}^{(1)} & \boldsymbol{0} & \boldsymbol{0}\\ \boldsymbol{0} & -z\overline{\boldsymbol{B}}^{(1)} & \boldsymbol{0}\\ -z\overline{\boldsymbol{B}}^{(1)} & -z\overline{\boldsymbol{A}}^{(1)} & \boldsymbol{0}\\ -\boldsymbol{I} & \boldsymbol{0} & \overline{\boldsymbol{A}}^{(1)}\\ \boldsymbol{0} & -\boldsymbol{I} & \overline{\boldsymbol{B}}^{(1)}\end{bmatrix}\begin{bmatrix}\boldsymbol{\theta}_x\\ \boldsymbol{\theta}_y\\ \boldsymbol{w}\end{bmatrix} \tag{7.4-21}$$

式中：$\boldsymbol{I}$ 为单位对角矩阵。将式(7.4-19)中的弹性矩阵和式(7.4-21)代入式(7.3-28)，利用最小势能原理，可得剪切板的单元矩阵为

$$\boldsymbol{k}=D\begin{bmatrix}\boldsymbol{D}_1 & \nu\overline{\boldsymbol{A}}^{(1)\mathrm{T}}\boldsymbol{C}\overline{\boldsymbol{B}}^{(1)}+\nu_1\overline{\boldsymbol{B}}^{(1)\mathrm{T}}\boldsymbol{C}\overline{\boldsymbol{A}}^{(1)} & -\nu_s\boldsymbol{C}\overline{\boldsymbol{A}}^{(1)}\\ \nu\overline{\boldsymbol{B}}^{(1)\mathrm{T}}\boldsymbol{C}\overline{\boldsymbol{A}}^{(1)}+\nu_1\overline{\boldsymbol{A}}^{(1)\mathrm{T}}\boldsymbol{C}\overline{\boldsymbol{B}}^{(1)} & \boldsymbol{D}_2 & -\nu_s\boldsymbol{C}\overline{\boldsymbol{B}}^{(1)}\\ -\nu_s\overline{\boldsymbol{A}}^{(1)\mathrm{T}}\boldsymbol{C} & -\nu_s\overline{\boldsymbol{B}}^{(1)\mathrm{T}}\boldsymbol{C} & \boldsymbol{D}_3\end{bmatrix} \tag{7.4-22}$$

$$\boldsymbol{m}=\rho\begin{bmatrix}I\boldsymbol{C} & \boldsymbol{0} & \boldsymbol{0}\\ \boldsymbol{0} & I\boldsymbol{C} & \boldsymbol{0}\\ \boldsymbol{0} & \boldsymbol{0} & h\boldsymbol{C}\end{bmatrix} \tag{7.4-23}$$

$$\boldsymbol{Q}=\begin{bmatrix}\boldsymbol{Cm}_x\\ \boldsymbol{Cm}_y\\ \boldsymbol{Cq}_w\end{bmatrix} \tag{7.4-24}$$

式中：$\nu_s=6\kappa(1-\nu)/h^2$，$I=h^3/12$，$\boldsymbol{m}_x$ 和 $\boldsymbol{m}_y$ 是结点弯矩向量，$\boldsymbol{q}_w$ 是 z 方向的结点载荷向量，它们的形式与结点位移列向量的形式相同，而

$$\begin{bmatrix}\boldsymbol{D}_1\\ \boldsymbol{D}_2\\ \boldsymbol{D}_3\end{bmatrix}=\begin{bmatrix}1 & \nu_1 & \nu_s\\ \nu_1 & 1 & \nu_s\\ \nu_s & \nu_s & 0\end{bmatrix}\begin{bmatrix}\overline{\boldsymbol{A}}^{(1)\mathrm{T}}\boldsymbol{C}\overline{\boldsymbol{A}}^{(1)}\\ \overline{\boldsymbol{B}}^{(1)\mathrm{T}}\boldsymbol{C}\overline{\boldsymbol{B}}^{(1)}\\ \boldsymbol{C}\end{bmatrix} \tag{7.4-25}$$

剪切板的剪切刚度 $\kappa Gh=\nu_s D$。

7.5　任意阶次的微分求积三维有限单元

三维问题的位移函数可用拉格朗日多项式表示为

$$[u,v,w]=\sum_{i=1}^{M}\sum_{j=1}^{N}\sum_{k=1}^{L}l_i(x)l_j(y)l_k(z)[u_{ijk},v_{ijk},w_{ijk}] \tag{7.5-1}$$

应力-应变和应变-位移关系分别为

$$\begin{bmatrix}\sigma_x\\ \sigma_y\\ \sigma_z\\ \tau_{xy}\\ \tau_{yz}\\ \tau_{zx}\end{bmatrix}=\frac{G}{0.5-\nu}\begin{bmatrix}1-\nu & \nu & \nu & 0 & 0 & 0\\ \nu & 1-\nu & \nu & 0 & 0 & 0\\ \nu & \nu & 1-\nu & 0 & 0 & 0\\ 0 & 0 & 0 & 0.5-\nu & 0 & 0\\ 0 & 0 & 0 & 0 & 0.5-\nu & 0\\ 0 & 0 & 0 & 0 & 0 & 0.5-\nu\end{bmatrix}\begin{bmatrix}\varepsilon_x\\ \varepsilon_y\\ \varepsilon_z\\ \gamma_{xy}\\ \gamma_{yz}\\ \gamma_{zx}\end{bmatrix} \tag{7.5-2}$$

$$\begin{bmatrix}\varepsilon_x\\ \varepsilon_y\\ \varepsilon_z\\ \gamma_{xy}\\ \gamma_{yz}\\ \gamma_{zx}\end{bmatrix}=\begin{bmatrix}\partial/\partial x & 0 & 0\\ 0 & \partial/\partial y & 0\\ 0 & 0 & \partial/\partial z\\ \partial/\partial y & \partial/\partial x & 0\\ 0 & \partial/\partial z & \partial/\partial y\\ \partial/\partial z & 0 & \partial/\partial x\end{bmatrix}\begin{bmatrix}u\\ v\\ w\end{bmatrix} \tag{7.5-3}$$

式中:G 是剪切弹性模量。将结点位移向量 $\boldsymbol{u}$, $\boldsymbol{v}$ 和 $\boldsymbol{w}$ 表示为 $\bar{f}$ 的形式,参见式(7.1-35)。应用微分求积法则(7.1-33)可将结点应变向量表示为

$$\begin{bmatrix}\boldsymbol{\varepsilon}_x\\ \boldsymbol{\varepsilon}_y\\ \boldsymbol{\varepsilon}_z\\ \boldsymbol{\gamma}_{xy}\\ \boldsymbol{\gamma}_{yz}\\ \boldsymbol{\gamma}_{zx}\end{bmatrix}=\begin{bmatrix}\overline{\boldsymbol{A}}^{(1)} & \boldsymbol{0} & \boldsymbol{0}\\ \boldsymbol{0} & \overline{\boldsymbol{B}}^{(1)} & \boldsymbol{0}\\ \boldsymbol{0} & \boldsymbol{0} & \overline{\boldsymbol{C}}^{(1)}\\ \overline{\boldsymbol{B}}^{(1)} & \overline{\boldsymbol{A}}^{(1)} & \boldsymbol{0}\\ \boldsymbol{0} & \overline{\boldsymbol{C}}^{(1)} & \overline{\boldsymbol{B}}^{(1)}\\ \overline{\boldsymbol{C}}^{(1)} & \boldsymbol{0} & \overline{\boldsymbol{A}}^{(1)}\end{bmatrix}\begin{bmatrix}\boldsymbol{u}\\ \boldsymbol{v}\\ \boldsymbol{w}\end{bmatrix} \tag{7.5-4}$$

将式(7.5-2)中的弹性矩阵和式(7.5-4)代入式(7.3-28),根据势能泛函的离散标准化形式可得单元矩阵为

$$\boldsymbol{k}=\frac{G}{\nu_2}\begin{bmatrix}\boldsymbol{D}_1 & \nu\overline{\boldsymbol{A}}^{(1)\mathrm{T}}\boldsymbol{C}\overline{\boldsymbol{B}}^{(1)}+\nu_2\overline{\boldsymbol{B}}^{(1)\mathrm{T}}\boldsymbol{C}\overline{\boldsymbol{A}}^{(1)} & \nu\overline{\boldsymbol{A}}^{(1)\mathrm{T}}\boldsymbol{C}\overline{\boldsymbol{C}}^{(1)}+\nu_2\overline{\boldsymbol{C}}^{(1)\mathrm{T}}\boldsymbol{C}\overline{\boldsymbol{A}}^{(1)}\\ \nu\overline{\boldsymbol{B}}^{(1)\mathrm{T}}\boldsymbol{C}\overline{\boldsymbol{A}}^{(1)}+\nu_2\overline{\boldsymbol{A}}^{(1)\mathrm{T}}\boldsymbol{C}\overline{\boldsymbol{B}}^{(1)} & \boldsymbol{D}_2 & \nu\overline{\boldsymbol{B}}^{(1)\mathrm{T}}\boldsymbol{C}\overline{\boldsymbol{C}}^{(1)}+\nu_2\overline{\boldsymbol{C}}^{(1)\mathrm{T}}\boldsymbol{C}\overline{\boldsymbol{B}}^{(1)}\\ \nu\overline{\boldsymbol{C}}^{(1)\mathrm{T}}\boldsymbol{C}\overline{\boldsymbol{A}}^{(1)}+\nu_2\overline{\boldsymbol{A}}^{(1)\mathrm{T}}\boldsymbol{C}\overline{\boldsymbol{C}}^{(1)} & \nu\overline{\boldsymbol{C}}^{(1)\mathrm{T}}\boldsymbol{C}\overline{\boldsymbol{B}}^{(1)}+\nu_2\overline{\boldsymbol{B}}^{(1)\mathrm{T}}\boldsymbol{C}\overline{\boldsymbol{C}}^{(1)} & \boldsymbol{D}_3\end{bmatrix} \tag{7.5-5}$$

$$\boldsymbol{m}=\rho\begin{bmatrix}\boldsymbol{C} & \boldsymbol{0} & \boldsymbol{0}\\ \boldsymbol{0} & \boldsymbol{C} & \boldsymbol{0}\\ \boldsymbol{0} & \boldsymbol{0} & \boldsymbol{C}\end{bmatrix} \tag{7.5-6}$$

$$\boldsymbol{Q}=\begin{bmatrix}\boldsymbol{Cq}_u\\ \boldsymbol{Cq}_v\\ \boldsymbol{Cq}_w\end{bmatrix} \tag{7.5-7}$$

式中：矩阵 $\boldsymbol{C}$ 为高斯-洛巴托求积系数矩阵 $\boldsymbol{C}=\mathrm{diag}(C_p)$，$C_p=C_i^x C_j^y C_k^z$，整数 p 按式(7.1-35)计算，C_i^x，C_j^y 和 C_k^z 分别是 x，y 和 z 方向的高斯-洛巴托求积权系数，$\nu_3=1-\nu$，$\nu_2=0.5-\nu$，而

$$\begin{bmatrix}\boldsymbol{D}_1\\ \boldsymbol{D}_2\\ \boldsymbol{D}_3\end{bmatrix}=\begin{bmatrix}\nu_3 & \nu_2 & \nu_2\\ \nu_2 & \nu_3 & \nu_2\\ \nu_2 & \nu_2 & \nu_3\end{bmatrix}\begin{bmatrix}\overline{\boldsymbol{A}}^{(1)\mathrm{T}}\boldsymbol{C}\overline{\boldsymbol{A}}^{(1)}\\ \overline{\boldsymbol{B}}^{(1)\mathrm{T}}\boldsymbol{C}\overline{\boldsymbol{B}}^{(1)}\\ \overline{\boldsymbol{C}}^{(1)\mathrm{T}}\boldsymbol{C}\overline{\boldsymbol{C}}^{(1)}\end{bmatrix} \tag{7.5-8}$$

下面分别用板理论和三维理论计算边长为 1 的方板的自由振动问题。用微分求积方法计算时，x 和 y 方向的结点数都为 15，采用三维理论计算时，z 方向取 5 个结点。板的相对厚度为 $h/b=0.1$。三维简支边界条件为 z 方向和边界切向的位移为零。从表 7.5-1 中可以看出，二维问题的微分求积有限元解与薄板精确解在列出的五位有效数字上完全一致，三维问题的微分求积有限元解与三维精确解的 4 位有效数字一致，但显然比二维解更接近三维精确解。图 7.5-1 和图 7.5-2 分别给出了第 5 阶和第 6 阶三维模态，可见三维模态表现出扭曲模态和面内模态等现象，这是二维理论无法得到的。第 6 阶三维模态对应第 4 阶二维模态。

表 7.5-1　简支方板的频率参数 $\lambda=(\omega b^2/\pi^2)\sqrt{\rho h/D}$

求解方法	频率序号					
	1	2	3	4(面内)	5(面内)	6
薄板精确解	2.0	5.0	5.0	—	—	8.0
剪切板精确解	1.9317	4.6084	4.6084	—	—	7.0716
三维精确解[6]	1.9342	4.6222	4.6222	—	—	7.1030
DQFEM 薄板解	2.0000	5.0000	5.0000	—	—	8.0000
DQFEM 剪切板解	1.9317	4.6084	4.6084	—	—	7.0716
DQFEM 三维解	1.9342	4.6221	4.6221	6.5230	6.5230	7.1028

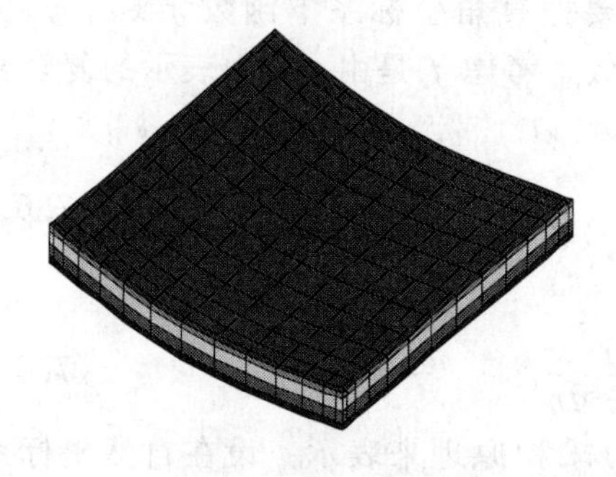

图 7.5-1　三维理论简支方板的第 5 阶模态

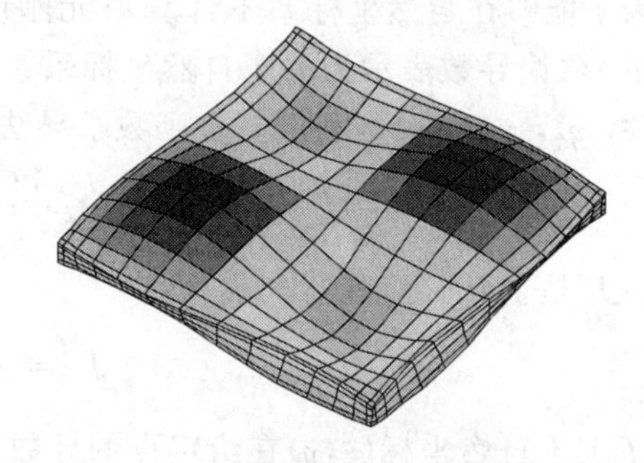

图 7.5-2　三维理论简支方板的第 6 阶模态

7.6　曲边二维有限单元

微分求积方法不能直接用于曲边区域，为了构造任意形状的四边形单元和任意形状的六面体单元，需要借助等参数单元中的几何形状映射技术。本节仅以二维问题为例进行讨论。

7.6.1　曲边区域单元矩阵的计算

前面建立的单元矩阵都是在规则区域如矩形区域上计算的，为了适应更复杂的区域，需要使用曲边单元，这就需要进行几何形状变换或映射。直角坐标系下的一般四边形区域(图 7.6－1)和定义在自然坐标系 ξ-η 平面内的规则区域 $-1\leqslant\xi\leqslant1$ 与 $-1\leqslant\eta\leqslant1$(图 7.6－2)之间的映射，一般采用 Serendipity 形函数来实现，即

$$x=\sum_{k=1}^{N_s}S_k(\xi,\eta)x_k,\quad y=\sum_{k=1}^{N_s}S_k(\xi,\eta)y_k \tag{7.6－1}$$

式中：x_k，y_k($k=1,2,\cdots,N_s$)为边界结点的直角坐标，N_s 为一个边上的结点数，在图 7.6－1 中，$N_s=4$。$S_k=S_k(\xi,\eta)$是 Serendipity 形函数，按照形函数的定义，S_k 在 k 结点的函数值为 1，在其余 N_s-1 个结点处的值为 0。因此用式(7.6－1)转换的区域与原四边形区域在结点处精确匹配。

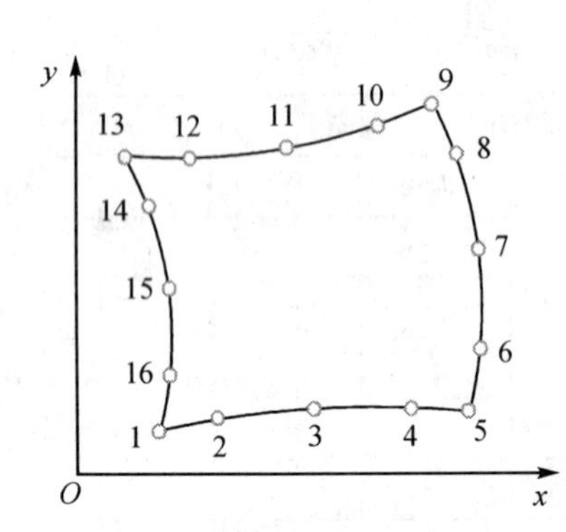

图 7.6－1　直角坐标系下的一般区域

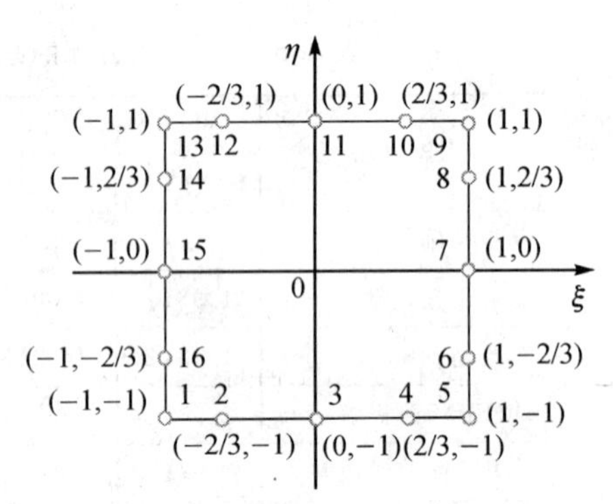

图 7.6－2　自然坐标系下的单位规则区域

为了能够在自然坐标系下计算单元刚度矩阵，需要把直角坐标系下函数 $f(x,y)$关于 x，y的一阶偏导数表示为关于自然坐标系 ξ-η 的偏导数。考虑 f 是由 ξ 和 η 表示的复合函数 $f[x(\xi,\eta),y(\xi,\eta)]$，利用复合函数求导法则得

$$\frac{\partial f}{\partial x}=\frac{1}{|\boldsymbol{J}|}\left(\frac{\partial y}{\partial\eta}\frac{\partial f}{\partial\xi}-\frac{\partial y}{\partial\xi}\frac{\partial f}{\partial\eta}\right),\quad \frac{\partial f}{\partial y}=\frac{1}{|\boldsymbol{J}|}\left(\frac{\partial x}{\partial\xi}\frac{\partial f}{\partial\eta}-\frac{\partial x}{\partial\eta}\frac{\partial f}{\partial\xi}\right) \tag{7.6－2}$$

式中：$|\boldsymbol{J}|$是 Jacobi 矩阵行列式，即

$$|\boldsymbol{J}|=\frac{\partial x}{\partial\xi}\frac{\partial y}{\partial\eta}-\frac{\partial y}{\partial\xi}\frac{\partial x}{\partial\eta} \tag{7.6－3}$$

函数 f 关于自然坐标(ξ,η)在给定点的导数可利用微分求积原理来表示。设在自然坐标系中取 $M\times N$ 个样点，即在 $-1\leqslant\xi\leqslant1$ 上取 M 个点，在 $-1\leqslant\eta\leqslant1$ 上取 N 个点，如图 7.6－3 所示，则 f 在点(ξ_i,η_j)的一阶偏导数 $\partial f/\partial\xi$ 和 $\partial f/\partial\eta$ 可用微分求积原理表示为

$$\left.\frac{\partial f}{\partial\xi}\right|_{ij}=\sum_{m=1}^{M}A_{im}^{(1)}f_{mj},\quad \left.\frac{\partial f}{\partial\eta}\right|_{ij}=\sum_{n=1}^{N}B_{jn}^{(1)}f_{in} \tag{7.6－4}$$

式中：$f_{mj}=f(\xi_m,\ \eta_j)$，$f_{in}=f(\xi_i,\eta_n)$，$A_{im}^{(1)}$ 是关于 ξ 在点 ξ_i 的一阶偏导数的权系数，$B_{jn}^{(1)}$ 是关于 η 在点 η_j 的一阶偏导数的权系数。将式(7.6-4)代入式(7.6-2)，可得如图 7.6-4 所示的定义在映射区域上的偏导数$\partial f/\partial x$ 及$\partial f/\partial y$ 在点 $x_{ij}=x(\xi_i,\ \eta_j)$和 $y_{ij}=y(\xi_i,\ \eta_j)$的值，即

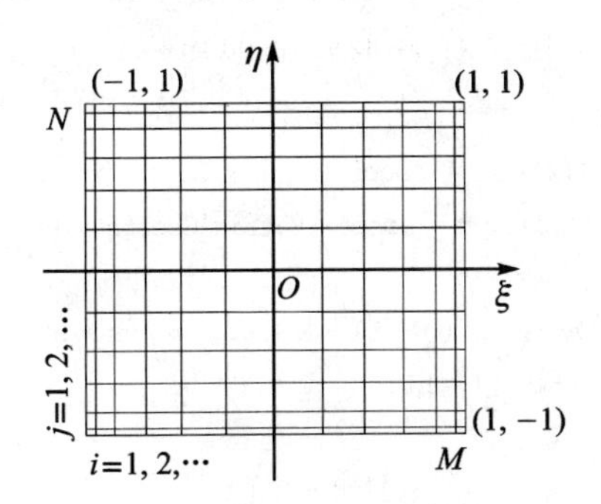

图 7.6-3　母单元

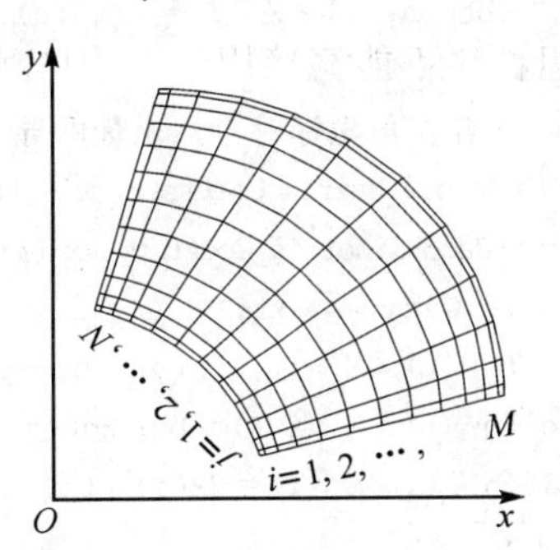

图 7.6-4　映射单元

$$\left(\frac{\partial f}{\partial x}\right)_{ij}=\frac{1}{|\boldsymbol{J}|_{ij}}\left[\left(\frac{\partial y}{\partial \eta}\right)_{ij}\left(\sum_{m=1}^{M}A_{im}^{(1)}f_{mj}\right)-\left(\frac{\partial y}{\partial \xi}\right)_{ij}\left(\sum_{n=1}^{N}B_{jn}^{(1)}f_{in}\right)\right] \tag{7.6-5}$$

$$\left(\frac{\partial f}{\partial y}\right)_{ij}=\frac{1}{|\boldsymbol{J}|_{ij}}\left[\left(\frac{\partial x}{\partial \xi}\right)_{ij}\left(\sum_{n=1}^{N}B_{jn}^{(1)}f_{in}\right)-\left(\frac{\partial x}{\partial \eta}\right)_{ij}\left(\sum_{m=1}^{M}A_{im}^{(1)}f_{mj}\right)\right] \tag{7.6-6}$$

式中：下标 ij 表示结点$(\xi_i,\ \eta_j)$及转换后对应的点$(x_{ij},\ y_{ij})$。式(7.6-5)和式(7.6-6)定义了曲边区域上的函数 f 关于直角坐标 x 和 y 的一阶偏导数的微分求积法则，二者可以写为如下更紧凑的形式，即

$$\left.\frac{\partial f}{\partial x}\right|_k=\sum_{m=1}^{M\times N}\tilde{A}_{km}^{(1)}f_m,\quad \left.\frac{\partial f}{\partial y}\right|_k=\sum_{m=1}^{M\times N}\tilde{B}_{km}^{(1)}f_m \tag{7.6-7}$$

式中：k 的计算可参见式(7.1-30)。

把第 7.4 节中单元矩阵中的近似微分的权系数矩阵 $\overline{\boldsymbol{A}}^{(1)}$ 和 $\overline{\boldsymbol{B}}^{(1)}$ 用矩阵 $\tilde{\boldsymbol{A}}$ 和 $\tilde{\boldsymbol{B}}$ 代替，近似积分的权系数矩阵 $\boldsymbol{C}=\mathrm{diag}(C_k)$用 $\tilde{\boldsymbol{C}}=\mathrm{diag}(C_kJ_k)$替换，即可得到曲边区域的单元矩阵，这里 $J_k=|\boldsymbol{J}|_{ij}$。

下面给出了计算任意四边形微分求积权系数矩阵的 Matlab 计算模块，其中 A1 和 B1 分别表示矩形区域的 $\boldsymbol{A}^{(1)}$ 和 $\boldsymbol{B}^{(1)}$，Ac 和 Bc 分别表示矩形区域的 $\overline{\boldsymbol{A}}^{(1)}$ 和 $\overline{\boldsymbol{B}}^{(1)}$，Ab 和 Bb 分别表示任意四边形区域的 $\tilde{\boldsymbol{A}}^{(1)}$ 和 $\tilde{\boldsymbol{B}}^{(1)}$。

```
function [Ab, Bb, Ac, Bc, CJ] = WeightAssemble _Curvilinear_2D(M, N, x, y)
% x和y存储曲边上各结点的直角坐标
[kxi,Cx] = GaussLobatto(M, - 1,1); [eta,Cy] = GaussLobatto(N, - 1,1);
A1 = WeightingQE(kxi,M); B1 = WeightingQE(eta,N);
Ab = zeros(M * N); Bb = zeros(M * N); CJ = zeros(M * N,1);
Ac = zeros(M * N); Bc = zeros(M * N);
for j = 1:N
    for i = 1:M
        bs = zeros(1,M * N);
        for m = 1:M
            bs((j - 1) * M + m) = A1(i,m);
```

```
            end
            bt = zeros(1,M * N);
            for n = 1:N
                bt((n-1) * M + i) = B1(j,n);
            end
            % 计算直角坐标对自然坐标的导数
            xs = Jacobi_Matrix_Coeffs(x,kxi(i),eta(j),2); xt = Jacobi_Matrix_Coeffs(x,kxi(i),eta(j),3);
            ys = Jacobi_Matrix_Coeffs(y,kxi(i),eta(j),2); yt = Jacobi_Matrix_Coeffs(y,kxi(i),eta(j),3);
            J = xs * yt - ys * xt;
            Ab((j-1) * M + i,:) = (yt * bs - ys * bt)/J; Bb((j-1) * M + i,:) = (xs * bt - xt * bs)/J;
            Ac((j-1) * M + i,:) = bs; Bc((j-1) * M + i,:) = bt;
            CJ((j-1) * M + i) = Cx(i) * Cy(j) * J;
        end
    end
```

7.6.2 算 例

表 7.6-1 给出了图 7.6-5 所示扇形薄板的自由振动的频率参数 $\Omega=\omega a^2\sqrt{\rho h/D}$，边界条件包括 SSSS 和 SCSC(S 表示简支边界，C 表示固支边界)，边界的顺序为：靠近 y 轴的径向边为第一条边，其余各边按逆时针方向排列。表中包括微分求积有限单元方法分别基于三次和四次 Serendipity 几何形状映射的结果，以及微分求积方法分别基于三次 Serendipity 几何映射和混合函数(blending function)几何映射的结果。对于简单区域，用混合函数可以精确转换几何形状。

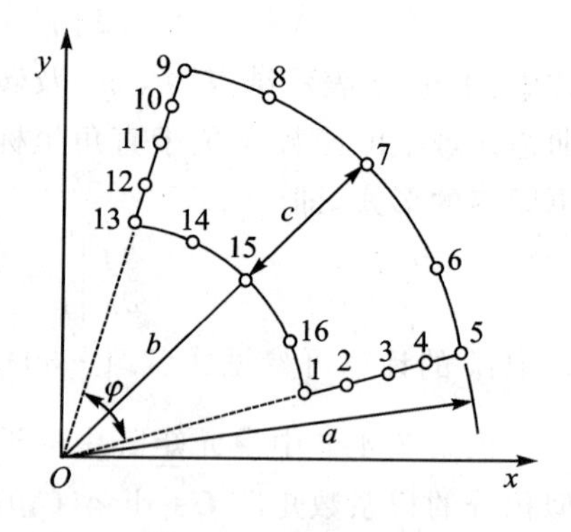

图 7.6-5 扇形板

从表 7.6-1 中可以看出，无论是微分求积有限单元方法还是微分求积方法，都可用很少的结点得到很高的精度。而微分求积有限单元方法无论基于何种几何映射，其收敛性总是优于微分求积方法。当采用较精确的几何映射时，即采用四次 Serendipity 几何映射，微分求积有限单元方法的结果与精确解完全吻合。

表 7.6-1 环扇形板的前四阶频率($a/b=2.0,\varphi=45^\circ,\Omega=\omega a^2\sqrt{\rho h/D}$)

$M=N$	频率序号							
	1	2	3	4	1	2	3	4
—	SSSS 板				SCSC 板			
	精确解[7]							
	68.379	150.98	189.60	278.39	107.57	178.82	269.49	305.84

续表 7.6-1

M=N	频率序号							
	1	2	3	4	1	2	3	4
	基于四次 Serendipity 几何转换的微分求积有限元结果							
8	68.374	150.97	189.54	281.67	107.57	178.84	269.53	309.32
9	68.378	150.98	189.59	278.37	107.57	178.82	269.57	305.85
10	68.379	150.98	189.59	278.43	107.57	178.82	269.49	305.89
11	68.379	150.98	189.60	278.38	107.57	178.82	269.49	305.84
12	68.379	150.98	189.60	278.39	107.57	178.82	269.49	305.84
13	68.379	150.98	189.60	278.39	107.57	178.82	269.49	305.84
	基于混合函数几何转换的微分求积结果[7]							
11	68.379	150.98	189.60	278.17	107.57	178.82	269.51	305.63
12	68.379	150.98	189.60	278.42	107.57	178.82	269.49	305.88
13	68.379	150.98	189.60	278.38	107.57	178.82	269.49	305.84
14	68.379	150.98	189.60	278.39	107.57	178.82	269.49	305.84
15	68.379	150.98	189.60	278.39	107.57	178.82	269.49	305.84
	基于三次 Serendipity 几何转换的微分求积有限元结果							
8	68.375	150.94	189.54	281.61	107.58	178.81	269.53	309.26
9	68.379	150.95	189.59	278.33	107.57	178.79	269.58	305.81
10	68.380	150.95	189.59	278.38	107.57	178.79	269.50	305.85
11	68.381	150.95	189.60	278.34	107.57	178.79	269.50	305.80
12	68.381	150.95	189.60	278.34	107.57	178.79	269.50	305.80
	基于三次 Serendipity 几何转换的微分求积结果[8]							
11	68.364	150.94	189.62	279.31	107.57	178.79	269.52	305.58
12	68.378	150.91	189.57	278.38	107.57	178.79	269.49	305.84
13	68.376	150.95	189.60	278.12	107.57	178.79	269.50	305.80
14	68.379	150.95	189.60	278.34	107.57	178.79	269.50	305.80
15	68.378	150.95	189.60	278.35	107.57	178.79	269.50	305.80

复习思考题

7.1　试分析高阶单元的优缺点。

7.2　试分析构造常规高阶有限单元碰到的困难及理由。

7.3　可以将微分求积法理解为高阶差分法或广义无网格法吗？

7.4　微分求积权系数通常由 Lagrange 插值多项式计算，是否还可用其他正交多项式计算？

7.5 在微分求积有限单元方法中，对 C^0 和 C^1 类单元都可用 Lagrange 插值多项式作为试函数，这种做法有何好处？

习　题

7-1 试编程练习权系数的计算。自己选取一些函数，比较采用均匀分布结点与采用高斯-洛巴托-切比雪夫结点时的微分求积方法计算的微分误差。

7-2 请验证用式(7.1-19)和式(7.1-20)计算的高阶导数的权系数相同。

7-3 试采用微分求积方法计算杆的静力拉伸与纵向自由振动问题。

7-4 试采用微分求积方法计算欧拉梁的静弯曲与横向自由振动问题。

7-5 试采用一个微分求积有限单元计算剪切梁的自由振动和静弯曲问题，并分析微分求积有限单元方法的精度和效率。

7-6 试利用下面的定理验证用剪切梁的泛函推导微分求积有限单元矩阵，与用弹性力学泛函一般表达式推导的微分求积有限单元矩阵相同。

定理 设 $\boldsymbol{X}=(x_1, x_2, \cdots, x_n)^{\mathrm{T}}$ 为向量变量，$\boldsymbol{\alpha}=(\alpha_1, \alpha_2, \cdots, \alpha_n)^{\mathrm{T}}$ 为给定的向量，$\boldsymbol{A}=(a_{ij})_{n\times n}$ 为给定的 n 阶常数矩阵，n 元函数为

$$f(\boldsymbol{X}) = \boldsymbol{XAX} = \sum_{i,j=1}^{n} a_{ij}x_i x_j, \quad g(\boldsymbol{X}) = \boldsymbol{\alpha}^{\mathrm{T}}\boldsymbol{X} = \sum_{i}^{n} \alpha_i x_i$$

则

$$\frac{\mathrm{D}f}{\mathrm{D}\boldsymbol{X}} = (\boldsymbol{A}^{\mathrm{T}} + \boldsymbol{A})\boldsymbol{X}, \quad \frac{\mathrm{D}g}{\mathrm{D}\boldsymbol{X}} = \boldsymbol{\alpha}$$

7-7 试编程计算平面、薄板和剪切板的静力问题与自由振动问题，并分析其收敛性和精度。通过比较说明微分求积有限单元方法、有限元方法和微分求积方法的精度和效率及各方法的优缺点。

7-8 试用微分求积有限单元方法和微分求积方法计算圆板的自由振动与静弯曲问题，并比较两种方法的精度和收敛性。

参 考 文 献

[1] Bellman R, Casti J. Differential quadrature and long term integration. J. Mathematical Analysis and Applications, 1971, 34: 235-238.

[2] Bellman R, Kashef B G, Casti J. Differential quadrature: a technique for the rapid solution of non-linear partial differential equations. J. Computational Physics, 1972, 10: 40-52.

[3] Bert C W, Malik M. Differential quadrature method in computational mechanics: a review. Applied Mechanics Reviews. 1996, 49: 1-28.

[4] Xing Y F, Liu B. High-accuracy differential quadrature finite element method and its application to free vibrations of thin plate with curvilinear domain. International Journal for Numerical Methods in Engineering, 2009, 80: 1718-1742.

[5] Xing Y F, Liu B. A differential quadrature finite element method. International Journal of Applied Mechanics, 2010, 2(1): 207-227.

[6] Srinivas S, Rao C V, Rao A K. An exact analysis for vibration of simply supported homogeneous and laminated thick rectangular plates. J. Sound and Vibration, 1970, 12: 187-199.

[7] Kim C S, Dickinson S M. On the free, transverse vibration of annular and circular, thin, sectorial plates subject to certain complicating effects. J. Sound and Vibration, 1989, 134: 407-421.

[8] Malik M, Bert C W. Vibration analysis of plates with curvilinear quadrilateral planforms by DQM using blending functions. J. Sound and Vibration, 2000, 230: 949-954.

第8章　专题讨论

计算固体力学的内容十分丰富,有些问题也较复杂,如各类非线性问题。本章主要讨论与非线性有关的几个问题,重点放在物理问题的本质和有限元列式上。为了简洁起见,本章采用了张量指标符号及相应的运算。

实际物理系统都有不同程度的非线性。例如,在热传导分析中,热导率和比热容等通常都是与温度有关的,尤其是热辐射问题(包含温度四次方的函数),所以它具有高度的非线性;在结构力学中,材料可能会屈服或者蠕变,即本构关系可能是非线性的;结构可能出现大挠度屈曲,即平衡方程和几何方程甚至本构方程都可能是非线性的;裂纹可能张开和闭合,即边界条件是非线性的。

在结构非线性问题中,刚度和载荷通常是位形的函数,此时叠加方法不再适用,解可能不唯一,加载和卸载路径可能不同,并且每个载荷步中都需要迭代计算。

由此可见,非线性问题的求解远比线性问题复杂,需要兼顾求解精度、效率和成本问题。有限元方法已经成为求解非线性问题的有效手段,从这个意义上讲,有限元的应用已经超越工程的概念,成为一种数学工具。

8.1　弹塑性变形

材料的非线性问题种类繁多,例如非线性弹性和热弹性问题、粘弹性问题、塑性和粘塑性问题以及非线性脆性材料问题等。材料非线性主要是指应力和应变关系的非线性。

塑性变形指的是载荷移去后不可恢复的变形或永久变形。通常认为塑性变形与时间无关,应变率在塑性计算中不再起作用。尽管如此,部分文献中仍然使用应变率来表示塑性方程,不过其中的时间增量只是虚拟变量。与时间相关的永久变形称为蠕变。

研究塑性变形的理论包括全量理论(塑性形变理论)和增量理论(塑性流动理论)。全量理论认为,在塑性变形过程中,应力与应变存在一一对应关系,而与加载历史无关。于是,塑性应力与应变的关系就类似于非线性弹性关系,只是二者的卸载规律不同。通常,全量理论的适用范围为简单加载(或比例加载)。比例加载假设虽然比较理想,但对于许多涉及塑性作用的工程问题还是适用的。本节只讨论适用范围广泛的塑性增量理论,其数学形式复杂,通常只能依赖数值方法求解。

8.1.1　单轴应力

为了更加易于理解塑性问题的基本概念和理论,首先介绍单轴应力问题。用 σ 表示单轴应力,ε 表示相应的轴向应变。图 8.1-1(a)为理想化的双线性单轴应力-应变关系,其中 σ_Y 是初始屈服应力,永远为正。当应力 σ 大于等于屈服应力 σ_Y 时,材料开始屈服,相应的应变为 ε_Y。通常用屈服函数 f 来描述屈服过程。对于单轴拉压问题,屈服函数为

$$f = |\sigma| - \sigma_Y \tag{8.1-1}$$

若不考虑热应变和蠕变应变，屈服点（在数值计算中通常为高斯点）的应变增量 $d\varepsilon$ 包括弹性应变增量 $d\varepsilon^e$ 和塑性应变增量 $d\varepsilon^p$，即

$$d\varepsilon = d\varepsilon^e + d\varepsilon^p \tag{8.1-2}$$

应变增量与应力增量 $d\sigma$ 之间的关系为

$$d\sigma = E d\varepsilon^e = E(d\varepsilon - d\varepsilon^p) = E_t d\varepsilon = H_p d\varepsilon^p \tag{8.1-3}$$

式中：H_p 称为应变硬化参数或塑性模量。从式(8.1-3)得

$$H_p = \frac{E_t}{1 - E_t/E} \quad 或 \quad E_t = E\left(1 - \frac{E}{E + H_p}\right) \tag{8.1-4}$$

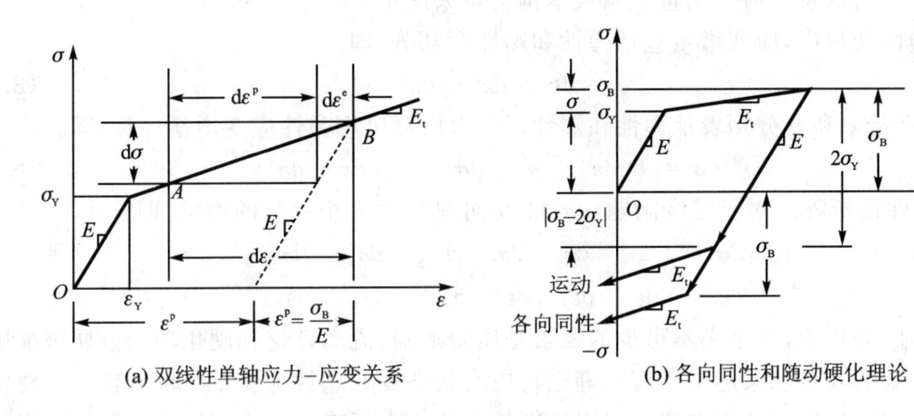

(a) 双线性单轴应力-应变关系　　(b) 各向同性和随动硬化理论

图 8.1-1　本构关系

值得强调的是：

① $H_p=0$ 和 $E_t=0$ 对应的材料称为理想弹塑性材料。

② 从塑性应力 σ_B 卸载的过程是弹性的。

③ 根据各向同性硬化理论，弹性范围是从初始的 $2\sigma_Y$ 扩展到 $2\sigma_B$。忽略了在实验上可观察到的 Bauschinger 效应。所谓 Bauschinger 效应是指，正向屈服应力的提高造成了反方向屈服应力的降低，在多晶体实验中观察到了这种现象。为了描述这种现象，提出了随动硬化理论（或称为运动强化理论），该理论能够正确描述材料在反复加载时的行为。

④ 随动硬化理论通过保持一个 $2\sigma_Y$ 的弹性范围来解释 Bauschinger 效应，但是忽略了弹性范围增加的可能性，如图 8.1-1(b)所示。实际上，这两个理论可以结合起来使用。对于单轴应力问题，两种硬化规律为

$$f = \begin{cases} |\sigma| - \sigma_0, & 各向同性硬化 \\ |\sigma - \alpha| - \sigma_Y, & 随动硬化 \end{cases} \tag{8.1-5}$$

式中：$\sigma_0 = \sigma_Y + \alpha$ 是在过去塑性应变中单轴应力所达到的最大值，α 在随动硬化理论中称为屈服面的位移。在初始屈服前，$\alpha=0$，$\sigma_0=\sigma_Y$。当 σ 和 α 使得 $f<0$ 时，材料处于弹性状态；当 $f=0$ 时，材料出现屈服；$f>0$ 的情况在物理上不可能发生。注意，α 是塑性应变的函数，因此随着应变硬化的进行，α 逐渐被修改，屈服函数逐渐发生变化。在多轴应力状态下，各向同性硬化保持着初始的各向同性性质，而随动硬化在每次塑性应变增量后将导致材料的各向异性，但该各向异性与塑性屈服行为有关，而与弹性模量无关。

⑤ 不同形式的屈服准则（或屈服条件）、流动理论（或本构关系，或流动法则）和硬化理论（或强化规律）用于不同的材料。von Mises 屈服准则以及相关流动理论适合预测常用金属材

料的屈服行为。

8.1.2 塑性问题的有限元列式

塑性问题也分小应变问题和大应变问题。本书只讨论塑性小应变问题。在材料产生屈服之前,多数都被看成是线弹性的,其应力可通过已知弹性常数和应变求得。当材料产生屈服时,不但载荷、变形与应力之间存在非线性关系,而且这些关系还有历史或路径相关性。也就是说,对于任意一个载荷历史,应力和变形的最终状态仅由应力和应变的历史所决定。而历史或路径是由应力增量与应变增量关系或本构关系来确定。

在弹塑性变形中,应变增量包括弹性和塑性两部分,即

$$\mathrm{d}\boldsymbol{\varepsilon} = \mathrm{d}\boldsymbol{\varepsilon}^{\mathrm{e}} + \mathrm{d}\boldsymbol{\varepsilon}^{\mathrm{p}} \tag{8.1-6}$$

式中:上标字母 e 和 p 分别表示弹性和塑性。应力增量可用弹性应变增量计算,即

$$\mathrm{d}\boldsymbol{\sigma} = \boldsymbol{D}_{\mathrm{e}}\mathrm{d}\boldsymbol{\varepsilon}^{\mathrm{e}} \quad 或 \quad \mathrm{d}\boldsymbol{\sigma} = \boldsymbol{D}_{\mathrm{e}}(\mathrm{d}\boldsymbol{\varepsilon} - \mathrm{d}\boldsymbol{\varepsilon}^{\mathrm{p}}) \tag{8.1-7}$$

式中:$\boldsymbol{D}_{\mathrm{e}}$ 是弹性矩阵。对于三维问题,$\mathrm{d}\boldsymbol{\sigma}$ 和 $\mathrm{d}\boldsymbol{\varepsilon}$ 分别包含 6 个分量的增量,即

$$\mathrm{d}\boldsymbol{\sigma} = [\mathrm{d}\sigma_x \quad \mathrm{d}\sigma_y \quad \mathrm{d}\sigma_z \quad \mathrm{d}\sigma_{xy} \quad \mathrm{d}\sigma_{yz} \quad \mathrm{d}\sigma_{zx}]^{\mathrm{T}}$$

$$\mathrm{d}\boldsymbol{\varepsilon} = [\mathrm{d}\varepsilon_x \quad \mathrm{d}\varepsilon_y \quad \mathrm{d}\varepsilon_z \quad \mathrm{d}\gamma_{xy} \quad \mathrm{d}\gamma_{yz} \quad \mathrm{d}\gamma_{zx}]^{\mathrm{T}}$$

在弹塑性分析中,三个必不可少的要素是屈服准则、流动理论和硬化理论。屈服准则将应力状态与屈服的发生联系起来。流动理论将应力状态 $\boldsymbol{\sigma}$ 与塑性应变 $\mathrm{d}\boldsymbol{\varepsilon}^{\mathrm{p}}$ 联系起来。硬化理论给出了初始屈服后用塑性应变修正屈服准则的方法。为了建立小应变塑性问题的有限元列式或刚度矩阵计算表达式,下面讨论这三个主要问题。

1. 屈服准则和硬化理论

屈服准则解决了材料在什么条件下产生初始屈服的问题。为了分析在初始屈服后,材料被继续加载或卸载后又重新加载时的屈服条件,就必须借助硬化理论。

屈服准则可用屈服函数表达为

$$f(\boldsymbol{\sigma},\boldsymbol{\varepsilon}^{\mathrm{p}},\kappa) = f^{*}(\boldsymbol{\sigma},\boldsymbol{\varepsilon}^{\mathrm{p}}) - k(\kappa) \tag{8.1-8}$$

式中:内变量 κ 可以是单位体积内的塑性功 W_{p} 或等效塑性应变 $\bar{\varepsilon}^{\mathrm{p}}$。除了 κ 之外,塑性应力$\boldsymbol{\sigma}^{\mathrm{p}}$ 和塑性应变 $\boldsymbol{\varepsilon}^{\mathrm{p}}$ 也是内变量。而应力 $\boldsymbol{\sigma}$ 和应变 $\boldsymbol{\varepsilon}$ 是可以通过测量得到的,故称为外变量。塑性功 W_{p} 和等效塑性应变 $\bar{\varepsilon}^{\mathrm{p}}$ 的定义分别为

$$W_{\mathrm{p}} = \int \boldsymbol{\sigma}^{\mathrm{T}}\mathrm{d}\boldsymbol{\varepsilon}^{\mathrm{p}} \tag{8.1-9}$$

$$\bar{\varepsilon}^{\mathrm{p}} = \int \left[\frac{2}{3}(\mathrm{d}\boldsymbol{\varepsilon}^{\mathrm{p}})^{\mathrm{T}}(\mathrm{d}\boldsymbol{\varepsilon}^{\mathrm{p}})\right]^{1/2} \quad 或 \quad (\mathrm{d}\bar{\varepsilon}^{\mathrm{p}})^2 = \frac{2}{3}(\mathrm{d}\boldsymbol{\varepsilon}^{\mathrm{p}})^{\mathrm{T}}(\mathrm{d}\boldsymbol{\varepsilon}^{\mathrm{p}}) \tag{8.1-10}$$

塑性流动不改变体积,即泊松比等于 0.5,因此式(8.1-10)包含因子 2/3。随动硬化中的屈服面位移 $\boldsymbol{\alpha}$ 为

$$\boldsymbol{\alpha} = \int \boldsymbol{C}\mathrm{d}\boldsymbol{\varepsilon}^{\mathrm{p}} \quad 或 \quad \mathrm{d}\boldsymbol{\alpha} = \boldsymbol{C}\mathrm{d}\boldsymbol{\varepsilon}^{\mathrm{p}} \tag{8.1-11}$$

式中:矩阵 $\boldsymbol{C}$ 为对角矩阵,其对角元素为

$$\mathrm{diag}(\boldsymbol{C}) = \frac{2}{3}H_{\mathrm{p}}[1 \quad 1 \quad 1 \quad 1/2 \quad 1/2 \quad 1/2] \tag{8.1-12}$$

式中:H_{p} 是塑性模量,可通过由实验得到的应力与应变的关系来确定。式(8.1-12)中存在

“2/3”的理由也与塑性流动时材料体积不变有关，下面借助 Mises 屈服准则进行推导。

Mises 屈服准则的形式为

$$\left[\frac{2}{3}(\sigma'_{ij}-C\varepsilon^{\mathrm{p}}_{ij})(\sigma'_{ij}-C\varepsilon^{\mathrm{p}}_{ij})\right]^{1/2}=\bar{\sigma} \tag{a}$$

式中：$\bar{\sigma}$ 为等效应力，参见式(8.1-29)。对于单向拉伸情况，式(a)中的偏应力 σ'_{ij} 和塑性应变 $\varepsilon^{\mathrm{p}}_{ij}$ 分别为

$$\sigma'_{11}=\frac{2}{3}\sigma,\quad \sigma'_{22}=\sigma'_{33}=-\frac{1}{3}\sigma,\quad \sigma'_{ij}=0(i\neq j)$$

$$\varepsilon^{\mathrm{p}}_{11}=\varepsilon^{\mathrm{p}},\quad \varepsilon^{\mathrm{p}}_{22}=\varepsilon^{\mathrm{p}}_{33}=-\frac{1}{2}\varepsilon^{\mathrm{p}}(\text{泊松比}=0.5),\quad \varepsilon^{\mathrm{p}}_{ij}=0(i\neq j)$$

于是有

$$\sigma=\bar{\sigma}+\frac{3}{2}C\varepsilon^{\mathrm{p}}\quad \text{或}\quad \mathrm{d}\sigma=\frac{3}{2}C\mathrm{d}\varepsilon^{\mathrm{p}} \tag{b}$$

由此得

$$C=\frac{2}{3}\frac{\mathrm{d}\sigma}{\mathrm{d}\varepsilon^{\mathrm{p}}}=\frac{2}{3}H_{\mathrm{p}} \tag{c}$$

屈服准则式(8.1-8)是六维应力空间中的超曲面，也称为屈服面(或加载曲面)。屈服面随内变量 κ 的发展而变化的规律即为硬化理论(也包括对软化的描述)。硬化理论包括各向同性理论和随动理论，两者可以单独存在或同时存在。

各向同性硬化理论假设加载面的中心在应力空间中不产生位移，加载后的屈服面均匀各向同性地膨胀，即随着塑性变形的增加而保持相似的形状，后继屈服面仅取决于内变量 κ，如图 8.1-2(a)所示。$\kappa=0$ 对应的屈服面是初始屈服面，否则为后继屈服面。此时屈服函数为

$$f(\boldsymbol{\sigma},\kappa)=f^{*}(\boldsymbol{\sigma})-k(\kappa) \tag{8.1-13}$$

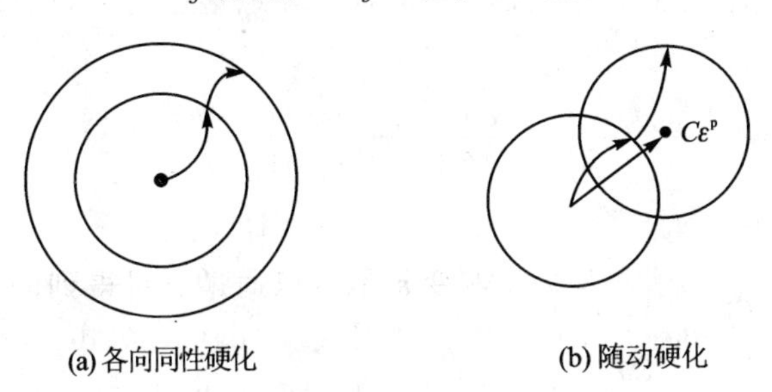

图 8.1-2　硬化规律

随动硬化理论认为屈服面的大小和形状不变，只是在应力空间沿着加载方向移动，如图 8.1-2(b)所示，位移 $\boldsymbol{\alpha}$ 仅与塑性应变 $\boldsymbol{\varepsilon}^{\mathrm{p}}$ 有关，即

$$f(\boldsymbol{\sigma},\boldsymbol{\varepsilon}^{\mathrm{p}})=f^{*}(\boldsymbol{\sigma},\boldsymbol{\varepsilon}^{\mathrm{p}})-k_0 \tag{8.1-14}$$

式中：k_0 是与加载历史无关的常数。对于大多数实际材料，硬化规律大概介于各向同性硬化和随动硬化之间，称为混合硬化，此时屈服函数为

$$f(\boldsymbol{\sigma},\boldsymbol{\varepsilon}^{\mathrm{p}},\kappa)=f^{*}(\boldsymbol{\sigma},\boldsymbol{\varepsilon}^{\mathrm{p}})-k(\kappa) \tag{8.1-15}$$

当 $f<0$ 时，材料处于弹性状态。当应力使 $f=0$ 时，屈服即将发生或者正在发生中。$f>0$ 的情况只是数学形式，在物理上是不存在的。从 $f=0$ 的状态开始，塑性流动就与 $\boldsymbol{\sigma}$，$\boldsymbol{\varepsilon}^{\mathrm{p}}$ 或 W_{p} 的变化关联在一起。

2. 流动理论和加-卸载准则

在塑性理论的初始发展阶段，屈服准则、硬化规律和流动理论被看成是彼此无关的。直至1928年，Mises将弹性位势函数概念引入塑性理论后，这三部分才有机结合起来。Mises认为塑性流动方向(塑性应变增量矢量方向)与塑性位势函数 g 的梯度方向一致，这就是塑性位势理论，其数学表达式为

$$\mathrm{d}\boldsymbol{\varepsilon}^{\mathrm{p}} = \frac{\partial g}{\partial \boldsymbol{\sigma}}\mathrm{d}\lambda \tag{8.1-16}$$

式中：标量 $\mathrm{d}\lambda \geqslant 0$ 称为塑性流动因子，$f=g$ 的流动理论称为与加载条件相关联的流动理论，否则称为非关联流动理论。关联流动理论普遍适用于有延伸性的金属，它把塑性应力和应变的关系与屈服条件关联在一起。非关联流动理论较适用于岩土材料等。

根据Drucker公设可知，加载面是外凸的，对于关联塑性流动，塑性应变增量与加载表面是正交的，因此关联塑性流动法则也称为正交法则。对应关联塑性流动，式(8.1-16)还给出了加载与卸载准则，即只有当应力增量指向加载面的外部时，才能产生塑性变形。在塑性流动期间，应力依然在屈服面上，即

$$\mathrm{d}f = \left(\frac{\partial f}{\partial \boldsymbol{\sigma}}\right)^{\mathrm{T}}\mathrm{d}\boldsymbol{\sigma} + \left(\frac{\partial f}{\partial \boldsymbol{\varepsilon}^{\mathrm{p}}}\right)^{\mathrm{T}}\mathrm{d}\boldsymbol{\varepsilon}^{\mathrm{p}} + \frac{\partial f}{\partial \kappa}\mathrm{d}\kappa = 0 \tag{8.1-17a}$$

式中：

$$\mathrm{d}\kappa = \begin{cases} \boldsymbol{\sigma}^{\mathrm{T}}\dfrac{\partial g}{\partial \boldsymbol{\sigma}}\mathrm{d}\lambda, & 若\ \kappa = W_{\mathrm{p}} \\ \sqrt{\dfrac{2}{3}\left(\dfrac{\partial g}{\partial \boldsymbol{\sigma}}\right)^{\mathrm{T}}\dfrac{\partial g}{\partial \boldsymbol{\sigma}}}\mathrm{d}\lambda, & 若\ \kappa = \bar{\varepsilon}^{\mathrm{p}} \end{cases} \tag{8.1-17b}$$

在塑性理论中，式(8.1-17)称为一致性条件。对于理想塑性材料，有 $\mathrm{d}f=(\partial f/\partial \boldsymbol{\sigma})^{\mathrm{T}}\mathrm{d}\boldsymbol{\sigma}$，因而其加-卸载准则为

$$\mathrm{d}f = \left(\frac{\partial f}{\partial \boldsymbol{\sigma}}\right)^{\mathrm{T}}\mathrm{d}\boldsymbol{\sigma}\begin{cases} <0, & 卸载 \\ =0, & 加载 \end{cases} \tag{8.1-18}$$

而硬化材料的加-卸载准则为

$$\left(\frac{\partial f}{\partial \boldsymbol{\sigma}}\right)^{\mathrm{T}}\mathrm{d}\boldsymbol{\sigma}\begin{cases} =\mathrm{d}f<0, & 卸载(\mathrm{d}\boldsymbol{\varepsilon}^{\mathrm{p}} = \boldsymbol{0}, \mathrm{d}\kappa = 0) \\ =\mathrm{d}f=0, & 中性变载(\mathrm{d}\boldsymbol{\varepsilon}^{\mathrm{p}} = \boldsymbol{0}, \mathrm{d}\kappa = 0) \\ >0, & 加载(\mathrm{d}\boldsymbol{\varepsilon}^{\mathrm{p}} \neq \boldsymbol{0}, \mathrm{d}\kappa > 0) \end{cases} \tag{8.1-19}$$

在几何意义上，$\partial f/\partial \boldsymbol{\sigma}$ 表示屈服面的外法线方向(有时用 n 表示)。因此式(8.1-19)表明，加载时应力矢量 $\mathrm{d}\boldsymbol{\sigma}$ 指向屈服面外侧；卸载时 $\mathrm{d}\boldsymbol{\sigma}$ 指向屈服面内侧；中性变载时 $\mathrm{d}\boldsymbol{\sigma}$ 指向屈服面应力点的切线方向，如图8.1-3所示。

3. 屈服准则

式(8.1-8)给出了屈服准则的一般形式，为了得到弹塑性本构关系的具体形式，需要根据具体的屈服准则，下面列出几种常用的屈服准则。假设主应力 $\sigma_1>\sigma_2>\sigma_3$，则用主应力表示的几个主要屈服准则为

Tresca准则：

$$\sigma_1 - \sigma_3 = k(\kappa) \tag{8.1-20a}$$

图 8.1-3　加-卸载准则

von Mises 准则：

$$\{[(\sigma_1-\sigma_3)^2+(\sigma_2-\sigma_3)^2+(\sigma_3-\sigma_1)^2]/2\}^{1/2}=k(\kappa) \tag{8.1-20b}$$

Mohr-Coulomb 准则：

$$(\sigma_1-\sigma_3)/2+\sin\varphi(\sigma_1-\sigma_3)/2=c\cos\varphi \tag{8.1-20c}$$

Drucker-Prager 准则：

$$\alpha I_1+\{[(\sigma_1-\sigma_3)^2+(\sigma_2-\sigma_3)^2+(\sigma_3-\sigma_1)^2]/6\}^{1/2}=k' \tag{8.1-20d}$$

式中：c 和 φ 分别表示岩土材料的粘聚力和摩擦角，I_1 为应力张量第 1 不变量（用于反映静水应力的影响），而

$$\alpha=\frac{2\sin\varphi}{\sqrt{3}(3-\sin\varphi)},\quad k'=\frac{6c\cos\varphi}{\sqrt{3}(3-\sin\varphi)} \tag{8.1-21}$$

引入角度 θ[1] 为

$$\theta=\frac{1}{3}\sin^{-1}\left[-\frac{3\sqrt{3}}{2}\frac{J_3}{(J_2)^{3/2}}\right],\quad \theta\in[-30°,30°] \tag{8.1-22}$$

式中：J_3 为偏应力张量第 3 不变量。主应力可用 J_2，I_1 和 θ 表示为形式

$$\begin{bmatrix}\sigma_1\\ \sigma_2\\ \sigma_3\end{bmatrix}=\frac{2(J_2)^{1/2}}{\sqrt{3}}\begin{bmatrix}\sin\left(\theta+\frac{2\pi}{3}\right)\\ \sin\theta\\ \sin\left(\theta-\frac{2\pi}{3}\right)\end{bmatrix}+\frac{I_1}{3}\begin{bmatrix}1\\1\\1\end{bmatrix} \tag{8.1-23}$$

将式(8.1-23)代入式(8.1-20)得到用偏应力张量第 2 不变量 J_2 表示的屈服准则，参见表 8.1-1。

表 8.1-1　用 J_2 表示的屈服准则

屈服准则	函数 $f^*(\boldsymbol{\sigma})$	屈服应力
Tresca	$2(J_2)^{1/2}\cos\theta$	$k(\kappa)$
von Mises	$(3J_2)^{1/2}$	$k(\kappa)$
Mohr-Coulomb	$\frac{1}{3}I_1\sin\varphi+(J_2)^{1/2}\left(\cos\theta-\frac{\sin\theta\sin\varphi}{\sqrt{3}}\right)$	$c\cos\varphi$
Drucker-Prager	$\alpha I_1+(J_2)^{1/2}$	k'

在塑性一致性条件中，需要计算$\partial f/\partial \boldsymbol{\sigma}$。对于上述四种屈服准则，$\partial f/\partial \boldsymbol{\sigma}$ 可以统一表示为

$$\frac{\partial f}{\partial \boldsymbol{\sigma}} = C_1 \boldsymbol{a}_1 + C_2 \boldsymbol{a}_2 + C_3 \boldsymbol{a}_3 \tag{8.1-24a}$$

式中：

$$\left.\begin{aligned} \boldsymbol{a}_1 &= \frac{\partial I_1}{\partial \boldsymbol{\sigma}}, & C_1 &= \frac{\partial f}{\partial I_1} \\ \boldsymbol{a}_2 &= \frac{\partial (J_2)^{1/2}}{\partial \boldsymbol{\sigma}}, & C_2 &= \frac{\partial f}{\partial (J_2)^{1/2}} - \frac{\tan 3\theta}{J_2}\frac{\partial f}{\partial \theta} \\ \boldsymbol{a}_3 &= \frac{\partial J_3}{\partial \boldsymbol{\sigma}}, & C_3 &= -\frac{\sqrt{3}}{2(J_2)^{3/2}\cos 3\theta}\frac{\partial f}{\partial \theta} \end{aligned}\right\} \tag{8.1-24b}$$

表 8.1-2 给出了不同屈服准则的 C_i 值。用偏应力 σ'_{ij} 给出 $\boldsymbol{a}_i$ 的具体形式为

$$\left.\begin{aligned} \boldsymbol{a}_1 &= \frac{1}{3}[1 \quad 1 \quad 1 \quad 0 \quad 0 \quad 0]^{\mathrm{T}} \\ \boldsymbol{a}_2 &= \frac{1}{2(J_2)^{1/2}}[\sigma'_{11} \quad \sigma'_{22} \quad \sigma'_{33} \quad 2\sigma'_{12} \quad 2\sigma'_{23} \quad 2\sigma'_{13}]^{\mathrm{T}} \\ \boldsymbol{a}_3 &= [a_{31} \quad a_{32} \quad a_{33} \quad a_{34} \quad a_{35} \quad a_{36}]^{\mathrm{T}} + \frac{1}{3}(J_2)^2[1 \quad 1 \quad 1 \quad 0 \quad 0 \quad 0]^{\mathrm{T}} \end{aligned}\right\} \tag{8.1-24c}$$

式中：

$$\begin{aligned} a_{31} &= \sigma'_{22}\sigma'_{33} - \sigma'^2_{23}, & a_{32} &= \sigma'_{11}\sigma'_{33} - \sigma'^2_{13} \\ a_{33} &= \sigma'_{11}\sigma'_{22} - \sigma'^2_{12}, & a_{34} &= 2(\sigma'_{23}\sigma'_{13} - \sigma'_{33}\sigma'_{12}) \\ a_{35} &= 2(\sigma'_{12}\sigma'_{13} - \sigma'_{11}\sigma'_{23}), & a_{36} &= 2(\sigma'_{12}\sigma'_{23} - \sigma'_{22}\sigma'_{13}) \end{aligned} \tag{8.1-24d}$$

从以上讨论可知，屈服条件的转换只相当于一组系数的转换，这是非常方便的。

表 8.1-2 屈服准则中的 C_i 值

屈服条件	C_1	C_2	C_3
Tresca	0	$2\cos\theta(1+\tan\theta\tan 3\theta)$	4
von Mises	0	$\sqrt{3}$	0
Mohr - Coulomb	$\frac{1}{3}\sin\varphi$	$\cos\theta[(1+\tan\theta\tan 3\theta)+\sin\varphi(\tan 3\theta-\tan\theta)/\sqrt{3}]$	$\frac{\sqrt{3}\sin\theta+\cos\theta\sin\varphi}{2J_2\cos 3\theta}$
Drucker - Prager	α	1.0	0

4. 应力-应变的增量关系

在本构关系中，既可用应变表示应力，也可用应力表示应变，但前者较常用。下面用应变增量 $\mathrm{d}\boldsymbol{\varepsilon}$ 表示应力增量 $\mathrm{d}\boldsymbol{\sigma}$，进而给出有限单元的弹塑性刚度矩阵。

将式(8.1-16)代入式(8.1-7)得

$$\mathrm{d}\boldsymbol{\sigma} = \boldsymbol{D}_{\mathrm{e}}\left(\mathrm{d}\boldsymbol{\varepsilon} - \frac{\partial g}{\partial \boldsymbol{\sigma}}\mathrm{d}\lambda\right) \tag{8.1-25}$$

将式(8.1-25)代入一致性条件式(8.1-17)中得到塑性流动因子为

$$\mathrm{d}\lambda = \frac{1}{a}\left(\frac{\partial f}{\partial \boldsymbol{\sigma}}\right)^{\mathrm{T}} \boldsymbol{D}_{\mathrm{e}}\mathrm{d}\boldsymbol{\varepsilon} \tag{8.1-26a}$$

式中：

$$a=\left(\frac{\partial f}{\partial \boldsymbol{\sigma}}\right)^{\mathrm{T}} \boldsymbol{D}_{\mathrm{e}} \frac{\partial g}{\partial \boldsymbol{\sigma}}-\left(\frac{\partial f}{\partial \boldsymbol{\varepsilon}^{\mathrm{p}}}\right)^{\mathrm{T}} \frac{\partial g}{\partial \boldsymbol{\sigma}}-b \frac{\partial f}{\partial \kappa} \tag{8.1-26b}$$

其中 b 因内变量不同而具有不同形式，即

$$b=\begin{cases}\boldsymbol{\sigma}^{\mathrm{T}} \dfrac{\partial g}{\partial \boldsymbol{\sigma}}, & \text{若 } \kappa=W_{\mathrm{p}} \\ \sqrt{\dfrac{2}{3}\left(\dfrac{\partial g}{\partial \boldsymbol{\sigma}}\right)^{\mathrm{T}} \dfrac{\partial g}{\partial \boldsymbol{\sigma}}}, & \text{若 } \kappa=\bar{\varepsilon}^{\mathrm{p}}\end{cases} \tag{8.1-26c}$$

式(8.1-26)中包含了塑性功硬化和塑性应变硬化，但在实际应用中也许会使用其中一个，或者是每个的一部分。结合式(8.1-25)和式(8.1-26)即得到应力和应变增量的关系为

$$\mathrm{d}\boldsymbol{\sigma}=\boldsymbol{D}_{\mathrm{ep}} \mathrm{d}\boldsymbol{\varepsilon} \tag{8.1-27a}$$

式中：$\boldsymbol{D}_{\mathrm{ep}}$ 为弹塑性矩阵，有

$$\boldsymbol{D}_{\mathrm{ep}}=\boldsymbol{D}_{\mathrm{e}}-\boldsymbol{D}_{\mathrm{p}} \tag{8.1-27b}$$

$\boldsymbol{D}_{\mathrm{p}}$ 称为塑性矩阵，有

$$\boldsymbol{D}_{\mathrm{p}}=\frac{1}{a} \boldsymbol{D}_{\mathrm{e}} \frac{\partial g}{\partial \boldsymbol{\sigma}}\left(\frac{\partial f}{\partial \boldsymbol{\sigma}}\right)^{\mathrm{T}} \boldsymbol{D}_{\mathrm{e}} \tag{8.1-27c}$$

弹塑性矩阵 $\boldsymbol{D}_{\mathrm{ep}}$ 可以看成是切线模量 $\boldsymbol{E}_{\mathrm{t}}$ 的一般形式。对于关联流动($g=f$)而言，$\boldsymbol{D}_{\mathrm{ep}}$ 是对称矩阵。从塑性状态卸载($f=0$ 和 $\mathrm{d}f<0$)或者当屈服还未出现时($f<0$)，由于 $\partial g/\partial \boldsymbol{\sigma}=\boldsymbol{0}$，因此 $\boldsymbol{D}_{\mathrm{ep}}=\boldsymbol{D}_{\mathrm{e}}$。在有限元列式中，用 $\boldsymbol{D}_{\mathrm{ep}}$ 计算其切向刚度矩阵为

$$\boldsymbol{k}_{\mathrm{t}}=\int \boldsymbol{B}^{\mathrm{T}} \boldsymbol{D}_{\mathrm{ep}} \boldsymbol{B} \mathrm{d} V \tag{8.1-28}$$

在用高斯(Gauss)积分方法计算 $\boldsymbol{k}_{\mathrm{t}}$ 时，$\boldsymbol{D}_{\mathrm{ep}}$ 的数值将随着高斯积分点的变化而变化。

为了得到 $\boldsymbol{D}_{\mathrm{ep}}$ 的具体形式，需要借助硬化规律和屈服准则。Mises 屈服准则认为：当材料在复杂应力状态下的形状改变能达到单向拉伸屈服时的形状改变能时，材料开始屈服。下面针对关联塑性流动，推导 $\boldsymbol{D}_{\mathrm{ep}}$ 在 von Mises 屈服准则和两种硬化规律下的具体形式。

① 对于各向同性硬化，$\partial f/\partial \boldsymbol{\varepsilon}^{p}=\boldsymbol{0}$，$k(\kappa)=\bar{\sigma}$，等效应力 $\bar{\sigma}$ 定义为

$$\bar{\sigma}=\sqrt{\frac{3}{2} \sigma_{ij}^{\prime} \sigma_{ij}^{\prime}} \tag{8.1-29}$$

在初始屈服时，$k(\kappa)=\sigma_{\mathrm{Y}}$，$\sigma_{\mathrm{Y}}$ 为材料初始屈服应力。根据式(8.1-26c)得

$$b=\begin{cases}\boldsymbol{\sigma}^{\mathrm{T}} \dfrac{\partial f}{\partial \boldsymbol{\sigma}}=\bar{\sigma}, & \text{若 } \kappa=W_{\mathrm{p}} \\ \sqrt{\dfrac{2}{3}\left(\dfrac{\partial f}{\partial \boldsymbol{\sigma}}\right)^{\mathrm{T}} \dfrac{\partial f}{\partial \boldsymbol{\sigma}}}=1, & \text{若 } \kappa=\bar{\varepsilon}^{\mathrm{p}}\end{cases} \tag{8.1-30}$$

根据式(8.1-10)、式(8.1-16)和式(8.1-30)可以得到 $\mathrm{d}\lambda=\mathrm{d}\bar{\varepsilon}^{\mathrm{p}}$。根据单轴拉伸时的关系 $\partial W^{\mathrm{p}}=\bar{\sigma}\partial\bar{\varepsilon}^{\mathrm{p}}$，$\partial\bar{\sigma}=H_{\mathrm{p}}\partial\bar{\varepsilon}^{\mathrm{p}}$ 可得

$$\frac{\partial f}{\partial \kappa}=\frac{\partial f}{\partial k} \frac{\partial k}{\partial \kappa}=\begin{cases}-\dfrac{\partial k}{\partial \kappa}=-\dfrac{\partial \bar{\sigma}}{\partial W^{\mathrm{p}}}=-\dfrac{\partial \bar{\sigma}}{\bar{\sigma} \partial \bar{\varepsilon}^{\mathrm{p}}}=-\dfrac{H_{\mathrm{p}}}{\bar{\sigma}}, & \text{若 } \kappa=W^{\mathrm{p}} \\ -\dfrac{\partial k}{\partial \bar{\varepsilon}^{\mathrm{p}}}=-\dfrac{\partial \bar{\sigma}}{\partial \bar{\varepsilon}^{\mathrm{p}}}=-H_{\mathrm{p}}, & \text{若 } \kappa=\bar{\varepsilon}^{\mathrm{p}}\end{cases} \tag{8.1-31}$$

因此，对内变量 κ 的两种不同取值有如下相同结果，即

$$b\frac{\partial f}{\partial \kappa}=-H_{\mathrm{p}} \tag{8.1-32}$$

由于

$$\left.\begin{aligned}&\boldsymbol{D}_{\mathrm{e}}\frac{\partial f}{\partial \boldsymbol{\sigma}}=\frac{3G\boldsymbol{\sigma}'}{\bar{\boldsymbol{\sigma}}},\quad \left(\frac{\partial f}{\partial \boldsymbol{\sigma}}\right)^{\mathrm{T}}\boldsymbol{D}_{\mathrm{e}}\frac{\partial f}{\partial \boldsymbol{\sigma}}=3G\\&a=\left(\frac{\partial f}{\partial \boldsymbol{\sigma}}\right)^{\mathrm{T}}\boldsymbol{D}_{\mathrm{e}}\frac{\partial f}{\partial \boldsymbol{\sigma}}-b\frac{\partial f}{\partial \kappa}=3G+H_{\mathrm{p}}\end{aligned}\right\} \tag{8.1-33}$$

因此塑性矩阵为

$$\boldsymbol{D}_{\mathrm{p}}=\frac{9G^2}{\bar{\sigma}^2(3G+H_p)}\boldsymbol{\sigma}'\boldsymbol{\sigma}'^{\mathrm{T}} \tag{8.1-34}$$

式中：$\boldsymbol{\sigma}'=[\sigma'_{11}\quad \sigma'_{22}\quad \sigma'_{33}\quad \sigma'_{12}\quad \sigma'_{23}\quad \sigma'_{31}]^{\mathrm{T}}$。

② 对于线性随动硬化(Prager 假设)，$\boldsymbol{\alpha}=\boldsymbol{C}\boldsymbol{\varepsilon}^{\mathrm{p}}$，$\partial f/\partial k=0$，并且

$$\frac{\partial f}{\partial \boldsymbol{\varepsilon}^{\mathrm{p}}}=-\boldsymbol{C}\frac{\partial f}{\partial \boldsymbol{\sigma}} \tag{8.1-35}$$

与各向同性硬化情况推导过程类似，可以得到关系

$$\left.\begin{aligned}&\boldsymbol{D}_{\mathrm{e}}\frac{\partial f}{\partial \boldsymbol{\sigma}}=\frac{3G\tilde{\boldsymbol{\sigma}}'}{\sigma_{\mathrm{Y}}},\quad \left(\frac{\partial f}{\partial \boldsymbol{\sigma}}\right)^{\mathrm{T}}\boldsymbol{D}_{\mathrm{e}}\frac{\partial f}{\partial \boldsymbol{\sigma}}=3G,\quad \left(\frac{\partial f}{\partial \boldsymbol{\sigma}}\right)^{\mathrm{T}}\boldsymbol{C}\frac{\partial f}{\partial \boldsymbol{\sigma}}=\frac{3}{2}\cdot\frac{2}{3}H_{\mathrm{p}}=H_{\mathrm{p}}\\&a=\left(\frac{\partial f}{\partial \boldsymbol{\sigma}}\right)^{\mathrm{T}}\boldsymbol{D}_{\mathrm{e}}\frac{\partial f}{\partial \boldsymbol{\sigma}}+\left(\frac{\partial f}{\partial \boldsymbol{\sigma}}\right)^{\mathrm{T}}\boldsymbol{C}\frac{\partial f}{\partial \boldsymbol{\sigma}}=3G+H_{\mathrm{p}}\end{aligned}\right\} \tag{8.1-36}$$

于是塑性矩阵为

$$\boldsymbol{D}_{\mathrm{p}}=\frac{9G^2}{\sigma_{\mathrm{Y}}^2(3G+H_{\mathrm{p}})}\tilde{\boldsymbol{\sigma}}'\tilde{\boldsymbol{\sigma}}'^{\mathrm{T}} \tag{8.1-37}$$

式中：

$$\tilde{\boldsymbol{\sigma}}'=\boldsymbol{\sigma}'-\boldsymbol{C}\boldsymbol{\varepsilon}^{\mathrm{p}} \tag{8.1-38}$$

从式(8.1-34)和式(8.1-37)可知，各向同性硬化和线性随动硬化的塑性矩阵形式是完全相似的。

8.1.3 增量解法

由于塑性材料的本构关系包括全量理论和增量理论，因此弹塑性问题的有限元解法也就包括总载荷的迭代法和增量载荷的迭代法。后者较常用的理由包括两点：① 全量理论在使用中受比例加载的限制；② 在实际工程问题中，塑性问题常与大变形引起的几何非线性耦合在一起，这时比例加载的正确性得不到证明，而几何非线性问题的最适宜解法是增量载荷或增量位移方法。增量方法和迭代法结合起来是求解非线性问题的理想方法。

基于虚功原理可以建立弹塑性问题的有限元求解方法[2]。增量形式的虚功原理为

$$\int_V(\boldsymbol{\sigma}+\Delta\boldsymbol{\sigma})^{\mathrm{T}}\delta\Delta\boldsymbol{\varepsilon}\mathrm{d}V=\int_V(\boldsymbol{F}^V+\Delta\boldsymbol{F}^V)^{\mathrm{T}}\delta\Delta\boldsymbol{u}\mathrm{d}V+\int_S(\boldsymbol{F}^S+\Delta\boldsymbol{F}^S)^{\mathrm{T}}\delta\Delta\boldsymbol{u}\mathrm{d}S \tag{8.1-39}$$

式中：δ 为变分符号；$\Delta\boldsymbol{u}$ 为正在考虑的增量步中的位移增量；$\Delta\boldsymbol{\varepsilon}$ 为正在考虑的增量步中的应变增量；$\boldsymbol{\sigma}$ 为已知的当前应力状态；$\Delta\boldsymbol{\sigma}$ 为正在考虑的增量步中的应力增量；$\boldsymbol{F}^V$ 和 $\boldsymbol{F}^S$ 为分别为当前的体力和面力；$\Delta\boldsymbol{F}^V$ 和 $\Delta\boldsymbol{F}^S$ 为分别为正在考虑的增量步中的体力和面力增量。

下面介绍三种求解弹塑性问题的增量方法。根据几何方程和单元容许位移函数可将应变增量用结点位移增量表示为

$$\Delta \boldsymbol{\varepsilon} = \boldsymbol{B}\Delta \boldsymbol{U} \tag{8.1-40}$$

式(8.1-7)给出的增量形式的弹塑性应力-应变关系写为如下更一般的形式，即

$$\Delta \boldsymbol{\sigma} = \boldsymbol{D}(\Delta \boldsymbol{\varepsilon} - \Delta \boldsymbol{\varepsilon}_0) + \Delta \boldsymbol{\sigma}_0 \tag{8.1-41}$$

式中：$\Delta \boldsymbol{\varepsilon}_0$ 和 $\Delta \boldsymbol{\sigma}_0$ 分别为初始应变向量和初始应力向量的增量。将式(8.1-40)和式(8.1-41)代入方程(8.1-39)可以得到如下一般形式的增量平衡方程，即

$$\boldsymbol{K}\Delta \boldsymbol{U} = \Delta \boldsymbol{F} \tag{8.1-42}$$

式中：

$$\left.\begin{aligned}
&\boldsymbol{K} = \int_V \boldsymbol{B}^{\mathrm{T}} \boldsymbol{D}\boldsymbol{B}\,\mathrm{d}V \\
&\Delta \boldsymbol{F} = \Delta \boldsymbol{F}_0 + \Delta \boldsymbol{F}_\varepsilon + \Delta \boldsymbol{F}_\sigma \\
&\Delta \boldsymbol{F}_0 = \int_V \boldsymbol{N}^{\mathrm{T}}(\boldsymbol{F}^V + \Delta \boldsymbol{F}^V)\,\mathrm{d}V + \int_S \boldsymbol{N}^{\mathrm{T}}(\boldsymbol{F}^S + \Delta \boldsymbol{F}^S)\,\mathrm{d}S - \int_V \boldsymbol{B}^{\mathrm{T}} \boldsymbol{\sigma}\,\mathrm{d}V \\
&\Delta \boldsymbol{F}_\varepsilon = \int_V \boldsymbol{B}^{\mathrm{T}} \boldsymbol{D}\Delta \boldsymbol{\varepsilon}_0\,\mathrm{d}V \\
&\Delta \boldsymbol{F}_\sigma = -\int_V \boldsymbol{B}^{\mathrm{T}} \Delta \boldsymbol{\sigma}_0\,\mathrm{d}V
\end{aligned}\right\} \tag{8.1-43}$$

值得强调的是，$\Delta \boldsymbol{F}_0$ 中的 $\int_V \boldsymbol{N}^{\mathrm{T}} \boldsymbol{F}^V \mathrm{d}V + \int_S \boldsymbol{N}^{\mathrm{T}} \boldsymbol{F}^S \mathrm{d}S - \int_V \boldsymbol{B}^{\mathrm{T}} \boldsymbol{\sigma}\mathrm{d}V$ 为已知当前状态的载荷残量或不平衡载荷。从方程(8.1-42)和方程(8.1-43)可以给出以下弹塑性问题的三种不同解法。

1. 切线刚度方法

从式(8.1-27)可以看出，$\boldsymbol{D}_{\mathrm{ep}}$为应力-应变关系曲线的斜率。若令式(8.1-41)中的 $\boldsymbol{D}=\boldsymbol{D}_{\mathrm{ep}}$，得到的方法就是切线刚度方法。这种方法不用初始应变和初始应力，即 $\Delta \boldsymbol{\varepsilon}_0 = \boldsymbol{0}$ 和 $\Delta \boldsymbol{\sigma}_0 = \boldsymbol{0}$，进而 $\Delta \boldsymbol{F}_\varepsilon = \boldsymbol{0}$，$\Delta \boldsymbol{F}_\sigma = \boldsymbol{0}$。式(8.1-41)变为

$$\Delta \boldsymbol{\sigma} = \boldsymbol{D}\Delta \boldsymbol{\varepsilon} \tag{8.1-44}$$

值得指出的是，只有当载荷增量足够小时，切线刚度方法才能给出足够精确的解。更精确的计算方法是把切线刚度方法和 Newton-Raphson 迭代法结合使用，使之能够得到满足精度要求的解。

2. 初应变方法

令增量初应力 $\Delta \boldsymbol{\sigma}_0 = \boldsymbol{0}$，式(8.1-41)变为

$$\Delta \boldsymbol{\sigma} = \boldsymbol{D}_{\mathrm{e}}(\Delta \boldsymbol{\varepsilon} - \Delta \boldsymbol{\varepsilon}_0) \tag{8.1-45}$$

令增量初应变等于塑性应变增量，即

$$\Delta \boldsymbol{\varepsilon}_0 = \Delta \boldsymbol{\varepsilon}^{\mathrm{p}} \tag{8.1-46}$$

当满足式(8.1-46)的条件时，$\Delta \boldsymbol{F}_\varepsilon$ 称为矫正载荷。由于矫正载荷取决于 $\Delta \boldsymbol{\varepsilon}^{\mathrm{p}}$，而 $\Delta \boldsymbol{\varepsilon}^{\mathrm{p}}$ 又是待定量，因此必须通过迭代方法来求解方程(8.1-42)。增量初应变方法实际上是增量法和迭代法结合起来的混合方法。

3. 初应力方法

令增量初应变 $\Delta \boldsymbol{\varepsilon}_0 = \boldsymbol{0}$，式(8.1-41)变为

$$\Delta\boldsymbol{\sigma} = \boldsymbol{D}_{\mathrm{e}}\Delta\boldsymbol{\varepsilon} + \Delta\boldsymbol{\sigma}_0 \tag{8.1-47}$$

定义增量初应力为

$$\Delta\boldsymbol{\sigma}_0 = -\boldsymbol{D}_{\mathrm{p}}\Delta\boldsymbol{\varepsilon} \tag{8.1-48}$$

矫正载荷 $\Delta\boldsymbol{F}_\sigma$ 取决于 $\Delta\boldsymbol{\varepsilon}$，而 $\Delta\boldsymbol{\varepsilon}$ 又是待定量，因此需要迭代来求解方程(8.1-42)。增量初应力方法也是增量法和迭代法结合起来的混合方法。

4. 三种方法的比较

在切线刚度方法中，对于每个载荷增量步，都需要重新计算刚度矩阵，从这个意义上来说，其计算量大于增量初应力法和增量初应变法。若在一个载荷增量步内的每次迭代中重新计算刚度矩阵，这样虽然会减少迭代次数，但会增加每次迭代的计算量。

增量初应变方法和增量初应力方法的刚度矩阵都是线弹性刚度矩阵，都不需要反复重新计算刚度矩阵，因此，它们的计算量低于切线刚度方法。对于一般的硬化材料，初应力法一定收敛；对于 Mises 屈服准则，初应变法迭代收敛的充分条件是 $3G/H_{\mathrm{p}}<1$。

此外，利用一致性切线刚度矩阵可以确保牛顿迭代法具有平方收敛速度[3]。

5. 切线刚度方法的计算步骤

切线刚度方法是弹塑性问题的基本计算方法，这里给出其计算塑性应变增量、应力状态和切线刚度矩阵的具体步骤。读者可以尝试给出初应力和初应变方法的计算步骤。

步骤 1 根据当前状态(第 m 载荷步)和载荷增量(第 $m+1$ 步的载荷增量)，计算所考虑载荷步(第 $m+1$ 步)的位移增量 $\Delta\boldsymbol{U}$ 和应变增量 $\Delta\boldsymbol{\varepsilon}$，即

$$\Delta\boldsymbol{\varepsilon} = \Delta\boldsymbol{\varepsilon}(\Delta\boldsymbol{U}, \boldsymbol{U}_m)$$

步骤 2 假定 $\Delta\boldsymbol{\varepsilon}$ 是弹性的，计算应力增量和新的应力状态，即

$$\Delta\boldsymbol{\sigma}_{\mathrm{e}} = \boldsymbol{D}_{\mathrm{e}}\Delta\boldsymbol{\varepsilon}$$

$$\boldsymbol{\sigma}_{m+1} = \boldsymbol{\sigma}_m + \Delta\boldsymbol{\sigma}_{\mathrm{e}} = \boldsymbol{\sigma}_m + \boldsymbol{D}_{\mathrm{e}}\Delta\boldsymbol{\varepsilon}$$

步骤 3 考察步骤 2 中假设的真实性。将 $\boldsymbol{\sigma}_{m+1}$ 代入加载函数，即

$$f_{m+1} = f(\boldsymbol{\sigma}_{m+1}, \kappa_m) \tag{a}$$

若 $f_{m+1}\leqslant 0$，说明 $\Delta\boldsymbol{\varepsilon}$ 确实是弹性的，步骤 2 中的计算是正确的，计算结束。

若 $f_{m+1}>0$，说明 $\Delta\boldsymbol{\varepsilon}$ 中包括了塑性应变，则进行如下计算：若当前应力状态 $\boldsymbol{\sigma}_m$ 是弹性的，则本增量步内的应力增量 $\Delta\boldsymbol{\sigma}_{\mathrm{e}}$ 中将包括弹性和塑性部分。将弹性部分记为

$$r\Delta\boldsymbol{\sigma}_{\mathrm{e}} = r\boldsymbol{D}_{\mathrm{e}}\Delta\varepsilon, \quad r<1 \tag{b}$$

为了求 r，将式(b)代入屈服条件中，即

$$f(\boldsymbol{\sigma}_m + r\Delta\boldsymbol{\sigma}_{\mathrm{e}}, \kappa_m) = 0 \tag{c}$$

步骤 4 计算塑性应变增量 $\Delta\boldsymbol{\varepsilon}^{\mathrm{p}}$ 及新的应力状态 $\boldsymbol{\sigma}_{m+1}^{r}$，即

$$\left.\begin{aligned} \Delta\boldsymbol{\varepsilon}^{\mathrm{p}} &= (1-r)\Delta\boldsymbol{\varepsilon} \\ \boldsymbol{\sigma}_{m+1}^{r} &= \boldsymbol{\sigma}_m + r\Delta\boldsymbol{\sigma}_{\mathrm{e}} \end{aligned}\right\} \tag{d}$$

步骤 5 计算 $\Delta\boldsymbol{\varepsilon}^{\mathrm{p}}$ 所引起的应力。由于材料刚度矩阵是非线性的，因此该计算应该是积分过程，但也可用逐段线性化求和方法做近似计算。为此，把 $\Delta\boldsymbol{\varepsilon}^{\mathrm{p}}$ 再细分为 M 个小的增量，有

$$\Delta(\Delta\boldsymbol{\varepsilon}) = \Delta\boldsymbol{\varepsilon}^{\mathrm{p}}/M$$

在每个小子增量 $\Delta(\Delta\boldsymbol{\varepsilon})^{(i)}$ 中，要根据子增量起始时的应力来计算 $\boldsymbol{D}_{\mathrm{ep}}^{(i)}$，而

$$\Delta(\Delta\boldsymbol{\sigma})^{(i)} = \boldsymbol{D}_{\mathrm{ep}}^{(i)}\Delta(\Delta\boldsymbol{\varepsilon})^{(i)}$$

于是新的应力状态为

$$\boldsymbol{\sigma}^{(i)} = \boldsymbol{\sigma}^{(i-1)} + \Delta(\Delta\boldsymbol{\sigma})^{(i)}$$

当 $i=1$ 时，$\boldsymbol{\sigma}^{(0)}=\boldsymbol{\sigma}_{m+1}^{r}$。用 $\boldsymbol{\sigma}^{(i)}$ 可计算下一个子增量时的 $\boldsymbol{D}_{\mathrm{ep}}^{(i+1)}$。依次重复计算，最后更新的应力状态为

$$\boldsymbol{\sigma}_{m+1} = \boldsymbol{\sigma}_{m+1}^{r} + \sum_{i=1}^{M}\boldsymbol{D}_{\mathrm{ep}}^{(i)}\Delta(\Delta\boldsymbol{\varepsilon})^{(i)}$$

用 $\boldsymbol{\sigma}_{m+1}$ 可形成最终状态的 $\boldsymbol{D}_{\mathrm{ep}}$。

8.2　几何非线性

几何非线性是由大变形引起的，这种变形大到甚至足以改变载荷的分布和作用方向。几何非线性只体现在几何关系即应变和位移的关系上。几何非线性分析中的主要困难是平衡方程必须根据未知的变形后的几何结构来建立。

在几何非线性中，主要讨论的问题是运动关系和平衡关系，使用的坐标系包括物质坐标系（或 Lagrange 坐标系）和空间坐标系（或 Euler 坐标系），对应的描述方法是 Lagrange 描述法和 Euler 描述法（或空间描述方法），通常前者适合固体力学，后者适合流体力学。在 Lagrange 方法中使用 Green 应变和 Kirchhoff 应力，而不使用非对称的 Lagrange 应力张量；在 Euler 方法中使用 Almansi 应变和 Euler 应力。在小变形情况下，Green 应变和 Almansi 应变都退化为 Cauchy 应变。

8.2.1　有效应变和应力

在选定一个坐标系后，物体中每个质点的空间位置都可用一组坐标表示。质点运动之前的位置用坐标 X_i 表示，运动之后的位置用坐标 x_i 表示，前者称为物质坐标，后者称为客观坐标（或空间坐标，或现时坐标）。X_i 是已知的，而 x_i 是待确定的，二者之间的差值就是待求的位移。在物质坐标系中未变形的物体称为初始构形（或参考构形），在现时坐标系中变形的物体称为现时构形。

1. 应变及其关系

(1) Green 应变

Green 应变（也称 Green - Lagrange 应变）的定义为

$$E_{ij} = \frac{1}{2}\left(\frac{\partial x_k}{\partial X_i}\frac{\partial x_k}{\partial X_j} - \delta_{ij}\right) \tag{8.2-1}$$

式中：δ_{ij} 是 Kronecker 记号；$\partial x_k/\partial X_i$ 称为变形梯度，是非对称的二阶张量，它刻画了整个变形，既包括线元的伸缩，也包括线元的转动，在大变形分析中起着重要作用。

(2) Almansi 应变

Almansi 应变（也称 Euler 应变）的定义为

$$e_{ij} = \frac{1}{2}\left(\delta_{ij} - \frac{\partial X_k}{\partial x_i}\frac{\partial X_k}{\partial x_j}\right) \tag{8.2-2}$$

式中：$\partial X_k/\partial x_i$ 表示$\partial x_k/\partial X_i$ 的逆。利用 Cramer（克莱姆）法则，$\partial X_k/\partial x_i$ 可用变形梯度张量$\partial x_k/\partial X_i$的分量来表示，即

$$\frac{\partial X_i}{\partial x_j}=\frac{1}{2J}e_{imn}e_{jkl}\frac{\partial x_k}{\partial X_m}\frac{\partial x_l}{\partial X_n} \tag{8.2-3}$$

式中：e_{ijk}为排列张量，J 为变形梯度矩阵$\partial x_k/\partial X_i$ 的行列式，表示为

$$J=\begin{vmatrix}\frac{\partial x_1}{\partial X_1} & \frac{\partial x_1}{\partial X_2} & \frac{\partial x_1}{\partial X_3}\\ \frac{\partial x_2}{\partial X_1} & \frac{\partial x_2}{\partial X_2} & \frac{\partial x_2}{\partial X_3}\\ \frac{\partial x_3}{\partial X_1} & \frac{\partial x_3}{\partial X_2} & \frac{\partial x_3}{\partial X_3}\end{vmatrix}=e_{ijk}\frac{\partial x_i}{\partial X_1}\frac{\partial x_j}{\partial X_2}\frac{\partial x_k}{\partial X_3}=\frac{\rho_0}{\rho}$$

式中：ρ_0 和 ρ 分别为物体变形前后的密度。根据 J 还可描述两个坐标系中微体积和微面积之间的关系为

$$\left.\begin{aligned}\mathrm{d}v&=J\mathrm{d}V\\ \frac{\partial x_i}{\partial X_p}n_i\mathrm{d}s&=JN_p\mathrm{d}S\end{aligned}\right\} \tag{8.2-4}$$

式中：dv 和 dV 分别为客观坐标系和物质坐标系中的微体积，ds 和 dS 分别为客观坐标系和物质坐标系中的微面积，n_i 和 N_p 分别为 ds 和 dS 的外法线方向单位矢量。

(3) Green 应变与 Almansi 应变的关系

根据式(8.2-1)和式(8.2-2)可以得到 Green 应变和 Almansi 应变的关系为

$$E_{ij}\frac{\partial X_i}{\partial x_l}\frac{\partial X_j}{\partial x_m}=e_{lm} \tag{8.2-5}$$

$$e_{ij}\frac{\partial x_i}{\partial X_l}\frac{\partial x_j}{\partial X_m}=E_{lm} \tag{8.2-6}$$

下面建立应变和位移的关系。根据物质坐标和客观坐标可以定义位移为

$$u_i=x_i-X_i \tag{8.2-7}$$

相应的变形梯度为

$$\frac{\partial x_i}{\partial X_j}=\delta_{ij}+\frac{\partial u_i}{\partial X_j} \tag{8.2-8a}$$

$$\frac{\partial X_i}{\partial x_j}=\delta_{ij}-\frac{\partial u_i}{\partial x_j} \tag{8.2-8b}$$

将式(8.2-8a)和式(8.2-8b)分别代入式(8.2-1)和式(8.2-2)可得到用位移梯度张量表示的 Green 应变和 Almansi 应变，即

$$E_{ij}=\frac{1}{2}\left(\frac{\partial u_j}{\partial X_i}+\frac{\partial u_i}{\partial X_j}+\frac{\partial u_k}{\partial X_i}\frac{\partial u_k}{\partial X_j}\right) \tag{8.2-9}$$

$$e_{ij}=\frac{1}{2}\left(\frac{\partial u_j}{\partial x_i}+\frac{\partial u_i}{\partial x_j}-\frac{\partial u_k}{\partial x_i}\frac{\partial u_k}{\partial x_j}\right) \tag{8.2-10}$$

值得注意的是，在计算 Green 应变时，u_i 被看成是物质坐标 X_i 的函数；在计算 Almansi 应变时，u_i 被看成是客观坐标 x_i 的函数。Green 应变和 Almansi 应变都是对称的二阶张量。在小变形情况下，Green 应变和 Almansi 应变都变为 Cauchy 应变张量 ε_{ij}，即

$$\varepsilon_{ij}=E_{ij}=e_{ij}=\frac{1}{2}\left(\frac{\partial u_j}{\partial x_i}+\frac{\partial u_i}{\partial x_j}\right)=\frac{1}{2}\left(\frac{\partial u_j}{\partial X_i}+\frac{\partial u_i}{\partial X_j}\right) \tag{8.2-11}$$

这也是在定义 Green 应变和 Almansi 应变时要引入因子 1/2 的原因。

本书不考虑物理量和几何量随时间的变化率，因此不再介绍物质导数和本构导数等重要概念。前面讨论了应变的定义及两种应变的关系。与应变定义类似，对于不同的描述方法，也有不同的应力定义。下面简要介绍这些应力的定义及这些应力之间的关系。

2. 应力及其关系

(1) Euler 应力

Euler 应力(也称 Cauchy 应力)是用客观坐标定义的应力，用符号 σ_{ij} 表示，它可用有向微面积 ds 和作用在该微面积上的力元 dT_i 来定义，即

$$dT_i=\sigma_{ij}n_j ds \tag{8.2-12}$$

式中：n_j 为微面积 ds 的外法线方向单位矢量。Cauchy 应力张量 σ_{ij} 是二阶对称张量，是定义在现时构形上单位面积上的接触力。由于 σ_{ij} 考虑了物体变形，因此也被称为真应力。

(2) Lagrange 应力

Lagrange 应力(也称第 1 类 Piola - Kirchhoff 应力)是用变形前的物质坐标和构形来定义的应力，用符号 Σ_{ij} 表示，即

$$dT_i=\Sigma_{ij}N_j dS \tag{8.2-13}$$

式中：N_j 为微面积 dS 的外法线方向单位矢量。Lagrange 应力张量(也称为名义应力张量)一般不是对称形式，不便于应用。

(3) Kirchhoff 应力

Kirchhoff 应力(也称第 2 类 Piola - Kirchhoff 应力)把 Lagrange 应力张量 Σ_{jk} 前乘变形梯度 $\partial X_i/\partial x_k$ 即得到所谓的 Kirchhoff 应力张量，即

$$S_{ij}=\frac{\partial X_i}{\partial x_k}\Sigma_{jk} \tag{8.2-14}$$

式中：S_{ij} 是用初始构形定义的二阶对称应力张量，且与 Green 应变在能量上是共轭的，因此在 Lagrange 描述法中普遍采用 Green 应变和 Kirchhoff 应力。

(4) 三种应力张量的关系

三种应力张量之间存在如下关系，即

$$\Sigma_{mi}=J\frac{\partial X_m}{\partial x_j}\sigma_{ij},\quad \sigma_{ij}=\frac{1}{J}\frac{\partial x_j}{\partial X_m}\Sigma_{mi} \tag{8.2-15}$$

$$S_{lm}=J\frac{\partial X_l}{\partial x_i}\frac{\partial X_m}{\partial x_j}\sigma_{ij},\quad \sigma_{ij}=\frac{1}{J}\frac{\partial x_i}{\partial X_l}\frac{\partial x_j}{\partial X_m}S_{lm} \tag{8.2-16}$$

上述关系给应用带来了许多方便。

例 8.2-1　用 Lagrange 描述法和 Euler 描述法分析如图 8.2-1 所示桁架的变形。

解：首先考虑 Euler 描述法。用 σ，A 和 L 分别表示 Euler 应力(真应力)及现时构形下的横截面积和杆的长度。在现时构形下，点 2′的平衡方程为

$$P_e=\sigma A\sin\theta \tag{a}$$

应力-应变关系为

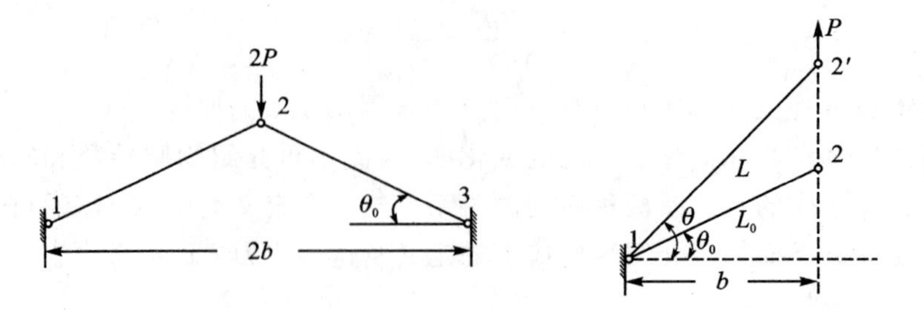

图 8.2-1　桁架结构与载荷

$$\sigma = Ee \tag{b}$$

其中，E 为杨氏模量，应变 e 为

$$e = \int_{L_0}^{L} \frac{\mathrm{d}L}{L} = \ln\left(\frac{L}{L_0}\right) = \ln\left(\frac{\cos\theta_0}{\cos\theta}\right) \tag{c}$$

利用增量关系可计算当前的面积为

$$\frac{\mathrm{d}A}{A} = -2\nu\mathrm{d}e = -2\nu\frac{\mathrm{d}L}{L} \tag{d}$$

式中：ν 为泊松比。对式(d)积分得

$$\ln\frac{A}{A_0} = -2\nu\ln\frac{L}{L_0} \quad 或 \quad A = A_0\left(\frac{\cos\theta}{\cos\theta_0}\right)^{2\nu} \tag{e}$$

将式(e)和式(b)代入式(a)可得用 θ 表示的平衡方程为

$$P_e = A_0 E\left(\frac{\cos\theta}{\cos\theta_0}\right)^{2\nu}\ln\left(\frac{\cos\theta_0}{\cos\theta}\right)\sin\theta \tag{f}$$

下面考虑 Lagrange 描述法。为了避免符号混淆，用 γ 表示 Green 应变，于是有

$$\gamma = \frac{1}{2}\frac{L^2 - L_0^2}{L_0^2} = \frac{1}{2}\left[\left(\frac{\cos\theta_0}{\cos\theta}\right)^2 - 1\right] \tag{g}$$

Kirchhoff 应力为

$$S = E\gamma = \frac{E}{2}\left[\left(\frac{\cos\theta_0}{\cos\theta}\right)^2 - 1\right] \tag{h}$$

由于 $\sigma A\cos\theta = SA_0\cos\theta_0$，因此

$$P_\gamma = SA_0\frac{\cos\theta_0}{\cos\theta}\sin\theta = \frac{1}{2}EA_0\left[\left(\frac{\cos\theta_0}{\cos\theta}\right)^2 - 1\right]\frac{\cos\theta_0}{\cos\theta}\sin\theta \tag{i}$$

式(f)和式(i)给出的载荷都存在最大值，且式(i)给出的最大值偏小。当载荷达到最大值时，结构的变形不稳定，并且结构可越过 $\theta=0°$ 到达负值，这就是跳跃现象。令 $\theta_0=30°$，建议读者画出 P/EA_0 与 θ 的关系曲线。

8.2.2　本构方程

几何大变形问题虽然存在几何关系的非线性，但其本构关系的形式与小变形情况类似。由于应力和应变存在多种定义，因此即使对于同一种材料，也存在本构关系的不同形式。这里只给出两种弹性材料，即 Kirchhoff 材料和超弹性材料的本构关系。弹性材料是对历史没有记忆的材料，这种材料对变形和温度的响应完全取决于现时状态。

1. Kirchhoff 材料

许多几何非线性问题的特点是大转动、小应变，其大变形主要是大转动。把线弹性定律进行简单扩展即可得到这类材料的本构关系。由于这类材料的行为取决于当前状态的应力和应变，因此选 Cauchy 应力和 Almansi 应变的关系作为其本构关系是很自然的事，即

$$\sigma_{ij} = D_{ijkl} e_{kl} \tag{8.2-17}$$

若四阶张量 D_{ijkl} 是 e_{kl} 的函数，则材料是非线性弹性的；若 D_{ijkl} 是常数，则材料是线性弹性的，但式(8.2-17)也不是小变形情况的本构关系(Hooke 定律)，因为式(8.2-17)是定义在现时构形上的。只有在小变形情况下，σ_{ij} 和 e_{kl} 分别退化到工程应力和小应变 ε_{kl} 时，式(8.2-17)才是线性 Hooke 定律。

对于各向同性材料，D_{ijkl} 可用两个独立常数表示为

$$D_{ijkl} = \lambda \delta_{ij} \delta_{kl} + G(\delta_{ik} \delta_{jl} + \delta_{il} \delta_{jk}) \tag{8.2-18}$$

式中：λ 和 G(剪切模量)为 Lamé 常数。

由于 Cauchy 应力和 Kirchhoff 应力以及 Almansi 应变和 Green 应变存在变换关系，参见式(8.2-5)和式(8.2-16)，因此式(8.2-17)可以写为形式

$$S_{ij} = D^0_{ijkl} E_{kl} \tag{8.2-19}$$

式中：

$$\left.\begin{aligned} D^0_{mnpq} &= J \frac{\partial X_m}{\partial x_i} \frac{\partial X_n}{\partial x_j} D_{ijkl} \frac{\partial X_p}{\partial x_k} \frac{\partial X_q}{\partial x_l} \\ D_{mnpq} &= \frac{1}{J} \frac{\partial x_m}{\partial X_i} \frac{\partial x_n}{\partial X_j} D^0_{ijkl} \frac{\partial x_p}{\partial X_k} \frac{\partial x_q}{\partial X_l} \end{aligned}\right\} \tag{8.2-20}$$

具有本构关系式(8.2-19)的材料称为 Saint - Venent - Kirchhoff 材料，简称 Kirchhoff 材料。

2. 超弹性材料

外力作功与变形路径无关的弹性材料称之为超弹性(或 Green 弹性)材料，其本构关系是用能量来定义的，并且存在关系

$$\frac{\mathrm{D}}{\mathrm{D}t} W = \frac{\partial W}{\partial E_{ij}} \frac{\mathrm{D}}{\mathrm{D}t} E_{ij} \tag{8.2-21}$$

式中：应变能函数 W 是 E_{ij} 的函数；$\mathrm{D}/\mathrm{D}t$ 表示物质导数，即质点所携带的物理量或几何量随时间的变化率。在 Lagrange 坐标系下，其本构关系可用 Kirchhoff 应力和 Green 应变表示为

$$S_{ij} = \frac{\partial W}{\partial E_{ij}} \tag{8.2-22}$$

本构关系式(8.2-22)也就是应力和应变的共轭关系。

8.2.3　平衡方程

与小变形问题类似，几何大变形问题也存在两种描述方法，即微分方程描述方法和积分描述方法。这里讨论的问题仅限于保守载荷情况，即体元 $\mathrm{d}V$ 所受载荷 F_i 和边界上的面元 $\mathrm{d}S$ 所受载荷 Q_i 在变形过程中保持不变，即

$$F_i \mathrm{d}V = f_i \mathrm{d}v, \quad Q_i \mathrm{d}S = q_i \mathrm{d}s \tag{8.2-23}$$

在客观坐标系下的微分方程和力的边界条件为

$$\frac{\partial \sigma_{ij}}{\partial x_j} + f_i = 0 \quad (域内\ v) \tag{8.2-24}$$

$$\sigma_{ij} n_j = q_i \quad (边界\ s) \tag{8.2-25}$$

在形式上，方程(8.2-24)和方程(8.2-25)与小变形情况下的没有区别。但是，二者存在本质区别，即这里的应力和边界区域等都是针对客观坐标系定义的。根据式(8.2-4)、式(8.2-16)和式(8.2-23)可以将方程(8.2-24)和方程(8.2-25)变换到物质坐标系下，即有

$$\frac{\partial}{\partial X_k}\left(S_{lk}\frac{\partial x_i}{\partial X_l}\right) + F_i = 0 \quad (域内\ V) \tag{8.2-26}$$

$$S_{lk}\frac{\partial x_i}{\partial X_l} N_k = Q_i \quad (边界\ S) \tag{8.2-27}$$

在大变形情况下，平衡方程中的非线性由变形梯度或位移梯度来体现。客观坐标系下的虚功方程为

$$\int_v \sigma_{ij}\delta\varepsilon_{ij}\,\mathrm{d}v = \int_v f_i \delta u_i \,\mathrm{d}v + \int_s q_i \delta u_i \,\mathrm{d}s \tag{8.2-28}$$

物质坐标系下的虚功方程为

$$\int_V S_{ij}\delta E_{ij}\,\mathrm{d}V = \int_V F_i \delta u_i \,\mathrm{d}V + \int_S Q_i \delta u_i \,\mathrm{d}S \tag{8.2-29}$$

虚功方程是弱形式的平衡条件，是有限元求解方法的基础。

8.2.4　有限元求解方法

在固体力学中，采用 Lagrange 描述方法处理几何非线性问题更方便，其主要原因是：在 Lagrange 描述方法中容易得到物质导数，容易引入本构关系，变形能积分可在已知的初始构形域中进行。因此这里只讨论在物质坐标系中建立的求解方法，该方法采用 Green 应变和 Kirchhoff 应力。

与材料非线性问题类似，几何非线性问题的求解方法也包括全量方法和增量方法，这里仅讨论通用的增量求解方法。增量求解方法包括完全的 Lagrange 方法 TL(Total Lagrangian formulation)和更新 Lagrange 方法 UL(Updated Lagrangian formulation)。

在用增量方法求解非线性问题时，需将时间离散为一个序列，即

$$t_0, t_1, t_2, \cdots, t_m, t_{m+1}, \cdots \tag{8.2-30}$$

通常令 $t_0=0$ 表示结构没有运动也没有变形时的初始时刻。对于静力问题，时间序列表示载荷序列。从任意时刻 $t=t_m$ 到 $t+\Delta t=t_{m+1}$ 的增量之间，必须选定一个已知时刻的构形作为参考构形来计算 Green 应变和 Kirchhoff 应力。原则上，任何一个已知的某一时刻的构形都可选为参考构形。在实际应用中，有两种选择参考构形的方法：① 在任何步长[t, $t+\Delta t$]内的增量计算，都以 $t_0=0$ 时刻的构形作为参考构形，这种方法就是 TL 方法；② 在任何步长[t, $t+\Delta t$]内的增量计算，都以已知的 t 时刻的构形作为参考构形，这种方法就是 UL 方法。下面分别讨论这两种方法。

1. TL 方法

在这种方法中，t 时刻(用 m 表示)和 $t+\Delta t$ (用 $m+1$ 表示)时刻的坐标 x_i^m 和 x_i^{m+1} 是初始构形坐标 X_i 的函数。根据结点位置坐标 X_i，x_i^m，x_i^{m+1} 和结点形函数，可得到对应的几何场

或几何构形。设 t 时刻的物理量和几何量已经求得，待求的是 $t+\Delta t$ 时刻的物理量和几何量。根据位移的定义可知，t 和 $t+\Delta t$ 时刻的位移分别为

$$\left.\begin{aligned} u_i^m &= x_i^m - X_i \\ u_i^{m+1} &= x_i^{m+1} - X_i \end{aligned}\right\} \tag{8.2-31}$$

对于 $t+\Delta t$ 时刻，位移、Green 应变和 Kirchhoff 应力分别为

$$u_i^{m+1} = u_i^m + \Delta u_i \tag{8.2-32}$$

$$E_{ij}^{m+1} = E_{ij}^m + \Delta E_{ij} \tag{8.2-33}$$

$$S_{ij}^{m+1} = S_{ij}^m + \Delta S_{ij} \tag{8.2-34}$$

式中的增量为从 t 到 $t+\Delta t$ 时刻各物理量的变化量。Green 应变的增量为

$$\Delta E_{ij} = E_{ij}^{m+1} - E_{ij}^m = \Delta E_{ij}^{L1} + \Delta E_{ij}^{L2} + \Delta E_{ij}^{NL} = \Delta E_{ij}^{L} + \Delta E_{ij}^{NL} \tag{8.2-35}$$

式中：$\Delta E_{ij}^{L} = \Delta E_{ij}^{L1} + \Delta E_{ij}^{L2}$ 是线性应变增量，而

$$\left.\begin{aligned} \Delta E_{ij}^{L1} &= \frac{1}{2}\left(\frac{\partial \Delta u_i}{\partial X_j} + \frac{\partial \Delta u_j}{\partial X_i}\right) && \text{(线性增量)} \\ \Delta E_{ij}^{L2} &= \frac{1}{2}\left(\frac{\partial u_k^m}{\partial X_j}\frac{\partial \Delta u_k}{\partial X_i} + \frac{\partial u_k^m}{\partial X_i}\frac{\partial \Delta u_k}{\partial X_j}\right) && \text{(线性增量(}u_k^m\text{ 为已知量))} \\ \Delta E_{ij}^{NL} &= \frac{1}{2}\frac{\partial \Delta u_k}{\partial X_j}\frac{\partial \Delta u_k}{\partial X_i} && \text{(非线性增量)} \end{aligned}\right\} \tag{8.2-36}$$

设材料的增量本构关系为线性的，即不考虑材料非线性，于是有

$$\Delta S_{ij} = D_{ijkl}\Delta E_{kl} \tag{8.2-37}$$

式中：D_{ijkl} 是根据初始参考构形和 t 时刻的物理量而定义的材料性质张量。在初始构形上，单元体 V^0 的内虚功为

$$\int_{V^0} S_{ij}^{m+1}\delta E_{ij}^{m+1}\,dV = \int_{V^0}(S_{ij}^m + \Delta S_{ij})(\delta E_{ij}^m + \delta\Delta E_{ij})\,dV \tag{8.2-38}$$

由于 $\delta E_{ij}^m = 0$，因此有

$$\begin{aligned} \int_{V^0} S_{ij}^{m+1}\delta E_{ij}^{m+1}\,dV = & \int_{V^0}\Delta E_{kl}^{L} D_{ijkl}\delta\Delta E_{ij}^{L}\,dV + \int_{V^0}\Delta E_{kl}^{L} D_{ijkl}\delta\Delta E_{ij}^{NL}\,dV + \\ & \int_{V^0}\Delta E_{kl}^{NL} D_{ijkl}\delta\Delta E_{ij}^{L}\,dV + \int_{V^0}\Delta E_{kl}^{NL} D_{ijkl}\delta\Delta E_{ij}^{NL}\,dV + \\ & \int_{V^0} S_{ij}^m\delta\Delta E_{ij}^{L}\,dV + \int_{V^0} S_{ij}^m\delta\Delta E_{ij}^{NL}\,dV \end{aligned} \tag{8.2-39}$$

考虑一个单元，把 ΔE_{ij} 用结点位移增量向量 $\delta\boldsymbol{U}$ 离散化得

$$\left.\begin{aligned} \Delta E_{ij}^{L} &= \boldsymbol{B}_L\Delta\boldsymbol{U} \\ \Delta E_{ij}^{NL} &= \boldsymbol{B}_{NL}\Delta\boldsymbol{U} \end{aligned}\right\} \tag{8.2-40}$$

式中：$\boldsymbol{B}_{NL}$ 是 $\delta\boldsymbol{U}$ 的线性矩阵函数。外力虚功为 $\boldsymbol{R}\delta\boldsymbol{U}$，$\boldsymbol{R}$ 为对应时刻 $t+\Delta t$ 在初始构形上积分得到的单元结点载荷列向量。根据虚功原理得

$$(\boldsymbol{K}_0 + \boldsymbol{K}_L)\Delta\boldsymbol{U} + \int_{V^0}\boldsymbol{B}_{NL}^{T}\underline{\boldsymbol{S}}\,dV = \boldsymbol{R} - \int_{V^0}\boldsymbol{B}_L^{T}\underline{\boldsymbol{S}}\,dV \tag{8.2-41}$$

式中：$\underline{\boldsymbol{S}} = [S_{11}\quad S_{22}\quad S_{33}\quad S_{23}\quad S_{31}\quad S_{12}]^{T}$，而

$$\left.\begin{aligned} \boldsymbol{K}_0 &= \int_{V^0}\boldsymbol{B}_L^{T}\boldsymbol{D}\boldsymbol{B}_L\,dV \\ \boldsymbol{K}_L &= \int_{V^0}\boldsymbol{B}_L^{T}\boldsymbol{D}\boldsymbol{B}_{NL}^{T}\,dV + \int_{V^0}\boldsymbol{B}_{NL}^{T}\boldsymbol{D}\boldsymbol{B}_L\,dV + \int_{V^0}\boldsymbol{B}_{NL}^{T}\boldsymbol{D}\boldsymbol{B}_{NL}\,dV \end{aligned}\right\} \tag{8.2-42}$$

由于 $\boldsymbol{B}_{\mathrm{NL}}$ 是 $\delta\boldsymbol{U}$ 的线性矩阵函数，因此

$$\int_{V^0}\boldsymbol{B}_{\mathrm{NL}}^{\mathrm{T}}\underline{\boldsymbol{S}}\,\mathrm{d}V=\int_{V^0}\left(\frac{\partial\boldsymbol{N}}{\partial\boldsymbol{X}}\right)^{\mathrm{T}}\overline{\boldsymbol{S}}\left(\frac{\partial\boldsymbol{N}}{\partial\boldsymbol{X}}\right)\mathrm{d}V\delta\boldsymbol{U}=\int_{V^0}\boldsymbol{G}^{\mathrm{T}}\overline{\boldsymbol{S}}\,\boldsymbol{G}\mathrm{d}V\delta\boldsymbol{U}=\boldsymbol{K}_{\sigma}\delta\boldsymbol{U}\qquad(8.2-43)$$

式中：

$$\overline{\boldsymbol{S}}=\begin{bmatrix}\boldsymbol{S}&\boldsymbol{0}&\boldsymbol{0}\\\boldsymbol{0}&\boldsymbol{S}&\boldsymbol{0}\\\boldsymbol{0}&\boldsymbol{0}&\boldsymbol{S}\end{bmatrix}\qquad(8.2-44)$$

其中 $\boldsymbol{S}$ 为 Kirchhoff 应力张量矩阵。于是式(8.2-41)变为

$$(\boldsymbol{K}_0+\boldsymbol{K}_{\sigma}+\boldsymbol{K}_{\mathrm{L}})\Delta\boldsymbol{U}=\boldsymbol{R}-\int_{V^0}\boldsymbol{B}_{\mathrm{L}}^{\mathrm{T}}\underline{\boldsymbol{S}}\,\mathrm{d}V\qquad(8.2-45)$$

设单元的结点数为 n，$\boldsymbol{I}$ 表示 3×3 的单位矩阵，上面计算中的矩阵的具体形式分别为

$$\boldsymbol{N}=[N_1\boldsymbol{I}\quad N_2\boldsymbol{I}\quad\cdots\quad N_n\boldsymbol{I}]\qquad(8.2-46)$$

$$\boldsymbol{X}=[X_1\quad X_2\quad\cdots\quad X_n]^{\mathrm{T}}\qquad(8.2-47)$$

$$\boldsymbol{B}_{\mathrm{L}}=\boldsymbol{B}_{\mathrm{L1}}+\boldsymbol{B}_{\mathrm{L2}}\qquad(8.2-48)$$

$$\boldsymbol{B}_{\mathrm{L1}}=\boldsymbol{LN}=[\boldsymbol{L}N_1\quad\boldsymbol{L}N_2\quad\cdots\quad\boldsymbol{L}N_n],\quad\boldsymbol{B}_{\mathrm{L2}}=\boldsymbol{AG}\qquad(8.2-49)$$

$$\boldsymbol{B}_{\mathrm{NL}}=(\Delta\boldsymbol{A})\boldsymbol{G}\qquad(8.2-50)$$

$$\boldsymbol{L}=\begin{bmatrix}\frac{\partial}{\partial X_1}&0&0&0&\frac{\partial}{\partial X_3}&\frac{\partial}{\partial X_2}\\0&\frac{\partial}{\partial X_2}&0&\frac{\partial}{\partial X_3}&0&\frac{\partial}{\partial X_1}\\0&0&\frac{\partial}{\partial X_3}&\frac{\partial}{\partial X_2}&\frac{\partial}{\partial X_1}&0\end{bmatrix}^{\mathrm{T}}\qquad(8.2-51)$$

$$\boldsymbol{A}=\begin{bmatrix}\frac{\partial\boldsymbol{U}}{\partial X_1}&\boldsymbol{0}&\boldsymbol{0}&\boldsymbol{0}&\frac{\partial\boldsymbol{U}}{\partial X_3}&\frac{\partial\boldsymbol{U}}{\partial X_2}\\\boldsymbol{0}&\frac{\partial\boldsymbol{U}}{\partial X_2}&\boldsymbol{0}&\frac{\partial\boldsymbol{U}}{\partial X_3}&\boldsymbol{0}&\frac{\partial\boldsymbol{U}}{\partial X_1}\\\boldsymbol{0}&\boldsymbol{0}&\frac{\partial\boldsymbol{U}}{\partial X_3}&\frac{\partial\boldsymbol{U}}{\partial X_2}&\frac{\partial\boldsymbol{U}}{\partial X_1}&\boldsymbol{0}\end{bmatrix}^{\mathrm{T}}\qquad(8.2-52)$$

$$\boldsymbol{G}=\frac{\partial\boldsymbol{N}}{\partial\boldsymbol{X}}=\begin{bmatrix}\frac{\partial N_1}{\partial X_1}\boldsymbol{I}&\frac{\partial N_2}{\partial X_1}\boldsymbol{I}&\cdots&\frac{\partial N_n}{\partial X_1}\boldsymbol{I}\\\frac{\partial N_1}{\partial X_2}\boldsymbol{I}&\frac{\partial N_2}{\partial X_2}\boldsymbol{I}&\cdots&\frac{\partial N_n}{\partial X_2}\boldsymbol{I}\\\frac{\partial N_1}{\partial X_3}\boldsymbol{I}&\frac{\partial N_2}{\partial X_3}\boldsymbol{I}&\cdots&\frac{\partial N_n}{\partial X_3}\boldsymbol{I}\end{bmatrix}\qquad(8.2-53)$$

在 TL 方法的有限元列式(8.2-45)中，$\boldsymbol{K}_0$ 是根据 t 时刻材料计算得到的；$\boldsymbol{K}_{\sigma}$ 称为初应力矩阵或几何刚度矩阵，是 $\delta\boldsymbol{U}$ 的隐函数矩阵，拉应力使结构刚度提高，压应力使结构刚度降低；$\boldsymbol{K}_{\mathrm{L}}$ 为初位移刚度矩阵或大位移刚度矩阵，参见式(8.2-42)，其前两项是 $\delta\boldsymbol{U}$ 的线性函数矩阵，最后一项为 $\delta\boldsymbol{U}$ 的二次函数矩阵。

2. UL 方法

在 UL 方法中，在计算 $t+\Delta t$ 时刻的物理量时，是以 t 时刻的构形作为参考构形，该参考构

形可以看做是"未"变形物体。由于以 t 时刻的构形作为参考构形，因此 t 时刻的 $E_{ij}=0$，于是 $t+\Delta t$ 时刻的 Green 应变为

$$\Delta E_{ij}=\Delta E_{ij}^{\mathrm{L}}+\Delta E_{ij}^{\mathrm{NL}} \tag{8.2-54}$$

式中：

$$\left.\begin{aligned}\Delta E_{ij}^{\mathrm{L}}&=\frac{1}{2}\left(\frac{\partial \Delta u_i}{\partial x_j}+\frac{\partial \Delta u_j}{\partial x_i}\right)\\ \Delta E_{ij}^{\mathrm{NL}}&=\frac{1}{2}\frac{\partial \Delta u_k}{\partial x_j}\frac{\partial \Delta u_k}{\partial x_i}\end{aligned}\right\} \tag{8.2-55}$$

式中：x_i 是 t 时刻的物质坐标；$\Delta E_{ij}^{\mathrm{L}}$ 比 TL 方法中的线性部分简单，因为这里没有涉及 t 时刻初始位移 u_i 的作用。由于在 t 时刻具有真实应力，因此

$$S_{ij}=\sigma_{ij}+\Delta S_{ij} \tag{8.2-56}$$

而增量形式的本构关系与式(8.2-37)相同。在 t 时刻参考构形上，t 时刻的单元体 V^t 的内虚功为

$$\begin{aligned}\int_{V^t}S_{ij}\delta\Delta E_{ij}\,\mathrm{d}V=\int_{V^t}(\sigma_{ij}+\Delta S_{ij})\delta\Delta E_{ij}\,\mathrm{d}V=\\ \int_{V^t}[\sigma_{ij}+D_{ijkl}(\Delta E_{kl}^{\mathrm{L}}+\Delta E_{kl}^{\mathrm{NL}})](\delta\Delta E_{ij}^{\mathrm{L}}+\delta\Delta E_{ij}^{\mathrm{NL}})\,\mathrm{d}V\end{aligned} \tag{8.2-57}$$

将本构关系代入式(8.2-57)得

$$\begin{aligned}\int_{V^t}S_{ij}\delta\Delta E_{ij}\,\mathrm{d}V=&\int_{V^t}\Delta E_{kl}^{\mathrm{L}}D_{ijkl}\delta\Delta E_{ij}^{\mathrm{L}}\,\mathrm{d}V+\int_{V^t}\Delta E_{kl}^{\mathrm{L}}D_{ijkl}\delta\Delta E_{ij}^{\mathrm{NL}}\,\mathrm{d}V+\\ &\int_{V^t}\Delta E_{kl}^{\mathrm{NL}}D_{ijkl}\delta\Delta E_{ij}^{\mathrm{L}}\,\mathrm{d}V+\int_{V^t}\Delta E_{kl}^{\mathrm{NL}}\mathrm{D}_{ijkl}\delta\Delta E_{ij}^{\mathrm{NL}}\,\mathrm{d}V+\\ &\int_{V^t}\sigma_{ij}\delta\Delta E_{ij}^{\mathrm{L}}\,\mathrm{d}V+\int_{V^t}\sigma_{ij}\delta\Delta E_{ij}^{\mathrm{NL}}\,\mathrm{d}V\end{aligned} \tag{8.2-58}$$

考虑一个单元，把 ΔE_{ij} 用结点位移增量向量 $\delta\boldsymbol{U}$ 离散化得

$$\left.\begin{aligned}\Delta E_{ij}^{\mathrm{L}}&=\boldsymbol{B}_{\mathrm{L}}\Delta\boldsymbol{U}\\ \Delta E_{ij}^{\mathrm{NL}}&=\boldsymbol{B}_{\mathrm{NL}}\Delta\boldsymbol{U}\end{aligned}\right\} \tag{8.2-59}$$

与 TL 情况相同，根据虚功原理得

$$(\boldsymbol{K}_0+\boldsymbol{K}_\sigma+\boldsymbol{K}_{\mathrm{L}})\Delta\boldsymbol{U}=\boldsymbol{R}-\int_{V^t}\boldsymbol{B}_{\mathrm{L}}^{\mathrm{T}}\underline{\boldsymbol{\sigma}}\,\mathrm{d}V \tag{8.2-60}$$

式中：$\underline{\boldsymbol{\sigma}}=[\sigma_{11}\quad\sigma_{22}\quad\sigma_{33}\quad\sigma_{23}\quad\sigma_{31}\quad\sigma_{12}]^{\mathrm{T}}$，而

$$\left.\begin{aligned}\boldsymbol{K}_0&=\int_{V^t}\boldsymbol{B}_{\mathrm{L}}^{\mathrm{T}}\boldsymbol{D}\boldsymbol{B}_{\mathrm{L}}\,\mathrm{d}V\\ \boldsymbol{K}_\sigma&=\int_{V^t}\left(\frac{\partial\boldsymbol{N}}{\partial\boldsymbol{x}}\right)^{\mathrm{T}}\bar{\boldsymbol{\sigma}}\left(\frac{\partial\boldsymbol{N}}{\partial\boldsymbol{x}}\right)\mathrm{d}V=\int_{V^t}\boldsymbol{G}^{\mathrm{T}}\bar{\boldsymbol{\sigma}}\boldsymbol{G}\,\mathrm{d}V\\ \boldsymbol{K}_{\mathrm{L}}&=\int_{V^t}\boldsymbol{B}_{\mathrm{L}}^{\mathrm{T}}\boldsymbol{D}\boldsymbol{B}_{\mathrm{NL}}^{\mathrm{T}}\,\mathrm{d}V+\int_{V^t}\boldsymbol{B}_{\mathrm{NL}}^{\mathrm{T}}\boldsymbol{D}\boldsymbol{B}_{\mathrm{L}}\,\mathrm{d}V+\int_{V^t}\boldsymbol{B}_{\mathrm{NL}}^{\mathrm{T}}\boldsymbol{D}\boldsymbol{B}_{\mathrm{NL}}\,\mathrm{d}V\end{aligned}\right\} \tag{8.2-61}$$

$$\bar{\boldsymbol{\sigma}}=\begin{bmatrix}\boldsymbol{\sigma}&\boldsymbol{0}&\boldsymbol{0}\\ \boldsymbol{0}&\boldsymbol{\sigma}&\boldsymbol{0}\\ \boldsymbol{0}&\boldsymbol{0}&\boldsymbol{\sigma}\end{bmatrix} \tag{8.2-62}$$

其中 $\boldsymbol{\sigma}$ 为 Cauchy 应力张量矩阵。

在实际应用中，为了简化计算，通常不考虑式(8.2-60)中的 $\boldsymbol{K}_{\mathrm{L}}$。

3. 两种方法的比较

UL 方法的计算量与 TL 方法的计算量相差不大，其主要原因是：①在 UL 方法中，为了下一步计算，每做完一步计算后都需要根据位移增量来更新结点坐标，要把 ΔS_{ij} 变换成 $\Delta\sigma_{ij}$ 以更新 Cauchy 应力。② 在 UL 方法中，每步都需要重新计算形函数 N_i 对 t 时刻坐标 x_i 的导数；但在 TL 方法中，只需计算一次 N_i 对 $t_0=0$ 时刻坐标 X_i 的导数。③ 在 TL 方法中，由于初始位移的影响，$\boldsymbol{B}_{\mathrm{L}}$ 是满阵；而在 UL 方法中，$\boldsymbol{B}_{\mathrm{L}}$ 是稀疏矩阵，因此在 $\boldsymbol{B}_{\mathrm{L}}^{\mathrm{T}}\boldsymbol{D}\boldsymbol{B}_{\mathrm{L}}$ 的计算中，UL 方法的计算量要小于 TL 方法的计算量。

在实际应用中，若本构关系是用 Kirchhoff 应力定义的，则建议使用 TL 方法；若本构关系是用 Cauchy 应力定义的，则建议使用 UL 方法。关于材料和几何非线性的讨论，读者还可以参考文献[4,5]。

8.3 结构稳定性

屈曲分析是结构分析的一个重要组成部分，它研究的是特定形式的结构（如薄板、薄壳和细长杆等）在特种形式外载荷（压载荷和剪载荷）作用下的力学行为。屈曲问题也就是结构弹性稳定性问题，通常是静力学问题。屈曲问题包括前屈曲（线性屈曲）和后屈曲（非线性屈曲）。所谓的线性屈曲是指：① 由线弹性理论分析轴向压力或薄膜力；② 在屈曲引起的无限小位移中（在屈曲发生之前，总可以认为结构处于小变形状态），轴力或薄膜力的位置和方向保持不变。

结构的承载能力表现在用适当的变形来抵御外载荷的作用，或产生的内力与外载荷平衡，但这种平衡关系可能是稳定或不稳定的。如果结构在平衡状态时受到小的扰动而偏离平衡位置，当扰动消除后仍能恢复到原平衡状态，那么这种平衡状态就是稳定的。如果在小的扰动清除后不能恢复到原平衡状态，而在一个新的状态下平衡，那么原平衡状态就是不稳定的。但原平衡状态不稳定并不意味着新平衡状态也是不稳定的。

在保守载荷作用下，结构存在两种可能的屈曲形式，即分叉屈曲和极值屈曲。如果结构从一个平衡状态转换到另外一个不同性质的平衡状态，那么这种屈曲形式就是分叉屈曲。两种平衡状态的交点称为分叉点，对应的载荷称为分叉屈曲的临界载荷，该临界载荷使屈曲前的平衡状态方程成为奇异方程。如果用线性理论研究分叉屈曲，则必须假设结构没有初始缺陷且载荷没有偏心。过了分叉点的屈曲属于后屈曲，它需要使用非线性有限变形理论进行分析，参见第 8.2 节。

一般来说，如果结构存在初始缺陷，则其屈曲就不再是分叉形式，在大多数情况下都是极值屈曲；若缺陷过大，则屈曲问题转化为强度问题。如果到达临界载荷后结构位移迅速增大，使得结构失去了稳定性，这种现象称为极值失稳。在极值失稳过程中，平衡状态的性质不变，只是平衡状态的数量在改变。由于实际结构都存在缺陷，因此其屈曲形式主要是极值屈曲。值得指出的是，某些结构的屈曲对初始缺陷是非常敏感的，如图 8.3-1 所示，其中 ε 表示缺陷的作用。

失稳形式还可按其他性质来分类，即弹性失稳与塑性失稳，小挠度失稳与非线性大挠度失

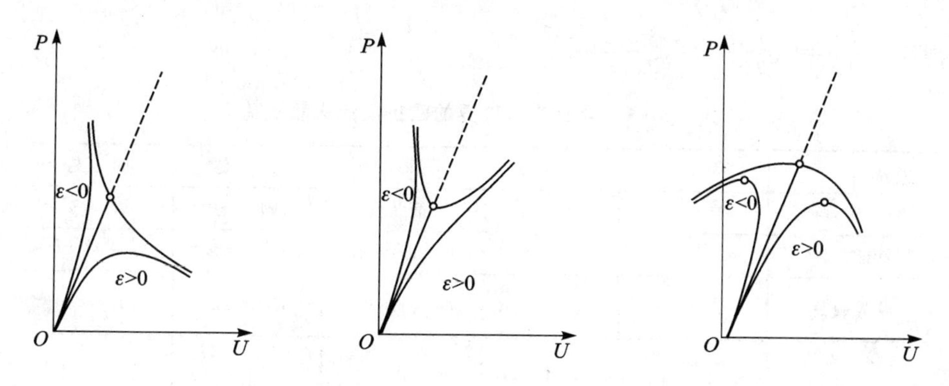

图8.3-1　具有初始缺陷的结构的失稳载荷-位移曲线

稳，静力失稳与动力失稳，局部失稳与总体失稳，完善结构失稳与非完善结构失稳等。而本书局限于静弹性小挠度与大挠度失稳。关于结构弹性稳定性问题的讨论，读者还可参考文献[6-8]。

8.3.1　平衡稳定性的判断准则及分析方法

判断结构平衡状态是否稳定的三个准则是：静力平衡准则、能量准则和动力准则。通常，求解临界屈曲载荷和判断平衡稳定是以小挠度理论为基础，这是因为结构在失稳之前的变形可看成是小变形，失稳之后（后屈曲）则需要用几何大变形理论进行分析。

1. 静力平衡准则

若系统处于某一平衡状态，且与其无限接近的相邻位置也是平衡的，这种状态称为随遇平衡状态。静力准则用以确定分叉屈曲载荷，其方法是：首先在新的平衡状态建立静平衡方程，该方程是齐次的，其非零解即对应新的平衡位置，于是平衡稳定问题转化为在齐次边界条件下求解齐次方程的特征值问题。如果存在非零解，则原平衡状态是随遇的，所得最小特征值称为分叉屈曲载荷，简称临界载荷，对应的特征函数称为失稳模态或波形。

考虑一根平直欧拉梁，在 $x = L$ 端作用有轴向压力 P，L 为杆的长度。拉压杆的屈曲方程为

$$\frac{\partial^4 w}{\partial x^4} + \frac{P}{EI}\frac{\partial^2 w}{\partial x^2} = 0 \tag{8.3-1}$$

式中：w 为新平衡位置相对原平衡位置（轴向平衡位置）的位移量。方程(8.3-1)的通解为

$$w = C_1\cos\alpha x + C_2\sin\alpha x + C_3 x + C_4 \tag{8.3-2}$$

式中：$\alpha^2 = P/EI$ 。根据梁的边界条件可得到关于系数 C_i 的齐次方程组，由非零解条件可得稳定性方程或屈曲方程，从中可以解出临界载荷（对应分叉屈曲）。表8.3-1给出了一些典型情况的结果，其中边界条件为：

- 固支　$w=0, \dfrac{\partial w}{\partial x}=0$；
- 简支　$w=0, \dfrac{\partial^2 w}{\partial x^2}=0$；
- 自由　$\dfrac{\partial^2 w}{\partial x^2}=0, \dfrac{\partial^3 w}{\partial x^3}+\alpha^2\dfrac{\partial w}{\partial x}=0$；

· 滑移 $\dfrac{\partial w}{\partial x}=0, \dfrac{\partial^3 w}{\partial x^3}+\alpha^2\dfrac{\partial w}{\partial x}=0$。

表 8.3-1 具有典型边界的欧拉梁的失稳载荷

边界条件						
边界条件	$x=0$	固 支	简 支	固 支	固 支	固 支
	$x=L$	自 由	简 支	简 支	固 支	滑 移
特征方程		$\cos\alpha L=0$	$\sin\alpha L=0$	$\tan\alpha L=\alpha L$	$\sin\dfrac{\alpha L}{2}=0$	$\cos\dfrac{\alpha L}{2}=0$
临界载荷		$\alpha L=\dfrac{\pi}{2}$	$\alpha L=\pi$	$\alpha L=1.4303\pi$	$\alpha L=2\pi$	$\alpha L=\pi$
屈服模态						

下面通过一个例题来说明研究大范围变形的必要性。

例 8.3-1 考虑两端铰支均匀直杆，承受轴向压力 P，杆的曲率不用 $\mathrm{d}^2w/\mathrm{d}x^2$ 表示（w 表示挠度），而用 $\mathrm{d}\theta/\mathrm{d}s$ 表示，其中 $\theta=\mathrm{d}w/\mathrm{d}x$ 为挠度曲线与 x 轴的夹角，s 为弧长坐标。杆受压时的微分方程为

$$EI\frac{\mathrm{d}\theta}{\mathrm{d}s}+Pw=0 \tag{a}$$

由于

$$\mathrm{d}w/\mathrm{d}s=\sin\theta \tag{b}$$

因此方程(a)变为

$$\frac{\mathrm{d}^2\theta}{\mathrm{d}s^2}+\frac{P}{EI}\sin\theta=0 \tag{c}$$

弯矩为零的条件为

$$\left.\frac{\mathrm{d}\theta}{\mathrm{d}s}\right|_{s=0}=\left.\frac{\mathrm{d}\theta}{\mathrm{d}s}\right|_{s=L}=0 \tag{d}$$

试确定挠度随载荷的变化规律。

解：将式(b)代入式(a)并积分得

$$w=\sqrt{\frac{2EI}{P}(\cos\theta-\cos\theta_0)} \tag{e}$$

式中：$\theta_0=\theta|_{s=0}$，为了满足两端简支挠度为零的条件，要求 $\theta_L=\theta|_{s=L}=2\pi-\theta_0$。将式(e)代入式(a)得

$$\frac{\mathrm{d}\theta}{\mathrm{d}s}=-\sqrt{\frac{2P}{EI}(\cos\theta-\cos\theta_0)} \tag{f}$$

积分得

$$s=-\sqrt{\frac{EI}{2P}}\int_{\theta_0}^{\theta}\frac{\mathrm{d}\theta}{\sqrt{(\cos\theta-\cos\theta_0)}} \tag{g}$$

引入变量 φ，其定义为

$$\sin\varphi=\frac{\sin\dfrac{\theta}{2}}{k},\quad k=\sin\frac{\theta_0}{2} \tag{h}$$

于是式(g)变为

$$s=-\sqrt{\frac{EI}{P}}\int_{\pi/2}^{\varphi}\frac{\mathrm{d}\varphi}{\sqrt{1-k^2\sin^2\varphi}} \tag{i}$$

考虑对称性，当 $s=L/2$ 时，$\theta=\varphi=0$，因此式(i)变为

$$s=\sqrt{\frac{EI}{P}}\int_{0}^{\pi/2}\frac{\mathrm{d}\varphi}{\sqrt{1-k^2\sin^2\varphi}}=\sqrt{\frac{EI}{P}}F(k,\pi/2) \tag{j}$$

式中：$F(k,\pi/2)$ 为第 1 类完全椭圆积分。最后得

$$\frac{P}{P_{\mathrm{E}}}=\frac{4}{\pi^2}F^2,\quad \frac{w_{\mathrm{m}}}{L}=\frac{k}{F} \tag{k}$$

式中：$P_{\mathrm{E}}=\pi^2EI/L^2$ 为 Euler 临界载荷，w_{m} 为梁中点挠度。建议读者根据式(k)画出 w_{m}/L 与 P/P_{E} 的关系曲线。

2. 能量准则

结构的总势能泛函 Π 是位移和外载荷的函数。由于结构承受的是小扰动，因此载荷的大小和方向随着扰动的变化可以忽略，从这个意义上讲，可以说载荷是保守的。以基本平衡状态为基准，小扰动引起势能的变化为

$$\Delta\Pi=\delta\Pi+\delta^2\Pi \tag{8.3-3}$$

式(8.3-3)忽略了高阶变分的作用。由于基本状态是平衡的，因此 $\delta\Pi=0$ 。于是式(8.3-3)变为

$$\Delta\Pi=\delta^2\Pi \tag{8.3-4}$$

保守系统的拉格朗日(J. L. Lagrange)和狄利克雷(P. G. L. Dirichlet)最小势能原理是：对处于某一状态中的保守系统，若其总势能相对所有相邻状态的能量为极小值，则该状态是稳定的。把该原理用到判断平衡状态是否稳定的提法是：弹性力学系统总势能泛函 Π 的正定二阶变分 ($\delta^2\Pi>0$) 是保证稳定静力平衡状态的充分必要条件。连续系统的这个正定极限准则又称为屈莱弗茨(E. Trefftz)准则。

用于求解屈曲载荷的另外一个能量方法是瑞利商，它与上述二阶变分正定准则是等价的。由于在第 2 章和第 3 章中可以找到用瑞利商求频率和临界载荷的内容，这里不再赘述。值得强调的是，能量准则是一种普遍方法，根据能量准则既可以得到屈曲方程，又可以用有限元方法求解屈曲问题。

3. 动力准则

动力准则实际上是李亚普诺夫(A. M. Ляпунов)准则。若读者关心如何用李亚普诺夫准

则来判断静平衡状态的稳定性,则可以参考文献[7,9]。这里只给出根据动力准则确定临界载荷的方法,即建立系统在平衡位置附近的自由振动方程,并求出固有振动频率,于是根据系统在临界状态频率等于零的条件即可确定临界载荷。

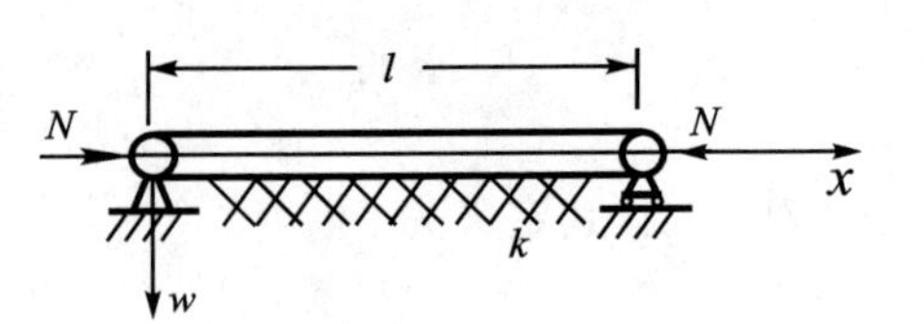

图 8.3-2 承受轴压的弹性地基梁

下面通过一个简单例题来说明这种方法。考虑置于刚度系数为 k 的弹性地基上的均匀梁,如图 8.3-2 所示,它承受轴向压力 N 的作用。梁的弯曲刚度为 EI,单位长度质量为 ρA,N 为常数。

梁的横向自由振动微分方程为

$$EI\frac{\partial^4 w}{\partial x^4}+\rho A\frac{\partial^2 w}{\partial t^2}+N\frac{\partial^2 w}{\partial x^2}+kw=0 \tag{8.3-5}$$

线性系统的主振动为简谐振动,其形式为

$$w(x,t)=\varphi(x)\mathrm{e}^{\mathrm{i}\omega t} \tag{8.3-6}$$

将式(8.3-6)代入式(8.3-5)得

$$EI\varphi^{(\mathrm{IV})}+N\varphi''+(k-\rho A\omega^2)\varphi=0 \tag{8.3-7a}$$

令 $\alpha^2=N/EI$,$\beta^4=(k-\rho A\omega^2)/EI$,将式(8.3-7a)变为

$$\varphi^{(\mathrm{IV})}+\alpha^2\varphi''+\beta^4\varphi=0 \tag{8.3-7b}$$

其本征根为

$$\lambda_{1,2}=\pm\mathrm{i}\gamma_1,\quad \gamma_1=\sqrt{\frac{\alpha^2}{2}+\frac{1}{2}\sqrt{\alpha^4-4\beta^4}}$$

$$\lambda_{3,4}=\pm\gamma_2,\quad \gamma_2=\sqrt{-\frac{\alpha^2}{2}+\frac{1}{2}\sqrt{\alpha^4-4\beta^4}}$$

因此方程(8.3-7b)的通解为

$$\varphi(x)=A\sin\gamma_1 x+B\cos\gamma_1 x+C\sinh\gamma_2 x+D\cosh\gamma_2 x \tag{8.3-8}$$

简支梁的边界条件为

$$\varphi(0)=0,\quad \varphi''(0)=0,\quad \varphi(l)=0,\quad \varphi''(l)=0$$

由边界条件可得频率方程为

$$\sin\gamma_1 l=0$$

解之得

$$\gamma_{1i}=\sqrt{\frac{\alpha^2}{2}+\frac{1}{2}\sqrt{\alpha^4-4\beta_i}}=\frac{i\pi}{l}\quad(i=1,2,\cdots) \tag{8.3-9}$$

将 α,β 代入式(8.3-9)得系统固有振动频率为

$$\omega_i=\sqrt{\left(\frac{i\pi}{l}\right)^4\frac{EI}{\rho A}-\left(\frac{i\pi}{l}\right)^2\frac{N}{\rho A}+\frac{k}{\rho A}} \tag{8.3-10}$$

令 $\omega_i=0$ 得临界载荷为

$$N_i=EI\left(\frac{i\pi}{l}\right)^2+k\left(\frac{l}{i\pi}\right)^2 \tag{8.3-11}$$

若 $k=0$,则式(8.3-11)表示的是梁的各阶线性失稳载荷。地基刚度提高了梁的失稳载荷。

8.3.2 平衡稳定性的有限元方法

本小节以瑞利商为基础,讨论欧拉梁和薄板的线性屈曲问题的有限元求解方法。

1. 欧拉梁屈曲问题

用于求解欧拉梁临界载荷的瑞利商公式为

$$P_{cr} = \text{st}\,\frac{V}{W_0} \tag{8.3-12}$$

对于欧拉梁而言,其中的参数为

$$V = \frac{1}{2}\int_0^L EI\left(\frac{d^2 w}{dx^2}\right)^2 dx,\quad W_0 = \frac{1}{2}\int_0^L \left(\frac{dw}{dx}\right)^2 dx$$

式中:W_0 为单位轴向压力在由于梁弯曲变形所致轴向位移上所作的功。不难验证,由瑞利商的一阶变分为零的条件即可导出屈曲方程(8.3-1)和边界条件。根据第 2 章介绍的三次梁单元容许位移函数,可把式(8.3-12)中的势能和外力功在单元级上离散为

$$V^e = \frac{1}{2}\boldsymbol{w}^T\boldsymbol{k}\boldsymbol{w},\quad W_0^e = \frac{1}{2}\boldsymbol{w}^T\boldsymbol{g}\boldsymbol{w} \tag{8.3-13}$$

式中:矩阵 $\boldsymbol{k}$ 和 $\boldsymbol{g}$ 分别为单元弹性刚度矩阵和单元几何刚度矩阵,其具体形式可参见 2.2.3 小节。按照常规方式将单元组装起来得

$$V = \frac{1}{2}\boldsymbol{W}^T\boldsymbol{K}\boldsymbol{W},\quad W_0 = \frac{1}{2}\boldsymbol{W}^T\boldsymbol{G}\boldsymbol{W} \tag{8.3-14}$$

式中:$\boldsymbol{W}$ 为总结点位移列向量,$\boldsymbol{K}$ 和 $\boldsymbol{G}$ 分别为总体弹性刚度矩阵和总体几何刚度矩阵。于是,根据瑞利商极值原理得

$$(\boldsymbol{K} - P_{cr}\boldsymbol{G})\boldsymbol{W} = \boldsymbol{0} \tag{8.3-15}$$

通过求解该方程,可以得到各阶屈曲载荷和对应的屈曲模态,由此可见,线性屈曲载荷的求解最终归结为广义特征值问题。

2. 薄板屈曲问题

在第 3 章讨论薄板问题时,假定面内应力沿板厚度的积分等于零。在讨论薄板在法向载荷和面内载荷联合作用下的弯曲问题时,令

$$N_x = \int_{-h/2}^{h/2}\sigma_x dz,\quad N_y = \int_{-h/2}^{h/2}\sigma_y dz,\quad N_{xy} = \int_{-h/2}^{h/2}\tau_{xy} dz \tag{8.3-16}$$

式中:N_x,N_y 和 N_{xy} 为中面内力,其正方向分别与 σ_x,σ_y 和 τ_{xy} 相同。中面内力满足的平衡方程与弹性力学平面问题的平衡方程完全相同,即

$$\frac{\partial N_x}{\partial x} + \frac{\partial N_{xy}}{\partial y} = 0,\quad \frac{\partial N_y}{\partial y} + \frac{\partial N_{xy}}{\partial x} = 0 \tag{8.3-17}$$

中面内力改变了薄板的势能泛函和平衡方程及边界条件,但不改变内力矩和曲率的关系。中面内力的势能函数为

$$U_m = \frac{1}{2}\iint_A\left[N_x\left(\frac{\partial w}{\partial x}\right)^2 + 2N_{xy}\frac{\partial w}{\partial x}\frac{\partial w}{\partial y} + N_y\left(\frac{\partial w}{\partial y}\right)^2\right]dxdy \tag{8.3-18}$$

当薄板中面承受拉载荷时,其平衡方程为

$$D\left(\frac{\partial^4 w}{\partial x^4} + 2\frac{\partial^4 w}{\partial x^2\partial y^2} + \frac{\partial^4 w}{\partial y^4}\right) = q + N_x\frac{\partial^2 w}{\partial x^2} + 2N_{xy}\frac{\partial^2 w}{\partial x\partial y} + N_y\frac{\partial^2 w}{\partial y^2} \tag{8.3-19}$$

瑞利商公式(8.3-12)可用来求解薄板临界载荷,此时

$$W_0 = -U_m \tag{8.3-20}$$

而 P_{cr}是正比于中面内力的系数，$P_{cr}=1$ 对应的中面内力为 N_x，N_y 和 N_{xy}。如果给定的薄膜力为 $\tilde{N}_x$，$\tilde{N}_y$ 和 $\tilde{N}_{xy}$，则求得的临界载荷值为 $N_x=P_{cr}\tilde{N}_x$，$N_y=P_{cr}\tilde{N}_y$ 和 $N_{xy}=P_{cr}\tilde{N}_{xy}$。在稳定性分析中，不考虑横向外载荷，而边界条件又都是齐次的，因此板的总势能泛函为

$$\Pi = V + U_{m} \tag{8.3-21}$$

当 Π 是正泛函时，板是稳定的；当 Π 可正可负时，板是不稳定的；当 Π 是半正泛函时，板处于临界状态。把总势能泛函式(8.3-21)离散后，再根据变分原理同样可以求得临界载荷。

用第 3.2 节的离散方法离散 V 和 U_m，再根据最小总势能原理或瑞利商，同样可以得到一个类似方程(8.3-15)的广义特征值问题，并从中可以求得各阶临界载荷和对应的屈曲模态，这里不再赘述。

8.3.3 屈曲后平衡路径

在稳定性分析中，当结构达到或接近屈曲时，结构的增量切向刚度矩阵将迅速变成奇异的。在失稳点附近，一般的迭代法收敛慢甚至不收敛。由此可见，分析后屈曲过程的载荷-位移关系是较困难的。

为了解决这一困难，已经提出了若干方法，如假想弹簧法、指定位移法和弧长法等。假想弹簧法是在适当自由度上加上一个刚度为 k 的弹簧来保证切向刚度矩阵的正定性。指定位移法通过人为指定一到几个位移来避免切向刚度矩阵的奇异性。但这些做法都人为改变了系统，且对不同问题的效果和做法也存在差异。下面结合修正 Newton - Raphson(MNR)方法(见第 8.5 节)，简单介绍应用较广泛且效果较好的限制位移向量长度的弧长法[2]。

如图 8.3-3 所示，假设从 0 到 t 时刻的位移已经求得，在下一个增量步也就是从 t 到 $t+\Delta t$ 增量步中，结构将从稳定的平衡转向不稳定的平衡，用 MNR 方法难以得到收敛的结果。$\boldsymbol{R}(t)$ 表示时刻 t 的平衡载荷，$\Delta\boldsymbol{R}$ 表示从时刻 t 到 $t+\Delta t$ 的载荷增量，$\boldsymbol{K}_T$ 表示在时刻 t 的切向刚度，在增量步$[t,\ t+\Delta t]$内的迭代过程中，$\boldsymbol{K}_T$ 保持不变。

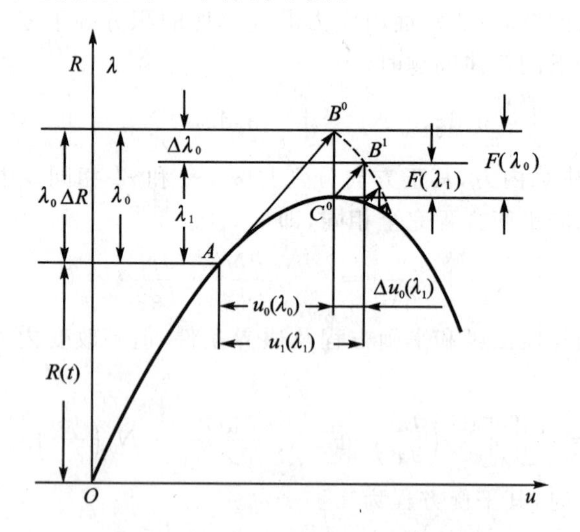

图 8.3-3 弧长法的载荷-位移曲线

首先根据载荷增量 $\lambda_0\Delta\boldsymbol{R}$(可以令 $\lambda_0=1$)计算得到位移增量 $\boldsymbol{u}_0(\lambda_0)$，即载荷曲线上的 A 点移到了 B^0，但 B^0 点不是真正的平衡位置。线段 AB^0 的长度为

$$\overline{AB^0} = \boldsymbol{u}_0^{\mathrm{T}}(\lambda_0)\boldsymbol{u}_0(\lambda_0) + \lambda_0^2\Delta\boldsymbol{R}^{\mathrm{T}}\Delta\boldsymbol{R}$$

根据位移增量 $\boldsymbol{u}_0(\lambda_0)$，容易在载荷-位移曲线上找到 C^0 点，C^0 点载荷与 B^0 点对应的载荷 $\lambda_0\Delta\boldsymbol{R}$ 之间的差值 $\boldsymbol{F}(\lambda_0)$ 就是载荷残量或不平衡载荷。然后，从 C^0 点出发，以同样的 $\boldsymbol{K}_{\mathrm{T}}$ 找到点 B^1。为了保证迭代序列 $B^0, B^1, B^2, \cdots$ 越来越趋近真实的载荷-位移曲线，一个有效的方法就是令

$$\overline{AB^0} = \overline{AB^1} = \cdots = \overline{AB^i} = \overline{AB^{i+1}} = \cdots \tag{8.3-22}$$

或

$$\boldsymbol{u}_i^{\mathrm{T}}(\lambda_i)\boldsymbol{u}_i(\lambda_i) + \lambda_i^2\Delta\boldsymbol{R}^{\mathrm{T}}\Delta\boldsymbol{R} = \boldsymbol{u}_{i+1}^{\mathrm{T}}(\lambda_{i+1})\boldsymbol{u}_{i+1}(\lambda_{i+1}) + \lambda_{i+1}^2\Delta\boldsymbol{R}^{\mathrm{T}}\Delta\boldsymbol{R} \tag{8.3-23}$$

从图 8.3-3 可以看出，序列 $B^0, B^1, B^2, \cdots$ 位于以 A 点为圆心、半径为 $\overline{AB^0}$ 的超球面上(对一维问题为圆弧)，这也是将该方法称为弧长法的原因。只要这个弧线与载荷-位移曲线存在交点，这种方法就一定是收敛的。迭代收敛时要求 $\lambda_{i+1}^2 = \lambda_i^2$ 或

$$\boldsymbol{u}_i^{\mathrm{T}}(\lambda_i)\boldsymbol{u}_i(\lambda_i) = \boldsymbol{u}_{i+1}^{\mathrm{T}}(\lambda_{i+1})\boldsymbol{u}_{i+1}(\lambda_{i+1}) \tag{8.3-24}$$

下面从 $i = 0$ 开始迭代。从图 8.3-3 可知，有

$$\boldsymbol{u}_{i+1}(\lambda_{i+1}) = \boldsymbol{u}_i(\lambda_i) + \Delta\boldsymbol{u}_i(\lambda_{i+1}) \tag{8.3-25}$$

$$\Delta\boldsymbol{u}_i(\lambda_{i+1}) = (\boldsymbol{K}_{\mathrm{T}})^{-1}[\boldsymbol{F}(\lambda_i) - \Delta\lambda_i\Delta\boldsymbol{R}] \tag{8.3-26}$$

式中：$\Delta\lambda_i = \lambda_i - \lambda_{i+1}$，而

$$\boldsymbol{F}(\lambda_i) = \boldsymbol{R}(t) + \lambda_i\Delta\boldsymbol{R} - \int_{V(t)} \boldsymbol{B}_{\mathrm{L}}^{\mathrm{T}}\boldsymbol{\sigma}^{i-1}\,\mathrm{d}V \tag{8.3-27}$$

将式(8.3-26)代入式(8.3-25)得

$$\boldsymbol{u}_{i+1}(\lambda_{i+1}) = \boldsymbol{u}_i(\lambda_i) + (\boldsymbol{K}_{\mathrm{T}})^{-1}\boldsymbol{F}(\lambda_i) - \Delta\lambda_i(\boldsymbol{K}_{\mathrm{T}})^{-1}\Delta\boldsymbol{R} \tag{8.3-28}$$

式中：$(\boldsymbol{K}_{\mathrm{T}})^{-1}\Delta\boldsymbol{R} := q_0$ 在迭代过程中保持不变，而 $(\boldsymbol{K}_{\mathrm{T}})^{-1}\boldsymbol{F}(\lambda_i) := \Delta\boldsymbol{q}_i(\lambda_i)$ 也是已知的。因此式(8.3-28)变为

$$\boldsymbol{u}_{i+1}(\lambda_{i+1}) = \boldsymbol{u}_i(\lambda_i) + \Delta\boldsymbol{q}_i(\lambda_i) - \Delta\lambda_i\boldsymbol{q}_0 \tag{8.3-29}$$

将式(8.3-29)代入收敛条件式(8.3-24)的右端并整理得

$$a_1\Delta\lambda_i^2 + a_2\Delta\lambda_i + a_3 = 0 \tag{8.3-30}$$

式中：

$$\left.\begin{aligned} a_1 &= \boldsymbol{q}_0^{\mathrm{T}}\boldsymbol{q}_0 \\ a_2 &= -2[\boldsymbol{u}_i^{\mathrm{T}}(\lambda_i) + \Delta\boldsymbol{q}_i^{\mathrm{T}}(\lambda_i)]\boldsymbol{q}_0 \\ a_3 &= [\boldsymbol{u}_i^{\mathrm{T}}(\lambda_i) + \Delta\boldsymbol{q}_i^{\mathrm{T}}(\lambda_i)][\boldsymbol{u}_i(\lambda_i) + \Delta\boldsymbol{q}_i(\lambda_i)] - \boldsymbol{u}_i^{\mathrm{T}}(\lambda_i)\boldsymbol{u}_i(\lambda_i) \end{aligned}\right\} \tag{8.3-31}$$

方程(8.3-30)存在两个根 $\Delta\lambda_{i1}$ 和 $\Delta\lambda_{i2}$，正根使 λ_i 变小，即 $\lambda_{i+1} < \lambda_i$。为了保证迭代序列 B^0，$B^1, B^2, \cdots$ 向前走，即越来越接近于真实载荷-位移曲线上的交点，需要规定选择根的方法。定义

$$\theta(\Delta\lambda_i) = \boldsymbol{u}_{i+1}^{\mathrm{T}}(\lambda_{i+1})\boldsymbol{u}_i(\lambda_i) \tag{8.3-32}$$

若 $\theta(\Delta\lambda_{i1})$ 和 $\theta(\Delta\lambda_{i2})$ 一正一负，则选择对应正 θ 的那个根作为需要的 $\Delta\lambda_i$；若 $\theta(\Delta\lambda_{i1})$ 和 $\theta(\Delta\lambda_{i2})$ 皆为正，则选择最接近线性解 a_3/a_2 的那个根作为需要的 $\Delta\lambda_i$。

8.4 热应力问题

高温环境在现代工程中是常见的，如超高速飞行器、燃气轮机和核动力装置等。高温环境

致使材料性质发生变化且产生复杂的热应力，甚至造成结构的破坏。

多物理场耦合问题的分析模型有耦合和非耦合之分。对于结构的热应力问题，多数可认为是非耦合问题，即忽略结构变形对温度场的影响。对于这类非耦合问题，可以先计算温度场，然后再计算温度应变所引起的结构热应力。温度场有稳态和瞬态之分，类似于结构力学有静力学和动力学之分，前者与时间无关，后者随着时间变化。

这里主要讨论非耦合各向同性结构热应力的有限元计算方法问题。除了有限元方法之外，温度场问题还可方便地使用边界元和微分求积有限单元方法求解，请分别参见第 4 章和第 7 章内容。

8.4.1 热传导基本方程

温度场是指某一瞬时物体内各点的温度分布状态。在分析传热问题时，需要知道结构的两类热物性，一类是热力学性质，如密度和比热容等；另一类是输运性质，如热导率和热扩散率等[10]。对于各向同性介质，根据能量守恒定律和傅里叶(J. B. J. Fourier)定律可得导热(或热扩散)微分方程为

$$\frac{\partial}{\partial x}\left(\lambda\frac{\partial T}{\partial x}\right)+\frac{\partial}{\partial y}\left(\lambda\frac{\partial T}{\partial y}\right)+\frac{\partial}{\partial z}\left(\lambda\frac{\partial T}{\partial z}\right)+\dot{\Phi}_V=\rho c\frac{\partial T}{\partial t} \tag{8.4-1}$$

式中：λ 为热导率，单位是 W/(m・K)；c 是比热容，单位是 J/(kg・K)；ρ 为质量密度，单位是 kg/m^3；$\dot{\Phi}_V$ 是内热源的热功率，单位是 W/m^3。若热导率不随空间坐标变化，则方程(8.4-1)变为

$$a\left(\frac{\partial^2 T}{\partial x^2}+\frac{\partial^2 T}{\partial y^2}+\frac{\partial^2 T}{\partial z^2}\right)+\frac{\dot{\Phi}_V}{\rho c}=\frac{\partial T}{\partial t} \tag{8.4-2}$$

式中：$a=\lambda/(\rho c)$称为热扩散率或导温系数，单位是 m^2/s。

若物体中没有内热源，即 $\dot{\Phi}_V=0$，则得到傅里叶方程为

$$a\left(\frac{\partial^2 T}{\partial x^2}+\frac{\partial^2 T}{\partial y^2}+\frac{\partial^2 T}{\partial z^2}\right)=\frac{\partial T}{\partial t} \tag{8.4-3}$$

若温度场是稳态的，即$\partial T/\partial t=0$，则得到泊松方程为

$$\frac{\partial^2 T}{\partial x^2}+\frac{\partial^2 T}{\partial y^2}+\frac{\partial^2 T}{\partial z^2}+\dot{\Phi}_V/\lambda=0 \tag{8.4-4}$$

若温度场是稳态的且没有内热源，则得到拉普拉斯(Laplace)方程为

$$\frac{\partial^2 T}{\partial x^2}+\frac{\partial^2 T}{\partial y^2}+\frac{\partial^2 T}{\partial z^2}=0 \tag{8.4-5}$$

与结构弹性力学问题类似，为了得到结构导热方程的唯一解，需要附加边界条件和初始条件。温度场初始条件一般表示为

$$T|_{t=0}=f(x,y,z) \tag{8.4-6}$$

这里只考虑常见的三种线性边界条件，而不考虑非线性辐射或自然对流边界条件。

1. 第一类边界条件

第一类边界条件表示为

$$T_{\Gamma_1}=f(x,y,z,t) \tag{8.4-7}$$

式中：Γ_1 为具有第一类边界条件的边界。比较常见的典型情况是边界温度保持不变(恒壁温)，即 T_{Γ_1} 为常数。

2. 第二类边界条件

第二类边界条件表示为

$$q_{\Gamma_2} = -\lambda \frac{\partial T}{\partial n}\bigg|_{\Gamma_2} = g(x,y,z,t) \tag{8.4-8}$$

式中：Γ_2 为具有第二类边界条件的边界；q 为热流密度，单位是 $\mathrm{W/m^2}$；n 为边界 Γ_2 的外法线方向。该类边界的实质是给定边界的温度梯度。比较典型的情况是绝热边界条件，即$q_{\Gamma_2}=0$。

3. 第三类边界条件

第三类边界条件表示为

$$-\lambda \frac{\partial T}{\partial n}\bigg|_{\Gamma_3} = h(T - T_S) \tag{8.4-9}$$

式中：Γ_3 为具有第三类边界条件的边界；h 为表面传热系数，单位是 $\mathrm{W/(m^2 \cdot K)}$；T_S 为环境温度，如流体和气体等。

8.4.2 稳态温度场的有限元解法

在弹性力学问题中，根据变分原理和加权残量方法可以建立有限元方法。在最小总势能变分原理中，位移边界条件是强制边界条件，力边界条件是导出边界条件。与此类似，对于温度场问题，也可利用变分原理和加权残量方法建立有限元方法。在最小熵原理中，强制边界条件是温度，即第一类边界条件，而第二类和第三类边界条件都是导出边界条件。为了简洁起见，在下面推导过程中，在域内、第二类边界和第三类边界上分别只取一个单元，即不考虑单元组装这一常规问题。针对二维稳态温度场问题，最小熵原理使用的泛函为

$$\Pi = \int_S \left\{ \frac{1}{2}\lambda\left[\left(\frac{\partial T}{\partial x}\right)^2 + \left(\frac{\partial T}{\partial y}\right)^2\right] - \dot{\Phi}_V T \right\} \mathrm{d}S + \int_{\Gamma_2} gT\,\mathrm{d}\Gamma + \int_{\Gamma_3} h\left(\frac{T^2}{2} - TT_S\right)\mathrm{d}\Gamma \tag{8.4-10}$$

单元容许温度场函数为

$$\left.\begin{aligned} T &= \boldsymbol{N}^{\mathrm{T}}\boldsymbol{T} = \boldsymbol{T}^{\mathrm{T}}\boldsymbol{N} \\ \boldsymbol{N} &= [N_1 \quad N_2 \quad \cdots \quad N_n]^{\mathrm{T}} \\ \boldsymbol{T} &= [T_1 \quad T_2 \quad \cdots \quad T_n]^{\mathrm{T}} \end{aligned}\right\} \tag{8.4-11}$$

式中：T_i 和 N_i 分别为结点 i 的温度和对应的形函数，n 为单元结点数。将式(8.4-11)代入式(8.4-10)得

$$\begin{aligned} \Pi = {} & \frac{1}{2}\boldsymbol{T}^{\mathrm{T}}\left[\int_S \left(\frac{\partial \boldsymbol{N}}{\partial x}\lambda\frac{\partial \boldsymbol{N}^{\mathrm{T}}}{\partial x} + \frac{\partial \boldsymbol{N}}{\partial y}\lambda\frac{\partial \boldsymbol{N}^{\mathrm{T}}}{\partial y}\right)\mathrm{d}S\right]\boldsymbol{T} - \boldsymbol{T}^{\mathrm{T}}\left(\int_S \boldsymbol{N}\dot{\Phi}_V\,\mathrm{d}S\right) + \\ & \boldsymbol{T}^{\mathrm{T}}\left(\int_{\Gamma_2}\boldsymbol{N}g\,\mathrm{d}\Gamma\right) + \frac{1}{2}\boldsymbol{T}^{\mathrm{T}}\left(\int_{\Gamma_3}\boldsymbol{N}h\boldsymbol{N}^{\mathrm{T}}\mathrm{d}\Gamma\right)\boldsymbol{T} - \boldsymbol{T}^{\mathrm{T}}\left(\int_{\Gamma_3} hT_S\boldsymbol{N}\mathrm{d}\Gamma\right) \end{aligned} \tag{8.4-12}$$

整理得

$$\Pi = \frac{1}{2}\boldsymbol{T}^{\mathrm{T}}\boldsymbol{k}\boldsymbol{T} - \boldsymbol{T}^{\mathrm{T}}\boldsymbol{f} \tag{8.4-13}$$

根据变分原理可得求单元结点温度的代数方程为

$$\boldsymbol{kT} = \boldsymbol{f} \tag{8.4-14}$$

式中：

$$\left.\begin{aligned}
\boldsymbol{k} &= \int_S \boldsymbol{B}^{\mathrm{T}} \boldsymbol{\lambda} \boldsymbol{B}\, \mathrm{d}S + \int_{\Gamma_3} \boldsymbol{N} h \boldsymbol{N}^{\mathrm{T}}\, \mathrm{d}\Gamma \\
\boldsymbol{f} &= \int_S \boldsymbol{N} \dot{\Phi}_V\, \mathrm{d}S - \int_{\Gamma_2} \boldsymbol{N} g\, \mathrm{d}\Gamma + \int_{\Gamma_3} h T_{\mathrm{S}} \boldsymbol{N}\, \mathrm{d}\Gamma \\
\boldsymbol{\lambda} &= \begin{bmatrix} \lambda & 0 \\ 0 & \lambda \end{bmatrix}, \quad \boldsymbol{B} = \begin{bmatrix} \dfrac{\partial \boldsymbol{N}^{\mathrm{T}}}{\partial x} \\ \dfrac{\partial \boldsymbol{N}^{\mathrm{T}}}{\partial y} \end{bmatrix}
\end{aligned}\right\} \tag{8.4-15}$$

在式(8.4-15)中，$\int_S \boldsymbol{B}^{\mathrm{T}} \boldsymbol{\lambda} \boldsymbol{B}\, \mathrm{d}S$ 为导热矩阵，类似弹性力学中的弹性矩阵；$\int_{\Gamma_3} \boldsymbol{N} h \boldsymbol{N}^{\mathrm{T}}\, \mathrm{d}\Gamma$ 是第三类边界条件对导热矩阵的贡献，相当于弹性力学中边界分布弹簧对刚度矩阵的贡献；$\int_S \boldsymbol{N} \dot{\Phi}_V\, \mathrm{d}S$ 为内热源产生的热流向量，相当于弹性力学中的体力向量；$\int_{\Gamma_2} \boldsymbol{N} g\, \mathrm{d}\Gamma$ 为第二类边界条件产生的热流向量；$\int_{\Gamma_3} h T_{\mathrm{S}} \boldsymbol{N}\, \mathrm{d}\Gamma$ 为第三类边界条件产生的热流向量，相当于弹性力学边界分布力产生的载荷向量。若导热系数矩阵变为形式

$$\boldsymbol{\lambda} = \begin{bmatrix} \lambda_x & 0 \\ 0 & \lambda_y \end{bmatrix} \tag{8.4-16}$$

则上述方法还可用于计算正交各向异性结构的传热问题。第 3 章讨论的关于平面问题的各种单元都可用于温度场的计算，不再赘述。

8.4.3 瞬态温度场的有限元解法

关于瞬态温度场的泛函为

$$\begin{aligned}
\Pi = &\int_S \left\{ \frac{1}{2} \lambda \left[\left(\frac{\partial T}{\partial x} \right)^2 + \left(\frac{\partial T}{\partial y} \right)^2 \right] - \dot{\Phi}_V T + \rho c \frac{\partial T}{\partial t} T \right\} \mathrm{d}S + \\
&\int_{\Gamma_2} g T\, \mathrm{d}\Gamma + \int_{\Gamma_3} h \left(\frac{T^2}{2} - T T_{\mathrm{S}} \right) \mathrm{d}\Gamma
\end{aligned} \tag{8.4-17}$$

用与 8.4.2 小节相同的方法离散泛函中的空间坐标，并根据变分原理得

$$\boldsymbol{kT} + \boldsymbol{m} \frac{\partial \boldsymbol{T}}{\partial t} = \boldsymbol{f} \tag{8.4-18}$$

式中：热容量矩阵 $\boldsymbol{m}$ 的形式为

$$\boldsymbol{m} = \int_S \boldsymbol{N}^{\mathrm{T}} \rho c \boldsymbol{N}\, \mathrm{d}S \tag{8.4-19}$$

瞬态温度场的求解方法较多，如向前和向后差分格式、第 6 章讨论的 RK 方法和精细积分方法以及第 7 章介绍的微分求积方法(DQM)。向前差分格式是显式的，需要非常小的时间步长才能保证精度，缺少实用价值，这里不再讨论。下面只简单介绍向后差分格式和 Crank - Nicolson(C - N)格式，它们是隐式格式，并且是无条件稳定的，因此被广泛采用。

1. 向后差分格式

向后差分的格式为

$$\frac{\partial \boldsymbol{T}_t}{\partial t}=\frac{1}{\Delta t}(\boldsymbol{T}_t-\boldsymbol{T}_{t-\Delta t}) \tag{8.4-20}$$

为了求解 t 时刻的温度场，需要利用该时刻的温度场方程

$$\boldsymbol{k}\boldsymbol{T}_t+\boldsymbol{m}\frac{\partial \boldsymbol{T}_t}{\partial t}=\boldsymbol{f}_t \tag{8.4-21}$$

将式(8.4-20)代入式(8.4-21)得

$$\left(\boldsymbol{k}+\frac{1}{\Delta t}\boldsymbol{m}\right)\boldsymbol{T}_t=\boldsymbol{f}_t+\frac{1}{\Delta t}\boldsymbol{m}\boldsymbol{T}_{t-\Delta t} \tag{8.4-22}$$

当 $t=\Delta t$ 时，式(8.4-22)中的 $\boldsymbol{T}_0$ 是已知的结构初始温度场。

2. C-N 格式

将向前差分和向后差分格式综合起来得

$$\gamma\frac{\partial \boldsymbol{T}_{t-\Delta t}}{\partial t}+(1-\gamma)\frac{\partial \boldsymbol{T}_t}{\partial t}=\frac{1}{\Delta t}(\boldsymbol{T}_t-\boldsymbol{T}_{t-\Delta t}) \tag{8.4-23}$$

式中：$0\leqslant\gamma\leqslant1$。$\gamma=1$ 为向前差分，$\gamma=0$ 为向后差分，当 $\gamma=2/3$ 时为二阶 Galerkin 格式，此处不讨论。当 $\gamma=0.5$ 时就是 C-N 格式，即

$$\frac{1}{2}\left(\frac{\partial \boldsymbol{T}_{t-\Delta t}}{\partial t}+\frac{\partial \boldsymbol{T}_t}{\partial t}\right)=\frac{1}{\Delta t}(\boldsymbol{T}_t-\boldsymbol{T}_{t-\Delta t}) \tag{8.4-24}$$

从式(8.4-24)中解出 $\frac{\partial \boldsymbol{T}_t}{\partial t}$ 并代入式(8.4-21)，再令所得结果中的 $\boldsymbol{m}\frac{\partial \boldsymbol{T}_{t-\Delta t}}{\partial t}=\boldsymbol{f}_{t-\Delta t}-\boldsymbol{k}\boldsymbol{T}_{t-\Delta t}$，得 C-N 格式为

$$\left(\boldsymbol{k}+\frac{2}{\Delta t}\boldsymbol{m}\right)\boldsymbol{T}_t=\boldsymbol{f}_t+\boldsymbol{f}_{t-\Delta t}+\left(\frac{2}{\Delta t}\boldsymbol{m}-\boldsymbol{k}\right)\boldsymbol{T}_{t-\Delta t} \tag{8.4-25}$$

该算法具有二阶精度。

在向后差分格式和 C-N 格式中，$\boldsymbol{f}$ 可以是时间的函数，并且导热系数 λ 和比热容 c 可以是温度的函数，即材料的热物性可以随温度变化。

8.4.4　热弹塑性应力问题

设结构在温度为 T_0 时处于无应力状态，当温度改变 ΔT 时就要自由膨胀或收缩。对于各向同性介质，自由热膨胀仅产生正应变，即

$$\boldsymbol{\varepsilon}_0=[\alpha\Delta T\quad \alpha\Delta T\quad \alpha\Delta T\quad 0\quad 0\quad 0]^{\mathrm{T}} \tag{8.4-26}$$

式中：α 为热膨胀系数，单位是 1/℃。如果热膨胀受到限制，就要产生热应力。

1. 材料性质不依赖于温度的线弹性问题

根据线弹性理论，结构的总应变包括由应力引起的应变 $\boldsymbol{\varepsilon}$ 和由温度引起的应变 $\boldsymbol{\varepsilon}_0$（也称为初应变）。温度变化使结构产生的弹性应力通常称为热应力，其形式为

$$\boldsymbol{\sigma}=\boldsymbol{D}_{\mathrm{e}}(\boldsymbol{\varepsilon}-\boldsymbol{\varepsilon}_0) \tag{8.4-27}$$

下面根据虚功原理在单元级上推导有限元列式。应力 $\boldsymbol{\sigma}$ 在虚应变 $\delta\boldsymbol{\varepsilon}$ 上(注意,虚应变不包括温度应变)所作的虚功为

$$\begin{aligned}\delta W &= \int_S \boldsymbol{\sigma}^{\mathrm{T}}\delta\boldsymbol{\varepsilon}\mathrm{d}S = \int_S \delta\boldsymbol{\varepsilon}^{\mathrm{T}}\boldsymbol{D}_{\mathrm{e}}(\boldsymbol{\varepsilon}-\boldsymbol{\varepsilon}_0)\mathrm{d}S = \\ &\int_S \delta\boldsymbol{\varepsilon}^{\mathrm{T}}\boldsymbol{D}_{\mathrm{e}}\boldsymbol{\varepsilon}\mathrm{d}S - \int_S \delta\boldsymbol{\varepsilon}^{\mathrm{T}}\boldsymbol{D}_{\mathrm{e}}\boldsymbol{\varepsilon}_0\mathrm{d}S = \\ &\delta\boldsymbol{u}^{\mathrm{T}}\left(\int_S \boldsymbol{B}^{\mathrm{T}}\boldsymbol{D}_{\mathrm{e}}\boldsymbol{B}\mathrm{d}S\boldsymbol{u}^{\mathrm{T}} - \int_S \boldsymbol{B}^{\mathrm{T}}\boldsymbol{D}_{\mathrm{e}}\boldsymbol{\varepsilon}_0\mathrm{d}S\right)\end{aligned} \tag{8.4-28}$$

其中利用了应变和单元结点位移向量 $\boldsymbol{u}$ 的关系,即

$$\boldsymbol{\varepsilon} = \boldsymbol{B}\boldsymbol{u} \tag{8.4-29}$$

根据虚功原理 $\delta W=0$ 和 $\delta\boldsymbol{u}$ 的任意性得

$$\left.\begin{aligned}\boldsymbol{k}\boldsymbol{u} &= \boldsymbol{f} \\ \boldsymbol{k} &= \int_S \boldsymbol{B}^{\mathrm{T}}\boldsymbol{D}_{\mathrm{e}}\boldsymbol{B}\mathrm{d}S \\ \boldsymbol{f} &= \int_S \boldsymbol{B}^{\mathrm{T}}\boldsymbol{D}_{\mathrm{e}}\boldsymbol{\varepsilon}_0\mathrm{d}S\end{aligned}\right\} \tag{8.4-30}$$

式中:$\boldsymbol{k}$ 为单元弹性刚度矩阵,$\boldsymbol{f}$ 为温度应变 $\boldsymbol{\varepsilon}_0$ 引起的结点载荷列向量。

2. 材料性质依赖于温度的弹塑性问题

设材料的模量、泊松比、热膨胀系数和屈服应力都是温度的函数。

在弹性区域,全应变增量为

$$\mathrm{d}\boldsymbol{\varepsilon} = \mathrm{d}\boldsymbol{\varepsilon}^{\mathrm{e}} + \mathrm{d}\boldsymbol{\varepsilon}_0 = \mathrm{d}\boldsymbol{\varepsilon}^{\mathrm{e}} + \boldsymbol{\alpha}\mathrm{d}T \tag{8.4-31}$$

式中:$\boldsymbol{\alpha}=[\alpha\quad\alpha\quad\alpha\quad 0\quad 0\quad 0]^{\mathrm{T}}$。根据胡克定律有

$$\boldsymbol{\varepsilon}^{\mathrm{e}} = \boldsymbol{D}_{\mathrm{e}}^{-1}\boldsymbol{\sigma} \tag{8.4-32}$$

对其微分得

$$\mathrm{d}\boldsymbol{\varepsilon}^{\mathrm{e}} = \boldsymbol{D}_{\mathrm{e}}^{-1}\mathrm{d}\boldsymbol{\sigma} + \frac{\mathrm{d}\boldsymbol{D}_{\mathrm{e}}^{-1}}{\mathrm{d}T}\boldsymbol{\sigma}\mathrm{d}T \tag{8.4-33}$$

将式(8.4-33)代入式(8.4-31)得

$$\left.\begin{aligned}\mathrm{d}\boldsymbol{\sigma} &= \boldsymbol{D}_{\mathrm{e}}(\mathrm{d}\boldsymbol{\varepsilon} - \mathrm{d}\tilde{\boldsymbol{\varepsilon}}_0) \\ \mathrm{d}\tilde{\boldsymbol{\varepsilon}}_0 &= \left(\boldsymbol{\alpha} + \frac{\mathrm{d}\boldsymbol{D}_{\mathrm{e}}^{-1}}{\mathrm{d}T}\boldsymbol{\sigma}\right)\mathrm{d}T\end{aligned}\right\} \tag{8.4-34}$$

这就是当材料依赖于温度时,弹性区域的增量应力-应变关系。

下面以 Mises 屈服准则为例讨论塑性屈曲增量本构关系。此时式(8.4-34)变为

$$\mathrm{d}\boldsymbol{\sigma} = \boldsymbol{D}_{\mathrm{e}}(\mathrm{d}\boldsymbol{\varepsilon} - \mathrm{d}\boldsymbol{\varepsilon}^{\mathrm{p}} - \mathrm{d}\tilde{\boldsymbol{\varepsilon}}_0) \tag{8.4-35}$$

令 $\kappa=\bar{\varepsilon}^{\mathrm{p}}$,则 Mises 屈服函数为

$$f = f^*(\boldsymbol{\sigma}) - k(\bar{\varepsilon}^{\mathrm{p}}, T) \tag{8.4-36}$$

一致性条件为

$$\left(\frac{\partial f}{\partial\boldsymbol{\sigma}}\right)^{\mathrm{T}}\mathrm{d}\boldsymbol{\sigma} + \frac{\partial f}{\partial\bar{\varepsilon}^{\mathrm{p}}}\mathrm{d}\bar{\varepsilon}^{\mathrm{p}} + \frac{\partial f}{\partial T}\mathrm{d}T = 0 \tag{8.4-37}$$

将 $\mathrm{d}\boldsymbol{\varepsilon}^{\mathrm{p}}=\mathrm{d}\bar{\varepsilon}^{\mathrm{p}}\dfrac{\partial f}{\partial\boldsymbol{\sigma}}$和式(8.4-35)代入式(8.4-37)中得等效塑性应变为

$$d\bar{\varepsilon}^p = \frac{\left(\frac{\partial f}{\partial \boldsymbol{\sigma}}\right)^T \boldsymbol{D}_e d\boldsymbol{\varepsilon} - \left(\frac{\partial f}{\partial \boldsymbol{\sigma}}\right)^T \boldsymbol{D}_e d\tilde{\boldsymbol{\varepsilon}}_0 - \frac{\partial k}{\partial T}dT}{\left(\frac{\partial f}{\partial \boldsymbol{\sigma}}\right)^T \boldsymbol{D}_e \frac{\partial f}{\partial \boldsymbol{\sigma}} + \frac{\partial k}{\partial \bar{\varepsilon}^p}} \tag{8.4-38}$$

将 $d\boldsymbol{\varepsilon}^p = d\bar{\varepsilon}^p \frac{\partial f}{\partial \boldsymbol{\sigma}}$和式(8.4－38)一起代入式(8.4－35)得

$$\left.\begin{aligned} d\boldsymbol{\sigma} &= \boldsymbol{D}_{ep}(d\boldsymbol{\varepsilon} - d\tilde{\boldsymbol{\varepsilon}}_0) + d\tilde{\boldsymbol{\sigma}}_0 \\ d\tilde{\boldsymbol{\sigma}}_0 &= \frac{\frac{3G\boldsymbol{\sigma}'}{\bar{\sigma}} \frac{\partial k}{\partial T}dT}{3G + H_P} \end{aligned}\right\} \tag{8.4-39}$$

从式(8.4－34)和式(8.4－39)可以看出，$d\tilde{\boldsymbol{\varepsilon}}_0$ 和 $d\tilde{\sigma}_0$ 只是与已知当前状态应力水平有关的量，可以作为一般的初应变和初应力而转化为等效载荷，然后再用增量方法求解。

8.5　非线性问题的 Newton－Raphson 迭代解法

线形方程组的求解方法包括直接解法（如 Gauss 消元方法等）和迭代方法（如 Gauss－Seidel 法和共轭梯度法等）。直接解法因其效率高而被广泛应用，但其误差不易控制。迭代法虽然效率稍低，但误差比较容易控制，因此其应用越来越广泛。这里不讨论线性问题的求解方法。

非线性问题的求解远比线性问题的求解复杂，它包括全量迭代解法和增量迭代解法。因为 Newton－Raphson 类迭代法简单且收敛快，所以已经成为非线性问题的主要求解方法。对具有复杂载荷位移路径的问题，弧长法是较有效的，它是一种将限制增量位移技术和修正 Newton－Raphson 迭代法结合起来的方法，参见 8.3.3 小节。由于增量解法的应用更加广泛，因此这里只讨论 Newton－Raphson 增量迭代解法[11]。就求解技术而言，全量解法与增量解法中的每一步解法都是相同的。

在增量法中，首先把载荷或整个求解过程分成若干增量步，假设已经求得 $0 \sim t$ 所有步长内的解，现在要求解 t 至 $t+\Delta t$ 步内新的增量（Δt 可以理解为载荷增量）。下面给出在这一典型步长内计算的步骤，其中下标 $i=1,2,\cdots$ 为迭代次数，具有上标 m 的物理量是已知的当前状态（即 t 时刻状态）的物理量，具有上标 $m+1$ 的物理量为在当前增量步内更新的物理量。

步骤 1　形成总体刚度矩阵 $\boldsymbol{K}^{\tau}_{(i-1)}$ $(t \leqslant \tau \leqslant t+\Delta t)$ 并计算结点不平衡力向量 $\Delta\boldsymbol{R}_{(i)}$，即

$$\boldsymbol{K}^{\tau} = \sum_e \int_V \boldsymbol{B}^T \boldsymbol{D}^{\tau} \boldsymbol{B} dV \tag{8.5-1}$$

$$\Delta\boldsymbol{R}_{(i)} = \boldsymbol{R}^{m+1} - \boldsymbol{F}^{m+1}_{(i-1)} = \boldsymbol{R}^{m+1} - \sum_e \int_V \boldsymbol{B}^T \boldsymbol{\sigma}^{m+1}_{(i-1)} dV \tag{8.5-2}$$

式中：$\sum_e$ 表示对单元求和，$\boldsymbol{\sigma}^{m+1}_{(0)} = \boldsymbol{\sigma}^m$ 。

步骤 2　求解增量平衡方程，即

$$\boldsymbol{K}^{\tau}_{(i-1)} \Delta\boldsymbol{U}_{(i)} = \Delta\boldsymbol{R}_{(i)} \tag{8.5-3}$$

式中：$\Delta\boldsymbol{U}_{(i)}$ 是本次迭代得到的位移增量的修正量。

步骤 3　求单元应力和应变增量的修正量 $\Delta\boldsymbol{\sigma}_{(i)}$ 和 $\Delta\boldsymbol{\varepsilon}_{(i)}$，并更新应力状态 $\boldsymbol{\sigma}^{m+1}_{(i)}$，即

$$\Delta\boldsymbol{\varepsilon}_{(i)} = \boldsymbol{B}\Delta\boldsymbol{U}_{(i)} \tag{8.5-4}$$

$$\Delta\boldsymbol{\sigma}_{(i)} = \int_0^{\Delta\boldsymbol{\varepsilon}_{(i)}} \boldsymbol{D} d\boldsymbol{\varepsilon} \tag{8.5-5}$$

式中：$\boldsymbol{D}$ 为弹性或弹塑性矩阵。

如果每个增量步只限于一次迭代，即是通常的增量法，这种方法仅在步长取得足够小时才能保证一定的精度，但计算量很大。如果进行多次迭代，则需迭代到满足一定的收敛准则。常用的牛顿迭代法有以下三种：

① 完全 Newton - Raphson(FNR)迭代方法，这时 $\boldsymbol{K}^{\tau}=\boldsymbol{K}_{(i-1)}^{m+1}$；

② 修正 Newton - Raphson(MNR)迭代方法，这时 $\boldsymbol{K}^{\tau}=\boldsymbol{K}^{m}$；

③ 拟 Newton - Raphson(QNR)迭代方法，这时 $\boldsymbol{K}^{\tau}$ 要用修正矩阵来修正。

MNR 迭代法与 FNR 迭代法相比，重新形成和分解总刚度矩阵的次数少，但收敛较慢，如图 8.5 - 1 所示。QNR 迭代法则取二法之长舍二法之短，这里讨论的重点也是 QNR 迭代法。

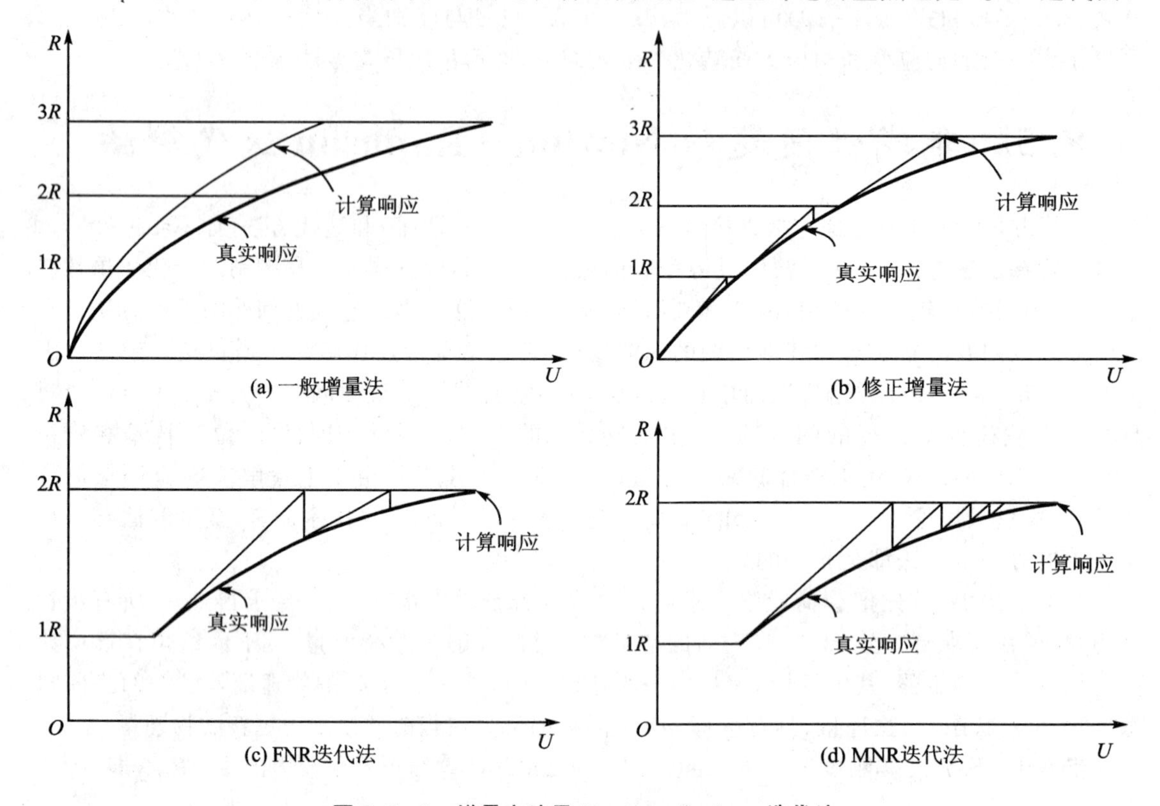

图 8.5 - 1　增量方法及 Newton - Raphson 迭代法

QNR 法首先由 Broyden[12] 提出来，主要用于求解无约束最优化问题，而 Matthies[13] 则首次应用该方法来求解非线性有限元方程。

对本构关系式(8.5 - 5)的计算精度直接决定着本次迭代后应力的精度和下次迭代中不平衡力向量的精度，因而也影响着迭代速度。累积的误差可使完全牛顿迭代法丧失平方收敛速度，甚至不收敛。对于弹塑性问题，其积分方法可参见 8.1.3 小节。

8.5.1　完全和修正 Newton - Raphson 迭代方法

下面简单介绍 FNR 迭代法和 MNR 迭代法。一般的平衡方程可写为

$$\boldsymbol{f}(\boldsymbol{U}^{*})=\boldsymbol{0} \tag{8.5-6}$$

式中：$\boldsymbol{U}^{*}$ 是解向量，并且

$$f(U^*) = R^{m+1}(U^*) - F^{m+1}(U^*)$$

其中 F^{m+1} 和 R^{m+1} 分别为弹性结点载荷或内力和已知的由外载荷计算的等效结点载荷。

1. FNR 迭代法

FNR 迭代格式为

$$K_{(i-1)}^{m+1} \Delta U_{(i)} = R^{m+1} - F_{(i-1)}^{m+1} \tag{8.5-7a}$$

$$U_{(i)}^{m+1} = U_{(i-1)}^{m+1} + \Delta U_{(i)} \tag{8.5-7b}$$

由式(8.5-7)迭代得到的解就是方程(8.5-6)的解。迭代初始条件为

$$K_{(0)}^{m+1} = K^m, \quad F_{(0)}^{m+1} = F^m, \quad U_{(0)}^{m+1} = U^m$$

在应用式(8.5-7)时要预先给定收敛条件,一旦满足收敛条件就停止迭代。

对于某些特殊的非线性问题,应用 FNR 迭代方法是有效的。一般来说,对几何非线性和材料非线性问题,由于效率和精度的原因,FNR 迭代方法并不是实用的方法,相对来说,MNR 迭代方法则更有效。

2. MNR 迭代法

只要将式(8.5-7a)中的 $K_{(i-1)}^{m+1}$ 换为 K^m 就得到 MNR 迭代公式,即

$$K^m \Delta U_{(i)} = R^{m+1} - F_{(i-1)}^{m+1} \tag{8.5-8a}$$

式中:

$$F_{(i-1)}^{m+1} = \sum_{e} \int_V B^T \sigma_{(i-1)}^{m+1} \, dV \tag{8.5-8b}$$

$$\sigma_{(i-1)}^{m+1} = \sigma^m + \int_{t_\varepsilon}^{t+\Delta t_{\varepsilon(i-1)}} D \, d\varepsilon \tag{8.5-8c}$$

值得指出的是,公式(8.5-8c)给出的应力 $\sigma_{(i-1)}^{m+1}$ 不受位移和应变中间修正量误差的影响,也可以说 $\sigma_{(i-1)}^{m+1}$ 与本迭代步内的迭代过程无关。由于不需要每次迭代都更新刚度矩阵,因此 MNR 迭代法比 FNR 迭代法的计算量小。在解决实际问题时,MNR 迭代法经常遇到收敛过慢或根本不收敛的情况,如图 8.5-2 所示。

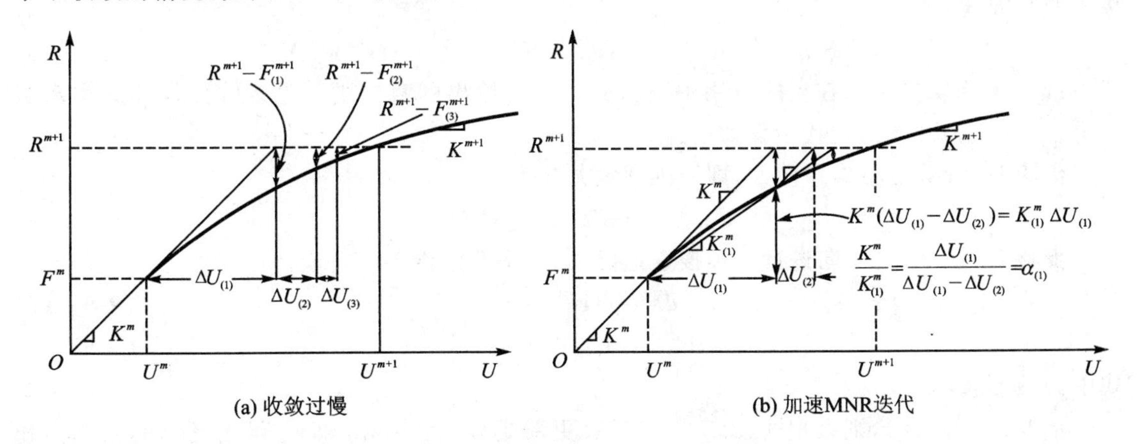

图 8.5-2 MNR 迭代格式(一维问题)

为了提高 MNR 迭代法的收敛速度,出现了加速 MNR 迭代法,如 Aitken 加速方法[14],如图 8.5-2(b)所示。在 Aitken 加速方法中,位移修正不用式(8.5-7b),而采用形式

$$\boldsymbol{U}_{(i)}^{m+1} = \boldsymbol{U}_{(i-1)}^{m+1} + \boldsymbol{\alpha}_{(i-1)} \Delta \boldsymbol{U}_{(i)} \tag{8.5-9}$$

式中：$\boldsymbol{\alpha}_{(i-1)}$为加速因子对角矩阵，其元素按照下式计算，即

$$\alpha_{(i-1)}^{j} = \frac{\Delta U_{(i-1)}^{j}}{\Delta U_{(i-1)}^{j} - \Delta U_{(i)}^{j}} \tag{8.5-10}$$

其中上标 j 代表矩阵或向量的某个元素。

为了真正使 MNR 迭代法达到收敛快且稳定的目标，除了加速之外，还要进行简单的一维搜索[15]，参见下面将要讨论的 QNR 迭代法中的一维搜索技术。

8.5.2 拟 Newton - Raphson 迭代方法

在 QNR 方法中，BFGS(Broyden - Fletcher - Goldfard - Shanno)迭代法被认为是最好的拟牛顿迭代法[13,16]。QNR 方法的主要思想是在每次迭代后用一种简单的方式修改刚度矩阵 $\boldsymbol{K}_{(i-1)}^{m+1}$，既不像 FNR 法那样在每次迭代之后要完全重新计算新的刚度矩阵 $\boldsymbol{K}_{(i-1)}^{m+1}$，也不像 MNR 法那样不改变矩阵。

定义迭代过程的位移增量和不平衡力增量分别为

$$\boldsymbol{\delta}_{(i)} = \boldsymbol{U}_{(i)}^{m+1} - \boldsymbol{U}_{(i-1)}^{m+1} \tag{8.5-11}$$

$$\boldsymbol{\gamma}_{(i)} = (\boldsymbol{R}_{(i-1)}^{m+1} - \boldsymbol{F}_{(i-1)}^{m+1}) - (\boldsymbol{R}_{(i)}^{m+1} - \boldsymbol{F}_{(i)}^{m+1}) = -\boldsymbol{f}(\boldsymbol{U}_{(i)}^{m+1}) + \boldsymbol{f}(\boldsymbol{U}_{(i-1)}^{m+1}) \tag{8.5-12}$$

为了保证精度和易于计算，需要矩阵 $\boldsymbol{K}_{(i-1)}^{m+1}$ 和更新方法满足：

① 更新矩阵 $\boldsymbol{K}_{(i-1)}^{m+1}$ 都是对称正定的，这可保证数值计算的稳定性。计算矩阵条件数，避免出现病态矩阵。

② 矩阵的更新方法要简单易行，否则失去了高效特点。

③ 更新矩阵必须满足拟 Newton 方程

$$\boldsymbol{K}_{(i)}^{m+1} \boldsymbol{\delta}_{(i)} = \boldsymbol{\gamma}_{(i)} \tag{8.5-13}$$

下面考虑对称秩 2 矩阵更新公式

$$(\boldsymbol{K}_{(i)}^{m+1})^{-1} = (\boldsymbol{K}_{(i-1)}^{m+1})^{-1} + \boldsymbol{x}\boldsymbol{x}^{\mathrm{T}}\boldsymbol{z}\boldsymbol{z}^{\mathrm{T}} \tag{8.5-14}$$

式中：$\boldsymbol{x}$ 和 $\boldsymbol{z}$ 为实向量。由于更新矩阵的每一个都对称正定，因此式(8.5 - 14)可以改写为向量积的形式，即

$$(\boldsymbol{K}_{(i)}^{m+1})^{-1} = (\boldsymbol{I} + \boldsymbol{w}_{(i)} \boldsymbol{v}_{(i)}^{\mathrm{T}})(\boldsymbol{K}_{(i-1)}^{m+1})^{-1}(\boldsymbol{I} + \boldsymbol{v}_{(i)} \boldsymbol{w}_{(i)}^{\mathrm{T}}) \tag{8.5-15}$$

式中：$\boldsymbol{w}$ 和 $\boldsymbol{v}$ 为实向量。在实际应用中，式(8.5 - 15)给出的直接更新逆矩阵使得算法实现起来更为方便。BFGS 的迭代步骤如下：

步骤 1 计算位移增量向量，即一维搜索方向为

$$\boldsymbol{d}_{(i-1)} = (\boldsymbol{K}_{(i-1)}^{m+1})^{-1} \boldsymbol{f}(\boldsymbol{U}_{(i-1)}^{m+1}) \tag{8.5-16}$$

步骤 2 沿 $\boldsymbol{d}_{(i-1)}$ 方向进行一维搜索，直至满足平衡条件

$$\boldsymbol{d}_{(i-1)}^{\mathrm{T}} \boldsymbol{f}(\boldsymbol{U}_{(i)}^{m+1}) = 0 \tag{8.5-17}$$

$$\boldsymbol{U}_{(i)}^{m+1} = \boldsymbol{U}_{(i-1)}^{m+1} + \alpha \boldsymbol{d}_{(i-1)} \tag{8.5-18}$$

式中：α 为步长因子。

步骤 3 若 $i>1$，则根据式(8.5 - 15)计算更新矩阵，式中 $\boldsymbol{w}_{(i)}$ 和 $\boldsymbol{v}_{(i)}$ 可由已知的结点力和位移求得，即

$$\boldsymbol{v}_{(i)} = -\left[\frac{\boldsymbol{\delta}_{(i)}^{\mathrm{T}} \boldsymbol{\gamma}_{(i)}}{\boldsymbol{\delta}_{(i)}^{\mathrm{T}} \boldsymbol{K}_{(i-1)}^{m+1} \boldsymbol{\delta}_{(i)}}\right]^{\frac{1}{2}} \boldsymbol{K}_{(i-1)}^{m+1} \boldsymbol{\delta}_{(i)} - \boldsymbol{\gamma}_{(i)} \tag{8.5-19}$$

$$\boldsymbol{w}_{(i)} = \frac{\boldsymbol{\delta}_{(i)}}{\boldsymbol{\delta}_{(i)}^{\mathrm{T}} \boldsymbol{\gamma}_{(i)}} \tag{8.5-20}$$

从算法中可以看出,计算搜索方向 $\boldsymbol{d}_{(i-1)}$ 是主要问题之一。在实际计算时,可以直接执行下式,即

$$\begin{aligned}\boldsymbol{d}_{(i-1)} = &(\boldsymbol{I} + \boldsymbol{w}_{(i-1)} \boldsymbol{v}_{(i-1)}^{\mathrm{T}}) \cdots (\boldsymbol{I} + \boldsymbol{w}_{(1)} \boldsymbol{v}_{(1)}^{\mathrm{T}})^{\tau} (\boldsymbol{K}^{m})^{-1} (\boldsymbol{I} + \boldsymbol{v}_{(1)} \boldsymbol{w}_{(1)}^{\mathrm{T}}) \cdots \\ &(\boldsymbol{I} + \boldsymbol{v}_{(i-1)} \boldsymbol{w}_{(i-1)}^{\mathrm{T}}) \boldsymbol{f}(\boldsymbol{U}_{(i-1)}^{m+1})\end{aligned} \tag{8.5-21}$$

算法讨论与说明：

① 当 $i=1$ 时,$\boldsymbol{K}_{(0)}^{m+1} = \boldsymbol{K}^{m}$,与 MNR 法类似,一般在每个载荷增量步内,只需重新形成和分解一次总刚度矩阵,即可根据式(8.5-15)进行矩阵更新。

② 由于一维搜索增大计算量,所以只有在需要时才进行。由式(8.5-19)可知,只要

$$\boldsymbol{\delta}_{(i)}^{\mathrm{T}} \boldsymbol{\gamma}_{(i)} > 0$$

矩阵的更新就是有效的,因此只要满足下式就不用进行一维搜索,即

$$\boldsymbol{d}_{(i-1)}^{\mathrm{T}} \boldsymbol{f}(\boldsymbol{U}_{(i)}^{m+1}) \leqslant \mathrm{STOL} \boldsymbol{d}_{(i-1)}^{\mathrm{T}} \boldsymbol{f}(\boldsymbol{U}_{(i-1)}^{m+1}) \tag{8.5-22}$$

其中 $0 < \mathrm{STOL} < 1$。根据经验,只要 $\mathrm{STOL} = 0.5$ 即可得到足够的精度。

③ 式(8.5-21)是向量积的形式,可以根据其结构特点来简化运算,以减少存储量。不妨以 $i=3$ 为例来说明式(8.5-21)的计算方法。

当 $i=3$ 时,有

$$\boldsymbol{d}_{(2)} = (\boldsymbol{I} + \boldsymbol{w}_{(2)} \boldsymbol{v}_{(2)}^{\mathrm{T}})(\boldsymbol{I} + \boldsymbol{w}_{(1)} \boldsymbol{v}_{(1)}^{\mathrm{T}})^{\tau} (\boldsymbol{K}^{m})^{-1} (\boldsymbol{I} + \boldsymbol{v}_{(1)} \boldsymbol{w}_{(1)}^{\mathrm{T}})(\boldsymbol{I} + \boldsymbol{v}_{(2)} \boldsymbol{w}_{(2)}^{\mathrm{T}}) \boldsymbol{f}(\boldsymbol{U}_{(2)}^{m+1})$$

令

$$\boldsymbol{b}_{(2)} = (\boldsymbol{I} + \boldsymbol{v}_{(2)} \boldsymbol{w}_{(2)}^{\mathrm{T}}) \boldsymbol{f}(\boldsymbol{U}_{(2)}^{m+1}) = \boldsymbol{f}(\boldsymbol{U}_{(2)}^{m+1}) + \boldsymbol{w}_{(2)}^{\mathrm{T}} \boldsymbol{f}(\boldsymbol{U}_{(2)}^{m+1}) \boldsymbol{v}_{(2)}$$

令

$$\boldsymbol{b}_{(1)} = (\boldsymbol{I} + \boldsymbol{v}_{(1)} \boldsymbol{w}_{(1)}^{\mathrm{T}}) \boldsymbol{b}_{(2)} = \boldsymbol{b}_{(2)} + (\boldsymbol{w}_{(1)}^{\mathrm{T}} \boldsymbol{b}_{(2)}) \boldsymbol{v}_{(1)}$$

回代求解 $\boldsymbol{d}_{(2)}$,即令

$$\boldsymbol{c} = (\boldsymbol{K}^{m})^{-1} \boldsymbol{b}_{(1)}$$

所以

$$\boldsymbol{d}_{(1)} = \boldsymbol{c} + (\boldsymbol{v}_{(1)}^{\mathrm{T}} \boldsymbol{c}) \boldsymbol{w}_{(1)}$$

$$\boldsymbol{d}_{(2)} = (\boldsymbol{I} + \boldsymbol{w}_{(2)} \boldsymbol{v}_{(2)}^{\mathrm{T}}) \boldsymbol{d}_{(1)} = \boldsymbol{d}_{(1)} + (\boldsymbol{v}_{(2)}^{\mathrm{T}} \boldsymbol{d}_{(1)}) \boldsymbol{w}_{(2)}$$

随着迭代次数的增加,存储的向量 $\boldsymbol{v}_{(i)}$ 和 $\boldsymbol{w}_{(i)}$ 也增加,为了减少存储量,可在迭代一定次数(如 10 次或 15 次)后,根据当前的应力和位移信息,重新形成一个迭代的初始刚度矩阵用以替换 $\boldsymbol{K}^{m}$。

④ 因为 $\boldsymbol{K}_{(i-1)}^{m+1}$ 对称正定,由式(8.5-15)得到的更新矩阵 $\boldsymbol{K}_{(i)}^{m+1}$ 也一定对称正定。现在考虑更新矩阵的行列式[17]

$$\det(\boldsymbol{K}_{(i)}^{m+1}) = \det(\boldsymbol{K}_{(i-1)}^{m+1})(1 + \boldsymbol{w}^{\mathrm{T}} \boldsymbol{v})^{2} \tag{8.5-23}$$

由式(8.5-23)可知,当 $(1 + \boldsymbol{w}^{\mathrm{T}} \boldsymbol{v}) = 0$ 或趋近于 0 时,更新矩阵 $\boldsymbol{K}_{(i)}^{m+1}$ 已经奇异或接近奇异。此时需要计算修正矩阵 $\boldsymbol{Q} = \boldsymbol{I} + \boldsymbol{w}\boldsymbol{v}^{\mathrm{T}}$ 的条件数 CN(Condition Number)。由于 $\boldsymbol{Q}$ 不是对称矩阵,因此考虑 $\boldsymbol{Q}^{\mathrm{T}}\boldsymbol{Q}$ 的条件数,即其最大特征值和最小特征值之比为

$$\mathrm{CN} = \frac{\{(\boldsymbol{v}^{\mathrm{T}} \boldsymbol{v})^{1/2} (\boldsymbol{w}^{\mathrm{T}} \boldsymbol{w})^{1/2} + [(\boldsymbol{v}^{\mathrm{T}} \boldsymbol{v})(\boldsymbol{w}^{\mathrm{T}} \boldsymbol{w}) + 4(1 + \boldsymbol{w}^{\mathrm{T}} \boldsymbol{v})]^{1/2}\}^{4}}{[4(1 + \boldsymbol{w}^{\mathrm{T}} \boldsymbol{v})]^{2}} \tag{8.5-24}$$

如果 CN 越大,意味着 $1 + \boldsymbol{w}^{\mathrm{T}} \boldsymbol{v}$ 的值越小,即矩阵 $\boldsymbol{K}_{(i)}^{m+1}$ 的病态越严重,一般来说 CN 不应该

超过 10^5。一旦 CN＞10^5，则令 $\boldsymbol{d}_{(i)}=\boldsymbol{d}_{(i-1)}$，重新形成和分解刚度矩阵。对于一维问题，BFGS 迭代过程如图 8.5-3 所示。

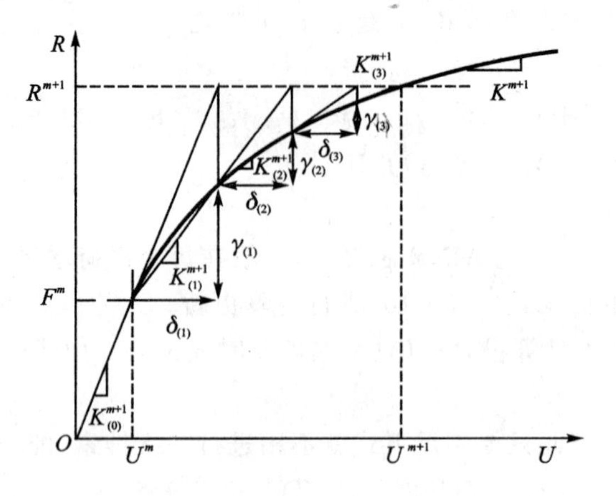

图 8.5-3 BFGS 迭代过程

8.5.3 迭代收敛准则

对于迭代算法，都需要用收敛准则来终止迭代过程。常用的收敛准则包含位移准则、不平衡力准则和能量准则。

1. 位移准则

位移准则的形式为

$$\|\Delta\boldsymbol{U}_{(i+1)}\| \leqslant \varepsilon_u(1+\|\Delta\boldsymbol{U}_{(i)}\|) \tag{8.5-25}$$

式中：ε_u 为位移允许容差，通常取 $\varepsilon_u=1\times10^{-3}\sim5\times10^{-3}$ 即可满足要求。$\|*\|$ 是范数，常用的是欧几里得范数。

2. 不平衡力准则

不平衡力 $\Delta\boldsymbol{R}$ 由式(8.5-2)计算，不平衡力准则为

$$\|\Delta\boldsymbol{R}_{(i+1)}\| \leqslant \varepsilon_f\|\boldsymbol{R}-\boldsymbol{F}_{(i)}\| \tag{8.5-26}$$

式中：ε_f 为力允许容差。

3. 能量准则

在迭代过程中，若位移振荡剧烈，位移收敛准则可能会给出错误的判断；对于某些收敛较慢的问题，不平衡力准则也会遇到困难，如理想塑性问题，微小的不平衡力会造成很大的位移偏差。能量准则把力和位移结合起来，其形式为

$$\Delta\boldsymbol{U}_{(i+1)}^{\mathrm{T}}(\boldsymbol{R}-\boldsymbol{F}_{(i+1)}) \leqslant \varepsilon_e\Delta\boldsymbol{U}_{(1)}^{\mathrm{T}}(\boldsymbol{R}-\boldsymbol{F}_{(1)}) \tag{8.5-27}$$

式中：ε_e 为能量允许容差。

这三种收敛准则既可以单独使用，也可以同时使用，例如不平衡力准则与位移准则联同使用，不平衡力准则与能量准则联合使用。

复习思考题

8.1　什么是塑性应变？什么是塑性模量？

8.2　给出屈服准则、流动理论和硬化理论的定义，在塑性理论中，它们分别起什么作用？

8.3　为什么增量方法比全量方法的适用范围更广？

8.4　用虚功原理和最小势能原理都可以建立弹塑性问题的有限元求解方法吗？

8.5　Euler 描述法和 Lagrange 描述法分别适用于什么性质的物理问题？试举例说明。

8.6　几何非线性只体现在几何方程吗？在哪种几何非线性问题中，本构方程和平衡方程也是非线性的？

8.7　根据什么力学原理可以建立几何非线性问题的有限元求解列式？

8.8　在瞬态温度场求解算法中，向后差分格式和 C－N 差分格式为无条件稳定算法的含义是什么？它们是否为隐式算法？

8.9　在 Newton－Raphson 方法中，决定求解精度和效率的主要因素包括哪些？

习　题

8－1　用 σ'_{ij} 和 ε'_{ij} 分别表示偏应力和偏应变，试证明下列恒等式：

$$\sigma_{ij}\,\mathrm{d}\varepsilon_{ij} = \sigma'_{ij}\,\mathrm{d}\varepsilon'_{ij} + \frac{1}{3}\sigma_{kk}\,\mathrm{d}\varepsilon_{jj}$$

$$\frac{\sqrt{\sigma'_{ij}\sigma'_{ij}}}{\sqrt{\varepsilon'_{kl}\varepsilon'_{kl}}} = \frac{2\sigma_i}{3\varepsilon_i}$$

$$\frac{\partial J_2}{\partial \sigma_{ij}} = \frac{\partial J_2}{\partial \varepsilon_{ij}} = \sigma'_{ij}$$

$$\sigma'_{ij} = 2G\varepsilon'_{ij} \quad \text{（对于线弹性各向同性介质）}$$

8－2　利用有限元方法求解欧拉梁的失稳载荷，并把所得结果与表 8.3－1 的结果进行比较。

8－3　如图 8.6－1 所示，四边简支方形板受 $p_x = p_y = p$ 的作用，试用静力平衡法求临界荷载，并与有限元结果进行比较。$\left(\text{答案：} p_{\mathrm{cr}} = \dfrac{2\pi^2 D}{a^2}\right)$

8－4　考虑三边简支、一边自由的矩形板，如图 8.6－2 所示，设屈曲挠度函数为

$$w(x,y) = A\left(\frac{y}{b}\right)\sin\frac{\pi x}{a}$$

试用能量法求临界荷载，并与有限元结果进行比较。$\left(\text{答案：}(p_x)_{\mathrm{cr}} = \dfrac{\pi^2 D}{a^2}\left[1 + 6(1-\nu)\left(\dfrac{a}{\pi b}\right)^2\right]\right)$

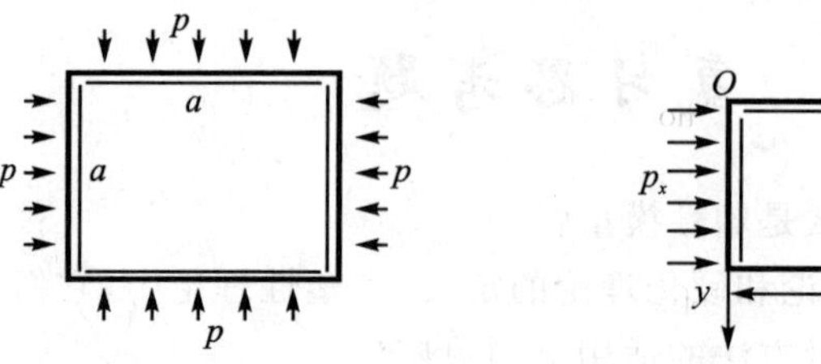

图 8.6-1 习题 8-3 用图

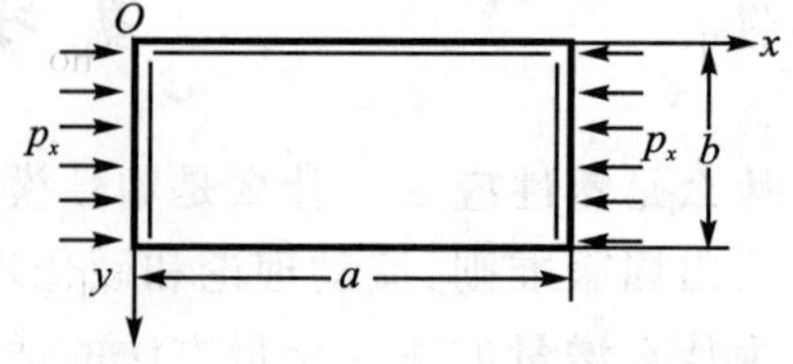

图 8.6-2 习题 8-4 用图

8-5 如图 8.6-3 所示,四边简支正方形板受均布剪切力作用,试用有限元方法求临界荷载。

8-6 四边简支的圆柱形扁壳受轴向均匀压力 p 作用,试用静力平衡法求临界荷载,并与有限元结果进行比较。$\left(\text{答案}: p_{\text{cr}}=\dfrac{Eh}{R\sqrt{3(1-\nu^2)}}, h \text{ 和 } R \text{ 分别表示厚度和半径}\right)$

8-7 如图 8.6-4 所示,周边固支的球扁壳承受均匀外压作用。试求其临界荷载及临界应力,并与有限元结果进行比较。$\left(\text{答案}: q_{\text{cr}}=\dfrac{2E}{\sqrt{3(1-\nu^2)}}\left(\dfrac{h}{R}\right)^2, \sigma_{\text{cr}}=\dfrac{E}{\sqrt{3(1-\nu^2)}}\dfrac{h}{R}\right)$

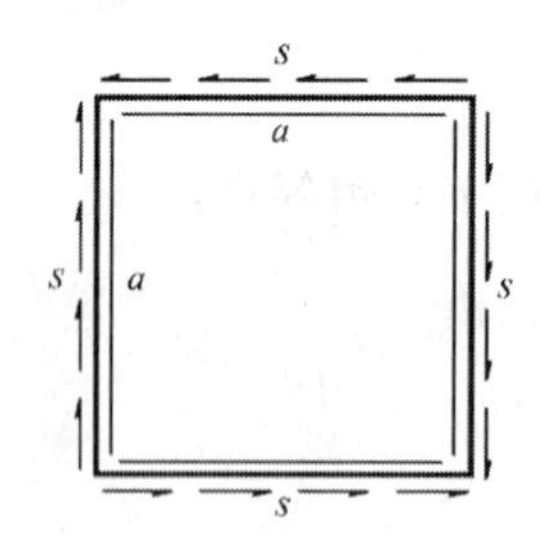

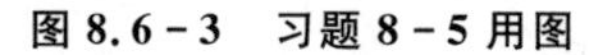

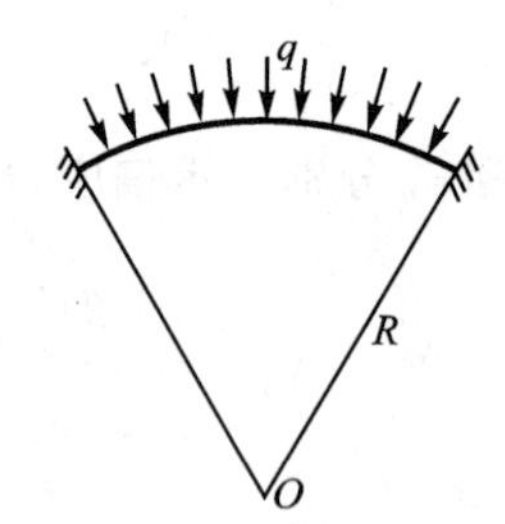

图 8.6-3 习题 8-5 用图

图 8.6-4 习题 8-7 用图

8-8 试用有限元方法分两种情况分析简单弹塑性问题,一是圆柱体扭转问题,二是厚壁圆筒承受内压问题。两种情况分别为理想塑性和线性强化。并把数值结果与解析解进行比较。

参考文献

[1] Nayak G C, Zienkiewicz O C. A generalization for various constitutive relations including strain softening. International Journal for Numerical Methods in Engineering, 1972, 5: 113-135.

[2] 龚尧南,王寿梅. 结构分析中的非线性有限元素法. 北京:北京航空航天大学出版社,1986.

[3] Simo J C, Taylor R L. A return mapping algorithm for plane stress elastoplasticity. International Journal for Numerical Methods in Engineering, 1986, 22: 649-670.

[4] 殷有泉. 非线性有限元基础. 北京:北京大学出版社,2007.

[5] 吴永礼. 计算固体力学方法. 北京:科学出版社,2003.

[6] 吴连元. 板壳稳定性理论. 武汉:华中理工大学出版社,1996.

[7] 武际可,苏先樾. 弹性系统的稳定性. 北京:科学出版社,1994.

[8] Wang C M, Wang C Y, Reddy J N. Exact solutions for buckling of structural members. CRC press LLC, 2005.

[9] 诸德超,邢誉峰. 工程振动基础. 北京:北京航空航天大学出版社,2004.

[10] 赵镇南. 传热学. 北京:高等教育出版社,2002.

[11] 邢誉峰. 发动机涡轮盘榫槽分析与优化(博士论文). 大连理工大学,1992.

[12] Dennis J E, More J. Quasi-Newton methods, motivation and theory. SIAM Rev., 1977, 19:46-89.

[13] Matthies H, Strang G. The solution of non-linear finite element equations. International Journal for Numerical Methods in Engineering, 1979, 14:1613-1626.

[14] Aitken A C. On the iterative solution of a system of linear equations. Proc. R. Soc. Edinburg, 1950, 63:52-60.

[15] Crisfield M A. Accelerating and damping the modified Newton-Raphson method. Computers & Structures, 1984, 3:395-407.

[16] Bathe K J, Cimento A P. Some practical procedures for solution of non-linear finite element equations. Comp. Meth. Appl. Mech. Eng., 1980, 22:59-85.

[17] Brodlie K W, Gourlay A R, Greenstadt J. Rank-one and rank-two corrections to positive definite matrices expressed in product form. Journal of the institute of mathematics and its applications, 1973, 11:73-82.